国家科技重大专项
大型油气田及煤层气开发成果丛书
(2008—2020)
卷8

中国陆上沉积盆地大气田地质理论与勘探实践

魏国齐 李 剑 文 龙 杨 威 胡国艺 高建虎 等编著

石油工业出版社

内容提要

本书以中国陆上沉积盆地大气田为对象，系统介绍了高成熟—过成熟阶段天然气生成机理及潜力、重点海相层系构造沉积及有效储层分布预测、不同岩性封闭机制与保存条件定量评价、大气田成藏机理及富集规律、重点盆地天然气勘探新领域地质评价、薄储层及含气性地球物理识别与预测技术等内容。

本书可供石油、天然气勘探开发研究人员及高等院校相关师生参考。

图书在版编目（CIP）数据

中国陆上沉积盆地大气田地质理论与勘探实践 / 魏国齐等编著 . —北京：石油工业出版社，2022.1

（国家科技重大专项·大型油气田及煤层气开发成果丛书：2008—2020）

ISBN 978-7-5183-5321-7

Ⅰ . ①中… Ⅱ . ①魏… Ⅲ . ①沉积盆地 – 含油气盆地 – 油气勘探 – 研究 – 中国 Ⅳ . ① P618.130.2

中国版本图书馆 CIP 数据核字（2022）第 060294 号

责任编辑：林庆咸　别涵宇
责任校对：郭京平
装帧设计：李　欣　周　彦

出版发行：石油工业出版社
（北京安定门外安华里 2 区 1 号　100011）
网　　址：www.petropub.com
编辑部：（010）64523594　图书营销中心：（010）64523633
经　销：全国新华书店
印　刷：北京中石油彩色印刷有限责任公司

2022 年 1 月第 1 版　2022 年 1 月第 1 次印刷
787×1092 毫米　开本：1/16　印张：27
字数：690 千字

定价：240.00 元

ISBN 978-7-5183-5321-7

（如出现印装质量问题，我社图书营销中心负责调换）
版权所有，翻印必究

《国家科技重大专项·大型油气田及煤层气开发成果丛书（2008—2020）》编委会

主　　任： 贾承造

副主任：（按姓氏拼音排序）

　　　　常　旭　　陈　伟　　胡广杰　　焦方正　　匡立春　　李　阳
　　　　马永生　　孙龙德　　王铁冠　　吴建光　　谢在库　　袁士义
　　　　周建良

委　　员：（按姓氏拼音排序）

　　　　蔡希源　　邓运华　　高德利　　龚再升　　郭旭升　　郝　芳
　　　　何治亮　　胡素云　　胡文瑞　　胡永乐　　金之钧　　康玉柱
　　　　雷　群　　黎茂稳　　李　宁　　李根生　　刘　合　　刘可禹
　　　　刘书杰　　路保平　　罗平亚　　马新华　　米立军　　彭平安
　　　　秦　勇　　宋　岩　　宋新民　　苏义脑　　孙焕泉　　孙金声
　　　　汤天知　　王香增　　王志刚　　谢玉洪　　袁　亮　　张　玮
　　　　张君峰　　张卫国　　赵文智　　郑和荣　　钟太贤　　周守为
　　　　朱日祥　　朱伟林　　邹才能

丛书·序

能源安全关系国计民生和国家安全。面对世界百年未有之大变局和全球科技革命的新形势，我国石油工业肩负着坚持初心、为国找油、科技创新、再创辉煌的历史使命。国家科技重大专项是立足国家战略需求，通过核心技术突破和资源集成，在一定时限内完成的重大战略产品、关键共性技术或重大工程，是国家科技发展的重中之重。大型油气田及煤层气开发专项，是贯彻落实习近平总书记关于大力提升油气勘探开发力度、能源的饭碗必须端在自己手里等重要指示批示精神的重大实践，是实施我国"深化东部、发展西部、加快海上、拓展海外"油气战略的重大举措，引领了我国油气勘探开发事业跨入向深层、深水和非常规油气进军的新时代，推动了我国油气科技发展从以"跟随"为主向"并跑、领跑"的重大转变。在"十二五"和"十三五"国家科技创新成就展上，习近平总书记两次视察专项展台，充分肯定了油气科技发展取得的重大成就。

大型油气田及煤层气开发专项作为《国家中长期科学和技术发展规划纲要（2006—2020年）》确定的10个民口科技重大专项中唯一由企业牵头组织实施的项目，以国家重大需求为导向，积极探索和实践依托行业骨干企业组织实施的科技创新新型举国体制，集中优势力量，调动中国石油、中国石化、中国海油等百余家油气能源企业和70多所高等院校、20多家科研院所及30多家民营企业协同攻关，参与研究的科技人员和推广试验人员超过3万人。围绕专项实施，形成了国家主导、企业主体、市场调节、产学研用一体化的协同创新机制，聚智协力突破关键核心技术，实现了重大关键技术与装备的快速跨越；弘扬伟大建党精神、传承石油精神和大庆精神铁人精神，以及石油会战等优良传统，充分体现了新型举国体制在科技创新领域的巨大优势。

经过十三年的持续攻关，全面完成了油气重大专项既定战略目标，攻克了一批制约油气勘探开发的瓶颈技术，解决了一批"卡脖子"问题。在陆上油气勘探、陆上油气开发、工程技术、海洋油气勘探开发、海外油气勘探开发、非常规油气勘探开发领域，形成了6大技术系列、26项重大技术；自主研发20项重大工程技术装备；建成35项示范工程、26个国家级重点实验室和研究中心。我国油气科技自主创新能力大幅提升，油气能源企业被卓越赋能，形成产量、储量增长高峰期发展新态势，为落实习近平总书记"四个革命、一个合作"能源安全新战略奠定了坚实的资源基础和技术保障。

《国家科技重大专项·大型油气田及煤层气开发成果丛书（2008—2020）》（62卷）是专项攻关以来在科学理论和技术创新方面取得的重大进展和标志性成果的系统总结，凝结了数万科研工作者的智慧和心血。他们以"功成不必在我，功成必定有我"的担当，高质量完成了这些重大科技成果的凝练提升与编写工作，为推动科技创新成果转化为现实生产力贡献了力量，给广大石油干部员工奉献了一场科技成果的饕餮盛宴。这套丛书的正式出版，对于加快推进专项理论技术成果的全面推广，提升石油工业上游整体自主创新能力和科技水平，支撑油气勘探开发快速发展，在更大范围内提升国家能源保障能力将发挥重要作用，同时也一定会在中国石油工业科技出版史上留下一座书香四溢的里程碑。

在世界能源行业加快绿色低碳转型的关键时期，广大石油科技工作者要进一步认清面临形势，保持战略定力、志存高远、志创一流，毫不放松加强油气等传统能源科技攻关，大力提升油气勘探开发力度，增强保障国家能源安全能力，努力建设国家战略科技力量和世界能源创新高地；面对资源短缺、环境保护的双重约束，充分发挥自身优势，以技术创新为突破口，加快布局发展新能源新事业，大力推进油气与新能源协调融合发展，加大节能减排降碳力度，努力增加清洁能源供应，在绿色低碳科技革命和能源科技创新上出更多更好的成果，为把我国建设成为世界能源强国、科技强国，实现中华民族伟大复兴的中国梦续写新的华章。

中国石油董事长、党组书记
中国工程院院士　戴厚良

丛书·前言

石油天然气是当今人类社会发展最重要的能源。2020年全球一次能源消费量为 134.0×10^8t 油当量，其中石油和天然气占比分别为 30.6% 和 24.2%。展望未来，油气在相当长时间内仍是一次能源消费的主体，全球油气生产将呈长期稳定趋势，天然气产量将保持较高的增长率。

习近平总书记高度重视能源工作，明确指示"要加大油气勘探开发力度，保障我国能源安全"。石油工业的发展是由资源、技术、市场和社会政治经济环境四方面要素决定的，其中油气资源是基础，技术进步是最活跃、最关键的因素，石油工业发展高度依赖科学技术进步。近年来，全球石油工业上游在资源领域和理论技术研发均发生重大变化，非常规油气、海洋深水油气和深层—超深层油气勘探开发获得重大突破，推动石油地质理论与勘探开发技术装备取得革命性进步，引领石油工业上游业务进入新阶段。

中国共有500余个沉积盆地，已发现松辽盆地、渤海湾盆地、准噶尔盆地、塔里木盆地、鄂尔多斯盆地、四川盆地、柴达木盆地和南海盆地等大型含油气大盆地，油气资源十分丰富。中国含油气盆地类型多样、油气地质条件复杂，已发现的油气资源以陆相为主，构成独具特色的大油气分布区。历经半个多世纪的艰苦创业，到20世纪末，中国已建立完整独立的石油工业体系，基本满足了国家发展对能源的需求，保障了油气供给安全。2000年以来，随着国内经济高速发展，油气需求快速增长，油气对外依存度逐年攀升。我国石油工业担负着保障国家油气供应安全，壮大国际竞争力的历史使命，然而我国石油工业面临着油气勘探开发对象日趋复杂、难度日益增大、勘探开发理论技术不相适应及先进装备依赖进口的巨大压力，因此急需发展自主科技创新能力，发展新一代油气勘探开发理论技术与先进装备，以大幅提升油气产量，保障国家油气能源安全。一直以来，国家高度重视油气科技进步，支持石油工业建设专业齐全、先进开放和国际化的上游科技研发体系，在中国石油、中国石化和中国海油建立了比较先进和完备的科技队伍和研发平台，在此基础上于 2008 年启动实施国家科技重大专项技术攻关。

国家科技重大专项"大型油气田及煤层气开发"（简称"国家油气重大专项"）是《国家中长期科学和技术发展规划纲要（2006—2020 年）》确定的 16 个重大专项之一，目标是大幅提升石油工业上游整体科技创新能力和科技水平，支撑油气勘探开发快速发展。国家油气重大专项实施周期为 2008—2020 年，按照"十一五""十二五""十三五"3 个阶段实施，是民口科技重大专项中唯一由企业牵头组织实施的专项，由中国石油牵头组织实施。专项立足保障国家能源安全重大战略需求，围绕"6212"科技攻关目标，共部署实施 201 个项目和示范工程。在党中央、国务院的坚强领导下，专项攻关团队积极探索和实践依托行业骨干企业组织实施的科技攻关新型举国体制，加快推进专项实施，攻克一批制约油气勘探开发的瓶颈技术，形成了陆上油气勘探、陆上油气开发、工程技术、海洋油气勘探开发、海外油气勘探开发、非常规油气勘探开发 6 大领域技术系列及 26 项重大技术，自主研发 20 项重大工程技术装备，完成 35 项示范工程建设。近 10 年我国石油年产量稳定在 2×10^8 t 左右，天然气产量取得快速增长，2020 年天然气产量达 $1925\times10^8 m^3$，专项全面完成既定战略目标。

通过专项科技攻关，中国油气勘探开发技术整体已经达到国际先进水平，其中陆上油气勘探开发水平位居国际前列，海洋石油勘探开发与装备研发取得巨大进步，非常规油气开发获得重大突破，石油工程服务业的技术装备实现自主化，常规技术装备已全面国产化，并具备部分高端技术装备的研发和生产能力。总体来看，我国石油工业上游科技取得以下七个方面的重大进展：

（1）我国天然气勘探开发理论技术取得重大进展，发现和建成一批大气田，支撑天然气工业实现跨越式发展。围绕我国海相与深层天然气勘探开发技术难题，形成了海相碳酸盐岩、前陆冲断带和低渗—致密等领域天然气成藏理论和勘探开发重大技术，保障了我国天然气产量快速增长。自 2007 年至 2020 年，我国天然气年产量从 $677\times10^8 m^3$ 增长到 $1925\times10^8 m^3$，探明储量从 $6.1\times10^{12} m^3$ 增长到 $14.41\times10^{12} m^3$，天然气在一次能源消费结构中的比例从 2.75% 提升到 8.18% 以上，实现了三个翻番，我国已成为全球第四大天然气生产国。

（2）创新发展了石油地质理论与先进勘探技术，陆相油气勘探理论与技术继续保持国际领先水平。创新发展形成了包括岩性地层油气成藏理论与勘探配套技术等新一代石油地质理论与勘探技术，发现了鄂尔多斯湖盆中心岩性地层大油区，支撑了国内长期年新增探明 10×10^8t 以上的石油地质储量。

（3）形成国际领先的高含水油田提高采收率技术，聚合物驱油技术已发展到三元复合驱，并研发先进的低渗透和稠油油田开采技术，支撑我国原油产量长期稳定。

（4）我国石油工业上游工程技术装备（物探、测井、钻井和压裂）基本实现自主化，具备一批高端装备技术研发制造能力。石油企业技术服务保障能力和国际竞争力大幅提升，促进了石油装备产业和工程技术服务产业发展。

（5）我国海洋深水工程技术装备取得重大突破，初步实现自主发展，支持了海洋深水油气勘探开发进展，近海油气勘探与开发能力整体达到国际先进水平，海上稠油开发处于国际领先水平。

（6）形成海外大型油气田勘探开发特色技术，助力"一带一路"国家油气资源开发和利用。形成全球油气资源评价能力，实现了国内成熟勘探开发技术到全球的集成与应用，我国海外权益油气产量大幅度提升。

（7）页岩气、致密气、煤层气与致密油、页岩油勘探开发技术取得重大突破，引领非常规油气开发新兴产业发展。形成页岩气水平井钻完井与储层改造作业技术系列，推动页岩气产业快速发展；页岩油勘探开发理论技术取得重大突破；煤层气开发新兴产业初见成效，形成煤层气与煤炭协调开发技术体系，全国煤炭安全生产形势实现根本性好转。

这些科技成果的取得，是国家实施建设创新型国家战略的成果，是百万石油员工和科技人员发扬艰苦奋斗、为国找油的大庆精神铁人精神的实践结果，是我国科技界以举国之力团结奋斗联合攻关的硕果。国家油气重大专项在实施中立足传统石油工业，探索实践新型举国体制，创建"产学研用"创新团队，创新人才队伍建设，创新科技研发平台基地建设，使我国石油工业科技创新能力得到大幅度提升。

为了系统总结和反映国家油气重大专项在科学理论和技术创新方面取得的重大进展和成果，加快推进专项理论技术成果的推广和提升，专项实施管理办公室与技术总体组规划组织编写了《国家科技重大专项·大型油气田及煤层气开发成果丛书（2008—2020）》。丛书共62卷，第1卷为专项理论技术成果总论，第2~9卷为陆上油气勘探理论技术成果，第10~14卷为陆上油气开发理论技术成果，第15~22卷为工程技术装备成果，第23~26卷为海洋油气理论技术装备成果，第27~30卷为海外油气理论技术成果，第31~43卷为非常规油气理论技术成果，第44~62卷为油气开发示范工程技术集成与实施成果（包括常规油气开发7卷，煤层气开发5卷，页岩气开发4卷，致密油、页岩油开发3卷）。

各卷均以专项攻关组织实施的项目与示范工程为单元，作者是项目与示范工程的项目长和技术骨干，内容是项目与示范工程在2008—2020年期间的重大科学理论研究、先进勘探开发技术和装备研发成果，代表了当今我国石油工业上游的最新成就和最高水平。丛书内容翔实，资料丰富，是科学研究与现场试验的真实记录，也是科研成果的总结和提升，具有重大的科学意义和资料价值，必将成为石油工业上游科技发展的珍贵记录和未来科技研发的基石和参考资料。衷心希望丛书的出版为中国石油工业的发展发挥重要作用。

国家科技重大专项"大型油气田及煤层气开发"是一项巨大的历史性科技工程，前后历时十三年，跨越三个五年规划，共有数万名科技人员参加，是我国石油工业史上一项壮举。专项的顺利实施和圆满完成是参与专项的全体科技人员奋力攻关、辛勤工作的结果，是我国石油工业界和石油科技教育界通力合作的典范。我有幸作为国家油气重大专项技术总师，全程参加了专项的科研和组织，倍感荣幸和自豪。同时，特别感谢国家科技部、财政部和发改委的规划、组织和支持，感谢中国石油、中国石化、中国海油及中联公司长期对石油科技和油气重大专项的直接领导和经费投入。此次专项成果丛书的编辑出版，还得到了石油工业出版社大力支持，在此一并表示感谢！

中国科学院院士 贾承造

《国家科技重大专项·大型油气田及煤层气开发成果丛书（2008—2020）》

分卷目录

序号	分卷名称
卷 1	总论：中国石油天然气工业勘探开发重大理论与技术进展
卷 2	岩性地层大油气区地质理论与评价技术
卷 3	中国中西部盆地致密油气藏"甜点"分布规律与勘探实践
卷 4	前陆盆地及复杂构造区油气地质理论、关键技术与勘探实践
卷 5	中国陆上古老海相碳酸盐岩油气地质理论与勘探
卷 6	海相深层油气成藏理论与勘探技术
卷 7	渤海湾盆地（陆上）油气精细勘探关键技术
卷 8	中国陆上沉积盆地大气田地质理论与勘探实践
卷 9	深层—超深层油气形成与富集：理论、技术与实践
卷 10	胜利油田特高含水期提高采收率技术
卷 11	低渗—超低渗油藏有效开发关键技术
卷 12	缝洞型碳酸盐岩油藏提高采收率理论与关键技术
卷 13	二氧化碳驱油与埋存技术及实践
卷 14	高含硫天然气净化技术与应用
卷 15	陆上宽方位宽频高密度地震勘探理论与实践
卷 16	陆上复杂区近地表建模与静校正技术
卷 17	复杂储层测井解释理论方法及 CIFLog 处理软件
卷 18	成像测井仪关键技术及 CPLog 成套装备
卷 19	深井超深井钻完井关键技术与装备
卷 20	低渗透油气藏高效开发钻完井技术
卷 21	沁水盆地南部高煤阶煤层气 L 型水平井开发技术创新与实践
卷 22	储层改造关键技术及装备
卷 23	中国近海大中型油气田勘探理论与特色技术
卷 24	海上稠油高效开发新技术
卷 25	南海深水区油气地质理论与勘探关键技术
卷 26	我国深海油气开发工程技术及装备的起步与发展
卷 27	全球油气资源分布与战略选区
卷 28	丝绸之路经济带大型碳酸盐岩油气藏开发关键技术

序号	分卷名称
卷 29	超重油与油砂有效开发理论与技术
卷 30	伊拉克典型复杂碳酸盐岩油藏储层描述
卷 31	中国主要页岩气富集成藏特点与资源潜力
卷 32	四川盆地及周缘页岩气形成富集条件、选区评价技术与应用
卷 33	南方海相页岩气区带目标评价与勘探技术
卷 34	页岩气气藏工程及采气工艺技术进展
卷 35	超高压大功率成套压裂装备技术与应用
卷 36	非常规油气开发环境检测与保护关键技术
卷 37	煤层气勘探地质理论及关键技术
卷 38	煤层气高效增产及排采关键技术
卷 39	新疆准噶尔盆地南缘煤层气资源与勘查开发技术
卷 40	煤矿区煤层气抽采利用关键技术与装备
卷 41	中国陆相致密油勘探开发理论与技术
卷 42	鄂尔多斯盆缘过渡带复杂类型气藏精细描述与开发
卷 43	中国典型盆地陆相页岩油勘探开发选区与目标评价
卷 44	鄂尔多斯盆地大型低渗透岩性地层油气藏勘探开发技术与实践
卷 45	塔里木盆地克拉苏气田超深超高压气藏开发实践
卷 46	安岳特大型深层碳酸盐岩气田高效开发关键技术
卷 47	缝洞型油藏提高采收率工程技术创新与实践
卷 48	大庆长垣油田特高含水期提高采收率技术与示范应用
卷 49	辽河及新疆稠油超稠油高效开发关键技术研究与实践
卷 50	长庆油田低渗透砂岩油藏 CO_2 驱油技术与实践
卷 51	沁水盆地南部高煤阶煤层气开发关键技术
卷 52	涪陵海相页岩气高效开发关键技术
卷 53	渝东南常压页岩气勘探开发关键技术
卷 54	长宁—威远页岩气高效开发理论与技术
卷 55	昭通山地页岩气勘探开发关键技术与实践
卷 56	沁水盆地煤层气水平井开采技术及实践
卷 57	鄂尔多斯盆地东缘煤系非常规气勘探开发技术与实践
卷 58	煤矿区煤层气地面超前预抽理论与技术
卷 59	两淮矿区煤层气开发新技术
卷 60	鄂尔多斯盆地致密油与页岩油规模开发技术
卷 61	准噶尔盆地砂砾岩致密油藏开发理论技术与实践
卷 62	渤海湾盆地济阳坳陷致密油藏开发技术与实践

本卷·前言

天然气作为清洁低碳绿色能源，越来越受到全球的广泛重视。在中国，随着经济的快速发展和为加快实现"碳达峰、碳中和"目标，人们对天然气的需求急剧增加，大力发展天然气，已经成为加快构建中国清洁低碳绿色新能源体系的重要战略。因此，国家从"十一五"至"十三五"期间持续设立油气重大科技专项以攻关大气田富集理论和关键勘探技术。

随着国家科技重大专项的实施，天然气地质理论技术有了长足的进步，指导发现了以四川盆地安岳特大型气田、蓬莱大气区为代表的一批特大型—大型天然气田（区），促进了天然气储量、产量的快速增长，推动了中国天然气工业的快速发展，为中国清洁低碳绿色能源发展做出突出贡献。截至2020年底，中国累计探明天然气地质储量达到 $14.73 \times 10^{12} m^3$（不含页岩气、煤层气），较"十一五"初（2006年）翻了一番；年产量 $1925 \times 10^8 m^3$，较"十一五"初（2006年）翻了一番，跃居世界第五位；天然气在一次能源消费结构中占比由2006年的2.75%提升至8.12%（BP能源统计，2021）。但是，由于国民经济的飞速发展和"双碳"战略的实施，天然气消费量也在急剧上升，供需"剪刀差"逐年拉大，2020年对外依存度达到42%。预测中国2030年天然气消费量将达 $6000 \times 10^8 m^3$，是现今消费量的两倍，供需矛盾更加突出，因此，持续加强天然气地质理论和技术创新，不断发现更多的大型天然气田，促进国内天然气储量、产量的高速增长，保障国家能源安全，仍是油气行业今后必须面对的重大命题，也是广大天然气科技工作者的重大使命。

作为中国天然气科技攻关研究的重要研究力量，本书主要作者先后主持了"十一五""十二五""十三五"国家科技重大专项07天然气项目三期攻关，分别是"中国大型气田形成条件、富集规律及目标评价"（项目编号2008ZX05007）、"中国大型气田形成条件、富集规律及目标评价（二期）"（项目编号2011ZX05007）和"大气田富集规律与勘探关键技术"（项目编号

2016ZX05007）。经过三期项目持续攻关，在天然气生成、构造—沉积古地理、大气田成藏机制与富集规律、重点含油气盆地天然气勘探领域评价、不同类型天然气藏地球物理储层预测与天然气地质特色实验技术等方面取得系列重大创新性成果，在勘探实践方面取得重大生产实效，原创评价提出的高石1井、蓬探1井、角探1井风险探井在震旦系—寒武系获高产天然气流，分别发现了四川盆地安岳、蓬莱两个储量规模超万亿立方米的特大型气田（区），评价提出的荷深1井、神木2井、牛东1井、王府1井、中秋1井、长深40井等风险或预探井发现了一批大中型气田，为中国天然气储量、产量的快速增长和推动天然气工业的快速发展做出了重大贡献。

2013年由科学出版社出版的《中国陆上天然气地质与勘探》包含了"十一五"和"十二五"国家科技重大专项07天然气项目部分研究成果。该专著共四篇十八章。第一篇包括第一章到第三章，主要反映了天然气生成、天然气储层和天然气盖层等天然气基础地质理论方面的研究新进展，主要涉及煤成气、原油裂解气和生物气的生成下限，大气田优质储层形成机理和大气田盖层多因素综合定量评价新方法等。第二篇包括第四章到第八章，主要反映了不同类型、不同天然气勘探领域大气田成藏富集规律研究取得的新进展，主要涉及低渗透砂岩、台缘礁滩、火山岩、超高压和生物气大气田成藏主控因素与富集规律研究取得的新认识等。第三篇包括第九章到第十五章，主要反映了重点气区大气田勘探领域天然气地质条件、成藏主控因素与区带目标评价取得的新进展，主要涉及四川盆地、鄂尔多斯盆地、塔里木盆地、准噶尔盆地、松辽盆地、柴达木盆地和渤海湾盆地。第四篇包括第十六章到第十八章，主要反映了针对不同天然气勘探领域的地球物理评价技术和天然气地质实验特色技术研究取得的新进展，包括地震储层预测与烃类检测识别新技术、测井识别评价新技术和天然气成藏实验新技术及其在天然气勘探中的应用等。

本书作为《中国陆上天然气地质与勘探》专著的姊妹篇，主要汇集了"十二五"和"十三五"中后期国家科技重大专项07天然气项目成果，由中国石油集团科学技术研究院有限公司牵头，联合中国石油西南油气田公司、中国石油大学（北京）、中国石油大学（华东）、中国矿业大学（北京）、东北石油大学、长江大学、南京大学、西南石油大学、成都理工大学、中国科学院西北生态环境资源研究院等单位共同完成。紧密围绕高成熟—过成熟阶段天然气生成机理及潜力、重点海相层系构造沉积及有效储层分布预测、不同岩性封闭机制与保存条件定量评价、大气田成藏机理及富集规律、重点盆地天然气勘探新领域地质评价、薄储层及含气性地球物理识别与预测技术等攻关研究，取得了10个方面理论技术创新成果与重大生产实效。

（1）高成熟—过成熟天然气生成方面：建立了高成熟—过成熟阶段天然气"多阶、多途径"生成模式，形成成因及来源鉴别新方法，提出了气源灶有效性评价新指标，为深层油气资源类型预测、资源潜力评价及勘探提供了科学理论依据。

（2）构造—沉积响应与岩相古地理方面：建立了拉张、稳定和挤压三种构造动力学背景下碳酸盐岩台地沉积相模式，明确了台内规模储集体储层特征、成储机制和展布规律，丰富了碳酸盐岩沉积学理论，为台内碳酸盐岩规模储集体预测提供理论依据。

（3）天然气封盖层方面：探讨了膏岩、盐岩、碳酸盐岩封闭性温压条件，建立了天然气盖层微观封闭能力动态评价方法体系，提出碳酸盐岩作为有效盖层的评价标准，预测了大气田主要盖层的分布，为大气田的预测提供了理论基础。

（4）天然气成藏富集方面：通过对典型碳酸盐岩、碎屑岩及火山岩三类气藏的解剖，建立了四川盆地川中北斜坡震旦系—寒武系蓬莱气区富集原油早期—晚期裂解气的岩性气藏聚集模式和塔中地区奥陶系大型凝析油气田成藏模式；完善了克拉通、前陆、断陷等三种盆地致密砂岩大气田成藏模式；研究了断陷盆地、岛弧环境、克拉通盆地大火成岩省三类火山岩大气田成藏特征差异性；探讨了大气田分布与富集规律。

（5）四川盆地震旦系—寒武系领域评价方面：系统编制了盆地震旦系—寒武系岩相古地理，建立了裂陷内及两侧台缘带岩性气藏成藏模式，创建了克拉通内裂陷及周缘大型岩性气藏形成理论，原创性评价提出的蓬探1井、角探1井风险探井在川中北斜坡震旦系—寒武系取得重大勘探突破，发现了储量规模超万亿立方米的蓬莱大气区。同时，为四川盆地今后震旦系—寒武系天然气勘探提供了理论基础。

（6）四川盆地二叠系—三叠系领域评价方面：系统研究了盆地二叠系—三叠系构造—沉积演化特征，提出受龙门山克拉通边缘裂陷、城口—鄂西和开江—梁平克拉通内裂陷控制，栖霞组—飞仙关组发育多层系台缘礁滩相优质储层；建立栖霞组—飞仙关组气藏成藏模式，评价有利勘探区带目标，支撑了双探1、永探1风险探井和云锦2预探井部署,发现了川西北龙门山前二叠系千亿立方米大气田、川西火山岩规模气藏和蜀南地区云锦向斜茅口组岩溶气藏。

（7）塔里木盆地震旦系—寒武系领域评价方面：明确了盆地震旦系奇格布拉克组、寒武系肖尔布拉克组、吾松格尔组、沙依里克组、阿瓦塔格组和下丘里塔格组的岩相古地理特征和有利储集体分布规律，研究了寒武系玉尔吐斯组沉积特征和烃源岩分布，建立了成藏模式，评价有利区带和目标，对指导盆地深层油气勘探具借鉴作用。

（8）鄂尔多斯盆地下古生界领域评价方面：重点研究了鄂尔多斯盆地奥陶系盐下和寒武系两大碳酸盐岩勘探新领域成藏地质条件，建立了天然气成藏模式，评价了有利勘探区带，对深化鄂尔多斯盆地寒武系—奥陶系天然气成藏地质理论，指导大气田勘探，具有重要的理论和实践意义。

（9）天然气藏地震预测技术方面：首次在实际岩样中发现了饱和致密砂岩剪切模量增大(硬化)现象，提出了弹性模量随压力变化的岩石物理模型(MJGW)；研制了多层系白云岩储层三维地震物理模型，明确了不同厚度白云岩储层的地震响应特征；创新研发了可有效识别小于1/4波长（约20m）薄储层地震高分辨率预测技术。实现了孔隙度、含气饱和度等物性地震预测从定性到定量的转变。

（10）勘探实践与成效方面：2011年原创评价提出的高石1井风险探井发现四川盆地震旦系—寒武系安岳特大型气田后，目前已累计探明天然气地质储量$1.03 \times 10^{12} m^3$，建成产能$170 \times 10^8 m^3/a$，年产量近$150 \times 10^8 m^3$，有力支撑了西南油气田2020年建成年产$300 \times 10^8 m^3$的天然气工业基地。原创评价提出的蓬探1井、角探1井风险探井，2020年在四川盆地震旦系—寒武系又发现了储量规模超万亿立方米的蓬莱大气区；评价提出的中秋1井、双探1井、永探1井、长深40井等风险或预探井发现了中秋、双鱼石、川中栖霞茅口组等五个千亿立方米气田（藏）。取得重大生产实效，成为理论研究成果直接指导特大型气田发现的成功范例。

本专著由魏国齐教授确定框架与提纲，并组织编写，最后统稿、定稿。全书共九章。各章编写分工如下：前言，魏国齐、张光武；第一章，胡国艺、帅燕华、李谨、何坤、米敬奎、苏劲、李志生、王志宏、张敏、夏燕青、王飞宇；第二章，杨威、魏国齐、胡明毅、胡忠贵、苏楠、谢武仁、张春林、李德江、武赛军、王良书；第三章，李剑、张璐、国建英、史集建、谢增业、林潼、付广、冉启贵、张光武、崔会英；第四章，谢增业、魏国齐、李剑、杨春龙、李君、张璐、张光武、陈践发、陈世加、李志生、李谨、国建英、李贤庆、路俊刚、程宏岗、姜晓华；第五章，魏国齐、杨威、谢武仁、苏楠、曾富英、马石玉、金惠、王志宏、莫午零、朱秋影、武赛军；第六章，文龙、汪华、徐亮、王兴志、张亚、陈聪、田景春、袁海峰、刘冉、林小兵、王尉；第七章，李德江、魏国齐、朱永进、董才源、缪卫东、刘满仓；第八章，张春林、徐旺林、朱秋影、莫午零、付玲、李宁熙；第九章，高建虎、桂金咏、李胜军、王孝、狄邦让、魏建新、刘炳杨、王洪求、陈启艳。

此外，薛海涛、郝爱胜、王晓波、王义凤、马卫、曾旭、郭泽清、徐淑娟、常健、于大勇、黄光辉、田善思、郑国东、佘源琦等参加了本专著的相关研究工作。

感谢国家发展和改革委员会、科学技术部、财政部对天然气地质科技攻关的人力支持；感谢中国石油天然气集团有限公司科技管理部、勘探与生产分公司，国家科技重大专项实施办公室给予的大力支持、指导和帮助；感谢中国石油西南油气田公司、中国石油大学（北京）、中国石油大学（华东）、中国矿业大学（北京）、东北石油大学、长江大学、南京大学、西南石油大学、成都理工大学、中国科学院西北生态环境资源研究院等单位的积极参与；感谢戴金星院士、贾承造院士、王铁冠院士、郝芳院士、张玉清教授、匡立春教授、高瑞祺教授、赵化昆教授、冉隆辉教授、杜金虎教授、何海清教授、徐春春教授、付金华教授、杨雨教授、王清华教授、宋建国教授、顾家裕教授、宋岩教授、沈平教授、杨海军教授、张健教授、赵路子教授等专家在研究过程中的悉心指导和帮助；感谢侯艳红、苟川、张小静、龚艳、李小静等同志在本书出版过程中所付出的艰辛劳动。

本书汇集了中国陆上沉积盆地大气田地质理论、技术创新和勘探实践的最新成果，是中青年天然气科技攻关研究团队集体智慧的结晶，可供天然气勘探工作者、科研院所研究人员和相关高校师生参考。由于中国陆上天然气地质条件复杂，涉及的资料多，研究内容广泛，加之笔者水平有限，书中难免存在不足，敬请批评指正！

目 录

第一章　高成熟—过成熟阶段天然气生成机理、成因识别与气源灶评价 … 1
第一节　高成熟—过成熟阶段天然气多阶、多途径生成机理 …………… 1
第二节　高成熟—过成熟阶段天然气成因及来源鉴别 …………………… 10
第三节　海相和煤系烃源岩评价及有利发育区 …………………………… 32

第二章　海相碳酸盐岩构造岩相古地理与有利储层评价 ……………… 53
第一节　碳酸盐岩台地动力学类型及对沉积的影响 ……………………… 53
第二节　拉张型台地构造岩相古地理与有利储层评价 …………………… 57
第三节　挤压型台地构造岩相古地理与有利储层评价 …………………… 66
第四节　相对稳定型台地构造岩相古地理与有利储层评价 ……………… 84

第三章　古老深层气藏盖层封闭能力及动态评价 ……………………… 96
第一节　大型气田盖层类型及特征 ………………………………………… 96
第二节　盖层封闭能力评价方法及标准 …………………………………… 105
第三节　典型气藏盖层封闭能力综合评价 ………………………………… 112

第四章　大气田成藏主控因素与富集规律 ……………………………… 121
第一节　碳酸盐岩大气田成藏主控因素与模式 …………………………… 121
第二节　碎屑岩大气田成藏机制与主控因素 ……………………………… 155
第三节　火山岩大气田成藏机制与主控因素 ……………………………… 176
第四节　大气田分布与富集规律 …………………………………………… 191

第五章　四川盆地震旦系—寒武系油气地质特征与勘探新领域 ……… 201
第一节　德阳—安岳克拉通内裂陷演化新认识与震旦系—寒武系岩相古地理 … 201

第二节　震旦系—寒武系油气地质特征 …………………………………… 215
　　第三节　勘探领域评价与勘探实践 …………………………………………… 232

第六章　四川盆地二叠系—三叠系油气地质特征与勘探实践 …………… 244
　　第一节　四川盆地二叠系—三叠系构造—沉积演化特征分析 …………… 244
　　第二节　主要勘探层系油气地质特征 ………………………………………… 257
　　第三节　四川盆地二叠系—三叠系有利区及勘探实践 …………………… 278

第七章　塔里木盆地震旦系—寒武系油气地质特征与勘探新领域 ……… 285
　　第一节　油气地质特征 ………………………………………………………… 286
　　第二节　气藏形成的主控因素与成藏模式 ………………………………… 302
　　第三节　有利勘探区带评价 …………………………………………………… 309

第八章　鄂尔多斯盆地下古生界油气地质特征与勘探新领域 …………… 313
　　第一节　奥陶系盐下油气地质特征与勘探新领域 ………………………… 313
　　第二节　寒武系油气地质特征与勘探新领域 ……………………………… 325

第九章　天然气藏地震预测关键技术及应用 ………………………………… 348
　　第一节　天然气藏地震实验技术 ……………………………………………… 348
　　第二节　天然气藏地震资料处理关键技术 ………………………………… 360
　　第三节　天然气藏地震储层预测关键技术 ………………………………… 368

参考文献 …………………………………………………………………………… 392

第一章 高成熟—过成熟阶段天然气生成机理、成因识别与气源灶评价

中国沉积盆地的多旋回性和烃源灶的多样性决定了深层天然气成因类型的复杂性。近年来,深层油气尤其是天然气勘探相继取得重大突破,如四川盆地深层震旦系—寒武系碳酸盐岩常规气藏、寒武系—志留系页岩气藏、塔里木盆地深层凝析油气藏和天然气藏等。这些发现突破了传统油气生成和保存黄金带的深度下限,使得传统油气地质理论在解释深层油气成因上面临诸多挑战。需要重新探讨高成熟—过成熟阶段的生气母质、深层规模生气下限和油气热稳定性等诸多科学问题。"十三五"期间,在"十二五"提出的三种成因天然气生成下限下延认识的基础上,通过大量生气模拟实验和天然气地球化学特征研究,建立了高成熟—过成熟阶段天然气"多阶、多途径"生成模式,形成了天然气成因及来源识别新方法,提出了气源灶有效性评价新指标,相关认识为深层—超深层天然气资源类型预测和潜力评价提供了新的参数体系和科学依据。

第一节 高成熟—过成熟阶段天然气多阶、多途径生成机理

Tissot 和 Welte(1978,1984)提出了油气生成理论,其内涵是提出了生油门限、生油窗的概念以及有机质成熟生烃演化阶段,将油气生成阶段划分为未成熟、成熟、高成熟和过成熟四个阶段,对于天然气生成主要有高成熟阶段(湿气形成阶段)和过成熟阶段(干气形成阶段)。徐永昌(1993)基于过渡带气的研究成果提出了"多阶连续、主阶定名"天然气生成理论。20 世纪 70 年代戴金星发现煤系成烃以气为主、以油为辅的总规律,指出成煤作用全过程中成烃分为三期:前干气期、气油兼生期和后干气期,故提出煤系是"全天候"的气源岩,为煤系勘探天然气提供了理论根据,形成了成熟的煤成气(烃)理论。近几年来,国内天然气勘探逐渐向深层—超深层发展,天然气生成受到多种因素影响,需要深化和完善高成熟—过成熟阶段天然气生成理论来指导深层—超深层天然气勘探。

一、高成熟—过成熟阶段天然气生成具有多阶性

基于大量天然气组分、碳同位素和轻烃组分分析,高成熟—过成熟阶段天然气表现出四阶段演化特征。

1. 高成熟—过成熟阶段烷烃气碳同位素变化特征

烷烃气碳同位素组成,按其分子中碳数顺序递增,$\delta^{13}C$ 依次递增或递减,或出现排列混乱,主要可分为三种烷烃气碳同位素系列:一是正碳同位素系列,即天然气中烷烃气

碳同位素按其分子碳数出现规律性排列，随烷烃气分子碳数递增，$\delta^{13}C$ 依次递增（$\delta^{13}C_1 < \delta^{13}C_2 < \delta^{13}C_3 < \delta^{13}C_4$），正碳同位素系列是有机成因烷烃气的一个重要特征（戴金星等，2016）；二是负碳同位素系列，即烷烃气分子中随碳数顺序递增，$\delta^{13}C$ 依次递减（$\delta^{13}C_1 > \delta^{13}C_2 > \delta^{13}C_3 > \delta^{13}C_4$），过去认为该系列是无机成因烷烃气的一个标志，但近年来发现在沉积盆地烃源岩过成熟区，不少天然气也具有负碳同位素系列（戴金星，2018）；三是倒转碳同位素系列，即烷烃气碳同位素不符合正碳同位素系列或负碳同位素系列排列，排列发生混乱（$\delta^{13}C_1 > \delta^{13}C_2 < \delta^{13}C_3 > \delta^{13}C_4$，$\delta^{13}C_1 < \delta^{13}C_2 > \delta^{13}C_3 > \delta^{13}C_4$ 等）称为碳同位素倒转。

根据1311个天然气样品的 C_1—C_3 烷烃碳同位素的统计，953个天然气样品（占总样品数73%）甲烷、乙烷与丙烷碳同位素呈正碳同位素系列分布，即大多数天然气呈正碳同位素系列分布。也有天然气乙烷和丙烷等发生部分倒转，如克拉2气田丙烷比乙烷 $\delta^{13}C$ 低0.4‰~1.2‰，丁烷比丙烷低1.2‰~3.0‰，这可能与重烃气在高演化阶段的裂解有关。也有部分高成熟—过成熟阶段天然气呈负碳同位素系列，如中国鄂尔多斯盆地南部、四川盆地南部龙马溪组页岩气和塔里木盆地古城地区。

典型高成熟—过成熟阶段天然气田甲烷、乙烷和丙烷碳同位素系列分布如图1-1-1所示，塔中Ⅰ号气田和安岳气田部分天然气碳同位素呈正碳同位素系列分布，长岭气田、长宁页岩气田天然气碳同位素呈负碳同位素系列分布，而克深气田和安岳气田部分天然气碳同位素呈倒转碳同位素系列分布，这些表明高成熟—过成熟阶段天然气生成经历了复杂的地质作用。

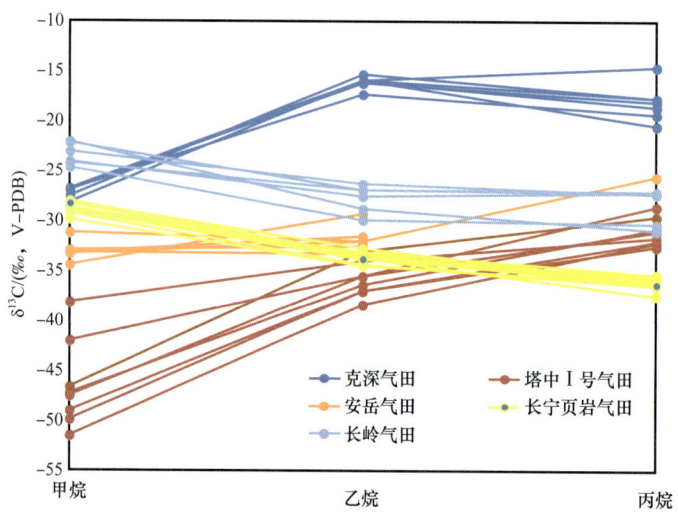

图1-1-1 典型高成熟—过成熟阶段天然气组分碳同位素分布

基于大量的实验和实际样品分析，发现高成熟—过成熟阶段天然气碳同位素组成不完全遵循中—浅层的演化规律。在深层随埋深增加，天然气碳同位素出现"反转"甚至"倒转"的异常特征。根据高成熟—过成熟阶段天然气地球化学特征可将天然气生成阶段划分为四个演化阶段（图1-1-2），第一演化阶段 R_o 为1.3%~1.6%，对应的湿度大于8.0%，随着重烃气含量的减少或天然气成熟度增加，甲烷、乙烷和丙烷碳同位素逐渐变重，为正碳同位素系列，受热动力学控制。$R_o = 1.6\%$ 作为高成熟阶段天然气生成的一个重要"节点",胡国艺等(2004)和赵文智等(2006)也认识到,在高成熟阶段天然气生成主要由干酪根裂解转变为原油裂解,在R_o大于1.6%之后,Ⅰ型和Ⅱ$_1$型干酪根裂解生气潜力较低,生气量有限,天然气的生成进入以原油裂解气为主的阶段。第二演化阶段R_o为1.6%~2.0%,对应的湿度分布在1.6%~8.0%之间,随着成熟度增加,甲烷碳同位素逐渐变重,但乙烷和丙烷碳同位素逐渐变轻,出现反转现象,碳同位素组成以正碳同位素系列为主,为高温裂解气;第三演化阶段R_o为2.0%~2.5%,对应的湿度为0.8%~1.6%,甲烷、乙烷和丙烷碳同位素部分倒转,为混合成因;第四演化阶段R_o大于2.5%,组分碳同位素完全倒转,呈负碳同位素系列,天然气生成受高温芳核脱甲基、甲烷聚合及有机—无机相互作用等多种因素影响。

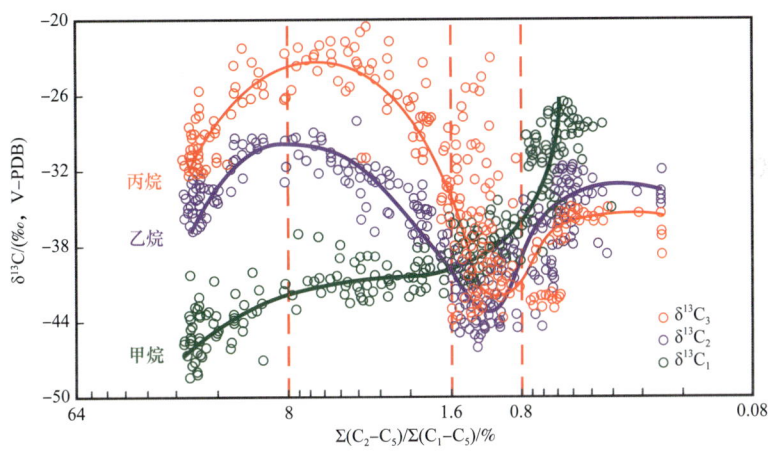

图1-1-2 高成熟—过成熟阶段天然气湿气系数与甲烷、乙烷和丙烷碳同位素分布关系

2. 天然气中轻烃在高成熟—过成熟阶段演化特征

在高成熟早期阶段(R_o为1.3%~1.6%),天然气中轻烃以链烷烃为主,如塔里木盆地塔中Ⅰ号气田奥陶系和渤海湾盆地牛东1井凝析气藏(混有少量煤成干酪根裂解气)皆与原油裂解气有关,它们干燥系数相对较低,多为湿气,其轻烃组成中,正庚烷/甲基环己烷以及正构烷烃含量较高[图1-1-3(a)],处于原油裂解气形成的早期阶段。

在高成熟后期阶段(R_o为1.6%~2.0%)至过成熟早期阶段(R_o为2.0%~2.5%),天然气中轻烃以环烷烃为主,如塔里木盆地和田河气田处于重烃气裂解为主的早期阶段。在过成熟后期阶段(R_o>2.5%),天然气轻烃组成虽以环烷烃为主,但轻芳烃含量也较高,如四川盆地安岳龙王庙组气藏[图1-1-3(b)]。

根据天然气碳同位素组成系列演化特征,结合天然气轻烃组成变化,提出高成熟—过成熟阶段天然气生成具有四阶段演化特征,各演化阶段天然气来源及组成均不同。

二、高成熟—过成熟阶段天然气多途径生成机理

高成熟—过成熟阶段天然气组成比较复杂,反映其可能有多种生成途径。

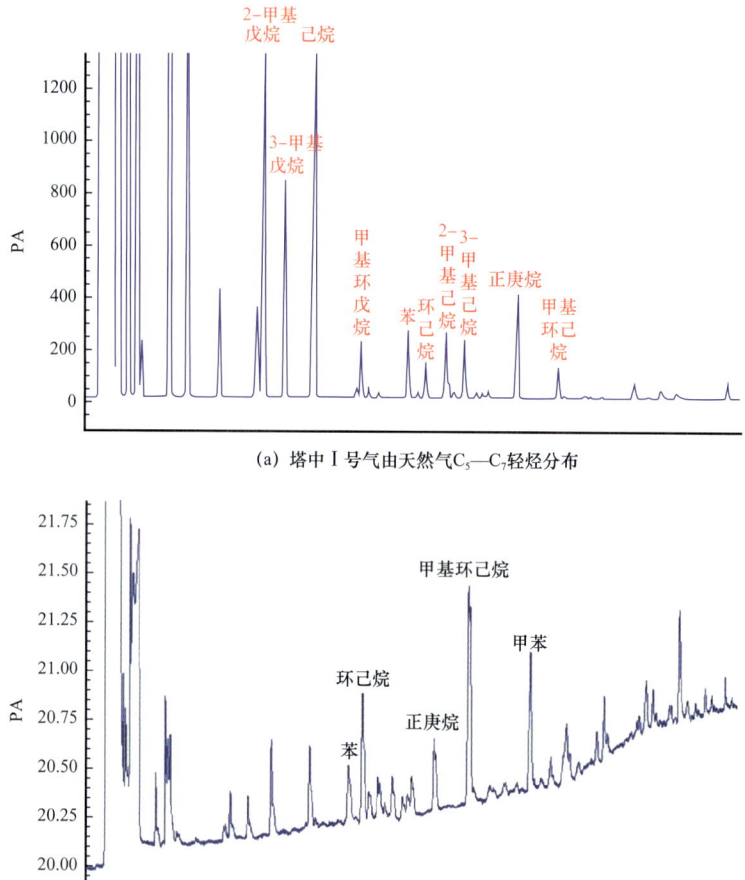

图 1-1-3 塔中Ⅰ号气田和安岳龙王庙组天然气 C_5—C_7 轻烃分布

1. 干酪根初次裂解生气潜力和时限

作为深层油气来源的主要母质类型，海相Ⅰ型、Ⅱ型有机质或干酪根的生烃潜力、特征和时限对深层天然气资源潜力具有影响。干酪根生油主要发生在低成熟—成熟阶段（R_o 为 0.5%～1.3%），而针对干酪根初次裂解成气时限的认识还存在差异。传统认为初次裂解气（原油伴生气）与原油生成阶段基本一致（Tissot et al., 1984），但 Pepper 和 Corvi（1995）关于低硫干酪根的研究却发现，其初次裂解生气的活化能要远高于生油，也就是说，在生油后期和原油裂解阶段仍然存在干酪根裂解生气的潜力。实际上，Ⅰ型、Ⅱ型干酪根的核磁分析结果表明，尽管高成熟—过成熟阶段干酪根结构中长脂肪链含量明显降低，但仍含有一定量的短支链的脂肪结构。这说明，深层—超深层处于高成熟—过成熟阶段的干酪根具有生气物质基础。张水昌等（2013）选取了四川盆地和塔里木盆地不同成熟度海相有机质，分别进行了详细的模拟实验研究。结果发现，在生油结束阶段（R_o 为 1.3%），海相有机质仍具有一定的初次裂解生气潜力。在前期认识基础上，基于大量低成熟地质样品和不同成熟度地质样品的模拟实验工作，对Ⅰ型、Ⅱ型干酪根的初次裂解生气时限和晚期生气潜力进行了系统的探讨。

有机质在封闭模拟体系（比如黄金管热模拟系统）生成的气体产物归因于干酪根初次裂解和原油二次裂解的共同贡献（何坤等，2013）。因此，封闭体系的程序升温模拟实验难以准确评价干酪根初次热解的生气量和干酪根生气的地球化学特征。基于分步升温模拟实验的方法，可对干酪根初次裂解生气量进行评价。选取松辽盆地白垩系低成熟Ⅰ型、Ⅱ型干酪根样品，样品的基础地球化学参数见表1-1-1。基于黄金管热解体系，通过分步升温的模拟实验方法对有机质初次裂解生气潜力和生气时限进行了探讨。

表 1-1-1　样品的基础地球化学参数

井号	时代	深度/m	岩性	TOC/%	T_{max}/℃	S_1/（mg/g）	S_2/（mg/g）	HI/（mg/g TOC）	R_o/%
朝73-87	K	834.6	泥岩	4.89	445	1.39	42.06	860	0.55
达13-1	K	1710	泥岩	3.71	444	0.91	30.74	829	0.55

如图1-1-4所示，Ⅰ型、Ⅱ型干酪根最大初次裂解气量可达140mL/g；Ⅰ型、Ⅱ型干酪根生气具有阶段性，生气高峰阶段R_o小于2.0%，生气结束成熟度下限为3.5%左右。为了进一步明确Ⅰ型、Ⅱ型干酪根的生气下限，选取了从美国和中国的多个盆地采集的10个不同成熟度样品，开展了升温热解实验。该组样品组成了一个R_o为0.65%~3.7%的样品序列，且大部分为高成熟、过成熟阶段样品，生油过程已基本结束（图1-1-5）。采用程序升温方法来确定不同成熟度样品的最大生气量，结果进一步证实，Ⅰ型、Ⅱ型干酪根的最大生气量随成熟度的变化可以分为三个阶段：R_o小于2.0%时，干酪根裂解气产率随成熟度增加快速降低；R_o为2.0%~3.5%时，干酪根裂解气产率随成熟度增加缓慢降低，R_o大于3.5%时，有机质基本不再具有生气潜力。

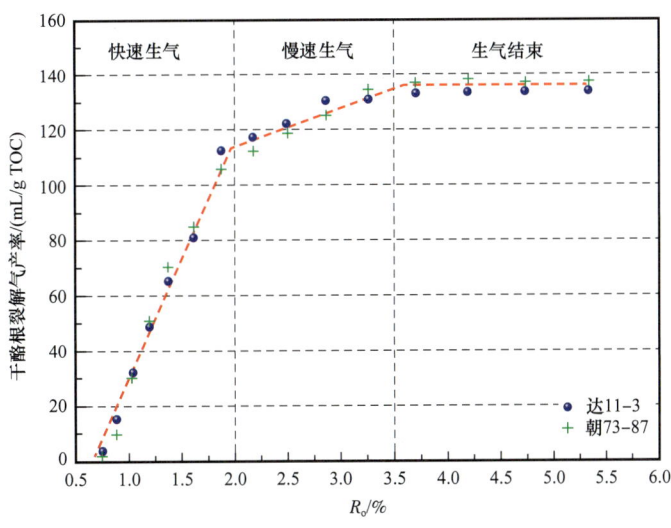

图 1-1-4　Ⅰ型、Ⅱ型干酪根在不同成熟度初次裂解气量

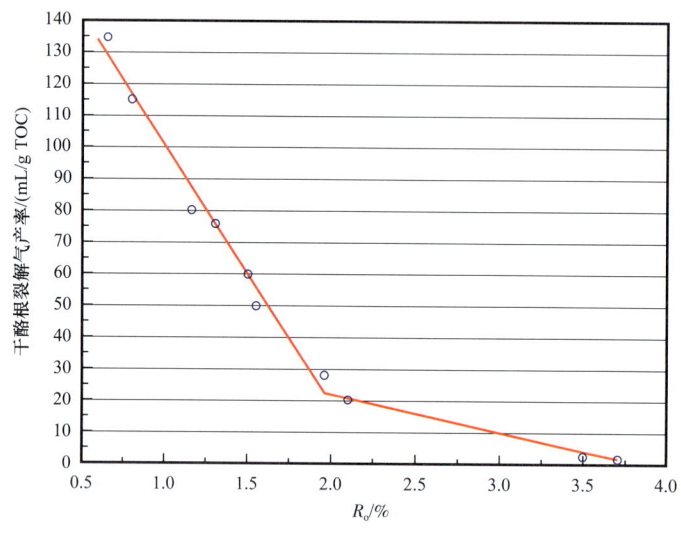

图 1-1-5　不同成熟度样品的最大生气量

干酪根生烃动力学计算的结果表明，Ⅰ型、Ⅱ型干酪根的生油活化能相对较低，分布在 44～60kcal/mol 范围内（何坤等，2013）。通过对松辽盆地Ⅰ型干酪根不同升温热解过程中生油曲线的动力学拟合，可发现Ⅰ型干酪根生油的平均活化能为 49.8kcal/mol。结合动力学的地质推演和大量烃源岩样品的岩石热解统计，可发现Ⅰ型、Ⅱ型干酪根的生油主要发生在 R_o 为 0.5%～1.3% 的阶段。对于深层—超深层来说，干酪根的生油基本结束，其对深层—超深层油气的贡献主要表现在干酪根本身和早期生成的液态烃晚期裂解生成天然气。同时，生烃模拟实验的动力学计算结果表明，Ⅰ型、Ⅱ型干酪根初次裂解生成甲烷具有较宽的活化能分布，高值可达到 76kcal/mol（图 1-1-6）。这进一步证实其可为深层—超深层的天然气生成做出贡献。

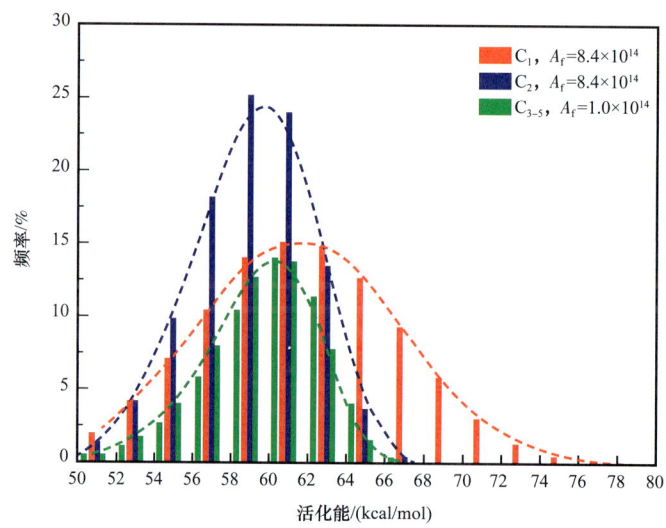

图 1-1-6　干酪根初次裂解生气的活化能分布

综上所述，Ⅰ型、Ⅱ型干酪根以生油为主，生气为辅，主生气期略晚于主生油期；高成熟—过成熟演化阶段，仍然具有一定的生气潜力。Ⅰ型、Ⅱ型干酪根初次裂解气最大生气潜力可达 140mL/g TOC；R_o 小于 2.0% 为主生气阶段，生成气量占干酪根初次裂解总生气量的 75%～80%；R_o 大于 2.0% 生气速率减慢，这一阶段生成气量占总生气量的 20%～25%；Ⅰ型、Ⅱ型干酪根生气结束的成熟度下限为 R_o=3.5% 左右。

2. 轻馏分和湿气的裂解潜力和时限

原油中轻烃（C_6—C_{13}）或轻馏分具有较高的热稳定性，是高成熟—过成熟阶段主要液态烃成分，对晚期裂解生气可能具有重要贡献。原油中的重质组分会首先发生裂解，对应的地质温度约为 160℃，非烃沥青质裂解生成饱和烃和芳烃，使饱和烃和芳烃含量有一定的增加。随后重质芳烃会发生裂解生成稳定性更高的轻质芳烃和焦沥青，对应的地质温度约为 170℃。在 180℃ 左右 C_{15+} 饱和烃开始裂解，生成轻质饱和烃（C_6—C_{14}）和焦沥青，轻质饱和烃含量明显增加。对于轻质饱和烃和轻质芳烃，轻质芳烃（尤其是甲基芳烃）裂解的活化能相对较高，其稳定性高于轻质饱和烃。因此轻质饱和烃会在轻质芳烃前发生裂解反应，对应的地质温度约为 190℃，饱和烃的裂解产物主要是 C_2—C_5 和部分甲烷，也就是说轻质烃类会在 R_o 为 2.0% 左右开始裂解。而后轻质芳烃发生裂解，而轻质芳烃的裂解反应主要表现为芳烃支链脱落生成甲烷和少部分重烃气。该过程发生在 220℃ 左右，甲烷产率明显快速增加。

Ⅰ型干酪根的轻烃产率为 40～50mg/g（有机碳），Ⅱ型干酪根的轻烃产率相对较低，为 10～20mg/g TOC。轻烃的生成发生在有机质生烃和重质液态烃裂解阶段，即当 R_o 为 0.5%～2.0%。轻烃具有较高的热稳定性，主要裂解生气时限为当 R_o 为 1.6%～2.5%，是高成熟—过成熟阶段一种重要的生气母质类型。

3. 高温高压下有机—无机复合生气作用

对烃源岩及特定化合物进行模拟实验，探讨高温高压超临界状态下天然气生成机理、有机—无机相互作用对天然气形成的影响，试图为深入认识高成熟—过成熟阶段天然气的形成提供实验支持和理论依据。

1）水—铁/锰元素对有机质生气的催化作用

元素和矿物是烃源岩的主要组成部分，与有机质结合形成的无机—有机复合体，是天然气生成过程中不可或缺的载体。本次实验选取四川盆地上二叠统大隆组烃源岩，分别加入菱铁矿和 Mn 开展了有水条件下的热解实验，试图探讨两种主要的无机元素对有机质生气的影响。

大隆组烃源岩实验模拟结果表明，添加 Mn、$FeCO_3$ 等对甲烷等烃类的产率影响不明显（图 1-1-7），但在 450℃ 时甲烷产率有下降的趋势。超临界条件下添加 $FeCO_3$ 对甲烷等烃类气体的产率有提升作用。添加 Mn、$FeCO_3$ 对 CO_2 和 H_2 的产率都有提升作用，尤其是添加 $FeCO_3$ 对 H_2 产率的提升更加明显（图 1-1-8）。但是在超临界条件下添加 $FeCO_3$ 对 CO_2 的产率有明显的提升（图 1-1-8），CO_2 的产率高峰由原来的 38.7mg/g，增大到 326.1mg/g，提升了约 8.4 倍；而对 H_2 的产率有所下降，可能和烃类形成过程中消耗 H^+ 有关。

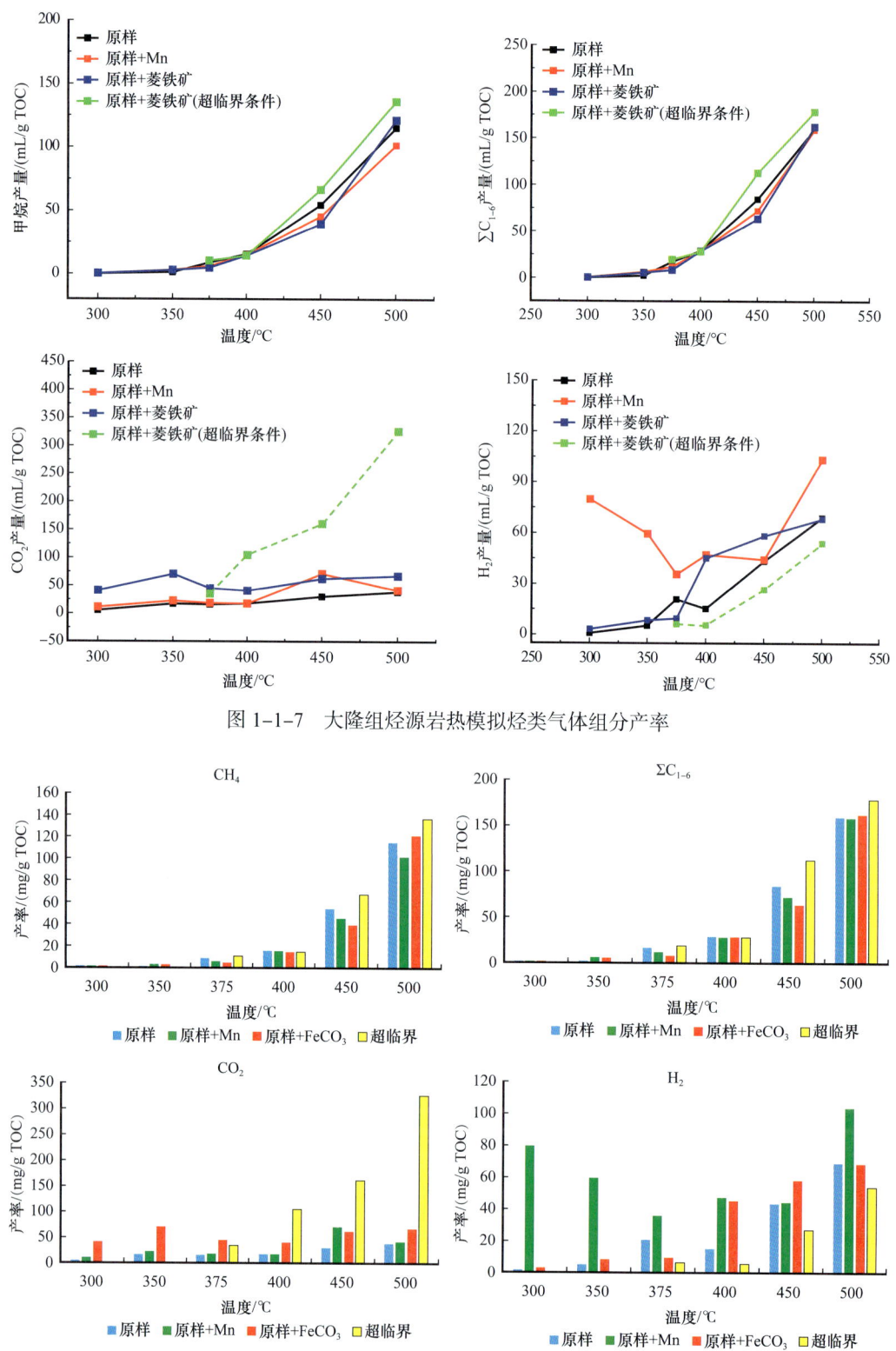

图 1-1-7　大隆组烃源岩热模拟烃类气体组分产率

图 1-1-8　大隆组烃源岩热模拟烃类组分含量变化特征

2）水—黏土矿物对有机质热解和烃类裂解生气的影响及作用机制

水—烃—蒙脱石共存体系的气体产率明显高于无水和单独加水热解体系。这表明，蒙脱石的加入促进了水—烃反应或水的加氢生气作用。尽管大量研究表明，无水条件下碳酸盐矿物对原油或烃类的裂解不表现出催化效应或表现一定的抑制效应。水—碳酸钙—烃类热解体系的气体产率也明显高于无水和单独有水热解体系，甚至略高于水—蒙脱石—烃类热解体系。同时，相对于无水热解体系，单独加水和水—蒙脱石热解体系异构烃相对产率明显增加，而水—碳酸盐热解体系异构化指数（iC_4/nC_4）明显降低。热裂解生成的正构烃和异构烃产物分别代表自由基和碳正离子反应机理。产物中异构烃相对含量的差异，表明两种矿物存在下的有水热解体系水的加氢生气机制存在明显差异。

综合以上认识，提出了高成熟—过成熟阶段天然气多阶多途径生成机理。各阶段天然气生成量、主要生成途径以及地球化学特征见表1–1–2。

表1–1–2　高成熟—过成熟天然气四阶段演化模式及鉴别

阶段	$1.3\%<R_o<1.6\%$	$1.6\%<R_o<2.0\%$	$2.0\%<R_o<2.5\%$	$R_o>2.5\%$
生气量/（m^3/t TOC）	100（占比25%）	200（占比50%）	60（占比15%）	40（比占10%）
生成途径	干酪根初次裂解、原油重烃裂解为主	轻馏分和重烃气为主，干酪根初次裂解为辅	重烃气裂解为主，轻烃裂解为辅，有机—无机相互作用贡献	芳核脱甲基为主，有机—无机相互作用贡献
地球化学特征	湿气、甲乙烷碳氢同位素很轻且差值大，轻烃反映出原始有机质的生成特征	湿气、组分碳同位素部分倒转，轻烃分布以环烷烃为主	干气、组分碳同位素部分倒转，轻烃分布以环烷烃为主	干气、组分呈负碳同位素系列，轻烃以环烷烃和苯为主
实例	塔中、牛东1	和田河	普光、元坝	安岳、焦石坝、长宁等

三、高成熟—过成熟阶段天然气生成模式及地质意义

基于上述认识，建立了高成熟—过成熟阶段天然气生成模式，如图1–1–9所示。在高成熟阶段，轻烃裂解天然气贡献最大，可以贡献30m^3/t TOC，高成熟—过成熟阶段的湿气裂解生气量大约为40m^3/t TOC，在过成熟阶段，芳核脱甲基作用可以贡献甲烷量15m^3/tTOC，R_o大于2.0%，水—岩—有机质加氢生气量30m^3/t TOC。在R_o大于2.0%的过成熟阶段烃源岩分布区，烃源岩生气潜力可增加100m^3/t TOC，约占总生气量30%，反映深层—超深层地区天然气的生气潜力很大。该模式的建立可为深层—超深层天然气资源潜力评价提供理论模式。

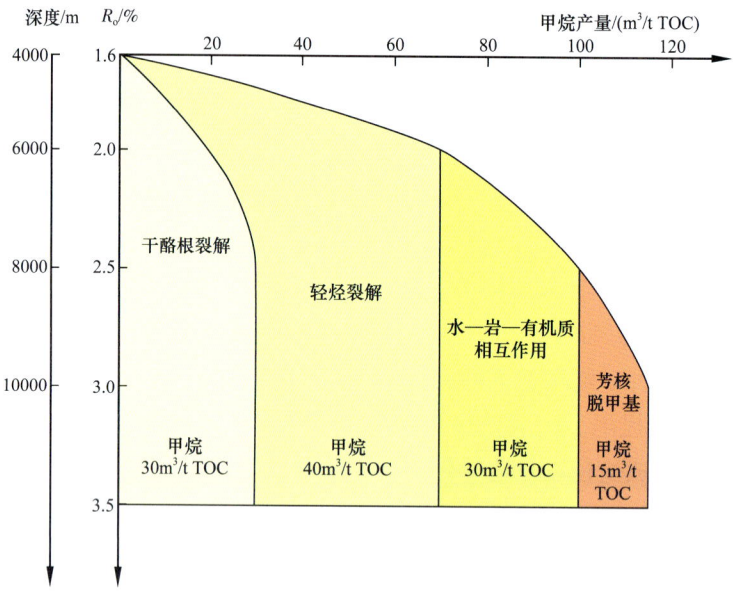

图 1-1-9 高成熟—过成熟阶段天然气生成主要途径及模式

第二节 高成熟—过成熟阶段天然气成因及来源鉴别

随着天然气勘探向深层—超深层、非常规领域拓展，勘探难度不断加大。多类型复杂气藏如原油裂解气、干酪根裂解气、高含硫、高含氮、高含二氧化碳、高含稀有气体等气藏相继发现，传统天然气成因判识方法已无法解决高演化阶段裂解气、复杂气源天然气的成因判识，迫切需要建立多源天然气成因鉴别及气源示踪新方法，完善天然气成因鉴别体系，为勘探生产提供技术支撑。

一、高成熟—过成熟阶段天然气成因鉴别指标

高成熟—过成熟阶段天然气是指烃源岩热演化程度达到 R_o 不小于 1.3% 以后烃源岩中残余有机质裂解或储层温度不小于 160℃ 以后古油藏原油、沥青裂解生成的天然气。随着天然气勘探向深层—超深层发展，高演化阶段地层中的分散液态烃、古油藏原油、焦沥青、残余干酪根等有机质裂解产气都会成为深层天然气的主要来源，增加了高成熟—过成熟阶段天然气成因鉴别难度。

目前所发现的高成熟—过成熟阶段天然气主要集中于四川盆地、塔里木盆地、鄂尔多斯盆地等，这些盆地深层—超深层地层中有机质热演化程度均已达到高成熟—过成熟阶段。天然气组成特征以甲烷为主，C_2 及以上烃类气体含量较低（图 1-2-1）。过成熟阶段天然气皆为干气，常规实验手段得到的信息量非常少，仅限于气体组成和甲烷碳、氢同位素组成，需要通过新技术手段得到 C_{2+} 等重烃类化合物的地球化学信息，以准确确定天然气成因并开展气源对比。

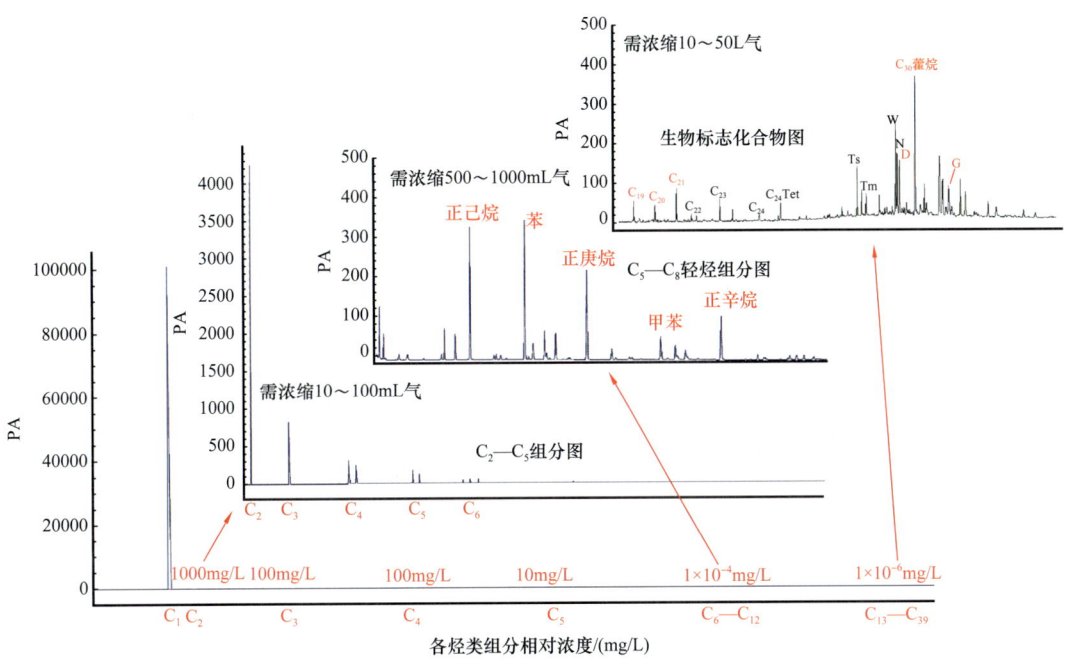

图 1-2-1 干气中不同碳数烃类分布及相对浓度

1. 天然气组分 ln（C_1/C_2）—ln（C_2/C_3）判识干酪根裂解气与原油裂解气

深层、高演化、古老碳酸盐岩大气田天然气来源比较复杂，既可能来源于干酪根的初次降解，也可能来源于原油的二次裂解。Prinzhofer 等（1995）基于 Ⅱ 型和 Ⅲ 型干酪根热模拟实验建立了干酪根初次降解气和原油二次裂解气的判识图版，但实验模拟的演化程度较低，针对不同升温速率对参数的影响考虑不够，不能有效判识高演化阶段干酪根降解气与原油裂解气。为此，选取张家口地区新元古界青白口系下马岭组低成熟腐泥型页岩（TOC=2.79%，R_o=0.52%），采用高温高压黄金管体系及高压釜热模拟实验装置，对源于该页岩的原始干酪根、原油（原始干酪根在常规高压釜模拟体系中加热至生油高峰生成的液态烃）和残余干酪根（去除液态烃后的残余样品）开展了生气模拟实验和模拟产物相关分析，在此基础上新建了腐泥型有机质不同热演化阶段干酪根降解气和原油裂解气 ln（C_1/C_2）—ln（C_2/C_3）判识图版（图 1-2-2）。

图版中红线代表原油裂解气 ln（C_1/C_2）与 ln（C_2/C_3）随成熟度演化的轨迹，蓝线代表干酪根降解气 ln（C_1/C_2）与 ln（C_2/C_3）随成熟度演化的轨迹。原油裂解气与干酪根降解气的演化特征具有明显差异：原油裂解气的 ln（C_2/C_3）早期快速增大、晚期基本稳定；而干酪根降解气的 ln（C_2/C_3）总体呈现出近水平—快速增大—再次近于水平—再次增大的特征。上述差异可能与原油和干酪根的结构、裂解或降解所需活化能及烃类气体产率不同有关。

四川盆地高石梯—磨溪地区震旦系—寒武系天然气的 ln（C_1/C_2）为 6.35～7.85，ln（C_2/C_3）为 3.11～4.69，基本落入图版中原油裂解气 R_o 大于 2.5% 的范围，表明震旦系—寒武系天然气主要为原油裂解气（图 1-2-2）。这一认识与现今气藏储层中发育丰富的古油藏原油裂解气残留的炭沥青以及震旦系—寒武系天然气轻烃组成表现为原油裂解

-11-

气特征的认识吻合。川中地区三叠系须家河组天然气样品总体落入图版中干酪根降解气 R_o 为 1.0%~1.5% 的范围，表明川中须家河组天然气为干酪根降解气。此外，川东石炭系、塔里木盆地中深 1 井寒武系、和田河气田和轮南气田奥陶系天然气样品点总体均落入原油裂解气 R_o 为 1.5%~2.5% 的范围，主要为原油裂解气。

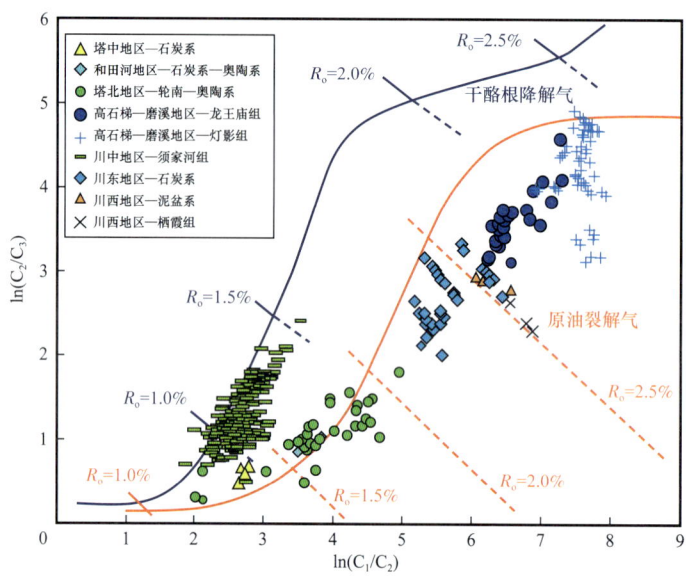

图 1-2-2　干酪根降解气与原油裂解气判识图版

2. 天然气中 C_{6-7} 轻烃馏分鉴别不同赋存状态海相原油裂解气

高演化阶段的原油裂解气热演化程度高，来源复杂，通过天然气组分和稳定碳、氢同位素等常规的成因判识指标无法区分出不同来源原油裂解气的差别。原因可能是高成熟—过成熟阶段原油裂解气组分以甲烷为主，含有痕量的乙烷、丙烷等烃类，且甲烷、乙烷是高成熟—过成熟阶段原油裂解最终的气态产物，分子量小，稳定同位素分馏差异不明显，无法表现出不同来源原油裂解气的差别，制约了原油裂解气资源量的评价和勘探方向的落实。因此，寻找有效的手段去识别不同来源的原油裂解气成为亟需解决的问题。

近年来，国内外学者开展了大量封闭体系下的原油裂解模拟实验，在原油裂解成气机理、生气潜力及动力学模拟等方面取得了很大的进展。但是，仍有一些关键性的问题尚未完全解决。如聚集型原油裂解气与分散型原油裂解气地球化学特征有何异同？天然气到底来源于古油藏原油裂解还是烃源岩内分散液态烃裂解或者是储层中分散原油的裂解？如何判识？

轻烃是天然气重要组分，蕴涵着极其重要和丰富的地球化学信息。高成熟—过成熟阶段原油裂解气中尽管轻烃含量很低，但结合预富集手段，同样可以获得准确的轻烃检测数据，为原油裂解气中轻烃的研究提供技术保障。利用原油和碳酸钙、蒙脱石介质进行不同比例的配比，得到的配比样品分别代表地质体中不同赋存状态的原油，通过黄金管封闭生烃系统开展不同介质、不同原油配比条件下的连续裂解模拟实验，研究样品在不同模拟温度裂解产物中轻烃的演化特点,探寻不同原油裂解气的轻烃判识指标,为原油裂解气的判识提供参考依据。

1)不同赋存状态原油模拟裂解气轻烃组成变化特点

随热演化程度增大,模拟产物中的轻烃以发生脱氢、环化、芳构化反应为主。通过系统对比不同模拟条件下原油裂解气各项轻烃指标的演化特点,发现在高成熟—过成熟阶段,下列两组轻烃参数差异显著,可以作为划分不同赋存状态原油裂解气的指标。

(1)$\sum C_6$—C_7环烷烃/(正己烷+正庚烷)、甲基环己烷/正庚烷演化特点。

图1-2-3展示了源内分散型原油裂解气和源外(分散、富集)原油裂解气中$\sum C_6$—C_7环烷烃/(正己烷+正庚烷)、甲基环己烷/正庚烷的演化随热演化程度增高,呈现明显不同的特点。源内分散型原油裂解气中$\sum C_6$—C_7环烷烃/(正己烷+正庚烷)在397℃时较高(大于1),随模拟温度增高该值逐渐降低,在470℃附近该值达到最低,之后随模拟温度增大,该值逐渐变大[图1-2-3(a)]。在高成熟—过成熟阶段(对应470~494℃),该值基本小于1;而源外原油裂解模拟气中则呈现完全不同的演化趋势,$\sum C_6$—C_7环烷烃/(正己烷+正庚烷)比值在470℃之前一直较低,小于1,470℃之后,该值迅速增大,远远大于1[图1-2-3(b)]。不同原油模拟产物中,甲基环己烷/正庚烷比值也呈现不同的特点。

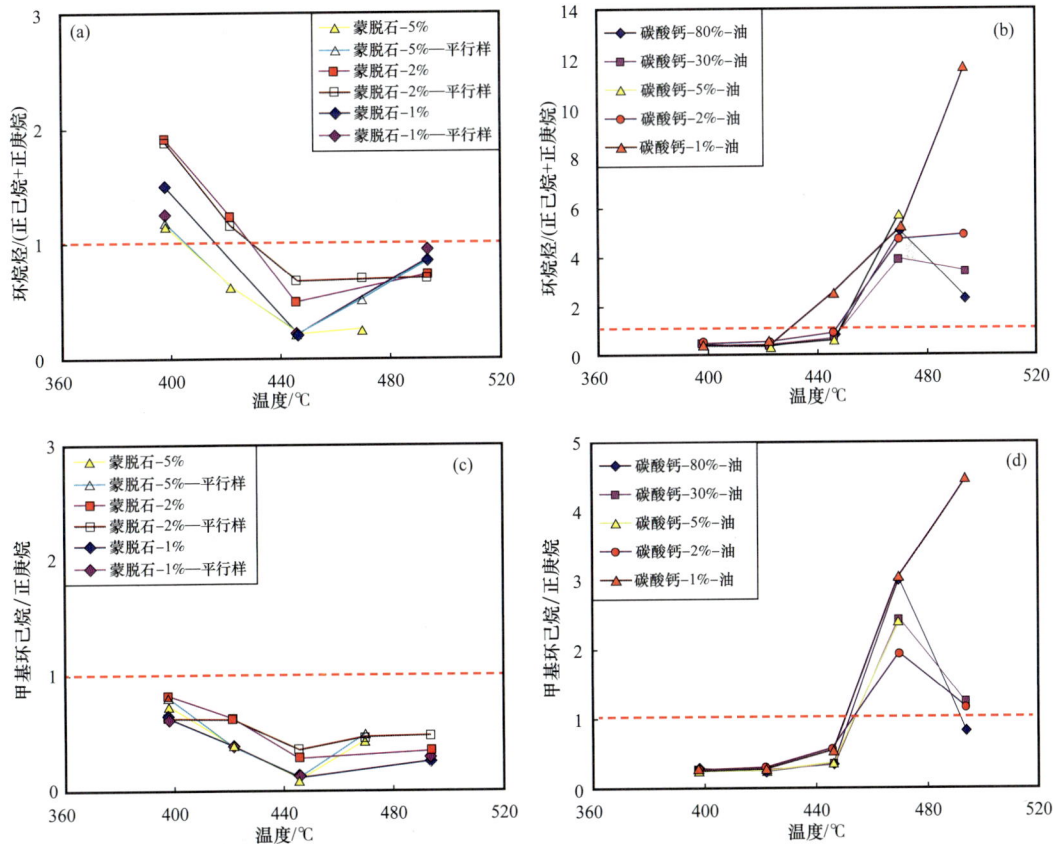

图1-2-3 不同赋存状态原油裂解产物中$\sum C_6$—C_7环烷烃/(正己烷+正庚烷)、甲基环己烷/正庚烷演化趋势图

源内分散型原油裂解模拟气中该比值的演化特点与$\sum C_6—C_7$环烷烃/(正己烷+正庚烷)的比值演化趋势一致，394℃初期，该比值较高，在470℃该比值降至最低，后期逐渐增大，但整个演化阶段，该比值均小于1[图1-2-3(c)]；源外原油裂解气甲基环己烷/正庚烷比值在470℃之前均小于1470℃之后，该比值迅速增大，基本大于1[图1-2-3(d)]。

（2）苯/甲基环戊烷、甲苯/二甲基环戊烷演化特点。

图1-2-4展示了两种源外原油裂解气中苯/甲基环戊烷、甲苯/二甲基环戊烷比值指标的差异。芳构化是原油裂解过程的一个重要特点，主要发生在裂解的晚期（对应模拟温度大于470℃），热演化程度越高，轻烃组成中苯和甲苯的含量越高（图1-2-4）。在高成熟—过成熟阶段，相对于源外分散型原油裂解气而言，源外聚集型原油裂解气中更富含苯和甲苯，导致苯/甲基环戊烷、甲苯/二甲基环戊烷偏高。因此，可以用来作为判识源外分散型原油裂解气和源外聚集型原油裂解气的一个指标。

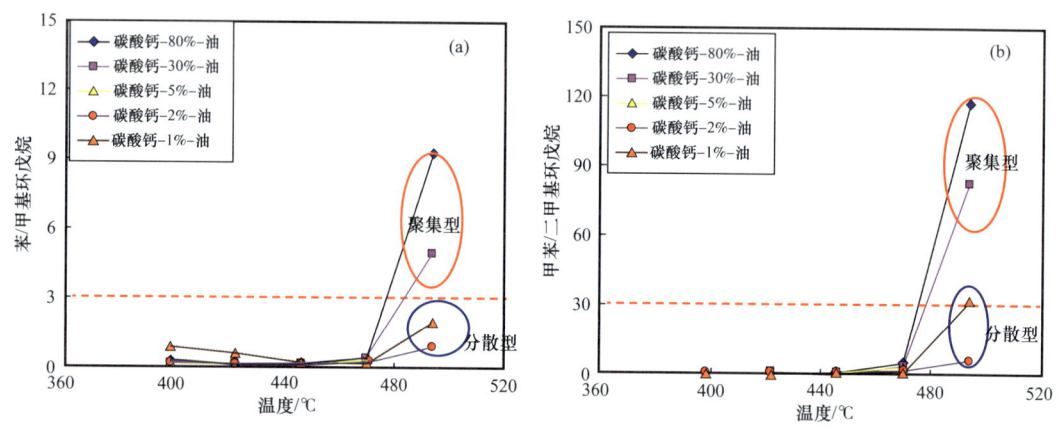

图1-2-4 源外原油裂解产物苯/甲基环戊烷、甲苯/二甲基环戊烷演化趋势图

2）高演化阶段不同来源原油裂解气判识指标建立

图1-2-3中源内分散型原油裂解气和源外原油裂解气在高成熟—过成熟阶段（对应模拟温度470~494℃）$\sum C_6—C_7$环烷烃/(正己烷+正庚烷)、甲基环己烷/正庚烷存在明显的差异，可以用来作为区分高成熟—过成熟阶段源内分散型原油裂解气和源外原油裂解气的指标（图1-2-5）。根据模拟实验中样品点的分布，将$\sum C_6—C_7$环烷烃/(正己烷+正庚烷)小于1.0、甲基环己烷/正庚烷小于1.0作为高成熟—过成熟阶段源内原油裂解气的判识标准，而$\sum C_6—C_7$环烷烃/(正己烷+正庚烷)大于1.0、甲基环己烷/正庚烷大于1.0作为源外原油裂解气的判识标准。值得注意的是，源外分散型原油裂解气与源外聚集型原油裂解气在上述两个轻烃指标未表现出明显的差异[图1-2-3(b)、(d)]，故不能用上述指标区分源外分散型和源外聚集型原油裂解气，需要探讨其他指标。

图1-2-6表明在高成熟—过成熟阶段，源外分散型和源外聚集型原油裂解气在苯/甲基环戊烷、甲苯/二甲基环戊烷存在差异，可以用来作为判识源外分散型原油裂解气和源外聚集型原油裂解气的一个指标。根据模拟实验中样品点的分布，将苯/甲基环戊烷小于0.3、甲苯/二甲基环戊烷小于1.2作为源外分散型原油裂解气的判识标准；而苯/甲基环戊烷大于0.3、甲苯/二甲基环戊烷大于1.2作为源外聚集型原油裂解气的判识标准。

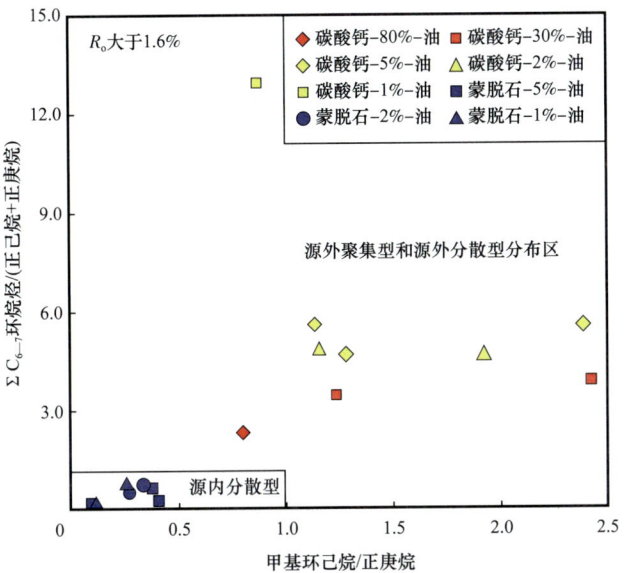

图 1-2-5　源内分散型原油裂解气与源外原油裂解气判识图版

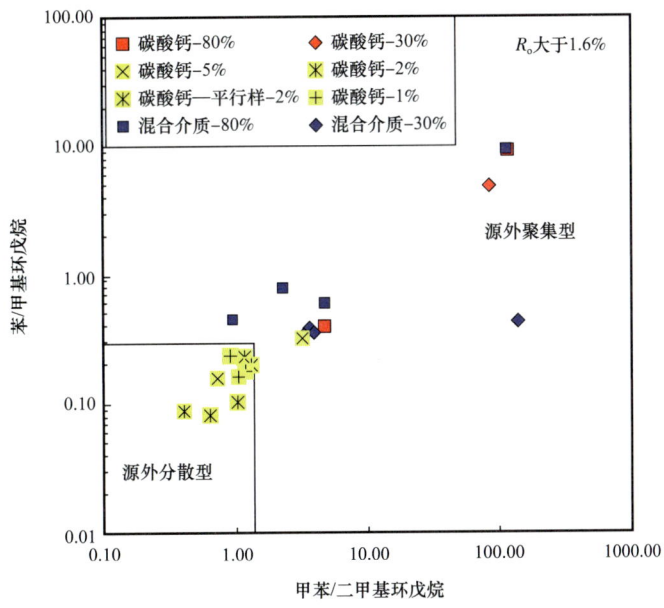

图 1-2-6　源外分散型、源外聚集型原油裂解气判识图版

3）地质应用

根据上面建立的源内分散型原油裂解气与源外原油裂解气判识图版，塔里木盆地和田河气田、四川盆地安岳气田天然气为源外原油裂解气，塔里木盆地塔中地区石炭系及轮南奥陶系天然气为源内分散型原油裂解气（图 1-2-7）。将塔里木盆地和田河气田、四川盆地安岳气田天然气样品投到建立的源外分散型、源外聚集型原油裂解气判识图版中，发现四川盆地安岳气田、塔里木盆地和田河气田天然气主体为源外聚集型原油裂解气，

塔里木盆地和田河气田玛3井、四川盆地安岳气田磨溪10井（灯二段）、磨溪11井（灯四段上亚段）存在源外分散型原油裂解气（图1-2-8）。

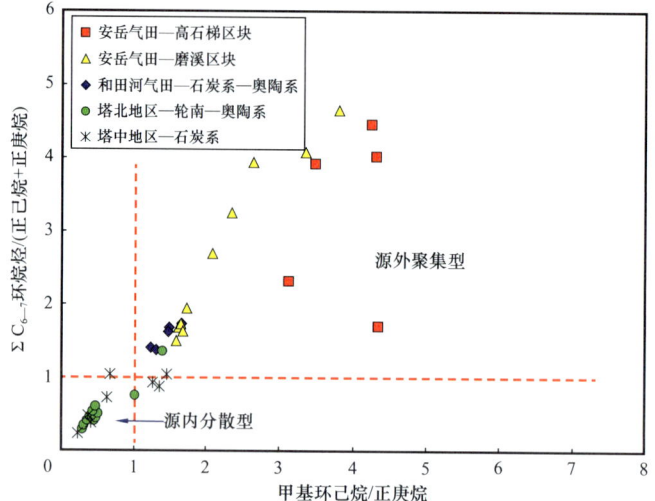

图1-2-7　源内分散型、源外聚集型原油裂解气判识图

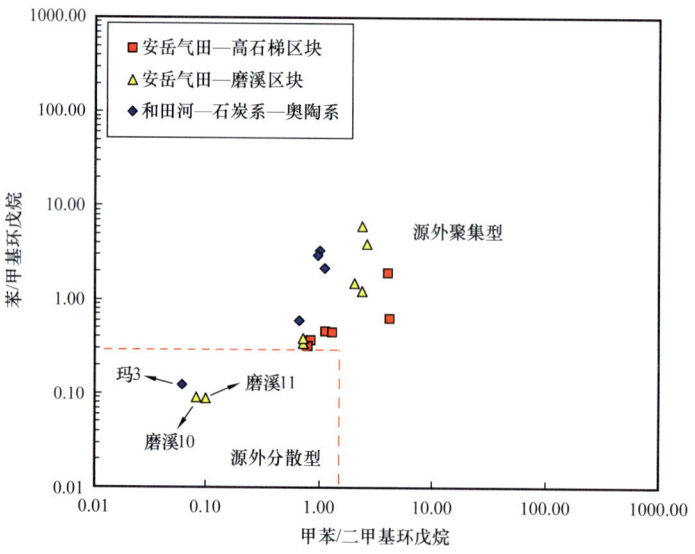

图1-2-8　源外分散型、源外聚集型原油裂解气判识图

3. 油型气和煤成气 C_8 轻烃鉴别指标

以前，对 C_{8+} 轻烃化合物研究相对较少，这里重点对 C_8 轻烃进行了系统分析，提出煤成气鉴别 C_8 轻烃指标。

1）样品基本地球化学参数

烃源岩样品采自塔里木、鄂尔多斯、四川及渤海湾等盆地，基本地球化学信息详见表1-2-1。

表 1-2-1　烃源岩地球化学基础数据表

井号/剖面	埋深/m	层位	岩性	成熟度(R_o/% 或 T_{max}/℃)	S_1/(mg/g)	S_2/(mg/g)	TOC/%
南堡288	3230.5		泥岩	1.58%			0.75
南堡1-4	3387.9		泥岩	1.51%			0.97
南堡280	3504		泥岩	1.60%			0.61
南堡5-81	4605.75	Es_{2-3}	泥岩	1.44%			0.37
古城2	2842	O_1	泥岩		0.08	0.08	0.426
迪北102	4984.6	J_1a	泥岩	469℃	0.53	1.10	0.848
英东2	3994.7	O	泥岩	466℃	0.06	0.12	0.115
乌达	露头	C_3t	煤	463℃	4.75	110.76	63.0
澄城	露头	C_3b	煤	517℃	0.15	1.01	33.18
威201	1512	S_1l	泥岩	598℃	0.02	0.30	2.01
宁201	2480.1	S_1l	泥岩	590℃	0.02	0.07	1.43

2）不同类型烃源岩吸附气 C_8 轻烃组成差异

（1）腐泥型烃源岩吸附气 C_8 轻烃组成特征。

以南堡凹陷沙河街组和四川盆地威201井寒武系烃源岩为例，研究了腐泥型烃源岩吸附气 C_8 轻烃的组成特征。各烃源岩吸附气 C_8 轻烃组分组成见表1-2-2，从表中可以看出，以南堡280井为例，在 C_8 轻烃组成中，2—甲基庚烷占13.12%，顺1,3—二甲基环己烷占15.5%，并且2—甲基庚烷/顺1,3—二甲基环己烷比值较高，一般大于0.5。在正构烷烃、异构烷烃和环烷烃组成中，环烷烃含量最高，其次为异构烷烃，正构烷烃含量最低。

表 1-2-2　不同类型烃源岩 C_8 轻烃组分组成

井号/露头	岩性	C_8 轻烃相对含量/%			2—甲基庚烷/%	顺1,3—二甲基环己烷/%	2—甲基庚烷/顺1,3—二甲基环己烷
		正构烷烃	异构烷烃	环烷烃			
南堡280	泥岩	28.45	35.04	36.51	13.12	15.50	0.85
南堡288	泥岩	23.72	29.41	46.88	8.91	17.52	0.51
南堡3-27	泥岩	28.63	38.80	32.57	10.21	15.63	0.65
南堡5-81	泥岩	14.01	51.92	34.08	6.80	7.89	0.86
威201	泥岩	19.48	46.08	34.45	15.23	14.46	1.07
澄城	煤	26.09	19.36	54.55	3.48	8.71	0.40
乌达	煤	37.66	27.93	34.42	1.08	3.90	0.28

（2）腐殖型烃源岩吸附气 C_8 轻烃组成特征。

为了探索腐殖型烃源岩吸附气 C_8 轻烃组成特征，选取了鄂尔多斯盆地澄城和乌达野外露头剖面太原组、本溪组煤样为分析对象，对这两个样品吸附气 C_8 轻烃组成进行了测定，结果见表 1-2-2，在 C_8 轻烃组成中，以正辛烷含量最高，其次是顺 1，3—二甲基环己烷和 2—甲基庚烷，2—甲基庚烷/顺 1，3—二甲基环己烷较低，一般小于 0.5。在 C_8 正构烷烃、异构烷烃和环烷烃组成中，环烷烃含量最高，其次为正构烷烃，异构烷烃含量最低。

通过对比分析，腐泥型和腐殖型烃源岩吸附气 C_8 轻烃组成既存在相似性，也存在较大的差异。相似性表现在各类化合物组成中以正辛烷含量最高，其次是顺 1，3—二甲基环己烷和 2—甲基庚烷，但在正构烷烃、异构烷烃、环烷烃和芳烃组成中以环烷烃为主。差异性表现在腐泥型烃源岩吸附气中 2—甲基庚烷/顺 1，3—二甲基环己烷相对较高，一般高于 0.5，在正构烷烃、异构烷烃、环烷烃和芳烃组成中异构烷烃高于正构烷烃，而对于腐殖型烃源岩来说，2—甲基庚烷/顺 1，3—二甲基环己烷相对较低，一般小于 0.5，在组分组成中，异构烷烃含量小于正构烷烃。

3）煤成气和油型气 C_8 轻烃组成差异

（1）煤成气 C_8 轻烃组成特征。

鄂尔多斯盆地上古生界天然气为典型的煤成气，对鄂尔多斯盆地苏里格气田、大牛地气田、榆林气田和靖边气田上古生界等 4 个气田 16 个样品的 C_8 轻烃组成进行了系统分析，结果见表 1-2-3，在 C_8 各化合物组成中，顺 1，3—二甲基环己烷含量最高，其次为正辛烷，2—甲基庚烷含量明显低于顺 1，3—二甲基环己烷。四个煤成气田中煤成气 C_8 轻烃 2—甲基庚烷/顺 1，3—二甲基环己烷均小于 0.5。

表 1-2-3 部分煤成气和油型气田天然气 C_8 轻烃组分组成

成因类型	气田/区块	井号	C_8 中各类化合物含量 /%			2—甲基庚烷/%	顺 1，3—二甲基环己烷/%	2—甲基庚烷/顺 1，3—二甲基环己烷
			正构烷烃	异构烷烃	环烷烃			
煤成气	大牛地	DP1	21.15	37.30	41.55	11.67	23.11	0.50
		D13	17.82	36.16	46.02	9.73	21.78	0.45
		DK22	13.32	37.45	49.23	10.34	24.48	0.42
		D25	16.72	39.71	43.57	10.47	20.95	0.50
	苏里格	苏 33-18	7.57	36.23	56.20	7.45	20.65	0.36
		苏 40-16	13.51	36.14	50.35	9.62	26.62	0.36
		苏 6	9.12	26.77	64.12	7.06	30.68	0.23
		苏 8	10.34	29.89	59.77	7.61	28.27	0.27
		苏 1	13.86	35.20	50.95	10.00	28.43	0.35
		苏 40-16	7.84	29.17	63.00	7.10	31.99	0.22

续表

成因类型	气田/区块	井号	C$_8$中各类化合物含量/%			2—甲基庚烷/%	顺1,3—二甲基环己烷/%	2—甲基庚烷/顺1,3—二甲基环己烷
			正构烷烃	异构烷烃	环烷烃			
煤成气	榆林	榆17	12.37	46.10	41.53	10.74	24.57	0.44
		榆36-9	13.24	28.58	58.18	7.27	28.76	0.25
		榆35-8	9.48	33.56	56.96	7.92	31.44	0.25
	靖边	陕211	10.01	40.34	49.65	9.38	24.77	0.38
		陕231	15.54	32.52	51.94	10.77	30.32	0.36
		陕143	9.46	34.61	55.94	8.25	30.48	0.27
油型气	和田河	玛4	28.36	38.71	32.93	12.79	13.84	0.92
		玛2	33.61	31.12	35.28	12.02	15.60	0.77
		玛4	28.09	37.82	34.09	13.46	15.52	0.87
	塔中	塔中6	25.88	40.82	33.30	13.22	14.40	0.92
		塔中451	24.58	40.16	35.26	13.90	15.69	0.89
		塔中111	20.86	50.18	28.96	20.92	11.77	1.78
	轮古	轮古16	20.33	48.09	31.59	14.67	13.61	1.08
		轮古19	42.32	38.96	18.72	18.52	6.35	2.92
		轮古100-4	48.28	34.20	17.52	16.58	5.21	3.18
		轮古100-6	9.55	54.57	35.88	22.59	10.70	2.11
	塔东	英南2	16.10	56.94	26.96	16.29	12.17	1.34
		满东1	24.31	47.12	28.57	19.49	10.26	1.90
		英东2	1.43	65.11	33.46	23.79	9.10	2.61
	轮南—吉拉克	轮南59	34.12	35.98	29.90	12.08	13.70	0.88
		轮南22	28.56	40.81	30.62	12.76	13.75	0.93
		吉102	36.79	39.29	23.93	18.88	17.67	1.07

在C_8正构烷烃、异构烷烃和环烷烃各类化合物组分组成中，煤成气具有环烷烃含量最高的分布特点，分布在41.53%～64.12%之间，平均为54.43%；其次是异构烷烃，含量分布在26.77%～46.10%之间，平均为33.50%；正构烷烃含量最低，分布在7.57%～21.15%之间，平均为12.07%。

（2）油型气C_8轻烃组成特征。

塔里木盆地台盆区天然气主要为油型气，对和田河、塔中、塔东和塔北的轮古、轮南一吉拉克地区 16 个天然气 C_8 轻烃进行分析，结果见表 1-2-3，在 C_8 各化合物组成中，与煤成气相比，油型气轻烃组成具有如下特点：正辛烷在 C_8 轻烃组成中含量最高，超过 20%；2—甲基庚烷 / 顺 1,3—二甲基环己烷比较高，在五个油型气田中，C_8 轻烃 2—甲基庚烷 / 顺 1,3—二甲基环己烷分布在 0.87～3.18 之间，明显高于煤成气；在油型气 C_8 正构烷烃、异构烷烃和环烷烃各类化合物组分组成中异构烷烃含量最高，分布在 31.12%～65.11% 之间，平均为 43.74%，环烷烃含量分布在 17.52%～35.88% 之间，平均为 29.81%，正构烷烃含量分布在 1.43%～48.09% 之间，平均为 26.45%，正构烷烃含量虽比环烷烃稍低，但差别不大，与煤成气相比，正构烷烃的含量相对要高很多。

4）煤成气和油型气鉴别 C_8 轻烃指标

通过对不同类型烃源岩吸附气和不同成因类型天然气 C_8 轻烃组成分析，两种成因类型天然气在 C_8 轻烃各类化合物组分组成和 2—甲基庚烷与顺 1,3—二甲基环己烷相对含量上有很大的差别，根据这种差异提出鉴别煤成气和油型气 C_8 轻烃两项指标。

（1）2—甲基庚烷 / 顺 1,3—二甲基环己烷。

从图 1-2-9 看出，在 $\delta^{13}C_2$ 大于 −28‰ 的煤成气中，2—甲基庚烷 / 顺 1,3—二甲基环己烷一般小于 0.5，在 $\delta^{13}C_2$ 小于 −28‰ 的油型气中，2—甲基庚烷 / 顺 1,3—二甲基环己烷一般都大于 0.5，这种差异性在不同有机质类型烃源岩吸附气 C_8 轻烃组成中也得到证实，腐泥型烃源岩 2—甲基庚烷 / 顺 1,3—二甲基环己烷一般都大于 0.5，腐殖型烃源岩该值一般小于 0.5。

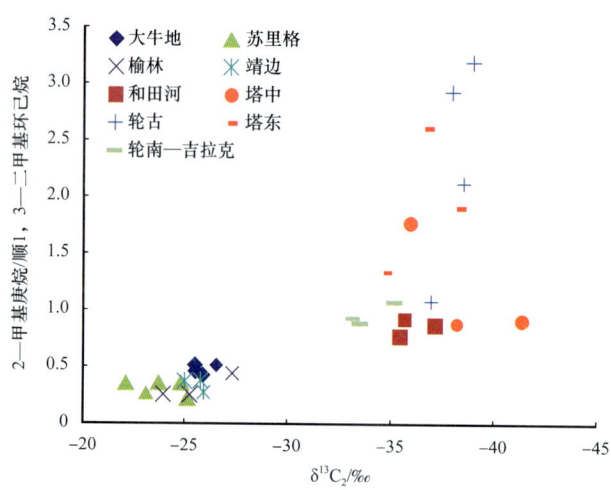

图 1-2-9　煤成气和油型气 $\delta^{13}C_2$ 与 2—甲基庚烷 / 顺 1,3—二甲基环己烷对比

另外，从表 1-2-3 可以看出，从大牛地气田、苏里格气田、榆林气田至靖边气田，天然气成熟度逐渐增高，但是 2—甲基庚烷 / 顺 1,3—二甲基环己烷与天然气成熟度之间没有一定的相关性，因此，成熟度对 2—甲基庚烷 / 顺 1,3—二甲基环己烷的影响可能比较小。

因此，认为 2—甲基庚烷 / 顺 1,3—二甲基环己烷可以作为煤成气与油型气鉴别的指标，当该比值小于 0.5 时为煤成气，大于 0.5 时为油型气。

（2）正构烷烃、异构烷烃和环烷烃相对组成。

煤成气和油型气以及不同类型烃源岩吸附气 C_8 轻烃各类化合物组成存在较大的差异，因此，根据差异可以提出不同成因类型天然气鉴别的组分组成指标。图 1-2-10 为煤成气和油型气 C_8 正构烷烃、异构烷烃和环烷烃相对含量组成分布图，从图中可以看出，煤成气中环烷烃含量很高，一般大于 40%，而油型气中异构烷烃含量较高，正构烷烃、异构烷烃和环烷烃三角图可以区别煤成气和油型气。

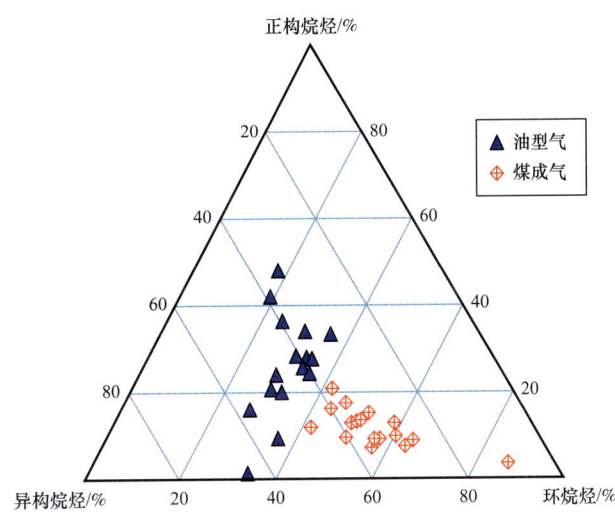

图 1-2-10　煤成气和油型气 C_8 正构烷烃、异构烷烃和环烷烃相对组成三角图

二、高成熟—过成熟阶段天然气成因鉴别新指标——甲烷簇同位素

簇同位素是继传统稳定同位素之后又一项革命技术，作为温度计广泛应用于地质等领域的重大基础问题研究。天然气成分简单，可用信息较少，甲烷簇同位素可作为一种新的技术方法解决来源及分析后期各种地质作用。

簇同位素分子是指某一类物质中含有两个或两个以上的稀有重同位素分子（Eiler，2007）。其中重同位素可以为同一种元素，如 D_2、$^{15}N_2$、$^{12}CH_2D_2$、$^{12}CHD_3$、$^{12}C^{18}O_2$ 等；也可以是两种不同元素，如甲烷 $^{13}C—D$（$^{13}CH_3D$、$^{13}CH_2D_2$、$^{13}CHD_3$、$^{13}CD_4$），二氧化碳 $^{13}C—^{18}O$（$^{13}C^{18}O^{16}O$、$^{13}C^{18}O_2$）等。含两个重同位素的簇同位素分子的丰度基本在 ppm 水平甚至更低，跟常规含有一个重同位素分子丰度（约 % 或‰）相比要低很多；而含三个重同位素的簇同位素分子丰度仅为 ppb 级。

1. 簇同位素测试技术进展

簇同位素分子丰度非常低，从随机状态下丰度可见一斑。因此，想要精确获得其丰度情况就要求仪器分析测试过程能够做到极高灵敏度、极高精度；同时测试过程需要保持分子结构的完整性，避免分子被破坏而发生同位素再分馏。此外，需要样品纯度极高，以获得好的质谱分离效果，避免其他物质的任何干扰（Eiler，2007）。基于此，就可以很好理解为何簇同位素热力学平衡原理早在 1933 年就由美国物理学家 Urey 提出，并一直强调其潜在应用价值，但长时间并未取得任何突破。直到1989年，Mroz等测量了大气甲烷中含四个重同位素的分子（$^{12}CD_4+^{13}CHD_3$）丰度，这是簇同位素分子第一次被测试和被应用。

2013年，加州理工大学Eiler团队通过改造的高灵敏度、高分辨率气体同位素质谱（MAT–253 Ultra）（Eiler et al., 2013; Stolper et al., 2014），将分辨能力提高至大约27000（M/ΔM），可以成功地把水（$H_2^{16}O$，质量数18.011）与甲烷簇同位素分子（$^{13}CH_3D$，质量数18.041）很好区分开；同时保证同一样品测量精度控制在±0.25‰（1σ）。麻省理工学院的Ono团队（Ono et al., 2014）利用可调谐红外激光吸收光谱（TILDAS）技术探测$^{13}CH_3D$（中红外8.6um光谱附近的吸收），发现测试精度跟样品的量有关，用10mL（450μMol）甲烷可以获得精度±0.1‰（1σ）。现仪器已可以将$^{13}CH_3D$和$^{12}CH_2D_2$区分开，商业化的MAT–253 Ultra仪器，及UCLA大学Young团队改造的高分辨气体同位素质谱仪（Nu Panorama）（Young et al., 2016），包括红外光谱（TILDAS）都可以达到要求。近期，为了降低分析流程和时间，尝试采用稳频光腔衰荡光谱技术（FS–CRDS）测量$\Delta^{13}CH_3D$和$\Delta^{12}CH_2D_2$，可以做到一小时内测量精度达到0.1‰（Shen et al., 2016），跟目前通行的其他几类仪器均需要近10小时/样相比，大大提高了分析效率。

2. 甲烷簇同位素技术

甲烷热动力学同位素交换反应平衡方程式表示为：

$$^{13}CH_4 + {}^{12}CH_3D \rightleftharpoons {}^{13}CH_3D + {}^{12}CH_4 \quad (1-2-1)$$

平衡状态下，按照定义计算$\Delta^{13}CH_3D$（Wang et al., 2004）：

$$\Delta^{13}CH_3D = \left[\left(\frac{^{13}CH_3DR}{^{13}CH_3DR^*}-1\right)-\left(\frac{^{13}CH_4R}{^{13}CH_4R^*}-1\right)-\left(\frac{^{12}CH_3DR}{^{12}CH_3DR^*}-1\right)\right]\times 1000$$
$$\approx \left(\frac{^{13}CH_3DR}{^{13}CH_3DR^*}-1\right)\times 1000 \quad (1-2-2)$$

式中 iR——[i]/[$^{12}CH_4$]的丰度比值；

iR^*——表示随机状态下[i]/[$^{12}CH_4$]相对比值。

跟簇同位素分子丰度受温度影响所不同，$^{13}CH_4$和$^{12}CH_3D$的丰度随着温度变化不大，所以后面两项$\left(\frac{^{13}CH_4R}{^{13}CH_4R^*}\ \frac{^{12}CH_3DR}{^{12}CH_3DR^*}\right)$基本等于1。

平衡状态下，$\Delta^{13}CH_3D$由反应平衡常数所决定（Wang et al., 2004），

$$\Delta^{13}CH_3D \approx 1000\ln\frac{K}{K^*} \quad (1-2-3)$$

式中 K^*——高温随机状态下反应平衡常数，为1。

根据$\Delta^{13}CH_3D$，Stolper等（2014）采用（Webb et al., 2014）公式计算其形成温度：

$$\Delta^{13}CH_3D = -0.0141\frac{10^6}{T^2} + 0.699\frac{10^6}{T^2} - 0.311 \qquad (1-2-4)$$

Stolper 等（2014）基于式（1-2-3），引入 Δ^{18}。他们主要考虑分子量为 18 的甲烷有两种簇同位素分子（$^{13}CH_3D$ 和 $^{12}CH_2D_2$），利用 MAT-253 Ultra 技术非常容易测试两种分子甲烷丰度之和；绝大多数情况下，Δ^{18} 与 $\Delta^{13}CH_3D$ 几乎等同的，因分子量 18 的甲烷簇同位素分子中 98% 以上为 $^{13}CH_3D$ 分子，$^{12}CH_2D_2$ 丰度含量极低：

$$\Delta^{18} = \left(\frac{^{18}R}{^{18}R^*} - 1\right) \times 1000 \qquad (1-2-5)$$

其中

$$^{18}R = \frac{[^{13}CH_3D] + [^{12}CH_2D_2]}{[^{12}CH_4]} \qquad (1-2-6)$$

$$^{18}R^* = 6\left[\frac{D}{H}\right]^2 + 4\left[\frac{D}{H}\right]\left[\frac{^{13}C}{^{12}C}\right] \qquad (1-2-7)$$

式（1-2-7）中 6、4 等系数为簇同位素分子 $^{12}CH_2D_2$、$^{13}CH_3D$ 分别有 6、4 种同分异构体构型。

Δ^{18} 与温度之间关系式（Stolper et al., 2014）：

$$\Delta^{18} = -0.0117\frac{10^6}{T^2} + 0.708\frac{10^6}{T^2} - 0.337 \qquad (1-2-8)$$

Ono 等（2014）计算略有不同，主要考虑式（1-2-3）中平衡常数 K 变化范围为 1.007（0℃）至 1.000（高温随机状态）（Bigeleisen et al., 1947; Urey, 1947），将式（1-2-3）简化为：

$$\Delta^{13}CH_3D = \ln K \approx K - 1 = \frac{[^{13}CH_3D][^{12}CH_4]}{[^{13}CH_4][^{12}CH_3D]} - 1 \qquad (1-2-9)$$

Wang 等（2015）通过这种方法获得的 $\Delta^{13}CH_3D$ 恢复甲烷生成温度的关系式为：

$$1000\Delta^{13}CH_3D = (1.68169 \times 10^{14})\frac{1}{T^2} - 1.40754 \times 10^{10}\left(\frac{1}{T^2}\right)^2 + 6.72697 \times 10^5 \frac{1}{T^2} - 0.28671 \qquad (1-2-10)$$

值得说明的是不同实验室目前得到的簇同位素表观温度尚存在一些差异，如 Young 等（2017）测量相同样品获得的温度普遍要低于得出的值，这可能因为不同实验室采用的 $\Delta^{13}CH_3D$ 或 Δ^{18}（$^{13}CH_3D + ^{13}CH_2D_2$）及不同的 Δ—温度校正公式；也可能由于不同实验室样品前处理制备和仪器分析测试差异，分析仪器有所区别，离子化效率会有差异，可能会产生系统性误差。开展实验室之间的比对，找到差异原因，并调整到统一框架结构内，是需要尽快解决的一个问题。

综上所述，簇同位素分子温度计的原理基于热力学平衡（Urey，1933），即认为某一物质不同同位素组成的分子之间存在热力学平衡。但是，在地质条件下，油气是由大分子有机质热裂解所产生，遵从的是热动力学过程。而天然气产生过程中，甲烷的生成及其同位素分馏几乎都是与动力学过程相吻合，而非热力学平衡所控制（Xiong et al.，2004；Tang et al.，2005；Shuai et al.，2006；Xia et al.，2012；Xia，2014）。在地质条件下，当甲烷形成之后，其分子间发生同位素热力学交换的可能性较小，说明甲烷并不具备发生热动力学平衡的条件。然而，发现大多数地质盆地内的天然气样品，尤其是那些非伴生常规天然气藏的天然气，甲烷簇同位素组成几乎均符合热力学同位素平衡关系（Douglas et al.，2017；Stolper et al.，2014，2018），甲烷形成温度跟其他反映甲烷成熟度的信息吻合程度较好（Eiler et al.，2017；Douglas et al.，2017；Young et al.，2017；Shuai et al.，2018a，b）。这一现象暗示大分子裂解过程中，单个物质同位素组成基本达到平衡状态，似乎验证了Galimov（1974，1985）的假设：有机物同位素地球化学主要表现为热动力学平衡。可能的解释是甲烷生成时存在氢自由基（H—），甲基母体（CH_3—）中的C—H键与氢自由基之间可发生交换，当氢同位素交换反应是可逆的时候，即可达到平衡（Eiler et al.，2017；Stolper et al.，2017）。这种氢同位素可逆性交换的确发生在地质盆地内生物气生成及热成因甲烷的生成过程中（Eiler et al.，2017）。总之，虽然可能并不是热力学平衡交换反应所造成，但多数情况下甲烷确实达到了同位素平衡，究竟机制如何尚需深入探讨。

关于甲烷是否在生成之后与环境中水发生同位素交换反应而达到簇同位素平衡问题，一般认为盆地内水和甲烷之间可能会发生氢同位素交换，尤其是在温度很高的地质条件下，如超过200℃（Brrruss and Laughrey，2010）。然而，Reeves等（2012）在323℃高温下开展了长达一年的水—甲烷交换实验，却发现没有明显的影响；Wang等（2018）研究也发现，大洋中脊中甲烷在270℃环境中，时间长达100年并未与水发生明显的同位素交换反应，甲烷簇同位素也没有受到任何影响。说明自然界中烃类，尤其是甲烷中C—H键相对较为稳定，正常储层内水的存在可能并不会对之产生明显影响。

3. 甲烷簇同位素非平衡状态及识别

截至目前，所分析天然气样品中80%以上基本达到簇同位素平衡状态，能够反映生成温度（Stolper et al.，2017）。然而，也发现很多甲烷处于非平衡状态，不能反映生成温度信息。

1）甲烷簇同位素非平衡状态

甲烷簇同位素（Δ^{18}或$\Delta^{13}CH_3D$）在某些形成阶段或条件下处于非稳态。这种非稳态甲烷最早在大气甲烷中被发现，被认为是甲烷受光化学氧化作用而产生（Mroz et al.，1989）。同样，非稳态簇同位素组成在未发生后期破坏的甲烷中也同样存在，《Science》

杂志几篇文章专门研究了生物甲烷簇同位素非稳态问题（Stolper et al.，2014；Passey，2015；Wang et al.，2015），其簇同位素（Δ^{18} 或 $\Delta^{13}CH_3D$）为负值（Wang et al.，2015；Douglas et al.，2016），已经超出同位素热力学平衡交换条件下 Δ^{18} 或 $\Delta^{13}CH_3D$ 所包含的物理学意义。这类甲烷生成于一些特定环境，如生物模拟实验、浅表层沼泽环境及动物瘤胃中（Stolper et al.，2014；Passey，2015；Wang et al.，2015；Douglas et al.，2016）。对此，Wang 等（2015）认为是产甲烷菌酶作用结果，产甲烷菌会优先利用轻的 C、H 原子，而 H_2 的浓度影响酶化学过程潜在的可逆性及可逆程度，酶是否可逆决定了产物甲烷的平衡与否，Stolper 等（2014，2017）和 Douglas 等（2016）认为这与生物甲烷的形成速率有很大关系，产生速率快的地区，如湖底或生物模拟实验中，H_2 的浓度大，H 原子交换不可逆，均难以达到平衡；而在埋藏较深的沉积物或海洋沉积物中，生物甲烷几乎均达到平衡。这种非稳态现象也发生在生物成因 O_2 簇同位素组成中（Young et al.，2015）。

封闭系统煤热模拟实验产生的热成因甲烷在特定阶段也呈现热力学不平衡状态（含量最低的 Δ^{18} 甚至小于 0），而其他阶段甲烷簇同位素均表现为平衡特征。不平衡甲烷的生成过程对应于乙烷规模裂解阶段（Shuai et al.，2018a），分析认为这个阶段乙烷裂解是甲烷产生的一个很重要的来源，而乙烷裂解产生的甲烷同位素分馏效应会明显加强，导致甲烷的簇同位素也展示动力学分馏效应而未达到平衡，甲烷簇同位素不平衡程度跟乙烷裂解的程度一致可以佐证该观点。另外，在有机质极端贫瘠的环境里，可能发生酯化反应及其他无机物合成甲烷的情况，非稳态簇同位素组成也存在于疑似无机合成的甲烷中（Young et al.，2017）。

盆地中典型原油伴生气与成熟度 R_o 小于 1.6% 页岩气往往具有不平衡的簇同位素组成，Δ^{18} 表观温度在 140～380℃之间，平均为 215℃（±59℃，1σ），已经超过了原油稳定区间，跟地质事实极为不吻合（Douglas et al.，2017；Stolper et al.，2017）。这些样品中甲烷簇同位素不平衡状态可能跟甲烷形成过程同位素动力学分馏有关，如受早期原油或沥青中某些组分裂解过程较强同位素动力学分馏所控制（Shuai et al.，2018a），也有可能由储存或开采过程中散失和相改变等导致同位素分馏造成。非常规储层，油气排出过程中压力降低非常明显，部分甲烷溶解在大分子油或页岩表面，大分子需要更大的压力梯度才能排出，而溶解在原油或吸附在页岩干酪根上的甲烷通过解吸附或脱气过程变为游离态，可能导致甲烷簇同位素分馏的发生，扩散吸附与解吸附过程中甲烷碳氢同位素组成明显发生动力学同位素分馏效应（Xia et al.，2012）。另外，非常规油气开发过程，如页岩气开采过程中，常常借助于水力压裂技术才得以有效开采，油气排出的机制跟传统油气开采是不一样的。未来研究需要关注簇同位素分馏，查明页岩排出与页岩滞留中甲烷簇同位素变化情况，以了解为什么非常规系统会跟其他类型热成因甲烷不同（Stolper et al.，2017）。

2）甲烷簇同位素平衡与非平衡状态鉴别

甲烷簇同位素既有处于热力学平衡状态的，也有部分偏离平衡状态的，簇同位素组成稳态与否的识别就非常关键。近期，Young 等（2017）分别测试了甲烷的 $\Delta^{12}CH_2D_2$ 和

$\Delta^{13}CH_3D$ 簇同位素，发现两种同位素均达到平衡的时候，往往展示的是真正平衡信息，可以用来作为形成温度的标志。这在很多地质天然气样品中得到了验证（Young et al.，2017）；台湾 SYNH 泥火山中天然气甲烷簇同位素达到了平衡，形成温度为 160℃，证实为热成因来源（Rumble et al.，2018），跟其稳定碳同位素（$\delta^{13}C$ 平均为 –35.9‰）较为吻合。

不平衡状态的甲烷簇同位素特征，虽然不能表征甲烷的形成温度，但却可提供其他形成信息和历史。如初步研究成果表明可区分生成温度都相对比较低的生物成因气与酯化成因的无机气：一些生物成因的地质样品，具有较轻的 $\Delta^{13}CH_3D$，但其 $^{12}CH_2D_2$ 却相对趋近于平衡状态时的丰度；无机化学合成的甲烷，$^{12}CH_2D_2$ 丰度非常低，而 $^{13}CH_3D$ 丰度正常或稍微弱一些（Young et al.，2017）。此外，还可以很好地识别出混合的甲烷（Young et al.，2017）。

4. 地质过程对甲烷簇同位素的影响

天然气生成之后、进入储层并在储层内保存，可能经历多期地质过程，遭受各种物理、化学作用影响，如运移、扩散、混合、蒸发、降解等。这些过程会导致甲烷常规碳、氢同位素发生明显分馏，也会导致簇同位素的分馏及变化。

由两种或两种以上不同来源、不同成熟阶段的甲烷混合在地质条件下应该是非常普遍的。生物成因和热成因甲烷的混合曲线可见不是简单直线形式，而是不规则"∩"形。两种甲烷性质差异越大，"∩"形越明显；当两种甲烷碳氢同位素变化不大时，越趋于直线类型。一些原油降解地区伴生的甲烷，可能为生物成因和热成因的混合，导致 Δ^{18} 表观温度极低，如中国松辽盆地原油降解型生物气田区，少量热成因甲烷导致 $\delta^{13}C$ 稍重、但 Δ^{18} 明显增加（表 1-2-4），阿拉斯加 Eyak 湖底甲烷，主体呈现生物成因，但 Δ^{18} 表观温度低于当地平均温度很多，^{14}C 测年（$\Delta^{14}C$ 处于 –851‰～–384.4‰）证明有下部古老碳源甲烷混入，证明存在少量下部渗漏来源热成因气（Douglas et al.，2016）。

表 1-2-4　混合作用及扩散作用导致甲烷 Δ^{18} 变大

地区	样品名	δD/（‰，V—SMOW）	1σ	$\delta^{13}C$/（‰，V—PDB）	1σ	Δ^{18}	1σ	T_{18}/℃	1σ	C_1/C_2+C_3	文献
松辽盆地	S-1	–246.7	0.13	–61.86	0.005	6.9	0.25	5	6	129	Douglas et al.，2017
	S-2	–249.1	0.15	–58.99	0.005	10.2	0.25	–77	8	1313	
SE Alaska	Eyak-2	–203.5	0.26	–60.74	0.02	9.1	0.80	–47	19	224000	Douglas et al.，2016
	Eyak-3	–242.6	0.24	–73.83	0.01	8.4	0.50	–31	12	137500	
Fairbanks Alaska	Killarney	–312.5	0.66	–88.76	0.01	9.6	0.66	–61	15		

扩散作用无论是在真空装置中（气体服从Graham扩散理论），还是由于压力不同发生扩散（气相之间相互扩散）都会使得扩散出去的甲烷Δ^{18}增加、δD和$\delta^{13}C$明显减少。通过空气扩散出去的部分Δ^{18}将增加1.5‰，而δD和$\delta^{13}C$降低-19‰（Douglas et al., 2016）。通过固体或液体扩散，甲烷Δ^{18}改变程度还暂时未知（Douglas et al., 2017）。Douglas等（2016）在阿拉斯加Killarney湖采集的生物成因天然气发现Δ^{18}重达9.6‰（表1-2-4），其$\Delta^{14}C$为-907.7‰，与地层沉积年龄相近，分析认为可能是扩散分馏造成，但扩散为什么仅发生在Killarney湖，而未发生在其他湖底样品，原因暂未知（Douglas et al., 2016）。相似的扩散分馏发生在CO_2（Eiler and Schauble）、O_2（Yeung et al., 2012）和N_2O（Magyar et al., 2016）。

喜氧或厌氧微生物降解作用会导致残留甲烷稳定同位素变重（Whiticar et al., 1999），Wang等（2016）所进行的喜氧条件下生物模拟实验证实，甲烷的喜氧氧化导致$\Delta^{13}CH_3D$降低、δD和$\delta^{13}C$明显增加，同时发现$^{13}CH_3D/^{12}CH_4$分馏系数基本由$^{13}CH_4/^{12}CH_4$和$^{12}CH_3D/^{12}CH_4$的改变所决定，说明$\Delta^{13}CH_3D$降低是由于残余甲烷重同位素富集、δD和$\delta^{13}C$增加所导致。这也暗示喜氧氧化条件下，甲烷C—H键没有发生明显的再平衡过程而导致甲烷重新达到平衡。地质条件下以甲烷厌氧条件被降解更为普遍，厌氧甲烷被降解完全不同于喜氧氧化，这个过程同时可能产生新的生物甲烷，整体上相对复杂。有证据显示硫酸盐还原（BSR）作用过程中残留甲烷碳同位素变重（Holler et al., 2011；Yoshinaga et al., 2014），但对甲烷簇同位素的影响暂未开展研究。

在大气中，甲烷被消耗的主要方式是与OH^-、Cl^-等发生化学反应而被降解。Douglas等（2017）曾预测化学反应使得$^{12}CH_2D_2$和$^{13}CH_3D$的丰度有所提高，但两者富集程度有区别。实验发现，未降解部分$^{13}CH_3D$同位素分馏因子为1.343（Whitehill et al., 2017），而$^{12}CH_2D_2$则约为1.81（Gierczak et al., 1997）。因此，借助于反应过程中$^{12}CH_2D_2$和$^{13}CH_3D$差异变化的趋势，就可以恢复大气中甲烷被氧化的程度，从而矫正和恢复原始甲烷特征及来源。

5. 甲烷簇同位素地质应用：松辽盆地徐家围子断陷深层天然气成因判识

徐家围子断陷位于松辽盆地中部，天然气主要产出于沿断陷系统分布的营城组火山岩储层（图1-2-11）；天然气同时具有"无机成因气"的典型特征，如烷烃气碳同位素倒转、部分幔源He加入、CO_2含量高等，因此也被前人认为可能是世界上为数不多的无机成因来源气成藏的地区。

然而，该区下部并不缺乏烃源岩分布，包括白垩系沙河子组和侏罗系火石岭组的煤和黑色泥岩。煤系镜质组反射率显示烃源岩已经超过成熟阶段，R_o分布在2.0%～4.0%之间（平均3.2%）。

通过获取五个不同含量CO_2天然气样品，均用钢瓶取自生产井井口。取样深度位于3542～3695m（表1-2-5），详细分析了天然气组成、碳氢同位素及甲烷和CO_2簇同位素组成特征。

从表 1-2-5 和表 1-2-6 结果可见，五个天然气组成各不相同，CO_2 含量为 0.53%~91.33%，CH_4 含量在 8.09%~96.21% 之间，乙烷和丙烷含量分别为 0.07%~2.20%，0~0.35%。$C_1/(C_2+C_3)$ 分布在 34~140 之间。在富甲烷气中检测到微量的 H_2，含量为 0.19%~0.91%。

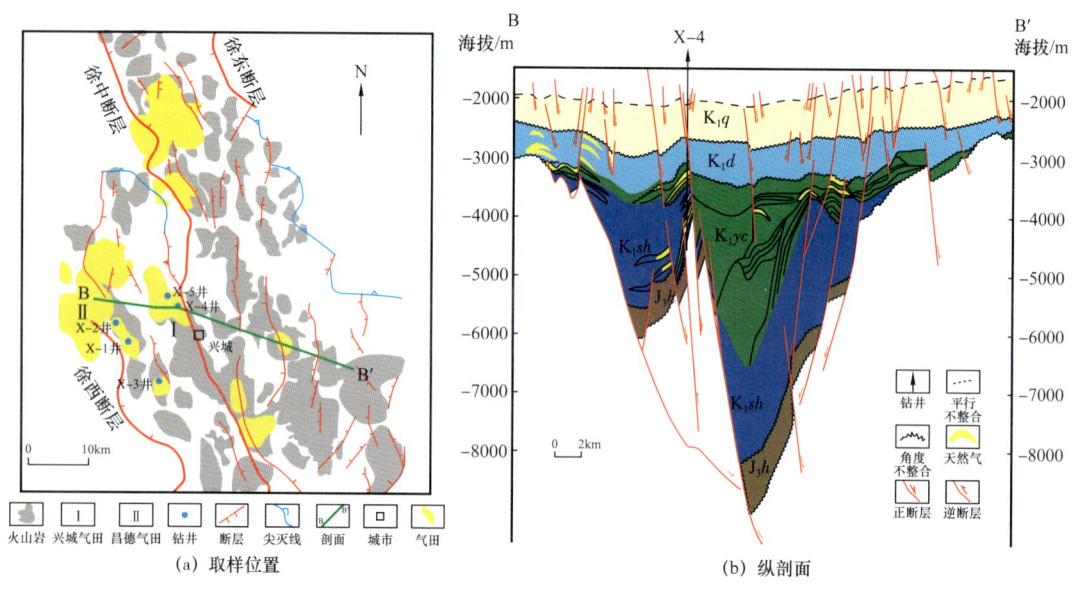

图 1-2-11 松辽盆地徐家围子断陷构造及取样位置及纵剖面图

尽管天然气组成变化很大，甲烷同位素却相对比较稳定，碳同位素分布在 −28.8‰~−26.6‰（VPDB）之间，氢同位素分布在 −208.2‰~−205.1‰（V—SMOW）之间。而 C_1—C_4 烷烃类碳同位素显示负碳同位素系列，即 $\delta^{13}C_1 > \delta^{13}C_2 > \delta^{13}C_3 > \delta^{13}C_4$，与常规热成因天然气随着碳数增加碳同位素降低变化规律不一致。CO_2 碳同位素为 −12.3‰~−4.0‰（V—PDB），Δ_{47} 表观温度分布在 41~64℃ 之间，既不同于 CO_2 形成的温度，也远远低于储层温度。主要原因是 CO_2 极容易与水或水蒸气发生同位素交换反应，而储层内广泛分布有数量不等的水分子，因此，CO_2 气体的簇同位素示踪性比较局限。甲烷簇同位素 Δ_{18} 分布在 2.47‰~3.03‰ 之间，对应表观温度在 149~235℃ 之间（表 1-2-6），高于现今储层温度 138~142℃（图 1-2-12）。

结果可见，这些天然气均具有较重的甲烷碳同位素、部分含有较高 CO_2 含量、甲烷到丁烷碳同位素完全倒转、幔源 He 等，表现出前人所认为的无机来源特征。然而，通过各种特征分析，认为这些气更可能来自深层高成熟—过成熟阶段热成因气与浅部天然气的混合。

首先甲烷簇同位素表观温度位于典型热成因天然气气窗范围内。尽管这个温度也可能为一些酯化无机成因天然气的形成温度范围，却区别于幔源热液或火山岩流体来源。我们设计计算了幔源和热成因天然气两种来源混合的可能性，结果表明混合作用也无法解释甲烷簇同位素的变化（图 1-2-13）。徐家围子断陷白垩系煤 R_o 在 2.2%~4.0% 之间，该区最大埋藏温度为 180~220℃。这与表观温度吻合性较高 [图 1-2-12（e）]。在昌德气

表 1-2-5 天然气组分及碳氢同位素组成分布

气田/气藏	样品	深度/m	层位	储层温度/°C	气体组成/%								$\delta^{13}C$/‰					δ^2H/‰
					CO_2	N_2	H_2	CH_4	C_2H_6	C_3H_8	iC_4	nC_4	C_2	C_3	iC_4	nC_4	CO_2	C_2
昌德	徐-1	3649~3642	K_1yc	141.6	91.33	0.48	0.00	8.09	0.09	0.01	nd	nd	−30.9	−30.5	nd	nd	−4.7	−194.8
	徐-2	3575.8~3602		139.9	89.74	0.39	0.00	9.79	0.07	nd	nd	nd	−30.5	−30.7	nd	nd	−4.0	−193.5
徐深 8	徐-3	3682~3686 / 3693~3695		142.9	35.52	0.63	0.57	61.34	1.48	0.32	0.04	0.04	−32.9	−33.0	−35.4	−34.3	−6.6	−223.4
	徐-4	3592~3624		140.4	4.27	0.54	0.91	91.67	2.06	0.35	0.11	0.09	−32.2	−33.7	−34.3	−34.3	−6.7	−222.6
兴城	徐-5	3542~3550		138.6	0.53	0.36	0.19	96.21	2.20	0.29	0.10	0.08	−31.4	−33.0	−33.0	−35.5	−12.3	−205.0

表 1-2-6 甲烷和 CO_2 簇同位素组成

样品	CH_4 同位素							CO_2 同位素						
	δ^2H	误差	$\delta^{13}C$	误差	Δ^{18}/‰	误差	Δ^{18}—温度/°C	误差	$\delta^{13}C$	误差	$\delta^{18}O$	误差	Δ^{47}	误差	Δ^{47}—温度/°C	误差
徐-1	−205.1	0.12	−26.6	0.004	2.51	0.23	209	22	−5.2	0.003	15.9	0.004	0.87	0.03	46	6
徐-2	−207.0	0.11	−27.3	0.005	2.47	0.23	213	22	−4.6	0.003	16.1	0.003	0.79	0.04	64	9
徐-3	−207.2	0.12	−27.4	0.005	3.03	0.24	167	18	−6.8	0.003	23.7	0.005	0.87	0.04	45	8
徐-4	−208.2	0.13	−28.8	0.005	2.77	0.22	187	18	−7.0	0.002	18.3	0.003	0.89	0.03	41	5
徐-5	−207.2	0.12	−28.6	0.004	2.72	0.24	191	20								

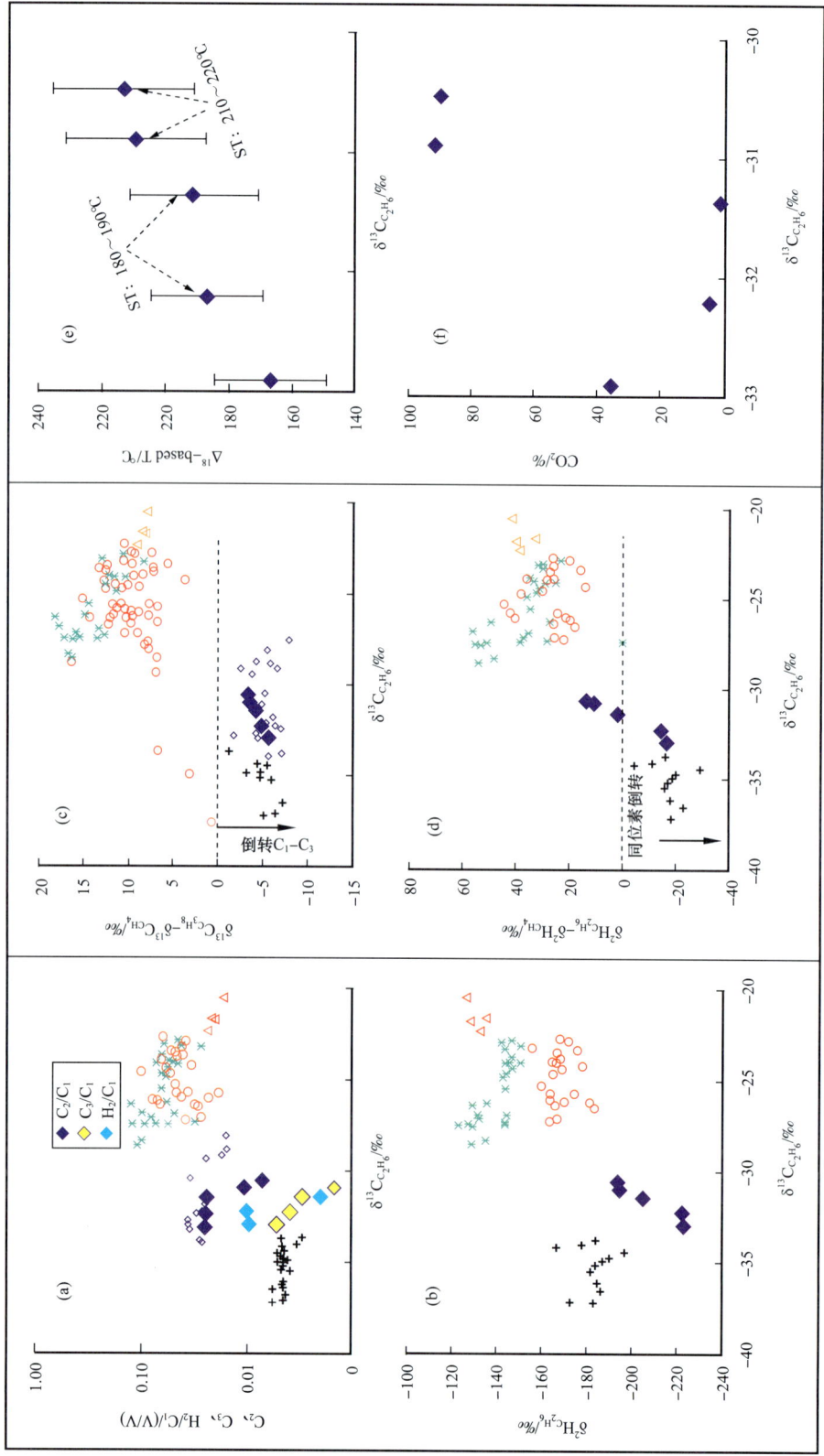

图 1-2-12 松辽盆地徐家围子天然气地球化学特征（据 Dai et al., 2014; Feng et al., 2016）

◇—其他来源徐家围子天然气；○—鄂尔多斯盆地上古生界致密气；+—鄂尔多斯盆地过成熟煤成气；※—四川川徐家河组天然气；△—塔里木盆地白垩系

藏区煤最大古地温接近210~220℃，与甲烷表观温度（209~213℃）几乎一致；兴城气藏区，最大埋藏古地温在180~190℃之间，也与甲烷的表观温度187~191℃吻合极好。同时，发现乙烷碳同位素分布在–32.9‰~–30.5‰之间，跟甲烷表观温度有良好的一致性[图1-2-12（e）]，跟乙烷碳同位素随着甲烷表观温度的增加而逐渐变重，这跟有机质在成熟过程乙烷的同位素分馏规律是一致，证明乙烷来自有机质不同成熟度的热裂解作用；还发现湿气组分含量跟甲烷表观温度之间有负相关关系（图1-2-14）。这些证明该区的天然气为有机质在高温阶段的热裂解作用所产生。

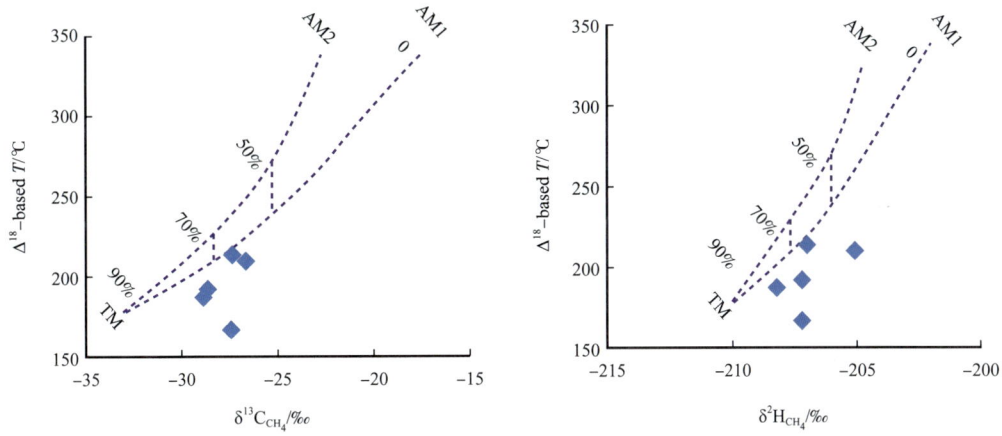

图1-2-13　幔源—热成因二元混合模型计算结果

TM—热成因甲烷端元 $\delta^{13}C_{CH_4}$ 为 –33‰，δD_{CH_4} 为 –210‰；AM—无机成因甲烷气端元，$\delta^{13}C_{CH_4}$ 为 –17‰，δD_{CH_4} 为 –202‰，假设生成温度为320℃（AM1）和450℃（AM2）

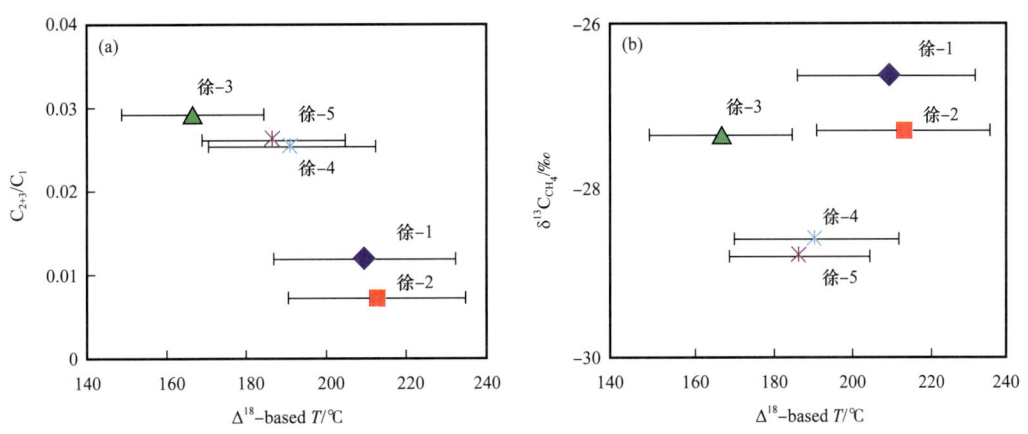

图1-2-14　甲烷表观温度与 $\delta^{13}C_{CH_4}$、C_{2+3}/C_1 关系

事实上，该区天然气呈现的"无机气"特征，与很多高成熟—过成熟阶段烃源岩晚期阶段产生的天然气特征是一致的。具有烷烃碳同位素完全倒转特征的天然气在鄂尔多斯盆地煤成气和四川盆地海相高成熟—过成熟阶段页岩气中非常普遍，它们已被证实为典型的高成熟—过成熟阶段烃源岩生成。

第三节　海相和煤系烃源岩评价及有利发育区

烃源岩分布规模对天然气富集具有重要的控制作用。世界各地大气田主要分布在高生气强度分布区，中国大气田大部分分布在生气强度大于 $20×10^8m^3/km^2$ 的范围内，因此，烃源岩评价及有利发育区的研究为预测大气田的分布提供了重要依据。

一、海相寒武系烃源岩评价及分布

中国海相烃源岩分布很广，纵向上主要分布在震旦系、寒武系、奥陶系、志留系及二叠系等，区域上主要分布在塔里木盆地、华北克拉通盆地和扬子克拉通盆地。海相地层是中国天然气勘探开发的重要领域之一，自 20 世纪 60 年代在四川盆地震旦系发现威远气田以来，中国学者对海相天然气烃源岩持续攻关研究，在海相天然气烃源岩有机质丰度评价下限、有效天然气烃源岩分布及控制因素等方面取得了重要进展。中国海相沉积盆地在寒武纪普遍发育烃源岩，主要分布在中国的南方和塔里木盆地。截至 2018 年底，近 $28295×10^8m^3$ 天然气探明储量来源于寒武系烃源岩，在中国 11 套烃源岩中对天然气探明储量贡献中处于第二位，显示寒武系烃源岩对海相天然气贡献占有举足轻重的地位。这里重点介绍四川盆地寒武系筇竹寺组和塔里木盆地寒武系玉尔吐斯组烃源岩地球化学特征及分布。

1. 四川盆地寒武系烃源岩地球化学特征及展布

1）烃源岩地球化学特征

四川盆地寒武系烃源岩成熟度很高，因此，有机碳是评价烃源岩有机质丰度的最好指标。通过对四川盆地内及周缘 19 个剖面和钻井 891 个样品的有机碳分析，筇竹寺组泥岩有机质丰度整体很高，有机碳含量分布在 0.03%～28.05% 之间，平均为 1.96%，TOC 大于 0.5% 的样品占 83%，平均为 2.3%，值得注意的是，筇竹寺组发育有机碳含量大于 5% 的高丰度优质烃源岩，占 8%，在中国广泛分布的海相地层中是罕见的。

由于成熟度对干酪根碳同位素影响较少，因此，干酪根碳同位素是高成熟烃源岩有机质类型判别的良好指标。根据寒武系 428 个烃源岩干酪根碳同位素分析，干酪根碳同位素变化较大，$δ^{13}C$ 分布在 –38.9‰～–28.0‰ 之间，平均为 –32.4‰，干酪根碳同位素集中分布在 –33.0‰～–31.0‰ 之间，从碳同位素分布来看，筇竹寺组烃源岩有机质类型主要为 I 型，少部分为 II₁ 型。寒武系烃源岩干酪根 $δ^{13}C$ 与有机碳含量存在负相关关系。东溪河剖面 TOC 含量分布在 0.1%～7.1% 之间，平均为 2.1%，干酪根 $δ^{13}C$ 介于 –38.9‰～–31.7‰，平均为 –36.2‰，碳同位素比较轻；错巴沟剖面 TOC 含量非常高，分布在 0.3%～28.3% 之间，平均为 9.5%，$δ^{13}C$ 分布在 –38.8‰～–34.8‰ 之间，平均为 –37.5‰，目前在中国寒武系烃源岩中干酪根碳同位素最轻，并且随着 TOC 含量的降低，干酪根碳同位素存在略微变重的趋势。威远地区威 201 井 TOC 含量分布在 0.1%～3.5% 之间，平均为 1.2%；干酪根碳同位素分布在 –37.9‰～–28.2‰ 之间，平均

为 $-32.3‰$。长宁地区宁 206 井 TOC 分布在 $0.2\%\sim5.9\%$ 之间，平均为 2.4%；干酪根碳同位素分布在 $-30.7‰\sim-27.2‰$ 之间，平均为 $-29.7‰$。对比四个剖面烃源岩干酪根碳同位素与总有机碳含量关系来看，有机碳含量越高，干酪根碳同位素越轻。寒武系干酪根碳同位素在平面上分布具有由东向西、由南向北逐渐变轻的分布规律。东部城口地区修齐剖面 $\delta^{13}C$ 分布在 $-33.3‰\sim-31.6‰$ 之间，平均为 $-32.2‰$，西部的错巴沟剖面 $\delta^{13}C$ 平均为 $-37.5‰$，西部明显轻于东部；南部烃源岩干酪根碳同位素都较重，南部宁 206 井 $\delta^{13}C$ 平均为 $-29.7‰$，丁山 1 井牛蹄塘组干酪根 $\delta^{13}C_1$ 分布在 $-30.8‰\sim-29.5‰$ 之间，平均为 $-30.1‰$，但在中部高石梯—磨溪地区干酪根碳同位素逐渐变轻，高科 1 井干酪根碳同位素分布在 $-32.4‰\sim-31.9‰$ 之间，平均为 $-32.2‰$，高石梯—磨溪地区安平 1 井干酪根碳同位素分布在 $-32.7‰\sim-32.6‰$ 之间，平均为 $-32.7‰$，到川西北地区东溪河剖面 $\delta^{13}C$ 平均为 $-36.2‰$。裂陷槽内部与边缘部位下寒武统烃源岩干酪根碳同位素分布也存在较大的差异，从裂陷槽横向上来看，碳同位素从台地或者裂陷槽边缘向裂陷槽中央逐渐变轻。

镜质组反射率是确定烃源岩成熟度最常用、最有效的指标。但是，在震旦系—下古生界中缺乏镜质体，已有研究表明，储层沥青反射率与镜质组反射率存在对应关系。通过将岩石中的沥青反射率换算成等效镜质组反射率，并结合单井热演化史分析寒武系烃源岩生烃演化特征。寒武系烃源岩成熟度非常高，等效镜质组反射率分布在 $3.0\%\sim4.0\%$ 之间，处于过成熟阶段。川西北地区下寒武统气源岩 R_o 为 $3.6\%\sim4.0\%$，平均为 3.8%；川东北气源岩有机质成熟度普遍达到过成熟阶段（$R_o>2\%$），集中在 $2.75\%\sim4.30\%$ 范围内，表明有机质成熟度主要处在过成熟阶段，以生干气为主；川西南地区下寒武统气源岩 R_o 普遍大于 3.0%。

2）烃源岩平面分布

寒武系烃源岩有机碳平面分布如图 1-3-1 所示，从整个盆地来看，川中古隆起在东南部有机碳含量较低，平均在 1.0% 左右。另外，川西南地区筇竹寺组烃源岩有机碳含量也很低，一般小于 1.0%。高丰度烃源岩主要分布在德阳—安岳裂陷，特别是在裂陷槽的西北端，有机质丰度非常高，平均可达 8.4%。从川西北至川东方向，存在深水陆棚相，烃源岩有机质丰度很高，平均为 $2\%\sim3\%$，是优质烃源岩的发育区。

TOC 大于 2% 的优质烃源岩厚度展布如图 1-3-2 所示，厚度展布格局类似于有机碳的分布，四川盆地下寒武统 TOC 大于 2% 的富有机质烃源岩主要分布在德阳—安岳裂陷槽，最大厚度在川西北地区可达 80m，在长宁地区，厚度也较大，分布在 $40\sim60$m，此外，川北地区和川东北地区寒武系烃源岩也较厚，生烃潜力很大。但是，在川中古隆起至东南部，优质烃源岩厚度很薄，女基井、丁山 1 井和广探 2 井烃源岩 TOC 大于 2% 厚度为 0，威远及其西南地区优质烃源岩比较薄，优质烃源岩厚度在 $0\sim20$m 之间（图 1-3-2）。

2. 塔里木盆地寒武系烃源岩地球化学特征及展布

1）烃源岩地球化学特征

塔里木盆地寒武系烃源岩地球化学研究表明，寒武系烃源岩总有机质含量普遍较高，在 TOC 大于 0.5% 的有效烃源岩中，TOC 大于 1% 的烃源岩占 63%。寒武系烃源岩有机

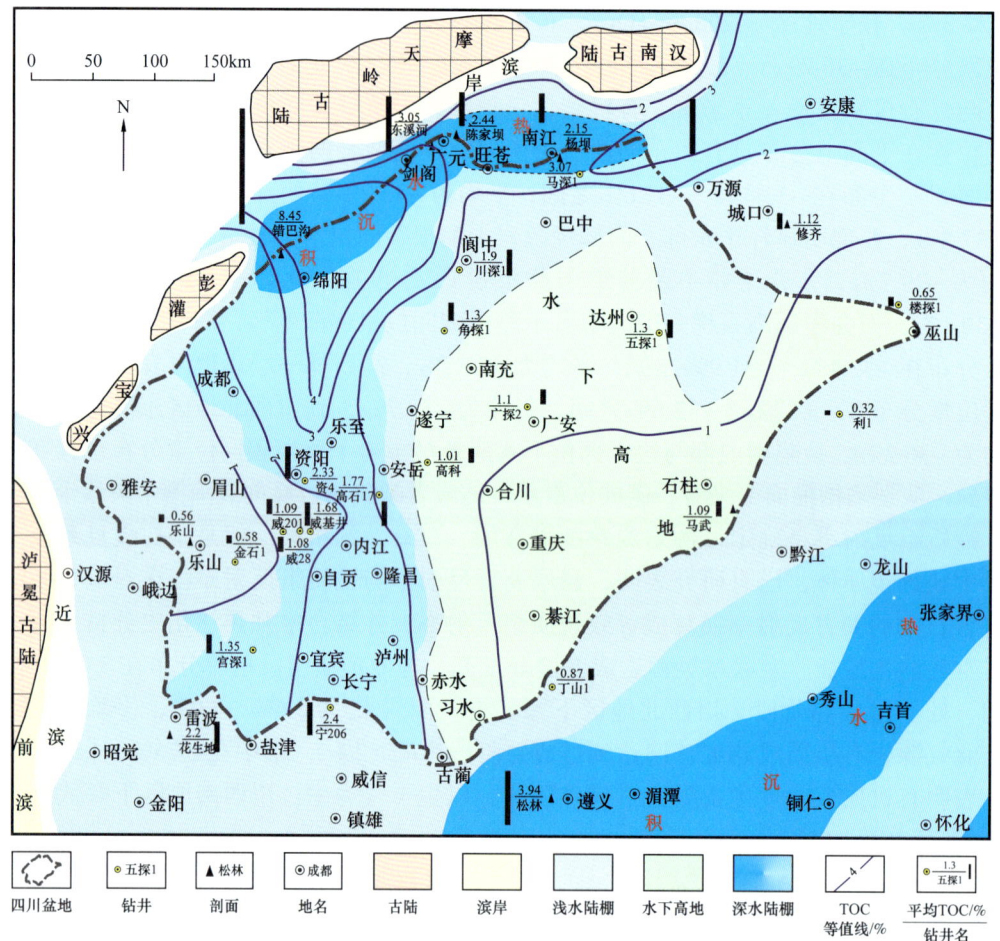

图 1-3-1 四川盆地寒武系筇竹寺组烃源岩有机碳含量平面分布图

相主体为东部盆地相和西部局限—蒸发台地相，烃源岩连续发育、分布稳定，其中以尉犁 1 井、塔东 1 井和塔东 2 井为代表的下寒武统为西山布拉克组和西大山组的泥灰岩和硅质泥岩，TOC 也相对较高，多数可达 2% 以上，有机质丰度 TOC 最高达到 7.2%；西部巴楚地区的同 1 井、方 1 井及和 4 井等钻井揭示的寒武系烃源岩主要分布在下寒武统吾松格尔组，烃源岩则普遍具有高 TOC 的特征，有机质丰度 TOC 主要分布在 0.5%～2.0% 之间。下寒武统玉尔吐斯组底部厚度不大，但有机质丰度很高，据 240 个样品的 TOC 数据分析表明，玉尔吐斯组底部烃源岩 TOC 分布在 0.1%～20.0% 之间，平均为 3.45%，为一套丰度很高的优质烃源岩。玉尔吐斯组烃源岩厚度在盆地西部相对较小，如什艾日克剖面黑色页岩厚 12.5m，TOC 分布在 2%～29% 之间，星火 1 井黑色页岩厚 23m，TOC 平均为 5.5%，至轮探 1 井，黑色页岩厚 26m，TOC 平均为 3.6%，但至尉犁 1 井和塔东 2 井，相变为西大山组和西山布拉克组，黑色页岩厚度增加，但 TOC 降低，如塔东 2 井黑色页岩厚度可达 55.5m，TOC 平均仅为 2.9%。在厚度上比四川盆地筇竹寺组烃源岩薄。

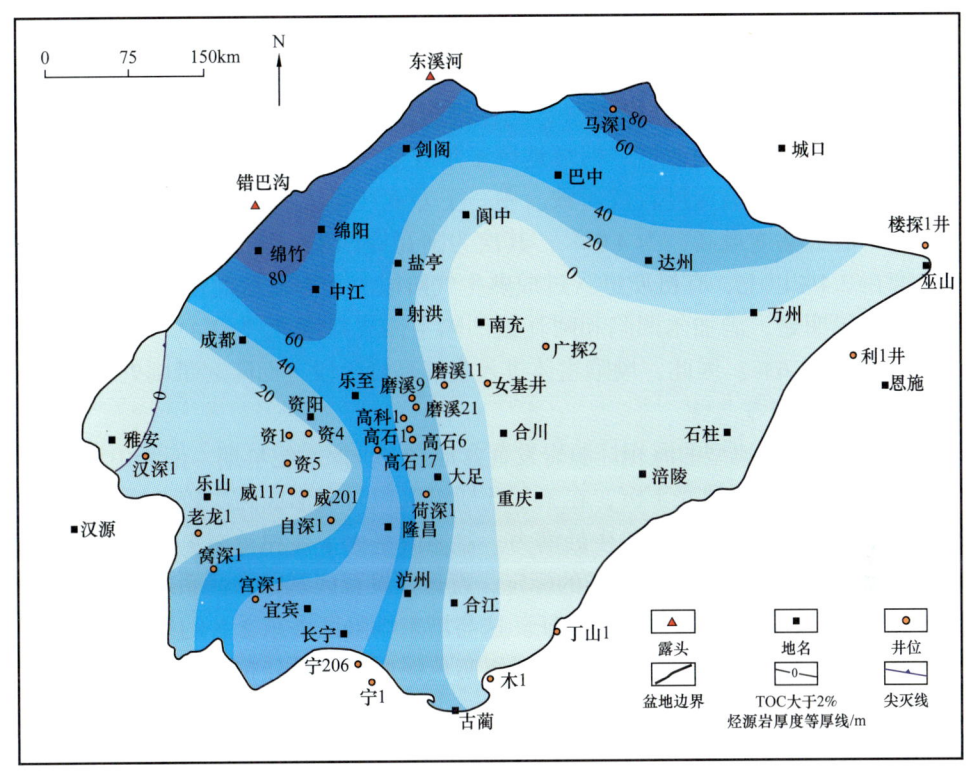

图 1-3-2　四川盆地寒武系 TOC 大于 2.0% 的优质烃源岩厚度等值线图

烃源岩干酪根碳同位素主要受当时环境下生物同位素与沉积环境的影响。通过对露头与井下下寒武统烃源岩干酪根碳同位素与氯仿沥青"A"碳同位素分析，明确了塔里木盆地寒武系烃源岩干酪根碳同位素随时代的变化受全球碳同位素漂移的控制，而沉积环境的差异是导致同一时代碳同位素变化的主要原因。氯仿沥青"A"碳同位素既受生源沉积环境的控制，又受到后期成熟度的强烈影响。塔里木盆地寒武系烃源岩干酪根碳同位素在下寒武统较为离散，范围为 −35‰~−28‰，寒武系整体具有变轻的趋势。而同一时代干酪根碳同位素差异较大，西部地区下寒武统玉尔吐斯组页岩干酪根碳同位素相对东部地区下寒武统西山布拉克组干酪根碳同位素偏轻可达 6‰；中寒武统则是具有西部重、东部轻的特点，反映了东西部沉积环境和沉积相对干酪根碳同位素强烈的控制作用。西部地区寒武系干酪根碳同位素垂向变化比东部地区垂向变化剧烈得多，反映出西部沉积环境变迁更为频繁和剧烈。

寒武系烃源岩干酪根碳同位素整体较轻，反映烃源岩有机质类型主要为 I 型，部分为 II 型。另外，干酪根 O/C 原子比与 H/C 原子比构成的范氏图也是判断沉积岩中有机质类型的常用方法，寒武系样品的 O/C 原子比小于 0.07，H/C 原子比小于 0.9，指示寒武系烃源岩处于高成熟阶段，干酪根组成趋向于石墨化，不能有效地区分有机质的原始类型。但是从寒武系烃源岩的发育环境来看，烃源岩主要发育于缺氧环境，有利于有机质的保存，生油母质主要是浮游藻类生物，虽然有机质成熟度高，但根据沉积环境判断其有机质类型属于 I 型、II 型。

寒武系经过长期演化，普遍具有较大埋深，烃源岩具有较高的成熟度。由于寒武系镜质体不发育，以镜质组反射率换算获得样品成熟度，寒武系烃源岩普遍已达到高成熟—过成熟阶段，R_o为1.25%～2.71%，均已经历过生油高峰，以塔东2井成熟度最高，研究认为受到次生热作用的改造。柯坪地区玉尔吐斯组露头成熟度最低，可能是由于其处于盆地边缘，早期埋藏深度较浅所致。中—下寒武统全盆范围成熟度普遍大于1.2%，满加尔凹陷中心成熟度最高，为4.0%；其次为阿瓦提凹陷，为3.2%。以上两凹陷主体部分成熟度在2.4%以上，有机质进入过成熟生气阶段。上寒武统北部坳陷区与隆起区的热演化程度差异明显，满加尔凹陷和阿瓦提凹陷主体成熟度R_o为2.4%～3.6%，而隆起带R_o则为0.8%～1.6%。因此，坳陷主体进入生气高峰阶段，而隆起带则处于生油阶段。

2）烃源岩平面分布

塔里木盆地是中国典型的海相烃源岩发育盆地之一，寒武纪早期，南天山洋初始裂陷，位于其南缘的阿克苏地区地壳下沉，在玉尔吐斯组沉积时期形成两次较大规模的海侵，分别形成两套黑色岩系，具有很高的生烃潜力。盆地内星火1井和轮探1井均钻遇玉尔吐斯组20多米的黑色泥岩，通过过井地震的标定，震旦系发育区紧贴寒武系底强反射的较连续反射为发育玉尔吐斯组烃源岩的反射特征。这与塔东坳陷区塔东2井的标定结果相似，且在多数地震剖面上有所反映，表明玉尔吐斯组暗色泥岩是广泛分布的。综合各方面研究成果，重新预测了玉尔吐斯组烃源岩厚度分布。受古地貌及构造演化控制，玉尔吐斯组沉积时期，盆地中—西部地区主要为浅水沉积，泥岩沉积厚度相对较薄。东部地区以深水沉积为主，泥岩沉积厚度大。总体上，玉尔吐斯组暗色泥岩在全盆地广泛发育，受古隆起分割，形成四个厚度发育中心，塔中—阿瓦提泥岩厚度10～50m，分布面积约$8×10^4km^2$；满加尔凹陷泥岩厚度为30～80m，分布面积$9.2×10^4km^2$；塔东地区泥岩厚度为30～90m，分布面积$2×10^4km^2$；塔西南泥岩厚度为10～50m，分布面积$11.5×10^4km^2$（图1-3-3）。

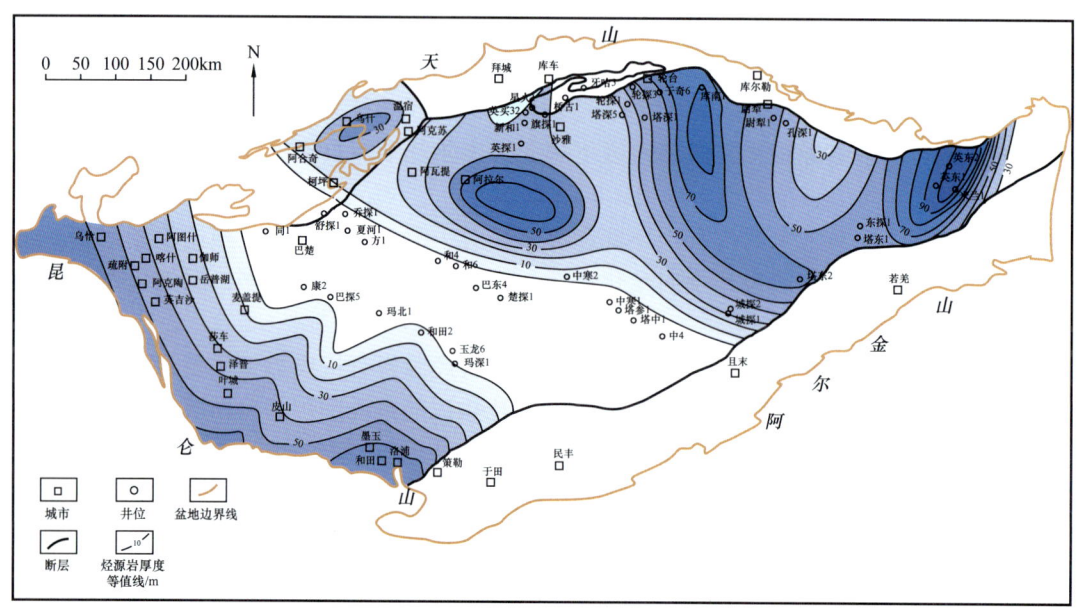

图1-3-3　塔里木盆地下寒武统玉尔吐斯组烃源岩厚度预测图

中寒武世，塔里木盆地南侧北昆仑洋出现，相应地沿着塔西南缘的叶城—和田—于田一带形成了被动大陆边缘，在盆地内自西南向东北方向依次发育缓坡、开阔或者封闭半封闭台地、台缘、斜坡—盆地相。发育多期海进与海退的旋回，在塔西台地区形成开阔台地与局限台地交互出现的沉积格局。中寒武世早期沙依里克组沉积期海侵导致盆地西部地区发育较为广阔的蒸发台地沉积，蒸发潟湖相大规模发育，属局限台地内洼陷的产物。随后在海退背景下塔西地区潟湖沉积收缩，台缘、潮间—潮上及斜坡沉积更为发育。海平面上升导致阿瓦塔格组沉积时期发育宽广的膏泥坪沉积，塔里木盆地中—西部地区广泛发育膏盐等蒸发岩沉积，厚度超过300m。虽然该时期塔里木盆地中—西部蒸发潟湖环境中有机质的保存条件相对较好，但在干旱高含盐的条件下，生烃生物的发育受到抑制，因此塔里木盆地中—西部烃源岩较薄，且有机质含量也相对较低，难以对盆地油气聚集起主要贡献。而在塔东盆地区，在整个中寒武世均为继承性斜坡—盆地相，沉积以泥灰岩、泥质灰岩和石灰岩为主，最新沉积相分布特征表明，该时期塔东地区盆地发育范围并不局限于现存满加尔凹陷以内，盆地相广泛分布在塔深1井—塔东2井以东，塔东1井、东探1井和英东2井均发育欠补偿盆地相，盆地相向南向北均有扩展，有利于烃源岩的大面积分布。而斜坡—盆地相有机质发育和保存条件均较好。因此，该区域中寒武统发育有机质丰度高、厚度大的烃源岩（莫和尔山组烃源岩最厚可超过110m），烃源岩发育中心位于英南2井一带，向斜坡方向逐渐变薄（图1-3-4）。

晚寒武世塔里木盆地沉积格局基本继承了中寒武世的特点。北昆仑洋宽度进一步扩大，南天山裂陷进一步加强。塔西克拉通内坳陷由于海平面上升，局限台地范围缩小，逐渐转变为开阔—局限台地相，沉积模式主要表现为局限台地—半局限台地—开阔台地—台地边缘—斜坡—盆地相模式。塔北、塔中与巴楚隆起上寒武统主要发育一套厚层结晶白云岩，部分层位白云岩具有颗粒幻影结构，反映开阔台地砂屑滩亚相，局部发育暗红色泥晶白云岩。西部地区钻井样品有机地球化学分析表明该时期无烃源岩发育，通过地质—地震模型推测在台内洼陷局部可能发育厚度较薄的烃源岩（图1-3-5）。塔东地区以石灰岩和泥质灰岩为主，发育半深水陆棚沉积相，广泛发育烃源岩，厚度分布趋势与东西向沉积格局变化一致，自东向西厚度由150m左右，逐渐变薄至台缘带不发育烃源岩。

二、煤系烃源岩生气潜力评价及分布

煤系烃源岩是指含煤层系中具有生气能力的岩层，主要为陆相和海陆过渡相的煤层、暗色泥岩以及碳质泥岩，其中暗色泥岩一般被称为煤系泥岩。在中国主要的含气盆地中，均发育了巨厚的煤系泥岩作为天然气烃源岩，为中国煤成气大气田提供了重要的气源条件。

1. 主要盆地煤和煤系泥岩发育规模与空间展布

煤系烃源岩分布明显具有分带性，西部气区含气盆地煤系烃源岩主要分布在中生界侏罗系与三叠系；中部气区煤系烃源岩在鄂尔多斯盆地分布在上古生界石炭系—二叠系、在四川盆地分布在上三叠统须家河组和上二叠统龙潭组；而东部气区煤系烃源岩在松辽盆地主要分布在白垩系，渤海湾盆地分布在石炭系—二叠系，海域主要分布在古近系—新近系。

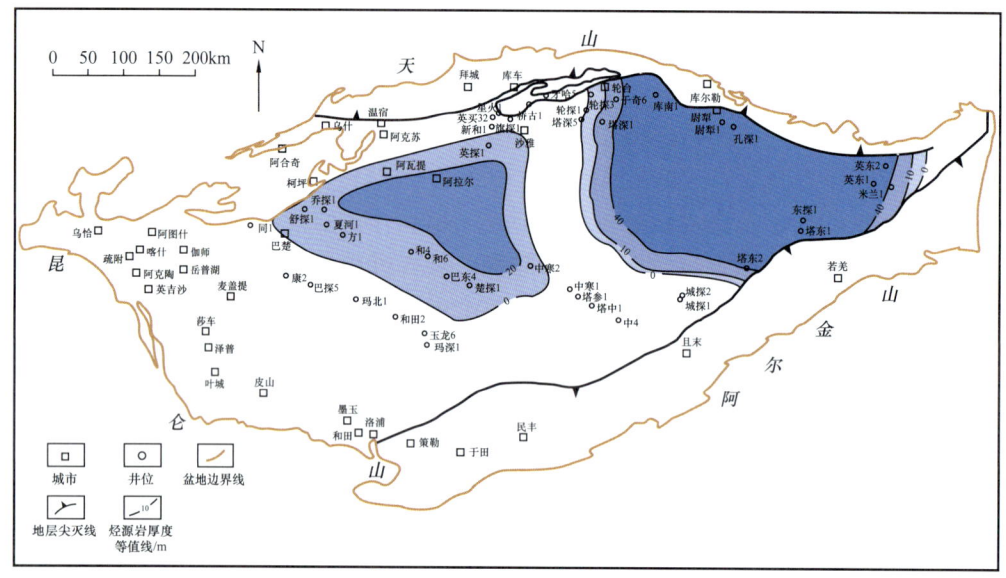

(a) 沙依里克组

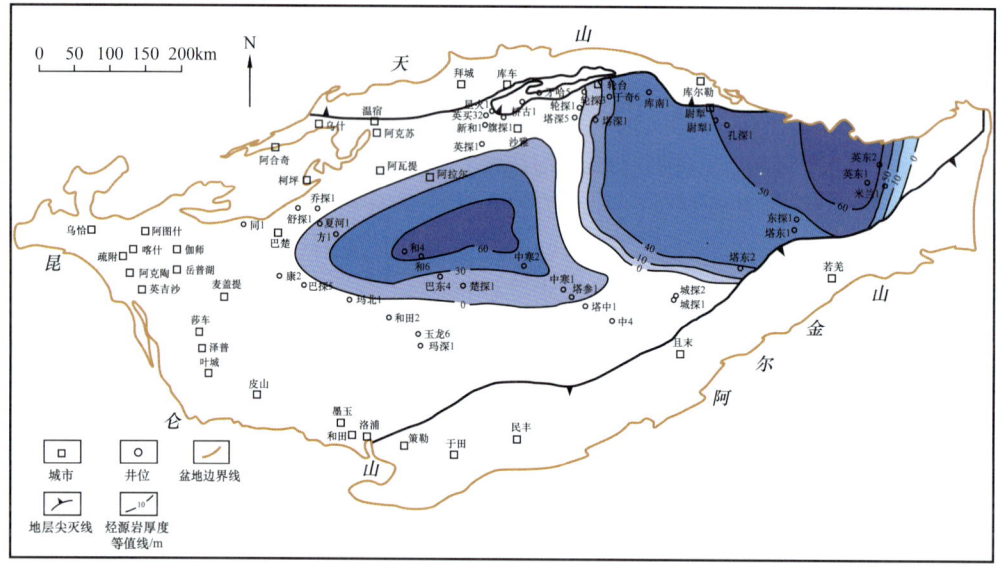

(b) 阿瓦塔格组

图 1-3-4 塔里木盆地中寒武统沙依里克组和阿瓦塔格组烃源岩厚度平面分布图

1) 西部气区煤系烃源岩分布

西部气区是中国煤系烃源岩主要发育地区，主要分布在准噶尔盆地、塔里木盆地库车坳陷和塔西南坳陷及吐哈盆地侏罗系—三叠系，另外，准噶尔盆地石炭系也发育良好的煤系烃源岩。本节以库车坳陷为代表剖析三叠系—侏罗系煤系烃源岩的发育特征。

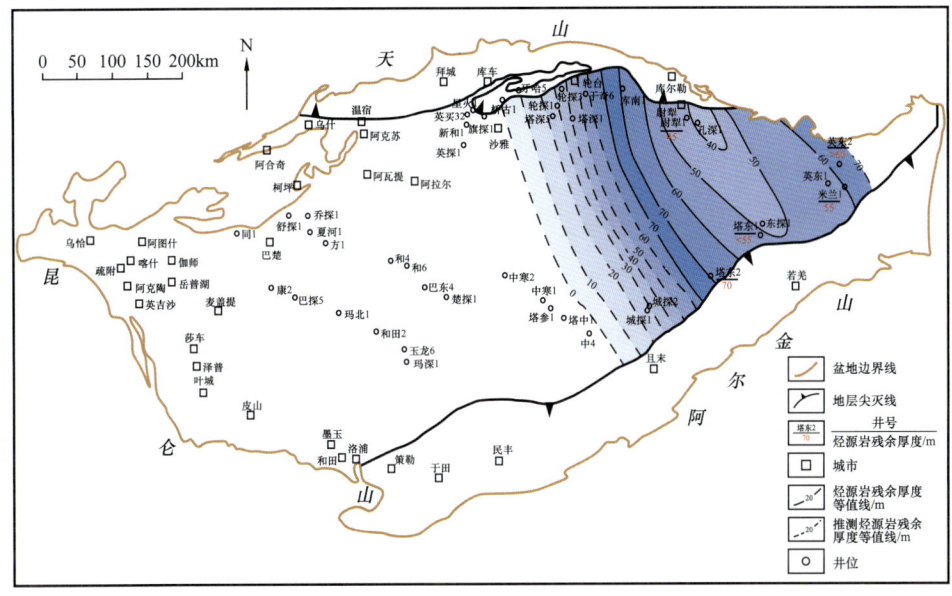

图 1-3-5 塔里木盆地上寒武统烃源岩残余厚度等值线图

（1）烃源岩展布特征。

库车坳陷中生界三叠系和侏罗系发育湖相和煤系五套烃源岩，分别为三叠系黄山街组、塔里奇克组；侏罗系阳霞组、克孜勒努尔组、恰克马克组。塔里奇克组、阳霞组、克孜勒努尔组属于煤系烃源岩，其他为湖相烃源岩。库车坳陷三叠系烃源岩由南向北逐渐增厚，侏罗系阳霞组、克孜勒努尔组、恰克马克组湖相烃源岩也具有由南向北增厚的特征，其累计煤系泥岩厚度超过 1000m（图 1-3-6）。

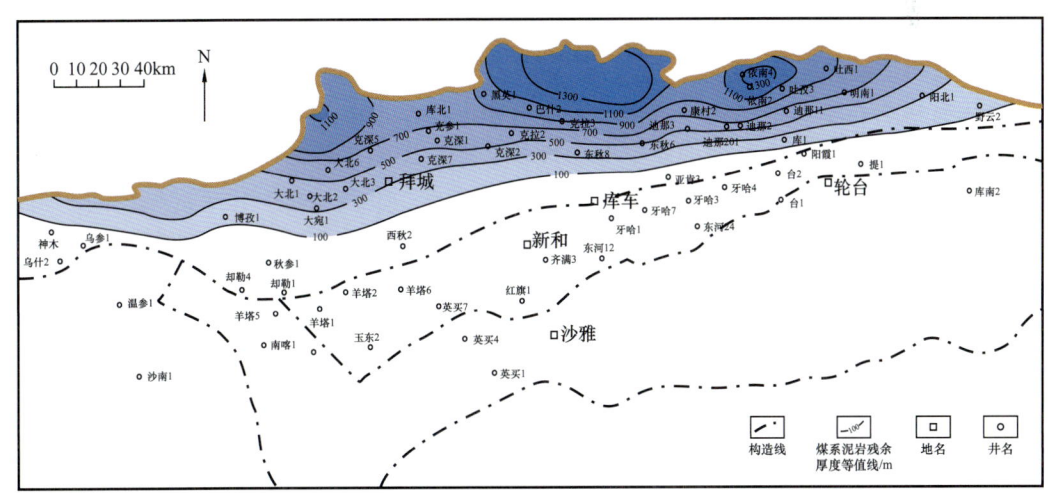

图 1-3-6 塔里木盆地库车坳陷三叠系—侏罗系煤系泥岩残余厚度等值线图

库车坳陷三叠系—侏罗系煤系地层广泛发育煤层，这也是该区形成大气田的物质基础。从图 1-3-7 可以看出，三叠系—侏罗系煤系累计叠加厚度表明库车坳陷煤层的厚度普遍大于 30m，最厚处可达到 60m。

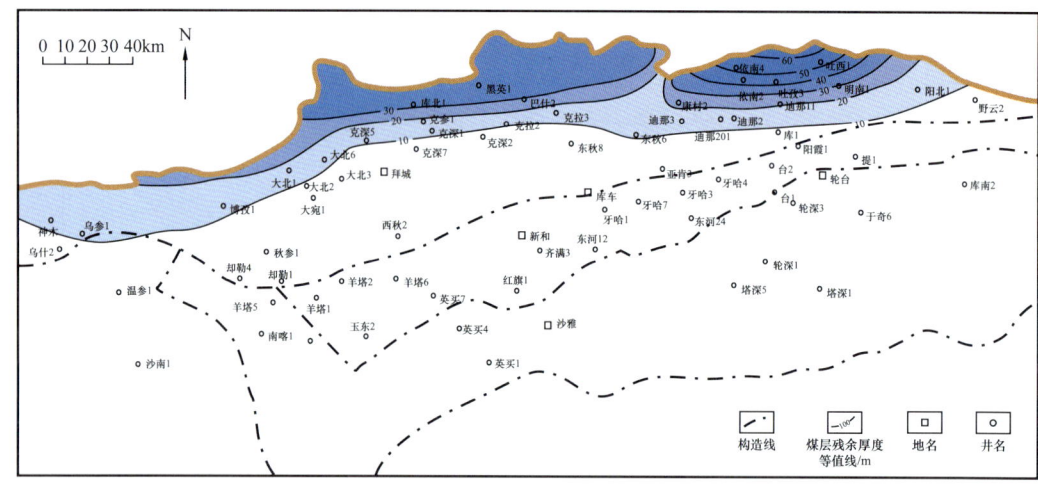

图 1-3-7 塔里木盆地库车坳陷三叠系—侏罗系煤层残余厚度等值线图

（2）有机质丰度与类型分布特征。

煤系地层是以沼泽相和河流相为主体的含煤沉积建造，其有机质高度富集，而且以陆生高等植物为有机质的主要来源，有机质的性质必然与一般湖相泥岩有所差别。库车坳陷三叠系—侏罗系煤系泥岩有机碳含量较高，以下侏罗统阳霞组泥岩为例，尽管其有机质热演化已到达了高成熟—过成熟阶段，但其泥岩的有机碳含量仍在 1.5%～3.0% 之间，表现出较高的生气能力。

三叠系—侏罗系泥岩中有机显微组分以镜质组和惰质组为主，腐泥组和壳质组平均含量低，富氢组分平均含量在 5% 以下，但仍然有部分样品富氢组分在 20%～50% 之间。碳质泥岩中富氢组分稍高，在 10% 左右，煤中富氢组分含量低，平均在 3% 以下。总体看来，三叠系—侏罗系煤系烃源岩以Ⅲ型有机质为主，主要为倾气型干酪根。

（3）有机质成熟度分布特征。

应用有机岩石学和地球化学方法，系统分析了库车坳陷探井和露头剖面中生界烃源岩成熟度，总结有机质成熟度的时空分布规律。库车坳陷三叠系—侏罗系烃源岩实测镜质组反射率为 0.56%～2.30%，成熟度总体上西高东低、北高南低。位于拜城凹陷—阳霞凹陷西部的烃源岩目前已经处于过成熟阶段，在山前逆冲带上，由于晚期断层逆冲，将深部烃源岩推挤到浅部或地表，结果即使埋藏很浅，实测的 R_o 仍然较高。图 1-3-8 所示的侏罗系阳霞组烃源岩成熟度分布特征与前人的研究结果是十分吻合的。

2）中部气区煤系烃源岩分布

中部气区煤系烃源岩主要分布在鄂尔多斯盆地石炭系—二叠系和四川盆地上二叠统龙潭组和上三叠统须家河组。下面以鄂尔多斯盆地为代表剖析石炭系—二叠系煤系烃源岩的发育特征。

（1）烃源岩分布特征。

鄂尔多斯盆地上古生界煤系烃源岩主要为太原组和山西组煤系地层。研究表明，上古生界煤系烃源岩在鄂尔多斯盆地内的发育和分布是不均衡的。北部煤层较南部厚，在东西方向，盆地中部的煤层较薄，而东、西部煤层较厚，显然，这是与盆地的发育历史和沉积环境的变化特征紧密联系在一起的。煤系泥岩主要分布在古隆起的两侧［图1-3-9（a）］，总体上西部和东部相对较厚。煤层的分布也有大致相同的特点［图1-3-9（b）］。存在差别的是除西部地区泥岩总体较厚外，盆区其他地区的泥岩厚度总体差异不大，分布较为稳定。

图1-3-8 塔里木盆地库车坳陷三叠系煤系泥岩镜质组反射率（R_o）等值线图

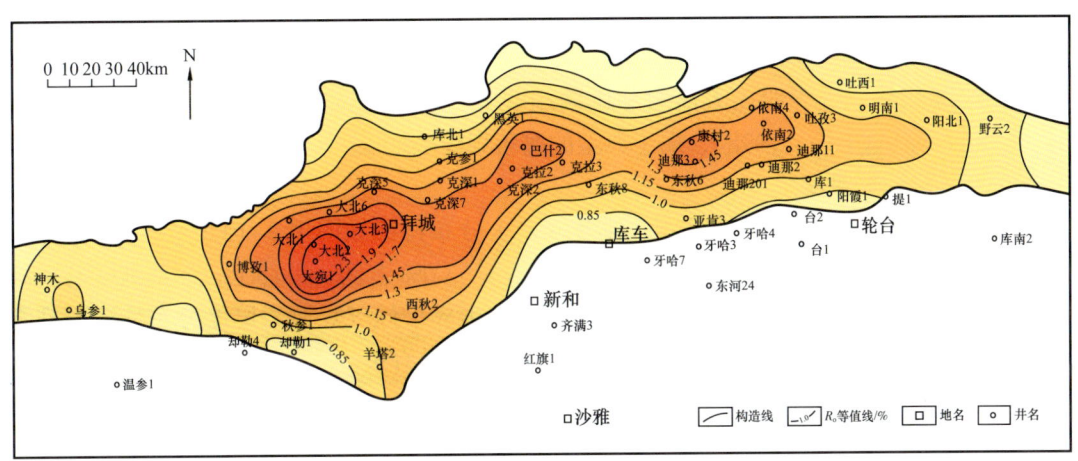

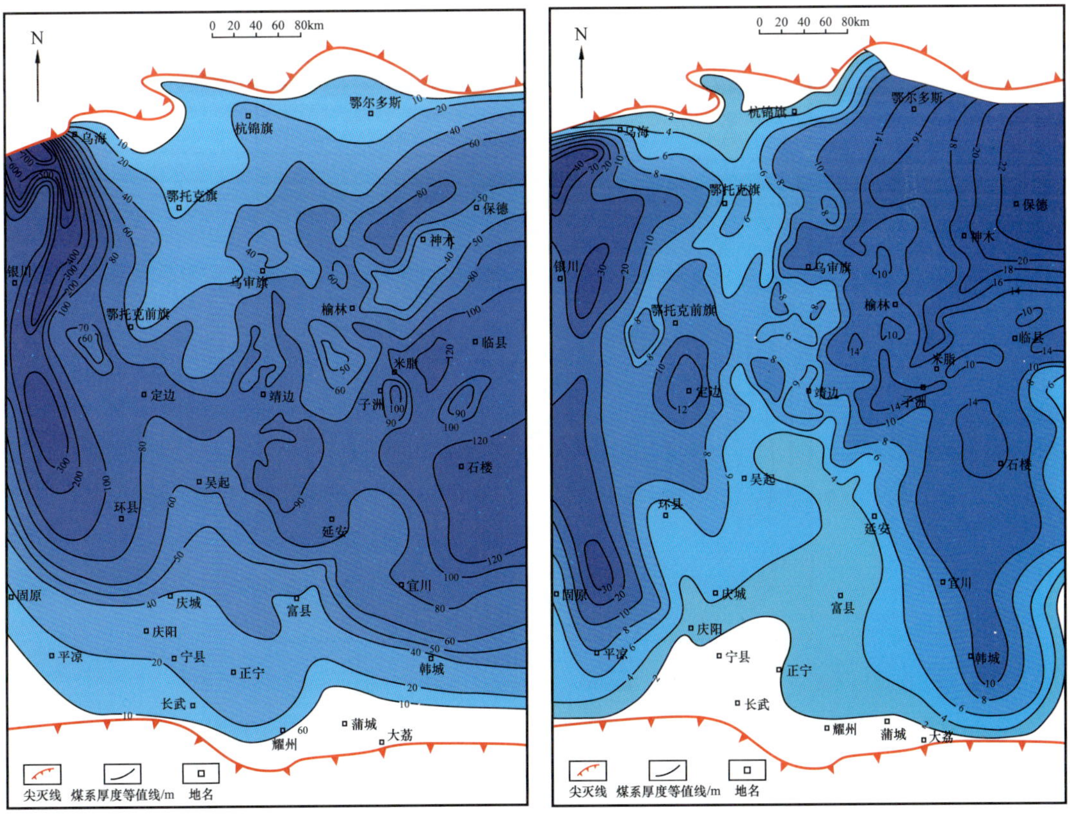

(a) 煤系泥岩

(b) 煤层

图1-3-9 鄂尔多斯盆地上古生界煤系泥岩和煤层厚度等值线图

（2）有机质丰度与类型分布特征。

煤系烃源岩的发育特征，使其总体上具有较高的有机碳含量。因而从普遍的意义上讲，影响煤系烃源岩生气潜力的决定性因素主要是烃源岩沉积环境、显微组分组成和成熟度。

总体上，鄂尔多斯盆地的煤层和煤系暗色泥岩的生气演化机理是十分相似的。与其他盆地相比较，尽管鄂尔多斯盆地煤系泥岩厚度不大，但有机质丰度较高，有机碳含量大部分分布在2%～4%之间。

有机岩石学分析表明，太原组和山西组煤系烃源岩以镜质组为主，平均含量高达60%～90%（夏新宇等，1998），属于典型的腐殖煤煤系地层。

（3）有机质成熟度。

鄂尔多斯盆地上古生界镜质组反射率（R_o）分布特征如图1-3-10所示。由图可见，镜质组反射率的主要分布范围跨度较大，在0.6%～3.0%之间，总体上，北部地区有机质成熟度较低，而南部区域成熟度较高。对比上古生界天然气烃源岩厚度分布特征不难看出，有机质成熟度的差异应主要与上覆地层的厚度差异有关。

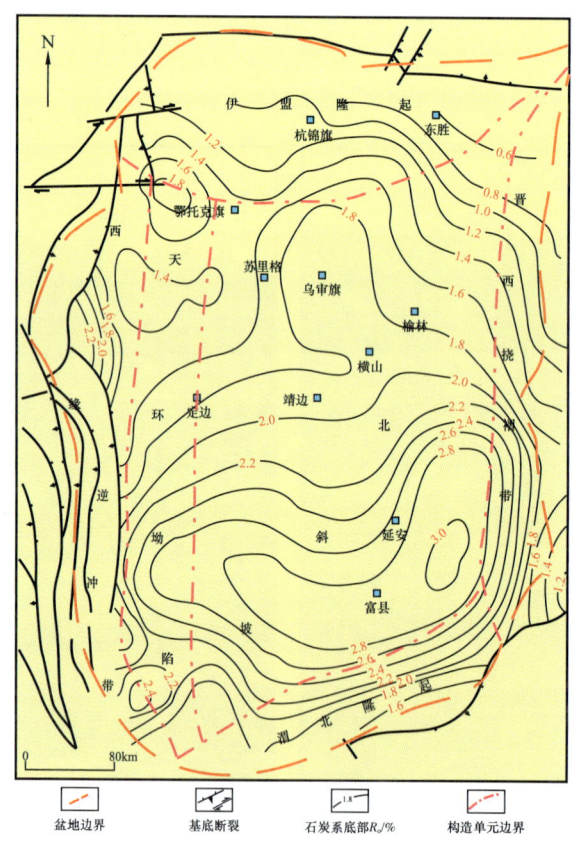

图1-3-10　鄂尔多斯盆地上古生界镜质组反射率（R_o）等值线图

3）东部气区煤系烃源岩分布

东部气区煤系烃源岩主要分布在松辽盆地白垩系、渤海湾盆地石炭系—二叠系和海域莺琼盆地、东海盆地古近系，下面以松辽盆地徐家围子断陷为代表进行剖析。

（1）烃源岩展布特征。

徐家围子断陷火石岭组、沙河子组和营城组沉积于松辽盆地的断陷期，暗色泥岩在徐家围子断陷较为发育。暗色泥岩分布厚度变化较快，断陷中心暗色泥岩厚100m以上。深层的几套烃源岩中，以沙河子组暗色泥岩最发育[图1-3-11（a）]。徐家围子断陷北部昌德、升平和宋站地区探井钻遇的沙河子组暗色泥岩厚度一般超过100m，其中芳深8井暗色泥岩厚度达351m。营城组暗色泥岩发育十分有限，主要分布徐深1井至肇深5井之间，火石岭组暗色泥岩发育，最厚可达650m，也是松辽盆地深层主要天然气烃源岩之一。煤层主要发育于沙河子组和火石岭组中，升平、宋站地区煤层发育较厚[图1-3-11（b）]。

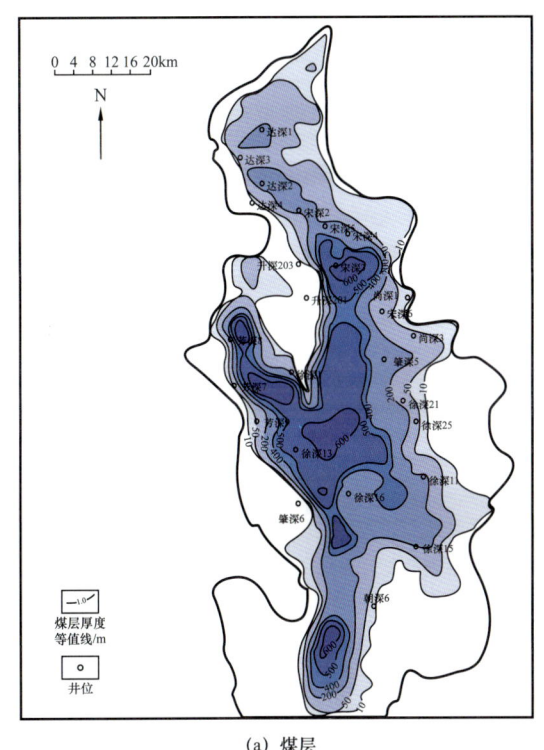
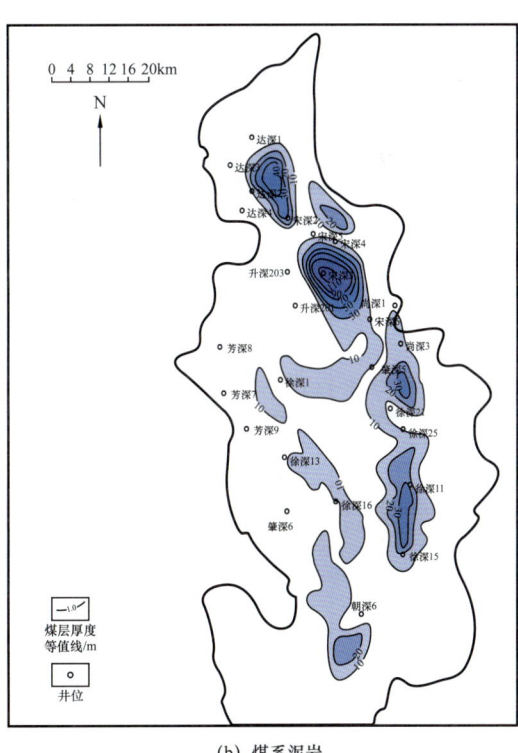

(a) 煤层　　　　　　　　　　　　　　(b) 煤系泥岩

图1-3-11　徐家围子断陷沙河子组煤层和煤系泥岩厚度等值线图

（2）有机质丰度与类型分布特征。

徐家围子断陷分为徐北和徐南两个凹陷，沙河子组、火石岭组、营城组烃源岩在徐南、徐北凹陷分布特征不同。徐北凹陷的有机质丰度明显高于徐南凹陷。登娄库组在徐南凹陷的有机碳平均为0.34%，在徐北凹陷为0.47%；营城组在徐南凹陷的有机碳平均为0.34%，在徐北凹陷为1.44%；火石岭组在徐南凹陷的有机碳平均为0.92%，在徐北凹陷为2.74%；徐南凹陷目前尚未钻遇沙河子组烃源岩。纵向看，登娄库组几乎不具备成烃条件，主力烃源岩是沙河子组和火石岭组。

徐家围子断陷深层烃源岩岩石热解与干酪根元素分析资料表明：该区烃源岩达到了较高的成熟度，但从演化趋势上判断，该区烃源岩以陆源Ⅲ型为主，部分为Ⅱ型。烃源岩类型主要与沉降—沉积速率有关。沙河子组—营城组与登娄库组烃源岩的沉降速率，主要表现为补偿型或基本补偿型，其中沙河子组—营城组烃源岩主要形成于半深湖相或沼泽相，有机质类型以陆源Ⅲ型为主；登娄库组烃源岩主要形成于沼泽相或三角洲平原相，有机质类型同样以陆源Ⅲ型为主。

（3）有机质成熟度分布特征。

徐家围子断陷深层烃源岩有机质镜质组反射率（R_o）几乎均大于1%（图1—3—12），徐北凹陷 R_o 平均为2.00%，最小为0.81%，最大为3.56%；徐南凹陷 R_o 平均为2.22%，最小为2.08%，最大为2.39%。可见，深层烃源岩演化程度高。总体而言，登娄库组、营城组、沙河子组和火石岭组大部分样品处于成熟—过成熟阶段，徐家围子断陷深层烃源岩均已经过了生气阶段。

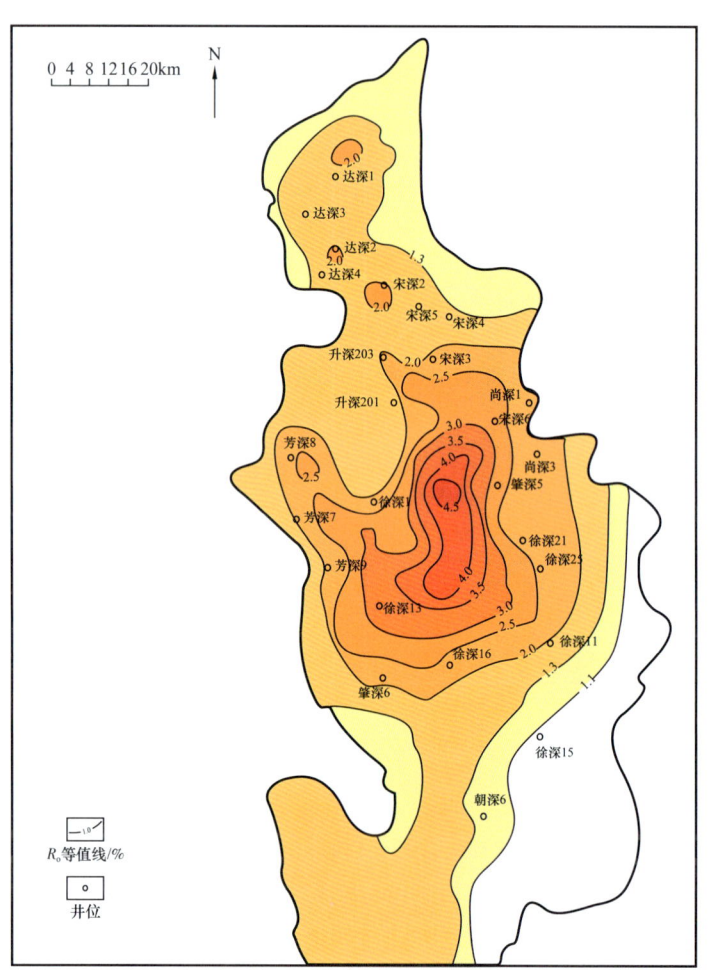

图1—3—12　松辽盆地徐家围子断陷沙河子组天然气烃源岩镜质组反射率（R_o）等值线图

通过上述分析不难看出，不同时代、不同构造单元，煤系气源岩的发育特征是存在较大差别的。同时，同类构造单元中，煤系的发育特征也存在较明显的相似性。显然，这些差异和相似性，是构造和沉积环境对煤系天然气烃源岩控制作用的综合体现。

2. 煤及煤系泥岩生气差异性分析与鉴别

1）成煤环境与有机质来源关系

同一沼泽类型中不同岩性的烃源岩，其水体环境和有机质堆积方式是存在明显差异的。如吐哈盆地侏罗系和塔里木盆地库车坳陷中生界。同一盆地不同岩性烃源岩不同参数的分布均展示了这一特点。吐哈盆地侏罗系西山窑组煤系不同岩性烃源岩的沉积环境特征的差异是较为典型的。吐哈盆地侏罗系西山窑组煤系烃源岩，随不同岩性烃源岩 Pr/Ph 的变化，C_{27}/C_{29} 规则甾烷、C_{23}—三环萜烷/C_{30}—藿烷等也呈现出有规律的变化。突出体现了相同沼泽类型中不同岩性烃源岩沉积环境的差异导致的有机质原始特征的变化。即总体上，从煤、碳质泥岩至煤系泥岩，随 Pr/Ph 的降低，低等水生生源有机质的输入量相对增加。

2）不同岩性烃源岩显微组分组成差异

不同岩性的煤系烃源岩，均以镜质组占绝对优势，在形态显微组分相对组成中均大于 50%。同一地区不同岩性的烃源岩相比较，镜质组相对含量总体上呈现煤大于碳质泥岩大于泥岩的分布特点（表 1-3-1）。与此形成鲜明对比的是，在"壳质组 + 腐泥组"的相对百分组成中，不同岩性的煤系烃源岩表现出有规律的变化：总体上，泥岩的"壳质组 + 腐泥组"含量一般高于碳质泥岩，而碳质泥岩含量又高于煤。显然，这一特征明显与烃源岩沉积作用过程中的环境条件有关。纵观煤系烃源岩显微组分的相对组成特征，可以看出，在富氢组分（壳质组 + 腐泥组）的相对含量上，泥岩和碳质泥岩明显高于煤。

表 1-3-1　不同盆地煤系地层不同岩性天然气烃源岩显微组分相对组成特征

盆地或地区	层位	烃源岩类型	显微组分相对百分组成 /%			TMC 含量（全岩体积 /%）
			镜质组	壳质组 + 腐泥组	惰性组	
四川盆地	T_3x	泥岩	76.72	14.93	8.36	3.35
		碳质泥岩	82.40	10.67	6.93	15.74
		煤	92.56	0.85	6.83	75.68
三塘湖盆地	J	泥岩	58.30	27.10	14.60	3.79
		碳质泥岩	75.50	13.90	8.59	26.02
		煤	80.61	6.07	13.32	76.66
吐哈盆地	J	泥岩	64.93	29.04	6.03	3.65
		碳质泥岩	78.20	16.61	5.19	14.45
		煤	86.02	8.09	5.89	77.39
库车坳陷	J、T	泥岩	67.51	19.70	12.96	5.94
		碳质泥岩	81.58	8.11	10.31	23.18
		煤	89.19	3.21	7.61	76.31

续表

盆地或地区	层位	烃源岩类型	显微组分相对百分组成 /%			TMC 含量（全岩体积 /%）
			镜质组	壳质组 + 腐泥组	惰性组	
准噶尔盆地	J	泥岩	86.28	5.08	8.64	7.29
		碳质泥岩	71.35	16.70	12.00	20.00
		煤	75.97	8.90	15.12	71.45
鄂尔多斯盆地	C、P	泥岩	90.81	4.98	4.21	9.03
		碳质泥岩	80.22	3.94	15.45	35.54
		煤	85.72	1.77	12.55	81.82

注：TMC—总显微组分含量

3）不同岩性烃源岩氢指数差异

煤系烃源岩的氢指数与有机质丰度有关。总体上，煤系不同岩性的烃源岩中，随烃源岩形态显微组分含量的增加，氢指数（HI）也有增加趋势。这种分布特征，可能从另一侧面体现了煤系中不同岩性烃源岩有机质堆积方式的差异及其与生物化学作用程度之间的成因关联。煤系泥岩中的高等植物有机质主要是经历了充分搬运作用形成的异地堆积产物，因此其中的镜质组和壳质组中碎屑成分含量较高。同时，在生物有机质的搬运作用中不断与新鲜水体接触，也会进一步导致微生物有机质的氧化作用，使原始有机质中富氢程度降低。因此，尽管煤系泥岩中"壳质组 + 腐泥组"相对含量较高，但其氢指数反而较低。

三、气源灶有效性评价指标及评价

1. 气源灶评价方法

气源灶是指地质历史中生成和排出大量天然气的烃源岩发育区，要实现气源灶定量表征必须解决三个问题，一是烃源岩体的精细表征；二是烃源岩的生烃动力学和生排烃模型；三是盆地的热历史和烃源岩的生烃历史。气源灶评价需要聚焦以下三个方面：

1）烃源岩体精细表征

烃源岩体空间展布精细表征是油气地质和地球化学研究中最为困难问题。无论是湖相烃源岩、海相烃源岩还是煤系源岩，HI 与 TOC 存在明显相关性，通过烃源岩测井地球化学分析，获得不同 TOC 区间烃源岩厚度，这样可以较好地解决烃源岩非均质性描述问题。

2）烃源岩生排烃模型

烃源岩生烃动力学在国际上已有明确认识。在生烃动力学层次描述生烃过程是目前盆地模拟和含油气系统模拟的理论基础。国内对烃源岩生烃模式的研究仍存在不同的观点，其中建立的烃源岩生排烃模式（或有机相—化学动力学模式）是目前最合理的。不同类型的烃源岩（表现为氢指数 HI）油气生成性质差别很大，倾油型烃源岩以生油为主，因为生成的油大部分已排出，即使是深埋的Ⅰ型烃源岩和Ⅱ型烃源岩，在高成熟—过成熟阶段所生成的天然气量并不大；倾气型烃源岩以生气为主，由于烃源岩的高孔隙、高吸附性，早期生成的油很难排出。

3）烃源岩热演化过程

盆地演化动力学决定了烃源岩的埋藏热历史和生烃史，这是分析烃源岩生烃转化率的基础，从而确定已排烃的有效烃源岩空间分布，只有在精细地质格架下研究盆地演化动力学，才能实现有效烃源岩的空间分布定量预测。

盆地热历史决定了烃源岩的生气史、排气史以及气源灶的时空分布，并最终控制大气田的分布。

2. 大气区和大气田气源灶评价指标

本次对气源灶评价指标的确定主要分两个层次，一是大气区，另外一个是大气田。全球油气资源勘探实践表明，气田（藏）多群聚在特定的地带和区域，即富集在气省（域）、气区和气聚集带中。邹才能等（2007）从天然气成因、气区形成及相适应的天然气勘探技术角度提出了大气区的概念：大气区是指处于统一构造动力学背景中，由一系列在成因、类型和分布方面相联系或相关的气区、气聚集带构成的储量规模较大的含气区，多数是由大气田群构成。从目前中国天然气发现规模和富集地区来看，大气区的储量规模一般超过万亿立方米。值得注意的是，邹才能等（2007）针对国内外大气田进行了广泛调研，在大气区认识的基础上明确提出大气区的空间标志、成藏标志和资源标志，并对中国气聚集域及大气区进行了划分，同时揭示了中国大气区的主要地质特征：四类盆地大气区各具特征，陆上大气区主要发育于前陆盆地和克拉通盆地；大气区主要存在三类气源，以煤系气为主，生气强度大，成因类型呈现多元化。从近几年勘探现实也证明海相原油裂解气也可以形成大气区。

中国沿用苏联的标准将天然气探明地质储量大于 $300\times10^8m^3$ 的气田称为大气田，戴金星等（2003）分析大气田形成的主要控制因素时，提出大气田形成的气源灶条件——大气田形成在生气中心及其周缘，生气强度大于 $20\times10^8m^3/km^2$。这些认识对中国大气田的勘探发现起到了重要的指导作用。

随着更多大气田的发现，对气源灶生烃历史和天然气成藏过程的剖析，进一步深思气源灶和大气区、大气田的关系。不同类型灶藏关系对形成大气田气源灶的要求是不同的。通过对灶藏远源型的库车坳陷、川东北和川中古隆起地区以及灶藏近源型的鄂尔多斯上古生界、四川盆地上古生界超过万亿立方米储量规模的大气区形成的气源灶分析，结合形成大气田气源灶的条件，提出了中国不同灶藏类型大气田、大气区的气源灶评价指标（表1-3-2）。

大气区和大气田的烃源岩成熟度指标要求不一样。通过统计分析，结合模拟实验分析结果，目前发现的大气田都分布在烃源岩 R_o 大于1.3%的范围内（图1-3-13），对大气区来说，烃源岩成熟度要求更高，煤成气烃源岩 R_o 大于1.6%，原油裂解气烃源岩 R_o 大于2.0%。

表 1-3-2 中国大气区和大气田气源灶评价指标

灶藏类型	评价指标	天然气成因类型	大气区（储量>$1\times10^{12}m^3$）	大气田（储量>$300\times10^8m^3$）
近源型	烃源岩 R_o/%	煤成气	>1.6	>1.3
		原油裂解气	>2.0	>1.6
	生气强度 /($10^8m^3/km^2$)		15	10
	排气强度 /($10^8m^3/km^2$)		12	8
	气源灶规模 /$10^{12}m^3$		120	10
远源型	烃源岩 R_o/%	煤成气	>1.6	>1.3
		原油裂解气	>2.0	>1.6
	生气强度 /($10^8m^3/km^2$)		100	20
	排气强度 /($10^8m^3/km^2$)		80	15
	气源灶规模 /$10^{12}m^3$		250	50

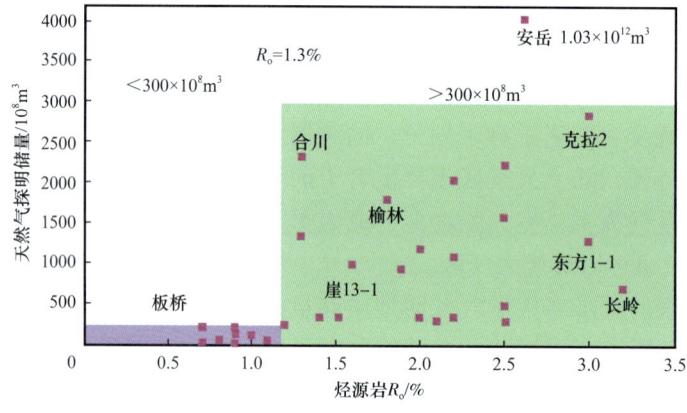

图 1-3-13 煤系烃源岩 R_o 与已探明气田储量关系

由于近源型和远源型天然气聚集效率存在很大的差异性，对气源灶生气强度的要求也不一样，近源型天然气聚集效率高，运聚系数可达 3% 以上，对气源灶的生气强度要求可以适当降低一些，根据鄂尔多斯盆地上古生界和四川盆地须家河组的气源灶分布与大气田、大气区关系，提出了形成大气区气源灶生气强度应高于 $15\times10^8m^3/km^2$，形成大气田气源灶生气强度应高于 $10\times10^8m^3/km^2$，而对于远源型天然气由于聚集效率相对较低，对气源灶的生气强度相对较高，根据对库车坳陷、川东北和川中地区的气源灶分布特征分析，认为远源型大气区气源灶生气强度高于 $100\times10^8m^3/km^2$，大气田高于 $20\times10^8m^3/km^2$。

气源灶规模对大气区和大气田形成非常重要，这里主要采用总生气量指标，对于近源型和远源型来说，大气区和大气田的要求都不一样，对于远源型来源，形成大气区的气源灶总生气量要大于 $250\times10^{12}m^3$，近源型形成大气区的气源灶总生气量要大于 $120\times10^{12}m^3$。

除了上述三项指标之外，气源灶的形成时期也很重要，根据戴金星等（2014）研究结果，中国大气田成藏期开始于晚侏罗世，因此，气源灶的形成时期不应早于晚侏罗世。

3. 重点领域天然气气源灶评价

对四川盆地寒武系和上三叠统须家河组、鄂尔多斯盆地上古生界、塔里木盆地台盆区和准噶尔盆地侏罗系气源灶发育规模和特征进行了分析，并根据以上大气区和大气田形成的气源灶评价标准，预测了四川盆地川西坳陷、鄂尔多斯盆地西南部是近源型大气区有利勘探领域，川北地区和准南地区具有形成万亿立方米远源型大气区的条件，勘探潜力大。

1）四川盆地米仓山—大巴山南缘

米仓山—大巴山南缘地区大地构造上包括米仓山台缘凸起和大巴山台缘断褶带两个二级构造单元，北以鹰嘴崖凸起、城口—房县断裂与秦岭地槽褶皱系毗邻，南缘通过山前带过渡到四川盆地，区内勘探程度很低，是四川盆地油气勘探的新领域。对川北地区海相烃源岩的研究结果表明，该区至少发育三套优质的海相烃源岩，筇竹寺组沉积时期从川西北至川东，存在深水陆棚相，烃源岩有机质丰度也很高，平均为2.0%~3.0%，位于川东北的马深1井TOC最大可达8%，TOC大于2.0%的烃源岩厚度可达120m，宁强中坝剖面TOC大于2.0%的烃源岩厚度可达200m以上，反映米仓山—大巴山南缘是寒武系优质烃源岩的发育区。除寒武系外，该区也是上二叠统龙潭组和大隆组优质烃源岩发育区。

根据实测的米仓山—大巴山南缘镜质组反射率、沥青反射率以及油气演化阶段，其纵向上可划分出两个热演化阶段：震旦系—下二叠统一般处于过成熟阶段，上二叠统处于高成熟—过成熟阶段。烃源岩最突出的特征是有机质现今成熟度普遍较高，最明显的是二叠系及其下伏地层成熟度R_o一般大于2.0%。

根据显微组分鉴定结果，寒武系—志留系烃源岩有机质类型为Ⅰ型，上二叠统烃源岩有机质类型为Ⅰ型—Ⅱ$_1$型，以生油为主，由于该区烃源岩大部分处于过成熟阶段，天然气成因类型以原油裂解气为主。图1-3-14为川北地区海相烃源岩的生气强度分布图，从图中可以看出，川北地区原油裂解气的生气强度很大，大部分地区生气强度分布在$70×10^8$~$120×10^8 m^3/km^2$，总生气量可达$280×10^{12}m^3$，生气量很大，具备远源型大气区形成条件。

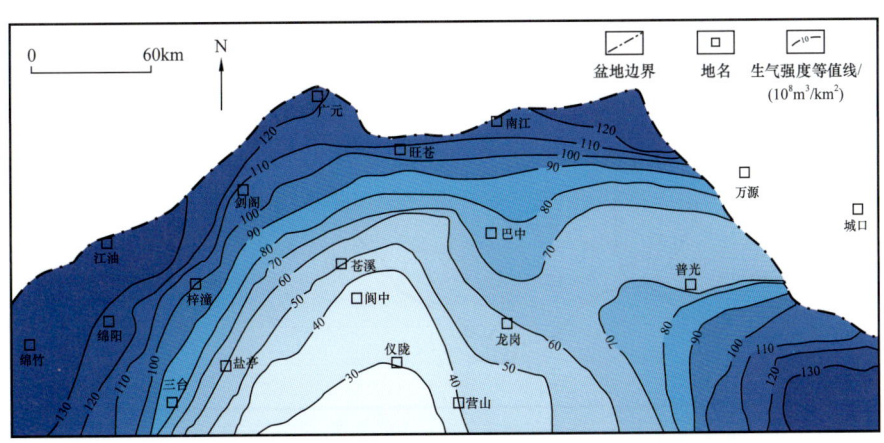

图1-3-14　川北地区海相烃源岩生气强度等值线图

2）川西坳陷西南部须家河组

川西坳陷位于四川盆地西部，是晚三叠世以来陆相沉积的深坳部分，也是盆地内碎屑岩气藏重要的勘探领域，目前川西坳陷已发现的须家河组气藏以须二段气藏为主，主要分布在北东东向展布的新场构造带，新场构造带须二段气藏具有"早期充注定型、中期致密变差、晚期调整控产"的成藏模式和富集规律。

四川盆地须家河组烃源岩与储层呈间互叠置关系，天然气具有近源聚集、高效成藏的特点，天然气运聚系数大。因此，采用煤系烃源岩新的生气模式，对须家河组气源灶进行了评价，与"三轮"资源评价相比，川西坳陷西南部生气量大幅增加。川西南地区须家河组烃源岩成熟度很高。须一段烃源岩 R_o 分布在 1.6%～2.4% 之间，全区大部分烃源岩处于高成熟—过成熟阶段，分布面积广，约 $4.5 \times 10^4 km^2$。川西坳陷中段成熟度最高，R_o 达到 2.5% 以上，处于过成熟阶段。大于大气区要求的 R_o 为 1.6% 的标准。

川西坳陷西南地区紧邻川西须家河组生气中心，有利于天然气富集成藏，具有较好的勘探潜力（图 1-3-15）。强生气中心位于川西坳陷的中南部，生气强度为 50×10^8～$150 \times 10^8 m^3/km^2$，远远大于大气区要求的 $15 \times 10^8 m^3/km^2$；川西烃源岩总生气量为 $260.7 \times 10^{12} m^3$，根据川西地区的解剖分析，运聚系数变化大，分布在 0.5%～1.4% 之间，平均为 0.8%，计算出这些地区的天然气地质资源储量为 $2.1 \times 10^{12} m^3$。

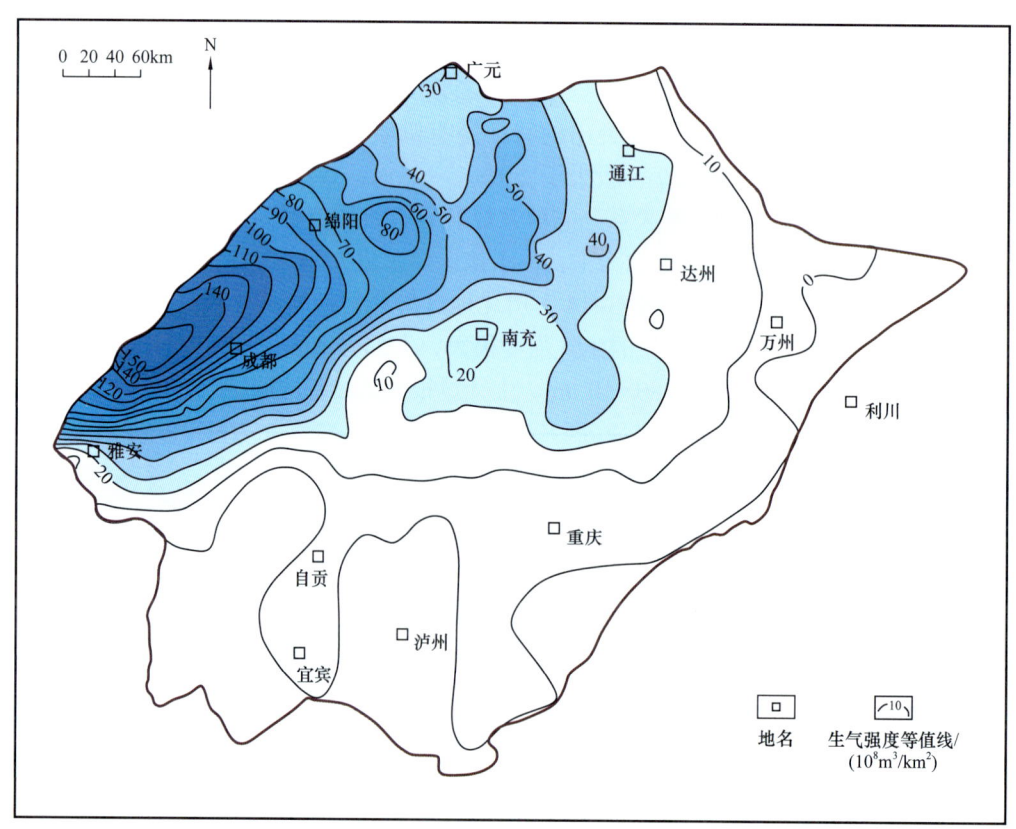

图 1-3-15 四川盆地须家河组烃源岩总生气强度等值线图

3）鄂尔多斯盆地西南部

上古生界发现的气田大部分分布在盆地北部，盆地的西南部煤系烃源岩广泛分布，煤层厚度在西南部可超过20m，煤系烃源岩成熟度大部分处于过成熟阶段，根据实测镜质组反射率数据，重新修编了鄂尔多斯盆地石炭系—二叠系煤系烃源岩镜质组反射率分布图（图1-3-10），西南部煤系烃源岩R_o大部分大于2.0%，气源充足。西南部处于盆地南部沉积体系，主要目的层为石盒子组八段和山西组一段，兼探奥陶系马家沟组。该区位于上古生界的生气中心（图1-3-16），上古生界具有较好的气源供给条件，镇探1井山西组试气获日产$5.46×10^4m^3$的工业气流，庆探1井、莲1井、合探2井、石盒子组八段、山西组一段均钻遇石英砂岩气层，展示了该区良好的勘探前景。盆地西南部勘探面积约$3.5×10^4km^2$，该区处于生气中心，生气强度为$30×10^8\sim50×10^8m^3/km^2$，生气量烃源条件较为有利，总生气量超过$120×10^{12}m^3$，具备形成大气区的条件。

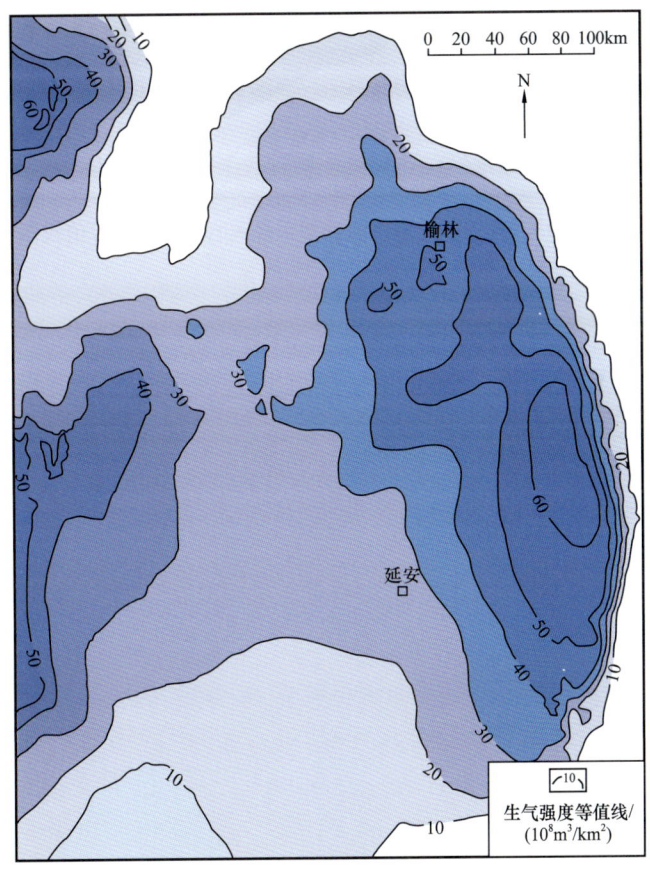

图1-3-16　鄂尔多斯盆地上古生界烃源岩生气强度等值线图

4）准噶尔盆地南缘

中—下侏罗统存在八道湾组（J_1b）煤系烃源岩、三工河组（J_1s）滨浅湖相暗色泥岩和西山窑组（J_2x）煤系烃源岩，该区煤层发育的特点是厚度大，八道湾组煤层厚度为20～40m，西山窑组煤层厚度为25～50m，显示南缘地区煤厚度大。南缘煤系烃源岩成熟度很高，大部分地区处于高成熟—过成熟阶段，整体上南缘中—东段烃源岩成熟度要高于南缘西段，这主要由于新生代以来四棵树凹陷的快速埋藏以及较低的地温梯度导致凹陷内部烃源岩成熟度高于边缘带。南缘地区的生气强度分布如图 1-3-17 所示，大部分地区生气强度分布在 $120 \times 10^8 \sim 240 \times 10^8 \mathrm{m}^3/\mathrm{km}^2$ 之间，总生气量可达 $255 \times 10^{12} \mathrm{m}^3$，具有形成大气区的气源灶条件。

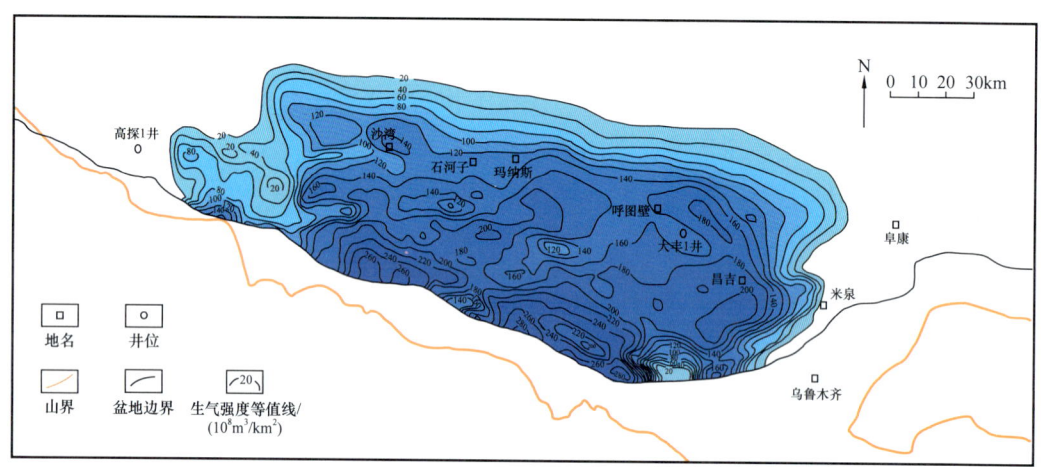

图 1-3-17　准噶尔盆地南缘侏罗系烃源岩生气强度等值线图

第二章　海相碳酸盐岩构造岩相古地理与有利储层评价

中国海相碳酸盐岩油气资源丰富，华北板块、扬子板块和塔里木板块均有大面积海相碳酸盐岩分布，面积达 $455 \times 10^4 km^2$，石油资源量约为 $340 \times 10^8 t$，天然气资源量约为 $24.30 \times 10^{12} m^3$，是非常重要的油气勘探领域。碳酸盐岩台地形成后，随全球板块聚散，经历了不同的构造动力学背景，台地发生构造—沉积分异，在台地内部形成不同类型的高能相带，经典的碳酸盐岩沉积相模式对于构造因素影响沉积分异的现象解释尚存在欠缺。通过中国三大碳酸盐岩盆地重点层系构造动力学背景、沉积相特征等研究，建立了拉张、稳定和挤压三种构造动力学背景下碳酸盐岩台地沉积相模式。相对于经典碳酸盐岩沉积相模式，主要在开阔台地相和局限台地相内的亚相划分和术语有所变化：（1）拉张背景下碳酸盐岩台地沉积相模式在开阔台地相内增加了裂陷盆地、裂陷边缘丘滩亚相，裂陷盆地内主要发育泥页岩，裂陷边缘发育丘滩体储层；（2）挤压背景下碳酸盐岩台地沉积相模式在开阔台地相和局限台地相内增加了隆起高地亚相，高地之上或边缘发育规模丘滩体储集体；（3）稳定背景下碳酸盐岩台地沉积相模式在开阔台地相内增加了洼陷盆地亚相、洼陷边缘丘滩亚相，洼陷边缘丘滩体可形成规模储集体。新模式在四川盆地、塔里木盆地和鄂尔多斯盆地相关碳酸盐岩岩相古地理编图中发挥了重要作用，也为寻找台内规模性储层奠定了基础。

第一节　碳酸盐岩台地动力学类型及对沉积的影响

海相碳酸盐岩是重要的油气储层，在全球油气勘探中占有极其重要的地位，海相碳酸盐岩油气资源量丰富，约占全球油气资源总量的 70%。长期以来，碳酸盐岩台地边缘礁滩是海相碳酸盐岩中最重要的油气储集体，全球 56% 的油气资源存在于台地边缘礁滩中，台地边缘礁滩相带一直是国内外学者关注的热点。目前，中国海相碳酸盐岩油气勘探主要集中于塔里木盆地、四川盆地和鄂尔多斯盆地的古生界和前寒武系，这三大海相盆地的碳酸盐岩发育层位多、厚度大、分布面积广。截至目前，中国三大盆地海相碳酸盐岩油气主要发育在台地边缘和台内的礁丘滩、风化壳岩溶储层等规模储集体中（沈安江等，2015）。碳酸盐岩台地一般泛指以碳酸盐沉积为主、地形较平坦的浅水沉积环境，演变成宽泛的台地概念，主要反映了海平面与古地貌之间的关系。前人研究对碳酸盐岩台地的类型划分主要基于台地几何形态、是否发育台缘、台地封闭特征、海水深度、位于海域位置等要素。如顾家裕等（2009）基于台地地理位置、坡度、封闭性、镶边性等将碳酸盐岩台地划分为缓坡封闭型无镶边台地、陡坡开放型无镶边台地、缓坡封闭型有镶边台地、缓坡开放型有镶边台地、陡坡开放型有镶边台地以及礁滩型孤立台地；周进高等（2013）则基于障壁条件、古地理条件和坡度三要素将碳酸盐岩台地划分为两大类各四小类共八种类型。但无论划分的差异如何，前人的划分方法主要是基于对现今台地几何特征和沉积特征的描述进行分类。以往研究已经认识到构造对碳酸盐岩台地的类型及沉积特征具有控制作用，其与台地的古地貌、断裂活动引起的沉积环境变化、海平面的相对变化等诸多控制因素有关。故本次研究主要从碳酸盐岩台地形成和发育时期，其所处的构造背景及内部的构造分异为出发点，建立碳酸盐岩台地沉积模式并进行类型划分。台地经历的动力学背景对台地的沉积有什么影响？构造背景如何控制台地内规模储集体的形成？以上都是重要的碳酸盐岩沉积学理论问题，同时也是碳酸盐岩储层的形成和油气勘探的实践问题。

一、碳酸盐岩台地的动力学分类及特征

碳酸盐岩台地的演化包含形成—发育—消亡阶段。碳酸盐岩台地的早期形成阶段体现了区域构造下沉或者海平面快速上升的过程，构造上一般由区域性的拉张作用造成，例如全球性超大陆裂解形成被动大陆边缘，新的大洋形成，海平面上升使得地表淹没形成碳酸盐岩台地。碳酸盐岩台地的消亡阶段则由淹没事件和暴露事件造成，例如四川盆地三叠纪末期结束了长期的海相沉积转入陆相沉积体系，主要是由于印支期四周强烈挤压造成的抬升导致。而碳酸盐岩台地发育时（指在某一地质历史时期台地仍位于海平面以下并持续接受碳酸盐沉积）的构造背景，则受到台地所在板块当时所处的构造环境和构造演化的控制，构造环境导致盆地内发生相应的构造运动，导致构造古地貌的变化、海平面的升降以及断裂的活动等，从而使得在不同构造背景下的碳酸盐岩台地存在内部沉积分异。基于四川盆地、塔里木盆地、鄂尔多斯盆地三大重点盆地的构造演化史以及不同地层的沉积特征，本次研究将碳酸盐岩台地划分为拉张、稳定、挤压三种动力学类型台地。

二、不同动力学类型的台地及对沉积作用的影响

三大盆地所位于的扬子板块、塔里木板块、华北板块在南华纪—奥陶纪板块运动主要受到了 Rodinia（罗迪尼亚）超大陆裂解和 Gondwana（冈瓦纳）大陆聚合的演化过程的影响，从而影响了各个盆地该时期的台地动力学背景以及沉积体系（图 2-1-1），三大板块在不同时期卷入构造过程不同，导致了其所处的动力学背景差异。对于中国的主要板块，尽管对南华纪裂解的动力来源仍存在争议，但大家基本认同中国的主要板块参与了 Rodinia 超大陆裂解过程，其内部所保留的证据都确认了该期构造伸展作用的存在。从构造和沉积特征来看，扬子板块内部形成了鄂湘桂、康滇等裂谷盆地，在华北板块形成中条、贺兰山、燕辽等裂谷，塔里木板块内部存在大量北—东向的裂谷盆地。冈瓦纳大陆是新元古代末至古生代初由统一的东冈瓦纳和西冈瓦纳几个大陆块体经过泛非—巴西造山运动联合组成的超级大陆。现阶段古板块重构研究对于冈瓦纳大陆聚合过程中扬子板块、塔里木板块、华北板块的位置以及是否卷入聚合过程仍有分歧，但一般认为扬子板块和塔里木板块的部分特征与冈瓦纳大陆有一定相似性，很可能处于冈瓦纳大陆的外

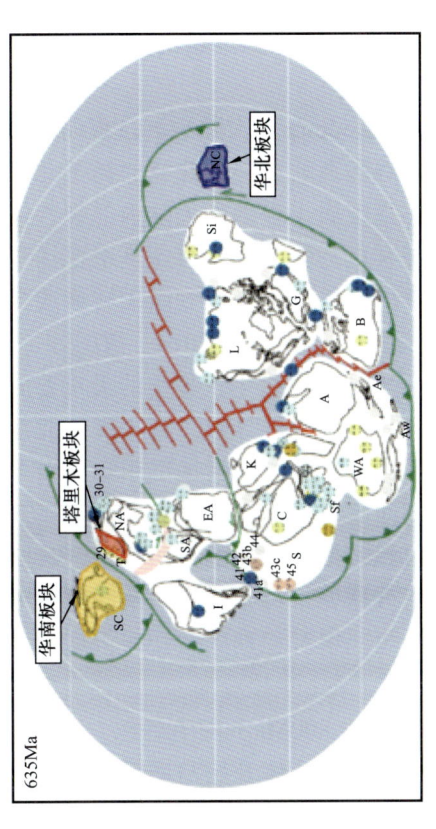
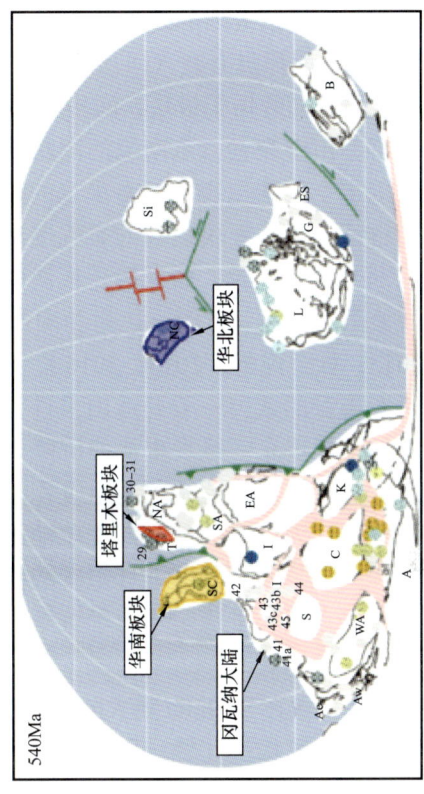
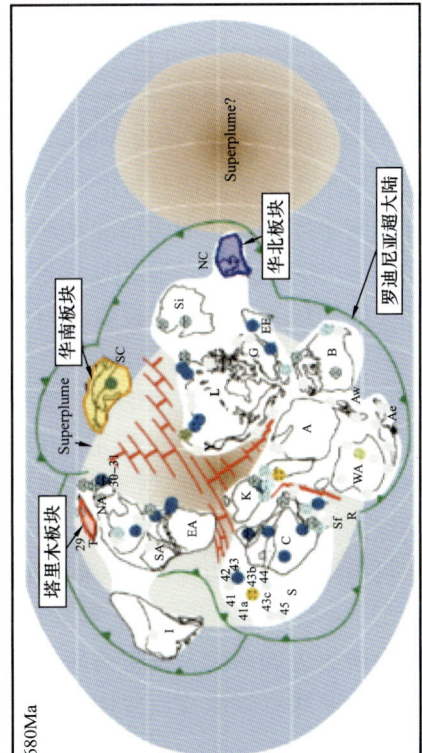
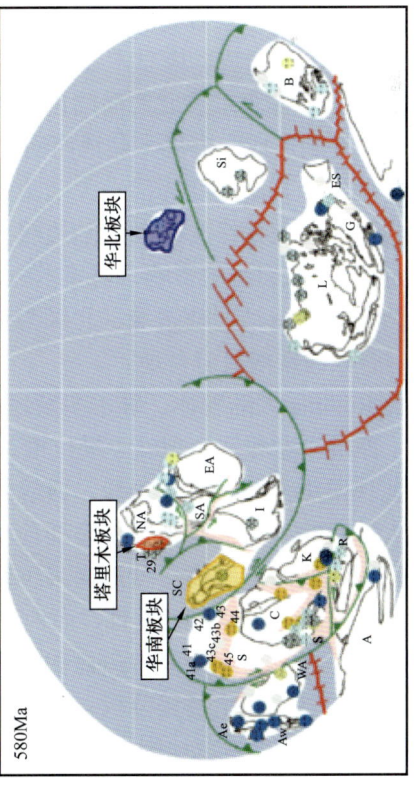

图 2-1-1　Rodinia（罗迪尼亚）超大陆裂解和 Gondwana（冈瓦纳）大陆聚合的演化过程（李正祥等，2008）

围。而华北板块与冈瓦纳大陆的特征具有明显的差异，古大陆重建也是远离冈瓦纳大陆，因此可以说华北板块明显没有卷入冈瓦纳聚合过程。

对于四川盆地所在的扬子板块，南华纪开始受 Rodinia 超大陆裂解过程的影响，发育西缘的康滇裂谷、川中裂谷，东南缘的湘黔桂裂谷和浙北裂谷，北缘的扬子北缘裂谷和扬子陆内裂谷等多个南华纪裂谷。南华纪的裂谷系统属于板内的大陆内部裂谷体系，随着裂解作用的继续，扬子板块边缘的裂谷逐渐裂开成为大洋，使得震旦纪在扬子板块北缘和西缘形成两个被动陆缘；而在扬子板块内部的裂谷逐渐进入到断坳转换或者坳陷发育阶段，例如德阳—安岳、万源—达州和湘鄂西裂陷（钟勇等，2014；魏国齐等，2015；李忠权等，2015；杜金虎等，2015，2016）。扬子板块在早古生代发生的最重要的构造事件是扬子板块东南缘的武夷—云开造山事件，这一造山事件导致了扬子板块北部的大规模变形，使得扬子板块东南缘发生挠曲沉降，形成宽广的前陆盆地沉积和自南东向北西的褶皱冲断。考虑到四川盆地洗象池组沉积具有西薄东厚的展布特征，且不完全是由地层剥蚀造成，因此认为在寒武纪晚期洗象池组沉积时期，盆地的挤压环境已具雏形。根据以上演化过程分析，四川盆地震旦纪碳酸盐岩台地处于拉张背景，寒武纪龙王庙组沉积期前后碳酸盐岩台地处于稳定动力学背景，洗象池组沉积期碳酸盐岩台地则处于挤压的动力学背景。

南、北塔里木板块在 Rodinia 超大陆聚合过程（约 800Ma）发生拼合，形成了统一的塔里木板块。在塔里木板块北缘，震旦纪伊犁—中天山地体开始与塔里木板块分离，其间南天山裂谷开始发育；早寒武世是南天山裂谷发育的主要时期，并导致了塔里木板块内部呈带状分布的半地堑发育；至少在寒武纪中—晚期，伊犁—中天山地体与塔里木板块完全分离，南天山洋形成，塔里木盆地北缘成为被动大陆边缘。在塔里木板块西南缘，裂解作用使南华纪发育北东及北西向陆内裂谷，震旦纪裂谷作用继续进行；直至寒武纪早期，北昆仑洋开始形成，塔里木盆地西南缘被动大陆边缘形成。中寒武世—早奥陶世，北昆仑洋向南俯冲，其南侧变为活动大陆边缘。盆地东南缘于晚震旦世北阿尔金洋盆开始形成，一直到寒武纪始终为被动大陆边缘，到奥陶纪才逐步转变为前陆盆地。总体来说，受 Rodinia 超大陆裂解的影响，塔里木板块在早—中寒武世为拉张构造背景，中—晚寒武世盆地西南缘为活动大陆边缘、北缘为被动大陆边缘，但总体来说盆地内构造相对稳定，为稳定背景的碳酸盐岩台地。

新元古代 Rodinia 大陆解体，鄂尔多斯地块发育了秦—祁—贺三叉裂谷，逐渐演变为北祁连洋盆、商丹洋盆和贺兰裂谷（坳拉槽）。寒武纪早期基本继承了新元古代格局，此时鄂尔多斯地块南缘为被动大陆边缘，西缘为裂谷边缘。中—晚寒武世鄂尔多斯地块南缘变为活动大陆边缘。早奥陶世鄂尔多斯地块南缘的二郎坪弧后盆地关闭，弧后前陆盆地开始发育，而地块西南缘弧后盆地尚未关闭，仍为活动大陆边缘。中—晚奥陶世鄂尔多斯地块南缘弧后前陆盆地继续发育，而西南缘弧后盆地关闭，开始发育弧后前陆盆地，西北缘贺兰裂谷（坳拉槽）受蒙古—西伯利亚板块挤压力的影响，发生挤压反转，形成类前陆盆地。根据以上演化过程分析，鄂尔多斯盆地寒武纪碳酸盐岩台地处于伸展型动力学背景，奥陶纪碳酸盐岩台地则处于挤压型动力学背景。

第二节 拉张型台地构造岩相古地理与有利储层评价

不同碳酸盐岩台地构造动力学背景，形成不同的沉积相模式和沉积体系，控制了不同类型规模储集体的发育规律（Tucker，1985，1990）。相对比威尔逊经典碳酸盐岩沉积相模式，新模式突出了在拉张构造背景下，台地内断裂、坡折对构造沉积格局的控制作用，断裂、坡折控制了裂陷、洼地的形成及其边缘相带的发育，继而控制了规模储集体的形成，为拉张构造动力背景下台内规模储集体准确预测提供理论依据。新模式细化碳酸盐岩台地内相带，台地内沉积相发育裂陷台盆、裂陷边缘、台内洼地、洼地边缘等沉积亚相。如四川盆地灯影组沉积期、长兴组—飞仙关组沉积期受拉张构造背景影响形成台地内部古地貌和沉积格局的差异。

一、沉积相模式、主要沉积相类型与特征

1. 沉积相模式

拉张动力作用下，台地上受力作用集中的区域或构造软弱带可能出现大量正断层，断层上下盘则形成相对高低的古地貌背景，古地貌的差异决定了碳酸盐岩沉积类型，形成不同的沉积亚（微）相，古地貌低处称之为"裂陷"。台地上受力作用相对弱的区域，可能形成相对低洼的区域，称之为"洼地"。相对于经典沉积相模式，主要差异在开阔台地相区，在原来台内滩和滩间海亚相的基础上增加了裂陷台盆及边缘、台内洼地及洼地边缘四种亚相（图 2-2-1，表 2-2-1）。

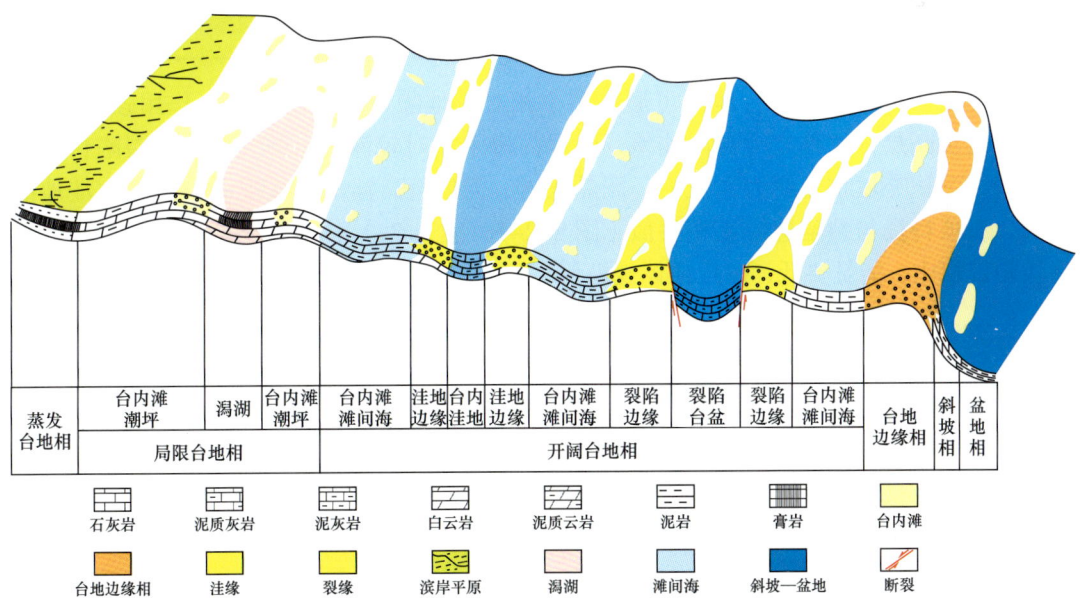

图 2-2-1 拉张背景下碳酸盐岩台地沉积相模式及特征

裂陷台盆亚相位于台地内，由于拉张作用形成的正断层下降盘形成的古地貌低地。其两侧或一侧边界由断层控制，如果两侧都为断层，一般都为陡坡，斜坡不发育，台内盆地相海水相对较深、能量较弱，充填沉积物主要为泥灰岩、泥晶灰岩，也可能为泥页岩，与台地相区的沉积物较一致，与广海盆地相的欠补偿沉积差别明显。裂陷边缘亚相位于裂陷台盆的边缘，古地貌相对较高、水浅、水体能量较大、氧气和养料充足，有利于生物大量生长和碳酸盐颗粒大量堆积，形成大型碳酸盐岩建隆（礁丘滩），随着海平面持续上升，多期礁丘滩叠合在一起，形成边缘丘礁滩复合体，这类高能相带与台地边缘高能相带相比，能量略低、礁丘滩体的规模相对较小（图2-2-1，表2-2-1）。

表2-2-1 拉张背景下碳酸盐岩台地沉积相类型及特征

相	亚相	微相	与经典模式对比
局限台地	潮坪	云坪、灰坪、膏云坪	未变
	潟湖	膏盐湖、泥质潟湖、云质潟湖	
	台内丘（滩）	颗粒滩、藻丘	
开阔台地	台内滩（礁、丘）	颗粒滩、生物礁、生物丘	未变
	滩间海	潮下静水泥	
	台内洼地	泥质洼地、灰质洼地	新增
	洼地边缘	颗粒滩、生物礁、生物丘	
	裂陷台盆	泥质台盆、灰质台盆	
	裂陷边缘	颗粒滩、生物礁、生物丘	
台地边缘	台地边缘滩（礁、丘）	颗粒滩、生物礁、生物丘	未变

在拉张动力作用下，台地内可形成多个相对古地貌低地，由于动力作用强度较小，无明显的正断层，故称之为台内洼地，洼地内海水相对较深、水体安静，较裂陷台盆内水体浅，沉积充填物主要为泥灰岩、泥晶灰岩、泥岩等。洼地边缘亚相位于台内洼地的边缘，各项特征与裂陷边缘亚相相似（图2-2-1，表2-2-1），但其高能相带较裂陷边缘高能相带相比，能量要低，礁丘滩体规模要小。

2. 沉积相类型及特征

四川盆地及邻区灯影组主要为碳酸盐岩沉积，碎屑岩沉积分布有限（张健等，2014）。研究区主要发育蒸发台地、局限台地、开阔台地、台地边缘、斜坡、盆地等相类型，其中蒸发台地、台地边缘、斜坡、盆地等相和经典碳酸盐岩沉积相一致，有所区别的是开阔台地相内增加了裂陷盆地、裂陷边缘丘滩、洼陷、洼陷边缘丘滩四种亚相。

1）局限台地相

包括地势低洼的局限潟湖、蒸发潟湖与地势较高而平缓的蒸发潮坪三个亚相，前两者的水体相对较深，后者水体浅。其中，局限潟湖一般以含板状硬石膏晶体或假晶的泥晶白云岩为特征，如滇东北会泽银厂坡剖面灯二段、川中高石梯构造高石6井、高石18井等灯四段以及川北旺苍正源剖面灯影组等；蒸发潟湖以发育膏盐岩为特征，如川北曾1井、会1井在灯四段白云岩中分别夹有厚12.5m、23.5m的膏盐岩，其成因与其北部克拉通边缘台缘、西侧克拉通内台缘巨大丘（礁）滩体障壁所导致的海水循环受限和周期性封闭有关；而蒸发潮坪以含硬石膏结核、团块的泥晶白云岩为标志，如威117井灯一段发育厚约60m的含硬石膏结核、团块（已去膏化形成白云石）白云岩，并可见部分硬石膏被溶解后形成的溶蚀孔洞。潮坪亚相可进一步分为云坪、灰坪和泥云坪，该亚相岩性多为泥晶—粉晶白云岩、泥质白云岩和泥岩。潟湖亚相可进一步分为泥云质潟湖和膏质潟湖，该亚相岩性主要为硬石膏白云岩和云质灰岩。多发育在灯一段底部，陡山沱组与灯一段的过渡界面。

在四川盆地及周缘的灯二段、灯四段，丘滩间海、局限潟湖和蒸发潟湖亚相，均发育在以丘滩体为障壁的丘滩间，但各自与广海连通循环的程度明显不同，依次为连通循环好、受限和周期性封闭。此外，若它们发育在紧邻（克拉通内或克拉通边缘）台缘带的台内，则可分别称为丘（礁）滩后开阔潟湖、丘滩后局限潟湖和丘滩后蒸发潟湖，并可成为野外和钻井预测台缘高能带的又一个重要标志。

2）开阔台地相

主要包括台内微生物丘滩体与丘滩间海两个亚相，其分布可能为两者"星罗棋布"，或台内微生物丘滩体呈"星散状"分布在丘滩间海中。其突出特点，一是古地貌高部位上的建隆规模小，无抗浪构造，微生物建隆类型仅为球粒状凝块石格架和泡沫绵层格架白云岩，以及叠层石、层纹石白云岩，建隆颗粒白云岩厚度薄，粒屑滩厚度也很薄；二是以泥晶白云岩为特征，古地貌低部位的丘滩间海亚相最为醒目，如峨边先锋剖面，灯二段富藻层上部，以及磨溪8井、磨溪10井、磨溪11井灯影组。

（1）裂陷台盆和台内洼地亚相。

形成于槽盆的初始拉张裂陷阶段，古地貌分异强烈或高大丘滩体障壁造成海水循环受限。它与蒸发台地的最大区别：一是垂向上发育于槽盆沉积序列的下部；二是平面上位于台洼的延伸方向上，呈带状展布；三是发育膏盐岩等蒸发岩。例如，在蜀南长宁地区的灯一段，宁2井发育厚达240m的膏岩、岩盐和30m厚的膏云岩，长3井发育36m厚的膏岩、盐岩；向南的镇雄剖面，也发育膏盐岩。过高石1井—高石17井的地震剖面显示，灯三段、灯四段在高石1井以西遭受剥蚀而缺失；灯二段自高石1井向高石17井明显逐渐减薄，其中高石17井的时深转换残厚约150m，且呈现连续—强振幅反射，表明自东向西依次发育槽盆上斜坡、下斜坡沉积。

（2）台内裂陷边缘亚相和台内洼陷边缘亚相。

分为裂陷边缘丘滩和洼陷边缘丘滩亚相，该相带为克拉通内大型丘滩体的发育相带。其突出特点是，繁盛的底栖微生物群落及其生物化学作用可以建造具抗浪结构的大型丘滩复合体，形成形态与产状各异、微生物成因的凝块石格架、泡沫绵层格架和叠层石、层纹石格架白云岩以及砂砾屑、砂屑白云岩，并可夹小型微生物（骨架）礁白云岩。其中以这些岩石类型的组合最为常见，凝块石格架白云岩最为突出，从而构成区别于显生宙的显著特色。

通常，凝块石格架白云岩夹微生物（骨架）礁白云岩，均发育在建隆核部。但泡沫绵层格架白云岩既可发育在台地边缘建隆核部，也可发育在台地内部；叠层石、层纹石格架白云岩既可作为台地边缘建隆的重要微相组成而发育在建隆的顶部，也可单独而广泛地发育在台地平坦的浅水区；而各类颗粒白云岩，既可作为建隆的重要微相组成而发育在各类建隆的翼部，也可单独发育成台缘浅滩。这些均构成了四川盆地灯影组的最有利储集岩相带。

地球物理研究的成果显示，在德阳—安岳裂陷与两侧台地的过渡带，明显具有坡折带或断裂坡折带的地震响应，断裂坡折带下倾方向为槽盆相，上倾方向为台地边缘相，构成槽盆—断裂坡折带—台地边缘丘滩复合体的典型三元结构，揭示台地类型属典型的克拉通内镶边台地。自北而南，北段（阆中、盐亭、射洪）的坡折带平缓；中段，裂陷东、西两侧的坡折带均清晰，走向近南北，且东侧高石梯—磨溪地区为陡倾断裂坡折带，尤其是灯四段自南东向北西的进积现象，指示了德阳—安岳槽盆这一深水区的存在，尽管该槽盆中灯三段—灯四段均被剥蚀殆尽；南段，目前尚未识别出坡折带反射，且其走向较模糊。

槽盆西侧资4井，钻遇灯二段连续厚度达120m的台地边缘浅滩相白云岩；槽盆东侧磨溪—高石梯地区，实钻揭示灯二段、灯四段普遍发育凝块石格架、泡沫绵层格架和叠层石白云岩等构成的大型微生物丘。

（3）台内滩亚相。

岩性主要为葡萄状藻云岩、粒屑白云岩和粉晶白云岩，局部发育叠层石白云岩和含藻白云岩。该亚相岩石孔隙较为发育，物性好，是局限台地内最为有利的储集相带。

3）台地边缘相

台地边缘相位于碳酸盐岩台地与斜坡（或陆棚）之间，是波浪和潮汐作用改造强烈的高能地带。台地边缘相可进一步分为生屑滩和滩间微相，生屑滩多发育颗粒白云岩和生物屑白云岩，而滩间多发育泥晶—粉晶白云岩。如灯一段、灯二段和灯四段的克拉通边缘台缘相带，均大致沿康定、北川、宁强、汉中、镇巴、万源、城口、奉节、恩施、咸丰、黔江、湄潭、峨边呈环带状展布。不同的是，灯四段的克拉通边缘台缘相带进一步向外进积增生。

由于该相带背靠克拉通，面向外海而古地貌位置高，波浪与上升洋流作用强，因而具有三个突出特点：一是微生物（骨架）礁与微生物成因的凝块石、泡沫绵层等格架白云岩极为发育，抗浪结构典型，滩体厚度大，微生物礁滩体、丘滩体规模宏伟；二是岩石中微生物含量、高能相带展布规模（如高度、宽度）远大于克拉通内台缘带。而且，它们还具有溶蚀孔洞、孔隙的发育程度高于克拉通内台缘，并受原始沉积组构（礁骨架孔、粒间孔）控制的特点。陕南汉中高家山剖面灯影组和峨边先锋剖面灯二段可作为该相的典型代表。

4）广海斜坡相和盆地相

在上扬子克拉通边缘斜坡，其沉积可概括为三类：一是浅灰色、黑灰色薄板状泥质泥晶白云岩与重力流砂质白云岩，如陕南李家沟剖面灯影组；二是斜坡重力流石灰岩，如鄂西秭归三斗坪剖面灯三段（石板滩段）；三是厚度薄、具欠补偿特征的泥质泥晶白云岩、泥岩，如贵州剑河五河剖面灯影组总厚仅20m（灯一段—灯二段、灯三段分别厚约5m，灯四段厚约10m）。其中，灯二段中均未见大气淡水溶蚀成因的"葡萄""花边"构造。

台地斜坡相指台地边缘与陆棚或盆地之间过渡的相带，台地前缘斜坡常见由于滑动滑塌形成的滑动变形构造以及滑塌角砾岩沉积，角砾岩呈带状分布，与海侵的方向相关。在彭水太原和巫溪康家坪均有这种斜坡相分布。

广海盆地相分布在斜坡相的外缘，主要为黑灰色、棕色泥质岩、层状硅质岩等，如川西海盆、秦岭海槽和湘桂海盆等。

二、重点层系构造岩相古地理及有利储集相带——以四川盆地震旦系灯影组为例

四川盆地震旦系灯影组主要发育藻云岩、晶粒白云岩、泥晶—粉晶白云岩等，局部夹薄层砂岩、泥质页岩及硅质岩，盆地内厚度为200～1000m。根据岩性特征、藻类的富集程度和结构特征，灯影组由下而上可分为灯一段、灯二段、灯三段和灯四段四个岩性段（李英强等，2013），储层主要发育于灯二段和灯四段，其中灯四段以块状富含藻类的白云岩为特征，菌藻类丰富，岩性主要为浅灰色—深灰色层状粉晶白云岩、溶孔粉晶白云岩、含砂屑白云岩、藻云岩，局部夹硅质条带和燧石团块。在盆地内残余厚度为0～300m，在德阳—安岳裂陷内厚度较小或缺失，在裂陷两侧台缘带厚度较大，为200～300m，为主要储集体。裂陷边缘灯四段台缘带主要为丘滩复合体组成，在灯四段裂陷两侧呈东西两个条带展布，在盆地内的长度分别为500km、200km，宽20～30km，面积$2 \times 10^4 \sim 3 \times 10^4 \mathrm{km}^2$。

1. 灯一段 + 灯二段

全盆地钻遇灯一段的井较少，单独成图资料点不足，加上其岩性等沉积特征与灯二段相近，沉积期构造格局与灯二段沉积期相似，因此，本文将两个岩性段放在一起编制构造岩相古地理图。灯一段 + 灯二段沉积期，沉积水体相对较浅，全盆地水体总体安静，以浅水碳酸盐岩台地沉积为主，岩性以藻云岩、颗粒白云岩、粒屑白云岩和泥晶—粉晶白云岩为主。由于拉张构造动力作用，台地内发生构造沉积分异。在德阳—安岳一带发育一条近北西—南东向的裂陷，其边界由断裂控制；在万源—达州一带发育一条近北东—南西向的洼陷，其边界断裂不发育（赵文智等，2017）。形成以泥质白云岩为主的裂陷盆地相/洼陷盆地相，如资4井、高石17井、资阳1井等区域为裂陷盆地相；在裂陷/洼陷周缘发育相对高能相带的丘滩体沉积，边缘丘滩带宽10～30km，如磨溪—高石梯地

区的高石 1 井、磨溪 22 井等发育规模较大的裂陷边缘丘滩体。在盆地东、北、西三个边界向外分别发育湘桂、秦岭、川西海盆，由内向外依次发育了台地边缘丘滩相、斜坡相和广海盆地相等。盆地西南部雅安—乐山一带，盆地中部南充—重庆、盆地东部石柱一带均发育大面积的台坪沉积，以云坪亚相为主，其中乐山范店、老龙 1 井、重庆和石柱等区域发育大面积的台内滩沉积；在川南地区的泸州、川东地区的重庆东等区域发育大面积潟湖沉积（图 2-2-2）。总体而言，四川盆地内灯二段发育大面积裂陷/洼陷边缘丘滩体和台内丘滩体有利储集相带，能形成良好的油气储层，为油气形成提供储集空间。

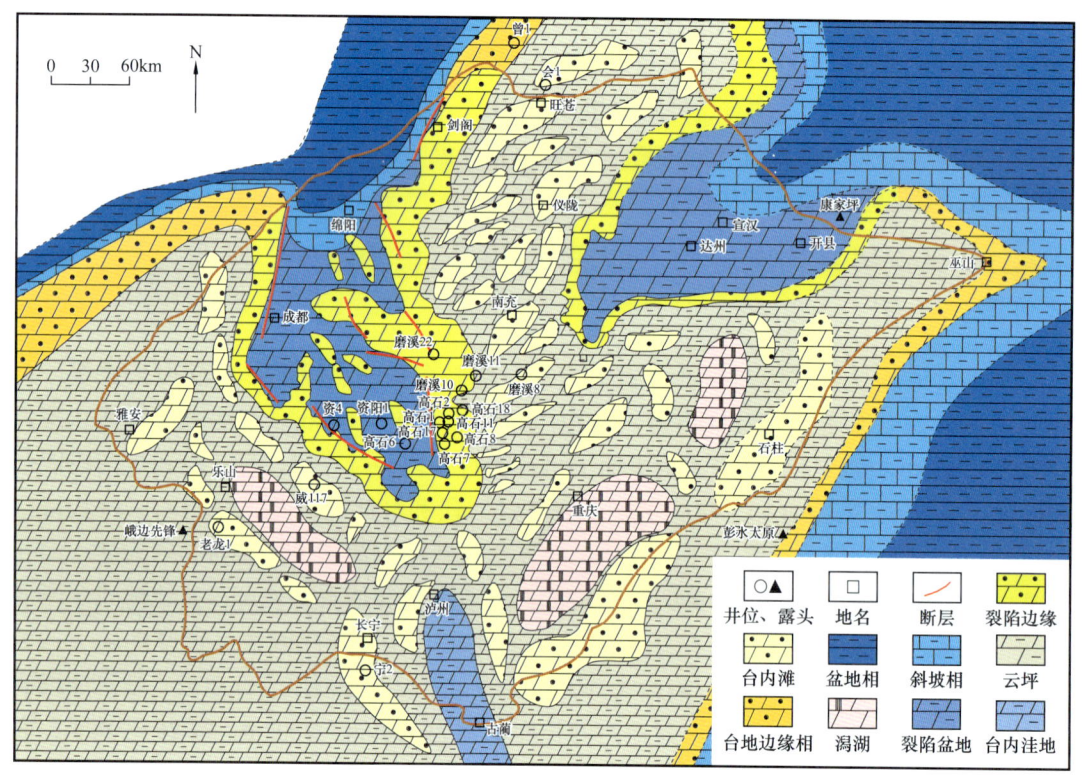

图 2-2-2　四川盆地及周缘震旦系灯二段岩相古地理图

2. 灯三段

灯三段沉积期，由于相对海平面快速上升，台地整体下降，四川盆地内沉积一套厚度较薄、颜色较深，以泥岩、泥质白云岩、泥灰岩为主的陆棚沉积。由川西南地区向川中、川东地区，水体逐渐加深，依次由混积陆棚、浅水陆棚向深水陆棚演化，如成都—乐山一带发育混积陆棚沉积，成都—乐山以东发育浅水陆棚沉积，而剑阁—泸州以东发育深水陆棚沉积，宽度约 60km；川东地区的达州—重庆一带发育大范围混积陆棚沉积。

3. 灯四段

灯四段沉积期，相对海平面下降，盆地整体抬升，沉积水体变浅（梅冥相等，2006），继承了灯三段沉积期的构造格局，台地仍处于拉张动力背景，台地内构造沉积分异更加明显。德阳—安岳台内裂陷进一步扩大，由断裂控制的裂陷边界向两侧扩展，其中西侧边界扩展到乐山—老龙1井一带，东侧边界中段与灯二段沉积期相比变化不大，北段向东扩展到剑阁以东，南段到泸州—古蔺一线。德阳—安岳台内裂陷内沉积与灯二段相似，以泥岩、泥质白云岩为主，裂陷边缘发育两条宽20～30km的丘滩带。灯二段沉积期发育的万源—达州台内洼陷在灯四段沉积期萎缩、消亡，该区发育以泥晶—粉晶白云岩为主的云坪夹台内丘滩沉积。盆地周缘沉积与灯二段沉积期基本相同，台地内的沉积与灯二段沉积期相比，主要在台内滩和潟湖亚相发育的区域有所区别，如灯四段沉积期大面积台内滩主要发育于仪陇、南充、达州、开州等地区，潟湖亚相主要发育于川北、川东的宁强、旺苍达州以及重庆一带。盆地内灯四段发育的两条裂陷边缘丘滩体和大面积分布的台内丘滩体能形成良好的油气储层（图2-2-3）。

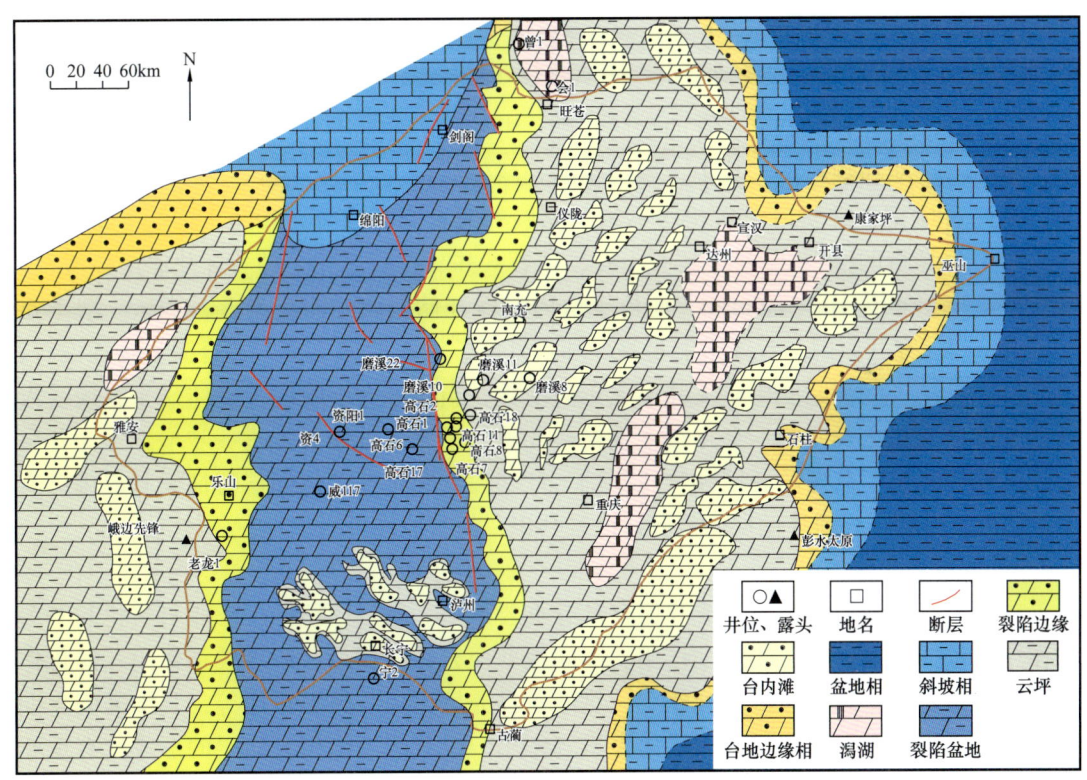

图 2-2-3　四川盆地及周缘震旦系灯四段岩相古地理图

三、灯影组裂陷边缘丘滩体规模储层特征、发育主控因素与展布

1. 储层基本特征

灯影组台缘丘滩体储层岩性主要为微生物白云岩、颗粒白云岩、岩溶角砾白云岩及粉晶—细晶白云岩和少量泥晶白云岩等（魏国齐等，2018，2019）。其中以微生物白云岩

为主，约占 65%；颗粒白云岩次之，约占 20%。

灯四段台缘丘滩体储层主要储集空间有溶孔、溶洞和裂缝。溶孔主要发育在颗粒白云岩、微生物白云岩和岩溶角砾白云岩中，包括粒间溶孔和粒内溶孔，可见颗粒本身被完全溶蚀，仅颗粒周缘早期形成泥晶套被保留，粒内孔可被亮晶白云石半充填。溶洞是最主要的储集空间，主要发育在微生物白云岩中，在泥晶白云岩和角砾白云岩中也可见，溶洞形态主要为不规则的圆—椭圆，洞径仅为 0.5～5cm，也有洞径大于 50cm 的洞穴，顺层密集分布。洞内主要充填粒状白云石和自形石英，也有晚期油气被破坏残留的沥青充填。从高石梯、磨溪地区台缘丘滩复合体探井岩心的分析样品统计来看，400 多个样品孔隙度分布于 2%～12.5% 之间，其中孔隙度为 2%～4% 的样品占 62% 左右，样品平均孔隙度为 4%；渗透率分布于 0.0001～19.4mD 之间，其中 0.01～1mD 的样品占 52%，样品平均渗透率为 0.622mD。

2. 储层发育的主控因素

1）边缘丘滩体

沉积微相是灯影组储层发育的物质基础。野外露头和钻井揭示，灯影组有利储集相带是微生物丘滩和颗粒滩，其中台缘微生物丘滩储层最为发育，台内丘滩次之，而丘滩间及开阔台地富含硅质白云岩相均不利于储层的发育（杨威等，2020）。从已钻井资料看，位于台缘带的磨溪 22 井、高石 1 井、高石 6 井、高石 7 井、高石 8 井储层厚度大、物性好，产量可达 $100×10^4m^3/d$，而位于台内的探井储层物性明显变差，产量一般不足 $10×10^4m^3/d$。究其原因，台缘带能量高，邻近外海，海水营养丰富，适合微生物丘发育，丘滩体生长快，沉积厚度相应大并形成正向地貌，当海平面下降时丘滩体易暴露遭受大气淡水溶蚀，加之丘滩体本身存在大量格架孔隙，早期溶蚀使孔隙进一步增加，为储层的最终形成奠定了良好的环境和物质基础。灯四段台缘带丘滩体储层特征及其成因已有大量研究，台缘带丘滩体储层质量较好已是共识，但其成因机制仍存在分歧。

2）多期岩溶作用

成岩作用对储集空间的形成和保存具有重要影响。对灯影组储层形成与演化起着关键作用，包括准同生期层间溶蚀作用、准同生期白云石化作用、海水胶结作用、硅化作用、风化壳岩溶作用、埋藏溶蚀作用、热液矿物充填作用、破裂作用等，其中准同生期层间溶蚀作用和白云石化作用、风化壳岩溶作用、埋藏溶蚀作用对储层的形成具有重要的建设性作用（图 2-2-4）。

3）白云石化作用

川中灯四段丘滩体白云岩的形成于微生物的作用下，以准同生期渗透回流白云石化作用为主。从大量样品的碳、氧同位素等分析结果来看，$δ^{13}C$ 分布在 $-1.5‰～0.5‰$ 之间，平均为 $-0.39‰$，$δ^{18}O$ 分布在 $-7.5‰～-5.7‰$ 之间，平均为 $-6.7‰$，白云岩有序度主要分布在 0.60～0.75 之间，指示其主要形成于海水盐度较高的蒸发环境。白云岩形成速度较快，表明其主要由准同生期渗透回流白云石化作用形成。

4）破裂作用

裂缝在碳酸盐岩优质储层发育过程中起着重要作用。灯四段进入埋藏期后，四川盆地经历了三次大型构造运动，分别是加里东运动、印支运动和喜马拉雅运动。构造运动在灯四段形成了大量形状较规则的小型断裂和构造缝，并对溶孔、溶洞和早期成岩缝进行调整和改造。其中，加里东运动形成的裂缝主要被沥青和白云石全充填或部分充填；印支运动形成的裂缝以小型的低角度缝和水平缝为主，被沥青、黄铁矿或石英全充填或部分充填，沿裂缝有早期溶孔、溶洞被扩溶，可能与油气大规模充注有关；喜马拉雅运动形成的裂缝以高角度构造缝为主，充填少、延伸长。在裂缝—溶蚀孔洞型、裂缝—溶蚀孔隙型和裂缝—晶间孔隙型三类储层中，孔隙度与渗透率关系可指示裂缝在储层中发挥着重要作用。

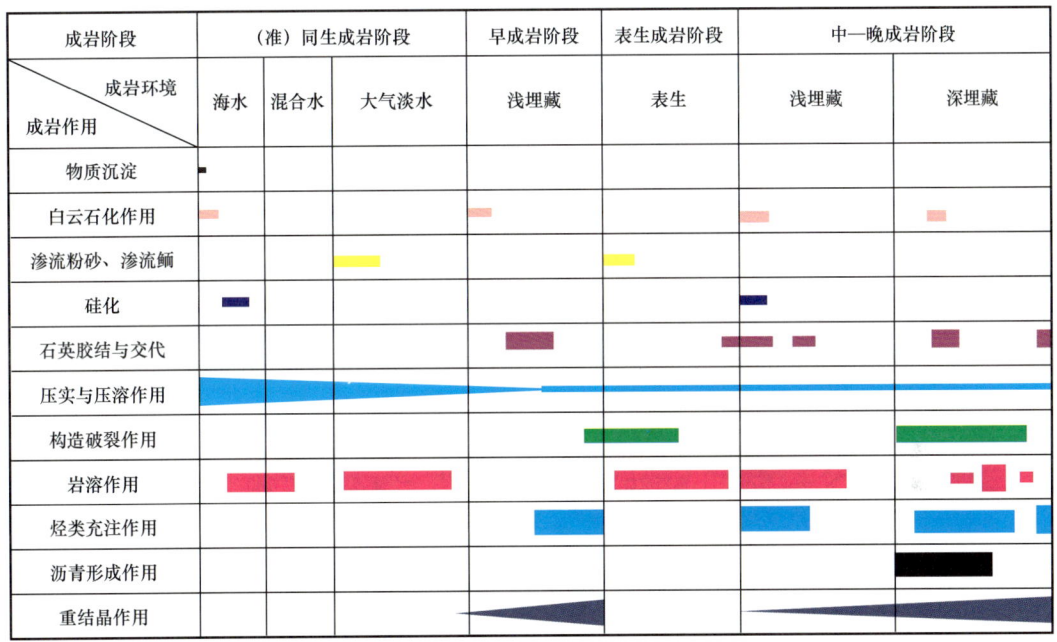

图 2-2-4 灯四段台缘丘滩体储层主要成岩作用类型及形成阶段

3. 储层展布

通过从台缘带到台内的储层对比剖面研究，可以看出位于台缘带的高石1井、高石11井和高石2井储层在灯四段内都有发育，一般有3～4层储层段，其中以高石1井区储层质量最好，厚度大、平均孔隙度高。在台缘带上，又以灯四段顶面风化壳储层最好，基本上距顶面50m以上的地层都是Ⅰ类、Ⅱ类储层。而在台内的高石18井区仅在灯四段顶面发育Ⅱ类、Ⅲ类储层（图 2-2-5）。

从四川盆地内灯二段储层平面发育特征来看，Ⅰ类有利储层主要发育于台内裂陷的边缘，在两裂陷边缘带分布面积 2×10^4～$3\times10^4 km^2$，Ⅱ类储层主要为台内丘滩体，数量分布多，累计面积大，但并不是都能成为规模油气储层（图 2-2-6）。

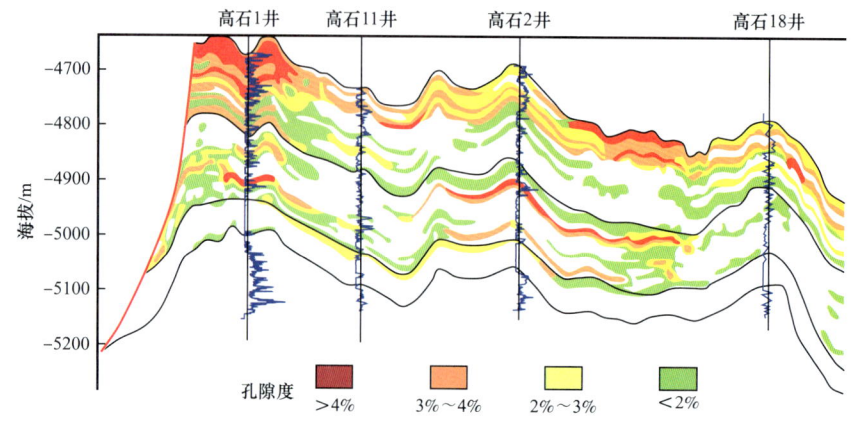

图 2-2-5 灯四段台缘—台内丘滩体储层对比图

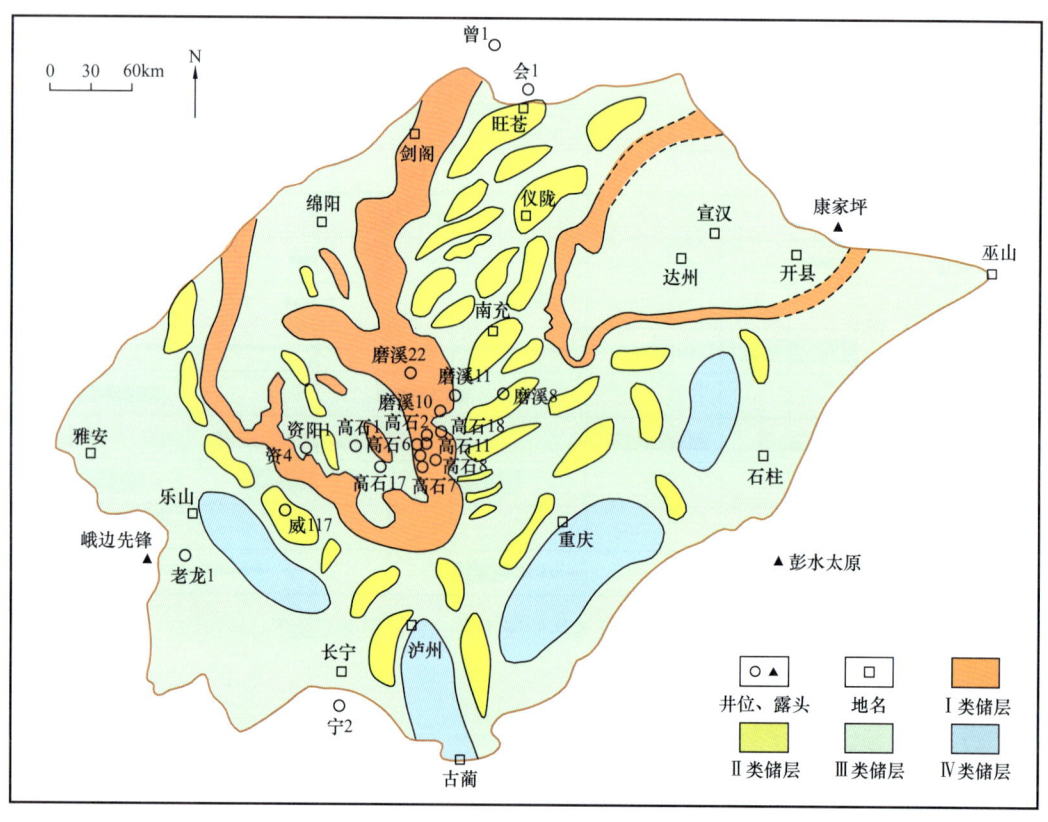

图 2-2-6 四川盆地灯二段储层综合评价图

第三节 挤压型台地构造岩相古地理与有利储层评价

碳酸盐岩台地构造动力学背景差异控制了台地沉积模式、沉积体系和规模储集体的发育。与 Wilson（1975）碳酸盐岩镶边台地相带模式相比，新模式突出了在挤压构造背景下，台地内隆起高地对构造沉积格局的控制作用。新模式细化开阔台地及局限台地沉积相带的认识，认为在挤压构造背景下，开阔台地、局限台地沉积相带内发育隆起高地沉积亚相，如四川盆地乐山—龙女寺古隆起、鄂尔多斯盆地中央古隆起及塔里木盆地塔北、塔中、塔西南三大古隆起等。这些由古隆起构成的台内"隆—凹相间"的古地理格局，对中国海相碳酸盐岩沉积及油气成藏有着重要的影响。

一、主要沉积相模式、沉积相类型与特征

1. 沉积相模式

鄂尔多斯盆地早奥陶世马家沟组沉积期具有典型的挤压构造背景。根据区内51口钻井及4条野外剖面进行实测观察，选取盆地内132条二维地震测线进行构造和地震相解析，基于人工相面法，分析了新元古代—奥陶纪主要的构造活动，结合马家沟组沉积充填特征分析，对台地内部识别出以下挤压动力学背景下构造—沉积分异组合样式（图2-3-1）：

（1）与同沉积断裂有关的构造—沉积分异：研究证实，进入奥陶纪，鄂尔多斯盆地的构造样式发生改变，盆地内由拉张背景向南北向相对挤压的构造背景转换（刘耘等，2018）。从区内二维地震剖面中不难发现，存在着与基底断裂性质相反的同沉积逆断层；这些逆断层的发育，伴随着断层上盘的相对隆升，对奥陶纪沉积古地貌的影响较大，形成的局部地貌高地，有利于颗粒滩的沉积，所以在部分逆断层上盘一侧，同样发育了隆起高地颗粒滩沉积［图2-3-1（a）］。

（2）与古隆起有关的构造—沉积分异：研究区的古隆起按形成时间，可大致分为同沉积古隆起［图2-3-1（b）］和继承性古隆起。其中，已有不少学者证实，环继承性古隆起（中央古隆起）周缘发育了大量颗粒滩沉积（孙东胜等，2017），故此处着重对同沉积期挤压背景下形成的古隆起进行分析。研究区内同沉积古隆起较为常见，这些古隆起的存在造成了盆底地形极不平坦，呈现局部隆凹的现象；并且，伴随着这些隆起带的存在，使得部分地区的沉积环境处于相对高能的相带，古地貌又处于相对隆起地区，这样的环境（隆起高地）更有利于颗粒滩沉积的发育［图2-3-1（b）］。

除了上述同沉积期挤压背景下的构造活动对沉积分异活动的影响外，沉积期前克拉通内裂陷（基底断裂活动）也对早奥陶世沉积存在继承性影响。由于基底断裂、同沉积断裂活动同时控制着海相碳酸盐岩盆地的岩性、厚度及沉积相带的变化，传统的沉积相模式不能够合理解释这些沉积相带的展布规律，该规律更多地受到构造活动的"引导"。结合经典碳酸盐岩台地沉积相模式、构造动力学背景及构造—沉积分异特征分析，提出了挤压型构造背景碳酸盐岩台地沉积相模式（图2-3-2）。该模式总体格局保留了经典模式样式，但根据其构造背景的特殊性和隆—凹相间沉积格局，在局限台地和开阔台地相区域增加了"隆起高地"，此模式凸显了有利储集相带分布特征及规律，也有利于台内规模储集体的可预测性。

依据野外剖面、岩心观察资料，综合测井、录井解释和地震解释等资料，结合台地动力学背景、传统碳酸盐岩沉积相模式，建立了挤压型构造动力背景下的碳酸盐岩台地沉积相新模式，并提出了对应的沉积相划分方案（表2-3-1），将马家沟组划分为局限台

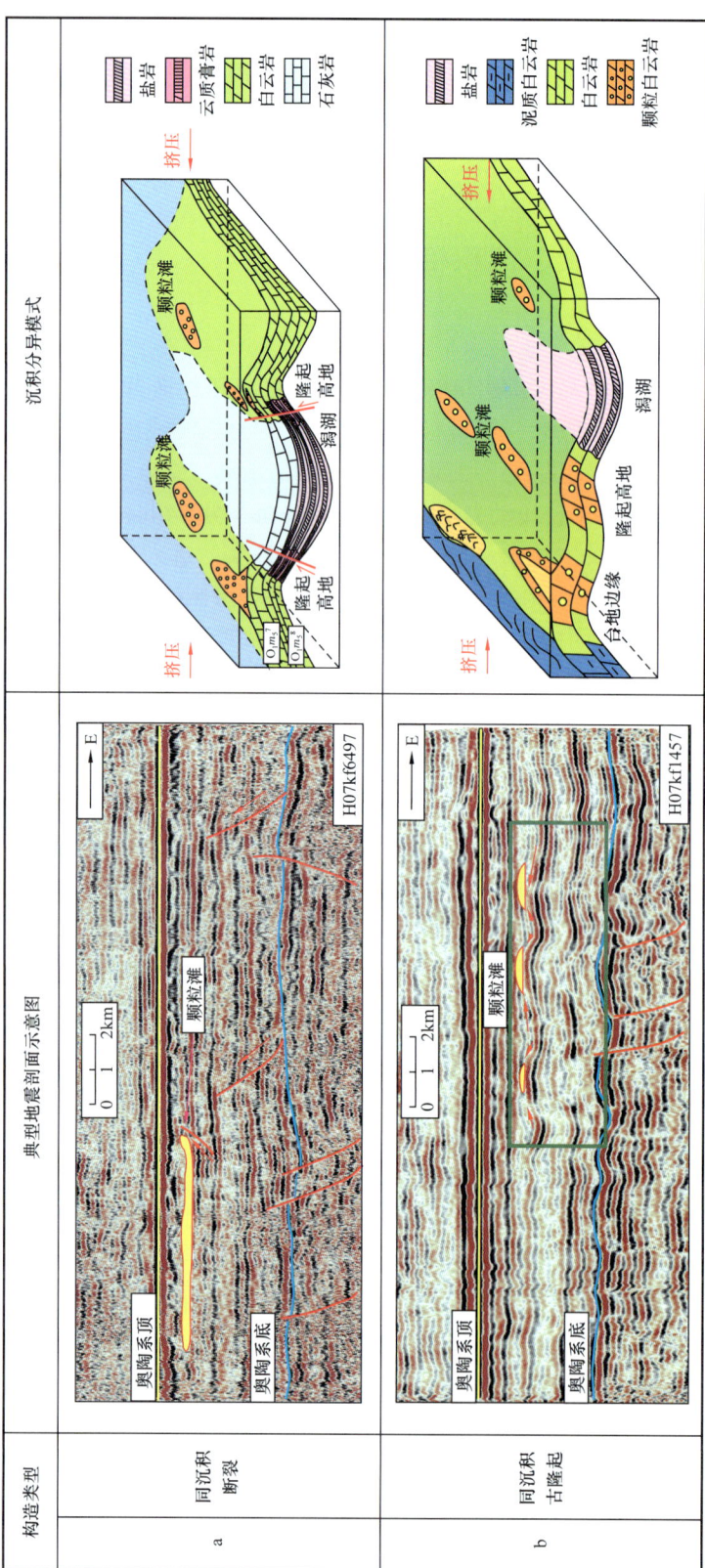

图 2-3-1 鄂尔多斯盆地挤压构造动力学背景下构造—沉积分异模式

地相、开阔台地相和台地边缘相,其中盆地主体以局限台地相和开阔台地相发育为主,分布范围最广。局限台地相和开阔台地相中新增隆起高地亚相,该亚相往往与规模储层密切相关。

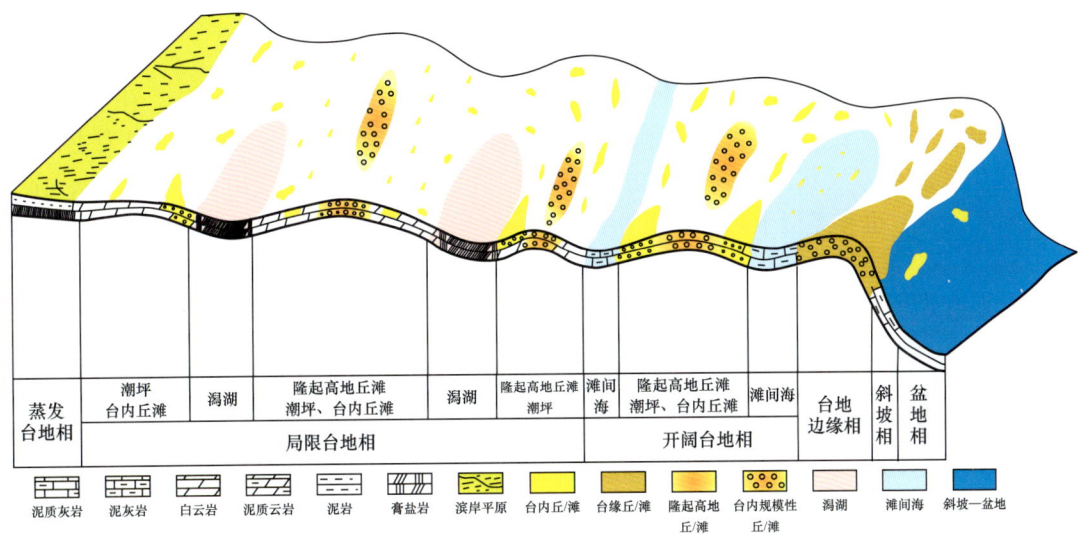

图 2-3-2　挤压构造动力学背景下碳酸盐岩台地沉积相模式

表 2-3-1　挤压背景下碳酸盐岩台地沉积相类型的特征

相	亚相	微相	与经典模式对比
局限台地	潮坪	云坪、灰坪、膏云坪	未变
	潟湖	膏盐湖、泥质潟湖、云质潟湖	
	台内丘（滩）	颗粒滩、藻丘	
	隆起高地	颗粒滩	新增
开阔台地	台内滩（礁、丘）	颗粒滩、生物礁、生物丘	未变
	滩间海	潮下静水泥	
	隆起高地	颗粒滩	新增
台地边缘	台地边缘滩（礁、丘）	颗粒滩、生物礁、生物丘	未变

2. 沉积相类型及特征

1) 局限台地相

局限台地相广泛分布在陆表海碳酸盐岩台地沉积环境中,水体遭受古隆起或台地边缘浅滩的遮挡,水动力弱,台地内部浅水、相对平坦地形逐渐转换为潮坪沉积环境,由于挤压构造背景的动力改造、海底地貌差异和水动力条件变化等因素,台地内部进一步分异出相对高的隆起高地和相对低洼的隆间潟湖。隆起高地沉积与正常沉积的台内丘

（滩）沉积类似，只是受控于挤压构造背景造成了相对地貌高点。潟湖为局限台地内相对低洼的区域，湖底以发育软体、绿藻及有孔虫为主，绿藻是沉积物的主要来源。该相中各种浅水暴露构造较多，而膏盐湖是奥陶系马家沟组较为发育的一个微相类型，主要由蒸发相白云岩、膏岩、盐岩、盐溶角砾岩组成。

2）开阔台地相

开阔台地相水深为数米至几十米，水体畅通，能量适度，含盐度适中，生物丰富。沉积物由浅水的颗粒灰岩，逐渐转换深水的粒泥、生物泥晶灰岩。以颗粒灰岩为主，有时还伴生灰黑色厚层状的陆源碎屑物质。根据其沉积特征可以识别出台内滩（礁、丘）和滩间海沉积，也有类似于局限台地中受控于挤压构造背景造成的隆起高地。

3）台地边缘相

台地边缘相的划分保留了经典的碳酸盐岩台地划分方案，根据沉积特征差异细分为台地边缘滩、台地边缘礁（丘）等沉积。

二、重点层系构造岩相古地理及有利储集相带——以鄂尔多斯盆地奥陶系马家沟组为例

奥陶系马家沟组广泛发育蒸发岩和碳酸盐岩交互沉积地层，根据岩石类型组合的分异，可将马家沟组从下到上依次划分为马一段—马六段共六个段，其中马一段、马三段和马五段为海退期沉积，岩性以蒸发岩类为主；马二段、马四段和马六段为海侵沉积，沉积岩性以碳酸盐岩类为主，在纵向上构成了多个海退—海侵沉积旋回体系。早奥陶世马家沟组沉积期，由于南北洋壳的俯冲影响，造成盆地内部由奥陶纪前拉张构造背景向相对挤压的构造环境转变。整体上表现为中央古隆起暴露出地表，与之相伴生的米脂凹陷接受沉积，由于相互协调作用的影响，整体上表现为西高东低的古构造沉积格局（付金华等，2018）。

1. 马一段

马一段分布于盆地的东缘和南缘地区，与下伏地层为平行不整合。岩性为灰黄色泥质云岩、云质粉砂岩。作为马家沟组的最底部沉积，在某些区域含有一定量的细碎屑岩，其上发育白云岩、硬石膏岩和盐岩，宜川一带盐岩发育。西南缘以泥粉晶质云岩为主，其中泥质含量较高。

马一段沉积期继承了冶里组—亮甲山组的沉积格局，发育碳酸盐岩沉积。该时期，由于构造背景开始由拉张向挤压环境转变，鄂尔多斯盆地中东部地区发生明显的区域性坳陷沉降，盆地周缘受古隆起及水下隆起的遮蔽作用，盆地内部发育局限海碳酸盐岩台地沉积，在炎热干燥的气候条件下，盆地中东部地区发育膏盐湖沉积，形成了厚层的蒸发岩。受差异性沉降影响，膏盐湖内发育多个次级盐湖。

受中央古隆起的影响，隆起东西两侧发育不同的沉积体系，古隆起东部为陆表海沉积，受华北海影响，主要沉积一套含泥云岩、泥质云岩，局部含膏质结核，为潮坪—局限台地相组合。古隆起西南缘受秦祁海影响，主要发育石灰岩、泥质灰岩、白云岩、含

泥云岩等，为潮坪—台地边缘斜坡—陆棚—盆地的沉积体系组合。

2. 马二段

马二段总体特征与马一段差别不大，只是地层在横向和纵向的范围与之相比有所扩张。在盆地中东部地区主要分布于城川1井以东和渭北地区。厚度为40～60m，最大可达100m。以石灰岩与白云岩为主，盆地东部的井下尚有硬石膏岩。化石含量非常丰富，如腹足类、腕足类等。

马二段沉积期发生了马一段蒸发岩形成之后的一次规模性海侵活动，沉积物类型为碳酸盐岩，未见明显蒸发岩沉积，仅局部见少量膏盐岩薄夹层。云坪沉积范围较马一段沉积期明显扩大，盆地中东部发育灰坪相；受中央古隆起及水下古隆起的影响，环古隆起周缘微古地貌隆起（隆起高地）处发育了大量颗粒滩相，受沉积期前基底断裂活动的影响，颗粒滩呈条带状沿基底断裂呈北西—南东向展布，其间发育滩间海沉积（图2-3-3）。

3. 马三段

马三段除古隆起地区外，各地都有沉积，盆地西缘地层厚度为20～80m，向西地层厚度增加快；盆地南部地层厚度为20～80m，但在淳探1井—耀县一带形成一个沉积中心，最大沉积厚度超过120m；盆地中东部广大区域沉积范围明显扩大，坳陷增强，地层厚度为40～160m。东缘和南缘地区的岩性以白云岩、硬石膏岩、盐岩为主。在盆地中部以云坪、含膏云坪、膏盐湖沉积为主，在宜2井、宜探1井、富探1井的岩性主要为泥质云岩、白云岩、膏岩。古隆起的西南部依旧为开阔台地相，岩性以石灰岩沉积为主。

马三段沉积期受中央古隆起和水下隆起的障壁作用影响，在强烈蒸发作用下，米脂凹陷演化为膏盐湖沉积环境，沉积了大套的石膏和岩盐，环绕膏盐湖周缘是潮坪相。该时期，由于受海平面变化及环境因素的影响，环中央古隆起周缘颗粒滩不再发育。而中央古隆起西侧及南侧仍以斜坡—盆地相为主。

4. 马四段

马四段海侵范围最广，厚度在180～300m之间，最大达400m左右。除伊盟隆起外，盆地其他地区均有沉积。岩性为一套泥晶—粉晶、砂屑—颗粒灰岩，南缘与隆起区以含膏和泥晶云岩为主。西缘与之相当的桌子山组，岩性以泥晶灰岩、球粒灰岩、云斑灰岩沉积为主。定边地区发育中—细晶云岩。

马四段是马家沟组最大一期的海侵沉积，代表了马家沟组沉积晚期海侵区域典型的岩相古地理特点。该时期，华北海越过中央古隆起与秦祁海槽完全沟通，中央古隆起作为水下隆起，对水体分隔已不起作用，但由于地貌高，水体相对较浅，水动力条件变强，在盆地西缘发育了台地边缘相带，沉积了大套颗粒岩（图2-3-4）。

中央古隆起中东部为局限台地，沿古隆起东侧和榆林—横山等古地貌高部位（隆起高地），发育了台内颗粒滩和潮坪微相，部分发生白云石化；而在米脂凹陷区则演化为灰坪相带，以泥晶灰岩、泥质泥晶灰岩及薄层生屑灰岩为主，基本未云化。

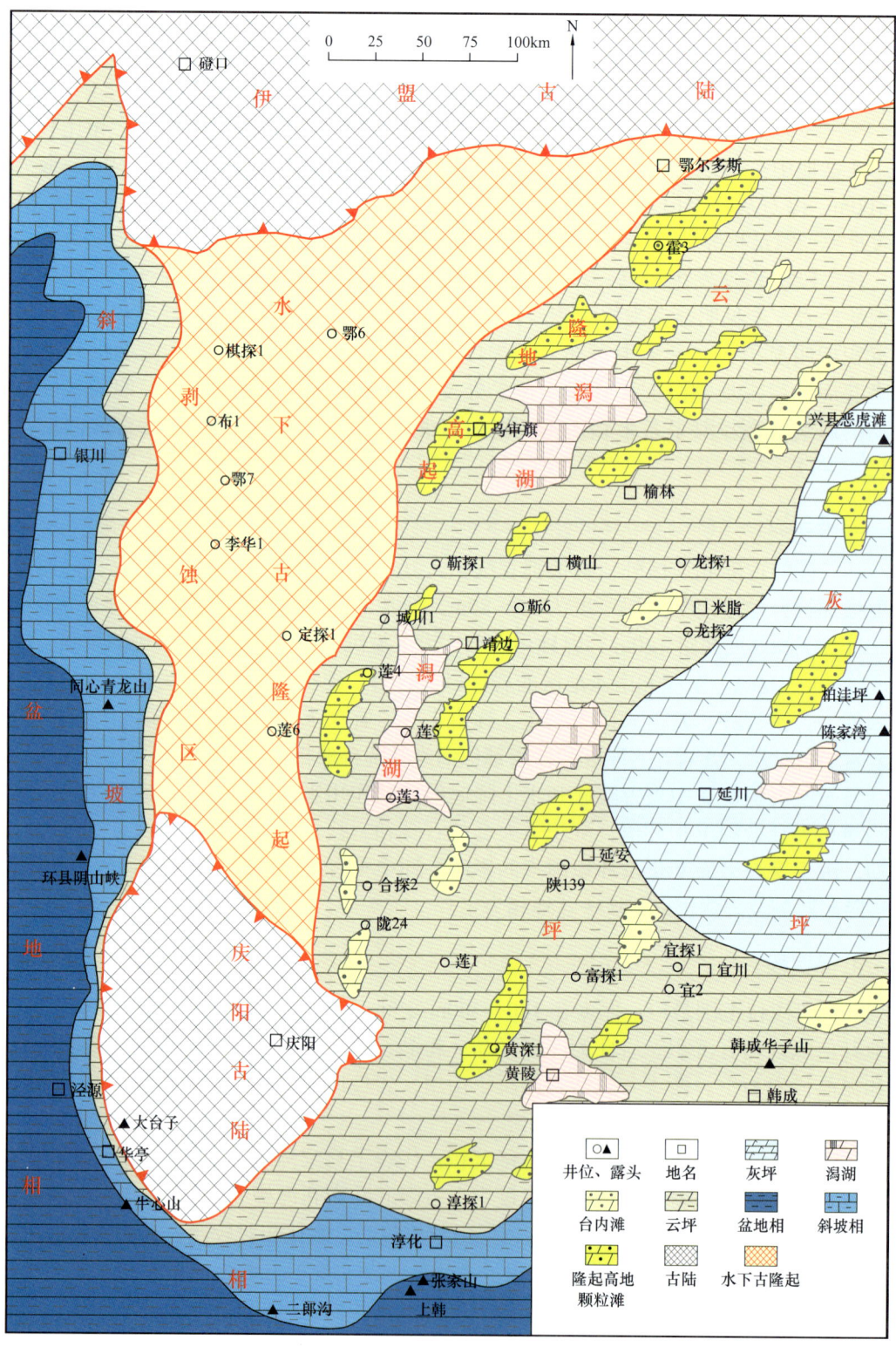

图 2-3-3 鄂尔多斯盆地马二段岩相古地理图

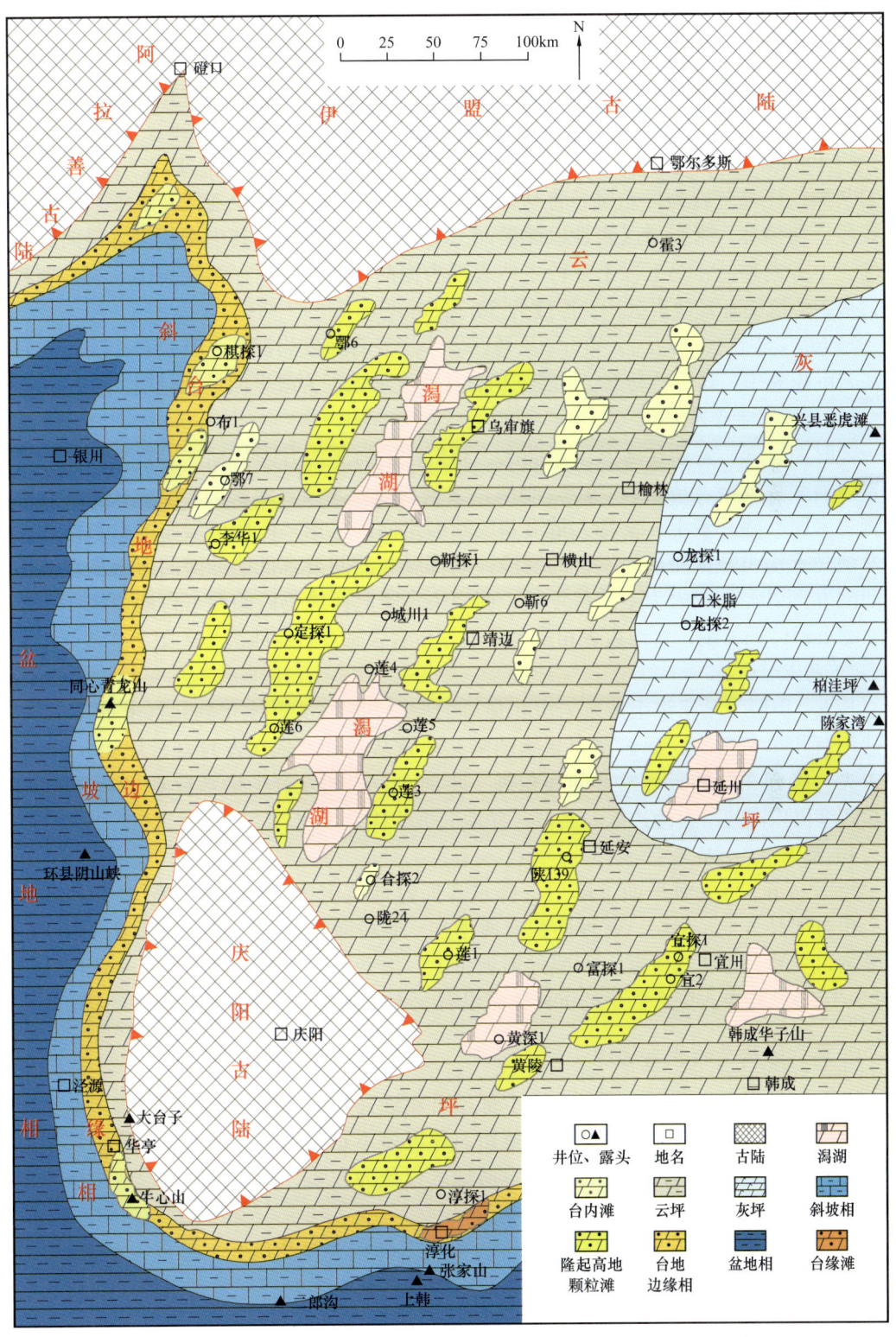

图 2-3-4　鄂尔多斯盆地马四段岩相古地理图

5. 马五段

马五段在隆起以外地区均有沉积。该时期海水开始退却，岩性变化较大，为泥晶—粉晶云岩、硬石膏岩、盐岩夹泥晶—粉晶灰岩。厚度在 90～320m 之间，在米脂地区最厚，约 400m。马五段自上而下分为 10 小层，即马五$_1$小层至马五$_{10}$小层。常以马五$_5$小层的灰黑色泥晶灰岩为标志层，将马五段一分为二，即马五段上亚段及下亚段。马五段下亚段，在榆林、米脂地区岩性以泥粉晶云岩、膏盐岩为主，其中膏盐岩含量向除东以外的三个方向递减；马五段上亚段主体表现为泥晶—粉晶云岩、溶塌角砾云岩、颗粒云岩，米脂地区夹有膏盐岩沉积，厚度为 50～150m。

马五$_2$、马五$_4$、马五$_6$、马五$_8$ 及马五$_{10}$ 小层发育蒸发岩沉积，其余各小层以发育碳酸盐岩沉积为主。其中，马五$_6$ 小层沉积岩盐厚度最大，为海平面最低时期。

1）马五$_{7—10}$ 小层

该时期，鄂尔多斯盆地发生多期次、频繁性的海平面升降活动，导致蒸发岩与碳酸盐岩频繁交替沉积。马五$_7$、马五$_9$ 小层，受基底断裂及微古地貌的影响，在中央古隆起东侧—米脂凹陷一带上，发育大量沿基底断裂走向的北东—南西向展布的颗粒滩相，为该盆地马家沟组颗粒滩最为发育的层段；局部颗粒滩间发育低能的滩间海沉积，东部米脂凹陷发育以泥晶灰岩为主的灰坪相；而中央古隆起西缘仍以潮坪—台地边缘—斜坡—盆地的沉积体系为主，台地边缘相带上零星分布台缘礁及台缘滩沉积（图 2-3-5）。

2）马五$_6$ 小层

马五$_6$ 小层为马家沟组蒸发岩沉积最厚的层段，厚度为几十米到几百米不等。此时，该盐湖沉积面积较大，涵盖整个米脂凹陷，环膏盐湖外部依次发育膏云坪相、云坪相；在中央古隆起东侧的云坪发育的面积进一步缩小，内部发育少量颗粒滩及滩间海沉积，隆起西缘仍以潮坪—台地边缘—斜坡—盆地的沉积体系为主。

3）马五$_{1—5}$ 小层

经历马五$_6$ 小层海平面下降后，鄂尔多斯盆地范围内仍以海平面频繁升降变化为主；相对于马五$_{7—10}$ 小层，灰坪面积有所增加，颗粒滩的分布仍然受到区域性构造活动的影响，主要分布于古隆起—凹陷的斜坡带上，沿基底构造的走向呈北东—西南向展布（图 2-3-6）；中央古隆起西缘的沉积体系没有发生大的变化，基本保持原来的特征。

6. 马六段构造岩相古地理

由于奥陶纪末及其后，鄂尔多斯本部抬升剥蚀强烈，而使马六段在鄂尔多斯本部残存很少，仅在东部地区的局部有零星残留，厚度多不足 10m。因此，马六段沉积期岩相古地理多为推测，马六段沉积期鄂尔多斯地区仅分为古陆、开阔台地和台地边缘、台缘滩及斜坡—盆地几个古地理单元。

东部华北海逐渐退出鄂尔多斯地区，仅在东部残存海相沉积，形成一套灰质云岩、灰岩组合，为开阔台地环境产物。盆地西南缘受秦祁海影响，发育石灰岩、泥质灰岩及瘤状灰岩沉积，从盆地内部向西、向南逐渐过渡到深海环境，形成开阔台地—台地边缘—台地边缘斜坡—盆地沉积体系组合。

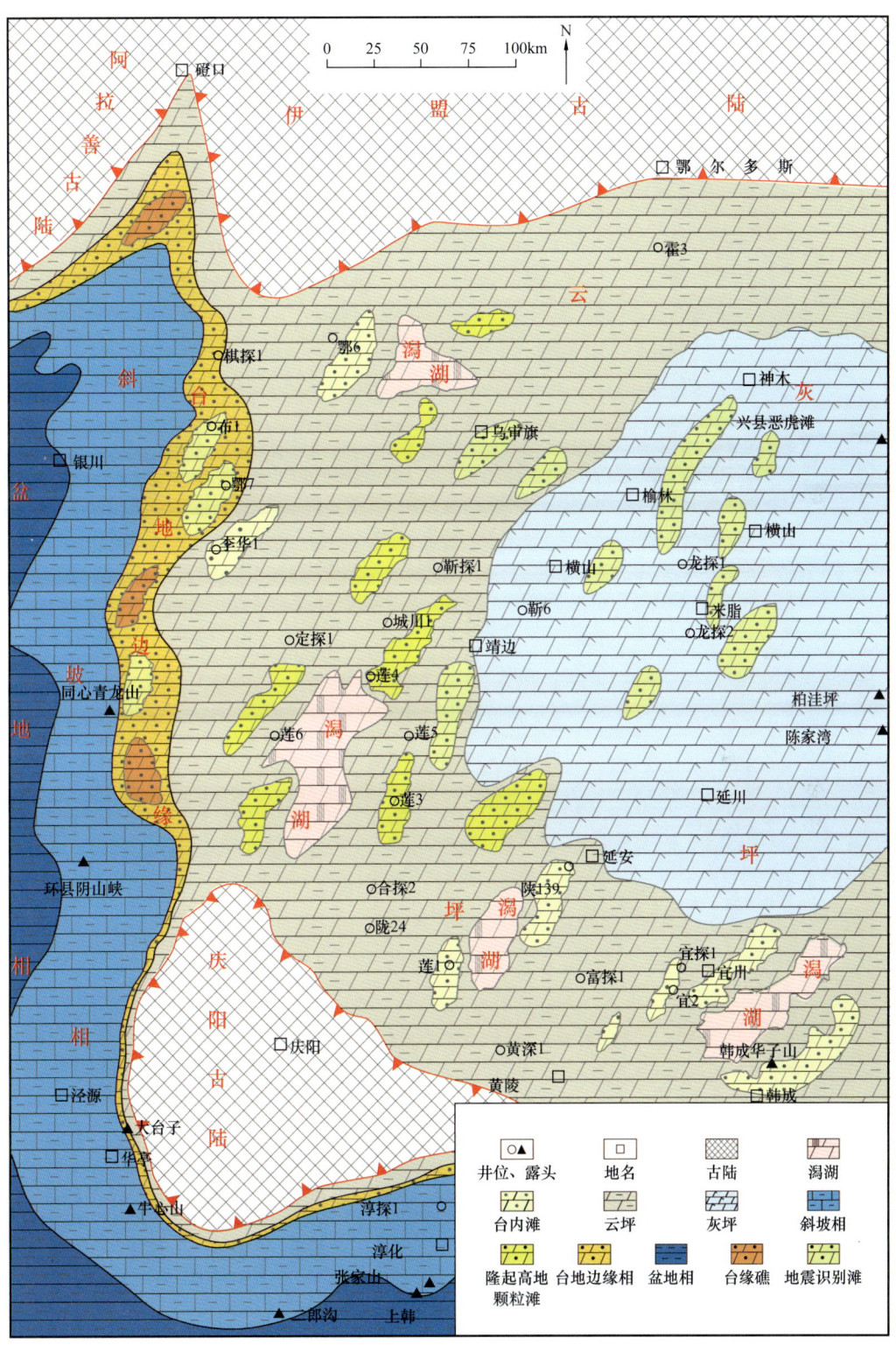

图 2-3-5 鄂尔多斯盆地马五$_{7-10}$小层构造岩相古地理图

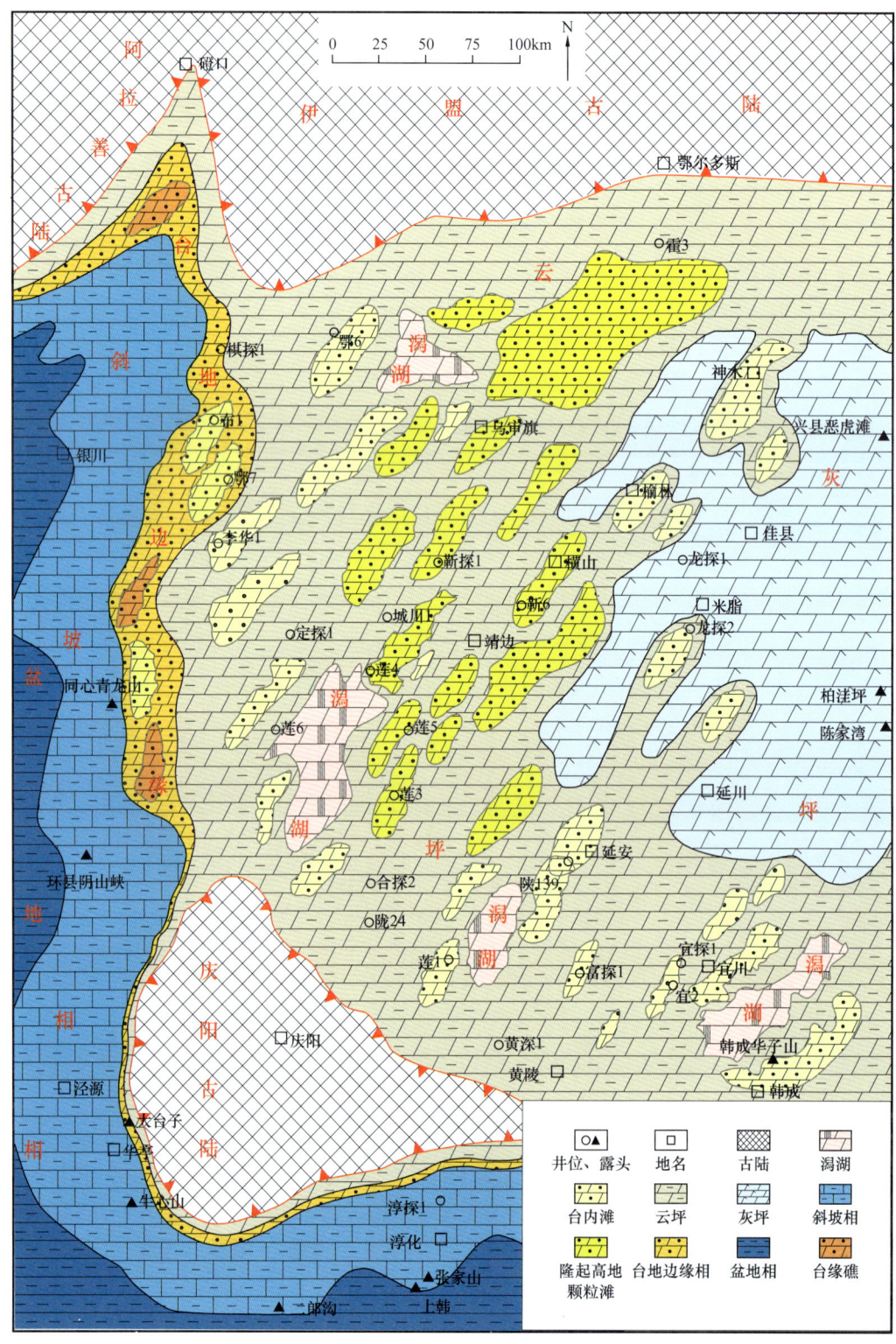

图 2-3-6 鄂尔多斯盆地马五$_{1-5}$小层岩相古地理图

三、马家沟组规模储层特征、发育主控因素与分布

鄂尔多斯盆地为中国中西部地区典型的多旋回古老海相克拉通盆地，前人对于克拉通盆地古老海相碳酸盐岩的研究更多的是关注克拉通盆地的稳定性及古隆起对碳酸盐岩储层的控制作用。随着研究的不断深入，大家逐渐意识到古环境及古地貌对碳酸盐岩储集体的发育有着较大关系，特别是受沉积相控制的礁滩类储层，高能相带的发育与古环境及古构造关系密切，结合建设性成岩作用与构造运动的改造，往往能够形成良好的碳酸盐岩储集体。

近几十年的勘探开发研究表明，鄂尔多斯盆地内部纵向上发育多套产气层位，其中下古生界马家沟组就发育了多套海相碳酸盐岩储层，如马五$_{1-4}$小层的古风化壳储层、以靖西地区马五$_5$小层为主的白云岩储层及近几年发现的盐下（马五$_6$、马五$_7$及马五$_9$小层）以颗粒滩为主的岩性油气藏；其中盐下储层段的发现，展现出膏盐岩下地层的油气资源潜力。但是，以往对于克拉通盆地内颗粒滩沉积的研究，往往集中于海平面等因素对颗粒滩沉积的影响，现今越来越多的研究表明，克拉通盆地内的稳定性是相对的，不同的构造活动对于碳酸盐岩储集体的发育具有明显的控制作用。

1. 储层基本特征

1）储集岩石类型

以鄂尔多斯盆地马家沟组盐下储层为例，鄂尔多斯盆地马五段沉积环境为典型的陆表海碳酸盐岩台地沉积，主要的储集岩石类型分为颗粒云岩及晶粒云岩两类。其中，颗粒云岩包括砂屑云岩、砂砾屑云岩及鲕粒云岩；晶粒云岩包括细晶—粉晶云岩及泥晶云岩。

砂屑云岩中颗粒结构明显且未被破坏，分选磨圆较好。此外，盆地内部分颗粒被白云石化破坏，形成残余砂屑云岩（图 2-3-7），残余砂屑云岩由于后期强烈的白云石化作用和重结晶作用，而使颗粒变得模糊，难以区分原岩颗粒成分。该类岩石类型主要分布在马五$_7$和马五$_9$小层，为区内主要的储集岩石类型。

细晶—粉晶云岩，晶粒结构，镜下可见白云石晶粒呈现点—线接触，晶间孔、晶间溶孔发育，局部可见构造裂缝，为研究区次要的储集岩石类型，盐下马五$_{6-10}$均有发育。

2）储集空间类型

通过对研究区薄片观察鉴定得出，鄂尔多斯盆地马五段盐下储层主要的储集空间类型以粒间孔、粒间溶孔、晶间孔、晶间溶孔等为主（图 2-3-8）。粒间孔、粒间溶孔不均匀分布，形状不规则，主要存在于颗粒云岩中。部分粒间孔及粒间溶孔充填亮晶方解石或白云石胶结物。晶间孔、晶间溶孔多发育于细晶—粉晶白云石中。晶间孔镜下形状多呈三角形或不规则多边形，区域内沟通性较好。晶间溶孔主要是由晶间孔和晶间微孔隙溶蚀扩大而成。为区内马五段盐下广泛分布的储集空间类型。裂缝是由构造作用和溶蚀作用形成的，能够有效改善储层的性能。按成因可将裂缝分为溶蚀缝、构造缝等类型。区内溶蚀缝和构造缝对储层贡献较大，不仅增加了储集空间，而且有效地沟通了孔隙间的连通性。

图 2-3-7 鄂尔多斯盆地马家沟组马五段盐下主要储集岩石类型

（a）灰色亮晶砂砾屑云岩，莲 4 井，马五$_4$，3913.15m；（b）砂砾屑云岩，陕 197 井，马五$_6$，3106.4m；（c）泥晶—粉晶粉—砂屑云岩，陕 370 井，马五$_6$；（d）泥晶—微晶砂砾屑云岩，莲 4 井，马五$_5$，3962.15m；（e）细粉晶云岩，柳林剖面，马五$_7$；（f）粉晶云岩，恶虎滩，马家沟组

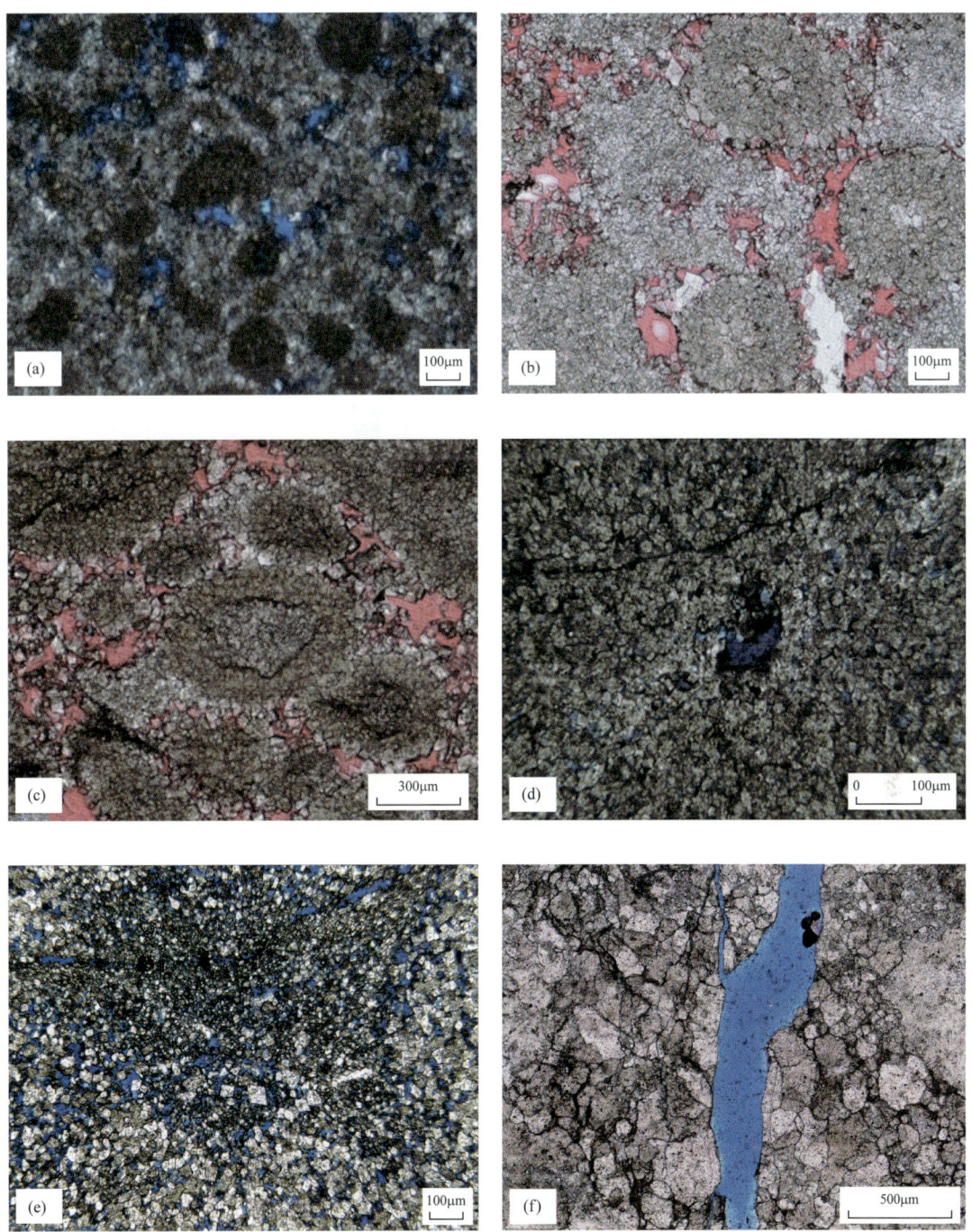

图 2-3-8 鄂尔多斯盆地马五段盐下主要储集空间类型

（a）粒间溶孔，莲 92 井，马五$_9$，岩心号 4-35/84；（b）粒间溶孔，桃 38 井，马五$_7$，3612.03m；（c）粒间溶孔，靳 7 井，马五$_7$，3677.1m；（d）晶间孔、晶间溶孔，桃 33 井，马五$_5$，3118.05m；（e）晶间孔、晶间溶孔，恶虎滩，马五段；（f）构造缝，龙探 2 井，马五段，3379.84m

3）储集物性特征

对区内的孔隙度数据进行综合对比分析，发现马五段盐下储层段孔隙度主要分布于1%～8%的范围内，大多数孔隙度主要分布于1%～2%的范围内，同样对区内岩石渗透率进行对比，显示岩石渗透率主要分布于0.01～5mD，其中多数分布于0.01～0.05mD范围内（图2-3-9）。由此，可以看出区内马五段盐下储层段孔隙度较低，储集层较为致密。

2. 挤压背景下碳酸盐岩储层主控因素

古地貌、沉积相及成岩作用研究表明，鄂尔多斯盆地奥陶系马家沟组膏盐下白云岩储层主要分布在中央古隆起，榆林—横山隆起与乌审旗—定边凹陷中的高部位等古地貌高地上，并受准同生期和浅埋藏期大气淡水溶蚀作用，浅埋藏期膏盐岩充填作用，晚表生岩溶期和晚埋藏期形成的方解石、石英与白云石等矿物充填作用共同控制。

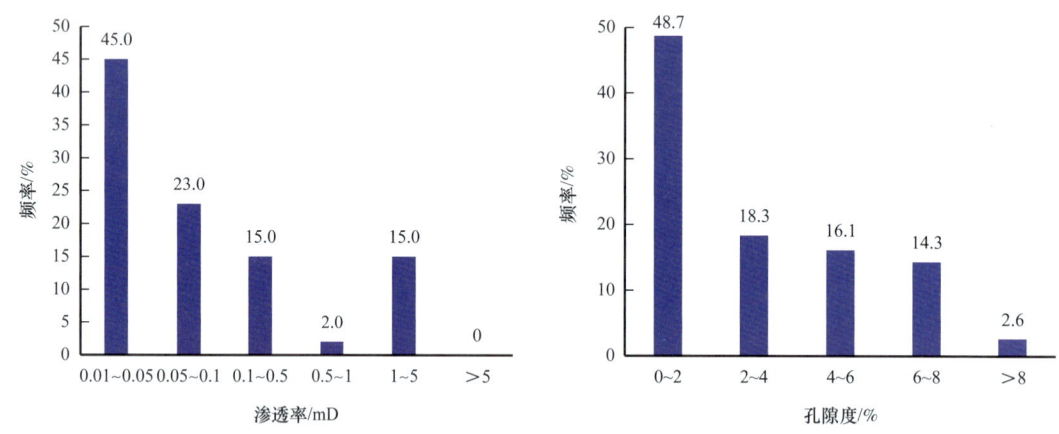

图2-3-9　鄂尔多斯盆地马家沟组盐下储层孔隙度、渗透率分布直方图

1）沉积相带

沉积相对储层的发育起着控制作用，它不仅影响了沉积范围内的岩石类型，同时对储层储集空间发育起着重要作用，控制着储层的发育。马五$_6$、马五$_8$、马五$_{10}$小层发育膏盐洼地、含膏云坪、膏云坪等蒸发岩沉积，以白云岩型储层为主；马五$_7$、马五$_9$小层以发育颗粒滩、云坪、含灰云坪、灰云坪等碳酸盐岩沉积为主，以相控型储层为主，尤其是隆起高地的丘滩储集体。

2）建设性成岩作用

鄂尔多斯盆地马家沟组盐下储层的主要成岩作用类型为：白云石化作用、压实作用、压溶作用、溶蚀作用、充填作用、重结晶作用。在这些成岩作用中，白云石化作用、溶蚀作用、压溶作用为建设性成岩作用，其中溶蚀作用最为重要；压实作用、充填作用、重结晶作用等为破坏性成岩作用。

在同生—准同生阶段，原始孔隙因压实作用、压溶作用而发生大量的减少，后因准同生白云石化作用使孔隙度有少量的增加；在早成岩阶段发生的渗透回流白云石化作用下，发生早期溶解作用，溶解硬石膏和其他盐类矿物形成铸模孔和溶蚀孔，发育晶间孔，同时可见干裂、鸟眼等构造，从而使得储层孔隙度增大，而早期的压实作用致使部分白云石晶间孔消失，使孔隙度有所减小；到中成岩阶段，盆地晚古生代再次开始接受沉积，发生白云石化作用和溶蚀作用，其中溶蚀作用使原有溶蚀孔隙继续扩大，导致孔隙度的升高，是该时期重要的成岩作用，但是同时也在充填作用、压溶作用和重结晶作用的影响下，使得孔隙度或多或少的减少；在晚成岩阶段，随着埋藏深度逐渐达到3000m之后，破坏性的成岩作用如重结晶作用、充填作用等使得储层孔隙被大量破坏和减少，后期的压溶作用产生缝合线开始为流体提供运移通道，使得储层发育变好。

3）海平面升降变化

研究表明，该区域内白云岩储层的发育与分布，除与古地貌相关外，还与海平面变化和准同生期大气淡水溶蚀作用密切相关，且由大气淡水溶蚀作用形成的孔隙具有明显的组构选择性，常沿层面顺层分布。

一方面，海平面变化与准同生溶蚀作用相互配合，控制优质储层的纵向分布，在纵向上常与致密非储层或差储层多期次叠加。位于沉积旋回顶部的颗粒滩，水体相对较浅，受大气淡水溶蚀影响较强，颗粒原始结构被破坏，储层发育。位于沉积旋回下部的颗粒滩沉积水体相对较深，颗粒含量少，受大气淡水溶蚀作用相对较弱，仍保持原岩结构，储层储集性能相对较差。这种组构选择性溶蚀特征体现准同生期大气淡水垂直淋滤的特征；另一方面，海平面升降变化又和古地貌结合，控制储层的时空分布。当海侵程度较高时，颗粒滩相储层仅在中央古隆起发育，而榆林—横山隆起水体相对较深，水动力较弱，颗粒滩不发育，并且海水浓缩程度较低，盐度比正常海水略高，仅发育岩性较为致密的粉晶云岩，向凹陷中心逐渐递变为灰质粉晶云岩、云质泥晶灰岩和泥晶灰岩；当海平面下降时，中央古隆起和榆林—横山隆起，甚至隆起带两翼水动力均较强，发育颗粒滩相，经过白云石化作用和大气淡水溶蚀作用后可形成颗粒滩相白云岩储层；当海平面进一步下降且进入极低水位时，盆地内发育潟湖，沉积膏盐岩，而隆起带进入短暂暴露期，进一步促进了基质孔隙的发育；当海平面逐渐上升时，米脂凹陷仍然继续接受膏盐岩沉积。由于中央古隆起并非一个等高的隆起，其在定边存在一个地势相对较低的鞍部，此时，乌审旗—定边凹陷与祁连海域连通性好，凸起带水体能量较强，开始发育砂屑云岩或藻云岩沉积，并发生准同生溶蚀作用，形成优质白云岩储层，但单层厚度往往较小，为1~3m。

4）差异性构造活动

通过研究发现，优质海相碳酸盐岩储层的形成往往受控于沉积相及后期成岩作用的改造，而与沉积相关系密切的相控型储层的发育往往又受控于不同类型的构造活动。因此，更有必要研究差异性构造活动对这类相控型碳酸盐岩储集体发育和分布的控制作用。

结合单井沉积相分析，利用井—震结合的方法，将地震相与沉积相相结合，从地震剖面中利用地震相来识别沉积相的变化，进而探讨不同类型构造活动对不同沉积相的控制作用。其中详细的沉积相—地震相的对应解释已在他文详细叙述，本章仅简略概述。颗粒滩相的地震相特征主要是呈现出弱振幅、欠连续的地震反射特征。

(1)裂陷。

前人研究表明,古地貌高部位有利于海相碳酸盐岩储集体的发育,特别是依赖于高能相带的相控型储集体,这类古地貌高部位区域有利于各类构造、岩性油气藏的发育。研究区鄂尔多斯盆地新元古代发育了四支近北东向的裂陷,这些裂陷为伸展背景下一系列正断层所控制,其对沉积地层的影响一直持续到奥陶系,由这些裂陷槽形成的地貌差异,持续控制着寒武系及奥陶系的沉积格局,形成相对隆—凹的古地理格局。通过在地震剖面中对裂陷的刻画及颗粒滩储集体的地震相特征分析,发现这些基底断裂与颗粒滩的发育和分布有着较大的关系:颗粒滩多发育于基底断裂上升盘一侧,由于这类基底断裂形成的地貌差异,奥陶纪受继承性古地貌影响在基底断裂上升盘一侧构成了相对高能的沉积环境,为奥陶纪颗粒滩的沉积奠定了环境基础。

(2)同沉积断裂。

研究证实,进入奥陶纪,鄂尔多斯盆地的构造样式发生改变,形成盆地内南北向相对挤压的构造环境。从区内二维地震剖面中不难发现,存在着与基底断裂性质相反的同沉积逆断层;这些逆断层的发育,伴随着断层上盘的相对隆升,对奥陶纪沉积古地貌的影响较大,形成的局部地貌高地,有利于奥陶系颗粒滩的沉积,所以在逆断层上盘一侧,同样发育了颗粒滩沉积。

(3)古隆起。

研究区的古隆起按形成时间,可大致分为同沉积古隆起和继承性古隆起。其中,已有不少学者证实,环继承性古隆起(中央古隆起)周缘发育了大量颗粒滩沉积,故以下着重对同沉积古隆起进行分析。

研究区内同沉积隆起较为常见,这些古隆起的存在造成了盆底地形极不平坦,呈现局部隆—凹的现象;并且,伴随着这些隆起带的存在,使得部分地区的沉积环境处于相对高能的相带,古地貌又处于相对隆起地区,这样的环境更有利于颗粒滩沉积的发育。

3. 储层展布

储层发育主控因素分析认为,古地貌高地水动力条件较强,发育颗粒滩相,累计厚度大,且易于发生白云石化作用和准同生溶蚀作用,在浅埋藏期也易于暴露发生大气淡水溶蚀作用,是孔隙型规模储层的有利发育区。根据前面有利储层发育主控因素分析表明,有利沉积环境是大规模储层发育的基本条件,同时白云石化作用和溶蚀作用决定了储层的品质,因此在有利储集相带分布预测时需首先考虑有利储集相带分布。台地边缘带属高能相带,为Ⅰ类储层,但均分布于盆地边缘,不作为主要评价对象。在浅埋藏期,位于盐岩潟湖边缘区域的白云岩储层的孔隙空间易于被盐岩完全充填,无储集性能,可定义为非储层;而位于隆起高地上,且在盐岩边界线外的储层基质孔隙发育,且充填程度低,保存条件相对较好,可划分为Ⅱ类储层,在盆地腹地广泛发育,数量分布多,累计面积大,为规模储层有利发育区带。局限台地的云坪以泥晶—粉晶云岩、膏云岩沉积为主,为Ⅲ类储层;至于相对低能的前缘斜坡—盆地为以石灰岩为主的灰坪沉积,储集性能最差,归为Ⅳ类储层(图2-3-10)。

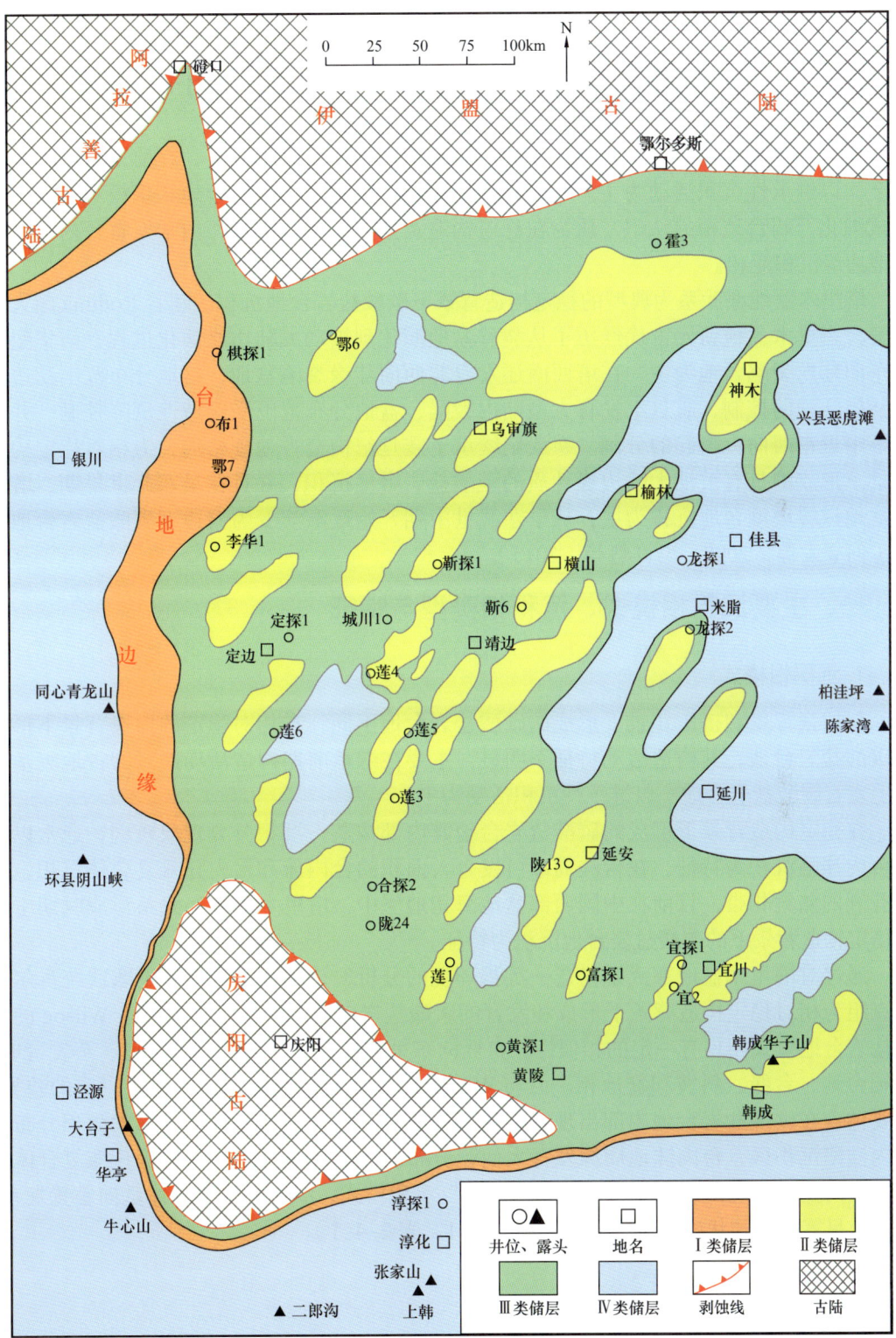

图 2-3-10　鄂尔多斯盆地马家沟组马五$_{7-10}$储层综合评价图

第四节　相对稳定型台地构造岩相古地理与有利储层评价

相对稳定的构造动力学背景，碳酸盐岩台地内构造活动不明显，在前期形成的古地貌上，以继承性沉积活动为主。与 Wilson（1975）碳酸盐岩镶边台地相带模式相比，新模式细化开阔台地相的认识，认为在稳定构造背景下，开阔台地相内常发育台内洼地及洼地边缘沉积亚相。

塔里木盆地寒武系为典型的稳定构造背景下碳酸盐岩台地沉积。随着 Rodinia 超大陆裂解，塔里木盆地新元古代经历了从裂谷盆地演化到被动大陆边缘演化过程，南华纪以北东向陆内裂陷盆地为主，在塔西南还发育北西向陆缘裂陷盆地，盆地分布范围受边界正断层活动的控制，震旦纪发育大型陆内裂陷，盆地分布范围受区域性沉降控制，并受到塔中近东西向古隆起的分割。寒武纪继承了震旦纪构造古地理格局，为相对稳定构造背景下形成的具有被动大陆边缘性质的碳酸盐岩台地沉积，并且在早寒武世早期，塔里木盆地以缓坡型台地沉积为主，从早寒武世中期开始逐渐演变为镶边型碳酸盐岩台地沉积（何登发等，2008；冯许魁等，2015）。

一、主要沉积相模式、沉积相类型与特征

1. 沉积相模式

与拉张背景和挤压背景下形成的碳酸盐岩台地不同，在相对稳定的构造背景下形成的碳酸盐岩台地，其构造活动特征不明显，主要在继承前期构造活动造成的古地貌基础之上发育碳酸盐岩台地，以继承性沉积活动为主。

在稳定构造背景下形成的碳酸盐岩台地其内部构造—沉积分异现象较弱，通常以发育台内洼陷沉积为特征，在台洼周缘可发育大面积的台内滩和台内丘滩复合体沉积，形成有利的储集相带，目前在中国西部盆地海相地层中，塔里木盆地寒武系形成时期主要以稳定构造背景下的碳酸盐岩台地沉积为特征。

通过对塔里木盆地寒武系构造—沉积环境的分析，认为塔里木盆地下寒武统肖尔布拉克组为相对稳定构造背景下形成和发育的碳酸盐岩台地沉积，沉积模式与 Wilson 的碳酸盐岩台地模式相具有一定的相似性，自西向东呈现出混积潮坪、局限台地、蒸发台地、开阔台地、台缘、斜坡和盆地相。但与 Wilson 碳酸盐岩台地模式相比也有一定的差异，主要体现在碳酸盐岩台地内部出现明显的沉积分异，在开阔台地内部发育大面积分布的台内洼陷沉积区，台内洼地周缘发育大面积分布的洼陷边缘滩和洼陷边缘丘滩复合体沉积，横向上，呈现出以台洼为中心的"双滩"沉积模式，纵向上多套滩体垂向叠置发育，平面上呈零星的片状或环带状分布（图 2-4-1，表 2-4-1）。

2. 沉积相类型及特征

1）蒸发台地相

蒸发台地多发育于干旱炎热气候，海水蒸发量大，其沉积物多以膏岩、盐岩、膏质

云岩、膏质泥岩、泥质云岩沉积为主。此相带往往发育一些特有的沉积构造,如因暴露所形成的干裂、鸟眼构造、窗格构造等,此外常见石膏或硬石膏遭受溶解而形成的膏溶角砾岩。该相带生物门类极其单调和稀少,仅见因短暂的风暴所带来的生物化石碎片。干热地区的潮上盐沼或萨布哈沉积均为此相带的典型代表。此相带相当于威尔逊碳酸盐岩标准九相带的台地蒸发岩相,也可称作潮上萨布哈。

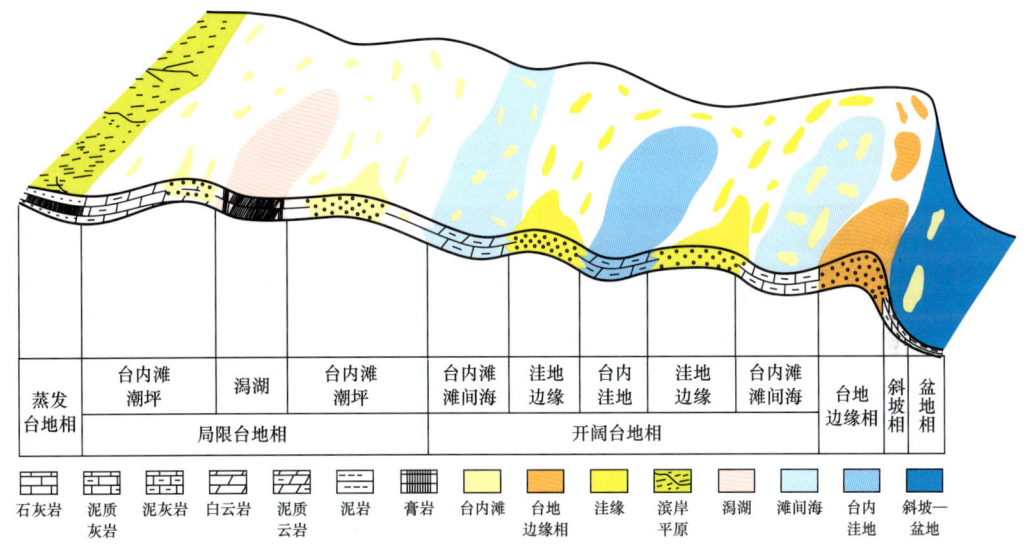

图 2-4-1 相对稳定背景下碳酸盐岩台地沉积相模式图

表 2-4-1 相对稳定背景下碳酸盐岩台地沉积相类型的特征

相	亚相	微相	与经典模式对比
局限台地	潮坪	云坪、灰坪、膏云坪	未变
	潟湖	膏盐湖、泥质潟湖、云质潟湖	
	台内丘(滩)	颗粒滩、藻丘	
开阔台地	台内滩(礁、丘)	颗粒滩、生物礁、生物丘	未变
	滩间海	潮下静水泥	
	台内洼地	泥质洼地、灰质洼地	新增
	洼地边缘	颗粒滩、生物礁、生物丘	
台地边缘	台地边缘滩(礁、丘)	颗粒滩、生物礁、生物丘	未变

该相带主要分布于塔里木盆地中西部地区,在中寒武统沙依力克组和阿瓦塔格组呈大面积分布,此外在下寒武统肖尔布拉克组局部呈小范围分布。根据分布位置和沉积物发育差异可进一步分为蒸发潮坪亚相和膏盐湖亚相[图 2-4-2(a)、(b)]。

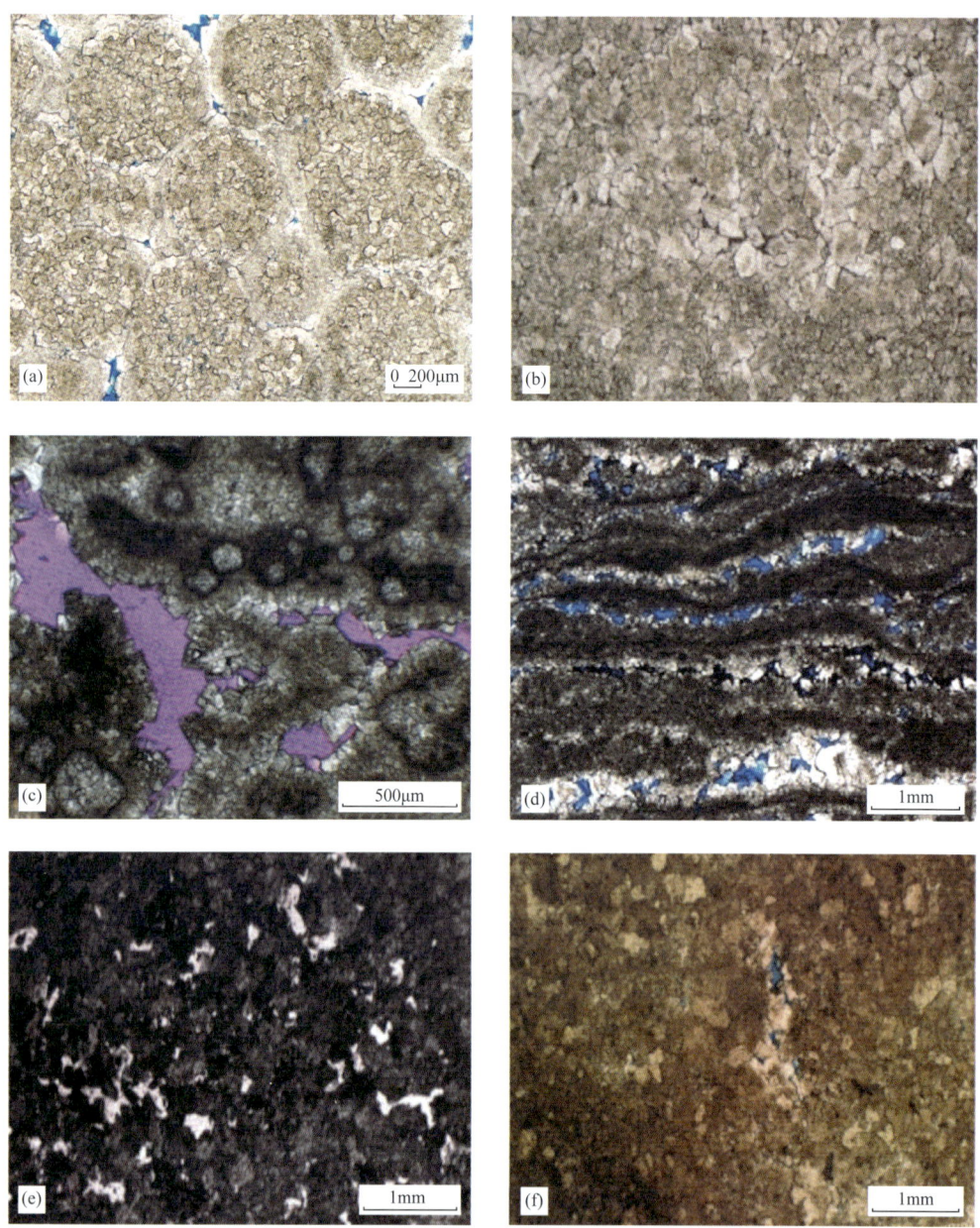

图 2-4-2 塔里木盆地下寒武统肖尔布拉克组典型沉积相标志

（a）膏质云岩，发育膏质纹层，中深 5 井，6550m，$\epsilon_1 x$，局限—蒸发潮坪；（b）膏岩，巴探 5 井，6595.3m，$\epsilon_1 x$，膏盐湖；（c）鲕粒云岩，发育粒间溶孔，楚探 1 井，7757m；$\epsilon_1 x$，台内滩相；（d）藻纹层云岩，舒探 1 井，1884.1m，$\epsilon_1 x$，台内丘相；（e）藻粘结云岩，牙哈 5 井，6396.5m，$\epsilon_1 x$，台内丘相；（f）纹层状泥晶灰岩，新和 1 井，7356.5m，$\epsilon_1 x$，斜坡—盆地相

2）局限台地相

局限台地相沉积物以粉晶—细晶云岩、藻云岩、泥质或含泥云岩为主。生物化石主要有腕足类、介形虫及蓝绿藻等。塔里木盆地局限台地主要发育在巴麦—塔中及塔北地区下寒武统肖尔布拉克组和沙依里克组、中寒武统阿瓦塔格组、上寒武统下丘里塔格组。

局限台地相依据沉积物发育特征的不同进一步细分为局限潮坪亚相和混积潮坪亚相。

（1）局限潮坪亚相。

局限潮坪通常位于平均海平面和平均低潮面之间，是局限台地的沉积界面，这里地形平坦、随潮汐涨落而周期性淹没、暴露的环境，发育于局限海台地向陆侧海岸带，可分为云坪、泥云坪、膏云坪等微相类型。以灰色、浅灰色白云岩及灰质云岩为主。在地震响应上，局限潮坪通常具有中—弱振幅、同相轴中连续性、亚平行的反射特征。

（2）混积潮坪亚相。

混积潮坪主要位于古陆周缘，沉积物为陆源碎屑沉积和碳酸盐岩沉积交互组成。早寒武世早期，塔里木盆地巴楚—塔中地区存在近东西向分布的古陆，至早寒武世中晚期，古陆范围逐渐缩小，主要在盆地东南部且末一带，沿古陆周缘分布有混积潮坪沉积，其岩性主要由粉晶云岩、砂质粉晶云岩、粉砂岩等组成。

3）开阔台地相

开阔台地相岩石类型多样，包括颗粒云岩、云质灰岩、泥晶灰岩、颗粒灰岩等，颗粒类型以内碎屑和球粒为主。开阔台地相主要发育于塔里木盆地中西部、北部及东部区域，主要发育于下寒武统肖尔布拉克组和吾松格尔组、上寒武统下丘里塔格组中，在中寒武统沙依里克组和阿瓦塔格组分布较为局限。

（1）台内滩亚相。

台内滩亚相位于台地内部正向古地貌部位，潮汐或波浪持续作用于未完全固结的沉积物，水动力条件强，碳酸盐颗粒以藻砂屑、鲕粒、砂屑为主，可见少量砾屑，典型沉积物为反映高能环境浅灰色颗粒云岩或含藻颗粒云岩。该相带主要发育在中深1井中下部与塔参1井下部。由于持续高能的水动力条件，颗粒分选、磨圆较好，填隙物主要为亮晶胶结物，胶结类型为孔隙胶结，具有较高的原生粒间孔，同时由于处于正向地貌部位，在海平面下降时期易暴露发生大气淡水淋滤溶蚀作用，使孔隙进一步扩大，可作为优质的储层。台内滩发育在中深1井中下部、和4井中部，单层滩体厚度受水下古地貌的地形差异和台内滩沉积规模的影响而不同。在地震响应上，台内滩亚相通常具有中—弱振幅、同相轴中连续性、丘状外形、叠瓦状—弱前积等反射特征［图2-4-2（c）］。

（2）台内丘亚相。

台内丘亚相受潮汐或波浪作用控制，以浅灰色藻纹层云岩为主，主要微相类型为藻丘。台内丘的沉积水深与台内滩相比往往更浅，水动能为中等—较低，主要孔隙类型为原生组构孔隙，该孔隙与藻粘结或藻叠层关系密切，准同生期常常在海平面附近接受岩溶作用改造，易发育良好的储层。在地震响应上，台内丘亚相通常具有中—强振幅、同相轴中断续性、丘状外形、叠瓦状—弱前积等反射特征［图2-4-2（d）、（e）］。

（3）台内洼地/洼地边缘亚相。

台内洼地亚相岩性以云质灰岩为主，主要发育在下寒武统玉尔吐斯组和上寒武统下丘里塔格组地层中，分布在塔里木盆地台地内部塔中—巴楚地区。在台内洼地周缘，往往发育相对高能的颗粒滩、生物礁丘等高能相带，为规模储层重要发育带。在地震响应上，台内洼地亚相通常具有中—弱振幅、同相轴中连续性、亚平行等反射特征，洼地边缘亚相地震响应特征类似于台内滩、台内丘等。

（4）滩间海。

该相带处于台缘藻丘和颗粒滩之间，地势低洼，水动力条件弱，沉积物颜色较深。典型沉积物泥晶云岩、灰质云岩，局部地区见黏土岩，反映快速海侵，在城探1井中下部台缘丘滩之间发育。海退时期，台缘丘受沉积水体变浅的影响，分布区域缩小，所沉积的泥晶云岩层厚也相应减薄。在地震响应上，滩间海亚相通常具有中—弱振幅、同相轴中连续性、亚平行等反射特征。

4）台地边缘相

台地边缘相带通常在盆地内部主要沿台地边缘呈带状分布，面积和宽度均较小，且塔里木盆地钻遇寒武系的单井较少，对于该相带的识别以地震相识别为主，在塔深1井、于奇6井及肖尔布拉克剖面均能识别出该相带，根据寒武系特征又可分为台缘滩和台缘丘两种亚相类型。

（1）台地边缘滩亚相。

台地边缘滩位于浅水台地与台地前缘斜坡之间转折部位，地理位置上主要位于主体台地与斜坡之间，即台地镶边，它们多沿台地边缘呈条带状或链状断续分布，受台地、台盆、深水盆地格局和同生断裂控制。其沉积水深从水下20m到高出水面，海水循环良好，氧气充足，盐度正常，但由于古地貌处于变化状态，故不适于海洋生物栖息繁殖。该环境由于受波浪和潮汐作用共同控制，水动力条件极强，主要堆积的是以颗粒占绝对优势的滩相沉积体，灰泥组分极少。塔里木盆地寒武系岩性特征以亮晶质的砂屑云岩、鲕粒云岩、藻云岩为主［图2-4-2（a）］。主要发育于塔中台地相区与东部盆地相区的过渡带，塔深1井、于奇6井下及塔北地区地震剖面上均有发现。在地震响应上，台地边缘滩微相通常具丘状或楔状外形，内部具前积反射特征。

（2）台地边缘丘亚相。

台地边缘丘亚相位于台地边缘，往往与台缘滩叠置发育，相带分布面积较广，岩相组合以浅灰色和灰色富藻云岩为主，夹少量含藻的泥粒云岩［图2-4-2（b）、（c）］。以城探1井中下部为代表。海退时期，台缘丘受沉积水体变浅的影响，分布区域增大。总体上看该相带储集性能良好。

5）斜坡—盆地相

斜坡—盆地相位于台地边缘与盆地的过渡地带，始终在浪基面之下，水体能量弱。沉积物以泥质灰岩、泥晶灰岩为主。沉积物不稳定，可能有滑塌构造。该相带沿台地呈弧形带状分布，由于钻揭寒武系的钻井较少，在盆地内仅星火1井可识别出该相带，主要发育于下寒武统肖尔布拉克组。

塔东库鲁克塔格地区斜坡岩性以中—厚层状灰色石灰岩、含泥灰岩、泥灰岩及黑色页岩为主，偶见塌积岩，基本为稳定的灰泥沉积，夹陆源黏土及粉砂。自然伽马曲线呈不规则锯齿状，以中值为主，局部呈现出尖峰状高值，整体起伏剧烈；电阻率曲线呈齿状、尖峰状，中高值，起伏剧烈。塔东库鲁克塔格地区斜坡主要发育在寒武系上统突尔沙克塔格组底部，中统莫合尔山组及下统西大山组、西山布拉克组，可识别出斜坡泥、斜坡灰泥及塌积微相［图2-4-2（f）］。

二、重点层系构造岩相古地理及有利储集相带——以塔里木盆地寒武系肖尔布拉克组为例

早寒武世中期肖尔布拉克组沉积时期，塔里木盆地总体继承了早寒武世早期玉尔吐斯组时期沉积格局，除在盆地东南、西北部存在呈东西向分布的古陆外，塔里木盆地肖尔布拉克组厚度较为稳定，分布广泛，没有大规模的剥蚀。该时期，区内海水循环较好，盆地内大面积区域位于平均海平面之下，沉积环境以开阔台地为主，由开阔台地向古陆过渡范围内发育了大面积的局限台地沉积，受古地貌及气候的影响，部分区域沉积水体在更为闭塞的条件下，发育了膏云坪—膏盐湖。相对于玉尔吐斯组而言，肖尔布拉克组沉积水体相对较浅，以碳酸盐岩台地沉积为主，总体上呈现出由缓坡型台地向弱镶边型碳酸盐岩台地过渡的状态，沉积相以局限台地相、开阔台地相、台地边缘相、斜坡相和盆地相为特征。

肖尔布拉克组沉积时期，台盆内岩性以黑色页岩、泥岩、泥灰岩、硅质岩为主，结合地震相特征，代表斜坡—深水盆地相沉积物；最新的钻井资料显示，塔北隆起的新和1井和星火1井肖尔布拉克组的岩石类型以泥质灰岩、泥晶灰岩为主，为较深水环境沉积，结合区域地震相特征，表现为斜坡—盆地相；而此时，位于台地内部的舒探1井、楚探1井等井位的岩石类型以藻云岩、颗粒云岩、晶粒云岩为主，发育开阔台地台内滩亚相；柯坪露头区苏盖特布拉克、什艾日克及周缘野外剖面均揭示该区肖尔布拉克组发育厚层块状微生物云岩、藻粘结云岩和砂屑云岩，指示该区广泛发育台内滩沉积。塔西南古隆起为地层超覆尖灭区，古隆起北部周缘主要发育局限台地沉积；巴楚隆起肖尔布拉克组岩性以晶粒云岩、颗粒云岩为主，夹薄层蒸发膏盐岩，为台内半蒸发膏云坪和膏盐湖沉积物；巴楚地区西北部为蒸发云坪和膏盐湖分布区；巴楚地区东部至塔中隆起发育开阔台地台内滩、台内洼陷，台洼周缘发育受断裂坡折带控制的洼地边缘丘（滩），呈环带状分布。塔中东部中深1井、中深5井肖尔布拉克组以泥晶云岩、砂质颗粒云岩为主，为混积潮坪与台内滩过渡相；最新的地震资料显示，在塔中地区中部，存在着一个台内洼陷，结合区域钻井资料，该区域岩石类型以泥晶云岩为主；而在盆地东部地区，根据地震解释成果和罗西1井的取心，证实罗西地区以发育台地边缘相为主，由英东1井向罗西1井依次发育盆地—斜坡—台地边缘—开阔台地—局限台地沉积。

根据构造古地貌和沉积格局的认识，结合钻井岩心、薄片和野外露头等地质资料点及地震解释成果，认为肖尔布拉克组总体以海相半封闭环境为主，沉积水体不深，盆地东部为台地—盆地沉积，而盆地西部为碳酸盐岩台地沉积，台地内发育大范围的台内洼陷，在洼陷周缘发育台内浅滩。整个盆地自西向东依次为喀什古陆、局限—蒸发台地、台内滩、台内洼地、台地边缘、斜坡、盆地，此外在盆地东部发育罗西台地沉积，该时期南北沉积分异特征明显。肖尔布拉克组有利储集相带主要为开阔台地台内滩，开阔台地台内滩主要发育在环台内洼陷周缘一带，主要见于阿克苏古陆周缘和塔中古陆以北地区（图2-4-3）。

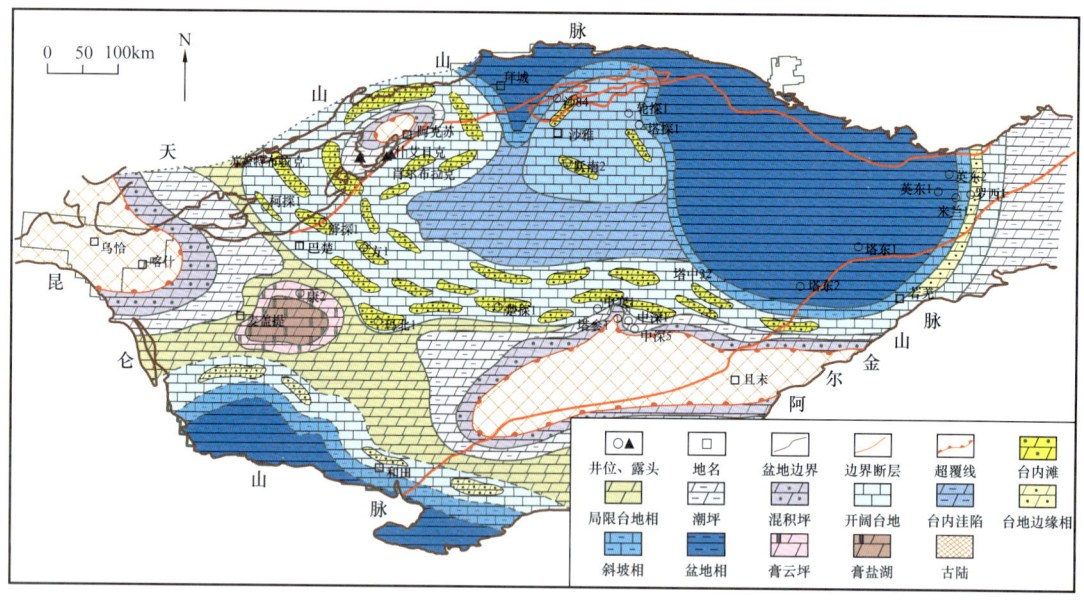

图 2-4-3 塔里木盆地下寒武统肖尔布拉克组岩相古地理图

三、有利规模储层特征、发育主控因素与分布

1. 储层基本特征

1）储层岩石特征

塔里木盆地寒武系储层岩性主要为台内和台缘丘滩相颗粒云岩、微生物云岩、粗粉晶—细晶云岩等。

（1）颗粒云岩或具残余颗粒结构云岩，其颗粒类型主要有砂屑、鲕粒、团粒、团块（藻包壳）等［图 2-4-4（a）］。残余的颗粒组构一般由泥晶白云石组成，颜色较暗，富含有机质，部分颗粒中的泥晶白云石可能经历了重结晶改造，晶粒略有变大，而且颗粒的轮廓也更加模糊。交代胶结物的白云石往往较粗，单偏光下晶体干净明亮，自形到半自形，部分白云石具有交代颗粒的趋势［图 2-4-4（b）］。颗粒云岩或具残余颗粒结构的白云岩中粒间孔、粒间溶孔和晶间溶孔较为发育。

（2）微生物云岩主要由叠层石云岩和凝块石云岩两种类型组成。根据野外和镜下观察，叠层石云岩纹层可以分为泥晶富有机质的暗层和晶体相对粗大贫有机质的亮层。暗层主要由自形泥晶白云石堆积而成，晶体表面和晶间发育特殊的纳米级球形颗粒及其集合体，此外还发育不规则管状—片状结构。凝块石云岩又分为团块状（丘状）和层状两类，凝块石主要由暗色凝块及凝块间白云石胶结物构成，其主要的造礁生物为蓝细菌，系由蓝细菌群落通过钙化、粘结等作用形成的凝块。凝块石主要形成于水体较动荡、沉积速率较快且相对开阔的浅潮下带环境，而叠层石云岩主要形成于潮坪—潮间带水动力相对较弱的环境。微生物岩由于微生物生长活动可形成藻格架等原始孔隙空间［图 2-4-4（c）、（d）］。

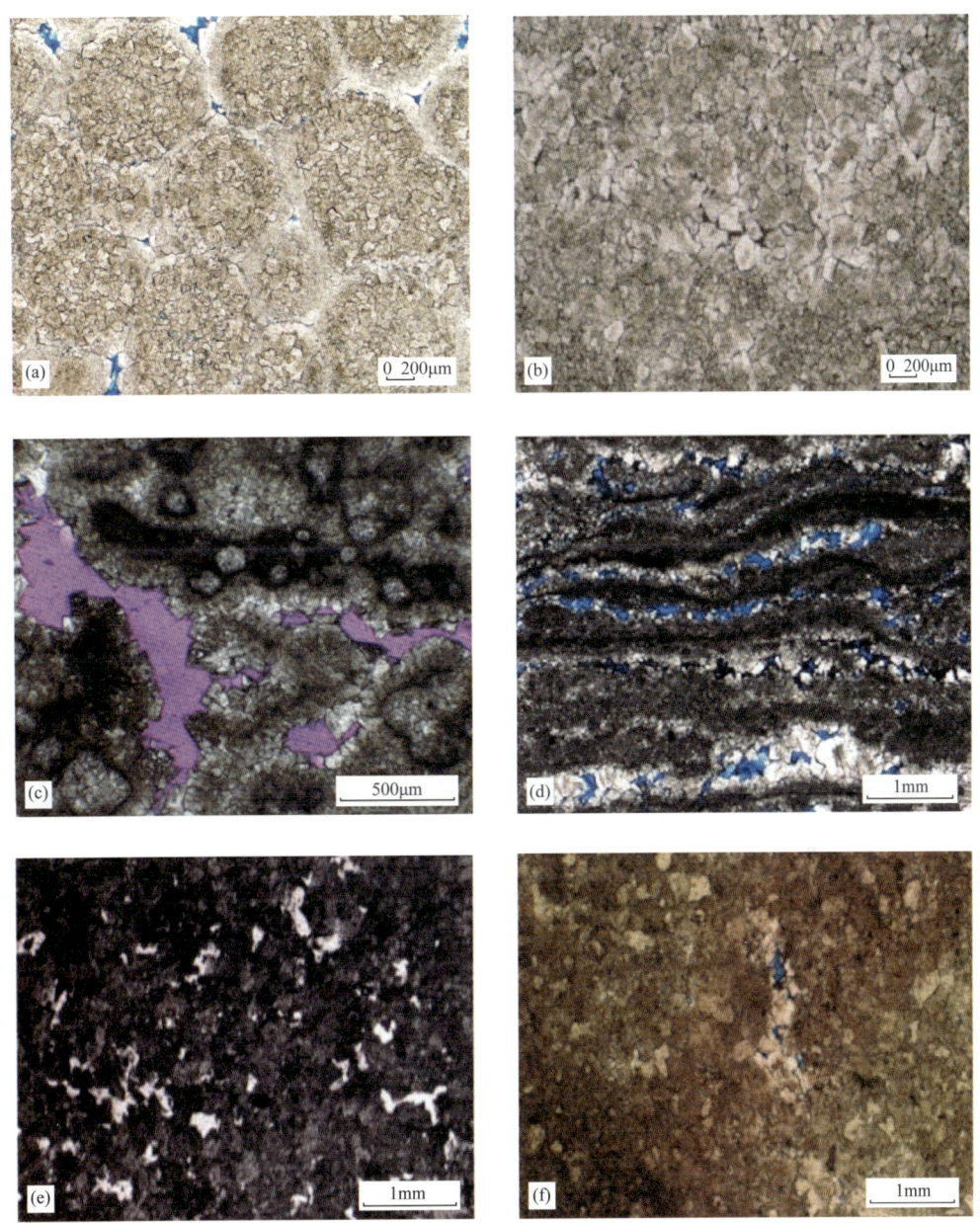

图 2-4-4　塔里木盆地寒武系主要储层岩石类型

(a) 鲕粒云岩，楚探 1 井，7757m；(b) 具参与颗粒结构的细晶云岩，于奇 6 井，7315.80m，10×5；(c) 藻云岩，$\epsilon_1 x$，方 1 井，4606.6m；(d) 藻云岩，$\epsilon_1 x$，舒探 1 井，1885.6m；(e) 细晶云岩，巴探 5 井，5784.89m；(f) 细晶云岩，$\epsilon_1 x$，肖尔布拉克剖面

（3）粗粉晶—细晶云岩，其主要特征是晶体较粗，白云石晶体以半自形至他形为主，部分具有环带结构的自形晶；白云石晶体表面较脏，富含包裹体；晶粒云岩中有时可见各种沉积组构（如鲕粒、砂屑、生物屑）的残余；同时可见白云石晶体切割或包裹裂隙的现象，该类云岩中晶间孔和晶间溶孔较为发育［图 2-4-4（e）、（f）］。

2）储集空间类型

塔里木盆地寒武系丘滩相储层储集空间以孔隙为主，其次为裂缝，具体包括有：生物格架孔、粒内溶孔、粒间溶孔、晶间孔和晶间溶孔等。

(1) 生物格架孔。

生物格架孔的发育通常与藻类微生物活动密切相关，受岩性岩相影响密切。塔中、巴楚、柯坪等地区肖尔布拉克组广泛发育藻云岩，具备发育藻格架孔的条件。研究区肖尔布拉克组藻云岩、颗粒云岩等岩性中常见藻格架孔，主要为残留的原生孔和准同生期形成的溶蚀孔洞［图2-4-4（d）］。藻格架孔在柯坪露头和巴楚地区井下岩心中均有所发现，可以作为良好的油气储集空间。

(2) 粒内溶孔。

粒内溶孔多是在早成岩作用阶段经过淡水溶蚀作用在颗粒内部形成的孔隙。如颗粒只是部分遭受溶蚀，则形成的孔隙称为粒内溶孔；如颗粒被全部溶蚀，则形成的孔隙称为粒模孔。粒内溶孔和粒模孔是组构选择性溶孔，其形成与颗粒在早成岩期暴露发生选择性溶蚀相关。

(3) 粒间溶孔。

粒间溶孔主要指发育在颗粒灰（云）岩中的与原始颗粒结构有关的孔隙，为次生孔隙。粒间（溶）孔属于组构选择性孔隙，其存在一般与高能沉积环境相关。薄片观察发现，区内寒武系颗粒石灰（白云）岩类普遍胶结十分紧密，原生的粒间孔几乎完全被充填，仅少量薄片样品中可见零星粒间溶孔，常见被沥青充填。其形成主要是在成岩过程中，由于酸性流体的影响，颗粒间胶结物或灰泥基质被溶蚀形成粒间溶孔。

(4) 晶间孔和晶间溶孔。

晶间孔在晶粒云岩沉积中比较发育，晶间孔多为微晶云岩经重结晶转变为较粗晶粒云岩的过程中，由细小晶间孔重新调整而成。孔径一般较大，多为0.1~2mm，位于自形、半自形白云石晶体间，呈不规则多边形，分布不规则，连通性较差。晶间孔是研究区寒武系常见的储集空间类型。

晶间溶孔是在晶间孔基础上，经溶蚀扩大而成。孔隙不规则，边缘具明显的溶蚀痕迹。晶间溶孔集中分布于晶粒云岩储层中，面孔率2%~5%，孔径0.5~3mm，是研究区常见的储集空间类型。

(5) 裂缝。

裂缝也是该区白云岩重要储集空间类型，按照形成机制分为构造缝、溶蚀缝和成岩缝等。研究区肖尔布拉克组台洼周缘丘滩相白云岩储层中的裂缝主要是构造裂缝和溶蚀裂缝。

构造裂缝是指岩石由于构造作用形成的破裂缝。研究区寒武系白云岩层段构造裂缝通常具有以下特征：① 裂缝开度变化比较大，既有宏观裂缝，开度1~200mm不等，也有微观裂缝，开度在0.01~0.2mm之间；② 宏观裂缝延伸距离较远，裂缝面光滑平直，产状比较稳定；③ 裂缝中往往充填方解石等，充填脉体宽度较均匀，脉壁较平直；④ 晚期裂缝往往切割早期裂缝，形成共轭剪切裂缝；⑤ 早期裂缝常常发生溶蚀扩张。在寒武系露头出露较多的柯坪地区，极为发育的构造裂缝一方面表明柯坪地区经历了复杂的地质构造运动，另一方面也为形成优质的孔洞—裂缝型储层创造了条件。

成岩裂缝是在岩石成岩过程中形成的，广泛分布于碳酸盐岩储层中。研究区肖尔布拉克组白云岩储层中最常见的成岩裂缝是层理缝、缝合线。层理缝通常顺微层理面分布，以水平裂缝最为常见。缝合线通常弯曲呈锯齿状，多被泥质充填，且多与层面平行，一般延伸不远。这种类型的裂缝主要见于肖尔布拉克组细粉晶云岩中。成岩缝在研究区不如构造裂缝发育，但未完全充填且发生溶蚀扩张的成岩缝也可以作为沟通孔隙的通道及有效储集空间，对增加储层孔隙度和渗透率有一定的贡献。

溶蚀裂缝是碳酸盐岩中常见的一类裂缝，是由地层流体沿着早期的裂缝（构造缝、成岩缝、晶间孔缝等）进一步溶蚀扩大而成。溶蚀缝边缘通常不平整，开度大小不一，在0.1~1mm之间，沿着溶蚀缝常常发育"串珠状"溶蚀孔洞。溶蚀缝的发育程度受地层流体性质、岩性等条件的控制，如泥质含量较高的白云岩可能由于黏土矿物的堵塞而导致溶蚀作用受到抑制，因此含泥云岩的溶蚀缝洞不如质纯的白云岩发育。研究区溶蚀缝从未充填到充填均有发育，未充填或半充填的溶蚀缝则形成了较好的储集空间和流体渗滤通道。在肖尔布拉克剖面和巴探5井薄片照片上可以清晰见到溶蚀裂缝的发育。

2. 有利储层发育主控因素

1）沉积相

沉积环境控制着储层在三维空间内的分布特征，同时由于研究区储层以白云岩为主，白云岩原始沉积特征及岩性是形成储层的基础，不仅决定原岩的初始孔隙度，还决定了储层的岩石类型和特征，这对其在成岩过程中溶蚀作用发生的程度有着深刻的影响。构造岩相古地理分析表明（图2-4-5），塔里木盆地寒武系肖尔布拉克组在台洼南缘发育大面积分布的台内滩沉积，在台洼西北缘发育大面积的丘滩复合体沉积，这些大面积分布的台内滩和台内丘滩复合体为有利的储集相带分布区，为储层形成奠定了坚实基础。

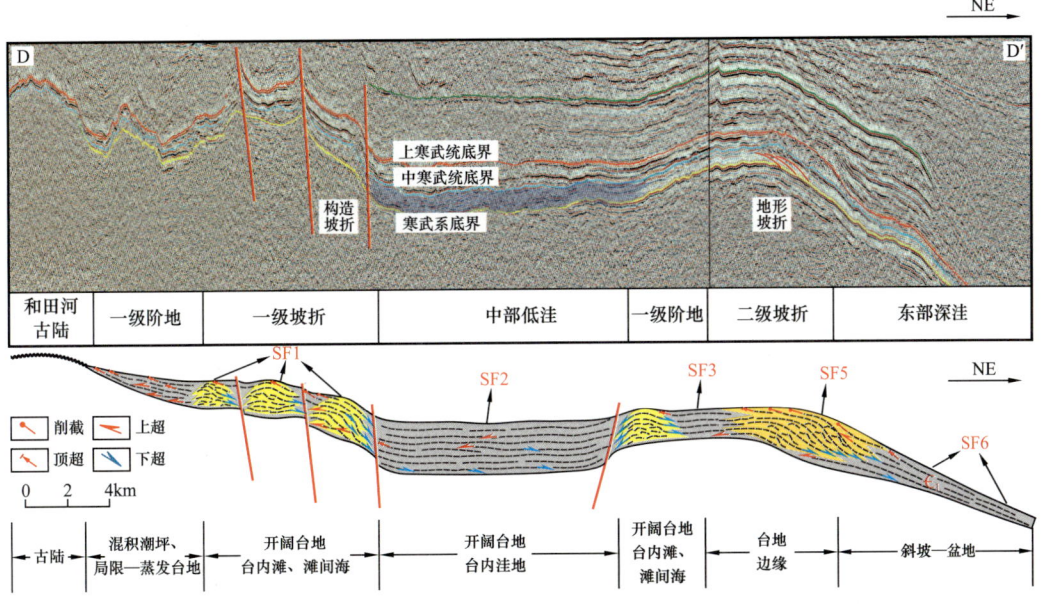

图2-4-5 塔里木盆地下寒武统肖尔布拉克组台洼周缘台内滩分布模式

2）白云岩化作用

众所周知白云石化作用是白云岩孔隙发育的主要因素，在埋藏较深的地层当中，白云石化作用对储层的积极影响尤为明显，其原因就在于白云石化过程中钙离子的半径大于镁离子的半径，在镁离子交代钙离子时因离子半径的不同，而形成白云石的晶间孔隙；也有人认为，当石灰岩完全被白云石交代，这种孔隙就不存在。但是在大多数白云岩中，都是方解石被完全交代，而晶间孔隙一样发育。因此，对于白云岩而言，晶间孔隙发育取决因素很多，并不能用一个模式代替所有的地质现象。但是白云石化作用是白云岩中孔隙发育的主要因素则从来没有被怀疑过，目前对白云岩中孔隙发育的研究成果来看，还没有其他更好的机理来解释白云岩中的孔隙发育。在寒武系储层中，具有储集意义的晶间孔发育于粉晶以上的白云岩中，主要发育于粉晶—细晶云岩和中晶—粗晶云岩中，少量见于部分叠层石云岩和斑状云岩中，在塔里木盆地中西部地区下寒武统肖尔布拉克组均有发现，其面孔率为3%~5%。

3）溶蚀作用

通过对塔里木盆地寒武系储层溶蚀孔隙的发育特征分析，发现研究区储层溶蚀孔隙的形成原因主要为准同生期溶蚀和深埋藏阶段溶蚀作用。准同生期溶蚀孔隙在早期可能具有较高的孔隙度，连通性尚可，但由于其形成后多遭受了强烈充填作用，不但使孔隙度大为降低，而且喉道也多被阻隔，故其储集性也不理想。因此，储层溶蚀孔隙的形成主要为埋藏阶段有机酸溶蚀作用，局部发育有沿断裂分布的构造—热液溶蚀作用。

4）构造破裂作用

塔里木盆地在地质历史上经历了多期次构造运动的改造，构造运动所形成的裂缝不仅可以作为油气储集的场所，还可以作为流体运移的通道。构造作用产生的断层或裂缝对于白云岩储层储集性能的改善主要表现在以下三个方面：首先，各种断层和裂缝如果未被充填，则其本身就是良好的油气储集空间，当裂缝发育集中时，可以形成裂缝性储层甚至裂缝性油气藏；其次，通常情况下断层和裂缝在储层储集空间中的占比不是很大，但是其可以沟通众多孤立分布的溶蚀孔洞和孔隙，进而大大提高整个储层的渗透性能；最后，断层和裂缝可以作为地下流体的运移通道，为碳酸盐岩储层的进一步溶蚀改造提供便利，尤其对于致密碳酸盐岩，断层和裂缝是地下流体进入的首要条件。通常沿断层或裂缝附近的岩石储集性能会比较好。

3. 储层展布

根据前面有利储层发育主控因素分析表明：有利沉积环境是大规模储层发育的基本条件，同时白云石化作用和溶蚀作用决定了储层的品质，因此在进行有利储集相带分布预测时应首先考虑有利储集相带分布。根据前面构造岩相古地理分析塔里木盆地寒武系作为稳定型台地的代表，在早寒武世主要为缓坡台地向镶边台地过渡时期，在下寒武统肖尔布拉克组沉积时期有利储集相带主要为开阔台地台内滩和台内丘滩复合体，这些台内滩或丘滩复合体主要发育在环台内洼陷周缘一带，主要分布于阿克苏古陆周缘和塔中古陆以北地区（图2-4-6）。下寒武统吾松格尔组沉积时期，该区已发育成典型镶边碳酸盐岩台地，有利储集相带以台地边缘相为主，其次为台内滩沉积。中寒武世随着相对海平面下降，塔里木盆地整体以局限台地—蒸发台地沉积为主，台内滩不发育，有利的储集相带主要为台地边缘滩相。晚寒武世，随着相对海平面上升，盆地以大面积开阔台地沉积为主，台内浅滩发育，该时期有利的储集相带为台内浅滩和台缘滩相，在阿克苏—拜城和轮台—古城发育有台缘礁滩沉积，环塔中—巴楚—柯坪—新和—轮南发育台内滩沉积。

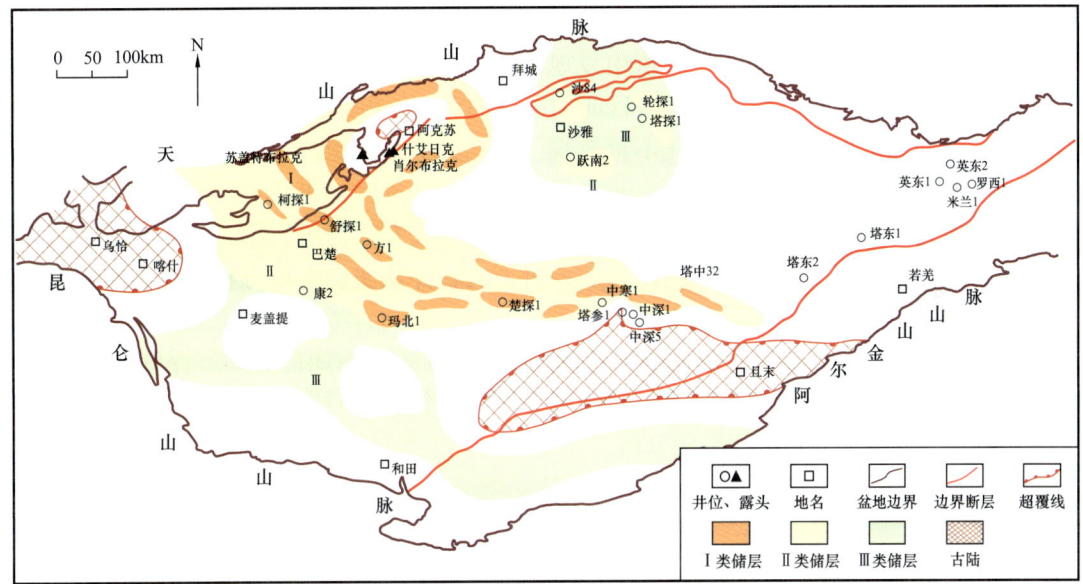

图 2-4-6 塔里木盆地下寒武统肖尔布拉克组储层综合评价图

第三章 古老深层气藏盖层封闭能力及动态评价

油气保存是油气成藏的关键要素，决定了油气藏的形成及聚集程度。2005年，地质学家在对油气勘探失利井的统计分析中发现，在所有勘探风险因素中封盖条件是主要因素，占到48%（Boult et al.，2005）。目前勘探正向深层—超深层方向发展，温度、压力对盖层的微观参数及脆塑性的变化不可忽视，多期构造作用也使得封闭能力出现阶段性变化，在整体保存条件较好的区域，非优质盖层的低渗透性封隔层也起到封盖油气藏的作用（何治亮等，2016）。"十一五"和"十二五"重大专项的研究中，初步建立了适用于中国各类型大气田盖层综合封闭能力的评价方法，并从实验角度分析裂缝发育对盖层封闭能力的影响。本章在前期研究基础上系统梳理了不同岩类盖层的宏观及微观发育特征，提出了碳酸盐岩类盖层有效性的评价标准；建立了盖层封闭能力动态评价方法体系，对碳酸盐岩类盖层和泥岩盖层的历史封闭能力进行评价；同时完善了盖层封闭能力综合评价参数，对典型大气田进行举例分析。

第一节 大型气田盖层类型及特征

传统上认为膏岩、泥岩是油气藏主要盖层，近年来勘探实践表明，碳酸盐岩在一定条件下也可以作为有效盖层。本书将按膏盐岩、碳酸盐岩和泥岩三类岩性盖层进行描述。盖层的特征描述包括宏观和微观两个方面，宏观主要从厚度、展布等方面进行表征，微观主要从岩石物性、孔隙结构及突破压力等方面进行表征。

一、膏盐岩类

全球大型油气藏的盖层岩性统计表明，油气总储量的55%被膏盐岩所封盖（马力等，2004；金之钧等，2006），表明膏盐岩类盖层是最重要的盖层岩石类型。中国深层大气田的膏盐岩盖层主要分布在塔里木盆地的古近系、寒武系—奥陶系，四川盆地的三叠系、寒武系，以及鄂尔多斯盆地的奥陶系，大面积膏盐岩优质盖层为油气聚集提供了良好的区域封盖条件。

1. 宏观分布

以塔里木盆地寒武系为例，下寒武统肖尔布拉克组和吾松格尔组膏岩、盐岩仅仅分布于麦盖堤—巴楚—和6井一带，且厚度相对较薄。中寒武统的膏岩、盐岩分布范围明显扩大，面积为12300km^2，以北部阿瓦提凹陷—巴楚隆起的广大地区为主，总体展现为"牛眼"分布特点，中部为盐岩，向外层依次是膏岩、膏质云岩、纯白云岩（图3-1-1）。

膏盐岩单层厚度为30~50m,最大可达200m,其间夹薄层石灰岩、泥晶灰岩,厚度为5~10m,最厚可达50m。

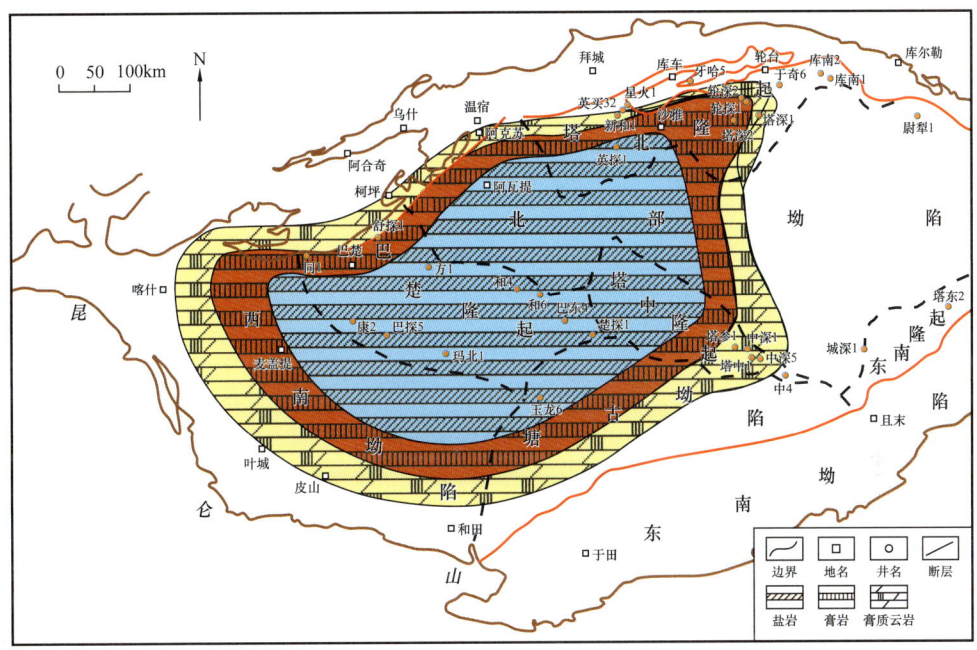

图3-1-1 塔里木盆地中—下寒武统膏、盐岩分布图

2. 微观特征

膏盐岩的内部结构和排列决定了它可以具有较低的孔隙度、渗透率,在深层条件下具有很强的塑性及流动性,而且这些性能几乎不受成岩演化的影响,致使它在受到极为强烈的构造挤压后,仍能具有较强的油气封闭能力。

1)盐岩

盐岩地层主要是各种可溶盐类组成的化学成因蒸发岩的统称,以石盐为主要组分,也包括其他氯化物、硫酸盐矿物,通常与石膏、硬石膏相伴生。盐岩孔隙度、渗透率很低,渗透率可低至2×10^{-5}mD。扫描电镜分析显示,盐岩岩性致密,仅见少量的晶间孔隙和次生溶孔(图3-1-2)。

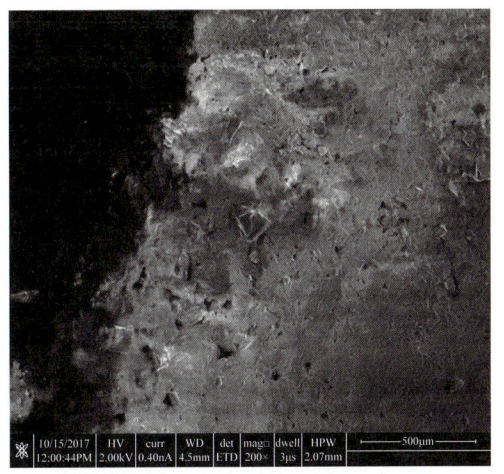

图3-1-2 盐岩扫描电镜分析

以塔里木盆地寒武系为例,盐岩岩石突破压力很高,可达到23.86MPa,因此盐岩盖层即便厚度较小也可以具有较大的封闭能力。同时,在地层条件下,盐岩在较低的温度和压力下即可发生塑性流变,不易产生裂缝。三轴应力实验结果表明,当实验围压超过20MPa时,盐岩的轴向应变曲线随轴应力的增大而增大,并没有出现像10MPa及以下所

出现的残余峰值特征（图3-1-3），认为盐岩从脆性向脆—塑性转换围压条件为20MPa。当地层压力大于20MPa时，盐岩不易产生大型裂缝，可成为优质盖层。

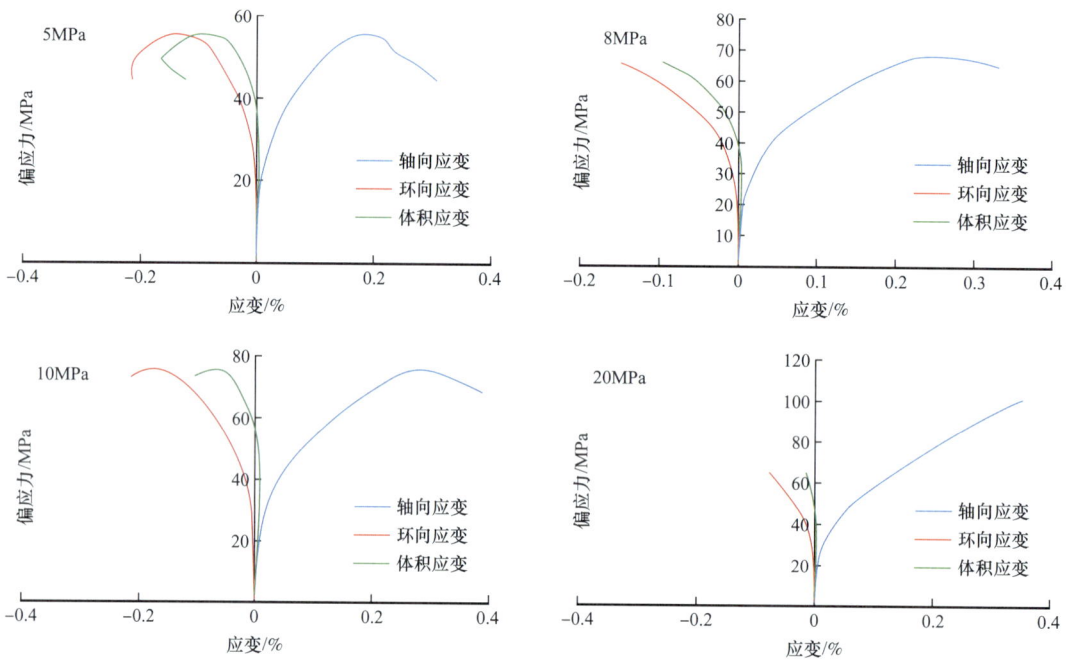

图3-1-3　不同压力条件下盐岩三轴压缩应力应变曲线

2）膏岩

井下采集的样品以硬石膏岩为主，塔中隆起中深5井寒武系膏岩放大500倍扫描电镜上可以看见膏岩的岩性全貌，其岩性致密，仅发育少量晶间孔隙［图3-1-4（a）］。在8000倍放大的扫描电镜显示，膏岩颗粒接触紧密，发育少量晶间孔隙（缝），颗粒表面次生溶蚀现象明显［图3-1-4（b）］。

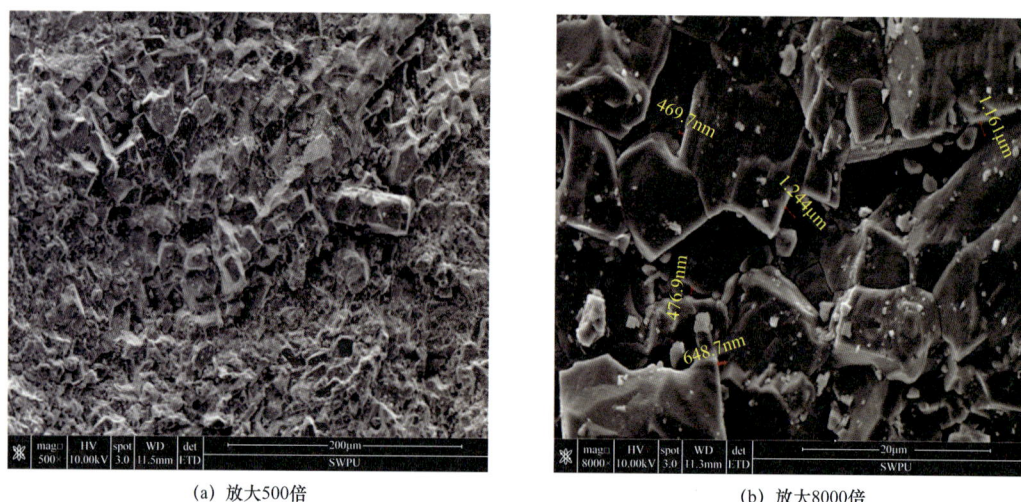

图3-1-4　中深5井膏岩扫描电镜分析

塔里木盆地寒武系膏岩的孔隙度、渗透率很差，渗透率为0.0019～0.017mD，岩石突破压力分布范围较大，介于2.1～14MPa。三轴应力实验表明，随着温度的升高，膏岩抗压的能力逐渐减弱。5MPa围压条件下，40℃时膏岩的抗压强度为45MPa，而在100℃时抗压强度为20MPa；10MPa围压条件下，40℃时膏岩的抗压强度为50MPa，而在100℃时抗压强度为40MPa。虽然随温度的升高，膏岩的抗压强度减弱，但是从图3-1-5上也能看出膏岩的脆性—塑性转换都发生在围压大于10MPa时，对应地层埋藏深度600～1500m。但当埋深到一定深度时，温度达到石膏向硬石膏转变的临界温度（52℃），石膏脱水形成大量孔隙，封闭能力下降。后期在持续埋深过程中，当硬石膏埋藏深度达到脆—塑性转化的边界压力时，硬石膏重新具备柔塑性，且在压实作用下孔隙空间减少，重新具备封闭能力。但抬升过程中如果发生硬石膏的溶蚀，则后期硬石膏盖层封闭能力将大大降低。

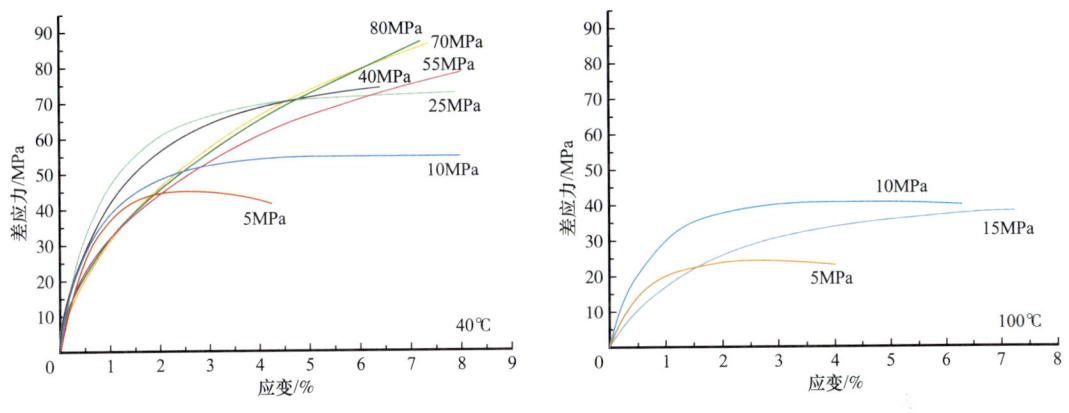

图3-1-5 不同温度条件下膏岩应力应变曲线图

二、碳酸盐岩类

大量研究证明碳酸盐岩在一定条件下也可以作为油气的封盖层，如澳大利亚西北大陆架白垩纪沉积的石灰岩是该区大油气田的区域盖层（刘伟等，2011）。轮探1井的突破，证实了超深层也能发育碳酸盐岩盖层。

1. 宏观分布

塔中隆起与巴楚隆起区寒武系发育有一定厚度的含泥云岩、泥质云岩、膏质云岩等碳酸盐岩。和4井、塔参1井和新和1井的碳酸盐岩盖层厚度超过400m，中深1井和轮探1井中—下寒武统盖层厚度分别为205.29m、260m（表3-1-1）。其他地区厚度为100～300m。受沉积环境的影响，不同地区白云岩类岩性厚度占地层厚度比例不同，如巴楚隆起区为20%，塔中隆起区提高为78%。

2. 微观特征

碳酸盐岩类盖层岩性比较复杂，致密灰岩与致密云岩均可以成为优质盖层。致密灰岩与致密云岩主要岩石类型为膏质云岩、泥晶灰岩与泥晶云岩，属于化学类沉积，具有低孔隙度、致密、突破压力高的特点。从实验分析数据看（图 3-1-6），岩石的孔隙度、渗透率越大，突破压力越小，气体越容易通过岩石进行逸散。与孔隙度相比，渗透率与突破压力的关系更为明显，渗透率小于 0.01mD 时，突破压力增大到 2MPa 以上。碳酸盐岩化学稳定性较差，且塑性系数较低，易产生裂缝与断层，是影响其盖层有效性的关键因素。本节主要分析膏质云岩、泥晶灰岩和泥晶云岩的封盖能力。

表 3-1-1　塔里木盆地典型盐下天然气井盖层分析

井号	储层层位	盖层层位	盖层总厚度/m	盖层岩性
中深1井	阿瓦塔格组	阿瓦塔格组	93.44	膏质云岩、泥质云岩、泥晶云岩和膏岩为主
	吾松格尔组	吾松格尔组	39.50	膏质云岩和云质泥岩，膏盐岩作为储层内的夹层出现
	肖尔布拉克组	吾松格尔组＋肖尔布拉克组	72.35	含泥/泥质云岩、膏质云岩和藻云岩为主
轮探1井	沙依里克组	阿瓦塔格组	95	膏泥岩、泥质云岩和膏岩为主
	吾松格尔组	沙依里克组	165	膏质云岩、白云岩、膏泥岩和泥质云岩为主

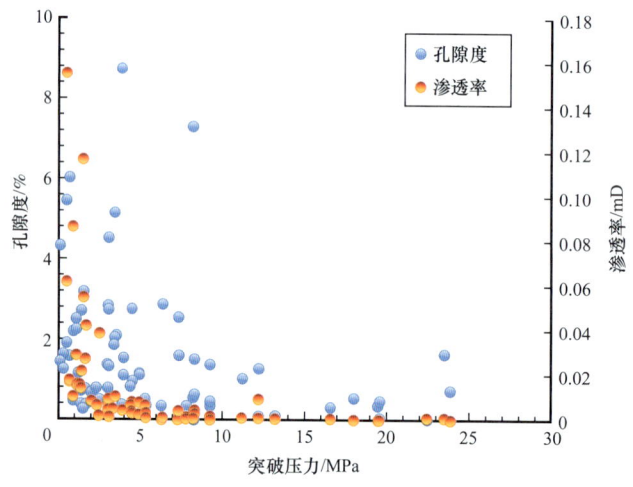

图 3-1-6　塔里木盆地碳酸盐岩孔隙度、渗透率与突破压力的关系

1）膏质云岩

膏质云岩微观结构可分为分散状、斑块状、裂缝分散状、裂缝斑块状四种（图 3-1-7）。分散状膏质泥晶云岩孔隙不发育［图 3-1-7（a）］，孔隙度为 0.3%～0.5%，渗透率极低，一般在 $1×10^{-4}$mD 左右，突破压力一般大于 14MPa；斑块状膏质泥晶云岩发育膏溶孔［图 3-1-7（b）］，具有较高的孔隙度、较低的渗透率，孔隙度为 1%～1.5%，突破压力在 10～14MPa 之间；裂缝分散状膏质泥晶云岩孔隙不发育，孔隙度为 0.2%～0.5%，镜下见细小裂缝［图 3-1-7（c）］，渗透率达到 $1×10^{-3}$mD，突破压力小于 10MPa；裂缝斑块状

膏质泥晶云岩,石膏主要存在于裂缝中[图3-1-7(d)],孔隙度、渗透率均较高,孔隙度达到1.6%~5%,渗透率达到1×10^{-2}mD,突破压力一般小于3MPa,封盖能力差。

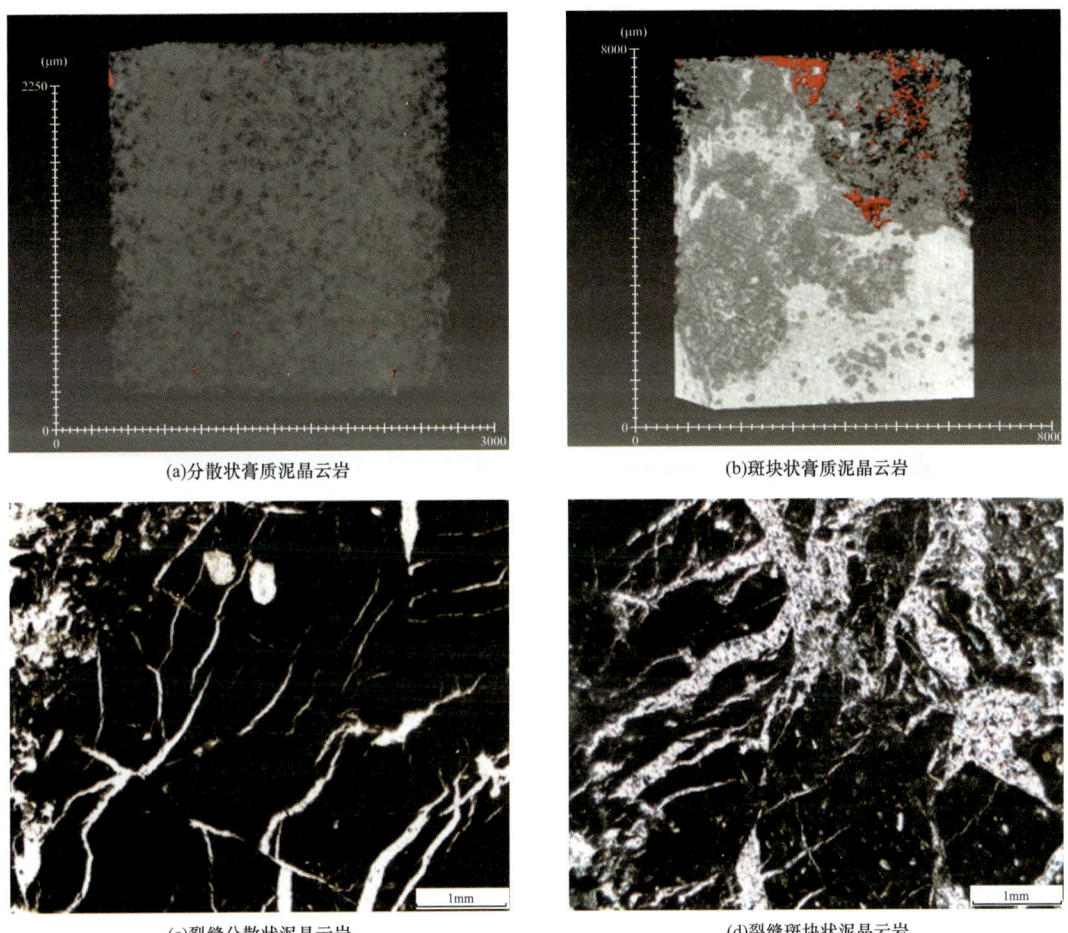

图3-1-7 膏质泥晶云岩CT及薄片分析

在地层条件下,随着温度压力增加,塑性系数有所增加,岩石逐渐从脆性向塑性特征转化。膏质云岩在围压大于60MPa下可以作为有效盖层。石灰岩一般在围压大于50MPa时开始向塑性转变(图3-1-8)。

2)泥晶灰岩

泥晶灰岩在塔中地区和巴楚隆起区广泛分布,由纳米CT分析可以看出泥晶灰岩岩性致密,孔隙在三维空间分布不均匀,连通性差(图3-1-9)。孔隙度分布在0.01%~2.84%之间,渗透率分布在0.3×10^{-4}~0.3×10^{-1}mD之间,以小于0.005mD为主,在无裂缝发育的情况下突破压力普遍较高,具有较强的封闭能力。

由于碳酸盐岩矿物化学稳定性相对较弱,因此影响其封闭能力的主要因素除本身力学性质外,还有后期改造作用。如热液作用等因素可造成岩石出现裂缝,成为影响突破压力的关键。泥晶灰岩基质孔隙不发育,在微裂缝不发育时可以作为较好的封盖层。

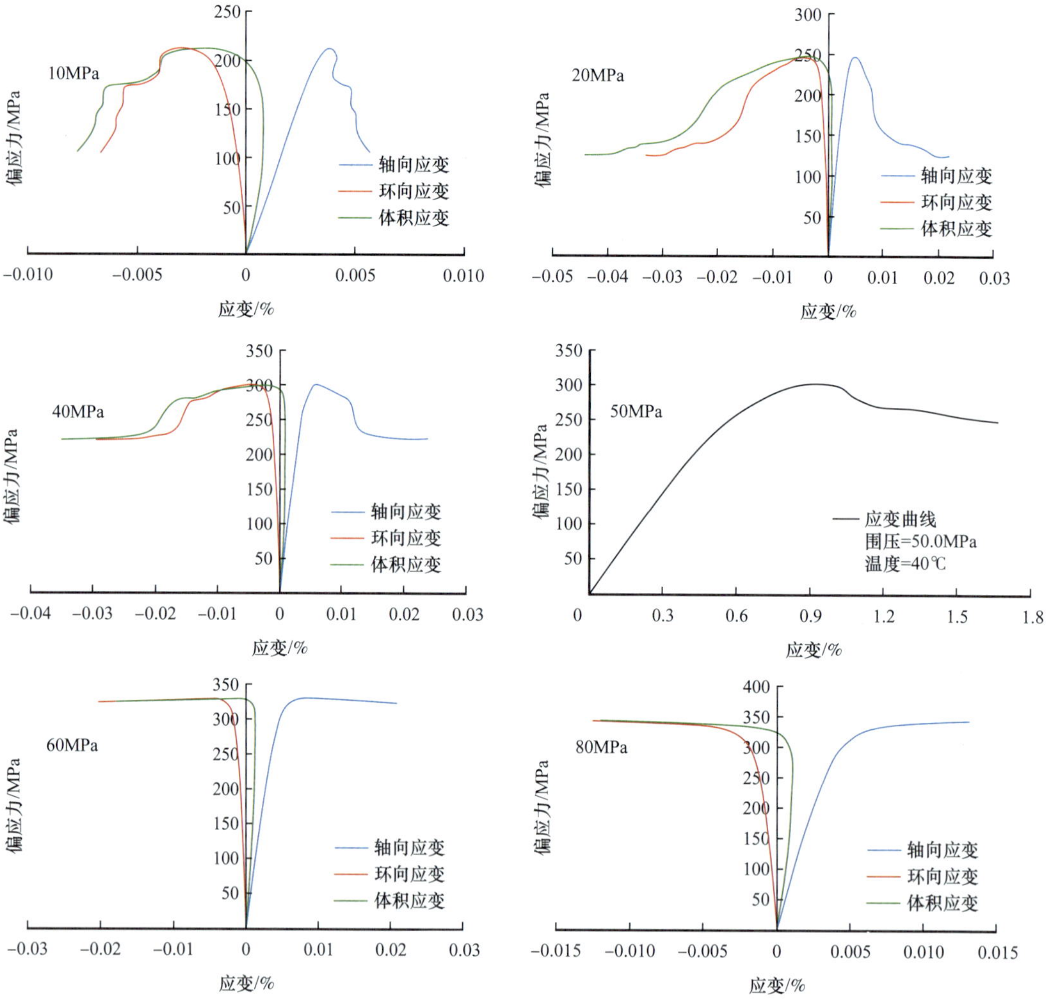

图 3-1-8　不同压力条件下石灰岩应力应变曲线

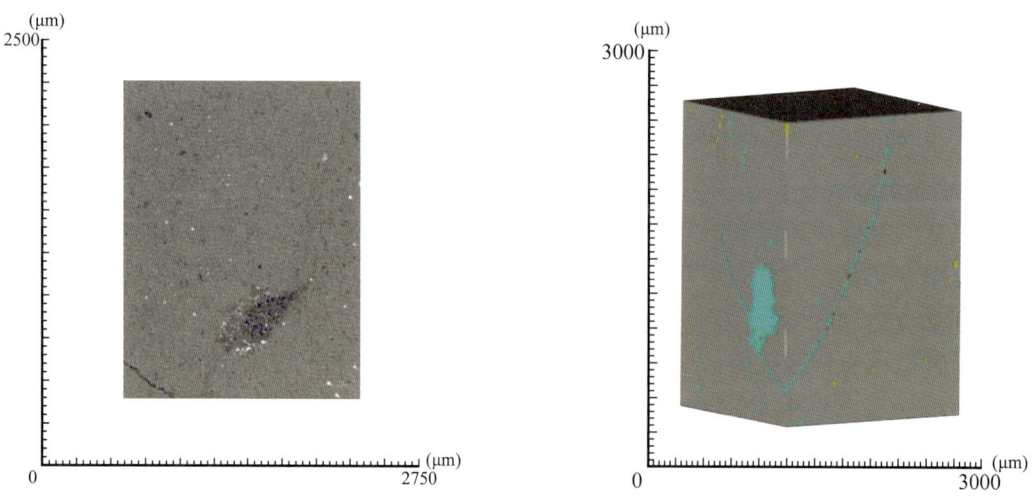

图 3-1-9　泥晶灰岩 CT 分析

图 3-1-10 为一组不同裂缝发育情况的泥晶灰岩，当裂缝较多，且被泥质或方解石部分充填时，突破压力最小，为 2.89MPa［图 3-1-10（a）］；当压溶缝和构造裂缝分别被泥质和亮晶方解石充填时，突破压力为 7.84MPa［图 3-1-10（b）］；当岩石不发育构造裂缝时，突破压力最高为 14MPa［图 3-1-10（c）］。

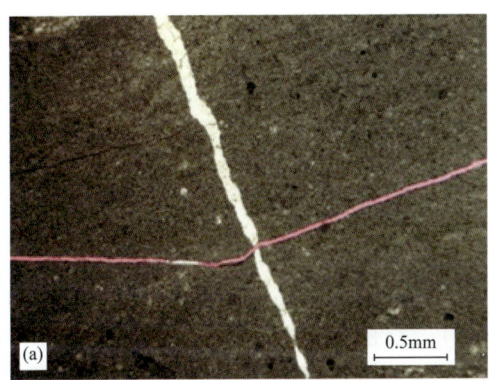
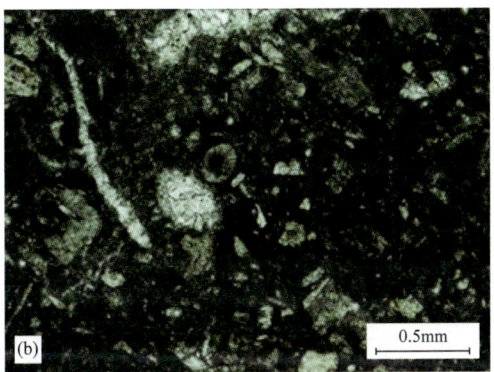
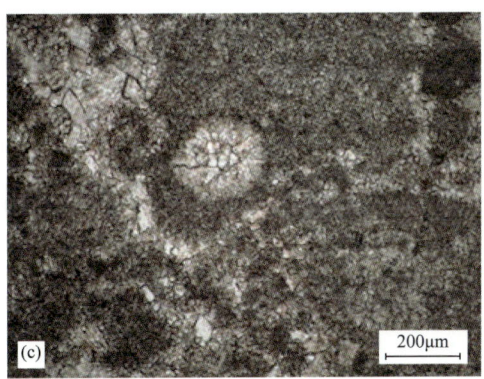

图 3-1-10　塔里木盆地寒武系—奥陶系泥晶灰岩裂缝特征
（a）数条压溶缝，构造缝被亮晶方解石充填和泥质部分充填；（b）泥质充填压溶缝和亮晶方解石充填构造裂缝；
（c）无构造裂缝

3）泥晶云岩

以牙哈 5 井为例，岩石主要由粉晶白云石、泥晶白云石及泥质组成，白云石晶粒自形—半自形，含量约为 82%。岩石以黏土矿物晶间微孔为主，局部发育白云石晶间孔（图 3-1-11）。

较纯的泥晶云岩孔隙极不发育，孔隙度小于 0.1%，渗透率小于 1×10^{-3} mD，突破压力大于 10MPa。孔隙主要发育于泥晶云岩中的粉晶云岩斑块中，在泥晶结构中随着粉晶云岩含量增加，孔隙度明显增加，突破压力随之下降；充填裂缝的发育也会导致突破压

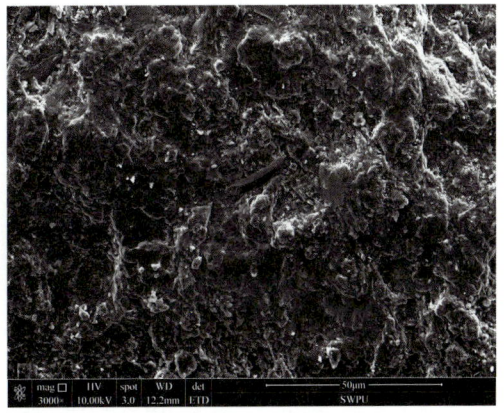

图 3-1-11　泥晶云岩（牙哈 5 井）扫描电镜照片

力降低，宽大贯穿裂缝对岩石突破压力影响最大。

因此，致密碳酸盐岩在一定条件下具有封闭能力，但其封闭能力受到自身矿物组成及地层条件的影响。裂缝是导致碳酸盐岩盖层封闭能力下降的最主要因素，其他如膏溶孔、粉晶结构及石灰岩中白云石斑块的增加都会导致封闭能力的下降。

三、泥岩类

泥岩是全球分布最广泛的盖层，在持续埋藏条件下孔隙度逐渐降低、渗透率不断减小、排替压力增大，封闭性增强。高演化泥岩在一定的高围压条件下，只要没有遭受断裂破坏或尚未抬升至近地表附近，在地层条件下具有优质封闭性能。

1. 宏观分布

深湖—半深湖相及海相沉积环境有利于发育面积大、厚度大且均质性好的区域性泥页岩盖层。泥页岩由于其本身的致密性、分布的广泛性和较好的塑性，成为发育最广泛的盖层，如四川盆地寒武系筇竹寺组、高台组，二叠系龙潭组，松辽盆地白垩系登娄库组和塔里木盆地奥陶系桑塔木组等。以四川盆地为例，位于灯影组气藏之上的下寒武统筇竹寺组泥页岩是灯四段气藏的直接盖层，也是灯影组气藏的主要区域性盖层，阻挡天然气向上运移和扩散，为灯影组大型气田的形成提供了良好的保存条件。其厚度受裂陷槽控制，沿裂陷槽方向厚度最大，可达300m以上，两侧明显减薄。龙王庙组气藏的直接盖层为上覆高台组的致密碳酸盐岩，同时上二叠统龙潭组的超压泥岩作为优质的间接盖层和主要的区域性盖层，厚度达上百米，也为龙王庙组超高压气藏的形成提供了良好的保存条件。

2. 微观特征

对四川盆地高石梯—磨溪地区寒武系筇竹寺组的泥岩取样进行分析，泥岩孔隙度以小于3%为主，渗透率主要在0.001~0.02mD区间内。从CT扫描结果来看，泥岩样品平均喉道长度1.07×10^{-2}mm，平均喉道半径6.2×10^{-4}mm，孔隙总体积2.07×10^{-2}mm^3，孔隙率0.73%，孔径平均为6.2×10^{-4}mm，大部分孔隙半径小于5×10^{-4}mm。孔隙和喉道正交切面模型可见喉道不发育，孔隙较发育但连通性差（图3-1-12）。

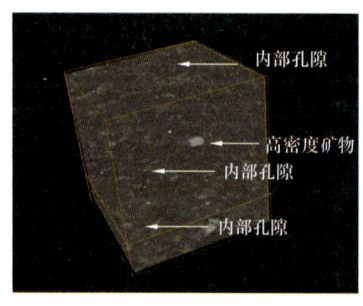
(a) 正交切片模型

(b) 孔隙连通性正交切片模型

(c) 孔隙正交切片模型

图3-1-12 泥岩高分辨率CT扫描照片

从泥岩盖层物性数据分析结果来看，岩石较为致密，可以作为优质盖层，提供良好的封盖条件。根据突破压力结果，盖层岩石的突破压力与孔隙度有一定的相关关系，孔隙度越高，岩石突破压力越小（图 3-1-13）。高石梯—磨溪地区泥岩盖层突破压力大于 15MPa 的占到一半左右，封盖天然气能力较好。

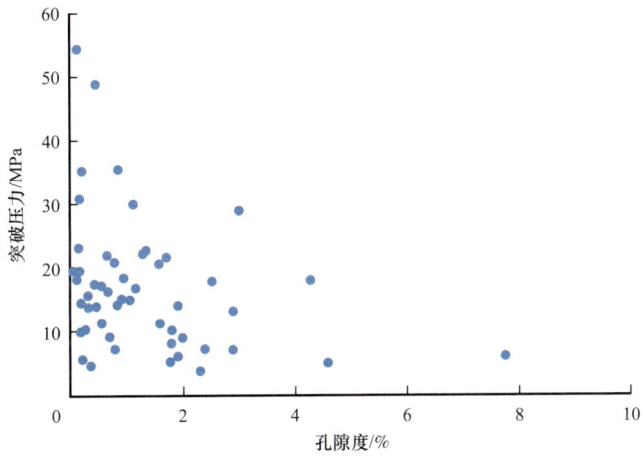

图 3-1-13　高石梯—磨溪地区及其相邻地区泥岩盖层岩石孔隙度与突破压力关系

第二节　盖层封闭能力评价方法及标准

过去对盖层的评价以静态评价为主，但在地质演变过程中，构造的变形、抬升、深埋以及相应的温度、压力条件的变化对盖层性能也具有很大的影响，本节开展了碳酸盐岩和泥岩封闭能力动态评价方法研究，分析不同时期盖层突破压力及力学性质的演化规律，并匹配烃源岩生排烃的关键时期，探讨盖层在不同时期的封闭作用。同时，根据盖层厚度、突破压力与气藏能量，完善了盖层封闭能力综合评价参数的计算，进而预测盖层封闭能力的平面分布。

一、盖层封闭能力动态评价方法

天然气成藏需要盖层封闭能力演化与天然气的运聚史具有良好的配置关系，只有在天然气大规模运聚之前或运聚过程中形成封闭能力的盖层才能起到良好的封闭作用。因此，必须从动态角度研究盖层的封闭性。盖层封闭能力的动态评价即盖层形成之后，在经历压实作用、成岩作用和构造作用等地质作用的历史演化过程中，其封闭能力随时间的定量演化特征，以及与天然气生、排、聚史之间的匹配关系研究。

对于不同类型的盖层，由于其本身岩性、力学性质的差异，封闭能力动态评价方法不同，如地层条件下泥岩一般表现为塑性，因此受力后不易形成裂缝，影响其封闭能力的主要因素即为其本身的孔隙度、渗透率特征；而碳酸盐岩一般表现为脆性，受力易形成裂缝，另外碳酸盐岩矿物化学稳定性相对较弱，因此影响其封闭能力的主要因素即为其本身力学性质、受力状态及成岩作用。因此，对盖层封闭能力动态评价的过程中，要根据不同类型盖层本身特征及其封闭能力影响因素，采用针对性的研究方法。目前比较成熟的方法是对盖层岩石样品进行大量的分析测试，然后利用地球物理参数，建立其与影响盖层微观封闭能力因素之间的定量关系，并研究岩石屈服应力、超固结比等力学性质变化，从而实现对盖层封闭能力动态评价的目的。

1. 突破压力预测及演化研究方法

1）碳酸盐岩盖层突破压力预测及其演化研究方法

碳酸盐岩的封闭能力演化对分析气田成藏过程及其保存历史具有重要意义。因此，本书利用突破压力预测公式与碳酸盐岩埋藏史资料，建立了碳酸盐岩突破压力演化研究方法。该方法的理论基础为：假定碳酸盐岩自埋藏后岩性总体变化不大，即反映岩性的变量在突破压力演化过程中保持不变，改变的只是碳酸盐岩内部的孔隙和裂缝结构。这样的话，获得碳酸盐岩孔隙定量演化历史，并建立孔隙度与突破压力预测公式中标准孔隙度的变量之间的关系，便可以对不同地质历史时期、不同埋深的碳酸盐岩的突破压力进行定量预测。

首先选取典型测井曲线，采用逐步回归多元统计分析方法，筛选主要有效评价测井曲线（对碳酸盐岩岩性和储层孔隙反映较强的），通过数学统计方法建立其与碳酸盐岩突破压力之间的关系，以达到预测地下碳酸盐岩突破压力的目的，从而有效地识别盖层层位并对盖层的微观封闭能力进行分析。

利用该方法，依据实测碳酸盐岩样品突破压力及其对应的典型测井曲线的统计数据，筛选出与突破压力关系密切的测井参数为自然伽马（GR）和声波时差（AC），建立了突破压力预测公式为

$$P_\mathrm{d} = 8.558\mathrm{GR}' - 3.668\mathrm{AC}' - 8.611 \quad (3\text{-}2\text{-}1)$$

式中　P_d——突破压力，MPa；

　　　GR'——标准化自然伽马；

　　　AC'——标准化声波时差。

然后对碳酸盐岩突破压力演化特征进行研究。在以上研究基础上，建立碳酸盐岩声波时差与碳酸盐岩孔隙度之间的关系。对塔里木盆地主要探井中—下寒武统碳酸盐岩实测孔隙度数据进行统计，并建立其与对应声波时差直接的关系。可以看出，两者具有较好的相关性。随着声波时差的增大，碳酸盐岩孔隙度也呈指数倍增大，反之则减小（图3-2-1）。

碳酸盐岩孔隙度与声波时差直接拟合公式为

$$\phi = 0.0002\mathrm{e}^{0.1616\mathrm{AC}} \quad (3\text{-}2\text{-}2)$$

根据获得的碳酸盐岩不同地质时期孔隙度数据，利用孔隙度与声波时差直接的拟合关系，得到不同地质时期的声波时差数据。然后利用碳酸盐岩突破压力预测公式，其GR保持不变，声波时差随地质时期的不同发生改变，因此得到不同地质历史时期的突破压力数据，并绘制演化曲线。

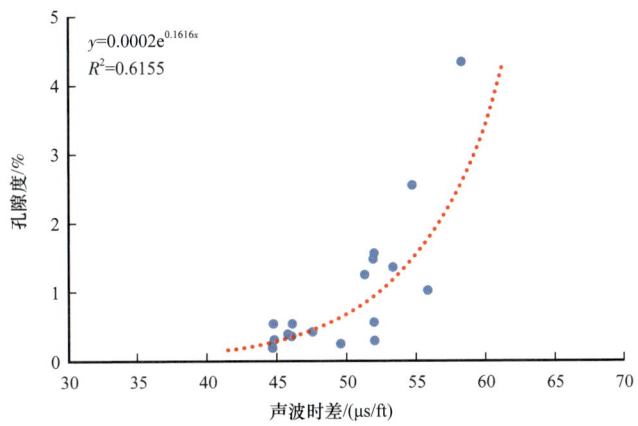

图 3-2-1　碳酸盐岩实测孔隙度与声波时差关系散点图

2）泥岩盖层突破压力预测及其演化研究方法

泥岩微观封闭能力与其泥质含量和压实压力具有较强的相关性，该规律是泥岩突破压力预测的基础。四川盆地多期隆升和沉降造成泥岩物性演化规律的复杂性，也使泥岩盖层封闭能力演化研究一直没有得到有效解决，直接影响着盖层封闭能力的演化和天然气成藏过程的分析。

为了对泥岩突破压力演化进行预测，首先假设在泥岩地层压实和抬升的过程中，其内部泥质含量保持不变，改变的只是泥岩内部孔隙结构特征，而在正常连续压实条件下，不同的孔隙结构特征对应唯一的压实成岩埋深。在此假设基础上，结合前人对岩石循环加载—卸载过程与渗透率变化规律的研究（孔茜等，2015），通过川中地区泥岩实测卸载数据校正，获得适用于该研究区的泥岩加载—卸载拟合关系，通过数学方法建立四川盆地泥岩地层正常压实与抬升期渗透率演化关系。

孔茜等（2015）通过实验对砂岩在多次循环荷载作用下孔隙度及渗透率随荷载的变化规律进行了研究，结果表明在一次加载—卸载事件中相同渗透率对应着两个不同的围压，也就是说，在一次构造抬升事件中，某一埋深的岩石渗透率对应着与其相同渗透率的沉降期历史埋深。因此抬升期的突破压力应该用与抬升期渗透率相同的沉降期埋深来计算。

在以上多期构造抬升条件下泥岩微观特征演化理论的基础上，建立了泥岩盖层突破压力演化的预测方法，具体过程如下：

（1）根据实际地层条件下泥岩盖层渗透率测试数据，拟合得到泥岩在初次压实条件下和构造抬升条件下围压—渗透率的实际拟合公式（张长江等，2008；王宇鹏，2019）；在泥岩盖层开始构造抬升时的各个埋深位置两个公式的渗透率和围压是相等的，据此求得参数 a（图 3-2-2）。

压实期渗透率—围压拟合公式：

$$K=26.515P^{-0.841} \tag{3-2-3}$$

抬升期渗透率—围压拟合公式：

$$K=4.0173P^{-0.357}+a \tag{3-2-4}$$

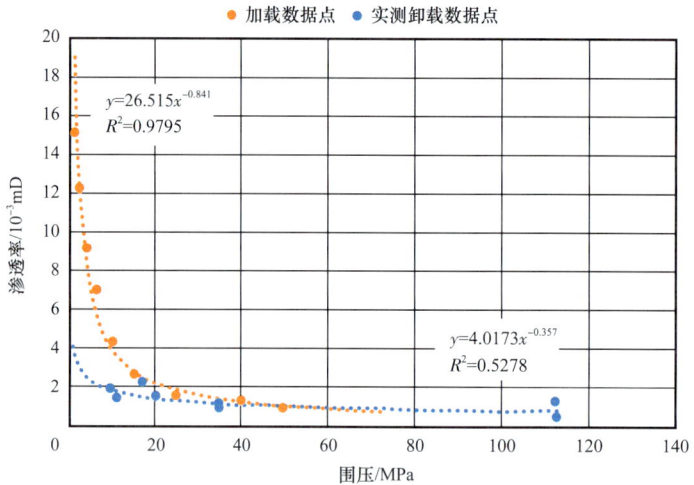

图 3-2-2 四川盆地泥岩加载—卸载拟合关系（加载数据点据张长江等，2008）

式中　K——渗透率，10^{-3}mD；

　　　P——围压，MPa；

　　　a——常数。

（2）根据地层埋藏史恢复，将泥岩盖层目前埋深转化为围压代入式（3-2-4）得到相应的渗透率，继而得到与抬升期渗透率相等的初次压实期历史围压数据，即历史埋深。

（3）根据前文预测及实测的突破压力得到突破压力与深度和泥质含量乘积之间拟合公式［图 3-2-3，式（3-2-5）］，利用历史埋深即可求出构造抬升过程中的泥岩盖层突破压力。

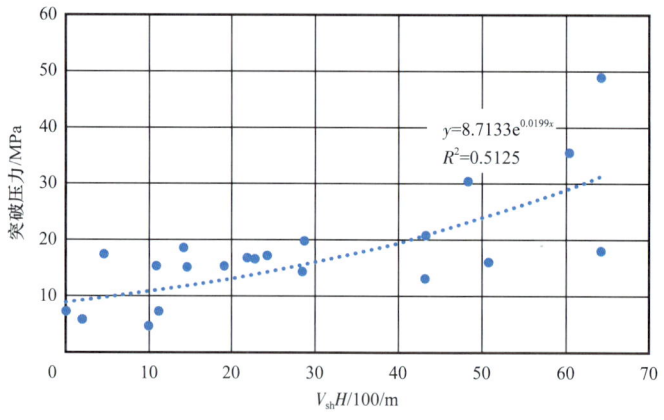

图 3-2-3　突破压力与深度及泥质含量关系图

$$P_\mathrm{d} = 8.7133 \mathrm{e}^{0.0199 V_\mathrm{sh} H/100} \quad (3\text{-}2\text{-}5)$$

式中　P_d——突破压力，MPa；

　　　H——岩石埋深，m；

　　　V_sh——岩石泥质含量，%。

2. 盖层力学性质演化研究方法

裂缝对于天然气成藏的作用非常重要，一方面裂缝改造了储层，增加其对流体的储集和渗流能力；另一方面裂缝破坏了盖层的封闭能力。因此，分析盖层力学性质演化对于分析内部裂缝发育特征及气藏成藏过程有重要意义。

1）碳酸盐岩盖层力学性质演化研究方法

在假定碳酸盐岩自埋藏后岩性总体变化不大的基础上，基于三轴应力测试数据，得到其不同围压和温度下岩石的屈服强度。然后根据前人建立的模型得到影响碳酸盐岩力学性质的孔隙度与屈服强度之间的关系（吴文，2010），进而结合碳酸盐岩孔隙度演化史和埋藏史，较精确地预测碳酸盐岩在地质历史各阶段屈服强度的大小。结合碳酸盐岩正应力演化史分析，可以得到其有利于形成裂缝的地质时期，或结合埋深与时间的关系，获得碳酸盐岩屈服强度随埋深演化历史，确定碳酸盐岩脆塑性转换深度界限。

上述方法的具体实现步骤如下：（1）通过三轴应力实验的应变图，确定碳酸盐岩对应围压条件下的屈服强度。岩石经历弹性形变的极值，即为岩石的屈服强度。（2）分别获得不同岩性碳酸盐岩在不同围压下其屈服强度分布情况，围压与碳酸盐岩的屈服强度存在良好的线性关系，据此可以推测在零围压下碳酸盐岩的屈服强度。（3）建立不同岩性碳酸盐岩孔隙度与屈服强度之间的关系，并通过零围压下不同岩性碳酸盐岩的屈服强度进行校正，获得该岩性碳酸盐岩在围压为0时孔隙度与屈服强度之间预测关系。（4）结合碳酸盐岩正应力演化史分析，可以得到其有利于形成裂缝的地质时期，或根据碳酸盐岩屈服强度随埋深演化历史，确定碳酸盐岩脆性—塑性转换深度界限。

根据研究区内地层埋藏史恢复数据和孔隙度演化数据，便可以得到碳酸盐岩屈服强度的演化史，结合碳酸盐岩地层正应力演化史分析，便可以得到研究区内碳酸盐岩形成压性裂缝的地质时期。或者，结合研究区内埋深与时间的关系，获得碳酸盐岩屈服强度随埋深演化历史，进而确定碳酸盐岩脆性—塑性转换的深度界限。

2）泥岩盖层抬升过程脆塑性变化分析

在多期隆升和沉降的四川盆地，由于不同埋深环境下岩石产生破坏的应力状态不同，因此构建抬升幅度与泥岩破坏时的应力状态之间的关系具有重要意义。

2006年Nygard运用实验室围压模拟岩石的上覆应力（霍亮，2016），采用泥岩抬升后的归一化剪切强度与未抬升时的归一化剪切强度的比值表征岩石抬升后的脆度，得到公式：

$$BRI \approx \frac{(q_u/\sigma_c)_{OC}}{(q_u/\sigma_c)_{NC}} = \frac{aOCR'^b}{a(1)^b} = OCR'^b \qquad (3-2-6)$$

式中　BRI——反映脆度的指标；

$(\sigma_c)_{OC}$——超固结岩石的单轴抗压强度，MPa；

$(\sigma_c)_{NC}$——正常固结岩石的单轴抗压强度，MPa；

q_u——常规三轴试验中对应的剪切强度，MPa；

OCR'——泥岩历史最大垂直有效应力与当前垂直有效应力的比值；

a、b——拟合参数。

该指标结合了岩石的抬升幅度以及岩石在不同埋深环境下发生变化的抗剪切强度（霍亮，2016）。Ingram 等（1997）认为盖层破裂不只取决于泥岩强度，还受很多其他因素影响，在确保泥岩盖层的封闭有效性情况下，选取安全保守的数值"2"作为指示泥岩脆度阈值，若 BRI 大于 2，泥岩破裂而形成裂纹网，丧失对油气的遮挡能力（霍亮，2016）。结合得到的归一化剪应力和 OCR' 拟合的参数 b，计算岩石发生脆性破裂的临界值 OCR'_c，如式（3-2-7）所示：

$$OCR'_c = 2^{1/b} \quad (3\text{-}2\text{-}7)$$

式中　OCR'_c——岩石发生脆性破裂的超固结比临界值。

盖层在抬升过程中其孔隙度变化很小，渗透率明显增大，在不考虑异常孔隙流体压力的情况下，假设固结压力为目标岩层最大垂直有效应力 $\sigma'_{v\max}$（霍亮，2016），根据石油天然气行业标准建立的有效垂直应力与埋深之间的关系如式（3-2-8）得

$$\sigma'_{v\max} = 0.010133(\rho_l - \rho_w) H_{\max} \quad (3\text{-}2\text{-}8)$$

式中　ρ_l——最大埋深时的地层岩石密度，g/cm^3；

　　　ρ_w——最大埋深时的地层水密度，g/cm^3；

　　　$H_{\max}$——最大埋深，m。

根据固结压力换算得到不同地质层系岩石的名义最大埋深 $H_{\max}$，根据公式得到泥岩发生破裂的埋深 H_c（霍亮，2016），计算公式如式（3-2-9）所示：

$$H_c \approx \frac{H_{\max}}{OCR'_c} \quad (3\text{-}2\text{-}9)$$

式中　H_c——泥岩发生破裂的埋深，m。

二、盖层封闭能力综合评价方法

影响盖层封气能力的因素包括盖层厚度、盖层突破压力及气藏能量，建立了盖层封闭能力综合评价参数 CSI，公式如下：

$$CSI = \frac{|\Delta P - P_d|}{H} \quad (3\text{-}2\text{-}10)$$

式中　CSI——盖层封闭能力综合评价参数；

　　　ΔP——储层超压，MPa；

　　　P_d——盖层突破压力，MPa；

　　　H——盖层厚度，m。

应用式（3-2-10），综合分析中国 45 个典型大中型气田盖层参数特征，结合大、中型气田形成史分析，利用盖层封闭能力演化评价技术，综合建立大、中型气田盖层封闭能力综合评价指标与气田储量规模关系图（图 3-2-4）。由图可见，盖层综合评价指标 CSI 与气田储量规模总体呈现负相关的关系，即 CSI 越小，气田储量规模越大，因此，运

用 *CSI* 可以有效评价气田盖层的综合封闭能力。根据中国 45 个典型大、中型气田盖层参数与其储量之间的相关性分析，结合"十三五"研究成果，建立大、中型气田泥质岩类、膏盐岩和碳酸盐岩三类盖层在突破压力、盖层厚度、压力系数和储层压力系数四个方面与气藏储量之间的关系，并根据大、中型气田地质储量的标准（大型气田为 $300\times10^8m^3$；中型气田为 $50\times10^8m^3$），厘定突破压力、盖层厚度、压力系数和储层压力系数各参数对应盖层封闭能力好和较好等级的标准，并据此利用盖层封闭能力综合评价方法，得到了不同岩性盖层对应的 *CSI* 评价标准（表 3-2-1），从而为评价区域内盖层综合封闭能力分布特征建立了基础。由于火山岩大气田数据较少，无法形成有效的统计规律，因此，此次研究没有定义火山岩大气田盖层封闭类型的标准值。

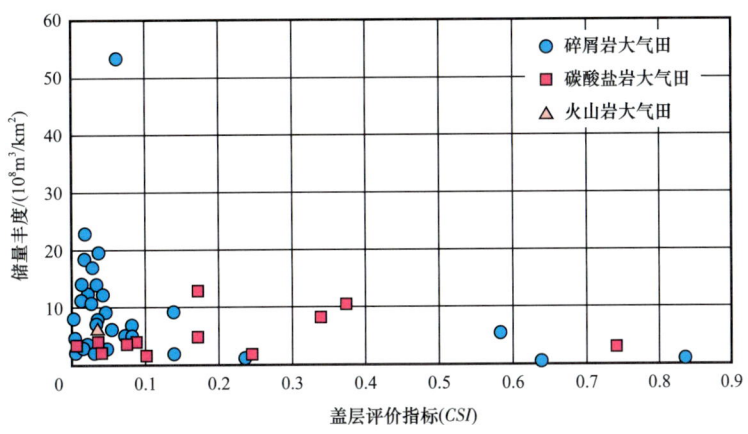

图 3-2-4　盖层封闭能力综合评价指标与气田储量丰度关系图

表 3-2-1　中国大中型气田不同岩性盖层评价指标评价参数（*CSI*）分级评价标准

盖层岩性	评价等级	突破压力/MPa	厚度/m	压力系数	超压/MPa	*CSI*
泥质岩类	好	≥5	≥100	≥1.2	≥8	0~0.04
	较好	1~5	30~100	0.9~1.2	0~8	0.04~0.20
	差	≤1	≤30	≤0.9	≤0	≥0.20
膏盐岩	好	≥10	≥100	≥1.2	≥15	0~0.05
	较好	5~10	20~100	0.9~1.2	0~15	0.05~0.25
	差	≤5	≤20	≤0.9	≤0	≥0.25
碳酸盐岩	好	≥10	≥200	≥1.2	≥5	0~0.025
	较好	5~10	50~200	0.9~1.2	0~5	0.025~0.200
	差	≤5	≤50	≤0.9	≤0	≥0.20

第三节 典型气藏盖层封闭能力综合评价

根据第二节建立的盖层封闭能力动态评价方法以及综合评价方法，分膏盐岩、泥岩和碳酸盐岩三类盖层对典型气藏的盖层进行封闭能力评价。

一、膏盐岩盖层

膏盐岩盖层封盖的大气田一般具有较强保存条件，储层通常具有超压或常压，比较典型的气田有克拉2气田、大北气田、普光气田和铁山坡气田等，此处以塔里木盆地台盆区寒武系为例进行介绍。

塔里木盆地台盆区寒武系主要发育一套以蒸发岩和膏质云岩为主的盖层，俗称"白被子"，对下寒武统孔洞型白云岩储层富集的天然气具有重要的封盖作用。经分析，该套盖层主要为好—较好封闭等级。

1. 盖层封闭能力动态评价

参考碳酸盐岩突破压力演化的方法得到膏盐岩盖层突破压力的演化曲线（图3-3-1）。膏盐岩盖层的突破压力自沉积之后经历了五次较大的变动：（1）自沉积之后在寒武纪总体保持较强的封闭能力，只是当应力超过石膏最大抗压强度时，岩石将产生剪切缝；（2）在寒武纪末突破压力短期内急剧增大，是由于膏盐岩从脆性进入塑性阶段导致；（3）在奥陶纪又经历了突破压力降低，其原因为石膏开始脱水产生大量的孔隙，封闭能力下降；（4）在志留纪和泥盆纪，膏盐岩保持了较强的封闭能力，之后在石炭纪和二叠纪，由于地层大幅度抬升，造成膏盐岩又进入脱水地层温度窗口内，其突破压力较低；（5）自二叠纪末以来，寒武系膏盐岩埋深增大，一直保持较高的封闭能力至今。

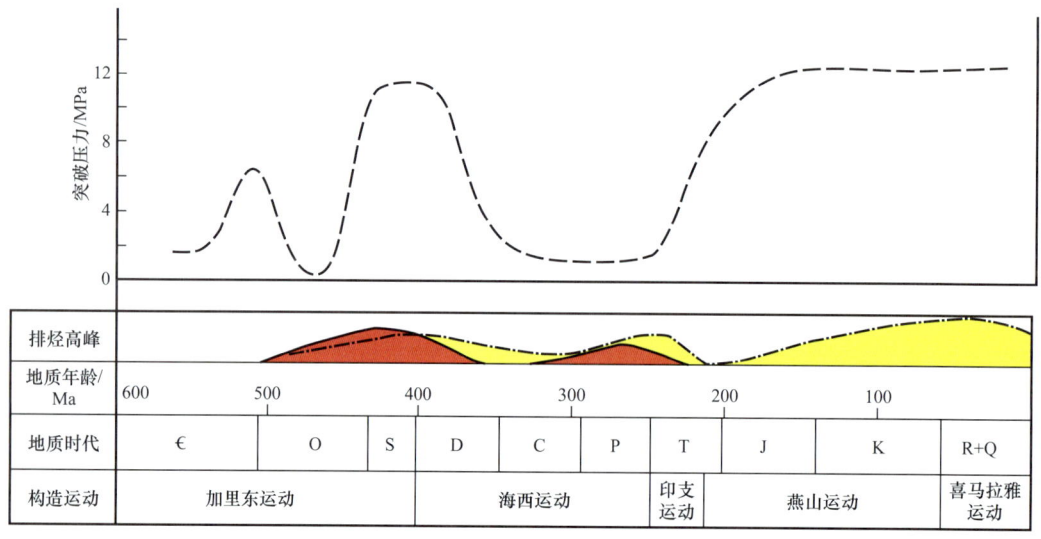

图3-3-1 塔里木盆地中—下寒武统膏盐岩盖层封闭能力演化史

2. 盖层封闭能力综合评价

由图 3-3-2 可见，塔里木盆地膏岩盖层发育区内，盖层突破压力在 8~22MPa 之间。根据表 3-2-1 建立的有效盖层评价标准，均属于较好及以上等级的盖层。其中，存在塘古坳陷、巴楚隆起方 1 井区以及塔北隆起三个高值区，突破压力大于 18MPa；麦盖提以西地区、和 4 井区为低值区，突破压力一般小于 10MPa。

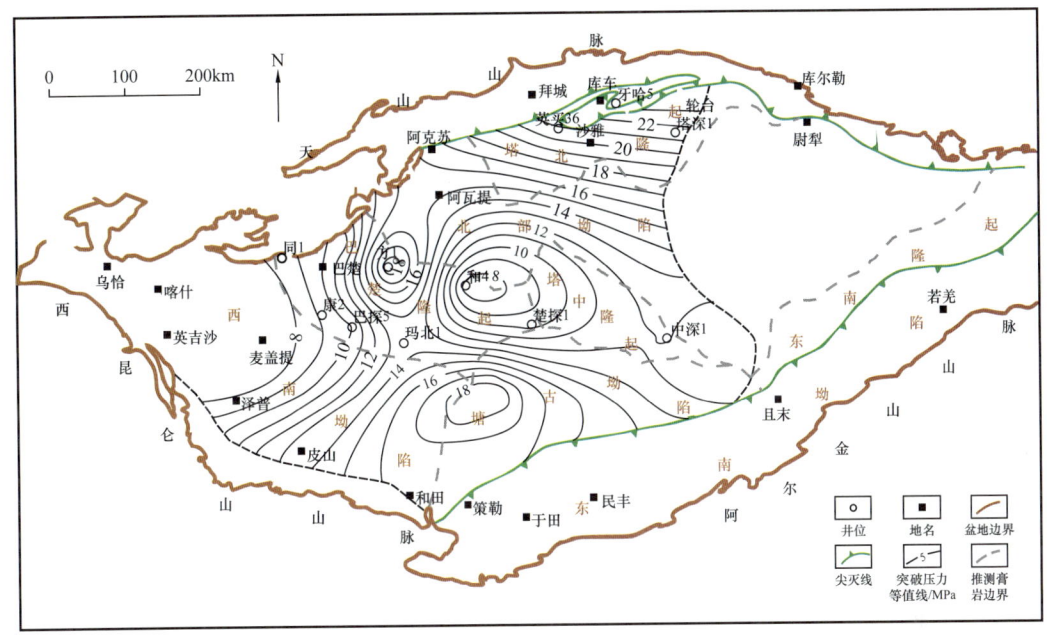

图 3-3-2 塔里木盆地中—上寒武统膏岩盖层现今突破压力等值线图

图 3-3-3 除考虑突破压力因素外，还考虑了储层超压和盖层厚度。塔里木盆地中—上寒武统盖层 CSI 分布在 0.01~0.13 之间，呈中部高、南北低的特征，高值区主要分布在塔中隆起区内楚探 1 井附近。根据表 3-2-1，盖层属较好—好等级。

二、泥岩盖层

泥质岩类作为盖层的气田其储盖压力系统组合复杂而多样，典型气田有安岳气田（灯影组气藏）、苏里格气田、大牛地气田、乌审旗气田和神木气田等。

1. 川中古隆起地区筇竹寺组泥岩盖层

1）盖层封闭性能演化及动态评价

选取高石 1 井作为代表井，做出其下寒武统筇竹寺组和上二叠统龙潭组两套泥岩盖层的突破压力演化曲线（图 3-3-4），两套盖层突破压力演化趋势是一致的。随着埋深增加，压实成岩作用逐渐增强，岩石的孔隙度和渗透率下降，突破压力逐渐升高。加里东运动使高石梯—磨溪地区遭受抬升剥蚀，使筇竹寺组盖层突破压力呈降低的趋势。在二叠纪开始的快速沉降阶段，突破压力快速升高。印支运动使地层短暂抬升，导致两套泥岩盖层突破压力小幅降低，随后又进入快速沉降阶段，突破压力持续升高，到白垩纪晚期沉降结束时，突破压力达到历史最高值，晚白垩世至今由于燕山运动和喜马拉雅运动，研究区地层持续抬升，盖层突破压力也表现出降低的趋势。

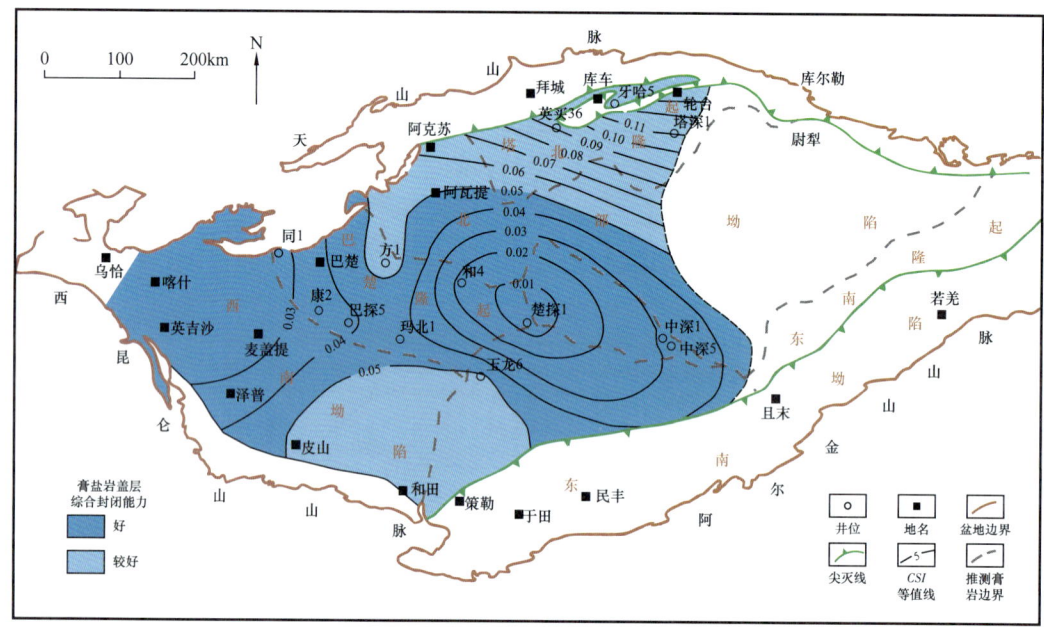

图 3-3-3　塔里木盆地中—上寒武统上部盖层现今封闭能力综合评价图

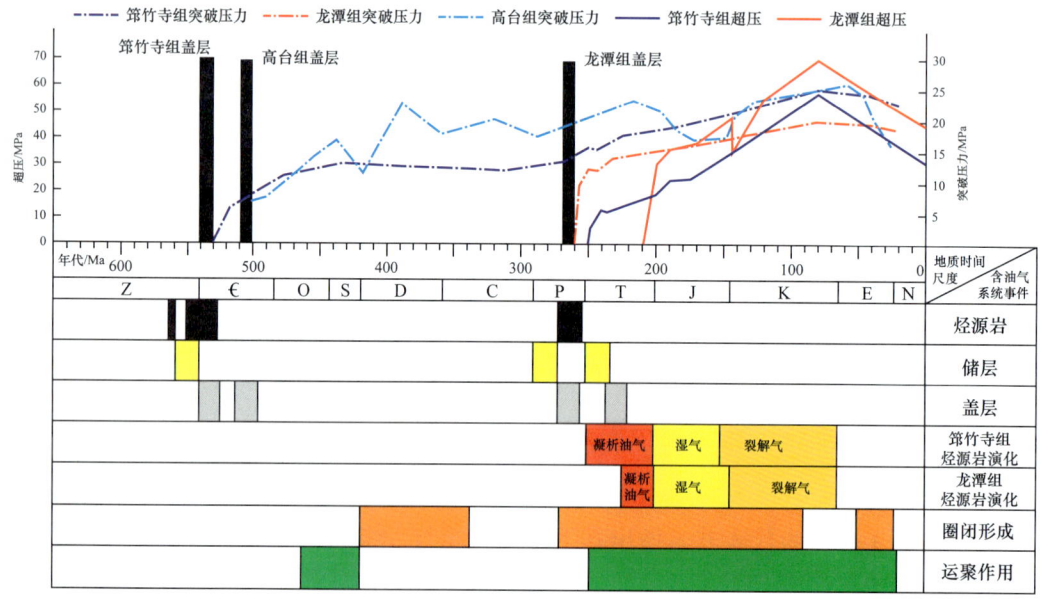

图 3-3-4　高石梯—磨溪泥岩盖层突破压力演化与成藏要素匹配图

从图 3-3-4 可以看出，在二叠系沉积结束时，筇竹寺组泥岩盖层突破压力已经达到 16MPa 以上，龙潭组泥岩盖层的突破压力也超过了 5MPa，其形成对油气的封闭能力皆早于烃源岩大量排烃期，所以筇竹寺组泥岩可以作为良好的直接盖层和区域盖层为下伏灯影组气藏提供良好的保存条件，龙潭组泥岩亦可以作为区域盖层为下部龙王庙组气藏提供良好的保存条件。因此，筇竹寺组和龙潭组盖层对天然气的封闭作用在时间上皆是有效的。

运用常规三轴压缩实验得到不同抬升幅度的泥岩脆性变化特征，在实验基础上探讨不同成岩程度的泥岩经历不同抬升幅度后其脆性特征的变化规律，得到不同沉积年代泥岩在抬升过程中发生破裂的临界值，计算出川中地区筇竹寺组泥岩盖层和龙潭组泥岩盖层的发生脆性破裂时的埋深分别为2584m和3072m，高石梯—磨溪地区筇竹寺组和龙潭组未抬升至破裂深度，因此，仍具有对下部灯影组和龙王庙组相对较好的封盖作用。

2）盖层封闭性能综合评价

川中地区筇竹寺组泥岩盖层现今突破压力整体处于8～26MPa范围内（图3-3-5），高值区分布在研究区北区高石26井、磨溪31井、中部高石20井及东北部磨溪23井附近，突破压力超过24MPa，研究区西部和南部盖层突破压力偏低。

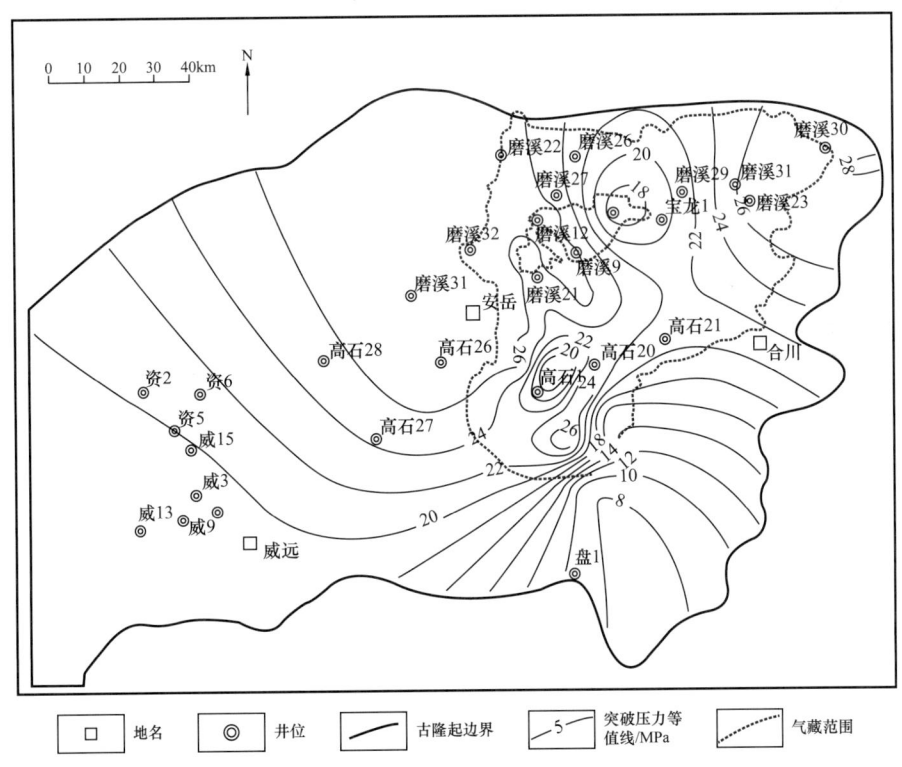

图 3-3-5 川中古隆起筇竹寺组突破压力等值线图

灯影组现今压力系数处于1.07～1.10，属于常压气藏（魏国齐等，2015）。根据计算的 CSI 数据，现今筇竹寺组泥岩盖层的综合封气能力指标大部分地区小于0.04（图3-3-6），总体上围绕磨溪29井和磨溪31井两个低值区向四周逐渐增大，按评价标准属于好等级；在磨溪9井、磨溪23井及资6井以西区域，综合评价指标为0.04～0.06，按评价标准属于较好等级，因此川中古隆起筇竹寺组盖层封盖能力强。

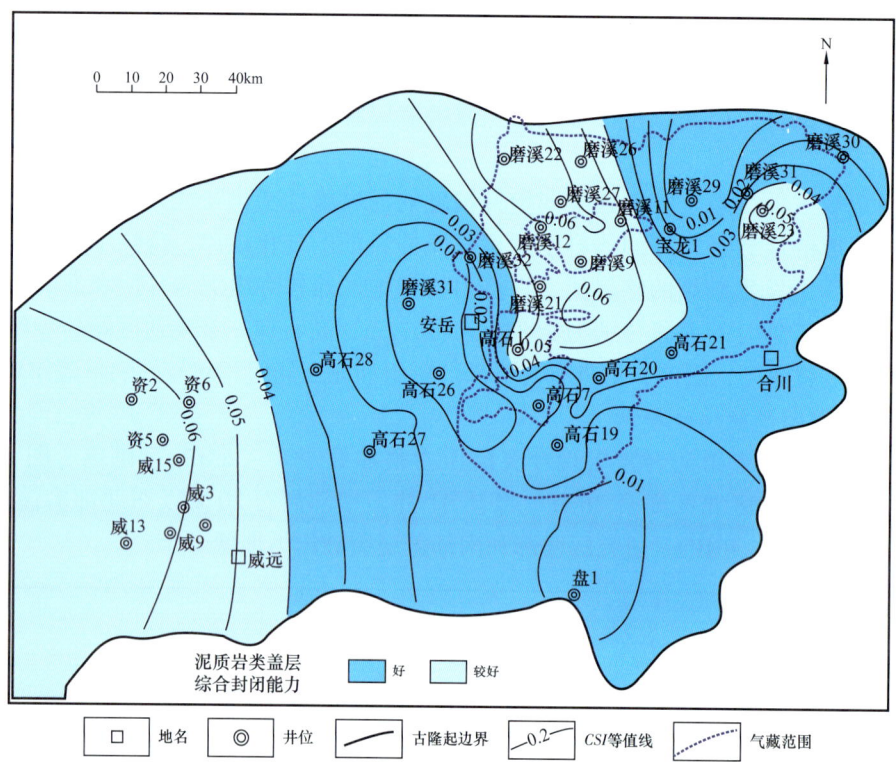

图 3-3-6 川中古隆起筇竹寺组盖层封闭能力综合评价图

2. 苏里格气田上石盒子组泥岩盖层

苏里格气田的直接盖层为盒八段泥岩盖层，上部还发育石千峰组湖相泥岩区域盖层。石千峰组盖层以湖泊沉积砂质泥岩、粉砂质泥岩和泥岩为主，并夹少量砂岩和凝灰岩。通过建立苏里格地区气井日产量与气层直接盖层厚度之间关系可以发现，直接盖层是封闭天然气的关键，此次评价主要针对上石盒子组盖层。

苏里格气田上石盒子组区域盖层厚度整体处于 40~200m 范围内，总体上呈现由东南向西北逐渐减薄的趋势，气藏分布范围内盖层厚度均达 60m 以上。根据前人研究（张文忠等，2009），侏罗纪是天然气成藏的关键时期之一，因此对该套盖层现今和侏罗系沉积末期的突破压力进行预测。上石盒子组盖层现今突破压力处于 8~10MPa 范围内，侏罗纪末期处于 6~8MPa 范围内（图 3-3-7），由于构造变动的影响，整体分布由侏罗纪末期的南高北低转变为现今的西高东低。下石盒子组储层现今为常压—负压系统，压力系数处于 0.64~0.94 范围内；侏罗纪末期为常压为主的压力系统，西部存在负压区，压力系数处于 0.78~0.92 范围内。

对上石盒子组泥岩盖层在侏罗系沉积末期和现今的封闭能力进行评价，得到两个时期盖层封闭能力评价指标整体特征保持一致，均呈从东部向西部逐渐降低的趋势（图 3-3-8）。现今评价指标为 0.09~0.18，按盖层评价标准总体上属于较好等级；侏罗系沉积末期封闭能力评价指标为 0.05~0.20，按盖层评价标准，只有西部局部范围属于差等级，其余范围属于较好等级，与该大气田盖层所属封闭类型一致。由此可见，侏罗系沉积末期盖层封闭能力控制了苏里格气田的成藏，造成西部天然气的富集情况较东部弱，与目前天然气的分布特征是一致的。

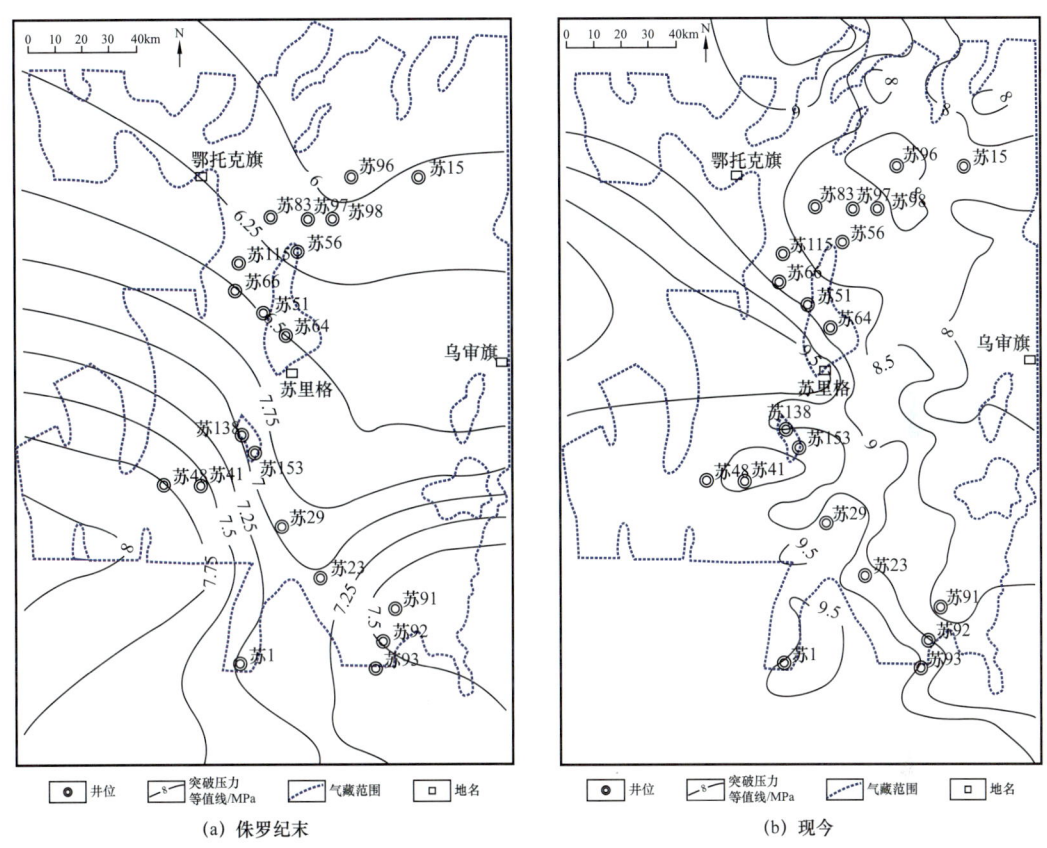

图 3-3-7 苏里格气田上石盒子组泥岩盖层突破压力分布图

三、碳酸盐岩盖层

碳酸盐岩作为盖层的气田比较典型的有安岳气田（龙王庙组）、塔河气田和卧龙河气田等，另外在塔里木轮探 1 井也发现碳酸盐岩盖层。下面分别以塔里木盆地中下寒武统碳酸盐岩盖层以及川中高台组盖层为例进行分析。

1. 塔里木盆地中下寒武统碳酸盐岩盖层封闭能力演化分析

利用式（3-2-1）得到不同地质时期的突破压力数据及演化规律（图 3-3-9）。碳酸盐岩盖层的突破压力自沉积之后至二叠系沉积末期保持较小值（小于 2MPa），三叠纪之后逐渐增大，侏罗纪沉积时期快速增大达到 12MPa，后基本保持稳定。

根据塔里木盆地研究区内埋藏史恢复数据和孔隙度演化数据，得到碳酸盐岩盖层屈服强度的演化史，结合盖层正应力演化史分析，得到塔里木盆地碳酸盐岩盖层不易形成压性裂缝且有利于封闭的地质时期。白云岩盖层在寒武纪中期进入首次脆塑性转换，在

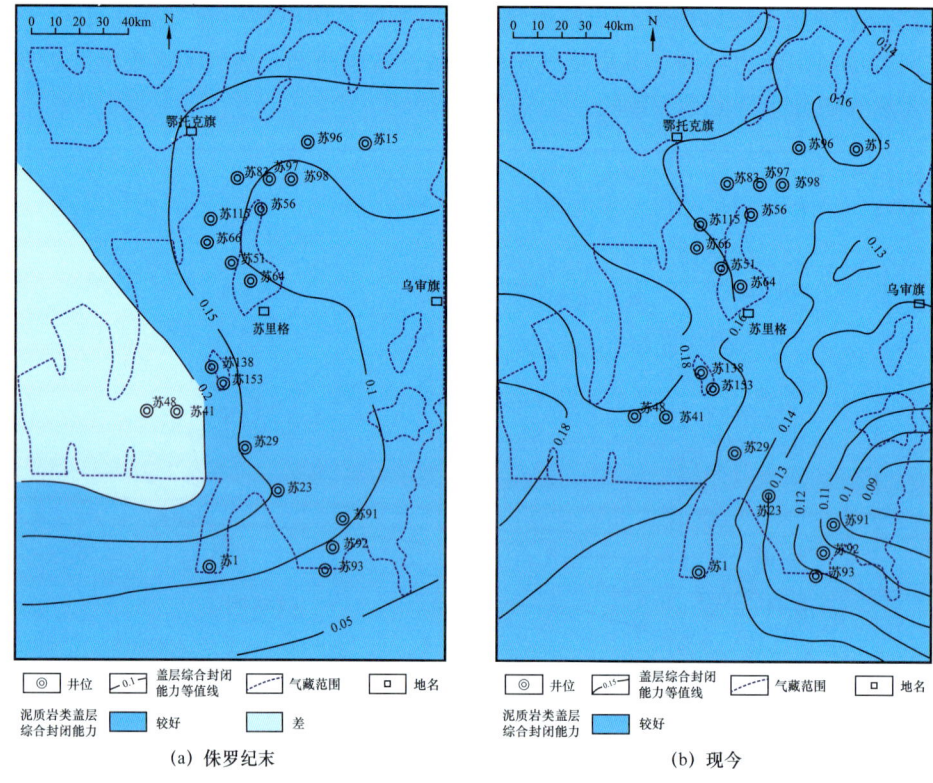

图 3-3-8 苏里格气田上石盒子组泥岩盖层现今封气能力综合评价图

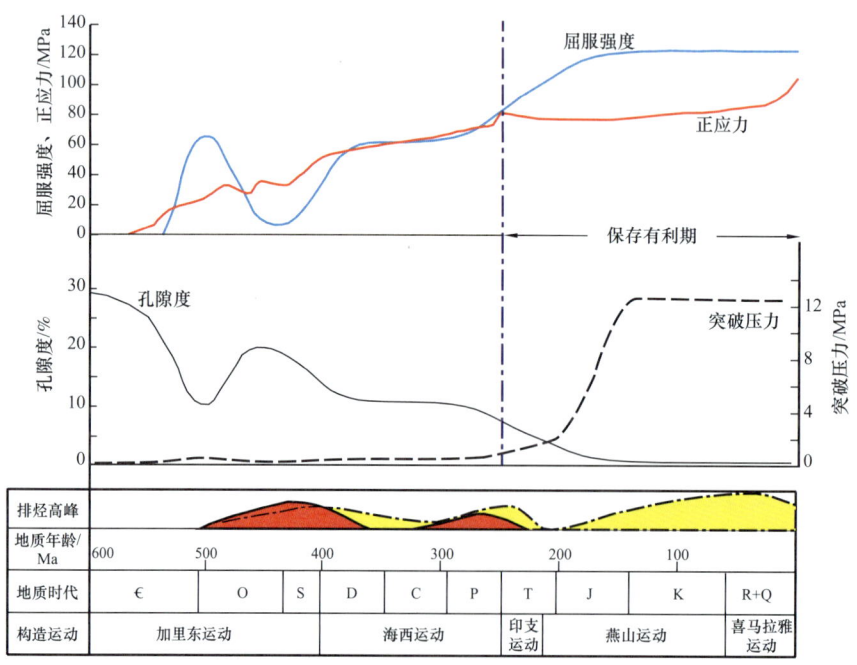

图 3-3-9 塔里木盆地中—下寒武统碳酸盐岩盖层封闭能力演化史

奥陶纪中期和泥盆纪早期又分别在地层压应力作用下发生塑性—脆性和脆性—塑性的转换。自二叠纪末期，地层的正应力总体上小于白云岩盖层的屈服强度，盖层不会形成压裂缝，进入长效保存的有利期。

通过对寒武系白云岩微观封闭能力和力学性质演化的研究，在不考虑构造活动影响的情况下，自二叠系沉积之后，白云岩盖层有利于对油气的保存。

2. 川中地区高台组盖层封闭能力综合评价

川中古隆起地区高台组是寒武系龙王庙组的直接盖层，其岩性包括泥质云岩、砂屑云岩、云质砂岩、膏盐岩等，但以白云岩为主，其中含有的细粒碎屑物质增强了其致密性和力学性质，提高了白云岩作为龙王庙组气藏盖层的封闭能力。高台组白云岩盖层厚度总体上为20～120m，高值区主要处于中南部地区，向北部和西北部逐渐减薄。

徐昉昊（2018）对磨溪构造寒武系龙王庙组储层流体包裹体特征及油气充注期次的研究发现，龙王庙组储层油气充注主要分为三个时期，分别为中—晚三叠世、早—中侏罗世和早—中白垩世，根据恢复的突破压力史，高石1井高台组三个时期对应的突破压力分别是23MPa、17MPa和25MPa，现今由于地层的抬升作用，突破压力略有降低（图3-3-10）。平面上，现今突破压力处于16～34MPa范围内，整体呈由东北向西南逐渐降低的趋势。

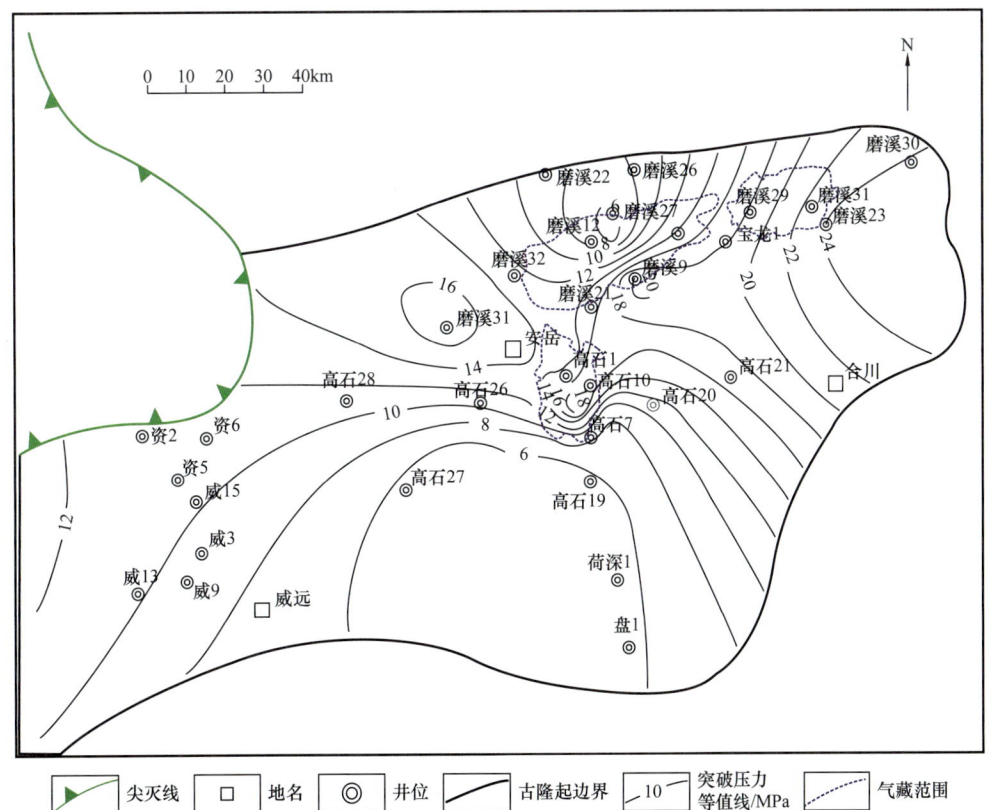

图3-3-10 川中地区高台组盖层突破压力等值线图

川中古隆起高台组白云岩盖层现今封闭能力综合评价指标为 0～0.7，总体上由东部向北部和西北部呈逐渐降低的趋势，按评价标准东部属于较好封闭级别，西部属于差封闭级别（图 3-3-11）。目前龙王庙组天然气藏分布范围主要处于古隆起区的东南部，与高台组盖层的综合封闭能力东强西弱的趋势关系密切。

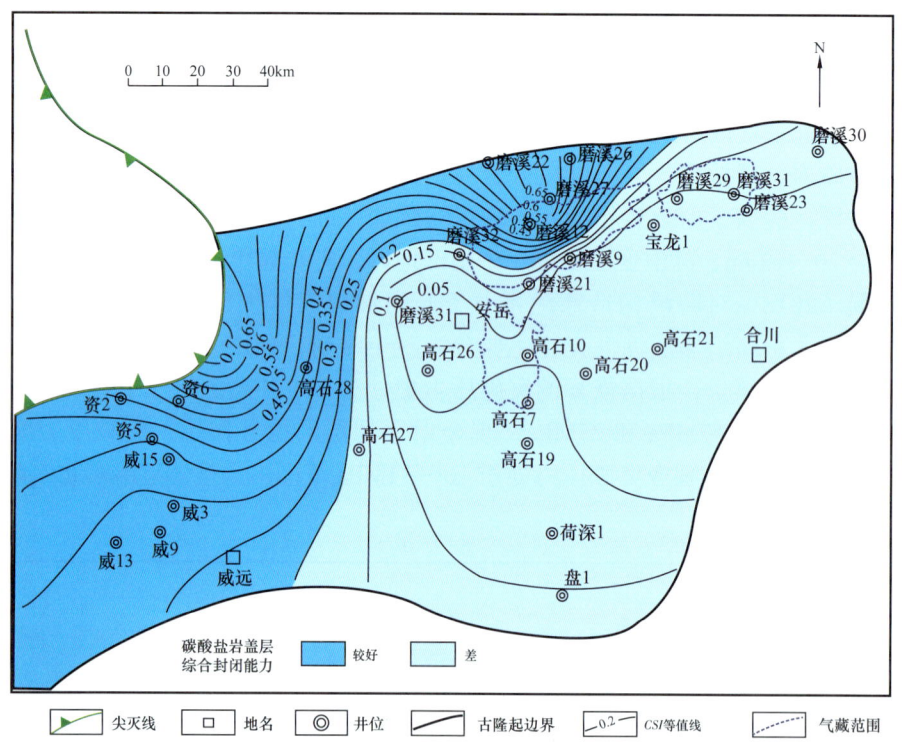

图 3-3-11 川中地区高台组封闭能力综合评价图

第四章 大气田成藏主控因素与富集规律

截至 2020 年底,中国累计探明地质储量大于 $300×10^8m^3$ 的大气田(不包括页岩气田和煤层气田)67 个,储量 $12.71×10^{12}m^3$,占总探明储量的 86.47%,其中,致密砂岩大气田 29 个,储量 $6.84×10^{12}m^3$,占总探明储量的 46.53%;碳酸盐岩大气田 16 个,储量 $3.76×10^{12}m^3$,占总探明储量的 25.57%;火山岩大气田 5 个,储量 $0.52×10^{12}m^3$,占总探明储量的 3.55%。

"十一五"至"十二五"期间,已针对四川盆地震旦系—寒武系、二叠系长兴组—下三叠统飞仙关组、塔里木盆地塔中—塔北奥陶系、鄂尔多斯盆地奥陶系等碳酸盐岩大气田,鄂尔多斯盆地上古生界、四川盆地须家河组、塔里木库车坳陷白垩系—古近系、松辽盆地下白垩统等致密砂岩大气田,松辽盆地营城组、准噶尔盆地石炭系等火山岩大气田开展了成藏主控因素与富集规律研究,创新提出了"五古"控藏的古老碳酸盐岩、大面积近源高效聚集的致密砂岩、环槽富集的断陷盆地火山岩等大气田成藏地质理论(魏国齐等,2014)。"十三五"期间,进一步深化不同类型大气田成藏富集规律研究,取得系列重大进展,如创建了四川盆地克拉通内裂陷及周缘大型碳酸盐岩岩性气藏形成理论;提出四川盆地栖霞组"一缘一环带"、茅口组"一缘三高带"构造沉积格局及其控藏规律;创新提出低生气强度区小压差充注的致密砂岩大气田成藏机制;提出塔里木库车东秋构造带主断裂下盘发育被动顶底板叠瓦冲断构造样式;创建四川盆地板内火山岩气藏成藏理论等。研究成果有效指导了四川盆地蓬莱气区震旦系—寒武系碳酸盐岩、川西前陆冲断带二叠系碳酸盐岩、川西二叠系火山岩、塔里木库车坳陷秋里塔格构造带白垩系致密砂岩、松辽盆地深层沙河子组源内致密砂砾岩等领域的风险勘探目标的部署,并获重大突破。

第一节 碳酸盐岩大气田成藏主控因素与模式

已探明碳酸盐岩大气田主要分布在四川盆地、鄂尔多斯盆地和塔里木盆地,其中四川盆地 12 个,探明天然气地质储量 $2.38×10^{12}m^3$,占碳酸盐岩大气田总储量的 63.32%;鄂尔多斯盆地 1 个,探明天然气地质储量 $0.90×10^{12}m^3$,占碳酸盐岩大气田总储量的 24.03%;塔里木盆地三个,探明天然气地质储量 $0.48×10^{12}m^3$,占碳酸盐岩大气田总储量的 12.65%。"十二五"期间提出了以古油藏原位裂解为主的碳酸盐岩大气田"五古"(古老克拉通内裂陷、古老继承性隆起、古老丘滩体储层、古老烃源灶—原油原位裂解为主、古今持续封闭)控藏理论,"一礁、一滩、一藏"的礁滩大气田成藏机制及大型海相凝析气藏形成机制等。"十三五"期间的突出进展是创建了四川盆地蓬莱气区震旦系—寒武系大型岩性气藏形成理论，明确四川盆地栖霞组—茅口组构造—岩性气藏控藏规律，深化塔里木盆地寒武系—奥陶系大型凝析油气藏成藏机制认识。本节重点介绍蓬莱气区震旦系—寒武系大型岩性气藏和塔里木盆地寒武系—奥陶系大型凝析油气藏，栖霞组—茅口组气藏详见第六章。

一、碳酸盐岩大型岩性气藏——以川中北斜坡蓬莱气区震旦系—寒武系气藏为例

截至 2020 年底，已在四川盆地川中古隆起发现迄今为止中国单体储量规模最大的海相碳酸盐岩气田——安岳气田，在灯影组和龙王庙组累计探明天然气地质储量 $1.03 \times 10^{12} m^3$，三级储量达 $1.47 \times 10^{12} m^3$。2020 年，在川中北斜坡评价提出的蓬探 1 井和角探 1 井分别在灯影组二段（简称"灯二段"，下同）和沧浪铺组获得日产 $121.98 \times 10^4 m^3$ 和 $51.62 \times 10^4 m^3$ 的高产工业气流，角探 1 井灯影组四段（简称"灯四段"，下同）解释气层 100.3m（由于工程原因落鱼无法打捞，未能试气），发现川中北斜坡大气区——蓬莱气区（图 4-1-1）。同时，中江 2 井灯二段和充探 1 井沧浪铺组经测试也分别获得日产 $3.36 \times 10^4 m^3$ 和 $0.04 \times 10^4 m^3$ 的气流。蓬莱气区天然气地球化学特征有别于安岳气田，其成藏条件比安岳气田更优越，是又一个储量规模超万亿立方米的大气区。

1. 蓬莱气区和安岳气田天然气特征差异及其控制因素

2020 年，蓬莱气区灯二段、沧浪铺组的勘探突破为天然气成因研究提供了极其重要的信息。这些天然气与安岳气田灯影组、龙王庙组天然气均属于原油裂解的干气，但蓬莱气区灯二段、沧浪铺组的天然气乙烷（C_2H_6）含量、乙烷碳同位素（$\delta^{13}C_2$）及甲烷氢同位素 $\delta^2H_{CH_4}$ 存在差异，与安岳气田天然气也有不同。归结起来是受两大方面因素控制，一是烃源岩贡献比例不同造成的成熟度差异导致灯影组天然气碳同位素不同于寒武系天然气，古水体介质盐度不同导致灯影组天然气氢同位素不同于寒武系天然气；二是捕获阶段不同，蓬莱气区富集原油早期—晚期裂解气，碳同位素轻，安岳气田主要富集古油藏原油晚期裂解气，碳同位素重。

1）天然气组成差异主要受成熟度控制

蓬莱气区灯二段、沧浪铺组天然气同为干气，但成熟度高的灯二段甲烷（CH_4）含量也略高于沧浪铺组。天然气全组分常规分析表明，蓬探 1 井、中江 2 井灯二段天然气烃类组成以 CH_4 为主，为 76.90%~92.83%；含微量 C_2H_6，为 0.04%~0.07%；非烃组成以 H_2S 和 CO_2 为主，分别为 2.11%~6.80% 和 4.42%~15.43%，N_2 含量分别为 0.56% 和 0.67%，He 和 H_2 含量分别为 0.01%~0.05% 和 0~0.11%。蓬探 1 井、中江 2 井由于 TSR 反应程度不同，导致二者的 H_2S 和 CO_2 含量有别，进而影响到 CH_4、C_2H_6 的差异，烃类组成归一化后，蓬探 1 井 CH_4、C_2H_6 含量分别为 99.92% 和 0.08%，湿度系数（C_{2+}/C_{1+}）为 0.08%，中江 2 井 CH_4、C_2H_6 含量分别为 99.95% 和 0.05%，C_{2+}/C_{1+} 为 0.05%，均为典型的干气。角探 1 井、充探 1 井沧浪铺组天然气烃类组成也以 CH_4 为主，CH_4 含量为 96.82%~99.10%（归一化后为 99.81%~99.82%），含微量 C_2H_6，含量为 0.18%（归一

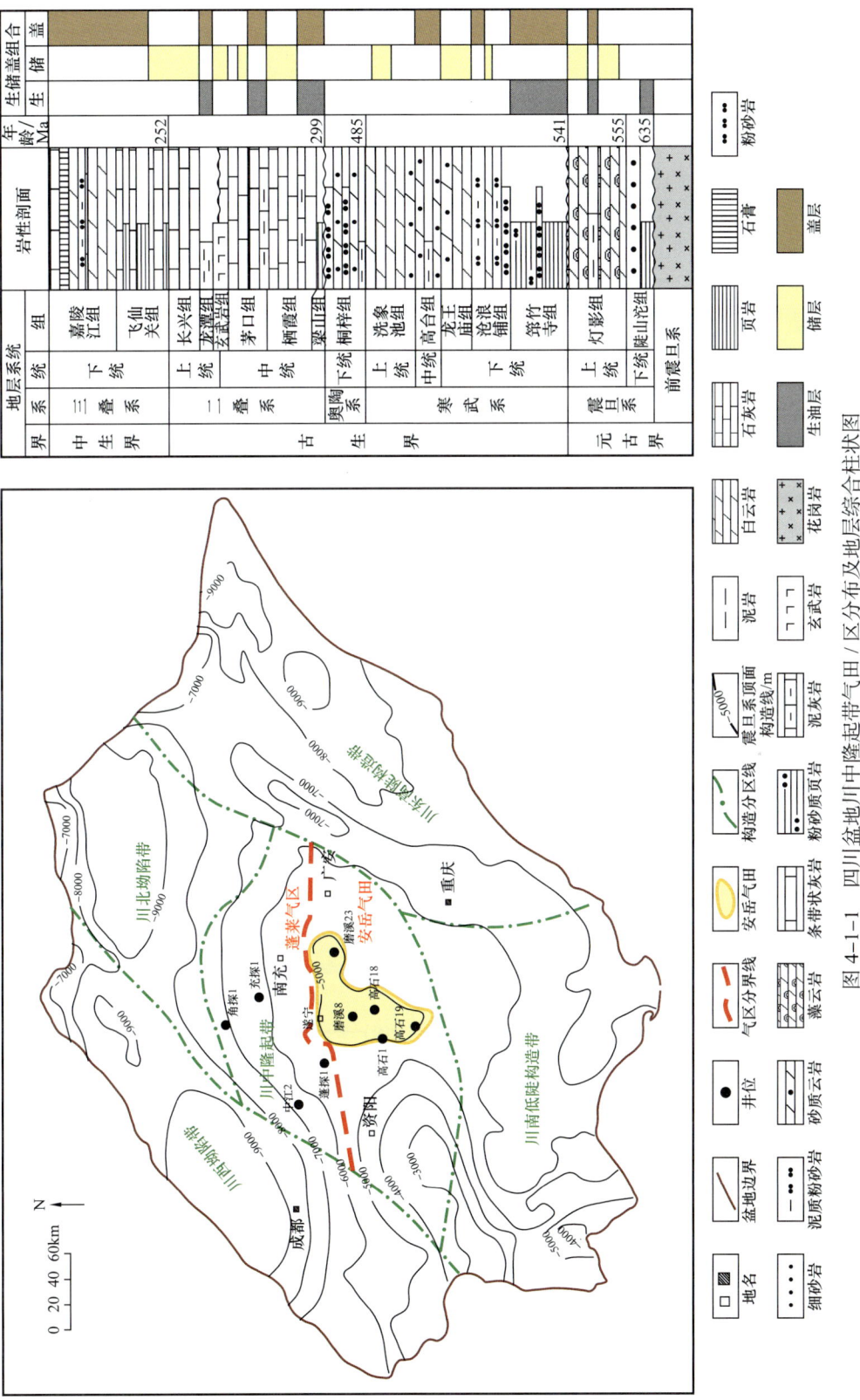

图 4-1-1 四川盆地川中隆起带气田/区分布及地层综合柱状图

后为 0.18%～0.19%），C_{2+}/C_{1+} 为 0.18%～0.19%，为典型的干气；N_2、CO_2、He、H_2 和 H_2S 等非烃组成含量低。

安岳气田天然气组成以 CH_4 为主，含少量 C_2H_6 及 CO_2、N_2、H_2S、He 和 H_2 等非烃气体，主要特征如下（图 4-1-2）：（1）CH_4 含量灯影组以 90%～94% 为主，龙王庙组以大于 94% 为主 [图 4-1-2（a）]；（2）C_2H_6 含量灯影组以小于 0.05% 为主，龙王庙组以 0.10%～0.15% 为主 [图 4-1-2（b）]；（3）湿度系数（C_{2+}/C_{1+}）灯影组以小于 0.05% 为主，龙王庙组以 0.10%～0.15% 为主 [图 4-1-2（c）]；（4）CO_2 含量灯影组以 4%～8% 为主，龙王庙组以 2%～4% 为主 [图 4-1-2（d）]；（5）N_2 含量均为 0.5%～1.0% [图 4-1-2（e）]；（6）H_2S 含量灯影组以 10～30g/m³ 为主，龙王庙组以 5～20g/m³ 为主 [图 4-1-2（f）]，按气藏分类标准主要属于中含硫气藏；（7）He 含量灯影组以 0.02%～0.04% 为主，龙王庙组以小于 0.03% 为主 [图 4-1-2（g）]；（8）H_2 含量以小于 0.10% 为主 [图 4-1-2（h）]。

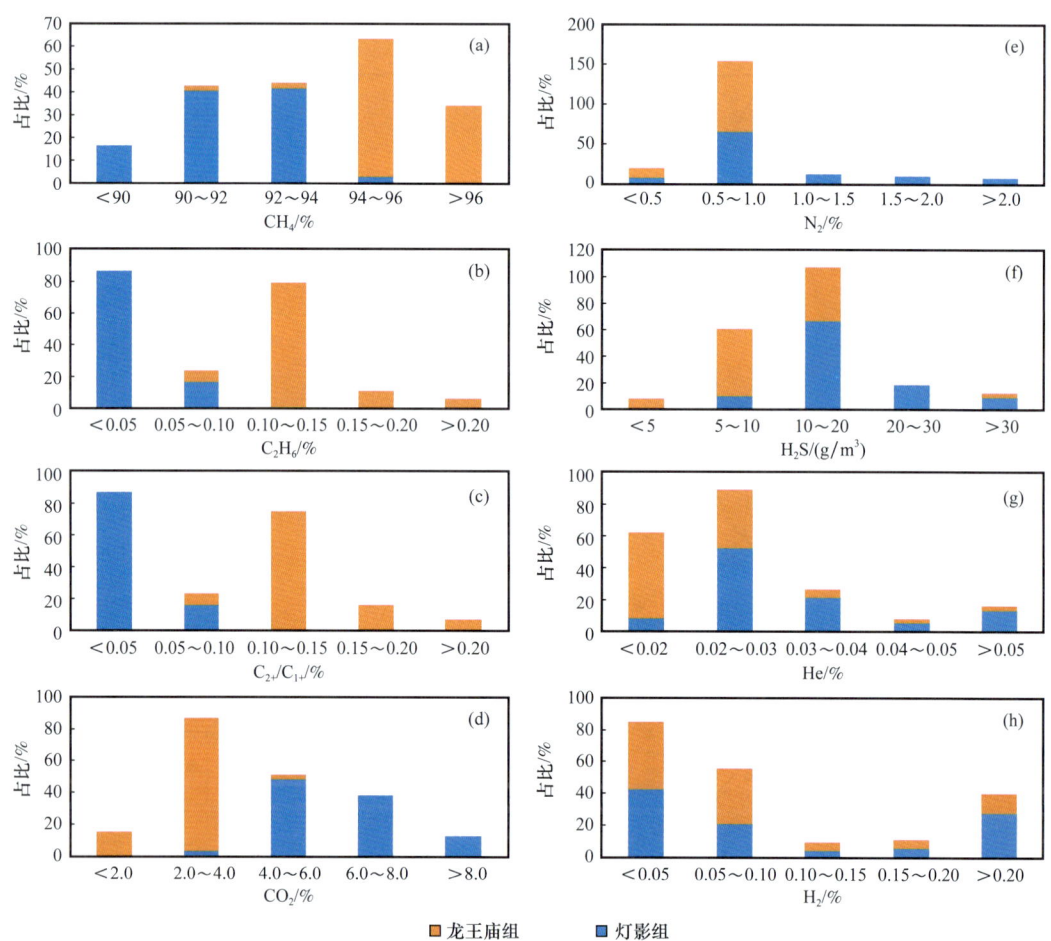

图 4-1-2 安岳气田天然气组成频率分布直方图

安岳气田灯影组、龙王庙组天然气成熟度的不同是导致其组成差异的主要原因。随成熟度升高，CH_4 含量增大，C_2H_6 等重烃组分含量降低，C_{2+}/C_{1+} 减小。H_2S 是烃类与含硫物质反应（即 TSR 反应）的结果，温度越高越有利于 H_2S 的生成；CO_2 是 TSR 反应生成 H_2S 的副产物，二者一般呈较好的正相关性，因此，灯影组天然气的 H_2S 和 CO_2 含量均略高于龙王庙组。全组分分析结果中，因灯影组天然气 CO_2 含量相对龙王庙组高，导致其 CH_4 含量明显比龙王庙组的低。烃类组分归一化后，其微小差异依然可见，灯影组 CH_4 含量 99.91%～99.98%，平均 99.96%，C_2H_6 含量 0.02%～0.09%，平均 0.04%；龙王庙组 CH_4 含量 99.72%～99.95%，平均 99.86%，C_2H_6 含量 0.05%～0.28%，平均 0.14%。

对比蓬莱气区与安岳气田天然气的湿度系数（C_{2+}/C_{1+}）可见，灯影组是蓬莱气区（0.05%～0.08%）比安岳气田（主要小于 0.05%）的略大；蓬莱气区沧浪铺组（0.18%～0.19%）比安岳气田龙王庙组（以 0.10%～0.15% 为主）略大。这一结果表明蓬莱气区天然气成熟度比安岳气田略低。

天然气大进样量（C_1—C_3）的分析则表明，干气中仍能检测到微量的丙烷（C_3H_8）。将蓬探 1 井、中江 2 井、角探 1 井、充探 1 井及安岳气田的 C_1/C_2、C_2/C_3 数据点入天然气成因类型判识图版（图 4-1-3）中（谢增业等，2016），可见这些样品点均落入原油裂解气区域，主要为原油裂解气。四川盆地龙马溪组页岩气是干酪根裂解气和液态烃二次裂解气的混合气（Dai et al., 2014; 曹春辉等，2015; 高波，2015; 魏祥峰等，2016; 冯子齐等，2016; Zhang et al., 2018），由图 4-1-3 可见，源于志留系龙马溪组页岩的石炭系天然气（王兰生等，2002; 沈平等，2009）与龙马溪组页岩气不完全一致，前者主要表现为原油裂解气，后者则呈现以原油裂解气为主、也有干酪根裂解气的混合气特征。

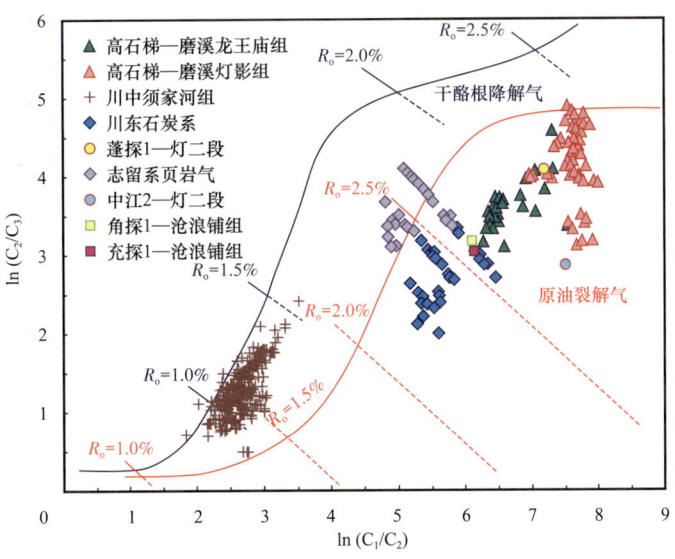

图 4-1-3 四川盆地原油裂解气判识图（据谢增业等，2016）

2）天然气 $\delta^{13}C_1$、$\delta^{13}C_2$ 的差异主要受捕获阶段和成熟度控制

蓬莱气区灯二段天然气的 $\delta^{13}C_1$、$\delta^{13}C_2$ 均比沧浪铺组的重，灯二段 $\delta^{13}C_1$、$\delta^{13}C_2$ 分别为 −35.1‰～−34.7‰ 和 −29‰～−27.4‰，沧浪铺组 $\delta^{13}C_1$、$\delta^{13}C_2$ 分别为 −38.2‰～−36.2‰ 和 −36.7‰～−36.4‰。这与灯二段天然气成熟度比沧浪铺组高有关。

安岳气田灯影组、龙王庙组天然气 $\delta^{13}C_1$、$\delta^{13}C_2$ 同样呈现出不同的分布特征。三个层段天然气 $\delta^{13}C_1$ 分布比较相似，主要为 –34‰～–32‰，但随储层时代变老，$\delta^{13}C_1$ 略有降低趋势，如龙王庙组 $\delta^{13}C_1$ 为 –33.6‰～–32.1‰，主峰 –33‰～–32‰，均值 –32.8‰；灯四段 $\delta^{13}C_1$ 为 –34.1‰～–32.3‰，主峰 –34‰～–33‰，均值 –33.2‰；灯二段 $\delta^{13}C_1$ 为 –33.9‰～–32.0‰，主峰 –34‰～–33‰，均值 –33.1‰[图4-1-4（a）]。与 $\delta^{13}C_1$ 不同，灯影组、龙王庙组天然气 $\delta^{13}C_2$ 有随储层时代变老而变大的趋势，如龙王庙组 $\delta^{13}C_2$ 为 –34.0‰～–31.5‰，主峰 –33‰～–32‰，均值 –32.8‰；灯四段 $\delta^{13}C_2$ 为 –33.6‰～–26.8‰，主峰 –29‰～–28‰，均值 –28.8‰；灯二段 $\delta^{13}C_2$ 为 –28.8‰～–26.0‰，主峰 –28‰～–27‰，均值 –27.6‰[图4-1-4（b）]。

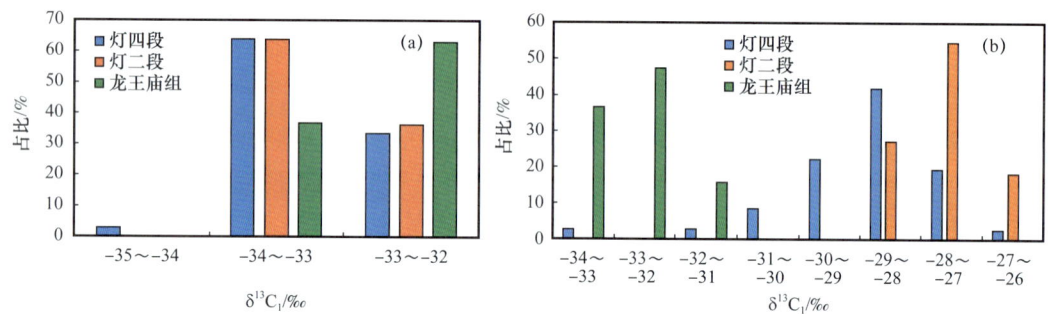

图 4-1-4 安岳气田天然气甲烷碳同位素、乙烷碳同位素频率分布直方图

地层条件下，影响天然气 $\delta^{13}C_1$、$\delta^{13}C_2$ 的因素很多。从干酪根碳同位素看，震旦系—寒武系泥岩类烃源岩干酪根碳同位素有随时代变老而略变大趋势，如筇竹寺组干酪根 $\delta^{13}C$ 为 –36.4‰～–30.0‰，均值 –32.8‰；灯三段干酪根 $\delta^{13}C$ 为 –34.5‰～–29.0‰，均值 –31.9‰；陡山沱组干酪根 $\delta^{13}C$ 为 –32.8‰～–28.8‰，平均 –30.7‰。作为原油裂解气，沥青 $\delta^{13}C$ 是判识天然气—原油之间关系的重要参数。从所测灯影组、龙王庙组沥青 $\delta^{13}C$ 及郝彬等（2017）、张博原（2018）的分析数据看，灯影组和龙王庙组沥青的 $\delta^{13}C$ 分别为 –35.4‰～–33.5‰ 和 –35.4‰～–33.2‰，平均分别为 –34.8‰（25个）和 –34.2‰（16个），二者接近。平面上，同一产层，沥青 $\delta^{13}C$ 与天然气 $\delta^{13}C$ 之间的轻重不具对应关系，表明沥青 $\delta^{13}C$ 不是影响天然气 $\delta^{13}C_1$、$\delta^{13}C_2$ 变化的主要原因。蓬莱气区及安岳气田天然气 $\delta^{13}C_2$ 的差异主要受成熟度控制，成熟度越高，$\delta^{13}C_2$ 越大。

前人的研究表明，$\delta^{13}C_2$ 受成熟度的影响小，具有较强的母质继承性，是判别天然气成因类型的良好指标，并将 $\delta^{13}C_2$ 为 –28‰ 或 –29‰ 作为判识油型气（$\delta^{13}C_2$ < –28‰ 或 –29‰）和煤型气（$\delta^{13}C_2$ 大于 –28‰ 或 –29‰）的界限，且这已在国内许多盆地天然气成因类型的判别中取得很好的应用效果（戴金星，1993；刚文哲等，1997；谢增业等，1999），但对于诸如安岳气田灯影组 C_2H_6 小于 0.05% 为主的干气，仍用 $\delta^{13}C_2$ 为 –28‰ 或 –29‰ 作为类型判识指标有些不妥。因为在高演化阶段，热演化作用对 $\delta^{13}C_2$ 的影响程度明显大于 $\delta^{13}C_1$，如李友川等（2016）对腐泥型烃源岩的热模拟生气实验结果表明，从 $\delta^{13}C_1$ 和 $\delta^{13}C_2$ 最小处开始至实验最高演化程度，$\delta^{13}C_1$ 变大的幅度仅为 5‰，而 $\delta^{13}C_2$ 变大的幅度则达 11.7‰。图 4-1-5（a）展示了天然气 $\delta^{13}C_2$ 与湿度（C_{2+}/C_{1+}）之间较好的相

关性，即随热演化程度增高，C_{2+}/C_{1+} 变小，$\delta^{13}C_2$ 变大，如沧浪铺组天然气成熟度最低，C_{2+}/C_{1+} 大（0.181%～0.186%），$\delta^{13}C_2$ 小于 –36‰；龙王庙组天然气成熟度居中，C_{2+}/C_{1+} 主要为 0.094%～0.196%，$\delta^{13}C_2$ 介于 –34‰～–31.5‰；灯影组天然气成熟度最高，C_{2+}/C_{1+} 小于 0.085%，$\delta^{13}C_2$ 大于 –30.5‰为主。沧浪铺组—龙王庙组—灯影组天然气 $\delta^{13}C_2$ 的这种分布格局符合碳同位素随演化程度增高而变大的演化规律。安岳气田灯影组、龙王庙组气藏 H_2S 含量主要为 6～35g/m³，$\delta^{13}C_2$ 与 H_2S 含量的相关性差［图 4-1-5（b）］，这说明 $\delta^{13}C_2$ 变大主要不是 H_2S 造成的，而更可能与极高演化阶段 $\delta^{13}C$ 的瑞利分馏有关。因为当热演化程度极高时，大分子的液态烃甚至轻烃都裂解殆尽，最后 C_2H_6、C_3H_8 等组分已经无法新生成，开始单纯的大量裂解。当其只作为反应物时，这个同位素变化过程近似于瑞利分馏。受活化能的影响，^{12}C 优先裂解，剩下的 C_2H_6 含量越少，$\delta^{13}C_2$ 越大（吴伟等，2016）（图 4-1-6）。灯影组天然气 C_{2+}/C_{1+} 小于龙王庙组，这是其 $\delta^{13}C_2$ 大于龙王庙组的主要原因。

天然气 $\delta^{13}C_1$ 也受成熟度影响，如沧浪铺组 C_{2+}/C_{1+} 最大，$\delta^{13}C_1$ 最小；灯影组 C_{2+}/C_{1+} 相对较低，其 $\delta^{13}C_1$ 较大，尤其磨溪地区灯二段、灯四段 $\delta^{13}C_1$ 有随 C_{2+}/C_{1+} 增大而变小趋势［图 4-1-5（c）］；而高石梯灯二段、灯四段，磨溪、龙女寺龙王庙组等的 $\delta^{13}C_1$ 与 C_{2+}/C_{1+} 之间则没有此关系，说明除成熟度外，$\delta^{13}C_1$ 应该还受其他因素的影响。由天然气 $\delta^{13}C_1$ 与 H_2S 含量关系图［图 4-1-5（d）］可见，蓬莱气区及安岳气田灯二段天然气的 $\delta^{13}C_1$ 有随 H_2S 含量增加而变小趋势，表明 H_2S 也不是控制 $\delta^{13}C_1$ 分布的主要因素。

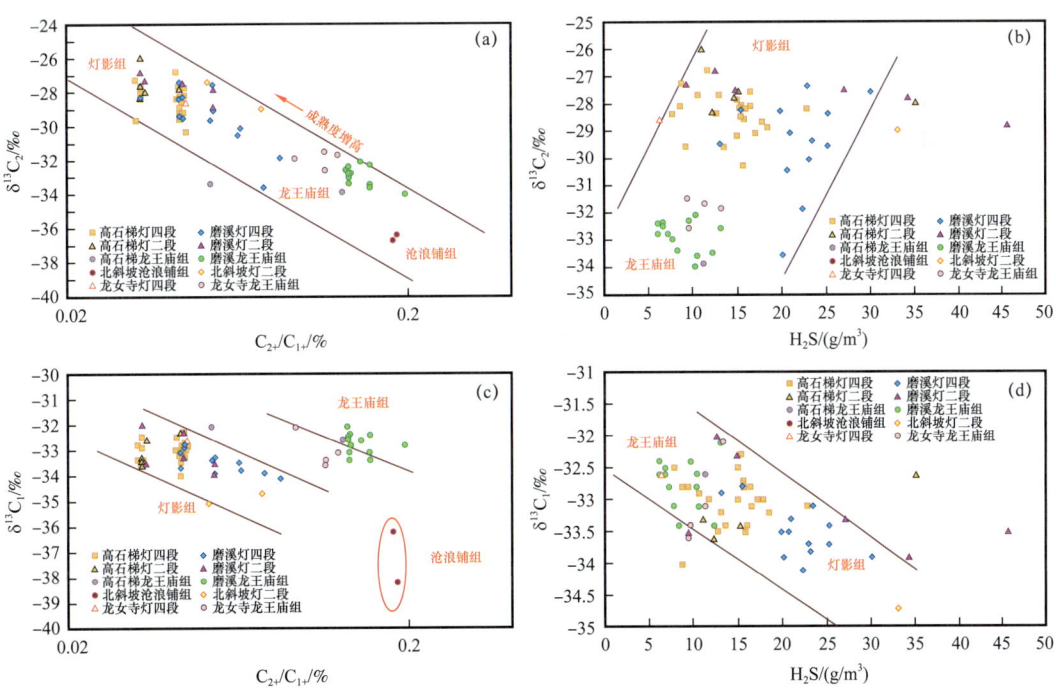

图 4-1-5 四川盆地天然气甲烷碳同位素、乙烷碳同位素与湿度、硫化氢含量关系
（a）$\delta^{13}C_2$ 与 C_{2+}/C_{1+} 关系；（b）$\delta^{13}C_2$ 与 H_2S 含量关系；（c）$\delta^{13}C_1$ 与 C_{2+}/C_{1+} 关系；（d）$\delta^{13}C_1$ 与 H_2S 含量关系

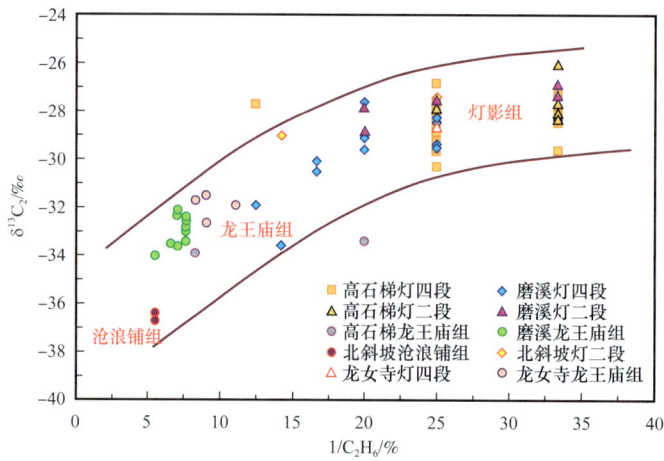

图 4-1-6　四川盆地天然气乙烷碳同位素与乙烷含量倒数关系图

原油、沥青分步裂解的热模拟生气实验结果（图 4-1-7）则表明，模拟实验全过程累积气 $\delta^{13}C$ 比母源的原始 $\delta^{13}C$ 小，而阶段裂解气 $\delta^{13}C$ 则比全过程累积气的 $\delta^{13}C$ 大，演化程度越高的阶段裂解气 $\delta^{13}C$ 越大，并大于母源的 $\delta^{13}C$。因此认为，蓬莱气区捕获了早期—晚期的原油裂解气，$\delta^{13}C_1$ 反映的热演化程度相对低；安岳气田主要聚集晚期阶段裂解气，$\delta^{13}C_1$ 反映的热演化程度相对高。这一观点与魏国齐等（2014）通过同位素动力学模拟揭示的安岳气田灯影组、龙王庙组气藏主要捕获 195—65Ma 裂解气的认识比较吻合。

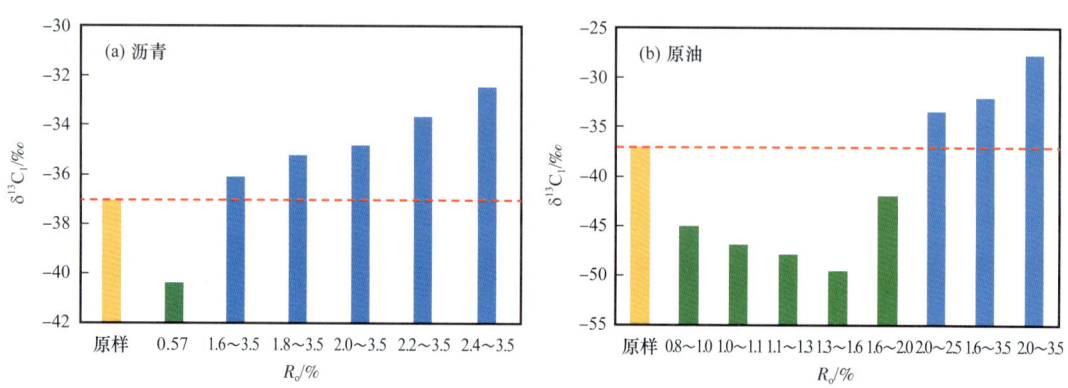

图 4-1-7　不同热演化阶段的沥青、原油分步裂解生成甲烷碳同位素变化

3）天然气 $\delta^2H_{CH_4}$ 差异主要与沉积水体介质盐度有关

天然气 $\delta^2H_{CH_4}$ 不仅受其烃源岩热演化程度和有机质类型影响，而且也受沉积环境的水体介质盐度制约。一般情况是 $\delta^2H_{CH_4}$ 随母源成熟度增高和水体介质盐度增大而变大（Schoell，1980；Xie et al.，2017；Ni et al.，2019；黄士鹏等，2019）。角探 1 井、充探 1 井沧浪铺组紧邻下伏筇竹寺组烃源岩，其天然气是源于筇竹寺组烃源岩的代表，$\delta^2H_{CH_4}$ 为 -134‰～-133‰；蓬探 1 井、中江 2 井灯二段天然气 $\delta^2H_{CH_4}$ 为 -141‰～-140‰，明显比沧浪铺组的小。安岳气田灯二段、灯四段天然气成熟度高于龙王庙组，但 $\delta^2H_{CH_4}$

却比龙王庙组的小，灯二段 $\delta^2H_{CH_4}$ 为 –150‰~–137‰，平均 –145‰；灯四段 $\delta^2H_{CH_4}$ 为 –152‰~–136‰，平均 –141‰；龙王庙组 $\delta^2H_{CH_4}$ 为 –138‰~–132‰，均值 –134‰（图 4-1-8），总体上，随产层时代变新，$\delta^2H_{CH_4}$ 变大。安岳气田灯影组、龙王庙组天然气 $\delta^2H_{CH_4}$ 的这种分布规律，有学者认为是在高演化阶段水参与反应导致 $\delta^2H_{CH_4}$ 变小（He et al.，2019）。尽管实验室的模拟结果表明高演化阶段水直接参与了天然气的生成（Lewan，1997；Lewan et al.，2011），并且水与烃源岩发生了氢交换，进而影响了所生成天然气的 δ^2H（He et al.，2019；Schimmelmann et al.，2001；Wang et al.，2015；Gao et al.，2014），然而，Reeves 等（2012）在 323℃高温下开展了长达一年的水—甲烷交换实验，却发现没有明显的影响；Wang 等（2015）研究发现，大洋中脊中甲烷在 270℃、时间长达 100 年间并未与水发生明显的同位素交换反应，说明自然界中烃类、尤其是甲烷中 C—H 键相对较为稳定，正常储层内水的存在可能并不会对之产生明显影响。因此，有学者认为天然气在生成之后，其与水体的 δ^2H 组成交换可以被忽略（Yeb et al.，1981；Mastalerz et al.，2002；Li et al.，2002）。上述研究结果表明，导致灯影组天然气 $\delta^2H_{CH_4}$ 小于寒武系的应该另有它因。

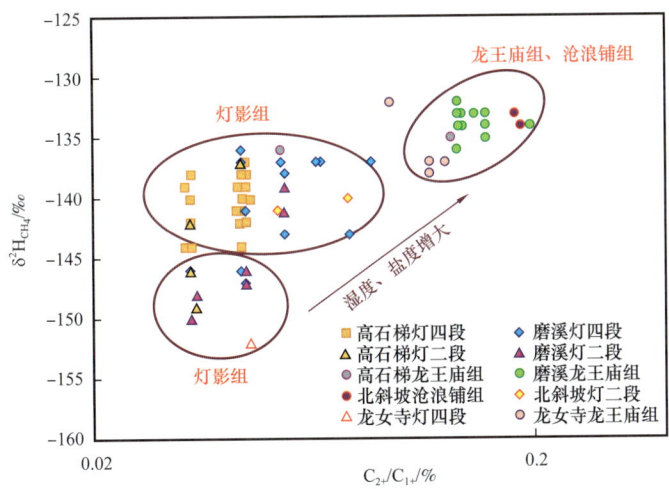

图 4-1-8　四川盆地天然气甲烷氢同位素与湿度关系图

不同学者采用多种方法对扬子地区南华系大塘坡组—志留系龙马溪组烃源岩沉积期古水体介质盐度进行了研究，结果表明，下寒武统筇竹寺组（牛蹄塘组）的古水体介质盐度属于咸水—半咸水（夏威等，2015），是晚元古代—早古生代烃源岩中古盐度最高的；大塘坡组古水体介质盐度整体为中—低盐度（郑海峰等，2019）；受晚奥陶世 Ashgillian 期（五峰组沉积期）—早志留世 Llandovery 早期（龙马溪组沉积期）的南极冰盖及上扬子地区三面为古陆的半封闭陆表海盆影响，五峰期至龙马溪组沉积期上扬子海处于古赤道附近的低纬度区，大量的雨水降落及河流淡水注入使得海水强烈淡化（成汉钧等，1991），导致龙马溪组烃源岩盐度由于全球冰川融化原因低于筇竹寺组（陶树等，2009；章乐彤，2019）。利用施振生等（2012）通过黏土矿物中硼、钾元素含量确定古盐度大小的方法，得到四川盆地及周缘大塘坡组、陡山沱组、灯三段、筇竹寺组及龙马溪组烃源岩的古水体介质盐度分别为 6.9‰~17.0‰（平均 10.5‰）、4.4‰~17.3‰（平均 7.7‰）、

4.5‰~10.3‰（平均7.5‰）、5.7‰~44.2‰（平均18.5‰）和7.2‰~22.7‰（平均14.8‰），各层系古水体介质盐度平均值属筇竹寺组的最高，与文献的研究结果比较吻合。

沧浪铺组紧邻筇竹寺组烃源岩，沧浪铺组天然气是源于筇竹寺组烃源岩的下生上储型天然气的典型代表；许多学者的研究表明龙王庙组天然气也主要源于筇竹寺组烃源岩（邹才能等，2014；杜金虎等，2014；郑平等，2014；魏国齐等，2015；杨跃明等，2019；马新华等，2019），筇竹寺组烃源岩古水体介质盐度高导致源于该烃源岩的天然气$\delta^2 H_{CH4}$大。灯影组天然气来源于震旦系（灯影组、陡山沱组）和筇竹寺组烃源岩（魏国齐等，2013；邹才能等，2014；郑平等，2014；Zou et al.，2014；魏国齐等，2015；夏茂龙等，2015），因此，在单纯来源于筇竹寺组烃源岩的基础上，若有震旦系烃源岩的贡献，则混合来源的液态烃裂解生成的天然气$\delta^2 H_{CH4}$将变小，震旦系烃源岩的贡献比例越多，$\delta^2 H_{CH4}$越小。$\delta^{13}C_2$和$\delta^2 H_{CH4}$分别从成熟度和水体介质盐度说明震旦系烃源岩对灯影组（尤其是灯二段）气藏的贡献，二者之间有较好的相关性（图4-1-9）。

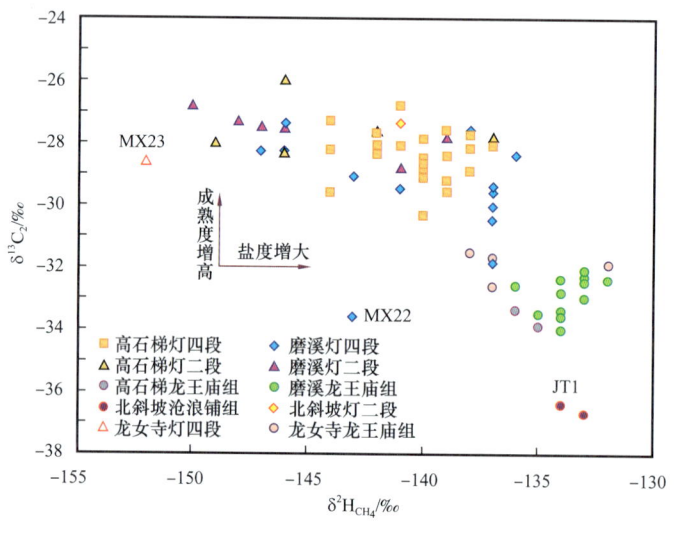

图4-1-9 四川盆地天然气乙烷碳同位素与甲烷氢同位素关系

以灯二段天然气为例，横向上，古裂陷内生烃中心处的中江2井、蓬探1井灯二段天然气$\delta^2 H_{CH4}$分别为-141‰和-140‰；由靠近裂陷向台内方向，磨溪地区由磨溪9井向东至磨溪8井、磨溪17井和磨溪11井，$\delta^2 H_{CH4}$由-141‰变为-147‰、-146‰和-150‰；高石梯地区由高石1井向高石11井、高石135井方向，$\delta^2 H_{CH4}$由-137‰变为-146‰和-150‰[图4-1-10（a）]。灯四段由台缘向台内方向，$\delta^2 H_{CH4}$也有逐渐变小趋势[图4-1-10（b）]。$\delta^2 H_{CH4}$的这一变化规律主要是古裂陷内及靠近古裂陷，筇竹寺组烃源岩对灯二段气藏的贡献较大，$\delta^2 H_{CH4}$相对较大；向台内方向，灯影组烃源岩的贡献比例相对增加，$\delta^2 H_{CH4}$变小。纵向上，灯二段产层部位离筇竹寺组烃源岩侧向供烃窗口的垂向距离越大，$\delta^2 H_{CH4}$越小，表明筇竹寺组烃源岩的贡献减少，震旦系烃源岩的贡献相对增多，如高石1井和高石3井产层深度分别为5300~5390m和5783~5810m，$\delta^2 H_{CH4}$分别为-137‰和-146‰；高石3井灯四段和灯二段的$\delta^2 H_{CH4}$分别为-138‰和-146‰；磨溪 11 井灯四段和灯二段的 $\delta^2H_{CH_4}$ 分别为 $-138‰$ 和 $-150‰$。灯四段天然气 $\delta^2H_{CH_4}$ 与灯二段有相同的分布规律，筇竹寺组烃源岩贡献多的区域，$\delta^2H_{CH_4}$ 较大；相反，震旦系烃源岩贡献大的区域，$\delta^2H_{CH_4}$ 较小。这一变化规律主要与筇竹寺组、震旦系烃源岩沉积时的水体介质盐度高低有关。因此，烃源岩的古水体介质盐度应是控制天然气 $\delta^2H_{CH_4}$ 的关键因素。

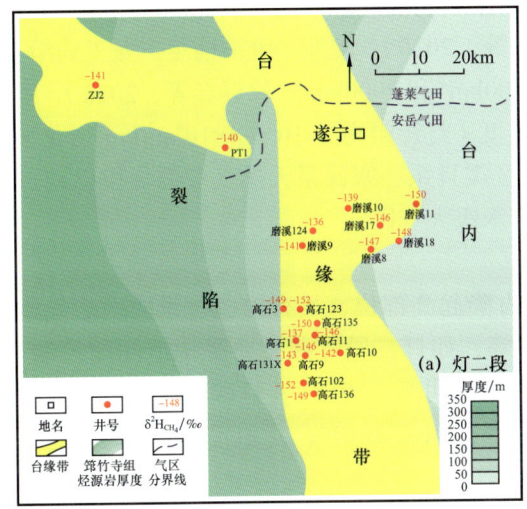 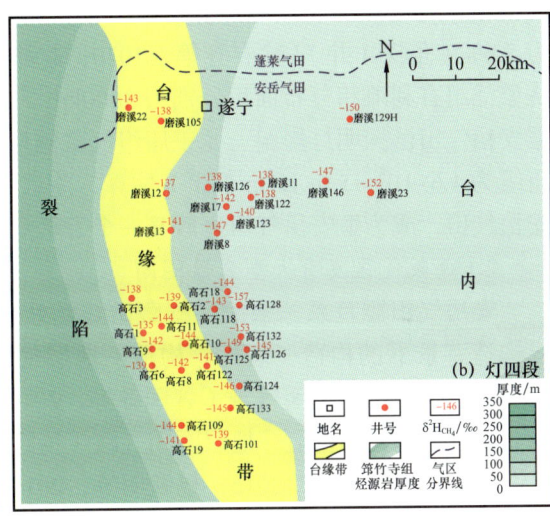

图 4-1-10 川中古隆起震旦系灯影组天然气甲烷氢同位素分布图

2. 蓬莱气区和安岳气田成藏地质条件差异

蓬莱气区和安岳气田同属川中古隆起带，紧邻或处于德阳—安岳古裂陷烃源岩生烃中心，发育多层裂陷内或边缘丘滩体和台内颗粒滩、优质的直接盖层和区域性盖层及气藏上覆超压层，但蓬莱气区储集体发育规模与性能优于安岳气田，圈闭类型以单斜背景的大型岩性圈闭为主，有别于安岳气田有构造背景的构造圈闭或构造—岩性圈闭。

1）蓬莱气区裂陷内与边缘丘滩体规模、储集性能优于安岳气田

通过对钻井、周缘露头及地震资料的精细刻画，深化了四川盆地震旦系—寒武系主要层段岩相古地理研究，进一步明确蓬莱气区丘滩体发育规模及分布。如德阳—安岳克拉通裂陷发育初期（灯一段、灯二段沉积期），在古裂陷内发育五个孤立丘滩体［图 4-1-11（a）］，滩体面积 1720km²；裂陷东侧的高石梯—磨北以北地区发育八个台缘带丘滩体，丘滩体面积 3500km²，灯二段台缘带宽度，安岳气田为 15~20km，蓬莱气区为 40~130km；台缘带厚度，安岳气田为 450~500m，蓬莱气区为 650~1000m（徐春春等，2020）。裂陷发展期（灯四段沉积期），古裂陷范围进一步扩大，裂陷东侧台缘带向台内方向迁移，由高石梯—磨北地区向北，灯四段台缘带逐渐加厚，变宽，安岳气田为 260~300m，蓬莱气区为 350~450m；台缘带宽度，安岳气田为 10~15km，蓬莱气区为 20~70km。蓬莱气区灯四段台缘带丘滩体面积 2760km²［图 4-1-11（b）］。裂陷萎缩期（沧浪铺组、龙王庙组沉积期），在沧浪铺组下段新发现剑阁—泸州台内洼地，洼地东侧

发育洼陷边缘颗粒滩［图 4-1-11（c）］，滩体面积约 2300km²。

不同时期发育的高能滩体，经历成岩演化及表生、深埋溶蚀、岩溶等作用，形成溶蚀孔洞发育的优质储层，并在深埋条件下，仍具有较好储集性能，为大气田形成提供巨厚、优质的储集空间。如储层厚度，安岳气田主体灯二段为 150～260m、灯四段为 25～70m，蓬莱气区灯二段为 264～275m、灯四段为 167m（角探 1）；储层孔隙度，安岳气田主体灯二段为 3%、灯四段为 3.2%～3.5%，蓬莱气区灯二段为 3.5%～3.6%、灯四段为 3.6%（角探 1 井）（徐春春等，2020；赵路子等，2020）。此外，沧浪铺组、龙王庙组、洗象池组有利滩相分布面积分别为 3800km²、3400km² 和 2900km²（徐春春等，2020）。根据安岳气田已探明灯影组、龙王庙组气藏储量丰度（灯影组为 2×10^8～4×10^8m³/km²、龙王庙组为 1.6×10^8～5.6×10^8m³/km²）估算，蓬莱气区震旦系—寒武系天然气资源规模已超过安岳气田，成为继安岳气田之后又一个万亿立方米级大气区。

2）蓬莱气区发育大型岩性圈闭

安岳气田震旦系—寒武系气藏始终是处于古隆起高部位、具有构造背景的构造气藏或构造背景下的构造—岩性、构造—地层气藏等，如灯二段气藏主要受构造圈闭控制，为具有底水的构造圈闭气藏（魏国齐等，2015；杨跃明等，2019）；灯四段气藏主要受构造、地层控制，为构造—地层圈闭气藏（杨跃明等，2016，2019）；龙王庙组主要为构造—岩性气藏（魏国齐等，2015；杨跃明等，2019）。

蓬莱气区则是在单斜背景下发育大型岩性圈闭。如：德阳—安岳克拉通裂陷发育初期（灯一段、灯二段沉积期），裂陷内多组断裂形成垒堑结构，控制灯二段多条孤立丘滩带（图 2-2-2）；受裂陷早期张性断裂作用，裂陷内形成断控灯二段孤立丘滩体，孤立丘滩体被裂陷内寒武系筇竹寺组泥岩包围［图 4-1-11（a）］，筇竹寺组泥岩既是优质烃源岩，同时也是孤立丘滩体良好的侧向、垂向封堵层，成藏条件优越；预测裂陷内孤立丘滩体面积约 2700km²。钻探结果表明，蓬莱气区各大型岩性气藏之间彼此独立，互不连通，如蓬探 1 井上倾方向的断裂与岩性封堵形成的岩性圈闭面积 145km²，气水界面海拔为 −5539m；中江 2 井气藏气水界面海拔为 −6450m。

德阳—安岳克拉通裂陷发展期（灯四段沉积期），形成灯四段台缘丘滩体［图 4-1-11（b）］。这些滩体紧邻裂陷寒武系生烃中心，源储对接、滩间洼地致密层侧向、上倾方向封堵（图 4-1-12），形成岩性圈闭，灯四段丘滩体面积 2760km²。

德阳—安岳克拉通裂陷萎缩期（沧浪铺组、龙王庙组沉积期），在沧浪铺组下段剑阁—泸州台内洼地东侧发育多个洼陷边缘颗粒滩，各滩体之间发育滩间洼地［图 4-1-11（c）］，滩体面积约 2300km²。滩体与滩间致密岩性及上覆沧二段的泥岩构成良好的大型岩性圈闭，而且滩体直接覆于筇竹寺组烃源岩之上（图 4-1-13），具备下生上储、近源聚集的优越成藏条件。不同滩体气藏之间受致密岩性带封隔，互不连通，如角探 1 井、川深 1 井、充探 1 井的气层底界海拔分别为 −6597.5m、−7159.5m 和 −5908.3m（乐宏等，2020）。

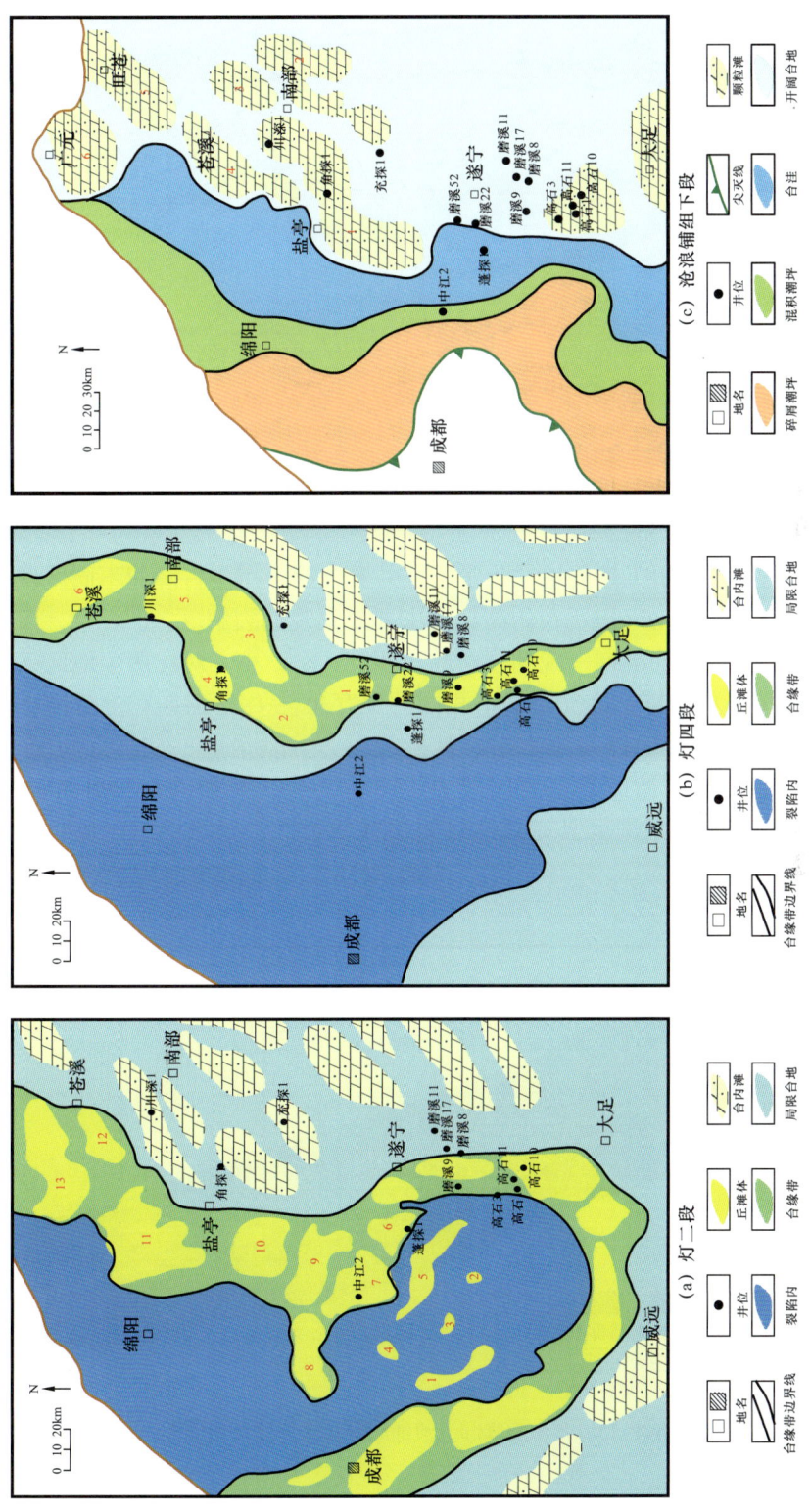

图 4-1-11 四川盆地震旦系—寒武系主要层段岩相古地理

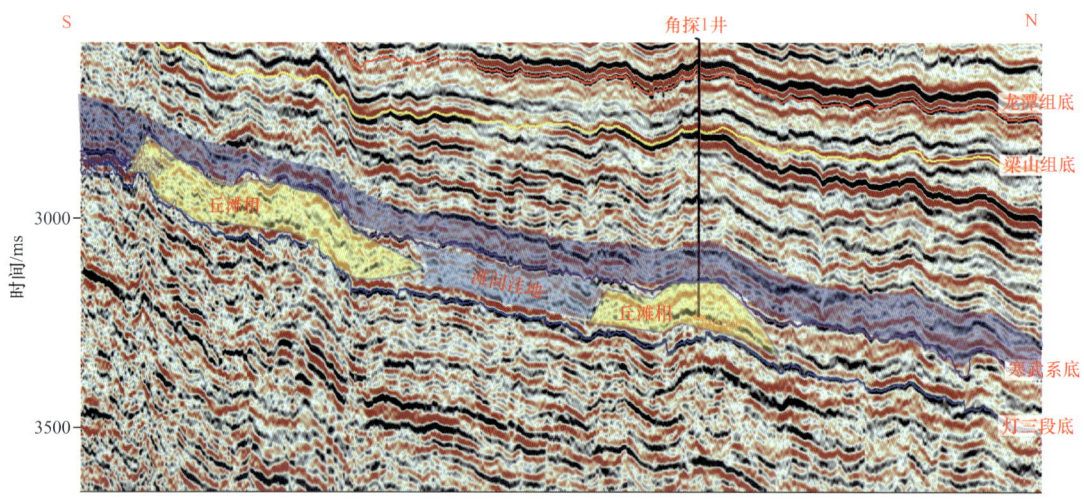

图 4-1-12 蓬莱气区灯四段台缘丘滩体源储盖组合图

3）蓬莱气区盖层具持续封闭能力

蓬莱气区与安岳气田天然气地球化学特征差异表明，川中古隆起不同区域捕获不同阶段的原油裂解气，安岳气田所在的高部位主要聚集晚期裂解气，$\delta^{13}C$ 大，而蓬莱气区处于斜坡部位，聚集原油早期—晚期裂解的累积气，$\delta^{13}C$ 小。对比两个地区气藏保存条件可知，蓬莱气区发育与安岳气田基本相同的保存条件（表 4-1-1），而且筇竹寺组和龙潭组两套关键区域盖层排替压力大，其排替压力分别为 15～50MPa 和 15～30MPa，自烃源岩生油高峰期开始即具备封闭能力（图 3-3-1），晚期构造抬升未破坏盖层封闭性。这进一步表明蓬莱气区具有持续封闭油气的条件，确保早期—晚期裂解气不被散失。

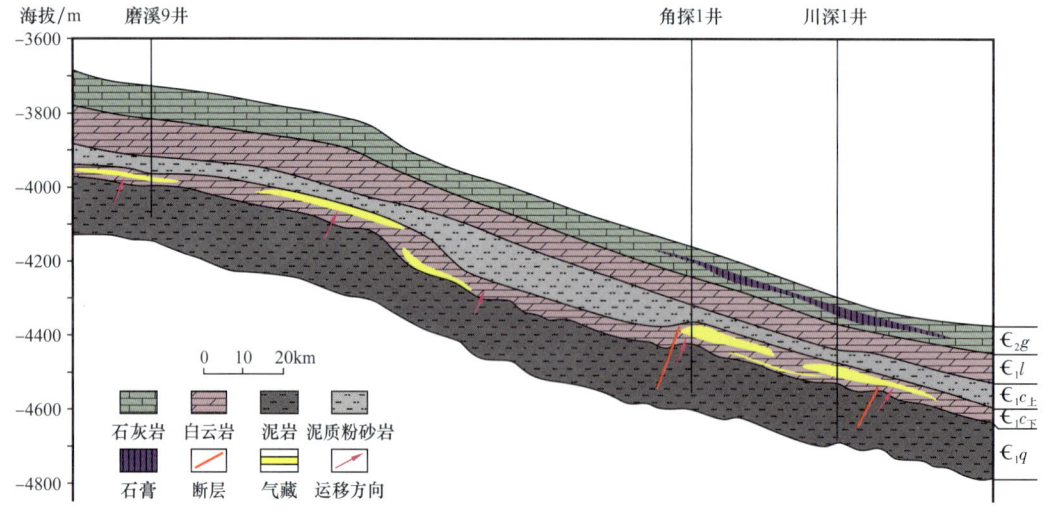

图 4-1-13 川中古隆起沧浪铺组颗粒滩源储盖组合图

表 4-1-1 川中古隆起不同区域天然气保存条件对比表

气田/气区	安岳气田	蓬莱气区
构造位置	隆起区	北斜坡区
区域盖层	筇竹寺组（$\epsilon_1 q$）泥岩、龙潭组（$P_3 l$）泥岩、嘉陵江组—雷口坡组（T_{1+2}）膏盐岩	
直接盖层	灯三段泥岩、筇竹寺组泥岩、高台组泥岩	
区域盖层厚度/m	T_{1+2}：>300；$P_3 l$：80～160；$\epsilon_1 q$：50～400	T_{1+2}：>300；$P_3 l$：60～100；$\epsilon_1 q$：50～350
排替压力/MPa	$P_3 l$：18～30；$\epsilon_1 q$：15～50	$P_3 l$：15～30；$\epsilon_1 q$：15～40
断裂	发育，未断穿上二叠统龙潭组泥岩	
保存主控因素	多层优质盖层与超压层联合封闭	上覆盖层垂向封闭、上倾方向封堵与超压层联合封闭
封闭机理	物性+超压封闭	

3. 蓬莱气区油气充注史

流体包裹体是研究油气充注史的一种常用方法。以灯二段为例，基于流体包裹体的检测结果，结合研究区构造演化、沉积埋藏史及烃源岩生烃演化史等分析了油气充注史。本研究的包裹体样品采自安岳气田高石 2 井、高石 6 井、磨溪 9 井等，蓬莱气区蓬探 1 井、中江 2 井等。所测包裹体为溶蚀孔洞缝或裂缝中充填的以白云石、方解石和自生石英为宿主矿物的原生包裹体。所测包裹体既有群体包裹体，也有零星包裹体。与烃类伴生的盐水包裹体均一温度分布范围宽，主要峰值区间为 100～220℃，且不同区域略有差异：安岳气田主峰为 120～160℃，小于 100℃和大于 180℃的相对低［图 4-1-14（a）］；蓬莱气区大于 180℃和小于 100℃的相对较多，100～180℃各温度区间基本相当［图 4-1-14（b）］。结合研究区沉积埋藏史及烃源岩生烃演化史，认为研究区油气具有多阶段、连续充注的特点，以安岳气田高石 6 井［图 4-1-15（a）］和蓬莱气区蓬探 1 井［图 4-1-15（b）］为例，志留纪，震旦系烃源岩已进入生油期，筇竹寺组烃源岩处于未成熟阶段，此阶段主要在Ⅰ期白云石中捕获均一温度小于 100℃的包裹体；二叠纪前，由于构造抬升作用，生烃过程停止；二叠纪—三叠纪，烃源岩处于生油高峰阶段，此阶段也主要在Ⅰ期白云石及少量Ⅱ期白云石中捕获均一温度介于 100～140℃的包裹体；早侏罗世—晚侏罗世，烃源岩处于高成熟的湿气生成阶段，此阶段主要在Ⅱ期白云石中捕获均一温度介于 140～180℃的包裹体；白垩纪，烃源岩进入生干气成阶段，此阶段主要在Ⅲ期白云石和石英中捕获均一温度大于 180℃的包裹体；白垩纪末以来，构造抬升，处于古气藏调整定型阶段。

4. 蓬莱气区天然气聚集模式

天然气地球化学特征差异和具体的地质条件揭示北斜坡灯影组和沧浪铺组气藏具有不同的聚集模式。蓬探 1 井、中江 2 井灯二段气藏是侧向与垂向双源供烃的结果。灯二段裂陷内和边缘丘滩体发育，经岩溶作用后形成溶蚀孔洞型优质储层。加里东运动前，下伏震旦系烃源岩生成的液态烃类通过断裂输导运移至优质储层中，受构造抬升影响，至二叠系沉积前，震旦系烃源岩一直处于生油阶段［图4-1-16（a）］；三叠系沉积前，除了震旦系供烃外，紧邻灯二段的筇竹寺组底部优质烃源岩生成的液态烃类就近或通过侧向运移聚集到灯影组优质储层中，形成上、下双源供烃混源成藏的局面，并在上覆筇竹寺组泥岩良好盖层和单斜背景上倾方向滩间致密层的联合封堵下，形成大型岩性油藏［图4-1-16（b）］。侏罗系沉积前，烃源岩处于高成熟的湿气生成阶段，以聚集轻质原油和湿气为主［图4-1-16（c）］；白垩系沉积时期，储层中聚集的液态烃大规模裂解成气及C_{2+}重烃气体的进一步裂解，现今气藏中保存了古油藏原油裂解早期—晚期的累积气［图4-1-16（d）］。

沧浪铺组直接上覆于筇竹寺组烃源岩之上，其天然气是源于筇竹寺组烃源岩的下生上储成藏模式的典型代表，断裂/裂缝是重要的输导通道。沧浪铺组沉积期在剑阁—泸州台内洼地东侧发育的规模洼陷边缘滩体，为规模有效储层的形成奠定了基础，滩间低能相带沉积的致密岩层则是良好的封隔层，规模储集体与致密层的空间配置构成大型岩性圈闭条件。在二叠纪前，震旦系烃源岩进入生油期［图4-1-16（e）］；三叠纪前，震旦系、筇竹寺组烃源岩均主要处于生油阶段，以聚集原油为主［图4-1-16（f）］；侏罗系沉积前，烃源岩处于高成熟的湿气生成阶段，以聚集轻质原油和湿气为主［图4-1-16（g）］；白垩纪，储层中聚集的液态烃大规模裂解成气及C_{2+}重烃气体的进一步裂解，现今气藏中保存了古油藏原油裂解早期—晚期的累积气［图4-1-16（h）］。

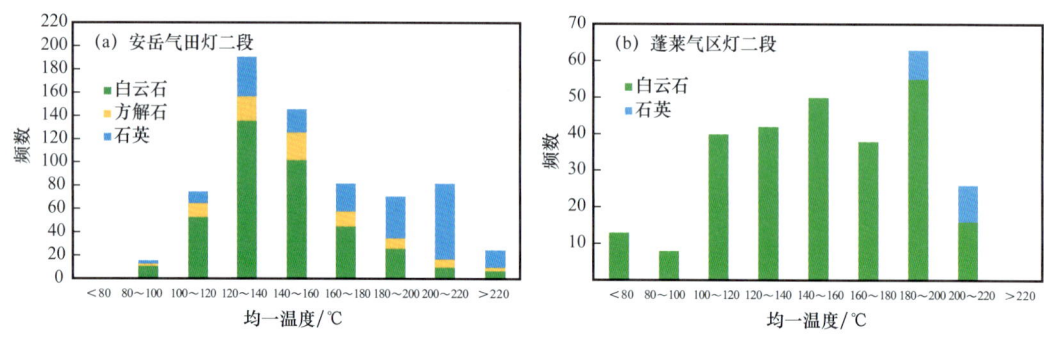

图4-1-14　四川盆地安岳、蓬莱气区灯二段包裹体均一温度频率分布直方图

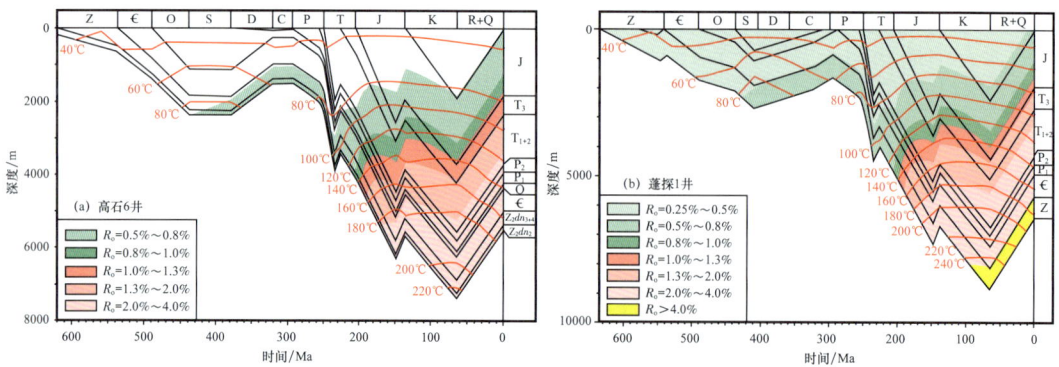

图4-1-15　四川盆地安岳气田、蓬莱气区沉积埋藏史及烃源岩生烃史

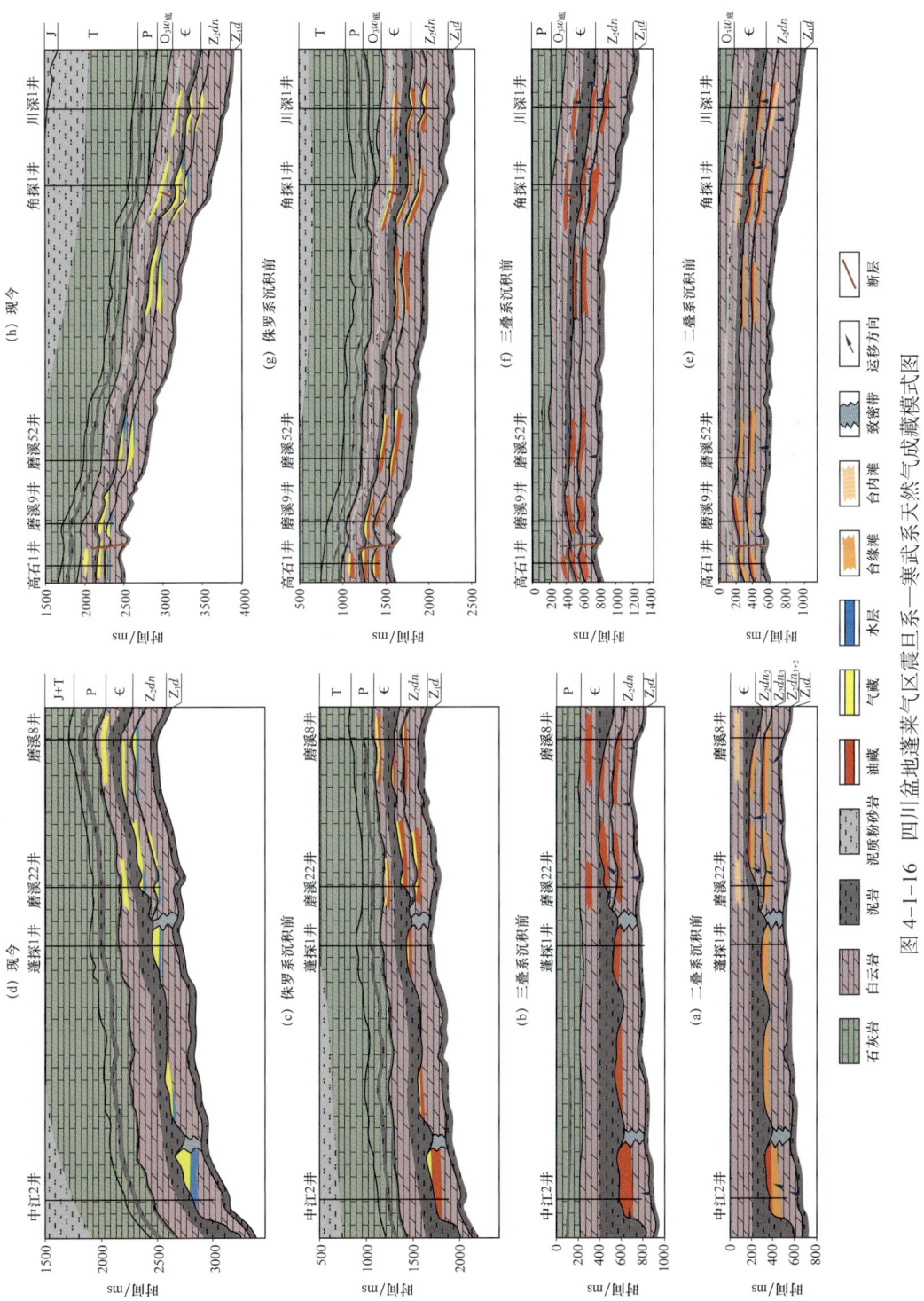

图 4-1-16 四川盆地蓬莱气区震旦系—寒武系天然气成藏模式图

二、碳酸盐岩大型凝析气藏——以塔里木盆地塔中地区奥陶系气藏为例

截至2020年底，塔里木盆地台盆区已探明塔中Ⅰ号气田、和田河气田、塔河气田三个碳酸盐岩大气田，储量 $0.48×10^{12}m^3$，占全国碳酸盐岩大气田总探明储量的12.65%。其中，塔中地区塔中Ⅰ号气田储量为 $0.38×10^{12}m^3$，分布在中—下奥陶统鹰山组和上奥陶统良里塔格组；塔西南地区和田河气田储量 $0.06×10^{12}m^3$，主要分布在石炭系，奥陶系储量仅为 $0.01×10^{12}m^3$；塔北地区塔河气田储量 $0.04×10^{12}m^3$，分布在中—下奥陶统、三叠系和白垩系，奥陶系储量为 $0.02×10^{12}m^3$。

"十二五"及以往研究认为塔中隆起的油气主要来自北部的满加尔凹陷沿塔中Ⅰ号断裂充注成藏。"十三五"提出塔中地区寒武系—奥陶系油气藏为"垂向断裂输导运移—侧向差异聚集"，其中良里塔格组——间房组油气藏以塔中Ⅰ号断裂北侧外源充注为主，近源充注为辅；鹰山组油气藏以10号断裂、NE向走滑断裂垂向输导、近源充注为主。

1. 天然气成因类型判识与来源

1）塔中地区奥陶系天然气为不同热演化阶段的油型气

主要采用天然气组分、同位素及轻烃组分，综合前人研究成果对塔中、塔北地区天然气成因类型进行划分。由图4-1-17可见，塔中地区奥陶系良里塔格组、鹰山组天然气属于油型气。从图4-1-18可知，塔中地区良里塔格组、鹰山组天然气成因类型较为复杂，分布范围较广，在热演化程度较低的油型过渡带气、正常原油伴生气到凝析油伴生气、油型高温裂解气均有分布；其中塔中地区中东部以凝析油伴生气、油裂解气为主，其西部则以原油伴生气为主。

前人通过对塔里木盆地天然气地质—地球化学特征大量研究发现，塔里木盆地东部地区英南2井天然气为典型的原油裂解气，其甲烷碳同位素为 –37.0‰，可作为原油裂解气的端元气（翟晓先等，2007；云露等，2008）；塔中西部地区塔中45井为典型的原油伴生气，其甲烷碳同位素为 –54.0‰，可作为伴生气的端元气（张海坤等，2013）。计算公式为

$$Mix（A）\%=（\delta^{13}C_G-\delta^{13}C_B）/（\delta^{13}C_A-\delta^{13}C_B）×100 \qquad (4-1-1)$$

式中　Mix（A）——端元气A的相对贡献量；

$\delta^{13}C_G$——预计算的天然气碳同位素，‰；

$\delta^{13}C_A$——端元气A的碳同位素，‰；

$\delta^{13}C_B$——端元气B的碳同位素，‰。

估算结果表明，塔中地区良里塔格组塔中Ⅰ号断裂带中东部地区天然气主要为热演化程度较高的裂解气，其相对贡献量分布在70%~90%之间，西部地区天然气则以伴生气为主，其相对贡献量可达到70%~90%；而其内带则变化较大，有以伴生气为主的中古17井，也有以裂解气为主的塔中161井（图4-1-19），这些可能受油气充注运移距离影响。

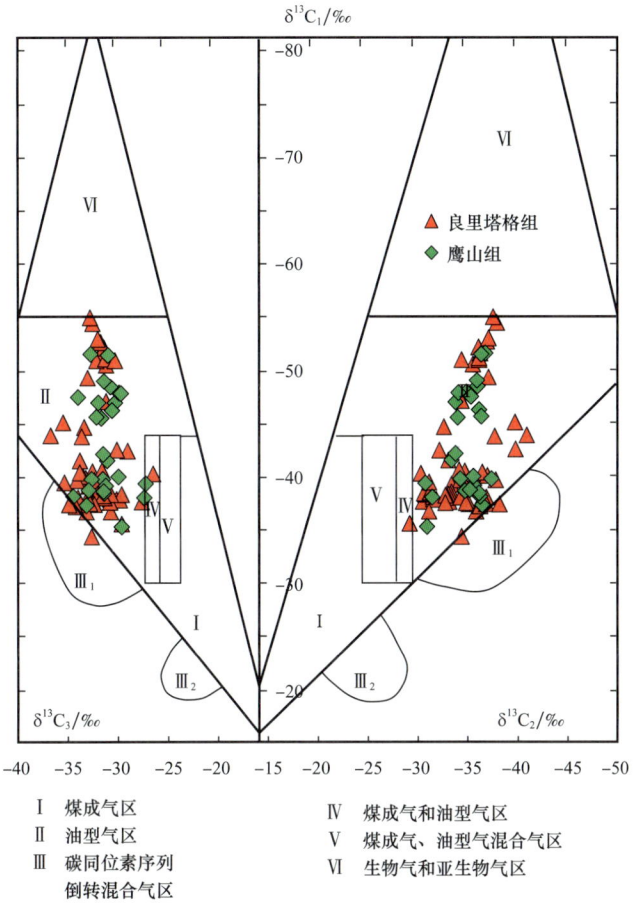

Ⅰ 煤成气区　　　　　　Ⅳ 煤成气和油型气区
Ⅱ 油型气区　　　　　　Ⅴ 煤成气、油型气混合气区
Ⅲ 碳同位素序列　　　　Ⅵ 生物气和亚生物气区
　　倒转混合气区

图 4-1-17　塔里木盆地塔中奥陶系天然气 $\delta^{13}C_1$—$\delta^{13}C_2$—$\delta^{13}C_3$ 关系图

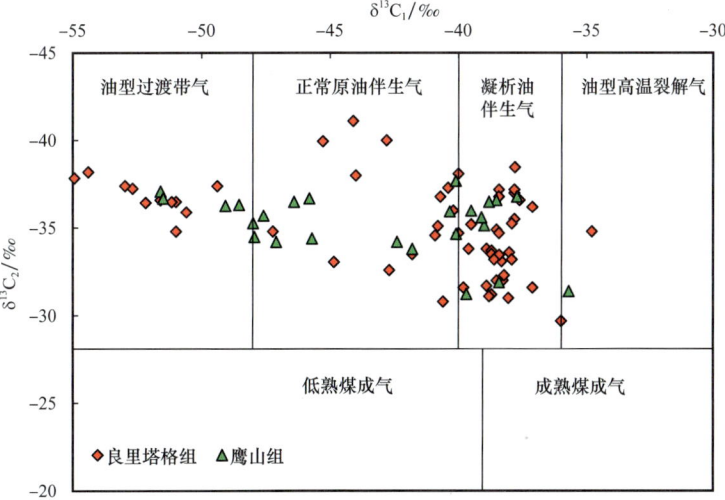

图 4-1-18　塔里木盆地台盆区天然气 $\delta^{13}C_1$—$\delta^{13}C_2$ 关系图

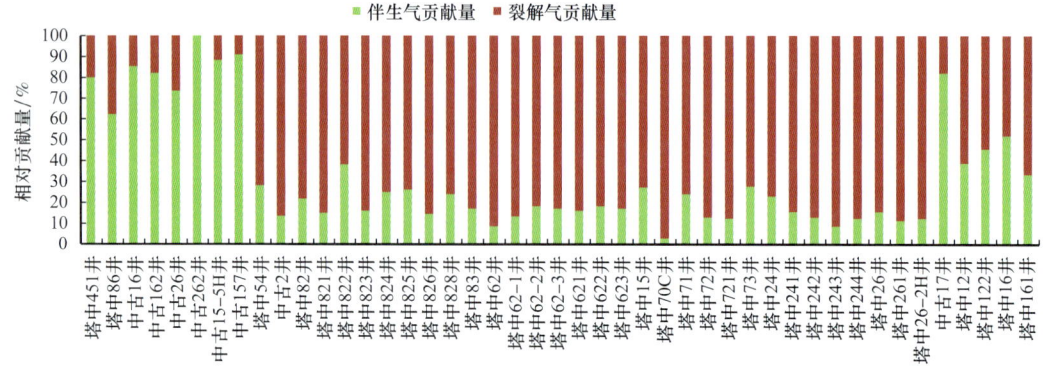

图 4-1-19 塔中地区奥陶系良里塔格组天然气中伴生气与裂解气混源的相对贡献量

鹰山组也有相似的规律,西部的中古 8 井区以伴生气为主,而偏东部的塔中 83 井等井区均以裂解气为主要组成,但其伴生气来源相对良里塔格组较多(图 4-1-20)。

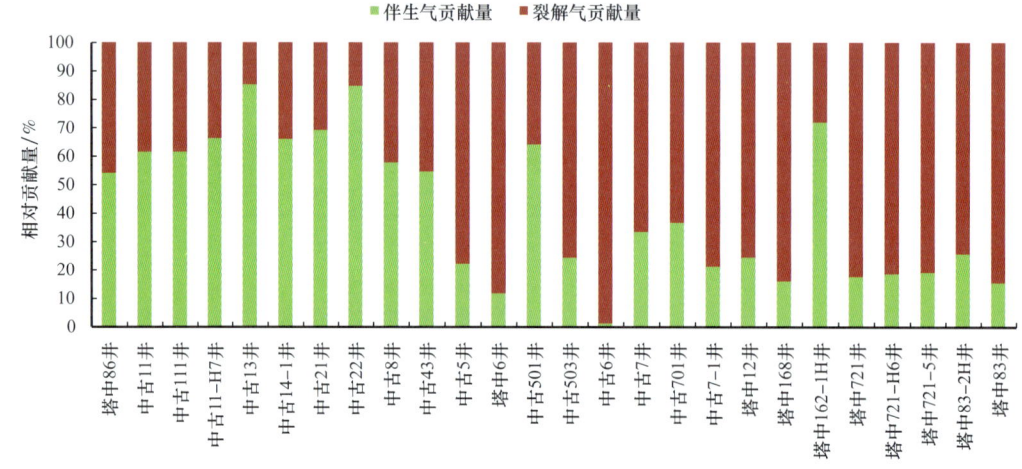

图 4-1-20 塔中地区奥陶系鹰山组天然气中伴生气与裂解气混源的相对贡献量

2)塔中地区奥陶系天然气源于寒武系和奥陶系烃源岩

大量研究表明,塔中、塔北地区奥陶系油气具有明显的混源特征,寒武系—下奥陶统及中—上奥陶统两套烃源岩为该层位主力烃源岩。不同烃源岩来源的天然气地球化学特征主要由其生烃母质决定,而乙烷碳同位素主要受生烃母质的影响,因此用乙烷碳同位素来表征不同烃源岩来源天然气。前人研究发现,塔里木盆地东部地区英南 2 井原油裂解气、轮南低凸起地区的轮南 59 井石炭系干酪根裂解气均为典型的寒武系—下奥陶统来源(翟晓先等,2007;云露等,2008;张朝军等,2008;张海坤等,2013),其乙烷碳同位素为 -33.0‰;塔北地区英古 2 井为典型的中—上奥陶统烃源岩来源,其乙烷碳同位素为 -41.0‰。如图 4-1-21 所示,塔中地区良里塔格组天然气在塔中Ⅰ号断裂带西部及东部地区(塔中 86 井、塔中 45 井、塔中 24—26 井区)及其内带天然气 $\delta^{13}C_2$ 较小,与已知中—上奥陶统天然气较为相近,$\delta^{13}C_1$ 大部分小于 -36.0‰,说明其天然气主要来源于中—上奥陶统烃源岩,混入相对较少的寒武系—下奥陶统来源天然气;而塔中Ⅰ号断裂带中部地区的中古 2 井区、塔中 82—83 井区、塔中 62 井区中 $\delta^{13}C_2$ 明显具有寒武系—下奥陶统来源的特征，其 $\delta^{13}C_2$ 都大于 –36.0‰，表明天然气以寒武系—下奥陶统来源为主，混入相对较少的中—上奥陶统天然气。

塔中地区奥陶系鹰山组天然气具有相似的特征（图 4-1-22），西部及东部的塔中 86 井区、中古 8 井区及塔中 72 井区表现出明显的中—上奥陶统来源天然气特征，而在中部天然气则以 $\delta^{13}C_2$ 较低的寒武系—下奥陶统来源天然气为主，如中古 5-7 井区。

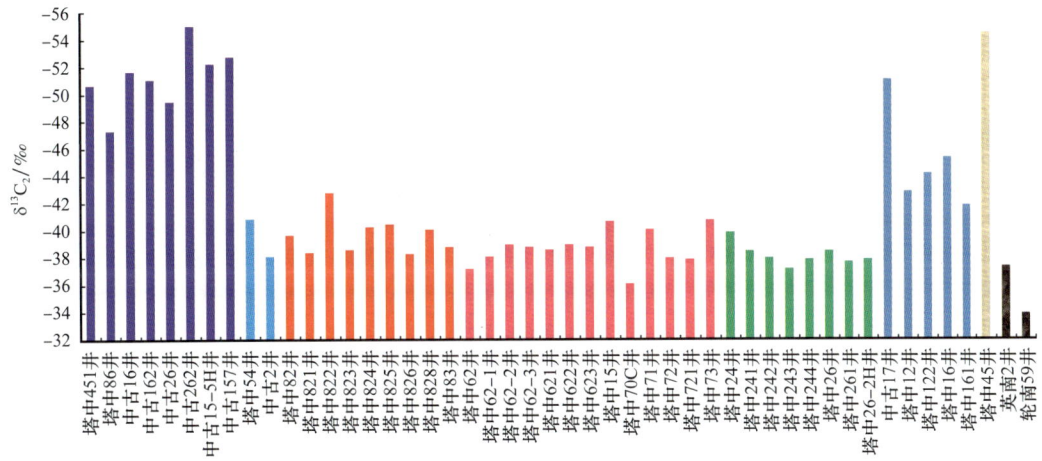

图 4-1-21　塔中地区良里塔格组天然气与典型寒武系—下奥陶统和中—上奥陶统来源天然气 $\delta^{13}C_2$ 对比

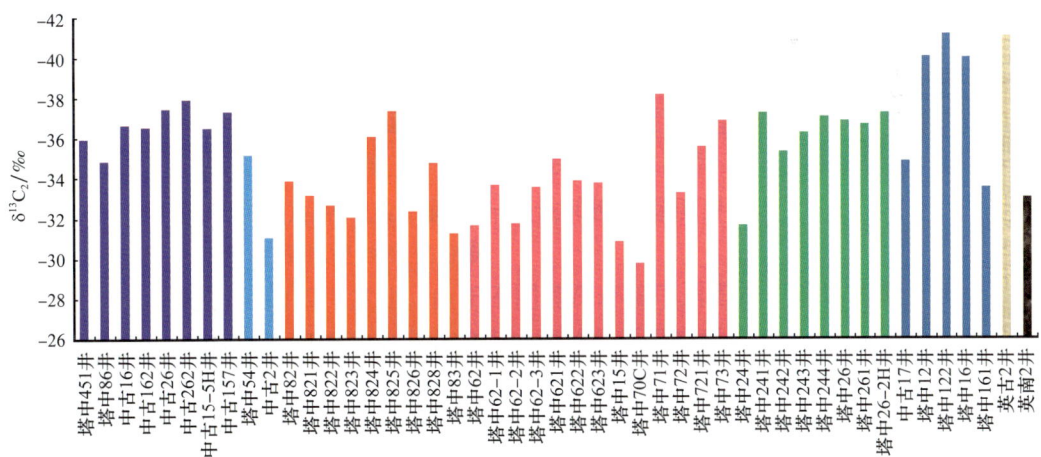

图 4-1-22　塔中地区鹰山组天然气与典型寒武系—下奥陶统和中—上奥陶统来源天然气 $\delta^{13}C_2$ 对比

不同烃源岩贡献比例的定量计算结果表明，塔中地区良里塔格组以寒武系—下奥陶统来源天然气为主，其外带东部、西部及内带地区天然气以寒武系—下奥陶统来源为主，其相对贡献量分布在 80%~95% 之间，夹杂部分中—上奥陶统来源天然气；外带中部地区天然气则更多以中—上奥陶统来源为主，其相对贡献量可达到 50%~60%（图 4-1-23）。鹰山组具有类似的相对贡献量规律，其天然气以寒武系—下奥陶统来源为主（图 4-1-24），由于地质条件的非均质性，各井区相对贡献量各有不同。

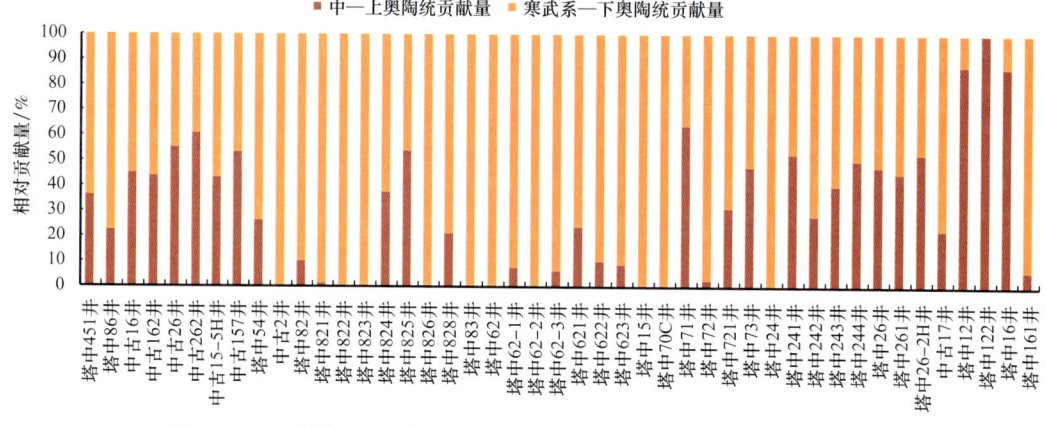

图 4-1-23 塔中地区不同烃源岩对良里塔格组天然气的相对贡献比例

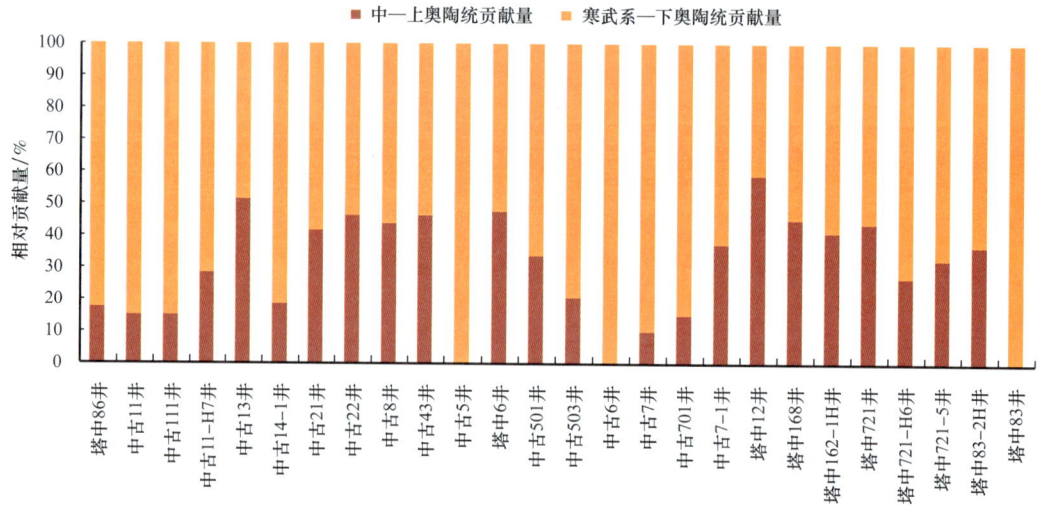

图 4-1-24 塔中地区不同烃源岩对鹰山组天然气的相对贡献比例

2. 塔中地区天然气充注方向

目前塔中地区油气藏主要集中在靠近塔中 I 号构造带及其北东向的走滑断裂旁，而在其隆起西南斜坡部位的探井大多为水井。如果按目前比较流行观点，塔中地区奥陶系油气主要从满加尔凹陷向塔中地区长距离运移而来，则对西部勘探需要谨慎；如果塔中油气来源于该区深部地区，或者是由阿瓦提凹陷运移而来，则西部勘探比较乐观。

为了弄清塔中地区油气充注方向，研究了原油密度、气体干燥系数、天然气碳同位素等重要参数的空间变化。如图 4-1-25 所示，塔中地区良里塔格组原油密度呈现规律性变化，即由塔中 I 号构造带向内带原油密度逐渐变大，在不同的区域变化程度各不相同，这体现了该区地质条件的非均质性。前人研究表明，塔中 I 号构造带油气藏存在明显的气侵作用，其外带主要为天然气藏，内带则以凝析气藏及油藏为主。良里塔格组原油密度的分布也体现了这样的特征，在其气藏注入处向内带原油密度逐渐增加，气油比则逐渐变小,说明该区天然气主要是北东方向满加尔凹陷后期气侵来源,充注方向为北东向南西。良里塔格组天然气干燥系数分布具有类似的特征,从塔中Ⅰ号断裂带往内带方向天然气由干气逐渐变为湿气,天然气充注方向为北东向南西充注,塔中86井、中古2井、塔中822井、塔中244井等可能为该区的天然气充注点。

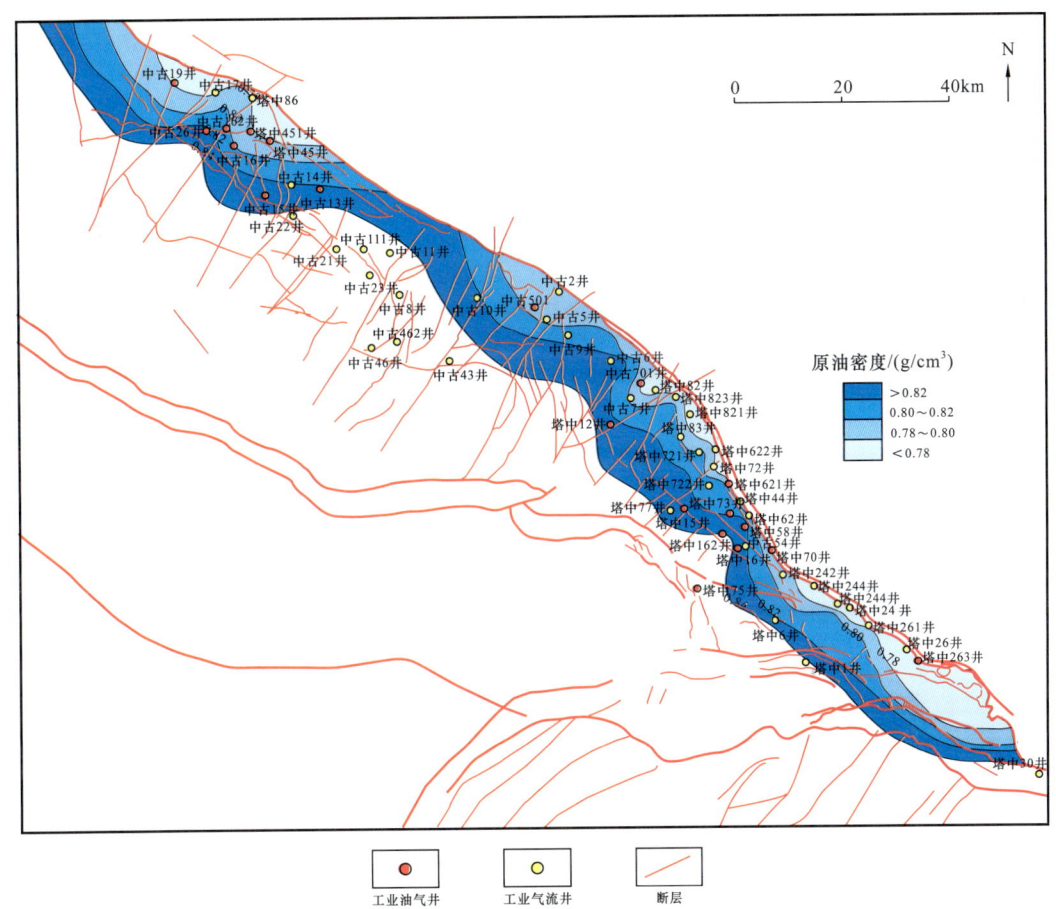

图 4-1-25 塔中地区奥陶系良里塔格组原油密度分布图

良里塔格组天然气甲烷、乙烷碳同位素分布也呈现规律性变化,如从塔中Ⅰ号断裂带往内带方向,乙烷碳同位素均逐渐变轻(图4-1-26),这是天然气同位素运移分馏作用的结果。与原油密度、天然气干燥系数反映的变化趋势相似,天然气充注方向为北东向南西,塔中86井、中古2井、塔中822井、塔中244井等可能为天然气充注点。

下奥陶统鹰山组天然气干燥系数、甲烷同位素分布特征(图4-1-27)与良里塔格组相似,同样反映出从满加尔凹陷向塔中隆起方向运移的规律。

3. 油气分布及成藏主控因素

1)油气分布特征

塔中地区碳酸盐岩油气分布规律复杂,平面上呈现出"南北分带、东西分块、西油东气、内油外气"的特征（图4-1-28），纵向上表现为上奥陶统良里塔格组礁滩体油气藏与下奥陶统鹰山组风化壳型油气藏多类型多层位叠加复合的特点（图4-1-29）。

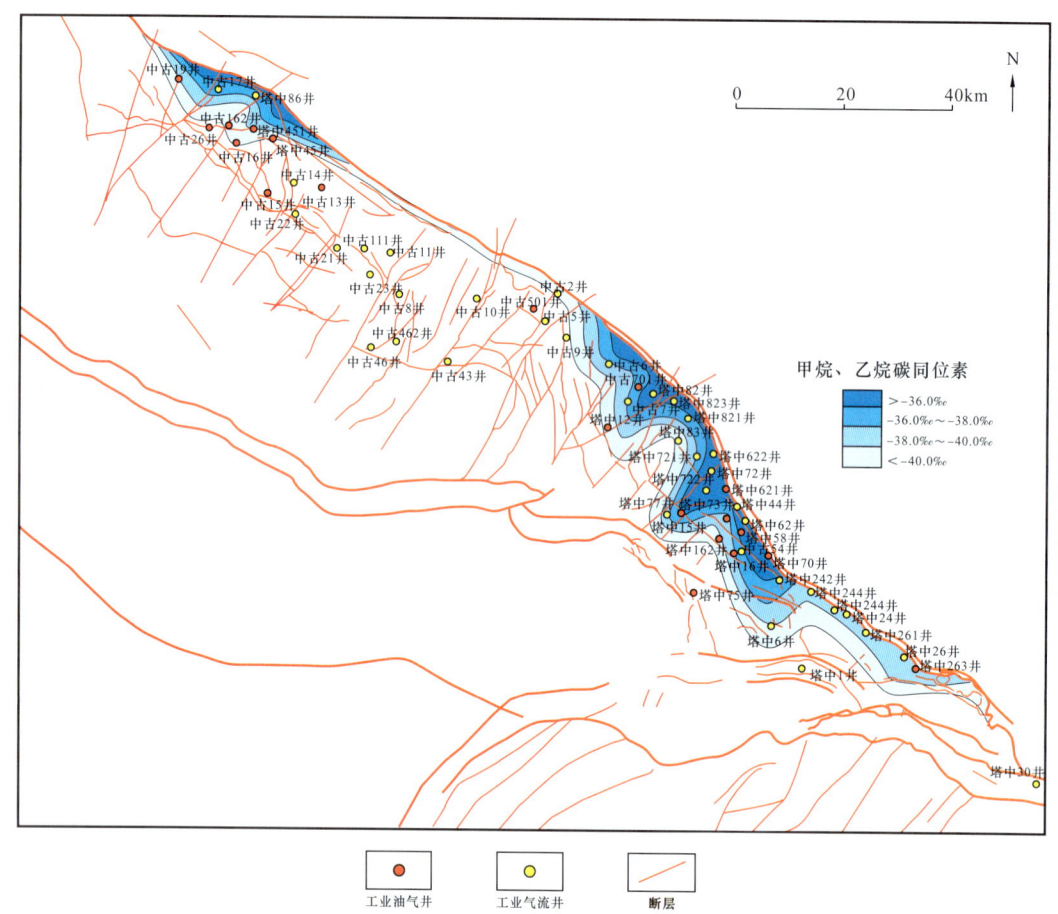

图4-1-26 塔中地区奥陶系良里塔格组天然气甲烷、乙烷碳同位素分布图

2）油气分布主控因素

（1）烃源岩控油气富集作用。

油气自烃源岩生成后，就近聚集于生油有利区或其临近地带，离烃源岩越近，储层含油气性越好，表现出近源成藏的特征。塔里木盆地油气藏油源条件复杂，塔中地区奥陶系碳酸盐岩油气主要来源于寒武系—奥陶系烃源岩，断裂是沟通烃源岩与储层的主要通道，油气于北东向断层与北西向断层交会形成的油气充注点注入目的层，优先聚集于运移通道上距注入点较近区域。

塔中地区奥陶系存在五个油气充注点（中古17井、塔中85井、中古3井、塔中82井、塔中622井），图4-1-30（a）、(b)表明，塔中地区已发现的12个油气藏基本上都位于油气充注点附近，且原油密度于油气注入点最小，干燥系数于注入点最大，随着距油气注入点距离的增大，原油密度不断增大，气体干燥系数逐渐减小。图4-1-30（c）为油气注入带油气运聚剖面，靠近油气注入点，多形成颜色较淡的凝析气藏，注入点较

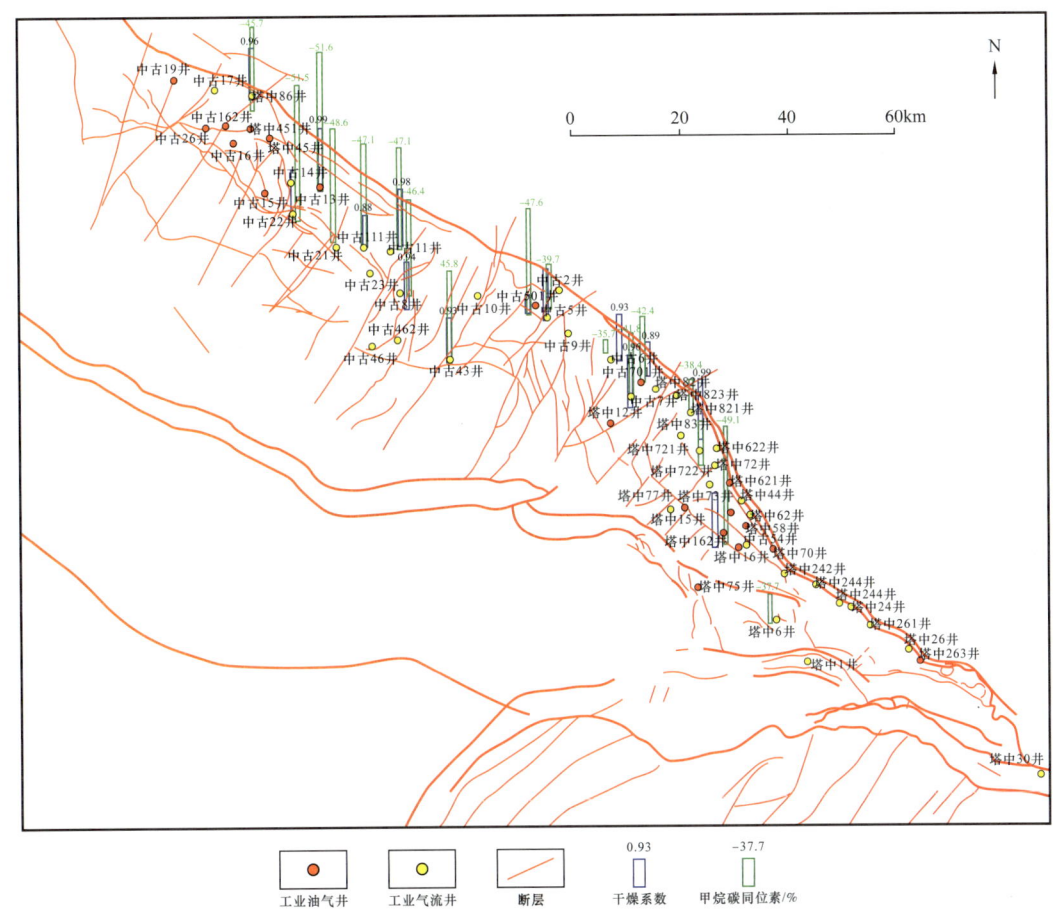

图 4-1-27 塔中地区奥陶系鹰山组天然气干燥系数和甲烷碳同位素分布图

远的储层多形成颜色较深的油藏，出现油气分布随距注入点距离变化的明显分异。油气性质平面、剖面上呈规律性变化表明，烃源岩通过断裂交会形成的油气充注点控制了塔中地区奥陶系油气分布。进一步分析塔中地区目的层含油气性特征与距充注点距离关系发现，随距充注点距离增大，储层含油气性逐渐变差，表现为含油气层厚度及储层含油饱和度逐渐变小，说明塔中地区烃源岩控油气作用表现为近油气充注点控藏地质模式。

（2）沉积储层控制油气分布。

优相储层控油气作用分为四个层次：优质构造相储层、优质沉积相储层、优质岩石相储层和优质岩石物理相储层控油气作用，它们之间相互关联，最终表现为优质岩石物理相储层控油气作用，造成含油气性的差异。研究发现，塔中地区发育典型的碳酸盐岩台地相，主要发育台内滩相和滩间海相，通过含油气特征的分析，鹰山组油气明显受控于两种相带分布的控制。从各种沉积相带中油气藏的分布情况来看，鹰山组油气藏主要分布在台内滩相内，滩间海相中发现的油气藏很少；从富含油气的台内滩来看，由于沉积环境水动力及地形的影响，对于单个滩体来讲，在平面上存在厚度上的差异，统计发

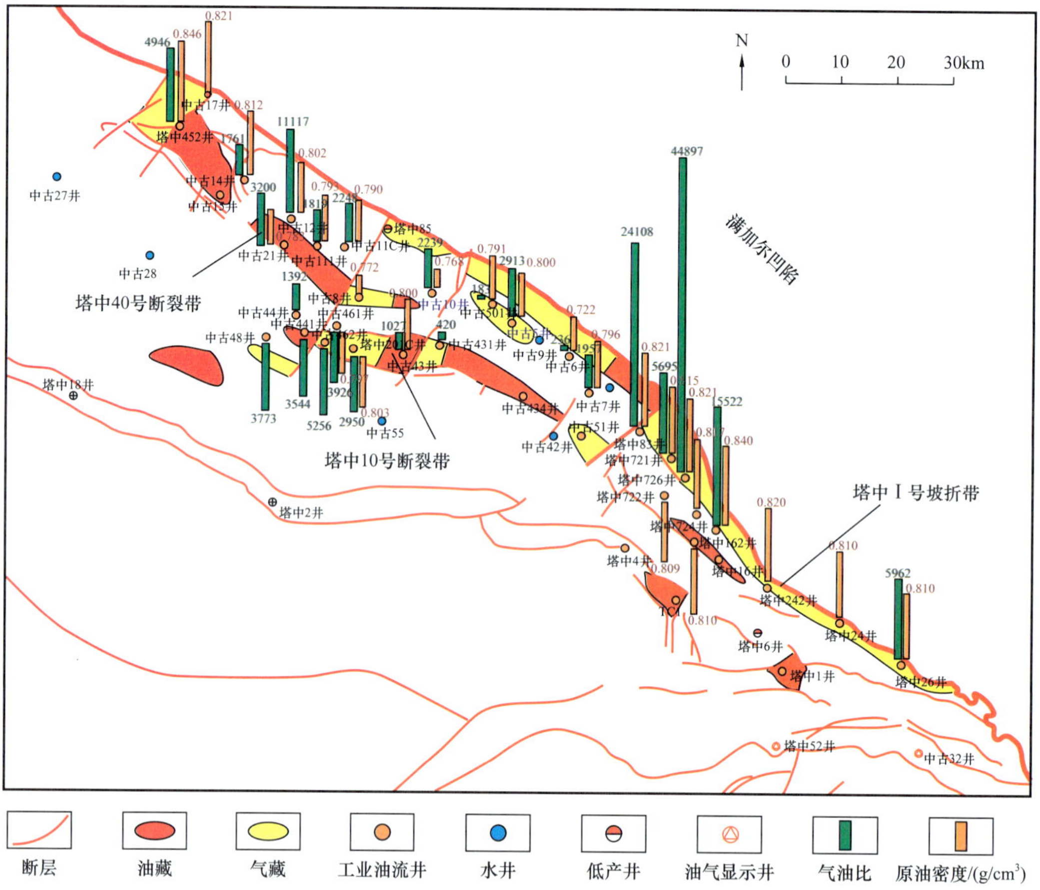

图 4-1-28 塔中地区构造与奥陶系油气分布图

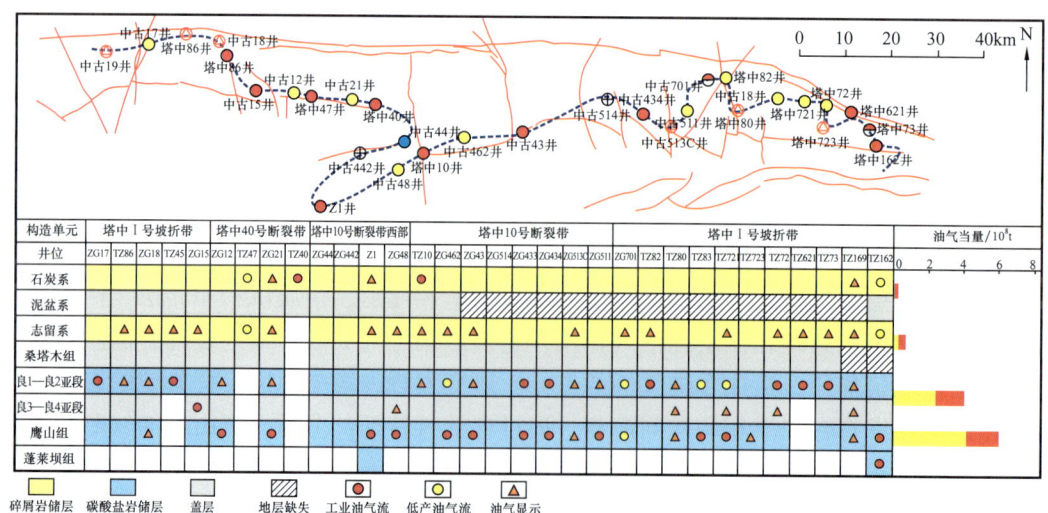

图 4-1-29 塔中地区不同构造带油气纵向分布图

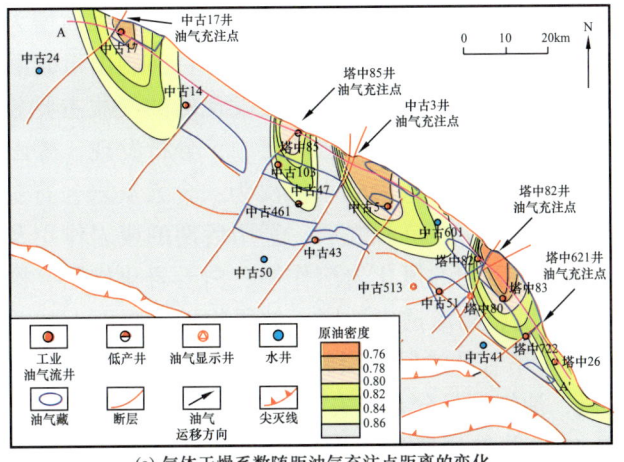
(a) 气体干燥系数随距油气充注点距离的变化

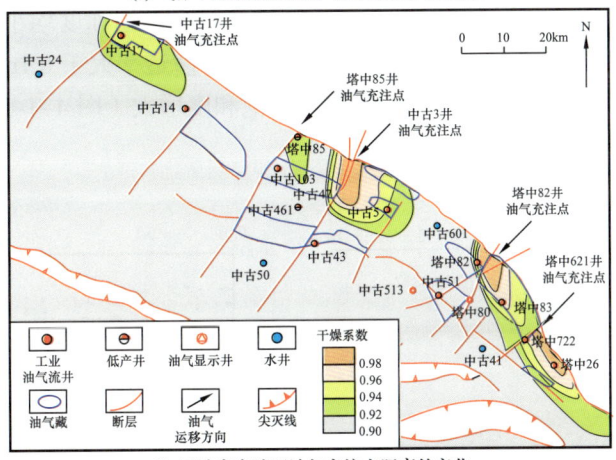
(b) 原油密度随距油气充注点距离的变化

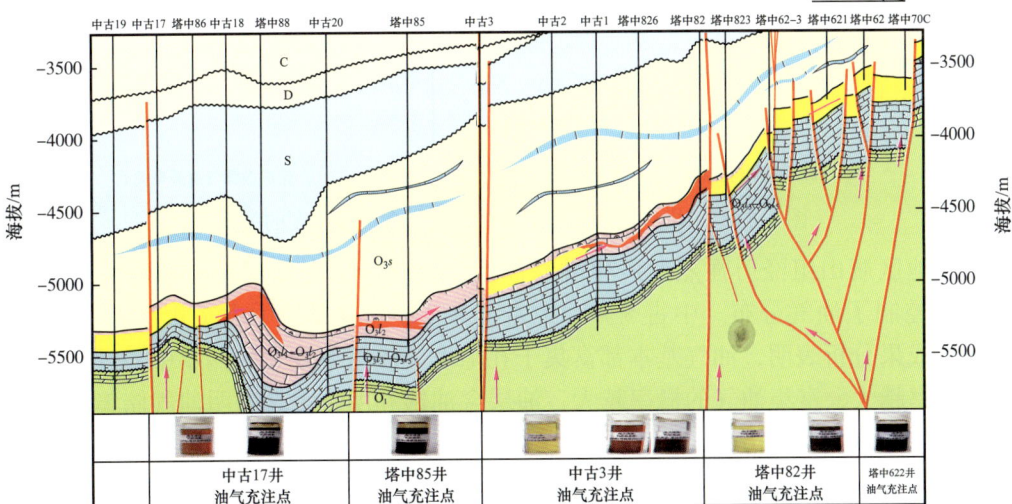
(c) 油气充注点剖面图

图 4-1-30 塔中地区奥陶系油气性质与油气充注点分布关系

现，储层的油气产能与含油气饱和度随着台内滩相厚度的增大而增大，且体现出含油气性指数与储层厚度的正相关性。从勘探的结果来看，目前鹰山组碳酸盐岩不同的沉积相带发育不同的岩性特征。塔中地区表明，目的层发现的油气藏主要分布在含云灰岩、石灰岩、含泥灰岩、含云泥质灰岩、泥质灰岩储层中，分析发现，鹰山组含油饱和度受岩相的控制作用很明显，含油饱和度从大到小依次为：含云灰岩、石灰岩、含泥灰岩、含云泥质灰岩、泥质灰岩。目的层在沉积之后，经历后期的成岩作用及构造作用，储层得到很大的改善，主要表现在后期的风化岩溶作用、白云岩化作用、构造造缝作用等都使得储层形成相对的高孔隙度、高渗透率地区，储层物性在平面上的差异分布控制了油气的富集。从油气藏、油气井与目的层储层物性分布图的叠合关系可以看出，孔隙度大、渗透率高的优质储层段，油气大量分布，失利井多分布于储层物性较差的地方。

通过统计目的层 41 口井储层段测井物性与油气解释成果的关系，表明孔隙度小于 1.8%、渗透率小于 0.1mD 的储层基本不含油气，储层含油饱和度均小于 50%，存在明显的孔隙度、渗透率控藏边界，而当孔隙度大于 1.8%、渗透率大于 0.1mD 时，油气层大量出现，且随着孔隙度、渗透率增大，油气层含油饱和度增大（图 4-1-31），进一步证实奥陶系高孔隙度、高渗透率控制了油气的分布。

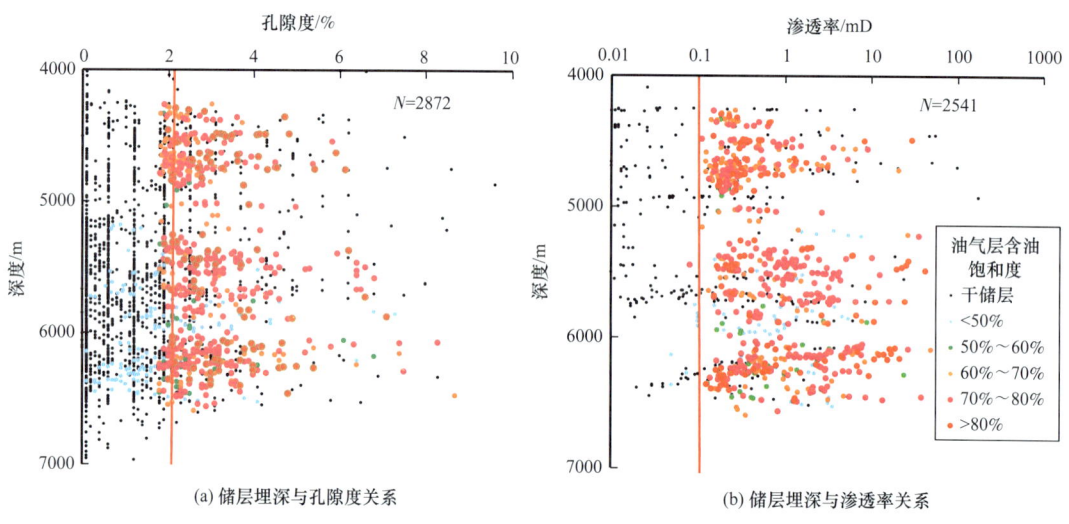

图 4-1-31　塔中地区鹰山组物性参数与含油饱和度的关系

塔中地区鹰山组经历强烈的风化淋滤作用，演化为一套准层状分布的高孔高渗优相储层，控制了油气分布。中古 5 井、中古 1 井、中古 4 井、中古 7 井及塔中 12 井等综合解释成果分析表明，油气基本都富集于孔隙度、渗透率较大的储层中，且储层孔隙度、渗透率越大，富集油气的概率越大，油层含油饱和度越大，表明油气储集空间变化控制了油气水纵向上的分布（图 4-1-32）。油气高孔隙度、渗透率富集规律在横向上具有普遍性，表现为工业油气层集中分布于高孔渗层段，在平面上具有广泛性，表现为工业油气井集中分布于高孔渗分布区；证实塔中地区碳酸盐岩高孔高渗优相储层控藏地质模式。

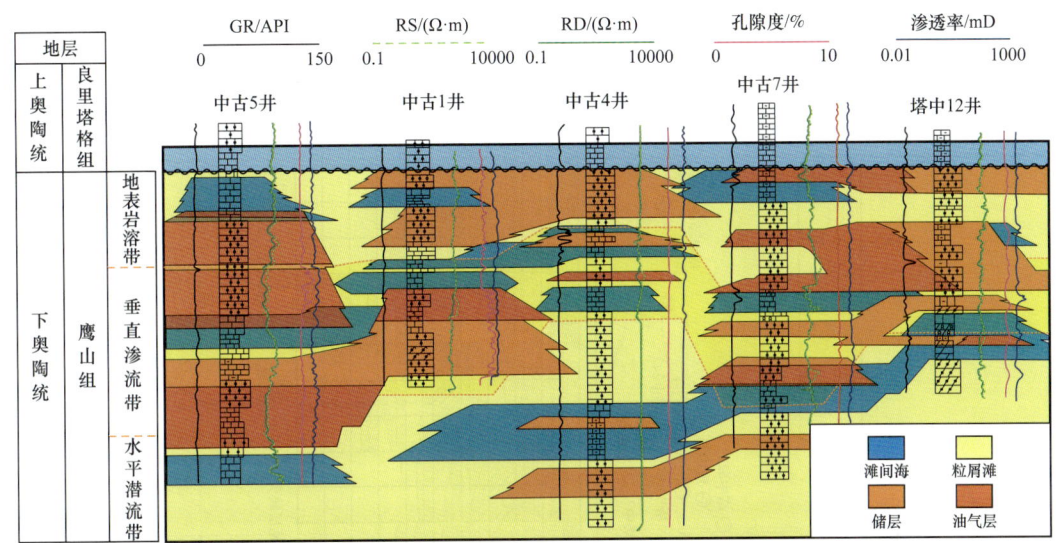

图 4-1-32 塔中地区鹰山组沉积相、风化岩溶带、优质储层及油气分布剖面

（3）盖层控油气作用。

塔中地区奥陶系油气藏的区域性盖层为桑塔木组的泥岩，整体厚度在 100~1000m 之间，该区域性盖层主要岩性有泥岩和灰质泥岩，其次为石灰岩等。泥岩厚度最大，平均厚度在 400m 左右，大多数占整个盖层段的 50% 以上，最高接近 80%；灰质泥岩厚度次之，分布在 150m 左右，占盖层段比例的 40% 左右，部分甚至达到 50% 以上。

通过盖层的厚度分布与塔中地区探井的油气产能叠合图可以看出，塔中地区盖层呈现北东—南西向减薄的趋势，而绝大部分的工业油气流井都分布于盖层厚度大的北东区域（中古 17 井、中古 13 井），在盖层厚度较薄的南西区域即塔中地区内带，水井频繁产出，是水井分布区（中古 24 井、中古 25 井）；而中间的过渡地带，盖层厚度为 400m 左右的区带，为工业油气流井和水井过渡区域，多出现油气显示井（中古 163 井、中古 261 井）。进一步统计盖层厚度与油气产能的关系可以看出，除个别探井外，随着盖层厚度的增大，油气产能呈现增大的趋势。总的来说，在盖层厚度大、分布稳定的地区，奥陶系多出现工业油气流聚集，而盖层剥蚀破坏及被断裂切穿的区域，深部奥陶系多出现油气显示，油气多越过盖层于浅部碎屑岩地层中富集成藏（图 4-1-33）。

（4）断层控制油气分布。

塔中地区奥陶系良里塔格组及鹰山组的油气运移研究结果显示，礁滩体储层是塔中地区奥陶系碳酸盐岩地层油气二次运移的基本通道。塔中地区良里塔格组油气分布范围较大，且很多油田距离生烃凹陷较远，显然是经过了较长距离的油气侧向运移才得以成藏。而该目的层有的储层礁滩体规模小，尤其是斜坡内带，以透镜状为主，次为短条带状；且在北东—南西方向上，受滩间海相发育的泥岩、泥灰岩低孔隙度、低渗透率隔层段的影响，礁滩体相互间独立发育（图 4-1-34）。这说明礁滩体分布不稳定，仅靠礁滩体难以成为油气侧向长距离运移的输导通道；因此，要实现这种较长距离的油气侧向运移自然离不开断层的作用，即必须通过断裂与礁滩体组合为实现油气运移提供通道。在塔

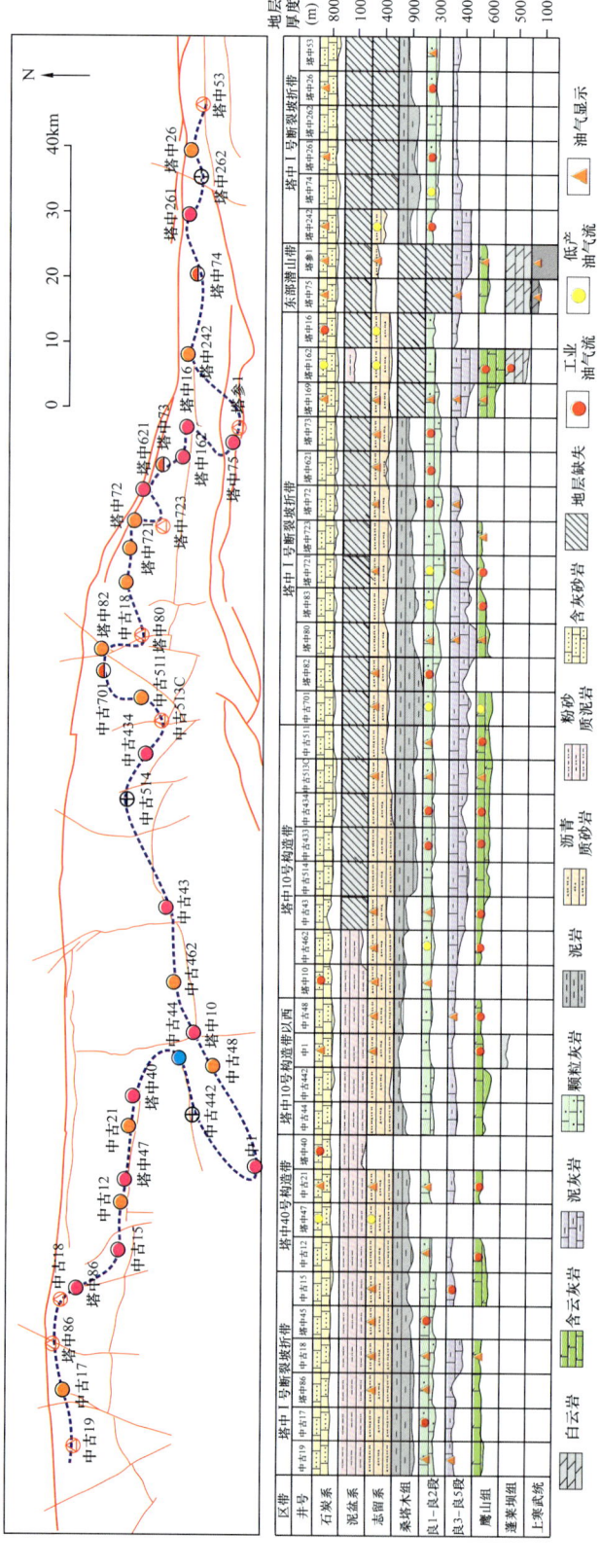

图 4-1-33 塔中地区盖层展布与油气纵向分布关系

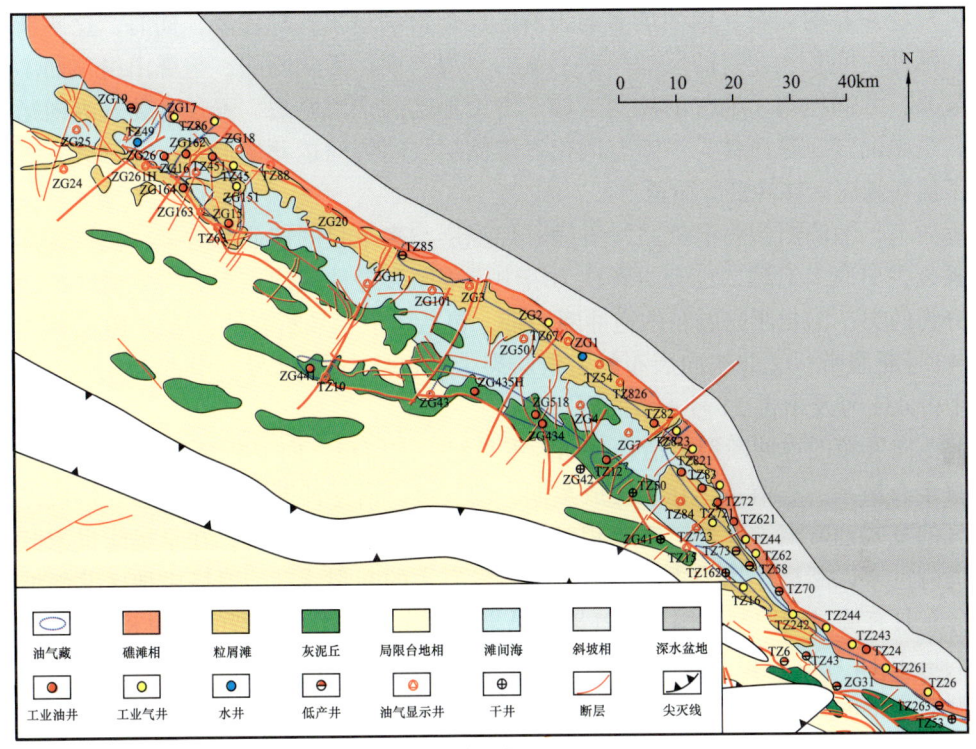

(a) 良里塔格组

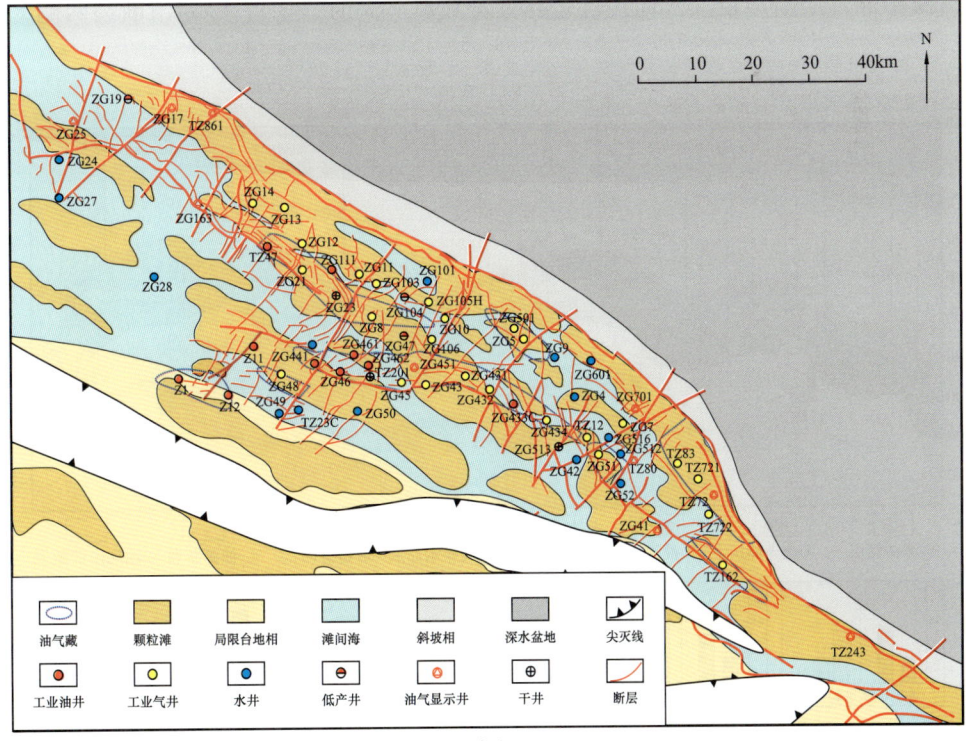

(b) 鹰山组

图 4-1-34 塔中地区奥陶系沉积相与断裂叠合图

中地区广泛发育的北东—南西展布的走滑断层恰恰满足了这种需要，同时，这些断裂规模大，活动时间长，在目的层油气藏形成的早海西期，活动剧烈，与鹰山组顶面不整合衔接起来，共同控制了油气的侧向运移。塔中地区的走滑断裂，不仅是油气纵向运移的通道，也是油气在礁滩体、不整合风化岩溶储层之间侧向运移的通道，即三者有机匹配构成了油气侧向运移的良好通道。

垂向上，油源断裂将寒武系—奥陶系烃源层与多个目的层联系起来，使得深部油气可沿断裂垂向高效运移，也有学者认为塔中深部断裂是油气注入点。塔中地区油源断裂主要分为两类：①北西向展布的逆冲断裂带，包括塔中Ⅰ号断裂带、塔中10号断裂带及塔中40号断裂带；②北东向展布的走滑断裂带，包括中古17号、中古43号、中古441号、中古431号及中古51号走滑断裂。

北西向展布的逆冲断裂带活动时期为震旦纪—志留纪，向下断穿了奥陶系、泥盆系，向上直至石炭系、志留系，在主要成藏期，油气可以沿逆冲断裂向上运移并形成多层位含油气的复式油气藏；此外，断距相对较小的北东向走滑断裂带，在早奥陶世末开始活动，奥陶世末以断褶作用为主，奥陶纪以后没有大的断裂活动，对塔中地区北斜坡油气纵向分布具有明显的控制作用。油气勘探结果显示，紧邻Ⅰ号断裂的塔中83井区、10号断裂的塔中16井区、40号断裂的塔中47井区等，为复式油气藏，含油层系明显多于远离油源断裂带的中古6等油气藏（图4-1-35）。塔中地区靠近中古10号走滑断裂的塔中11油气藏、靠近塔中10号断裂的塔中12油气藏原油地球化学参数对比分析表明两个复式油气藏中油气沿断裂从深部向浅部运移聚集成藏。同时，中古43走滑断裂两侧，即从

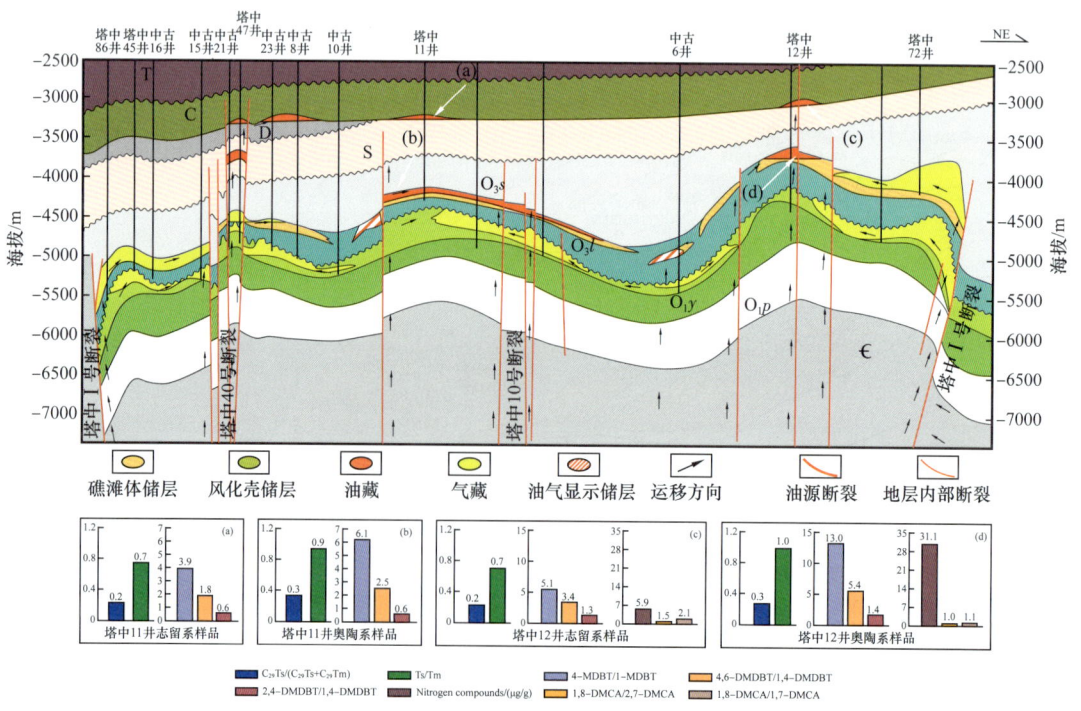

图4-1-35　塔中地区油气分布剖面图

中古 45 井、塔中 201C 井到中古 462 井和从中古 43 井到中古 431 井,距离断裂由近到远,原油微量元素 V/Ni 及气油比逐渐变小,原油黏度、含硫量和含蜡量等参数均呈现逐渐变大的特征,中古 441 号、中古 431 号及中古 51 号走滑断裂两侧也有同样的规律。这都表明,油源断裂沟通烃源岩与储层,为塔中地区目的层油气垂向运移通道。

根据塔中地区已有探井距主干走滑断裂的距离与试油结果的相关性,在距走滑断裂 0.2～4.5km 范围内,随着探井距离走滑断裂越近,日产油气当量具有逐渐增高的趋势。因此,多期活动的走滑断裂有利于沟通有效烃源岩,对油气的运移起到控制作用。从油源断裂与油气藏平面图可以看出,油气围绕油源断裂聚集成藏,靠近断裂带油气产能高,主要是工业油气流井,随着远离油源断裂,产能逐渐降低,逐步过渡为水井。

(5) 不整合面控油气作用。

塔中地区奥陶系沉积时期经历多期构造运动,主要发育两套大型表生风化壳岩溶带,分别位于下奥陶统与中—上奥陶统之间,以及奥陶系顶与志留系之间。其中,因早奥陶世末塔中地区整体大规模抬升剥蚀形成的下奥陶统鹰山组顶部不整合面分布范围广,为塔中地区奥陶系油气长距离侧向运移通道。

鹰山组顶部不整合面下部风化岩溶储层的发育,为目的层油气提供侧向运移通道。通过统计塔中隆起鹰山组各井录井资料及油气层段测试结果,发现井漏、放空现象主要发生在不整合面以下 250m 范围内,个别井可达 300m 以上,连续产油气井段也大都分布在不整合面以下 300m 以内,且随距不整合面距离增大,钻井液漏失量及油气产能逐渐减小,表明不整合面控制其下有效储层范围与分布,进而控制着油气的分布。

不整合"淋滤带"型输导体岩溶洞穴带主要发育于不整合面之下 0～50m 的表层岩溶带内,孔洞带主要发育于不整合面之下 30～300m 的水平潜流带范围内(图 4-1-36)。对鹰山组"淋滤带"型输导体储层段的含油气性研究表明,紧邻不整合面下部发育的储层含油气概率极大,油气层含油饱和度极高,远离不整合面的储层含油气性急剧变差,说明该区"淋滤带"型输导体,在深大油源断裂及层间断裂的配合下,控制了北斜坡上油气的侧向运移及差异聚集。

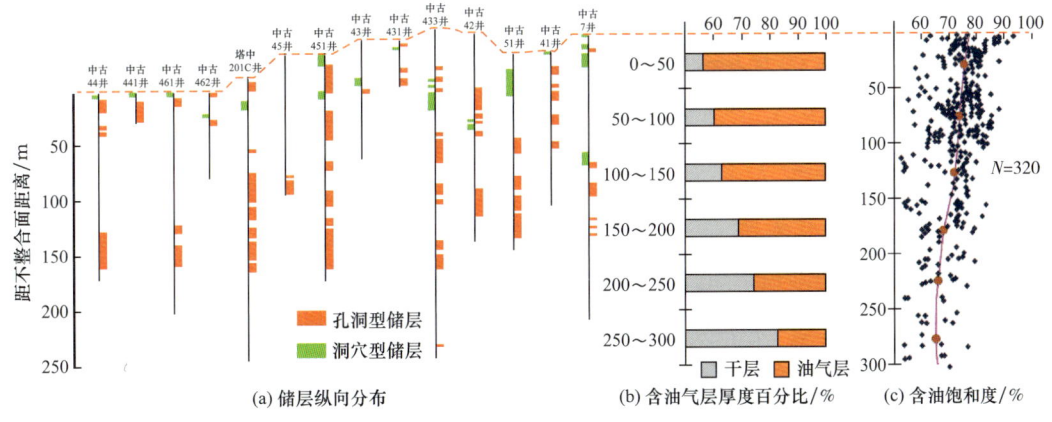

图 4-1-36 塔中隆起鹰山组"淋滤带"型输导层纵向展布与油气的关系

3）油气富集模式

塔中地区多套烃源岩、多期构造运动、多期调整改造的地质特征，形成塔中地区多期生排油气、油气多期充注、多期成藏的特点。对于塔中地区油气成藏期次的研究，不同的学者具有不同的观点，现今主要认为研究区奥陶系主成藏期为晚加里东期—早海西期、晚海西期和喜马拉雅期，其中晚加里东期—早海西期、晚海西期以原油充注为主，喜马拉雅期主要为高成熟度的天然气，且喜马拉雅期的天然气对早期形成的原油具有极大的改造作用。通过精细地震资料解释，与北西向逆冲断裂纵切的走滑断裂均存在一定角度的倾斜，同时，沿断裂走向，走滑断裂两侧应力场是变化的，靠近Ⅰ号断裂表现为张扭性拉张走滑的特征，倾向为右倾（倾向西北），剖面上表现为正断层；而靠近中央中部凸起则多表现为压扭性挤压逆断层性质，在张扭性区段多表现为负花状构造，且靠近Ⅰ号断裂、10号断裂处，断距加大，应力场反转，与逆冲断裂交会形成构造枢纽带；而断裂交会的枢纽带部位往往裂缝、溶蚀孔洞等更为发育，储层物性更好，提供了油气运移的优势通道，油气更倾向于在沿断裂交会处以点状注入方式注入储层。油气地球化学指标研究结果也显示，塔中地区奥陶系油气在构造背景的控制下，在断裂交会点处以点状充注的方式为基础，在大型缝洞型储层中差异聚集。具体表现为，随着距油气充注点距离的增大，油气充注强度逐渐较小，气体干燥系数呈现规律性的递减，原油密度呈现规律性的增大。即在喜马拉雅期之前，塔中地区奥陶系以原油充注，喜马拉雅期形成的天然气把先期原油改造成成熟度较高的凝析气藏。

塔中地区鹰山组碳酸盐岩油气富集特征剖析表明，优质储层控制油气高孔隙度、高渗透率优相富集、储层内外势差控制油气低毛细管力势富集和烃源岩控制油气近源充注点富集，三要素宏观上控制着目的层油气时空分布，微观上控制着目的层油气藏含油气性变化，综合作用控制了目的层碳酸盐岩油气近源优相低势富集模式（图4-1-37）。

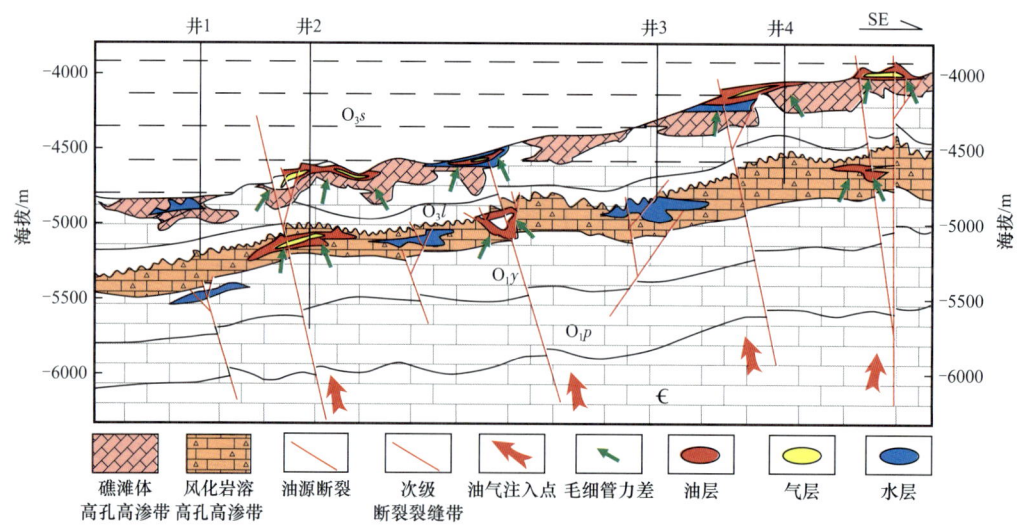

图4-1-37 塔中地区奥陶系碳酸盐岩储层油气近源优相低势富集模式

优相储层为油气富集提供储集空间，表现为鹰山组储层沉积时期水动力条件越强，后期溶蚀作用越强烈，形成的储层孔渗特征越好，油气越易富集；储层内低毛细管力势区为油气富集提供低势能区，表现为鹰山组岩性油气藏围岩与储层毛细管力势差越大，油气越易富集；烃源岩为油气富集提供物质基础，表现为鹰山组储层距油气充注点越近，油气充注强度越大，油气越易富集。勘探实践和物理模拟实验研究进一步表明：塔中地区目的层碳酸盐岩储层储集空间存在最小临界值（孔隙度为1.8%，渗透率0.1mD），孔隙度、渗透率越大，越有利于油气富集；塔中地区目的层碳酸盐岩毛细管力势控制油气富集的临界条件为储层外部毛细管力势高于储层内部毛细管力势两倍以上，储层孔喉半径越大，内外势差越大，储层内部含油气性越好；塔中地区目的层烃源岩控制油气富集的临界条件为油气充注距离小于35km，距离大于这一数值的储层很难富集油气。优相储层、毛细管力势及烃源岩决定了塔中地区鹰山组储层油气富集与否，三者缺一不可，只有当三个条件都进入油气富集临界值后，塔中地区才能形成近源优相低势油气富集区。

第二节　碎屑岩大气田成藏机制与主控因素

"十一五"至"十二五"期间，针对致密砂岩大气田的研究取得了一批重要成果：建立了"源储交互叠置、孔缝网状输导、近源高效聚集、大面积成藏"的致密砂岩大气田成藏理论，提出"非浮力作用、小于$10\times10^8m^3/km^2$的生气强度可以形成大气田，低生气强度区成藏受驱动力+储层物性控制，裂谷盆地断裂、裂缝输导，物性控藏，环槽富集的致密砂砾岩气藏成藏模式"等新认识，有效支撑了苏里格气田、川中须家河组、松辽盆地深层致密砂砾岩气藏勘探。

"十三五"期间重点针对致密砂岩低生气强度区成藏机制及分布规律开展研究，研发了天然气成藏与开发可视化动态物理模拟系统，实现了真实地层条件、真实岩心的天然气成藏过程模拟，从实验室模拟角度探讨了低生气强度区致密砂岩气运聚及成藏富集机制，建立低生气强度区天然气含气饱和度与充注动力、储层物性等多参数的定量关系，提出致密砂岩含气性主要贡献者为大于0.1μm的储集空间，明确小压差充注与大孔径储集耦合的成藏机制，确定规模成藏条件的参数下限，为致密砂岩气勘探领域拓展提供理论支持。同时，深化了前陆冲断带和裂谷盆地深层致密砂岩气藏成藏认识，发展了致密砂岩气成藏理论。

一、大面积致密砂岩低生气强度区大气田成藏机制与主控因素

致密砂岩气是中国天然气重要的组成部分之一，并且随着天然气勘探的不断深入和资源劣质化的加剧，其占比还将逐渐增大。2005年以来，已在四川盆地中部上三叠统须家河组发现广安、合川、安岳、充西及蓬莱等一批大中型气田（藏），天然气储量规模达万亿立方米，但气藏普遍含水，含水饱和度介于20%～60%（主峰在35%～50%之间），含气饱和度介于40%～80%（主峰在50%～65%之间）。川中地区须家河组烃源岩总生气强度一般小于$20\times10^8m^3/km^2$，其中，须家河组一段、二段生烃强度大多小于

$5×10^8m^3/km^2$。低生气强度区（指生气强度小于 $20×10^8m^3/km^2$ 的区域）形成低含气饱和度大中型气田的关键控制因素和如何来定量表征含气饱和度与主控因素的关系是亟待解决的难题。从实验室模拟角度建立了低生气强度区天然气含气饱和度多参数定量关系，提出小压差充注与大孔径储集耦合的成藏机制，是须家河组规模成藏却普遍含水较高的根本原因。

1. 致密砂岩储层孔喉结构与天然气运移充注的定量表征

1）致密砂岩储层孔喉结构评价

低场核磁共振技术是近年来迅速发展起来的一种快速、无损分析技术。应用该技术实现天然气在致密砂岩储层中的运聚可视化模拟及定量表征天然气充注压力、储层孔隙半径、流体饱和度之间关系。从核磁共振所测样品结果来看，不同区域须家河组致密砂岩储层孔径主要分布在 0.01~10μm 之间（主峰区间 0.01~1μm，其中孔隙度大于 7% 的样品 0.01~1μm 范围占总孔喉的比例为 56%~75%），小于 0.01μm 和大于 10μm 的孔径所占比例较小（图 4-2-1）。这一结果与前人利用多种资料确定的须家河组不同级别储层主力孔喉分布（0.025~2.611μm 范围占总孔喉的 65%~70%）（杜金虎等，2011）是比较接近的。不同孔径的发育程度直接影响孔隙空间的连通性好坏进而决定储层储集性能的好坏，实际上相同条件下能够决定其对储层最终含气饱和度大小的贡献比例。

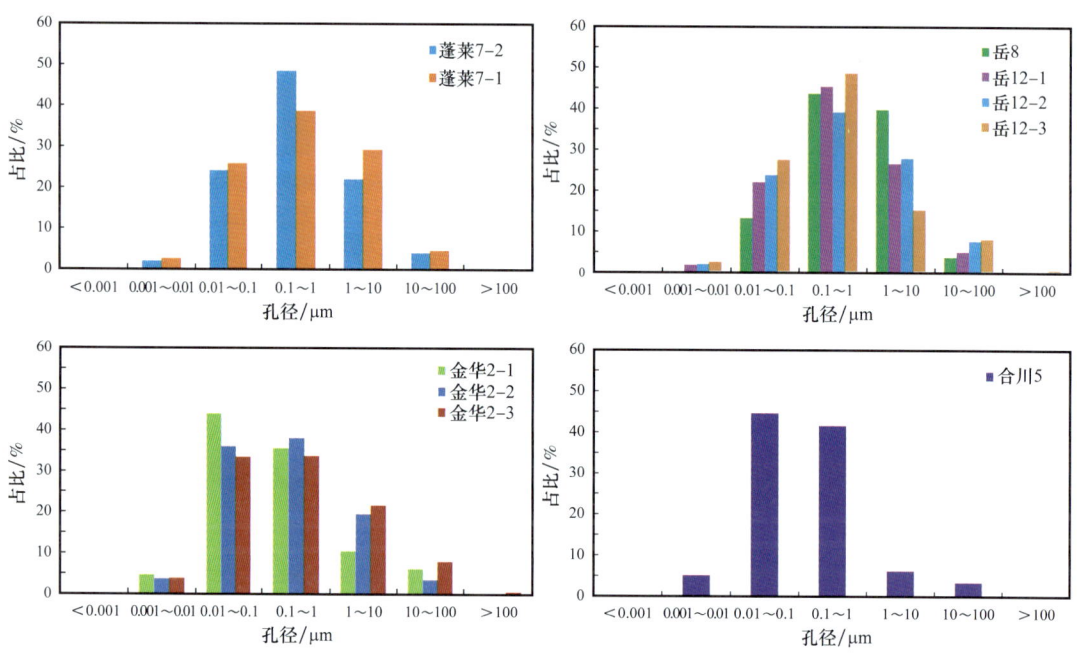

图 4-2-1　川中地区须家河组致密砂岩储层孔径频率分布直方图

2）天然气充注定量表征

为探讨不同压力下致密砂岩中不同孔径对含气饱和度贡献比例，建立了充注压差与不同孔径含气饱和度贡献的关系图（图 4-2-2）。

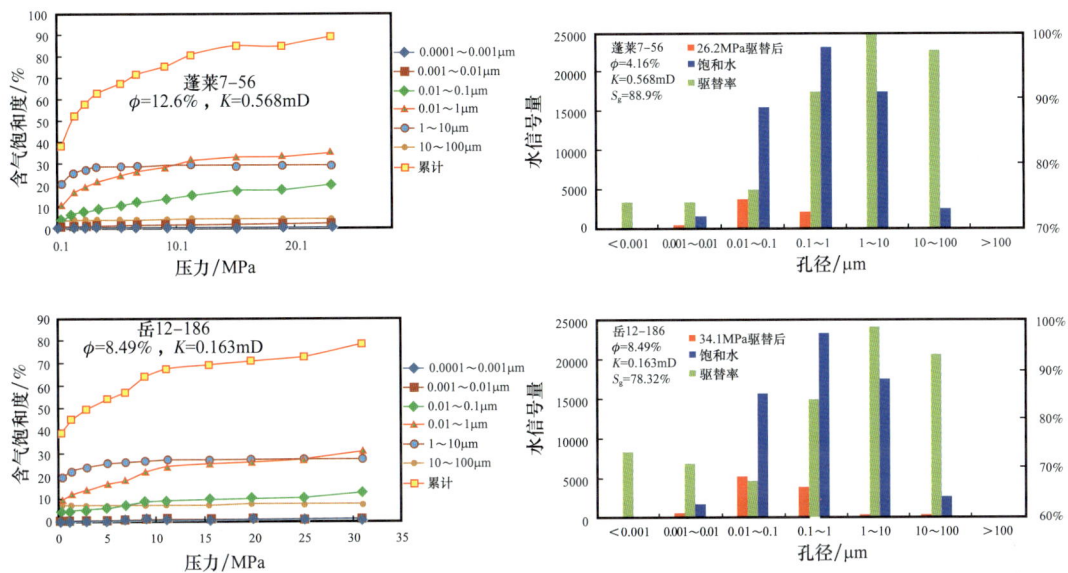

图 4-2-2 须家河组致密砂岩充注过程不同孔径分布、贡献及驱替效率

对于孔隙半径小于 0.1μm 的储集空间，随压力增大，其含气饱和度基本不变，表明这部分孔隙对含气饱和度贡献较少。而孔隙半径大于 0.1μm 的储集空间对含气饱和度贡献最大，当压差小于 2MPa 时，主要是 1～10μm 的孔隙起主要作用，当压差大于 2MPa 时，1～10μm 的孔隙基本被充满，含气饱和度变化不大，进而起主要作用的是孔隙半径介于 0.1～1μm 的储集空间，直至压差大于 10MPa 时，这部分孔隙才基本被充满，压力增大后，这些孔隙的含气饱和度也变化不大。从样品的累计含气饱和度分析，压差小于 2MPa 时，累计含气饱和度大多小于 40%；压差小于 10MPa 时，累计含气饱和度小于 60% 左右；压差达到 14～20MPa 时，含气饱和度为 66%～88%，此时即使实验压力再增大，最终的含气饱和度的增加量也非常有限，也说明样品的最高含气饱和度在 66%～88%。不同孔径储集空间对含气饱和度的贡献比例与该孔径在岩样中所占比例具有较好的相关性（图 4-2-3）这说明孔径大小对含气饱和度高低起着非常重要的作用。四川盆地须家河组孔径分布非均质性较强（图 4-2-1），加之川中地区生气强度低，导致储层含气饱和度较低，气水分布复杂，相同充注动力下，对储层含气性贡献最大的是大于 0.1μm 的储集空间。

通过大量的物理模拟实验显示，同一孔渗条件下，储层含气饱和度与充注动力呈对数函数关系，含气饱和度是在充注动力、孔隙度、渗透率等多参数综合影响下的结果，通过对大量实验数据的分析、拟合（图 4-2-4），建立致密砂岩含气饱和度定量表征方法：

$$S_g = a\ln\Delta P + b \quad (4\text{-}2\text{-}1)$$

式中　S_g——含气饱和度，%；
　　　ΔP——充注动力，MPa。

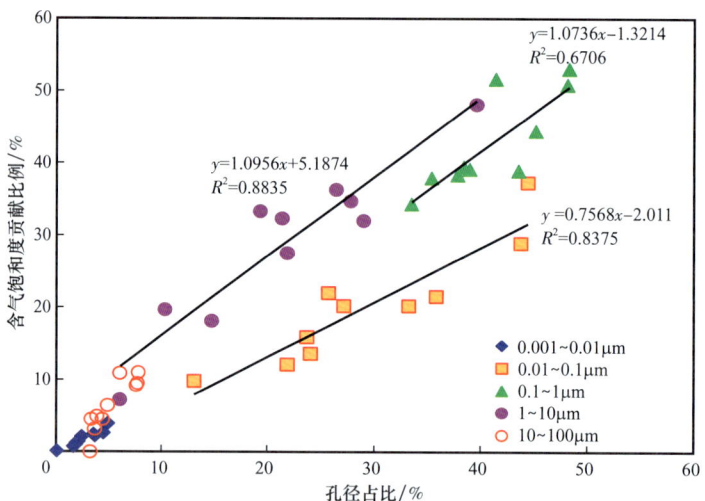

图 4-2-3 不同孔径的含气饱和度贡献比例与孔径占比关系图

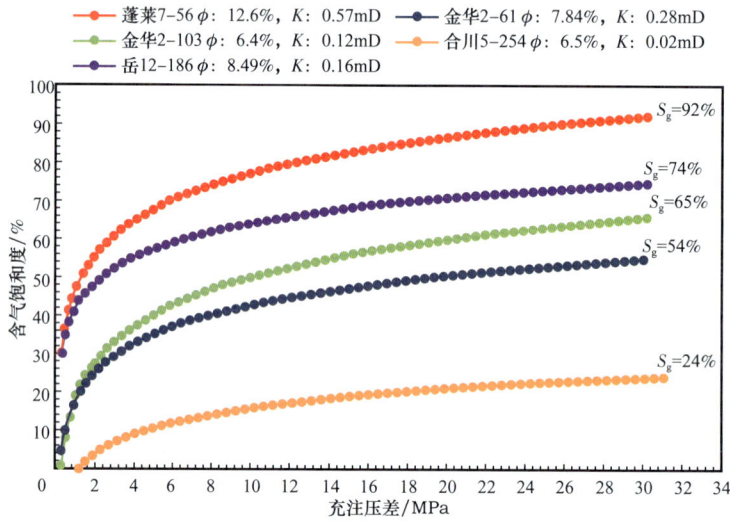

图 4-2-4 不同物性样品充注动力与含气饱和度关系图

$$a=8.60-15.69\phi+12.16K ; b=-2.43+225.09\phi+36.30K \qquad (4-2-2)$$

式中　ϕ——孔隙度，%；

　　　K——渗透率，mD。

该函数定量表征了储层含气性在充注动力、孔隙度、渗透率等多因素影响下的变化规律，为将模拟实验转化为地质模型中的应用建立了良好基础。

2. 低生气强度区致密砂岩大气田成藏机制与有利区预测

早期的研究已从定性、半定量角度讨论了须家河组致密砂岩天然气近源聚集及大面积"连续型"成藏机制，但仍未真正揭示其在低生气强度条件下，存在规模富集且高含水的本质特征。结合前述的模拟实验可知，不同孔径储集空间含气饱和度达到饱和状态所需的压力是有差别的，大于1μm孔径储集空间在较低压力下即可基本达到饱和，如10～100μm和1～10μm孔径储集空间分别在1.5MPa和2.5MPa左右压力下达到含气饱和度总量的90%和95%。0.01～1μm孔径储集空间则需要在较大压力下才能完全充满，如0.1～1μm孔径储集空间在2.5MPa压力下仅充注55%左右，在15.5MPa压力下达到总量的95%，随压力继续增大，含气饱和度仍有缓慢增加的趋势；0.01～0.1μm孔径储集空间在6.5MPa压力下仅达到总量的60%，19MPa压力下达到90%，随压力增大，含气饱和度同样有缓慢增加的趋势。小于0.01μm孔径储集空间，无论在多大压力下充注量均为微量，对含气饱和度总量的贡献很小。

油气形成过程中的成藏动力可以由剩余压力差和浮力两部分共同组成，常压盆地中，浮力为主要成藏动力；超压盆地中，剩余压力差与浮力的和可以反映天然气运移过程中的成藏动力，不同成藏过程中剩余压力差和浮力在整个成藏动力中的相对贡献表明，无论在垂向运移过程还是侧向运移过程，剩余压力差在天然气成藏动力中发挥了主导作用，是天然气藏形成的主要成藏动力（柳广弟等，2007），即源储剩余压力差控制了天然气的成藏效率，低剩余压力差部位无法形成中—高效气藏，高剩余压力差是形成高效气藏的必要条件。

在致密砂岩含气饱和度定量表征方法基础上，展开地质建模与数值模拟，以前述物理模拟实验建立的致密砂岩含气饱和度定量表征方法为约束条件，以成藏期源储剩余压力差为充注动力进行天然气充注的数值模拟，结果显示含气饱和度平面分布与物性具有较好的相关性，物性相对较好地区充注比例较物性较差地区高20%～30%，且纵向上具有一定的分异：须二$_2$小层可达50%～65%，至底部的须二$_1$小层为30%～45%，平面物性较好地区充注比例高，气水分异明显，物性较差地区充注比例低，基本为水层，与岩心尺度的物理模拟实验结果一致：小压差（3～5.5MPa）驱动下，物性较好区域（大于0.1μm的相对大孔径）储集的耦合是须家河组致密砂岩可以形成规模富集，但含水饱和度仍然较高的主要原因。

四川盆地川中地区须家河组主要产层为须二段，频繁的水体进退导致须家河组沉积了煤系与砂体互层的沉积序列，造就良好的"自生自储"配置，川中地区须家河组总生气强度介于10×10^8～$30\times10^8 m^3/km^2$，单套烃源岩多低于$20\times10^8 m^3/km^2$，其中须一段、须二段生气强度多小于$5\times10^8 m^3/km^2$，川中地区须二段成藏期源储剩余压力差在3.5～4.5MPa之间，川西地区在20～35MPa之间（图4-2-5），川中—川西过渡带地区多物源交会，充注动力在20～25MPa，根据此次研究建立的不同物性样品充注动力与含气饱和度关系（图4-2-4）预测其储层可以完成最高含气饱和度80%左右的充注，是下步勘探有利地区。

二、前陆冲断带致密砂岩气藏成藏机制与主控因素——以库车坳陷致密砂岩为例

库车前陆冲断带在中部阿瓦特—博孜—大北—克深的白垩系持续取得重大突破，发

现大北气田、克拉苏气田等大气田,已形成万亿立方米级规模大气区。"十三五"期间,提出中秋—东秋段与克拉苏构造带同属于一个构造带,在断层的下盘(中秋段)发育一个类似克深构造带的逆冲叠瓦构造,据此认识推动下部署的中秋1井风险探井在白垩系巴什基奇克组获高产工业油气流。定量分析了库车深层不同致密砂岩气藏储层致密化时间与过程、厘定了库车深层不同致密砂岩气藏油气充注期次与时间,建立了"构造型先致密后成藏"和"构造—岩性型先成藏后致密"两类气藏的成藏模式。

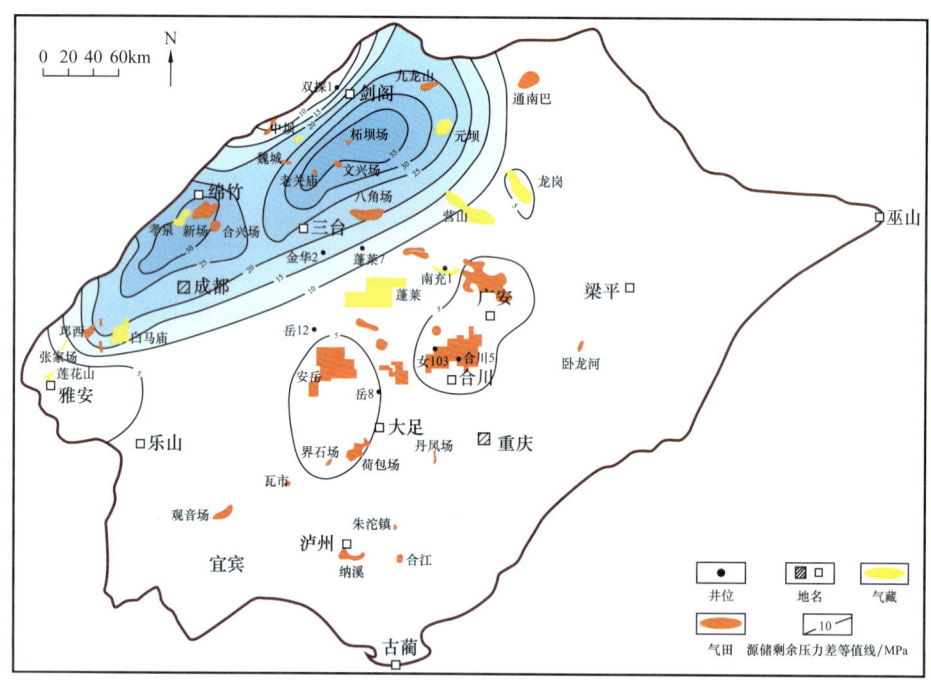

图 4-2-5 须家河组烃源岩成藏期源储剩余压力差等值线图

1. 秋里塔格构造带东秋构造带构造样式

秋里塔格构造带东段紧邻拜城凹陷、阳霞凹陷两个主力生烃中心,又是局部构造高部位,是油气聚集的有利指向区。针对东秋里塔格构造带先后上钻三口探井,均未能在主要目的层获得工业油气流,前人认为东秋里塔格的构造样式主要以基底卷入式断层所形成的转折褶皱为特征,东秋断裂已到冲断前锋,该区具有构造三角带,不发育塑性滑脱为特征的叠瓦冲断构造,实践证明这一认识制约了该区勘探发展。

基于重新精细处理地震资料,按照前面所述的库车前陆盆地系统构造特征划分方案,东秋里塔格构造带构造样式与大北—克深构造带相似,同属于前陆盆地系统体系中前渊带,以塑性滑脱形成的多排叠瓦冲断构造为特征,在东秋断裂带下盘还存在有一系列叠瓦褶皱冲断构造,落实了东秋里塔格断裂下盘冲断圈闭具体形态和位置。

东秋里塔格构造带发育叠瓦冲断构造的主要依据包括:

(1) 地震剖面特征。通过新处理的二维地震剖面精细解释,可以发现在东秋主断裂下还发育 2~3 排冲断构造,形成与大北—克深相似的叠瓦冲断背斜构造,同时,迪那三维地震也可反映出东秋主断裂下有冲断构造存在，且由东至西冲断幅度逐渐增加。

（2）膏盐岩三角带。前人认为东秋三角带是构造三角带，实际上通过地震精细解释并结合地质特征研究认为该三角带是膏盐岩三角带。二者有本质区别，构造三角带是冲断反向调节的结果，标志着已经达到了冲断带前锋，构造三角带下及其靠陆一侧，没有明显的冲断变形的存在。膏盐岩三角带是由于分层滑脱变形的结果，并不意味着到了冲断带前锋。

（3）地表地质调查分析。通过地表露头地质调查，该区的构造三角带位于东秋南面的亚肯构造带，那里才是库车前陆冲断带的冲断前锋。

（4）平衡剖面。通过对 DQXX-2 地震测线做平衡剖面可以发现东秋里塔格主断裂下必须发育有冲断构造，否则平衡剖面达不到平衡。

2. 秋里塔格构造带中秋段油气地球化学特征及来源

秋里塔格构造带发现的天然气主要分布在白垩系及古近系，天然气以甲烷为主，非烃气体含量较低，主要为 N_2，含有少量 CO_2，N_2 和 CO_2 总含量一般低于 5%。其中，东段—中段天然气中甲烷含量分布在 84.68%~96.02% 之间，乙烷含量分布在 0.94%~7.39% 之间，C_1/C_{1-5} 分布在 0.89~0.98 之间；东秋段钻井揭示气藏位于古近系和新近系，多为含水气层或含气水层，天然气 C_1/C_{1-5} 高达 0.98，推测为水溶解气作用导致天然气干燥系数偏高。秋里塔格构造带中秋—东秋段天然气 C_1/C_{1-5} 低，$\delta^{13}C_1$ 小于 -32‰，$\delta^{13}C_2$ 分布在 -26.3‰~-20.3‰ 之间，属于煤型凝析油伴生气。

中秋气田、迪那气田、牙哈气田、克深气田、克拉 2 气田等的天然气轻烃中均含有较多的芳香烃、环烷烃［图 4-2-6（a）、（c）、（e）、（f）、（g），图 4-2-7］，显示出腐殖型母质来源特征。中秋段天然气中 C_{6-7} 芳香烃在 C_{6-7} 轻烃中占比 30% 以上，与牙哈气田相当，明显低于迪那气田、大北气田、克拉 2 气田、克深气田等，而高于博孜气田，其中克拉 2 气田、克深气田天然气中 C_{6-7} 芳香烃占比高达 70% 以上（图 4-2-7）。天然气中高含量的芳香烃指示煤系来源特征（胡国艺等，2007；李谨等，2019），同时与天然气成熟度关系密切。此外，克拉 2 气田、克深气田、大北气田等的天然气中异常高的芳香烃含量还与这些地区圈闭捕获侏罗纪晚期形成的高—过成熟煤成气有关（李贤庆等，2005；赵文智，2006）。

中秋段白垩系巴什吉迪克组近年来持续获得突破，中秋 1 井、中秋 2 井、中秋 102 井等均获得工业油气流。其中，中秋 1 井原油密度 0.8067g/cm³（20℃），含蜡量 6%，运动黏度 1.128mm²/s（50℃）。原油中饱和烃含量 73.83%，芳香烃含量 17.87%，饱和烃/芳香烃比值为 4.13，沥青质和非烃含量较低，分别为 1.49%、0.11%，属于轻质油。原油中 C_{6-7} 轻烃谱图见图 4-2-6（b），轻烃组成中以苯含量最高，其次为甲苯，甲基环己烷、正己烷、正庚烷、环己烷含量依次降低。值得注意的是中秋 1 井原油中甲苯、正辛烷等化合物丰度远高于中秋 1 井天然气［图 4-2-6（a）］，显示高碳数的轻烃组分更易赋存在原油中。总体而言，中秋 1 井原油与天然气轻烃分布特征相似，均含有较多的芳香烃，显示二者的轻烃具有腐殖型母质来源特征。

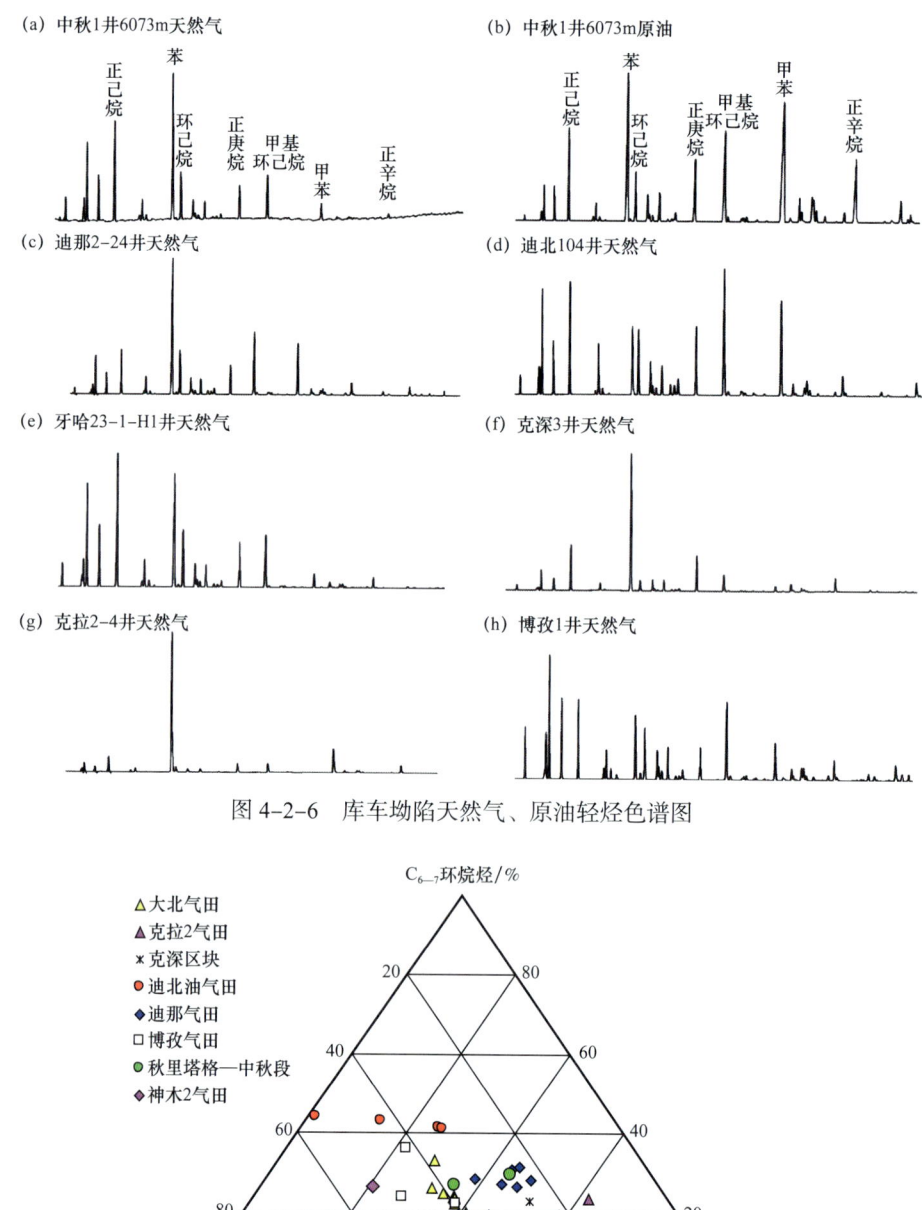

图 4-2-6 库车坳陷天然气、原油轻烃色谱图

图 4-2-7 库车坳陷天然气 $C_{6—7}$ 链烷烃、环烷烃、芳烃组成三角图

中秋 1 井原油饱和烃气相色谱中正构烷烃分布以 C_{18} 为主峰,CPI 和 OEP 分别为 1.09、1.03,轻重比 nC_{21-}/nC_{22+} 为 3.72,低碳数正构烷烃占优势,指示水生生物来源。Pr/Ph 为 1.1,Pr/nC_{17} 为 0.15、Ph/nC_{18} 为 0.13,指示有机质类型属于Ⅱ型,处于还原环境中;中秋 1 井原油三环萜烷系列化合物含量较高,五环萜烷的含量明显偏低,推测与原油较高的热演

化程度有关。中秋 1 井原油中三环萜烷以 C_{23} 为主峰，大体呈正态分布特征，C_{27}、C_{28} 和 C_{29} 规则甾烷呈"V"形分布，C_{27} 甾烷比值 /C_{29} 甾烷比值为 1.01，二者含量相近（图 4-2-8），伽马蜡烷 /C_{30} 藿烷比值为 0.18，总体表现出微咸水湖相水生生物的输入特点。

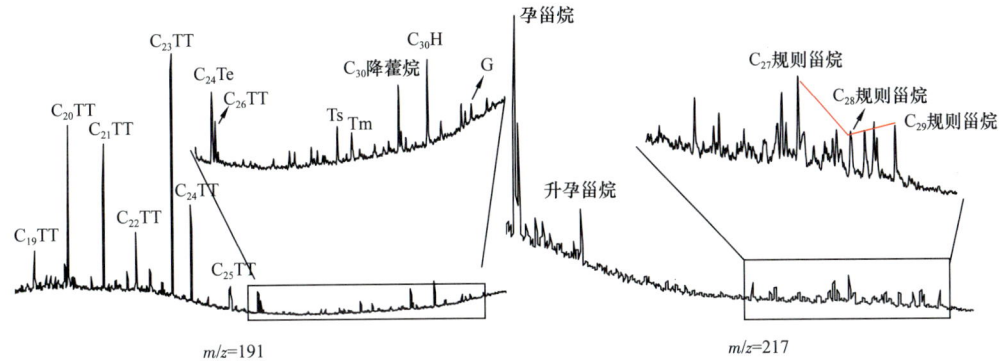

图 4-2-8 中秋段中秋 1 井原油中甾萜烷系列化合物分布特征

$C_{19}TT$—C_{19}—三环萜烷；$C_{20}TT$—C_{20}—三环萜烷；$C_{21}TT$—C_{21}—三环萜烷；$C_{22}TT$—C_{22}—三环萜烷；$C_{23}TT$—C_{23}—三环萜烷；$C_{24}TT$—C_{24}—三环萜烷；$C_{25}TT$—C_{25}—三环萜烷；$C_{26}TT$—C_{26}—三环萜烷；$C_{24}Te$—C_{24}—四环萜烷；$C_{30}H$—C_{30}—藿烷；G—伽马蜡烷

中秋段原油中单体烃碳同位素普遍较小，分布在 -34‰~-29‰ 之间，与库车坳陷三叠系烃源岩中单体烃同位素分布范围相似，认为中秋段原油来源于三叠系烃源岩（图 4-2-9）。

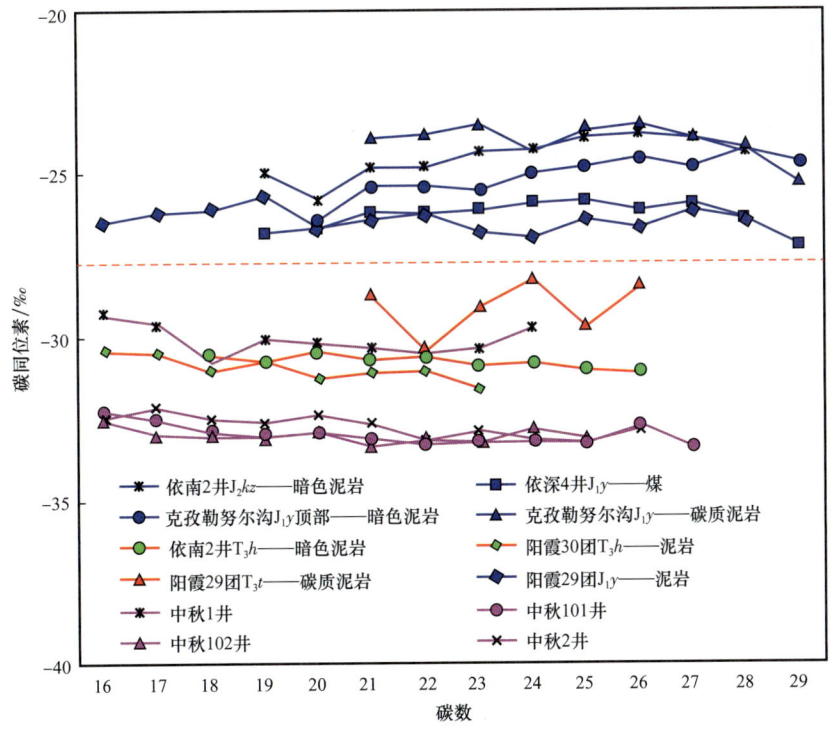

图 4-2-9 中秋段原油与侏罗系—三叠系烃源岩氯仿沥青"A"中正构烷烃碳同位素对比图

金刚烷作为判别高成熟原油裂解产物的有效指标，得到国内外学者的认可和广泛应用。本文采用金刚烷指标判断中秋1井凝析油的成熟度。中秋1井凝析油中检测到丰富的单金刚烷、双金刚烷系列化合物，其金刚烷成熟度参数 MAI［MAI=1—甲基单金刚烷/（1—甲基单金刚烷+2—甲基单金刚烷）］为62.6%，MDI［MDI=4—甲基双金刚烷/（1—甲基双金刚烷+3—甲基双金刚烷+4—甲基双金刚烷）］为40.6%，根据金刚烷指标与成熟度（R_o）之间的关系，中秋1井凝析油成熟度（R_o）约为1.3%。

3. 秋里塔格构造带中秋段油气主要成藏期次和流体类型

对秋里塔格构造带中秋2井、中秋101井、中秋102井开展包裹体岩相学及测温分析，显微观察表明，中秋地区白垩系储层内发育的包裹体多为气相、气液两相包裹体，少量纯液相包裹体、沥青包裹体，主要分布于石英颗粒裂缝和胶结物中，多为椭圆、近椭圆和不规则形，呈串珠状、线状或零星分布，大小主要为2~10μm，气液比为5%~20%。共发育两期明显的油包裹体，紫外光下，分别呈黄色—黄绿色荧光和蓝白色荧光，且黄色—黄绿色荧光油包裹体整体丰度要低于蓝白色荧光的油包裹体（图4-2-10）。

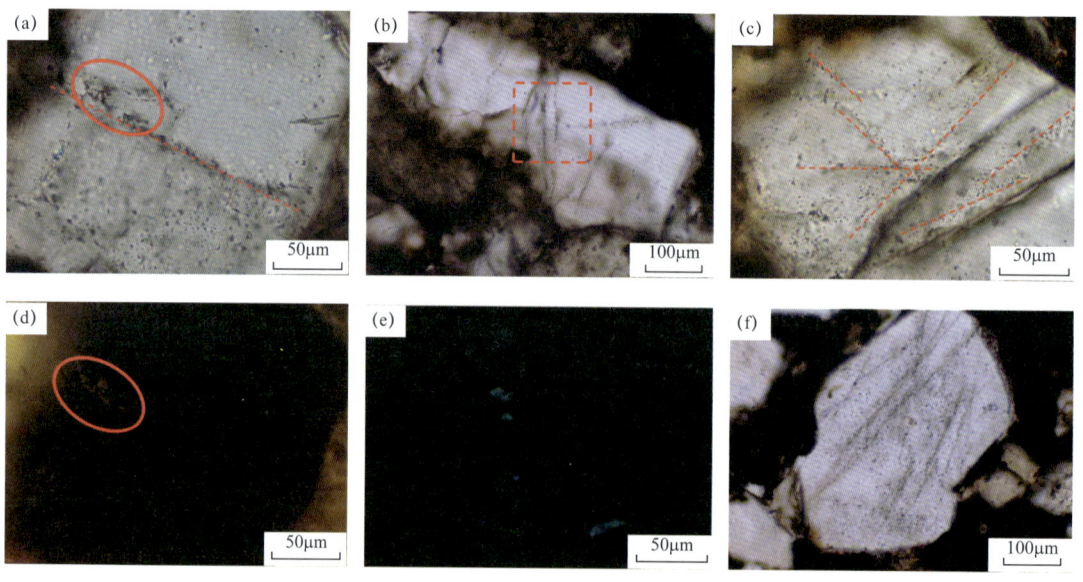

图 4-2-10 秋里塔格构造带中秋地区包裹体显微岩相特点

（a）中秋2井白垩系砂岩（6339.3m）：石英颗粒裂隙中见大量含烃包裹体及伴生盐水包裹体，多为椭圆形或长条形，呈串珠状分布；（b）中秋101井白垩系砂岩（6297.5m）：石英颗粒裂隙中见大量含烃包裹体及伴生盐水包裹体，多为椭圆形或长条形，呈串珠状分布；（c）中秋102井白垩系砂岩（6216.1m）：石英颗粒内主要发育两期裂缝，裂缝内发育大量气液两相包裹体；（d）中秋2井白垩系砂岩（6339.3m）UV荧光照片：石英颗粒裂隙包裹体中呈黄色荧光；（e）中秋101井白垩系砂岩（6297.5m）UV荧光照片：石英颗粒裂隙包裹体中呈蓝白色—蓝色荧光；（f）中秋102井白垩系砂岩（6216.1m）：石英颗粒裂隙内发育大量纯气包裹体，沿裂缝线性分布，普遍较小

对中秋地区含烃包裹体及其伴生盐水包裹体进行测温，结果显示（图4-2-11），蓝白色荧光油包裹体均一温度主要分布在70~90℃之间，其伴生盐水包裹体均一温度主

要分布在 70～100℃之间，气包裹体伴生盐水包裹体均一温度在 90～150℃之间，范围较大，油包裹体和气包裹体均一温度范围有部分重合，表明油气充注是一个持续的过程。

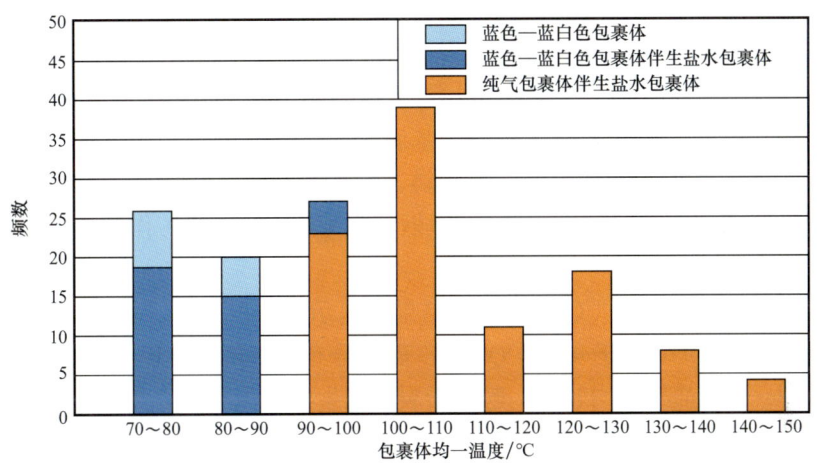

图 4-2-11　秋里塔格构造带中秋地区包裹体均一温度柱状图

包裹体均一温度显示中秋地区具有"早油晚气"的特征，将所测的均一温度投影到中秋 1 井埋藏史和热史图中（图 4-2-12），可知油充注时期对应为康村组（$N_{1-2}k$）沉积时期，天然气为一期连续充注，充注高峰为 100～130℃，对应为库车组沉积时期。

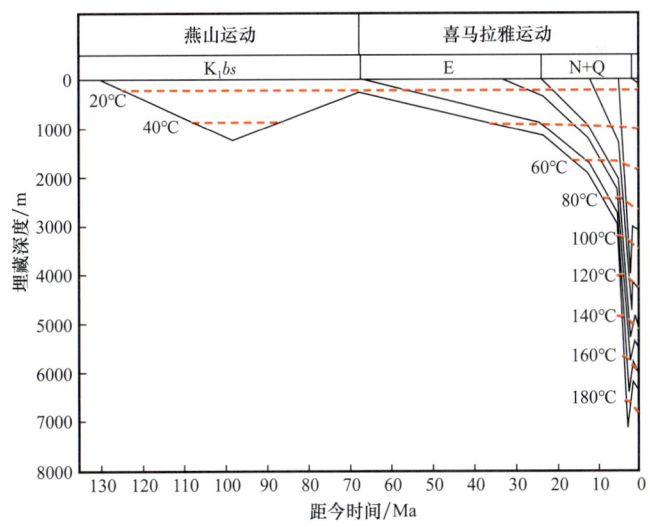

图 4-2-12　秋里塔格构造带中秋 1 井埋藏史和热史

4. 秋里塔格构造带中秋段油气成藏主控因素及成藏模式

1）断层—盖层耦合控制油气的聚集

中秋段主要发育新近系吉迪克组和古近系库姆格列木群两套优质盖层，由测井、地震等资料分析可知，新近系吉迪克组中—上部发育有巨厚的膏泥岩盖层，由西向东过渡存在逐渐增厚的趋势,在中秋 1 井处厚度可超过 600m;而古近系发育的盖层既是区域性盖层又表现为直接盖层,其可由泥岩和膏泥岩两部分构成,中秋 1 井处此套盖层厚度约为 419m,其中纯盐岩厚度为 138m,与浅部吉迪克组盖层变化趋势相反,库姆格列木群发育盖层由西向东过渡存在逐渐减薄的趋势,纯盐岩层向东至东秋 8 井处减至 62m,且具有埋藏深、塑性流动性强、封盖能力强的特征。

秋里塔格构造带中秋地区受北侧克拉苏双重滑脱和冲断作用的影响,形成了较为复杂的构造格局,中秋段构造为盐下构造受基底卷入逆冲断层控制的楔形断块构造,垂直断距大,圈闭密集分布,发育背斜、断背斜、断鼻圈闭。与东秋段相似,晚期强烈构造运动产生的逆冲断层能否对早期形成的区域性完整盖层起到破坏作用,直接影响着油气聚集层位及部位。

储层颗粒定量荧光分析(QGF)评价结果亦揭示,中秋 2 井、中秋 101 井、中秋 102 井在巴什基奇克组 QGF 大于 4,且 QGF-E 普遍分布在 20000pc 以上范围(图 4-2-13),表明白垩系古、今含油气性均较强,晚期断裂虽发生活动但未对古近系巴什基奇克组盖层起到破坏作用或破坏程度较低,盖层仍能封闭油气,使油气在其下聚集成藏(图 4-2-14、图 4-2-15)。

2)中秋段油气成藏模式

基于中秋段油气成藏特征及过程分析,早期侏罗系及三叠系烃源岩生成油气优先沿断裂发生垂向运移,在库姆格列木群盖层的遮挡下侧向分流,并在其下伏巴什基奇克组中秋 2 背斜高部位聚集成藏,当圈闭充满后再沿白垩系与古近系间不整合面由东向西在中秋 1 背斜圈闭充注,发生差异聚集,晚期断裂活动未破坏断裂与盖层配置的封闭能力,油气藏未遭受破坏或破坏程度较低。因此,中秋段油气成藏模式为:油气依靠断裂、不整合双向供烃,在下层膏盐岩构造圈闭聚集成藏。

5. 库车坳陷深层致密砂岩气成藏机制

通过对库车深层不同致密砂岩气藏储层致密化过程及油气充注期次的研究,提出了"构造型先致密后成藏"和"构造—岩性型先成藏后致密"两类气藏的形成机制,建立了相应的成藏模式。

1)构造型先致密后成藏气藏

该类气藏主要包括大北 1 气藏、克深 2 气藏等。

(1)储层致密化的时间和过程。

根据成岩作用增减孔隙量和孔隙演化分析,大北地区白垩系储层孔隙演化划分为四个阶段:

① 白垩系沉积时期:巴什基奇克组储层处于浅—中埋深阶段。强烈的构造挤压、方解石胶结以及石英加大等成岩作用,导致储层中的原生孔隙减小,孔隙度由 37.9% 降至 24.6%,而在白垩系沉积末期,大北地区巴什基奇克组整体抬升并长期暴露于地表,溶蚀作用明显,压实及胶结作用相对较弱,储层物性变好,孔隙度由 24.5% 增长至 26.5%。

② 古近系沉积早期至渐新统沉积时期:随着埋深增大,成岩作用以胶结和压实作用

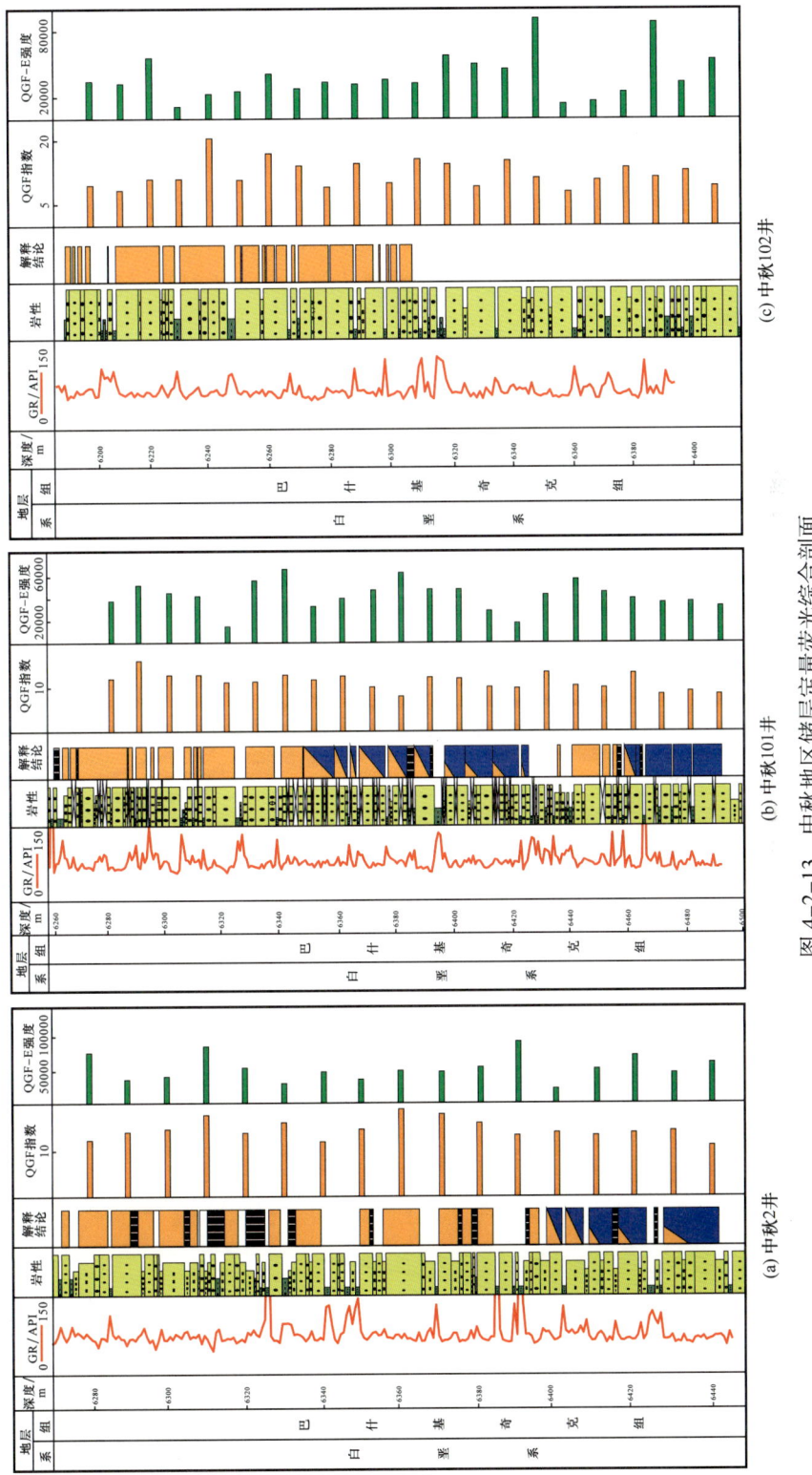

图 4-2-13 中秋地区储层定量荧光综合剖面

增强，表现为石英等次生加大及方解石胶结作用得到增强，储层物性变差，孔隙度降至21.9%左右。

③吉迪克组至康村组沉积时期：巴什基奇克组储层埋深进一步增大，压实作用和方解石胶结作用减孔现象明显，在8Ma储层孔隙度降至10%以下，形成致密砂岩储层。

④库车组沉积期以来：喜马拉雅晚期的构造运动使储层深埋并在局部地区埋深超过6000m。此阶段，胶结作用相对较弱，但构造挤压作用较上一阶段明显增强。当地层温度增加至80~120℃时，油气充注所带来的有机酸得以大量保存，导致了黏土及碳酸盐矿物溶蚀作用的发生。利用综合方法计算得到的预测孔隙度约为6.1%，与实测孔隙度（平均为5.51%）较为吻合。

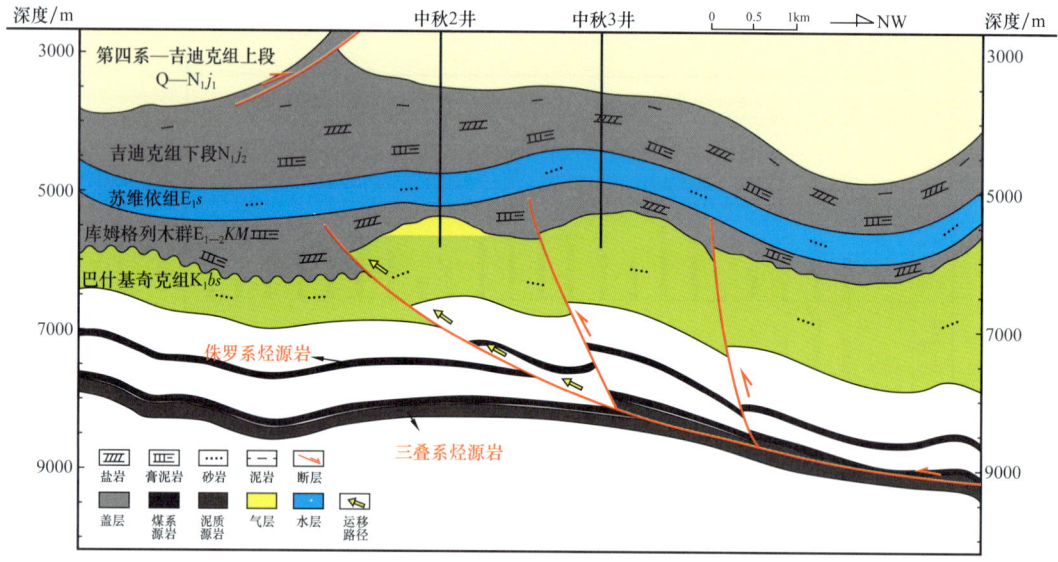

图4-2-14 过中秋2井—中秋3井北西—南东向典型气藏剖面

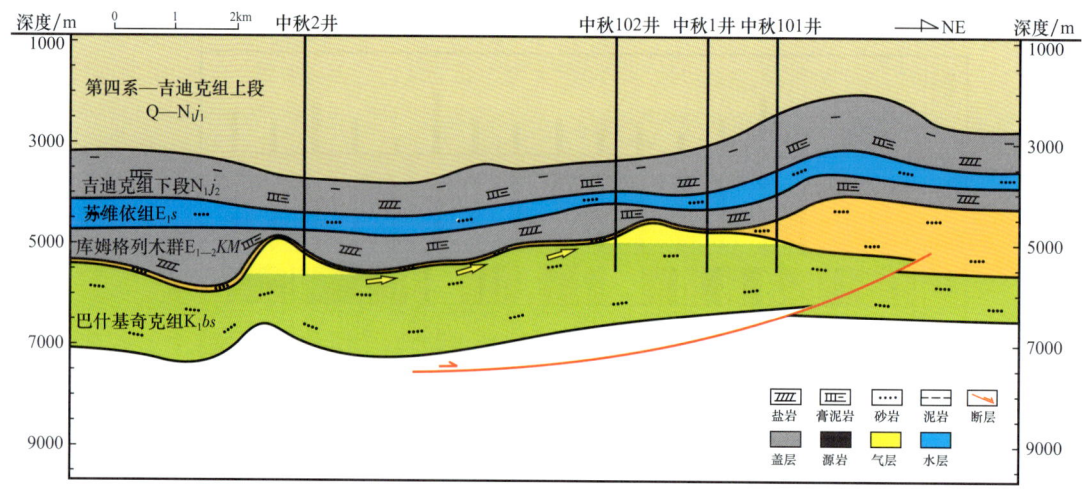

图4-2-15 过中秋2井—中秋102井—中秋1井—中秋101井北东—南西向典型气藏剖面

（2）油气充注时间综合确定。

根据包裹体镜下特征及显微测温数据、颗粒荧光定量分析、自生伊利石K—Ar同位素测年、生烃动力学研究成果及构造圈闭形成史，来综合确定库车坳陷不同区块深层致密砂岩气藏储层油气充注期次和时间。

流体包裹体镜下特征研究表明，白垩系巴什基奇克组储层内包裹体类型多样。盐水包裹体均一温度主要分布在100～110℃、125～140℃和130～145℃三个区间，揭示了早期原油在晚期的充注过程。根据QGF分析结果，认为大北区块致密砂岩储层经历过早期原油的充注，而后期部分储层古油藏曾受到晚期高成熟—过成熟天然气的强烈气洗，造成古油藏的破坏或原油被排驱到构造圈闭外。

大北区块流体类型为干气，碳同位素较大，具有晚期累积成藏的特点（李贤庆等，2011），生烃动力学结果显示，拜城凹陷中心烃源岩在库车组沉积期以来，甲烷碳同位素增加，大北区块天然气甲烷碳同位素分布与模拟结果较为吻合，反映了大北区块天然气晚期成藏的特点。另一方面，自生伊利石K—Ar同位素测年结果看，大北区块油气充注也在康村组沉积期以来。由此，结合大北101井沉积埋藏史，判断大北区块白垩系储层经历了两期油气充注：第一期主要为原油充注，充注时间为8—10Ma；第二期为高成熟—过成熟天然气充注，充注时间为3Ma以来（图4-2-16）。

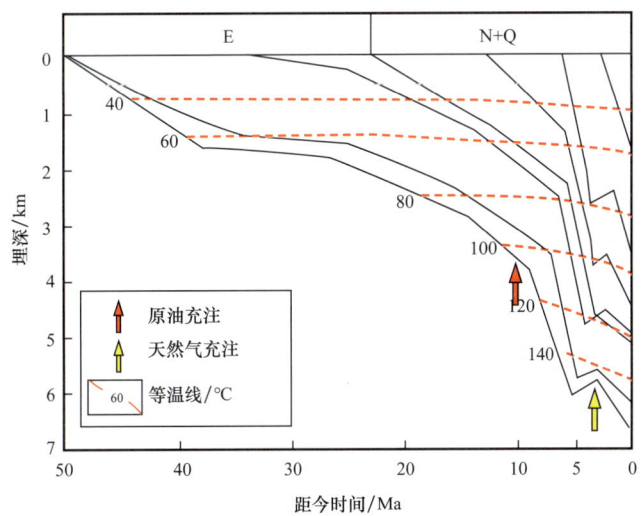

图4-2-16 大北1气藏深层致密砂岩储层油气充注期次及时间

（3）成藏模式。

构造型先致密后成藏型气藏的形成具有如下特点：① 源储分离，源储压差大、超压强充注；② 断裂和裂缝发育、孔缝网状输导，油气垂向运移为主（图4-2-17）；③ 构造圈闭发育、定型晚；④ 储层先致密化，天然气晚充注，如大北1气藏、克深2气藏等。

2）构造—岩性型先成藏后致密气藏

该类气藏主要包括迪那2气藏、乌参1气藏等。

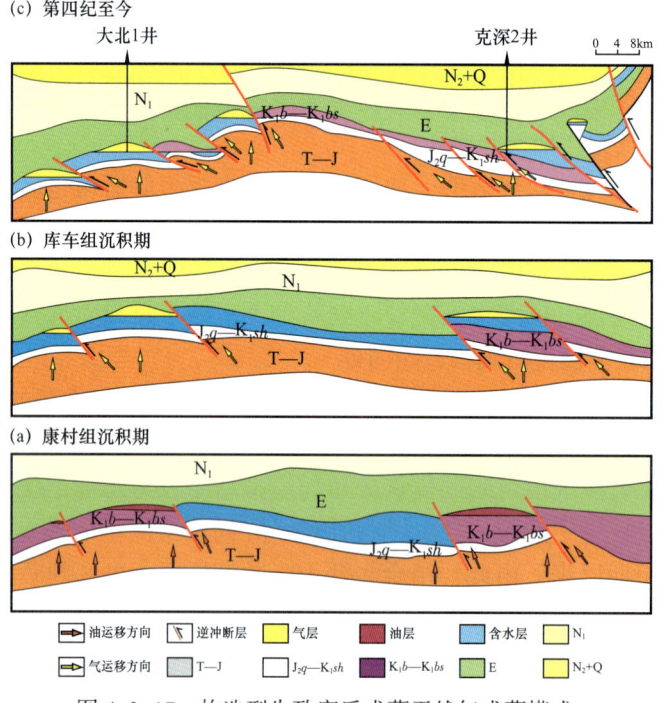

图 4-2-17 构造型先致密后成藏天然气成藏模式

（1）储层致密化时间和过程。

古近系储层致密化时间和过程以库车东部区块迪那 2 气藏库姆格列木组储层为例，整体上储层孔隙演化过程划分为三个阶段。

上白垩统吉迪克组沉积期前：此阶段库姆格列木组埋深较浅，受压实作用影响原生孔隙骤减。此时，早期碳酸盐岩胶结物发育受到抑制，仅在局部发育粒间溶蚀孔。孔隙度由原来的 37.3% 减至 30% 左右。

吉迪克组至康村组沉积期：该阶段早期，储层快速深埋，主要的成岩作用为胶结作用、溶蚀作用及构造挤压导致的压实作用。矿物颗粒主要呈点接触—线接触，孔隙度降约至 25.6%。康村组沉积期时，储层受溶蚀作用和胶结作用的影响，矿物颗粒间呈线接触—凹凸接触，孔隙度进一步减小。此时，储层孔隙度约为 15.1%，尚未达到致密。

库车组沉积期以来：喜马拉雅晚期的构造运动使储层遭受压实作用较上阶段变强。晚期成熟、高成熟天然气的充注所带来的酸性物质导致了溶蚀作用的产生，改善了储层物性，但效果有限，储层在 2Ma 达到致密，现今孔隙度下降至 6.2%，这与实测孔隙度（平均 5.61%）较为吻合。

（2）油气充注时间综合确定。

根据迪那 22 井和迪那 201 井储层包裹体镜下特征和显微测温结果显示，盐水包裹体主要存在于石英颗粒微裂缝中，呈现出 105~115℃ 和 125~145℃ 双峰型分布特征，表明迪那 2 气藏致密砂岩储层油气具有多期充注特点；迪那 201 井 QGF 结果显示，致密砂岩储层经历过早期原油的充注，后期的气侵破坏，为天然气运移提供有利通道。自生伊利石 K—Ar 同位素定年结果表明，古近系储层可能在 15Ma 左右有油气充注过程。阳霞凹陷中心侏罗系烃源岩生烃动力学实验所得甲烷碳同位素在库车组沉积期在 –33‰～–28‰ 之间，这与迪那 2 气藏实测天然气甲烷碳同位素分布较为一致，因而该气藏天然气充注时间约在 5Ma 以后。综合以上分析，判断迪那 2 气藏存在明显的两期油气充注：早期为原油充注，充注时间为 10—12Ma；晚期为天然气充注，充注时间为 5Ma 以来（图 4-2-18）。

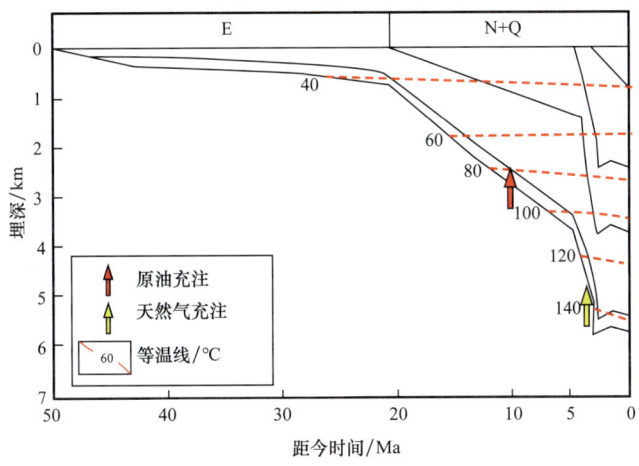

图 4-2-18　迪那 2 气藏深层致密砂岩储层油气充注期次及时间

（3）成藏模式。

构造—岩性型先成藏后致密气藏成藏（图 4-2-19）主要特点：① 源储临近、源储压差大、高压—超压强充注；② 构造改造或调整较强，断裂、孔隙输导，油气垂向、侧向运移；③ 构造—岩性圈闭发育较早、定型晚；④ 天然气先充注，储层晚致密化，如迪那 2 气藏、乌参 1 气藏等。

三、断陷湖盆深层致密砂（砾）岩大气田成藏机制与主控因素

松辽盆地白垩纪是深层断陷发育的鼎盛时期，作为主力烃源岩发育的阶段，烃源岩分布最广，断陷期地层沉积最厚。也是当前深层致密砂（砾）岩气藏勘探的重点领域，"十三五"以来，松辽盆地沙河子组致密气勘探也逐渐拓展到了徐家围子以外地区，如长岭断陷、德惠断陷等。松辽盆地深层致密气资源丰富，仅徐家围子断陷沙河子组致密气资源量约 $3520 \times 10^8 m^3$。2019 年，长岭断陷长深 40 井在沙河子组致密砂岩中获日产气 $11.3 \times 10^4 m^3$，实现了继长深 1 井重大发现之后近 20 年来深层天然气勘探又一大战略突破。

1. 砂砾岩储层特征及控制因素

松辽盆地沙河子组以断（坳）陷间隆起作为物源区为主，由于沙河子组各断陷独立发育，隆凹相间，每一个断（坳）陷间隆起区就是物源区，因此对于单独断陷而言，四周隆起形成了多个物源区（图 4-2-20），安达地区沙河子组砂体覆盖面积约占湖盆面积的 30%～50%，最大可达 80% 以上。

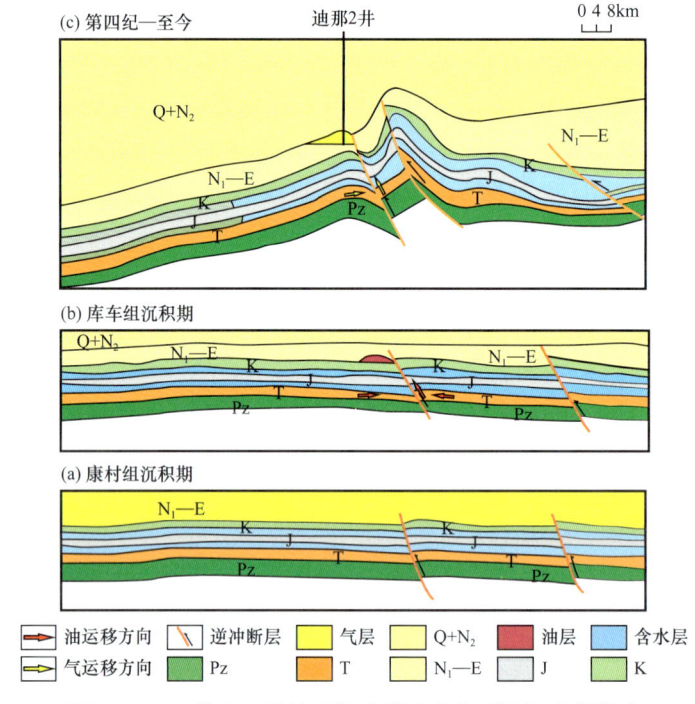

图 4-2-19　构造—岩性型先成藏后致密天然气成藏模式

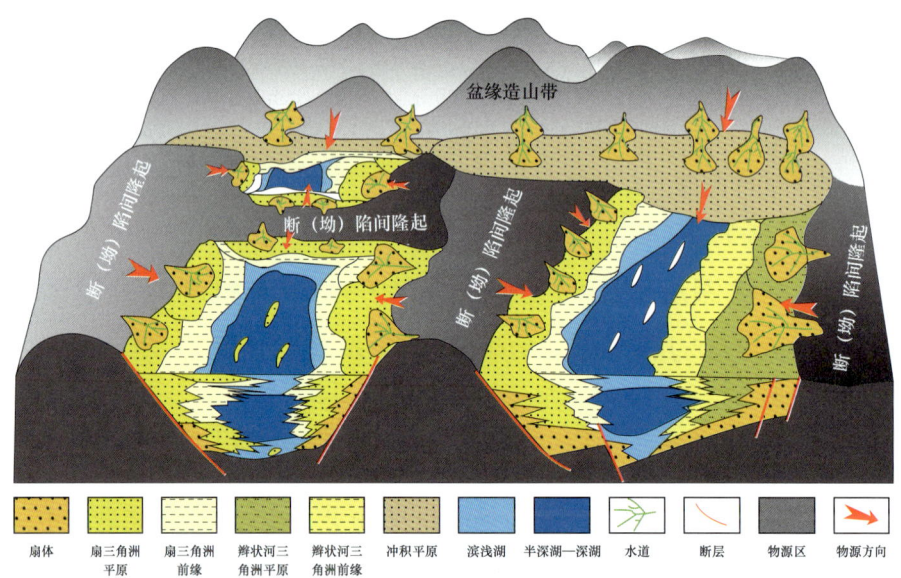

图 4-2-20　松辽盆地沙河子组砂砾岩物源模式图

通过对沙河子组 70 口井的观察和分析，发现沙河子组以砂砾岩（砾石成分大于 50%）和砾状砂岩（砾石成分为 10%~25% 的砂岩）为主；砾石成分复杂，包括岩浆岩、变质岩和沉积岩，但以岩浆岩和变质岩砾石为主，含量可高达 87%。砂砾岩多为短物源形成，成分、结构成熟度低，分选中或差，呈次圆状，物源主要来自断陷间隆起区及火石岭组喷发的火山机构。由于埋深压实作用的影响，沙河子组砂砾岩储层整体致密：孔隙度分布在 0.4%～7.9% 之间，平均为 3.91%，渗透率分布在 0.01～11.2mD 之间，平均为 1.66mD，总体上表现为特低渗透率（图 4-2-21）。

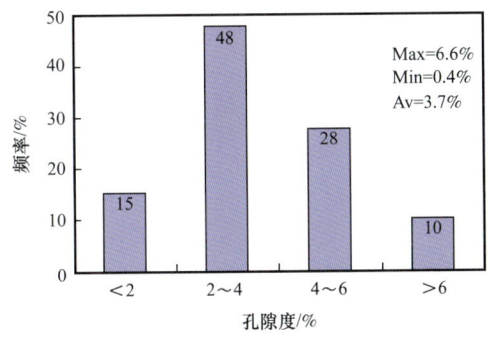 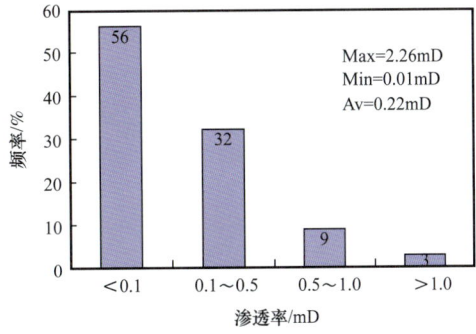

图 4-2-21　沙河子组孔隙度、渗透率频率直方图

通过对沙河子组砂砾岩储层的系统研究，砂砾岩储层孔隙类型主要为原生粒间孔 [图 4-2-22（a）] 及溶蚀孔 [图 4-2-22（b）（c）]，裂缝主要为贴砾缝 [图 4-2-22（d）] 和构造缝 [图 4-2-22（e）]，砂砾岩有利储层受控于母岩成分、结构、沉积相带及成岩作用等因素，具体表现为：（1）富含长石的酸性火山岩砾石孔隙发育，如宋深 2 井酸性火山岩砾石溶蚀孔隙发育 [图 4-2-22（c）]；（2）颗粒支撑结构的砂砾岩物性好于杂基支撑结构 [图 4-2-22（f）（g）]，主要因为颗粒支撑结构可以保持良好的原生砾间孔隙，从而发育欠压实空间，提高砂砾岩储层物性；（3）缓坡带辫状河三角洲前缘和陡坡带扇三角洲前缘是有利相带。三角洲前缘临近生烃洼槽湖区，是烃源岩、储层叠置发育最广泛的区带，另外与断陷边部相比，砂砾岩的磨圆、分选也较好，储层更为均质，物性更好；（4）浊沸石化能促进长石溶蚀改善储层物性，如条纹长石等在浊沸石化后更容易被溶蚀

   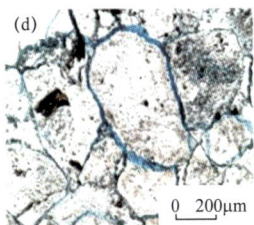

粒间孔，砾岩，达深14井，沙河子组，(-)　　溶蚀孔，砂砾岩，达深303井，沙河子组，(-)　　砾内溶孔，酸性火山岩砾石，宋深2井，沙河子组，(-)　　贴砾缝，砂砾石，升深6井，沙河子组，(-)

  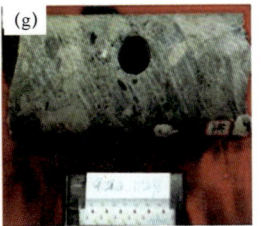 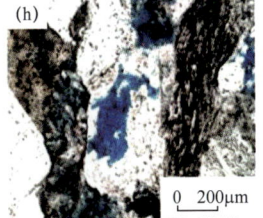

构造缝，砾岩，达深3井，沙河子组，(-)　　颗粒支撑结构，砂砾岩，徐深401井，沙河子组，(-)　　杂基支撑结构，砂砾岩，宋深4井，沙河子组，(-)　　条纹长石浊沸石化后溶蚀，砂砾石，宋深4井，沙河子组，(-)

图 4-2-22　砂砾岩镜下和岩心照片

形成溶蚀孔隙［图4-2-22（h）］。

2. 致密气成藏机制及模式

1）近源聚集，断槽控制气藏分布

断陷盆地致密砂岩气与常规天然气一样，具有近源优势聚集的特点。由于烃源岩分布受生烃断槽的控制，断槽从而控制了致密砂岩气气藏的分布。松辽盆地徐家围子断陷致密砂岩气气藏临近断槽分布，受断槽控制（图4-2-23）。

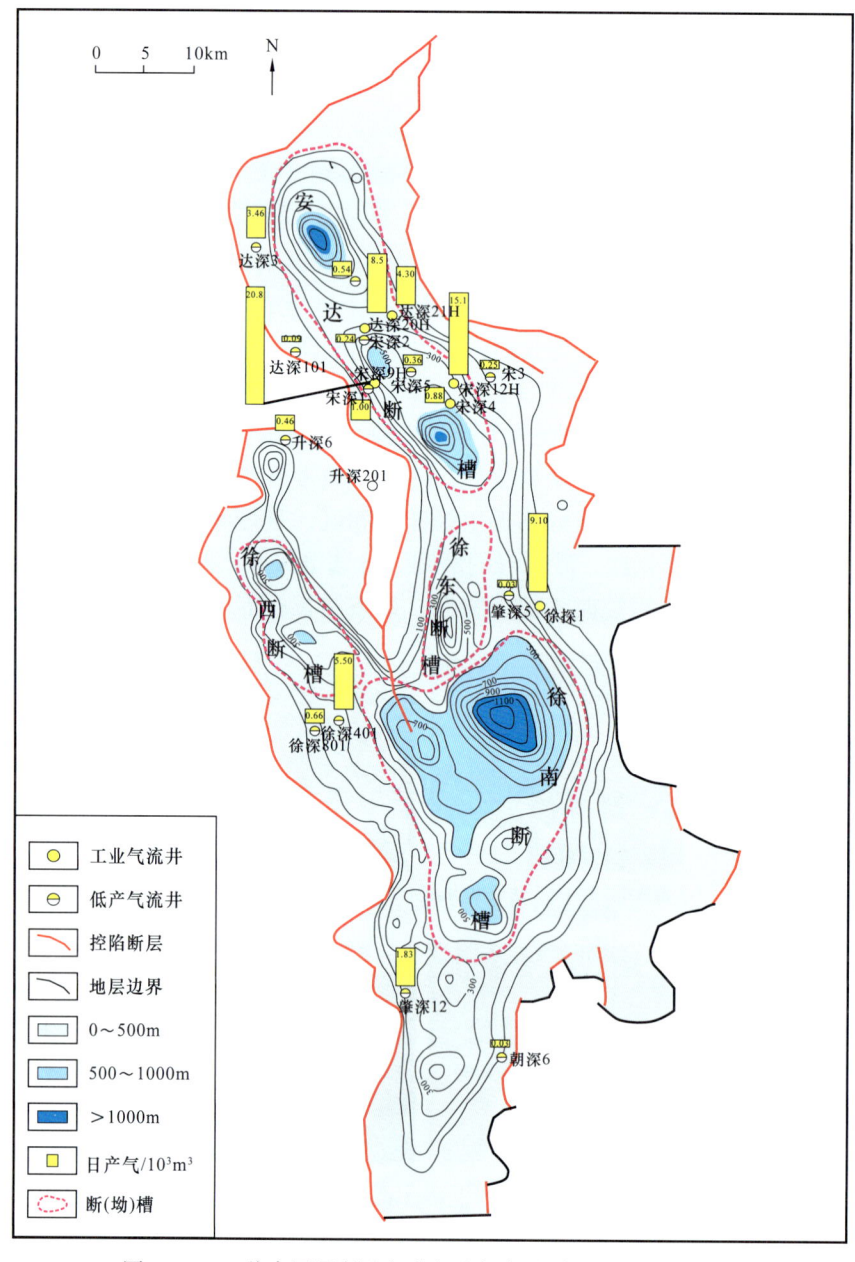

图4-2-23 徐家围子断陷气井与生烃断（坳）槽分布位置图

2）先致密后成藏的成藏机制

通过对松辽盆地致密砂岩气主力层系沙河子组（K_1sh）埋藏史与孔隙度演化史分析认为，松辽盆地沙河子组砂岩储层致密期早于成藏期（图4-2-24）。前已分析松辽盆地砂岩储层3000m以下达到致密，对应埋藏史约为110Ma开始致密。松辽盆地天然气主成藏期为75—100Ma，可见，松辽盆地砂岩储层在主成藏期以前已经达到致密，这种储层致密期早于成藏期有利于形成大面积规模储层，从而形成大面积岩性气藏。

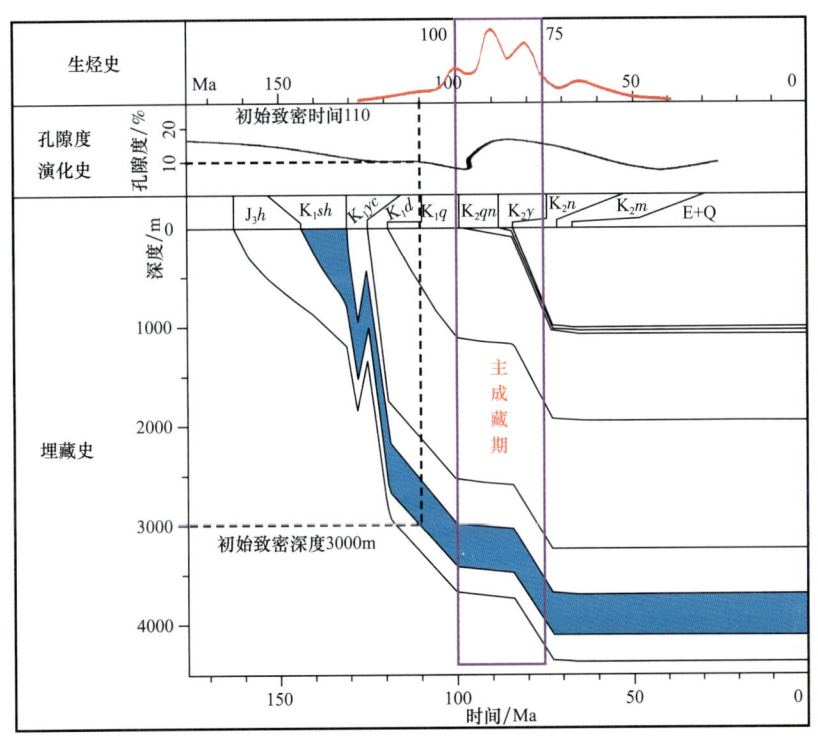

图4-2-24 松辽盆地砂岩储层致密期与成藏期分析图

J_3h—火石岭组；K_1sh—沙河子组；K_1yc—营城组；K_1d—登娄库组；K_1q—泉头组；K_2qn—青山口组；K_2y—姚家组；K_2n—嫩江组；K_2m—明水组；E+Q—古近系+第四系

3）沉积相带与构造带控制成藏有利区

断陷盆地湖盆陡缓坡是天然气运移的指向区，在具备有利圈闭条件下富集成藏。断陷盆地砂体主要以陡缓两带扇三角洲与辫状河三角洲形式存在。三角洲前缘砂体一方面与湖盆内流体接触面积大，时间长，受流体溶蚀作用易发育溶蚀孔隙，另一方面与湖盆内烃源岩呈指状接触，互层发育，烃源岩生烃过程中排酸进一步对储层进行溶蚀改造形成大量溶蚀孔隙从而形成有利储层。

由于盆地内部构造样式多样，构造带是控制致密砂岩气富集的一个不可忽视因素。断陷盆地构造带主要包括断阶带及背斜带，二者都是有利的致密气聚集区（图4-2-25）。断阶带由多组同向断层及之间夹持的地层组成，是致密砂岩气富集有利区，松辽盆地徐探1井就是典型的断阶带致密砂岩气藏类型 [图4-2-25（a）]，此外，对于洼中地区若存在有利的背斜圈闭，也往往易于形成致密气藏，长岭断陷长深40井的勘探成功就证实了这一点［图 4-2-25（b）］，因此，断阶带及背斜带等有利的构造带是致密砂岩气聚集成藏的有利指向区。

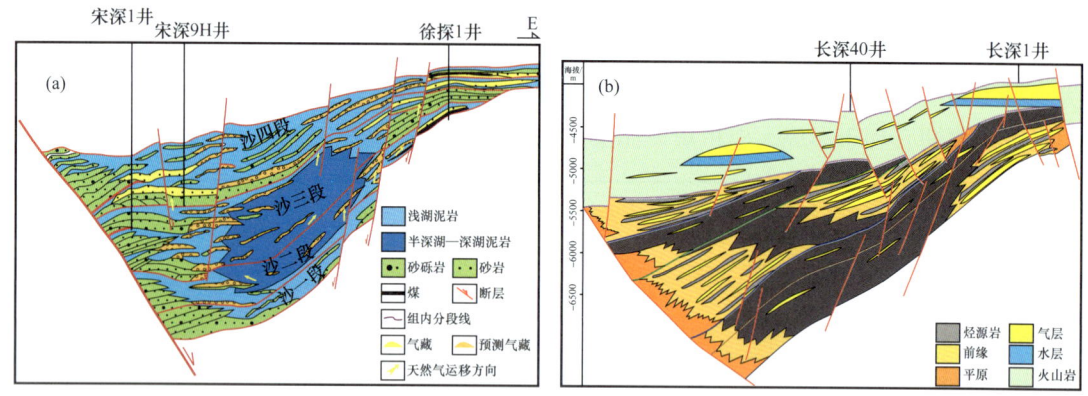

图 4-2-25　松辽盆地沙河子组致密砂岩气藏剖面

第三节　火山岩大气田成藏机制与主控因素

火山岩作为油气勘探新的储层类型在国内外油气勘探中相继获得重大发现，已引起勘探领域的广泛关注和重视。在全球 50 多个国家/地区的 300 余个盆地/区块内发现了火山岩油气藏，其中在 13 个国家的 40 个盆地内的火山岩中获得了工业性油气流和大规模的储量（唐华风等，2020）。如印度尼西亚的 Jatibarang 玄武岩油气田、澳大利亚的 Scoot-Reef 玄武岩油气田、纳米比亚的 Kudu 玄武岩气田、巴西 Parana 盆地二叠系油气藏及中国的渤海湾盆地中—新生界、松辽盆地上侏罗统—下白垩统、二连盆地白垩系、准噶尔盆地石炭系、四川盆地上二叠统火山岩油气藏等（王民等，2017）。

中国火山岩油气藏的勘探经历了三个阶段（张亘稼等，2019）：在 1980 年之前属于偶然发现阶段，中国陆续在准噶尔盆地西北缘，渤海湾盆地辽河坳陷、济阳坳陷的火山岩中见到油气显示，但未得到重视；1980—2002 年间属于局部勘探阶段，中国开始对渤海湾盆地、准噶尔盆地、松辽盆地、二连盆地等个别地区开展有目的、针对性的火山岩油气藏勘探，并取得了点上突破；2002 年之后属于全面勘探阶段，中国对各油气盆地展开了全面的火山岩油气藏勘探，相继在"十一五"期间获得了松辽盆地火山岩的突破，在"十二五"期间发现了准噶尔盆地克拉美丽火山岩大气田；在"十三五"期间取得了四川盆地二叠系火山岩气田（永探 1 井）的重大勘探突破。截至 2020 年底，累计探明火山岩天然气地质储量 $5538.66×10^8 m^3$。本节分别对松辽盆地、准噶尔盆地、四川盆地的火山岩油气藏进行解剖，以明确不同盆地中火山岩油气藏的成藏机制与主控因素，为火山岩油气勘探提供依据。

一、火山岩特征

不同盆地由于受力环境不一样，火山的喷发途径不尽相同，因此，不同盆地具有不同的火山喷发机制、火山机构及火山岩岩性、岩相等特征。

1. 火山岩喷发机制

三大盆地受构造应力场不同，火山岩喷发机制存在较大的差异。其中，松辽盆地火山基本是沿断裂呈裂隙式喷发，准噶尔盆地属沿断裂展布的中心式喷发，而四川盆地以多火山口中心式喷发为主。

松辽盆地是在古生代褶皱基底上发展起来的大型陆相盆地，经历了中生代以来断陷、坳陷和反转等构造演化过程。由于区域上受伸展拉张力机制控制，晚侏罗世至早白垩世是松辽盆地深部断陷形成的关键时期，也是火山活动强烈作用时期。松辽盆地深层的火山岩基本是沿断裂呈裂隙式喷发，也有称之为不对称喷发。

准噶尔盆地在早—晚石炭世分别经历了由伸展到聚敛的发展旋回，早石炭世以浅海相为主，晚石炭世发育海陆交互相与火山岩建造。准噶尔盆地石炭系火山活动具多期、多喷发且相互叠置的特点，火山口主要分布在断裂的交会处，属沿断裂展布的中心式喷发火山岩。

四川盆地是在上扬子克拉通基础上发展起来的叠合盆地，从加里东期以来受到了多期构造运动的影响，二叠纪的峨眉地裂运动在盆地西南部造成大规模玄武岩喷发，并向东逐渐减弱。四川盆地以多火山口中心式喷发为主，喷发强度总体表现为：早—中期强，晚期变弱。在川东的华蓥山和达州地区可见玄武岩沿裂隙分布。

2. 火山机构

火山机构是一定地质时限内同源或来自相对稳定的同一火山口源区的火山喷发物的总称。通常来说，由火山口向外，火山机构在平面上可分为以火山通道—爆发相为主的近火山口带、次火山岩相、过渡带与远火山口相（孙中春等，2013）。但是由于火山喷发机制、喷发和地形的差异，不同构造环境中发育的火山机构有一定差异。

松辽盆地火山机构具有典型的沿陡倾断裂呈串珠状喷发特征。火山岩分布总体受控陷断裂及断陷内次级断层的控制，沿断裂呈串珠状展布。松辽盆地火山机构发育形态不对称，并沿着断裂走向迁移，火山机构依次从高处向低洼处斜向叠覆［图4-3-1（a）］。

准噶尔盆地火山机构多表现为沿断裂的裂隙式点喷发和多次喷发，纵向上呈现中基性—酸性火山岩的岩浆演化序列。石炭系火山机构都经历了一定时期的风化剥蚀和差异性构造升降作用的改造，属于改造残留的古火山机构［图4-3-1（b）］。

四川盆地二叠系火山喷发中心发育多火山口复式火山机构，有利于爆发相火山碎屑岩叠置、集中连片分布。复式火山机构的直径达25km，单个火山机构直径在2～4km之间，具有呈盾状火山碎屑锥的特点，碎屑锥顶部呈"M"形。永探1井区火山岩厚度介于200～280m，为爆发相火山碎屑岩发育区，区内发育多个丘状隆起，为近火山口区盾状火山锥［图4-3-1（c）］。

3. 火山岩岩性、岩相

通常一个完整的火山岩相序组合在纵向上表现为：火山通道相→爆发相→喷溢相→

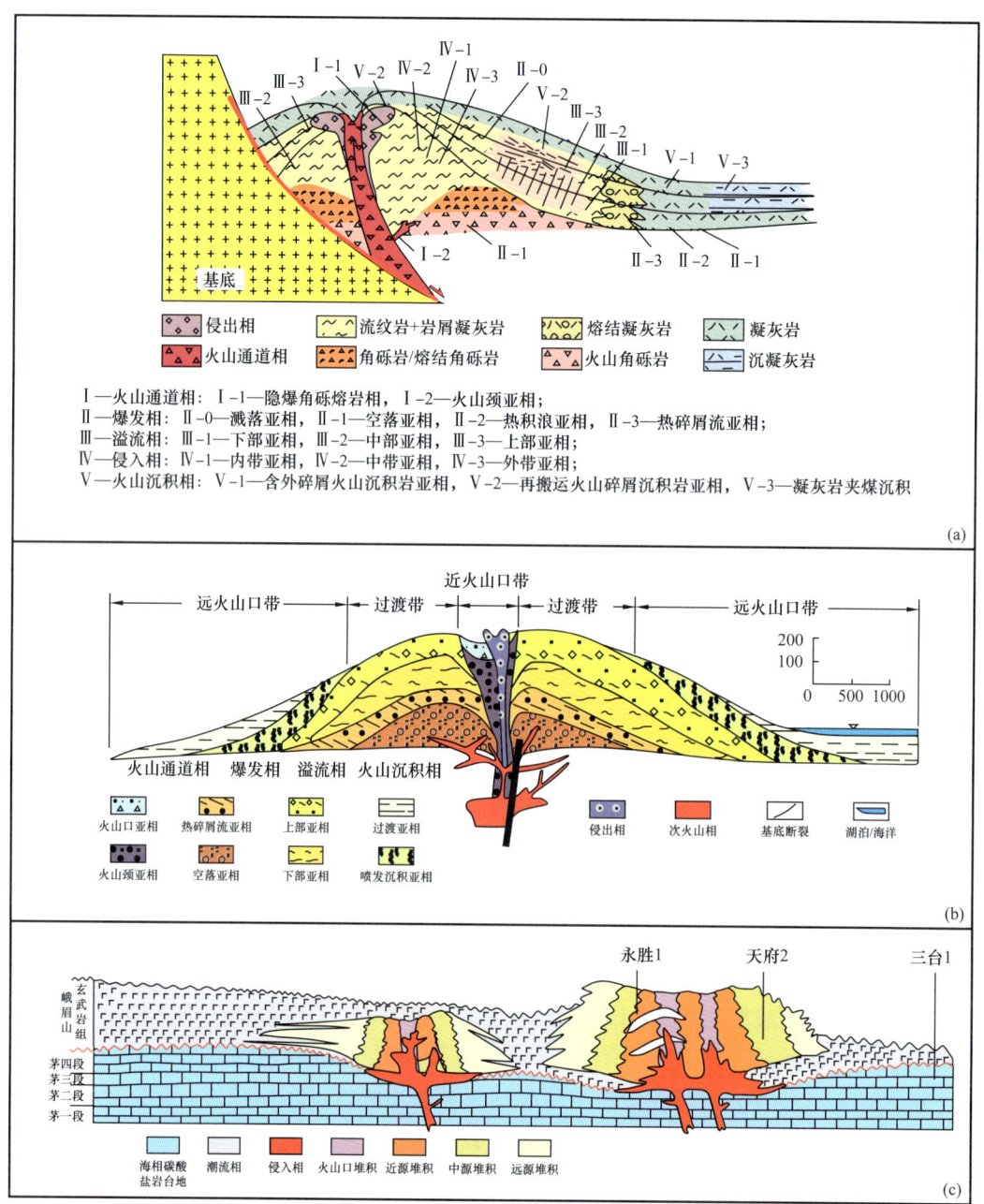

图 4-3-1 不同盆地火山岩的喷发模式

（a）松辽盆地断陷火山岩（据赵泽辉等，2014，修改）；（b）准噶尔盆地石炭系中—基性火山岩
（据孙中春等，2013，修改）；（c）四川盆地二叠系火山岩

侵出相→火山沉积相（王璞珺等，2008）。由于火山岩喷发地构造环境的差异，实际情况中的相序组合可能只出现其中的两个或三个岩相类型，亦可为单一的岩相类型。

松辽盆地深层火山熔岩具有从掀斜的断层高部位向低洼区流动的特点。由于受断陷内次级正断层控制，火山岩相带发育具备不对称的特点，中心呈现爆发相，两侧出现溢流相和沉积相，但断层下降盘溢流相明显加宽。松辽盆地深层火山岩岩性类型较为齐全，从基性玄武岩到中性安山岩，再到酸性流纹岩都有发育[图 4-3-2（a）]。营城组火山岩大面积广泛发育，主要分布在林甸断陷、古龙断陷、徐家围子断陷、英台断陷、长岭断陷、大安断陷等（赵泽辉等，2014）。从岩性分布特点来看，中基性岩主要分布在徐家围子断陷北部、德惠断陷、长岭断陷东部和南部以及林甸断陷，酸性岩主要发育在徐家围子断陷中部和南部、双城断陷、长岭断陷和英台断陷，在榆树断陷和德惠断陷也有分布。火石岭组火山岩沿深大断裂呈裂隙式喷发，受火石岭期北北东向深大断裂的控制，发育三条北北东向火山岩带（赵泽辉等，2014）：（1）双辽—梨树—德惠—榆树火山岩带；（2）长岭南部—孤店—王府—莺山—双城火山岩带；（3）大安南—古龙东北—林甸南火山岩带。

准噶尔盆地石炭系火山岩各个相类型均有发育，但以爆发相和溢流相为主[图 4-3-2（b）]。平面上，构造作用形成一定方向和规模的断裂带，深大断裂为岩浆上涌提供通道，从而在宏观上控制了火山岩的空间分布，火山岩岩相沿断裂带呈带状展布，火山岩相带基本上对称；纵向上溢流相的熔岩与爆发相的火山碎屑岩交替出现。准噶尔盆地石炭系

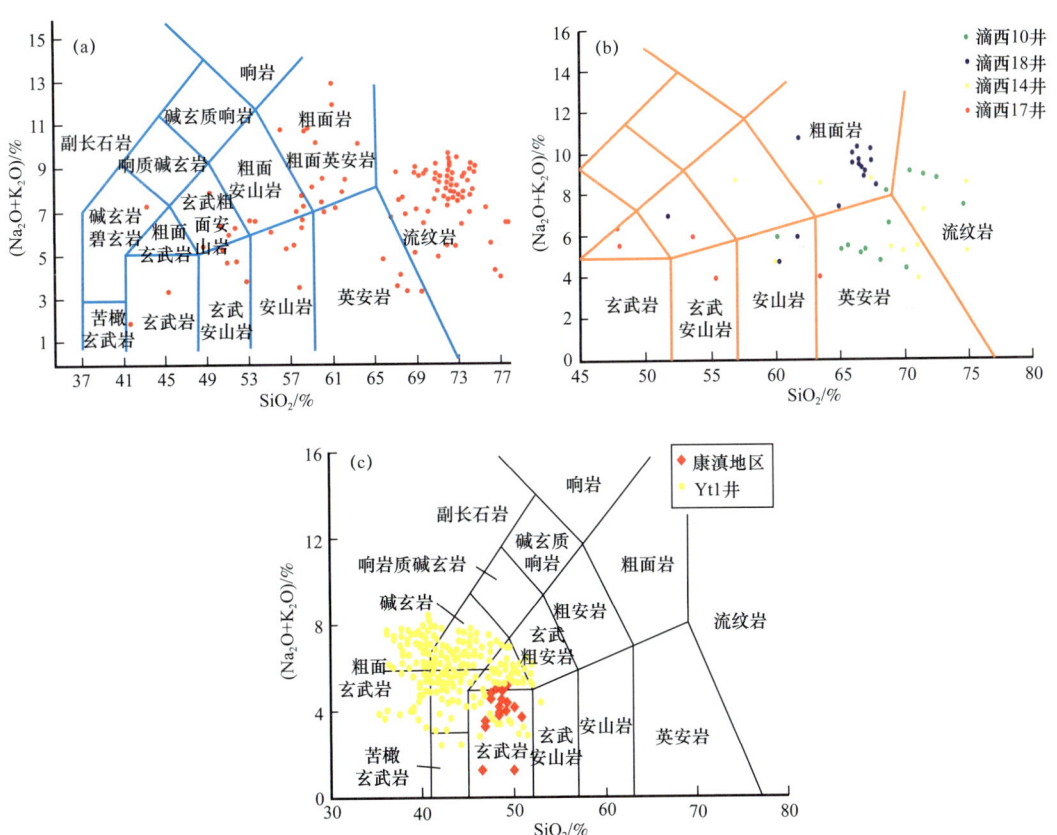

图 4-3-2　不同盆地的火山岩石化学元素分析 TAS 图
（a）松辽盆地深层火山岩（据周翔等，2018）；（b）准噶尔盆地石炭系火山岩（据石新朴等，2016）；
（c）四川盆地永探 1 井火山岩（据马新华等，2019）

火山岩发育基性岩类、中基性岩类、中性岩类、中酸性岩类与酸性岩类等火山熔岩类及碎屑熔岩、正常火山碎屑岩及火山—沉积碎屑岩三类火山碎屑岩类（石新朴等，2016）。其中以中基性火山岩为主，主要为玄武岩、玄武质安山岩和安山岩，发育少量酸性流纹岩［图4-3-2（b）］；火山碎屑熔岩类主要为凝灰熔岩，少部分角砾熔岩。

四川盆地上二叠统火山岩为基性侵入岩和喷出岩。盆地西南部为溢流相玄武岩，其喷溢中心为康滇地区深大断裂带，表现为大面积玄武岩分布；盆地中西部的简阳—三台地区为中心式爆发相，既有侵入岩，也有喷出相的火山熔岩（玄武岩）和火山碎屑岩；东部达州—梁平地区则仅为侵入和喷出岩相的辉绿岩和玄武岩［图4-3-2（c）］。永探1井为优质火山岩孔隙型储层，岩石类型以喷溢相角砾熔岩、含凝灰角砾熔岩为主，岩石整体偏碱性［图4-3-2（c）］。储集空间主要为脱玻化微孔、溶蚀孔及少量残余气孔。火山岩储层控制因素主要为岩性、岩相、后期流体改造作用和构造作用，其中火山碎屑熔岩在快速冷凝的过程中脱玻化形成大量弥散状微孔，为后期进一步溶蚀增孔提供了有利条件，溶蚀等成岩作用及裂缝发育使储层物性变好。

二、成藏条件

油气的成藏需要烃源岩、输导体系、储层和盖层等成藏要素的时空匹配，火山岩油气藏也一样。搞清楚不同盆地火山岩气藏的生、储、盖条件，是进行火山岩油气藏成藏主控因素分析的基础。

1. 烃源岩条件

松辽盆地深层发育多套烃源岩，从下到上有上侏罗统火石岭组，下白垩统沙河子组、营城组和登娄库组四套，以泥岩和煤为主。气源对比表明，深层火山岩气藏气源主要为沙河子组和火石岭组烃源岩。沙河子组暗色泥岩厚度为50～650m，最大厚度可达到1000m，煤层厚度为2～50m，最大厚度为120m；火石岭组暗色泥岩分布较为零散，最大厚度为900m，煤层一般厚度小于36m。沙河子组和火石岭组两套暗色泥岩平均TOC分别为1.94%和1.83%，煤岩平均TOC分别为44.00%和32.80%。靠近煤层附近的泥岩有机碳含量高达6%～15%，生烃潜力0.52～4.08mg/g。沙河子组和火石岭组烃源岩的有机质类型为II_2型或III型，R_o普遍大于2%，达到过成熟阶段。

准噶尔盆地石炭系烃源岩主要分布在下石炭统滴水泉组（C_1d）中下部、松喀尔苏组上段（C_1s_b）和上石炭统巴塔玛依内山组（C_2b）。烃源岩岩性主要由深灰色泥岩、碳质泥岩、凝灰质泥岩组成，厚度可达50～300m，有机碳含量（TOC）平均大于2%，总烃含量（S_1+S_2）平均大于2mg/g，有机质类型为II_2型—III型，实测R_o平均为0.74%～1.67%，有机质处于成熟—高成熟演化阶段，是一套优质煤系气源岩。

四川盆地烃源岩主要为寒武系筇竹寺组、中二叠统栖霞组和茅口组烃源岩。简阳—中江—三台地区槽内下寒武统筇竹寺组烃源岩极其发育，岩性主要为泥岩，优质烃源岩厚度大，为50～250m，TOC平均为3.62%，有机质类型为I型，处于高成熟—过成熟阶段，生气强度为$180×10^8$～$240×10^8 m^3/km^3$。川西地区发育中二叠统栖霞组、茅口组烃源岩，栖霞组烃源岩岩性主要为生屑灰岩和泥灰岩，总厚度为10～30m，生屑灰岩残余有机碳质量分数平均为0.38%，泥灰岩残余有机碳质量分数平均为0.36%，生气强度为$1.5×10^8$～$8.5×10^8 m^3/km^2$；茅口组烃源岩岩性主要为泥灰岩、生屑灰岩和硅质岩，总厚度为40～140m，生气强度为$2×10^8$～$12×10^8 m^3/km^2$。有机质类型为Ⅰ—Ⅱ型，处于高成熟—过成熟阶段。永探1井直接处于德阳—安岳台内裂陷之上，火山岩气藏天然气主要来自寒武系筇竹寺组烃源岩。

2. 储集条件

松辽盆地火山岩储层主要发育在火二段、沙一段、沙二段底部和营一段、营三段、营四段。酸性、中性和基性火山岩并存。其中，区内爆发相热碎屑流亚相、溢流相上部亚相、侵出相内带亚相和火山通道相隐爆角砾熔岩亚相的物性相对较好。火山岩储层物性以熔结凝灰岩储层最好，孔隙度为0.6%～24.6%；渗透率为0.001～11.1mD。其次是流纹岩，孔隙度0.4%～23%，渗透率0.001～0.88mD，一般达到较好—中等储层标准。火山岩发育多种裂缝类型，增大了火山岩的储集空间。值得注意的是，营一段火山岩存在差异性抬升作用，局部地区遭受风化剥蚀，火山岩风化壳改善储层厚度在100m左右，为天然气聚集成藏提供有利的储集空间。

准噶尔盆地火山岩储层主要发育在松喀尔苏组下段（C_1s_a）和巴塔玛依内山组（C_2b）。储层变化快、岩性种类多、分布复杂，爆发相、溢流相及浅成侵入相的各种岩性均可形成有利储层。石炭系火山岩储层孔隙度介于0.4%～28.9%，平均孔隙度为11.11%；渗透率介于0.01～142mD，平均渗透率为19.24mD。火山碎屑岩的孔隙最发育，平均孔隙度为14.8%；其次为熔岩，平均孔隙度为12.8%，属于高孔隙度型储层；浅成侵入岩的孔隙度最低，平均孔隙度为9.8%。平面上，火山爆发相中的近火山口相主要发育火山角砾岩，物性最好；溢流相的岩石性脆，受构造应力作用易产生裂缝，且发育有气孔、溶蚀孔等，同样具有优良的储集性能；而远离火山口相的凝灰岩一般物性较差。垂向上，熔岩流顶部、底部气孔发育，物性较好。储集空间主要为孔隙和裂缝双重孔隙结构，基质孔隙为主要的储集空间，裂缝改善了储层的渗透能力。另外，准噶尔盆地火山岩体遭受长期风化剥蚀（一般大于20Ma），距风化壳顶部400m范围之内广泛发育风化壳储层，有利于天然气聚集成藏。

四川盆地火山岩主要分布于三个区域：盆地西南部主要为大面积溢流相玄武岩；盆地中西部的简阳—三台地区发育侵入岩、火山熔岩（玄武岩）和火山碎屑岩；川东达州—梁平地区则仅为辉绿岩和玄武岩。玄武岩和火山碎屑岩的孔隙类型具多样性，以溶蚀孔、脱玻化微孔为主，但物性差异大。玄武岩储层表现为超低孔隙度、渗透率，厚度小（永探1井火山岩段顶部和中下部，分别厚11m和111m），分布于旋回中上部及顶部，横向可对比性较差；火山碎屑岩为中—高孔隙度储层（永探1井：孔隙度8.66%～16.48%，平均为13.76%；渗透率介于0.005～0.173mD，平均为0.058mD），厚度较大（永探1井厚122m），储层品质较好。火山碎屑熔岩储集空间类型以孔隙为主，发育少量裂缝。

3. 盖层条件

松辽盆地深层发育三套盖层、两套区域盖层和一套局部盖层（王民等，2017）。其中，泉一段、泉二段泥岩盖层厚度大，封闭能力强，横向分布稳定，盖层累计厚度大于100m，单层厚度超过10m，是营城组的区域盖层；登娄库组二段泥岩盖层普遍发育，岩石粒度细，封闭能力强，累计厚度多小于100m，单层最大厚度11m，平均小于5m，是营城组直接区域盖层。营一段顶部发育沉凝灰岩盖层，总体表现为东北部厚、南部薄的特点，是一套良好的局部盖层。

准噶尔盆地发育多套盖层，陆东—五彩湾地区火山岩气藏良好的生储盖配置定型于海西期。石炭系上覆二叠系、三叠系厚层泥岩封盖条件好，是石炭系巴塔玛依内山组（C_2b）断层—地层圈闭很好的顶板，为石炭系火山岩气藏提供了有利的保存和遮挡条件。另外，巴山组的凝灰岩、泥岩也有局部盖层的作用，亦可作为顶板。

四川盆地二叠系火山岩上部发育上二叠统沙湾组砂泥岩、上二叠统龙潭组泥岩及三叠系膏盐层。上二叠统泥岩的厚度大，是良好的直接盖层，三叠系厚层膏岩盖层广覆式分布，为优质的区域盖层（罗冰等，2019）。

三、成藏主控因素及模式

油气成藏是生、储、盖、圈、运、保等成藏要素综合作用的结果，但对于特定的油气藏而言，其成藏主控因素并不一定受所有的成藏要素控制。三大盆地火山岩的发育机制、烃源岩类型和有利岩相分布特征不同，相应的成藏主控因素也不尽相同。因此，针对不同盆地特定的火山岩油气藏，总结其成藏主控制因素，对于提高火山岩油气藏成藏认识以及指导油气勘探具有重要的意义。

1. 松辽盆地火山岩气藏成藏主控因素

松辽盆地是中国东部大型的中生代含油气盆地，盆地深层通常指泉二段及以下地层，包括上侏罗统火石岭组，下白垩统沙河子组、营城组、登娄库组、泉一段及泉二段，断陷期地层主要包括火石岭组、沙河子组和营城组。营城组火山岩是深层天然气勘探的主力储层，沙河子组是主力烃源岩发育层系。松辽盆地深层是由30多个相互独立的断陷组成的断陷群，具有丰富的天然气资源，火山岩气藏是盆地深层勘探的重要对象，火山岩探明天然气地质储量约占深层天然气总探明储量的80%，具有广阔的勘探前景。松辽盆地火山岩气藏中的天然气为干气，为烃源岩演化晚期产物，天然气沿断裂和不整合运聚，形成岩性—构造气藏（曹跃等，2018）。总体上，松辽盆地火山岩气藏受烃源岩、优质储层、输导体系和保存条件的控制。

1）近源聚集

通过对松辽盆地深层天然气统计发现，深层气藏形成的基本特征是近沙河子组烃源岩分布。在所统计的69口井中，与烃源岩距离小于10km的有井52口，其中仅有4口井为干层；与烃源岩距离10~20km的井有14口，其中6口井有气显示，4口为水井，4口为干井；而距离烃源岩大于20km的井则基本无天然气显示，其中水井1口，干井12

口。双城地区上部发现的来源于深层烃源岩的浅层气藏,虽经过了后期的改造作用,但仍分布于深层烃源岩附近。徐家围子断陷围绕断槽的升平气田、兴城气田、昌德气田、徐深气田及汪家屯气田(藏)等都是围绕生烃断槽呈环状分布(图4-3-3)。

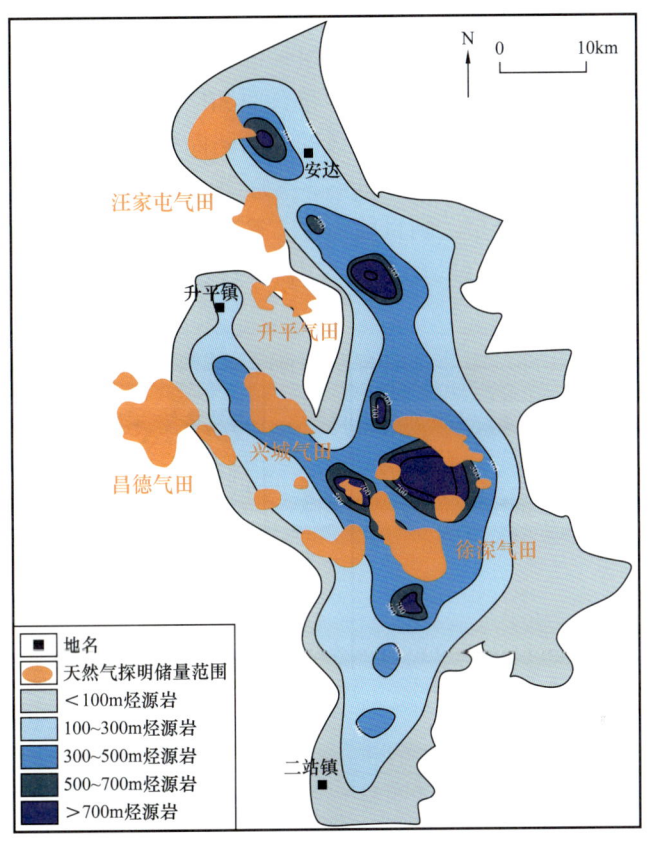

图 4-3-3　徐家围子断陷气藏沿生烃断槽呈环状分布图(据赵泽辉等,2014,修改)

2)优质火山岩储层控制气藏平面展布

研究表明,近火山口爆发相、溢流相流纹岩、多旋回溢流相顶部火山岩储层最发育,火山岩气藏也最发育。徐家围子断陷勘探实践表明,工业气流井大都分布在火山口或近火山口附近,如徐深1井、徐深3井、升深2-1井等,而远火山口的徐深16井则未获成功。通过对火山岩样品的孔隙度进行统计揭示:爆发相中凝灰岩的物性最好,角砾岩其次(杜金虎等,2012)。

储层微观结构制约储层内气水分异。对徐深气田营城组149块火山岩样品分析表明,水层、气水同层孔隙度分布在1.26%~7.23%之间,渗透率为0.05~0.37mD,而气层、差气层孔隙度和渗透率分别为5.31%~16.87%和0.17~6.16mD,明显好于水层、气水同层(图4-3-4)。气层、差气层样品的喉道半径较大,毛细管力相对较小,相应的地层条件下运移阻力较小。而水层、气水同层样品喉道较小,储层毛细管力相对较高,复杂的孔喉结构导致储层中滞留水饱和度高,地层水在成藏过程中难以被驱替,阻碍了天然气向上运移。储层非均质性控制下的差异性充注成藏造成物性较好的储层中天然气富集,而物性较差的储层则以气水同层、水层为主的分布格局。

3）断裂和不整合面控制火山岩气藏的分布和产量

断裂是火山岩气藏主要运移通道，在断陷盆地气藏成藏过程中起到了至关重要的作用。徐家围子深层断裂主要分为气源断裂和非气源断裂，气源断裂是火山岩气藏形成的主要输导通道，沟通下伏沙河子组、火石岭组烃源岩和上覆营城组火山岩储层。从运移角度来看，断层更适合油气垂向运移，而不整合面和层状储层有利于油气侧向运移，徐家围子断陷西侧为隆起带，断陷西坡为平缓的控断陷断裂断面，适于沿储层和不整合面侧向运移，有利于天然气的运移聚集（图4-3-5）。现已发现火山岩气藏，除少数火山岩岩性气藏外，其余均沿断裂分布。到目前为止，徐家围子断陷发现的所有气藏基本沿断槽呈环状分布，足以说明断裂在断陷盆地火山岩气藏成藏过程中的控制作用（付广等，2014）。

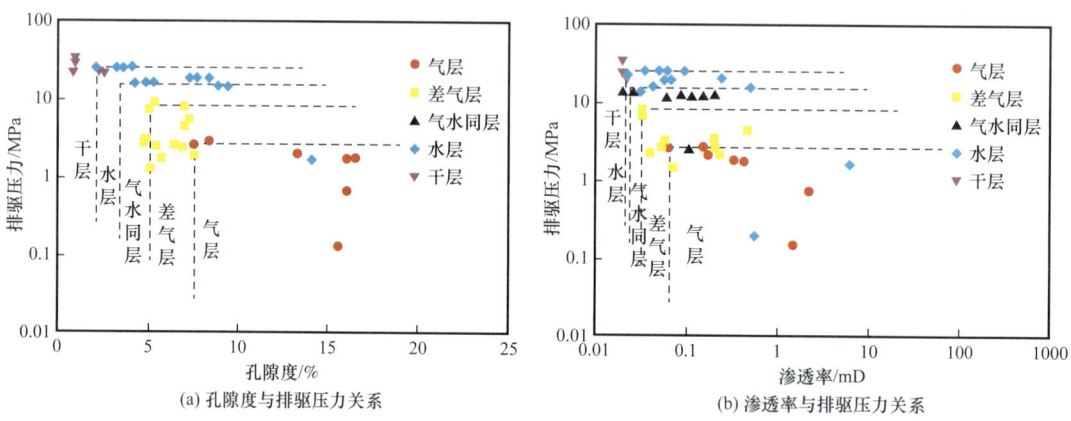

图 4-3-4　徐深气田储层孔隙度和渗透率与排驱压力关系（据周翔等，2019，修改）

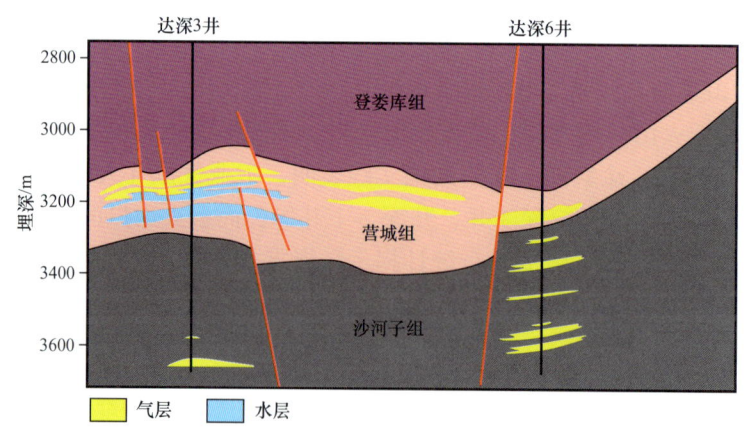

图 4-3-5　徐家围子断陷安达火山岩气藏剖面图（据冯子辉等，2014，修改）

4）断层、盖层空间匹配关系是气藏保存的关键

封闭型断层、盖层空间匹配关系决定了火山岩天然气成藏的有利区。徐家围子断陷深层天然气封盖层主要登二段和泉一段、泉二段发育的泥岩，这两套盖层全区分布，且

其厚度较大。其中，登二段泥岩累计厚度为100~200m，高值区位于断陷中部偏东地区；泉一段、泉二段泥岩累计厚度一般大于250m，断陷中部最厚，向东北部及西南部逐渐减薄，泥岩横向连续性好。从盖层—烃源岩时间匹配上来看，天然气第一次大规模充注期为泉头组沉积末期（图4-3-6），此时登二段和泉一段、泉二段盖层均已形成，具有较强的封闭能力。另外，在营城组内还发育有一套局部盖层，主要分布于徐东地区。徐家围子断陷营一段火山岩中目前已发现的天然气藏均分布在营一段顶封闭型断盖空间匹配关系区（无油源断裂发育和油源断裂封闭处）内或边部（付广等，2014）。

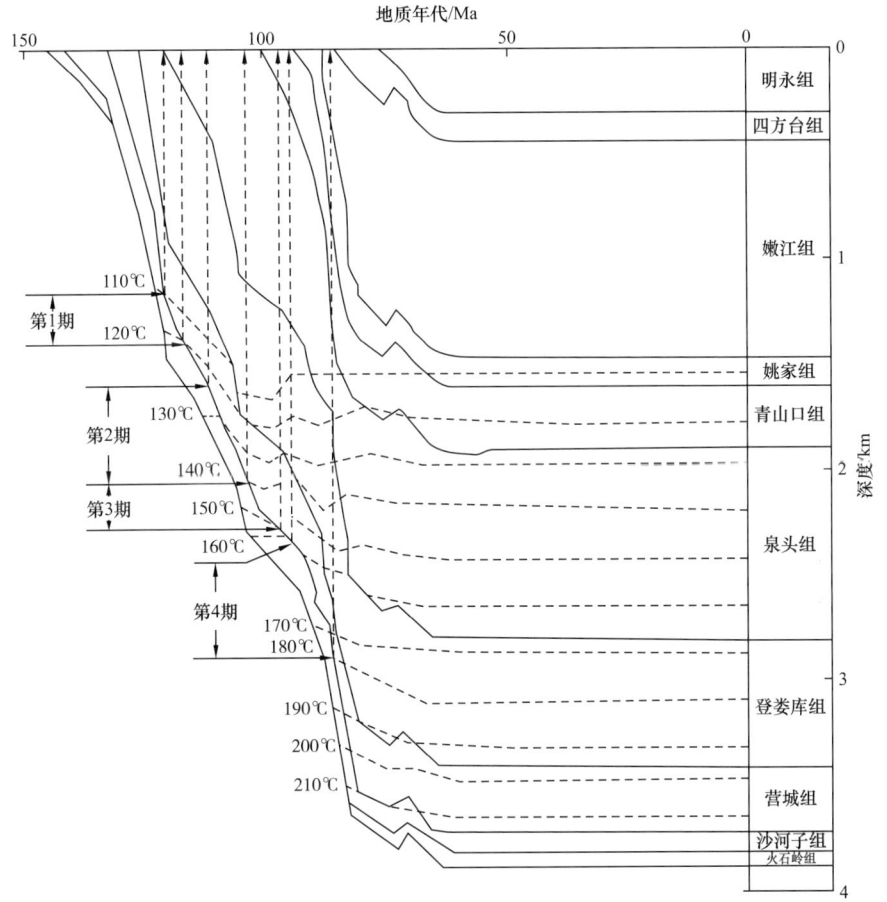

图4-3-6 徐家围子断陷区营城组天然气充注时期（据王永卓等，2019）

2. 准噶尔盆地火山岩气藏成藏主控因素

准噶尔盆地油气同出，干气、湿气并存，油气藏主要分布在陆东和准东地区。滴水泉凹陷周缘油气显示丰富，现已发现了多个油气田，例如滴北凸起的泉1井、泉002井侏罗系高产油气层，其邻近的泉6井、泉8井石炭系获工业气流；滴南凸起中段的克拉美丽气田及在南带断阶区近期新发现的滴探1井、美6井、美8井、阜康凹陷东部的阜26井石炭系也获高产气流，展示了石炭系良好的勘探前景。目前研究表明，巴塔玛依内山组发育风化壳型油藏；松喀尔苏组上段主要发育岩性气藏；松喀尔苏组下段主要发育构造气藏（范光旭等，2018）。不同井区皆存在来自石炭系腐殖型烃源岩的天然气，气源为本地与凹陷深部烃源岩产物混合，但是由于捕获阶段存在差异，往往为多源多期天然气的混合，不同地区油气藏类型、油气成因和富集规模不同（向才富等，2016）。

1）捕获凹陷深部烃源岩产物是大型火山岩气藏成藏的关键

准噶尔盆地火山岩气藏主要分布在石炭系烃源岩厚度较大的区块，如滴水泉凹陷、五彩湾凹陷和阜东地区，烃源岩厚度多分布在大于100m的范围内（图4-3-7），说明烃源岩分布控制了油气藏的分布。目前滴南凸起不同区块天然气特征基本一致，甲烷碳同位素为 –31.6‰~–28.5‰，乙烷碳同位素为 –25‰~–24‰。根据热模拟实验结果（图4-3-8），本区天然气烃源岩的成熟度 R_o 达到 1.32%~1.57%，而本地烃源岩的成熟度偏低，R_o 平均仅为 1.21%。滴南凸起天然气成熟度高于本地烃源岩，说明该区存在凹陷深部烃源岩更高成熟产物的注入。除此之外，滴南凸起南分支北侧断阶区美6井—美8井区主要是捕获滴水泉凹陷深部石炭系烃源岩高成熟—过成熟演化阶段的产物；阜东地区阜26井天然气成熟度也远远高于其本地烃源岩，其来源也是阜康凹陷深部的石炭系烃源岩。因此，对于石炭系天然气勘探而言，捕获凹陷深部烃源岩高成熟—过成熟阶段产物是大型火山岩气藏成藏的关键。

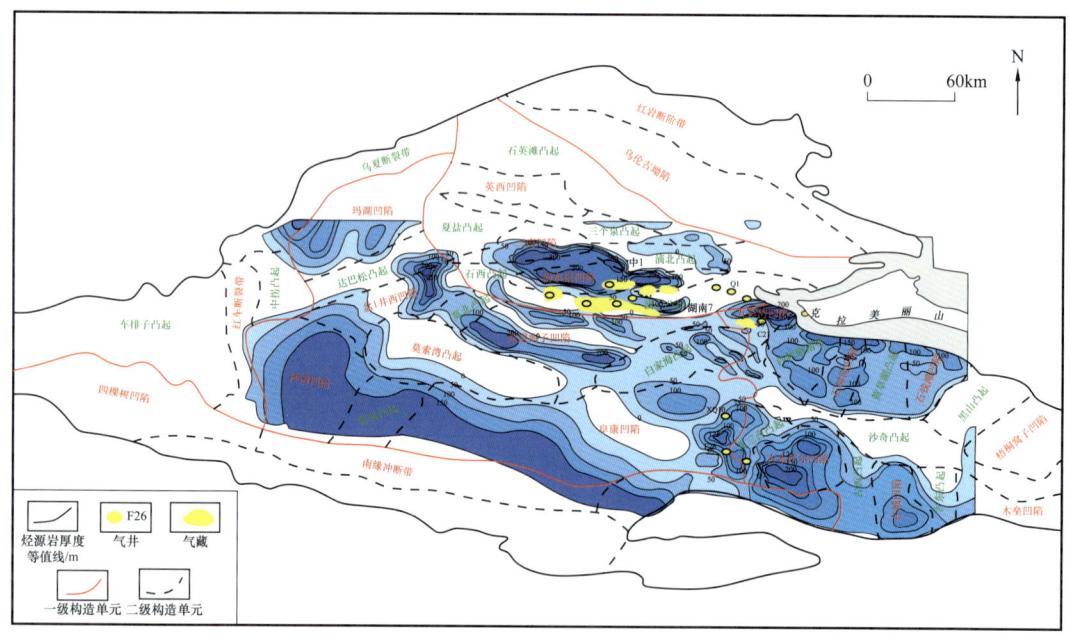

图4-3-7 石炭系松喀尔苏组上段烃源岩与油气藏叠合图

2）构造演化与烃源岩演化之间的匹配关系控制油气藏富集规模

滴南凸起北分支克拉美丽气田规模大、油气同出，而滴南凸起南分支北侧断阶区的滴探1井—美6井区油气藏规模相对较小，为干气藏，二者从油气藏烃类类型及富集规模都有较大差异。克拉美丽气田石炭系天然气中烃类气体占绝对优势，干燥系数普遍较高，分布在 0.88~0.97 之间，绝大部分大于0.9，甲烷含量普遍大于85%，整体表现为干气与少量凝析气共存的格局，说明成熟和高成熟—过成熟阶段的天然气均有分布，存在多期成藏特征。相对于克拉美丽气田，南带断阶区石炭系天然气在组分中烃类气体优势更明显，甲烷含量平均占 95.36%，干燥系数均达到 0.97，明显高于克拉美丽气田石炭系天然气，属于典型的干气，演化程度更高。

根据滴西 17 井埋藏史与古地温演化图（图 4-3-9），克拉美丽气田石炭系存在两期构造调整，第一期构造调整在印支晚期，形成的油气藏普遍为轻质油藏和湿气，气油比很

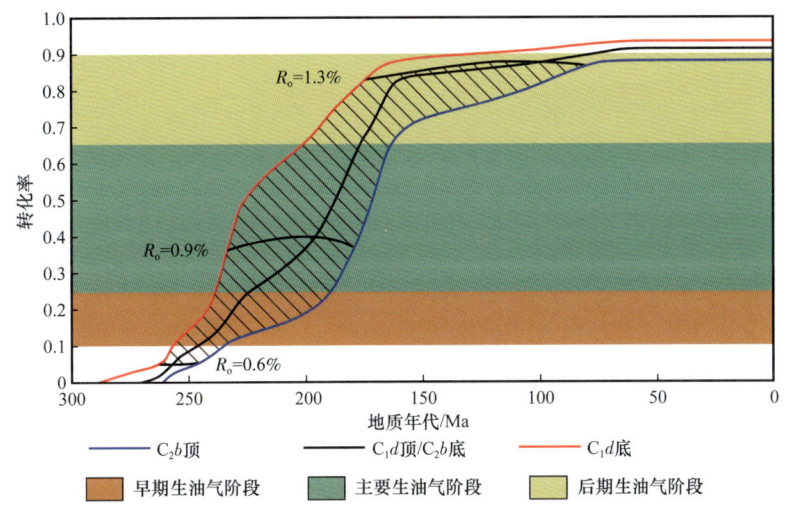

图 4-3-8　石炭系烃源岩有机质生烃史

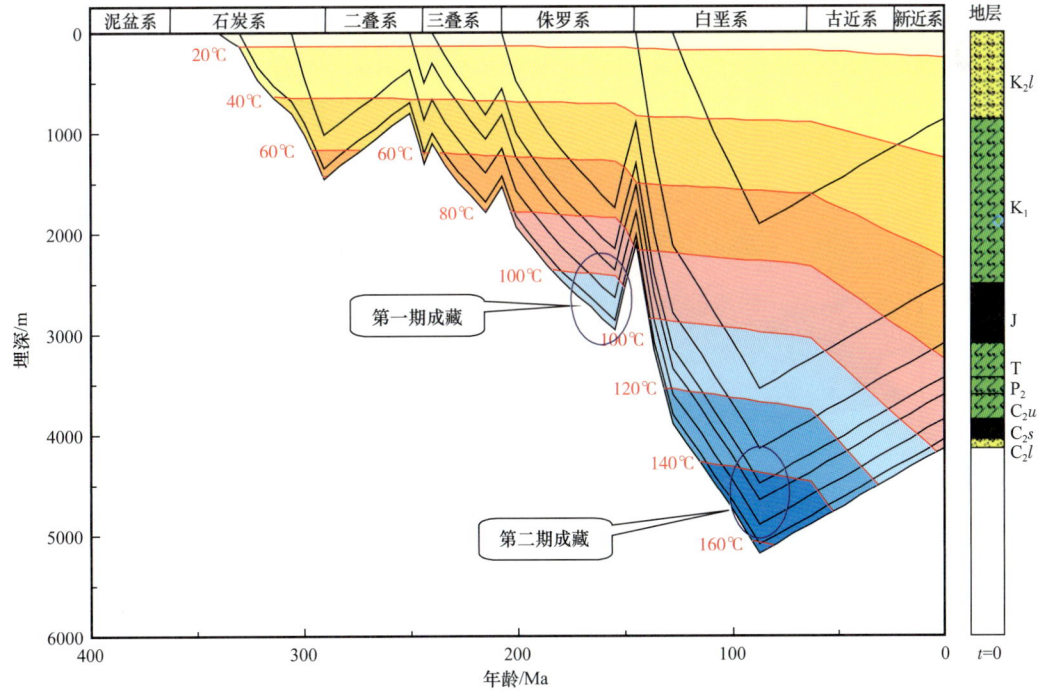

图 4-3-9　滴西 17 井埋藏史与古地温演化图

低。第二期构造调整发生在燕山中—晚期，产物以天然气为主，气油比升高。

研究认为，克拉美丽气田石炭系圈闭形成时间早，捕获烃源岩生烃多个阶段产物，伴生大量轻烃；而南分支北侧断阶区圈闭形成时间晚，仅捕获烃源岩晚期产物，为典型干气，形成纯气藏（图 4-3-10）。因此，构造定型时间早，能够捕获烃源岩多期产物是形成大规模油气藏的关键因素。

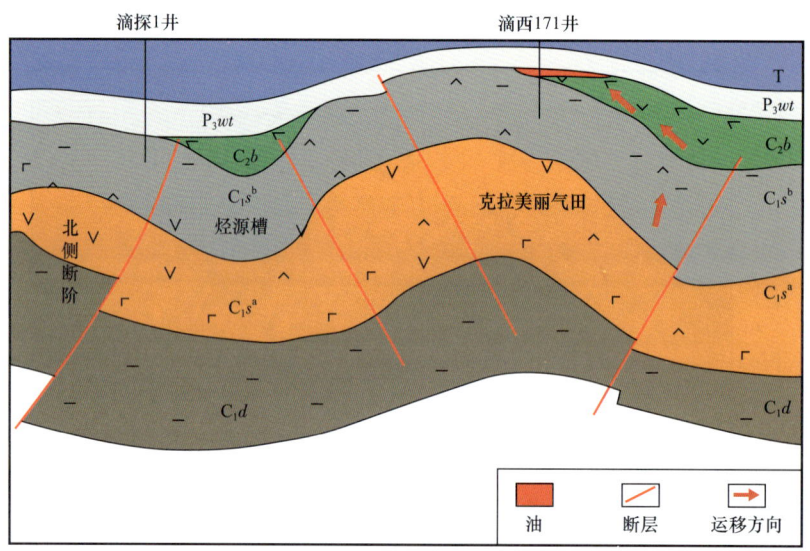

(a) 三叠纪成藏模式

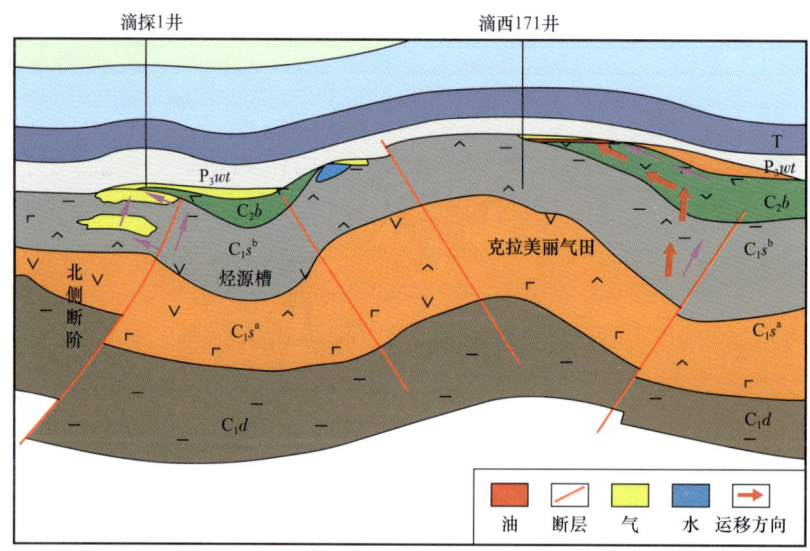

(b) 现今成藏模式

图 4-3-10　滴南凸起南北分支构造演化与油气成藏之间的关系

3）储层、盖层组合和保存条件对该区油气富集具有重要影响。

准噶尔盆地发育三套生、储、盖组合（图 4-3-11），具体特征如下：（1）以石炭系松喀尔苏组上段（C_1s_2）为主要烃源岩，石炭系巴塔玛依内山组（C_2b）火山岩为储层，二叠系泥岩为盖层（例如滴泉1井、美6井，滴探1井上部层）的生、储、盖体系；（2）以石炭系松喀尔苏组上段（C_1s_2）为主要烃源岩，C_1s_2内部火山岩体为储层，自身烃源岩为盖层（克拉美丽气田部分井）的生、储、盖组合；（3）以石炭系松喀尔苏组上段（C_1s_2）为主要烃源岩，松喀尔苏组下段（C_1s_1）为储层，C_1s_2火山岩体为盖层（滴探1井下部）的生储盖组合。

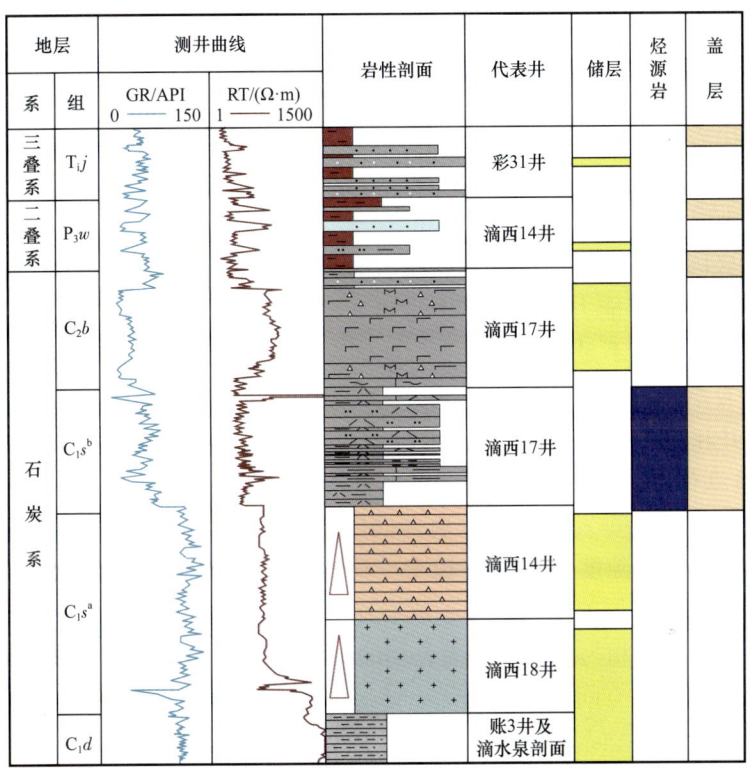

图4-3-11 克拉美丽山前石炭系—二叠系综合柱状图

石炭系沉积期之后，构造活动逐渐减弱，二叠纪构造相对稳定，凹陷区地层平缓，断裂不发育，具备形成规模油气藏的保存条件。石炭系上覆的二叠系、三叠系厚层泥岩，是石炭系巴塔玛依内山组断层—地层圈闭很好的顶板；巴塔玛依内山组间的凝灰岩、泥岩也有局部盖层的作用，亦可作顶板。总体上，石炭系上覆二叠系泥岩封盖条件好，三叠系次之。克拉美丽气田石炭系上覆二叠系泥岩封盖条件好，为其提供了有利的保存和遮挡条件。

3. 四川盆地火山岩气藏成藏主控因素

四川盆地西部二叠纪中—晚期广泛发育厚层基性火山岩堆积，称为峨眉山玄武岩。该盆地第一口火山岩工业气井是位于周公山构造高部位的周公1井，该井于1992年完钻，钻揭二叠系玄武岩厚度301m，测试产量为$25.61×10^4m^3/d$。其后针对玄武岩部署了汉6井和周公2井，但未获突破。2017年在四川盆地简阳地区针对二叠系火山岩部署了风险探井——永探1井，该井钻遇优质火山碎屑熔岩孔隙型储层。中途完井测试获

$22.5×10^4m^3/d$ 的工业气流，实现了盆地二叠系火山碎屑岩勘探重大发现，展现了火山碎屑岩气藏勘探潜力。四川盆地火山岩气藏为典型的干气，天然气为烃源岩高成熟—过成熟阶段产物，以玄武岩和火山角砾岩为主要储层，以通源断裂为输导体系。干气沿高角度断裂运移至优质储层中，形成火山碎屑岩控制的岩性气藏（陆建林等，2019；谢继容等，2021）。总体上，四川盆地火山岩气藏主要受烃源岩、优质储集条件和输导条件的控制。

1）烃源岩是物质基础

目前研究认为川西南部火山岩气藏气源以下二叠统为主，周公1井天然气碳同位素与川西南茅口组气藏天然气碳同位素的分布较一致，属有机成因的煤系高成熟晚期气。成都—简阳火山岩气藏气源以寒武系筇竹寺组为主，永探1井二叠系火山岩天然气甲烷、乙烷碳同位素与相关烃源岩碳同位素对比分析表明，天然气来源于寒武系筇竹寺组，并且为原油的二次裂解气（田兴旺等，2021）。

川西南地区因加里东运动抬升剥蚀至震旦系—下寒武统，筇竹寺组残厚小（周公1井残厚为13.5m），生烃能力较差，烃源主要来自中二叠统，但中二叠统碳酸盐岩生烃能力欠佳，因此气源略显不足。简阳—三台地区在早古生代为德阳—安岳裂陷区，寒武系筇竹寺组烃源岩厚度较大（200~350m），生烃能力强，气源充足。上述烃源岩差异造成了现今周公1井和永探1井气藏规模的差异。

2）厚层喷溢相火山碎屑岩提供了优质储集条件

四川盆地火山岩以爆发相火山碎屑岩储层为主，主要储集空间为脱玻化晶间微孔、溶蚀孔、裂缝，平均孔隙度可达10%以上。喷发旋回控制了爆发相火山岩储层的早期形成，火山机构控制了储层的横向分布，成岩作用控制了储层微孔隙的形成。成都—简阳地区火山岩总体以喷溢相为主，是较为有利的储集相带，火山岩厚度普遍超过180m，发育多种原生及次生储集空间类型，为优质储层的发育与天然气聚集奠定了基础。川西南地区，则主要为玄武岩，储集能力较差。

3）火成岩气藏保存条件的优劣对气藏的形成具有重要作用

东吴运动使四川盆地整体大幅度抬升，并伴随强烈的地裂拉张作用，形成了一系列深大断裂。这些深大断裂在使得上地幔玄武岩浆大量喷发的同时，也将寒武系烃源岩和二叠系火山岩有效地进行了沟通。盆地西南部以低陡断褶构造为主，褶皱幅度较高、断层发育，一方面大大改善了储渗条件和输导体系，使下伏烃源岩生成的油气部分运移至玄武岩圈闭成藏；但另一方面，深大断裂带，特别是靠近露头区的断裂带必然会造成气藏的破坏。比较而言，简阳—三台地区位于川中—川西过渡带，构造形变程度较低，断层较少且规模小；局部盖层为上二叠统泥页岩，区域性盖层为三叠系嘉陵江组和雷口坡组膏盐岩，保存条件优越。故盆地西南部以溢流相裂缝型储层+二叠系烃源岩成藏组合为特征：二叠系自生自储，大多位于盆地边缘，受构造的影响，通天断裂容易破坏气藏；而简阳—三台地区以爆发相储层+筇竹寺组烃源岩为最有利的成藏组合为特征：下生上储，受筇竹寺组裂陷槽优质烃源和优质火山岩储层控制，致密盖层稳定封堵，有利于天然气的富集（图4-3-12）。

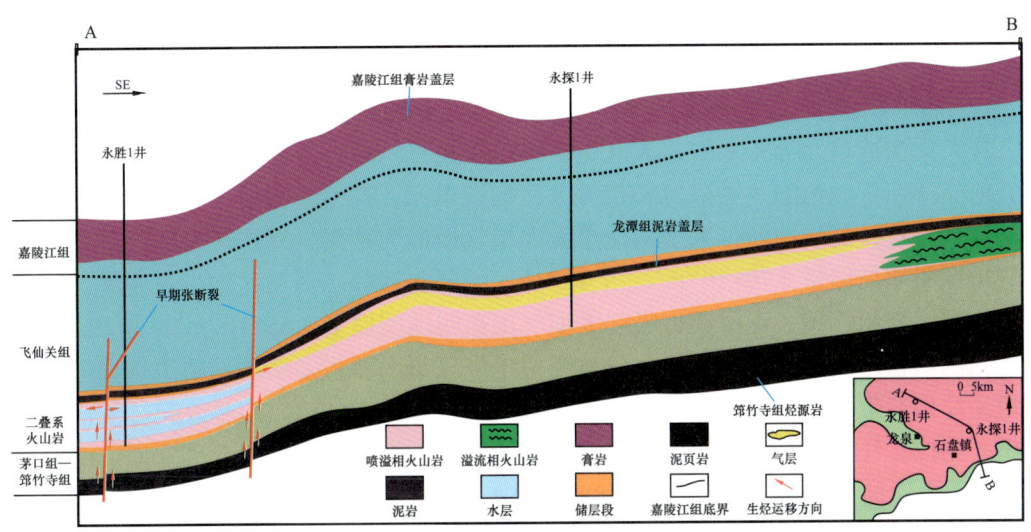

图 4-3-12　成都—简阳地区二叠系火山岩天然气成藏模式图

第四节　大气田分布与富集规律

中国已发现的大气田分布在鄂尔多斯盆地、四川盆地、塔里木盆地、松辽盆地、柴达木盆地、准噶尔盆地、东海盆地、莺歌海—琼东南盆地和珠江口盆地等。其中，不同盆地天然气成藏条件差异较大，大型气田"贫富"差距也较大，鄂尔多斯盆地、四川盆地、塔里木盆地三大克拉通和前陆叠合盆地大型气田富集。

一、大气田分布特征

1. 不同类型盆地大型气田分布特征

中国克拉通盆地、前陆盆地、断陷—坳陷盆地皆发现了大型气田，但主要分布在克拉通盆地和前陆盆地，大气田探明地质储量占比为 89.6%。其中，克拉通盆地大型气田探明地质储量 $9.44×10^{12}m^3$，占比 75.5%；前陆盆地（库车前陆盆地为主）为 $1.86×10^{12}m^3$，占比 14.9%，断陷—坳陷盆地为 $1.2×10^{12}m^3$，占 9.6%（图 4-4-1）。克拉通盆地地层相对齐全，烃源岩、储层、盖层发育，圈闭规模大，形成大型气田条件优越；前陆盆地煤层丰富，成排成带圈闭发育，三角洲砂体分布广泛，天然气成藏条件优越。目前发现探明地质储量 $3000×10^8m^3$ 以上规模的 12 个大型气田（苏里格气田、安岳气田、靖边气田、克拉苏气田、大牛地气田、普光气田、塔中Ⅰ号气田、延安气田、神木气田、元坝气田、徐深气田、克拉 2 气田）主要分布在克拉通盆地和前陆盆地。该 12 个大型气田合计探明地质储量 $7.90×10^{12}m^3$，占大型气田总探明地质储量的 62.13%。而煤系烃源岩发育的断陷—坳陷型盆地主要分布在渤海海域、东海、南海盆地，发现大型气田 11 个，探明地质储量 $0.90×10^{12}m^3$，占大型气田总探明地质储量的 7.09%，且渤中 19-6 气田、东方 1-1 气田、宁波 17-1 气田、宁波 22-1 气田、陵水 17-2 气田储量达到千亿立方米规模。

2. 大型构造单元大型气田分布特征

从大型构造单元分布来看，大气田主要分布在克拉通古隆起、克拉通海陆过渡相斜坡、前陆冲断带、断陷—坳陷背斜带等大型构造单元，其中，克拉通古隆起、克拉通海陆过渡相斜坡、前陆冲断带大型构造单元大型气田最为富集。克拉通海陆过渡相斜坡大型气田探明地质储量 $5.79 \times 10^{12} m^3$，占 46.3%，主要包括鄂尔多斯盆地上古生界气田、四川盆地须家河组气田；克拉通古隆起大型气田探明地质储量 $3.65 \times 10^{12} m^3$，占 29.2%，主要包括四川盆地安岳气田、塔里木盆地塔中Ⅰ号气田、鄂尔多斯盆地靖边气田等；前陆盆地逆冲构造带大型气田探明地质储量 $1.86 \times 10^{12} m^3$，占 14.9%，包括克拉苏气田、大北气田、克拉 2 气田等；断陷盆地背斜构造型气田包含松辽盆地、渤海湾盆地、沿海盆地等，探明地质储量 $0.73 \times 10^{12} m^3$，占 5.8%（图 4-4-2）。

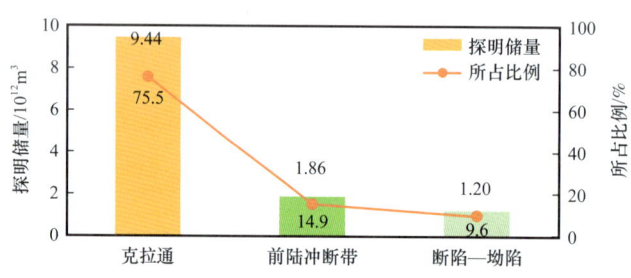

图 4-4-1　不同类型盆地大气田探明地质储量

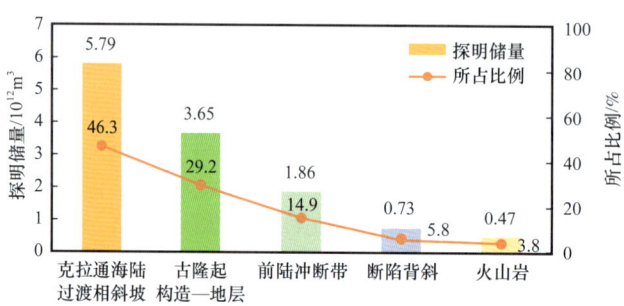

图 4-4-2　不同构造单元大气田探明地质储量

3. 不同类型储层大型气田分布情况

气藏储层类型主要为碎屑岩（致密砂岩和常规砂岩）、碳酸盐岩、火山岩、变质岩与泥页岩裂缝、煤层等。统计中国大型气田（不含页岩气和煤层气）储层类型，主要为致密砂岩、碳酸盐岩。其中，以致密砂岩为主力储层的包括鄂尔多斯盆地上古生界苏里格气田、四川盆地须家河组气田、塔里木盆地克拉苏气田等，探明地质储量达到 $6.78 \times 10^{12} m^3$，占比超过 50%；以碳酸盐岩为主力储层的包括安岳气田、靖边气田、塔中Ⅰ号气田等，探明地质储量 $3.65 \times 10^{12} m^3$，占比为 29.2%；以常规砂岩为主力储层的大气田主要为沿海一带崖 13-1 气田、春晓气田、东方气田、克拉 2 气田等；以火山岩为主力储层的主要为克拉美丽气田、徐深气田、长深气田等，探明地质储量相对较少，占比较低（图 4-4-3）。整体上致密砂岩储层和碳酸盐岩储层是探明地质储量增长的主体。

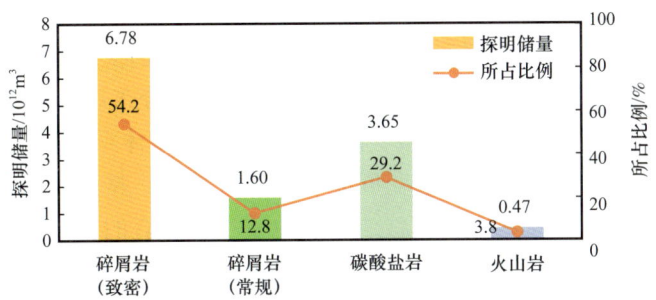

图 4-4-3　不同储层岩性类型大气田探明地质储量

4. 不同成因天然气大型气田分布情况

天然气来源可以是煤型气、生物气、油型气、原油裂解。从大型气田天然气成因来看，以煤型气和原油裂解气为主体。煤型气大型气田探明地质储量 $8.7×10^{12}m^3$，占 75.7%。其中，克拉通盆地煤型气大型气田占 47.5%，前陆盆地煤型气大型气田占 12.5%，断陷盆地煤型气大型气田占 9.6%。油型气、原油裂解气大型气田占比为 28%，主要为深层海相泥页岩干酪根裂解气和原油裂解气。生物气占比较低，主要柴达木盆地涩北 1 气田、涩北 2 气田、台南气田等，仅占 2.4%（图 4-4-4）。

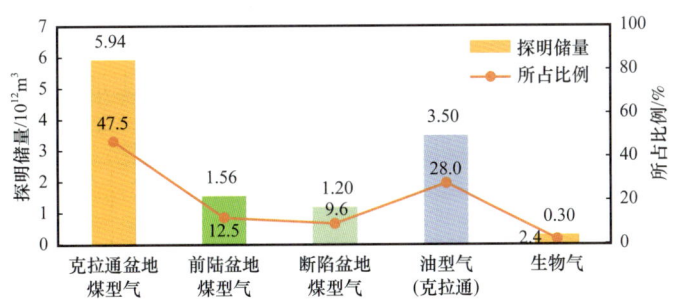

图 4-4-4　不同天然气成因大气田探明地质储量

结合分析可知，目前大气田分布领域从盆地类型方面来看，主体为克拉通盆地、前陆盆地；从一级构造单元方面来看，主体为平缓斜坡、古隆起、前陆逆冲构造带；从储层类型方面来看，主体为致密砂岩储层、碳酸盐岩储层；从天然气成因方面来看，主体为煤型气和原油裂解气。克拉通盆地碳酸盐岩古隆起、大面积平缓斜坡致密砂岩、前陆盆地冲断带为现今规模探明地质储量主体领域。

二、大型气田富集规律

1. 大型气田地质体系划分及形成特征

由于中国具有小陆块拼合、多旋回演化、强烈的陆内构造活动性等地质特点，决定了中国天然气地质具有天然气成因类型多、气藏类型丰富、成藏过程复杂、天然气勘探领域多样的特点。众多地质学者在关于大气田形成条件及分布规律方面做了大量的研究，取得了"煤成气"、"复式油气聚集带"、"源控论"、"古隆起论"、"地层—岩性"、"晚期成藏"、"动态平衡"等成藏与油气分布规律的认识，有力支撑了中国天然气勘探的发展。随着勘探的深入及地质理论研究的进展，不断形成大气田分布规律的新认识。根据构造、沉积、大气田形成机制等分析，将大型气田划分为不同地质体系并进行了规律深化研究。

从全球动力学系统来看，宏观上变形体制主要有伸展、挤压和走滑三种，不同区域构造运动机制具有不同的成藏特点。总结众多地质学者已有的研究认识及结合近期勘探实践进展，从古至今主要发生三次区域伸展、两次区域挤压、两次区域走滑运动，在中国西部（主要为塔里木盆地、吐哈盆地、青海等盆地及邻区）、北部（主要为松辽盆地、海拉尔盆地及邻区）、中部（主要为四川盆地、鄂尔多斯盆地及邻区）、东部（主要为渤海湾盆地、沿海盆地及邻区）等不同区域形成了不同石油地质条件，天然气运聚特征及资源分布差异较大（图4-4-5、图4-4-6）。

中国大陆板块在地质历史中发生新元古代—古生代、中生代、新生代三次区域性伸展运动。新元古代—早古生代受全球区域拉张裂解控制，古大陆板块发生裂解、沉降，形成大型克拉通盆地，并发育一系列大型裂陷。中生代中国大陆受控于周缘板块相对运动，西部形成了库车等一系列陆内坳陷、山前与山间坳陷；北部蒙古—鄂霍次克洋从晚三叠世开始至早白垩世期间扩张，发育了海拉尔盆地、松辽盆地等一系列侏罗系—白垩系断陷盆地。该时期鄂尔多斯盆地处于东部和西部两大构造环境的转换部位，形成大型陆内坳陷盆地。新生代继承了中生代构造运动性质，中国东部受太平洋构造域的影响，构造—岩浆活化作用更为强烈，在中生代末褶皱隆起萎缩的陆相残留盆地之上形成一系列裂谷盆地。

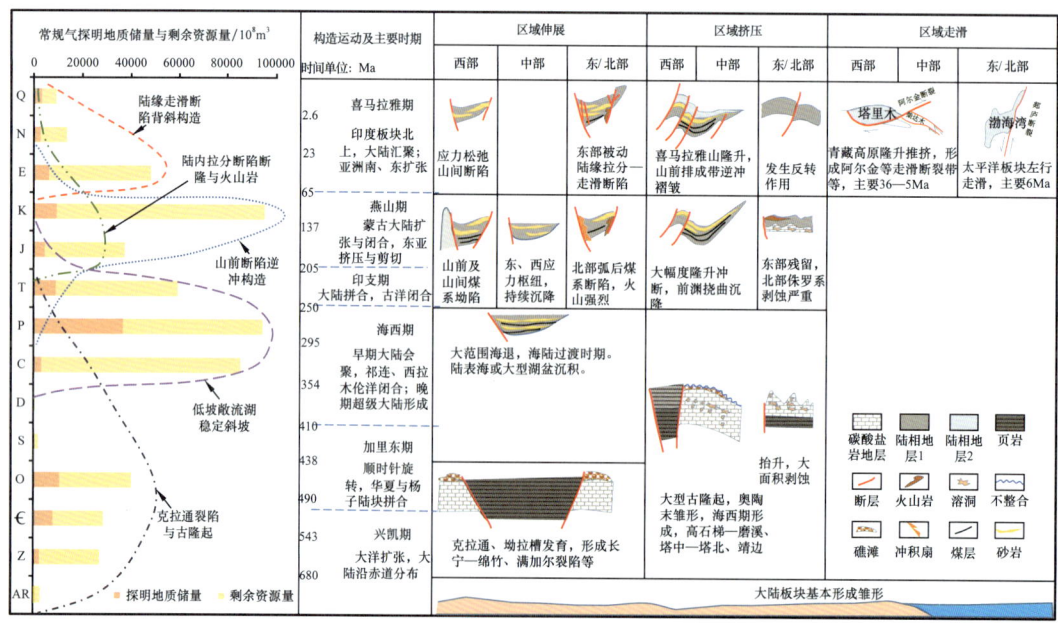

图4-4-5 区域构造运动及盆地概略模式

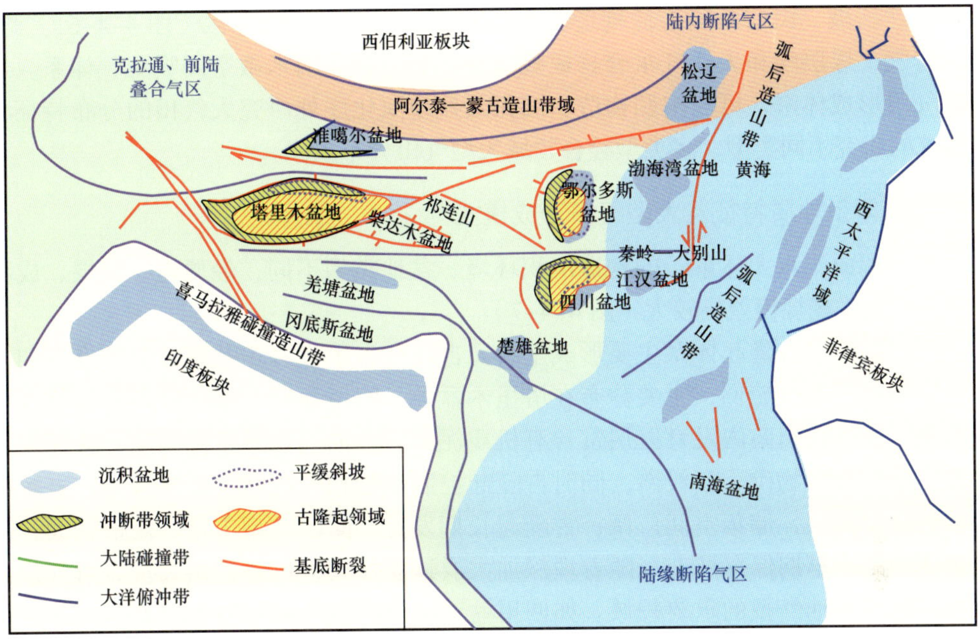

图 4-4-6 中国构造板块构造略图与大型气田体系分布示意图

区域挤压作用主要发生在古生代、中—新生代。古生代区域挤压作用表现为两期：第一期为加里东拼合时期，南北向挤压占据主导地位，盆内构造分异进一步明显，晚奥陶世后期整体抬升，扬了板块西部康滇古陆隆起雏形形成；第二期为海西时期板块靠拢阶段，中国的陆块在早海西期基本上处于靠拢状态，晚海西期形成超级大陆与泛太平洋。塔中、高石梯—磨溪、庆阳等大型隆起基本受着两期作用形成。晚古生代中西部挤压隆升强烈，大型隆起地层遭到强烈剥蚀或者未接受沉积。中—新生代区域挤压作用形成一系列前陆盆地。印支期全球板块华北陆块开始逆时针转动，与华南陆块拼合，燕山期大陆扩张，使板块运动又一次加速；喜马拉雅运动期印度板块快速北上与欧亚大陆碰撞、拼合，亚洲大陆的南缘和东缘扩张。中西部古老褶皱山系恢复活性，大幅度隆升冲断及挠曲沉降，东部发生反转作用，形成丰富反转构造。

走滑构造主要和碰撞造山带、斜向俯冲带、块体走滑拼贴带密切相关。中国大陆地处古亚洲、特提斯和环太平洋三大动力体系的叠合区域，广泛发育大型走滑断裂带（主要发生在中—新生界，总体上分为挤压走滑、拉张走滑两种类型）。挤压走滑主要发生在中西部中—新生界，柴达木盆地、共和盆地等受挤压走滑控制作用较强的地区；拉张走滑主要发生在东部新生界，形成渤海湾一系列拉分—走滑盆地，湖相泥岩、湖沼相煤系烃源岩发育，断裂及构造丰富，具有优越的成藏条件。

由上述分析可知，整体上东部、北部、中西部构造—沉积体系差异较大，大气田形成条件各具特色。根据不同气区大气田分布特征，划分为克拉通裂陷与古隆起、低坡敞流湖盆稳定斜坡、前陆逆冲构造带、陆内断陷断隆与火山岩、陆缘断陷背斜构造带五大常规大型气田形成体系。整体上分为北部陆内断陷气区、东部陆缘断陷气区、中—西部克拉通和前陆叠合气区（图 4-4-6）。其中，中—西部气区为克拉通裂陷与古隆起、低坡敞流湖稳定斜坡、山前断陷逆冲构造三个大气田形成体系的叠合区（图4-4-6）。此外，根据页岩气、煤层气和天然气水合物成藏特性，划分为"纳米微空间吸聚"体系。通过划分大气田形成体系，可以按照构造、沉积及盆地演化序列研究大气田的分布特征，有利于系统的研究不同类型、多类型叠合领域大型气田分布规律。

2. 不同体系地质特征及大型气田形成模式

大气田形成"六大体系"的构造沉积环境、盆地类型不同，烃源岩、储层、成藏期等成藏条件及成藏规模差异较大（图4-4-7）。

克拉通裂陷与古隆起体系主要形成于新元古代—古生代海相盆地时期历经多期区域伸展—区域挤压构造旋回，主要分布在塔里木盆地、四川盆地、鄂尔多斯盆地等海相克拉通盆地。该体系裂陷内发育厚层富含有机质泥页岩，油气物质基础雄厚；紧邻裂陷槽的台缘广泛发育生物礁、鲕粒滩，同时古隆起控制高能相带沉积，形成礁滩、岩溶缝洞体等多种类型储层，储集空间广阔；古隆起长期发育，圈闭类型丰富、规模较大，提供油气聚集场所；早期保存液态烃随着埋深加大及地温加大，可以提供大量裂解气，是发育大型—特大型油气藏的重要领域。如四川盆地震旦纪至寒武纪发生大型隆起与裂陷变形，发育德阳—安岳等大型克拉通内裂陷及高石梯—磨溪古隆起，裂陷内暗色泥岩发育，裂陷两侧及古隆起发育大规模高能相带丘滩体，同时，古隆起长期稳定发育，构成优越生、储、盖组合。目前在高石梯—磨溪地区发现安岳特大型气田。

低坡敞流湖盆稳定斜坡体系是指克拉通盆地海陆过渡期形成地层角度较低的敞流型湖泊，与大断裂控制的断陷相比，具有断裂与构造不发育、地层坡度小、浅水三角洲和湖相交替发育等特征，主要分布在鄂尔多斯盆地、四川盆地上古生界—中生界。鄂尔多斯盆地、四川盆地古生界—中生界表现为一定幅度的升降运动及其造成大规模的水体进退沉积建造，湖水大范围席状涨落，广覆式煤层、砂岩、泥岩间互分布。最具特色的成藏特点是随着埋深加大，砂岩规模致密化，但仍具有较好的储集条件，同时由于砂岩致密化使毛细管力增大，对天然气大范围运移具有阻挡作用，整体上形成大面积近源聚集致密砂岩气。已发现苏里格气田、合川气田等大气田。

前陆逆冲构造带体系主要指前陆盆地环境。中国大陆壳古生代末期、中—新生代受印度板块快速北上与欧亚大陆碰撞、拼合影响，中—西部大幅度隆升冲断形成三期前陆盆地：晚二叠世—三叠纪古亚洲洋关闭，形成塔里木盆地、准噶尔盆地周缘前陆盆地；晚三叠世古特提斯洋关闭，形成塔里木盆地南侧—鄂尔多斯盆地一带前陆盆地；新近纪新特提斯洋关闭，塔里木盆地、准噶尔盆地周缘前陆盆地再生。其中，新近纪形成的前陆盆地，冲断带叠瓦状构造连片，油源断裂发育，为形成大型油气藏提供有利条件。如库车前陆盆地发育三叠系—侏罗系湖沼相和湖相烃源岩、多种类型的湖成三角洲砂体、发育新近系和古近系膏（盐）岩、膏泥岩和侏罗系泥岩三套区域性盖层，冲断带构造成排成带发育。目前发现克拉2气田、大北1气田、克深气田等大型气田。

陆内断陷断隆与火山岩体系是指中生代中国板块边缘活动引起的大陆内块体间伸展、缩短挠曲等作用密切相关的盆地，主要分布在松辽盆地、海拉尔盆地等。中生代中国东

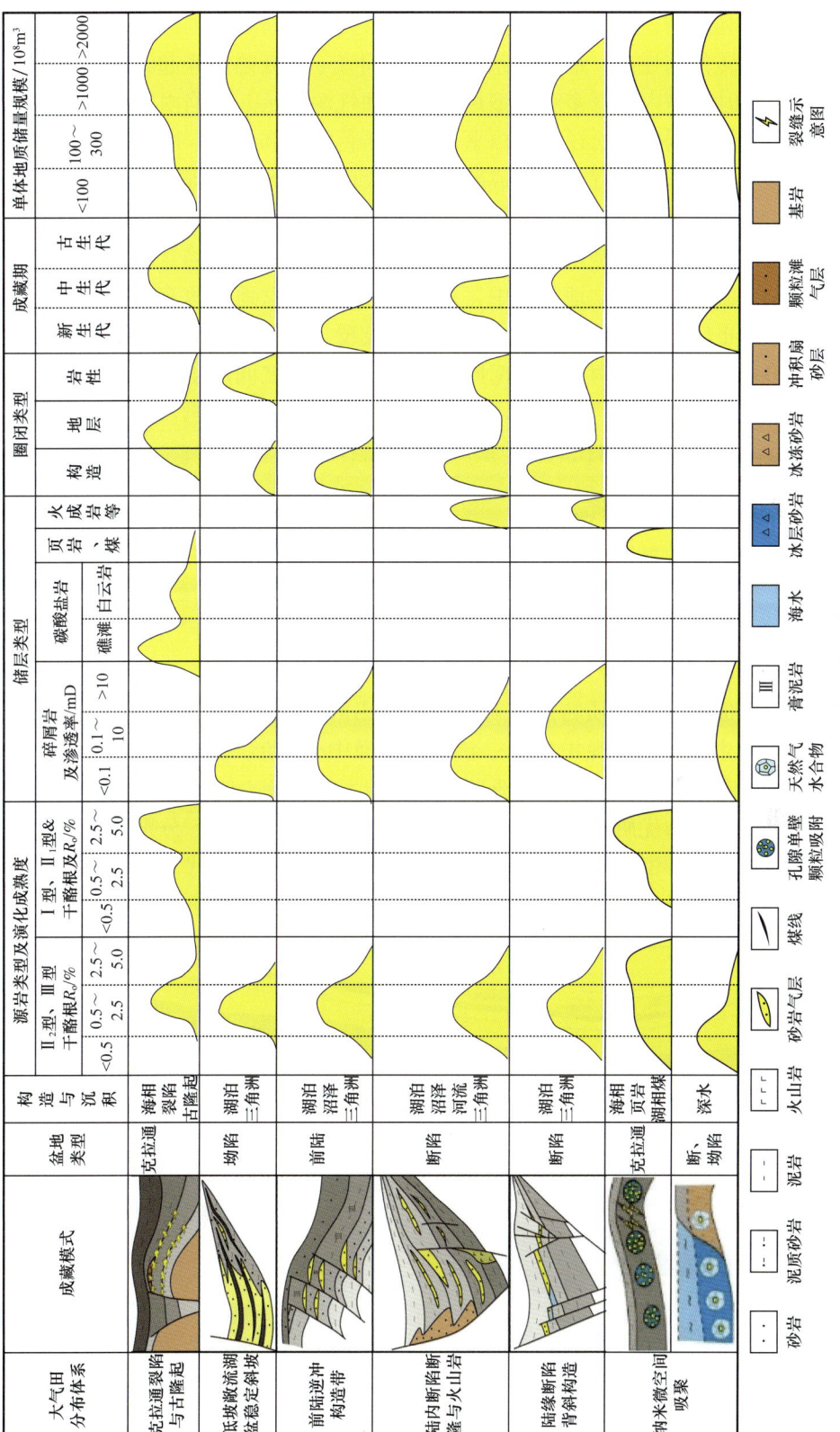

图 4-4-7 不同大型气田形体体系成藏特征及模式

北断槽型沉积达到高潮,火山活动强烈,形成一系列陆内断陷—坳陷盆地。断陷盆地内受差异沉降和反转作用控制,形成一系列断陷群间隆起、断陷间隆起、断陷内隆起,圈闭类型丰富。同时断陷内发育多种类型烃源岩,油气源充足。断陷内冲积扇和火山岩广泛发育,储层条件有利。如松辽盆地白垩系发育暗色泥岩和煤层、断裂与断隆构造、反转构造及冲积扇沉积体系,有利于形成断隆背景火山岩和致密砂砾岩气藏。已发现徐深气田、长深气田等大气田。

陆缘断陷背斜构造体系是指新生代中国东部发育的一系列断陷盆地,主要分布在渤海湾盆地、东海盆地、南海盆地。其中,东海盆地、南海盆地气源充足,断裂、构造发育,三角砂体分布广泛,特别是发育一系列大型披覆、滚动背斜构造,为大气田的形成提供了良好的条件。如琼东南盆地崖南凹陷和莺歌海盆地之间的生长背斜低凸起带上发现崖13-1等气藏,崖城组天然气烃源岩、陵水组三段砂岩储层、梅山组及其上覆封盖层构成了有利组合,在底辟背斜控制下,形成大型背斜构造气藏。

3. 不同大型气田体系分布规律

关于大气田的分布规律,众多地质学者提出一系列观点和认识,长期指导了天然气的勘探,在此不再赘述,本次从大气田形成体系方面总结了三条规律。

1)每个地质旋回时代分别具有一个特色的大气田形成核心体系

天然气的分布与富集受大地构造沉积演化控制具有多旋回性,每一个旋回中地质成藏差异较大,形成与旋回地质特点相对应的大气田的体系。新元古代—早古生代旋回、晚古生代—早中生代旋回、晚中生代—新生代旋回中分别形成以克拉通裂陷与古隆起、低坡敞流湖盆稳定斜坡、前陆逆冲构造带为代表的大气田核心体系(图4-4-8)。该核心体系往往发育大规模的优质烃源岩,具有良好的储集与圈闭条件,分别是新元古代—早古生代海相盆地、晚古生代—早中生代海陆过渡相盆地、晚中生代—新生代陆相盆地的大气田集群形成的核心体系。究其原因主要是中国大陆板块虽然破碎,但受周边几大板

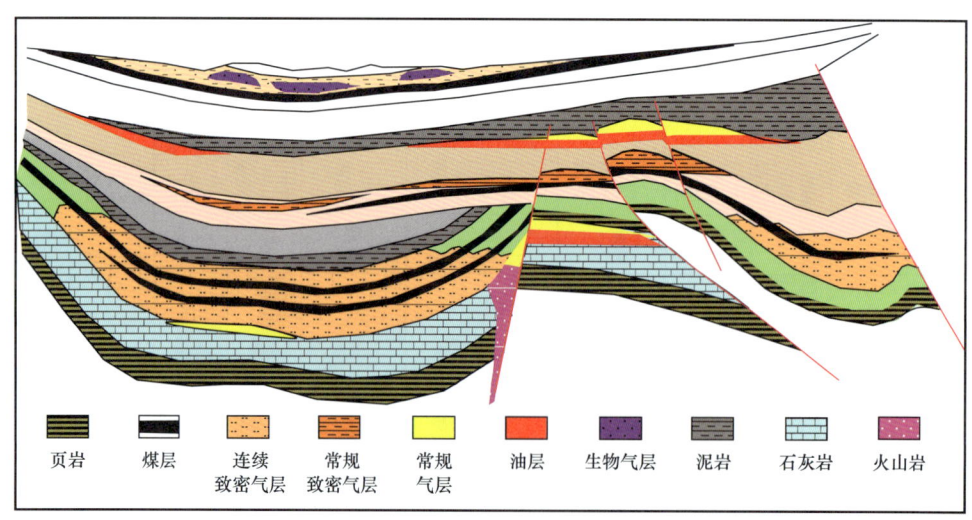

图4-4-8 天然气藏分布模式图

块构造运动影响，小陆块内仍具有整体形变和沉降沉积中心，造就了得天独厚的大气田成藏条件。目前还没有发现新生代以来与之相对等的大气田形成核心体系，据新构造运动地质演化分析，东部海域是重要的沉降中心，应具有形成大气田集群的潜力。

2）单个大气田形成体系内油气聚集序列性不明显，多种体系叠合区域天然气聚集具有明显序列性

自发现页岩气、煤层气、致密砂岩气以来，认为盆地内天然气聚集具有从沉降中心到边缘区域的序列性。实际上忽略了一点，就单个体系来说，序列性并不明显。单一体系控藏关键因素单一，形成相同性质的大气田，呈集群式分布，往往只形成同一类型气藏。例如鄂尔多斯盆地上古生界大面积分布致密砂岩气，大面积致密砂岩既具有储集能力，又具有阻挡天然气快速流动散失的能力，使天然气近源大规模聚集。该类气藏形成的关键因素是天然气未快速运移，在致密砂岩以上层位很难找到大型构造、构造—岩性等受高效输导通道控制的大型气藏。而针对库车地区白垩系叠瓦冲断构造来说，由于逆冲断裂输导通道发育，连通了侏罗系烃源岩，使天然气大量进入白垩系连片分布的叠瓦冲断构造带规模聚集，在该气层以下，将难以找到类似苏里格气田规模较大的近源致密砂岩气。勘探实践表明，在库车坳陷侏罗系按照致密砂岩气勘探发现的迪北等气藏，往往为各种圈闭控制的气藏。但针对多体系叠合领域，多类型气源、多类型储层、多类型盖层、多类型圈闭、多类型输导条件交叠关联分布与相互作用，使天然气成藏叠合分布，往往具有序列性（图4-4-9）。如四川盆地震旦系—寒武系克拉通内裂陷与古隆起，二叠系—下三叠统礁滩，上三叠统致密砂岩，侏罗系构造—岩性气藏形成古生古储、自生自储、下生上储的序列聚集。

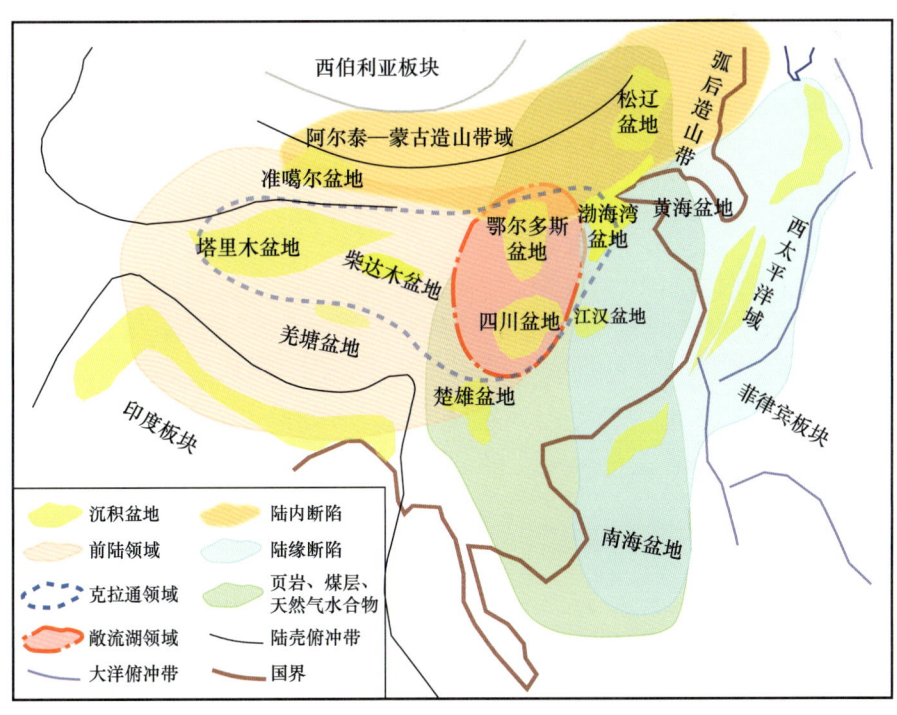

图4-4-9 不同大型气田体系有利区简略图

3）中—西部多应力作用枢纽区为多种大气田形成体系叠合区，是大气田富集区

中—西部油气区位于多种、多期构造应力作用枢纽区，但整体表现为近于整体升降构造运动，且在多个时代表现为持续沉降作用，形成多个大气田体系。震旦纪—古生代形成大型海相沉积的塔里木克拉通盆地、鄂尔多斯克拉通盆地、四川克拉通盆地，发育一系列大型裂陷和大型隆起。中生代西侧的南北向挤压增厚渐趋增强，派生出青藏高原向北—东推挤滑移的作用，形成弱拉分断陷及前陆盆地。至新生代总体稳定，新生代以整体抬升为主，西部挤压环境前陆盆地再生，中部成为中国大陆西部和东部之间的过渡带，形成大型陆内坳陷盆地。并且每个体系地层相对完整，构成了克拉通裂陷与古隆起、低坡敞流湖盆稳定斜坡、前陆逆冲构造带叠合发育（图4-4-10），形成大气田富集领域。从大气田统计来看，克拉通裂陷与古隆起体系大气田探明地质储量 $3.07\times10^{12}m^3$，占比 28.5%；低坡敞流湖盆稳定斜坡体系整体探明地质储量 $3.16\times10^{12}m^3$，占比 29.3%；前陆逆冲构造带体系探明地质储量 $2.31\times10^{12}m^3$，占比 21.5%。三大体系接近"三分天下"的格局。

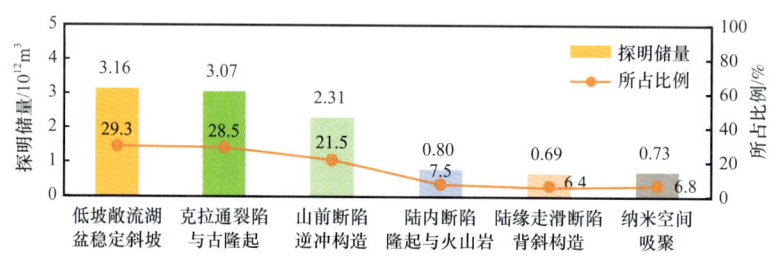

图 4-4-10　不同大型气田体系探明储量分布情况

第五章 四川盆地震旦系—寒武系油气地质特征与勘探新领域

四川盆地是中国重要的含油气盆地和天然气生产基地，已发现 20 多套含油气产层，2020 年资源评价认为常规天然气资源量约 $16.5 \times 10^{12} m^3$，潜力巨大。截至 2020 年底，四川盆地已探明天然气地质储量超过 $4 \times 10^{12} m^3$，2020 年天然气产量超过 $300 \times 10^8 m^3$。震旦系—寒武系是一套全盆地分布的重要天然气产层，1964 年发现了以震旦系灯影组为产层的威远气田后，勘探和研究工作一直在持续，特别是 2011 年在川中高石梯—磨溪古隆起核部评价提出的高石 1 井震旦系获日产天然气超百万立方米的高产气流，发现了安岳特大型气田，截至 2020 年底，该气区探明天然气地质储量超 $1 \times 10^{12} m^3$，形成年生产能力 $170 \times 10^8 m^3$，取得重要的勘探开发效果。同时针对全盆地震旦系—寒武系沉积、储层、构造演化等方面的研究也取得显著进展，提出了高石梯—磨溪古隆起和德阳—安岳克拉通内裂陷，古隆起和古裂陷控制了安岳大气田的形成与分布，提出了继承性古隆起核部的古油藏"原位"裂解成藏模式，为古隆起上勘探发现发挥了重要作用。安岳特大型气田发现后，寻找第二个"安岳气田"成为广大勘探研究人员必须面对的重大课题，鉴于四川盆地震旦系—寒武系具有优越的天然气地质条件，成藏条件的不同，不同区域形成不同的成藏模式，具有不同的勘探关键因素。"十三五"期间，通过震旦系—寒武系新资料的研究，在成藏地质条件、油气藏形成机制与模式、有利勘探领域和区带等方面都有新的认识，在川中古隆起北斜坡评价提出的蓬探 1 井、角探 1 井取得了重要的勘探突破，新发现蓬莱万亿立方米级大气区。成果对深化四川盆地震旦系—寒武系天然气成藏地质认识，丰富深层古老碳酸盐岩大气田成藏理论，指导新领域大气田勘探具有重要的理论和实践意义。

第一节 德阳—安岳克拉通内裂陷演化新认识与震旦系—寒武系岩相古地理

四川盆地震旦系是在南华系裂谷盆地之上发育的第一套稳定沉积盖层，陡山沱组与南华系南沱组灰绿色冰碛岩呈不整合接触，以陆源滨岸—潮坪、潟湖相为主，没有形成真正意义上的碳酸盐岩台地。灯影组沉积期，上扬子台地受区域拉张动力作用形成了德阳—安岳和万源—达州克拉通内裂陷。裂陷演化控制震旦系—寒武系充填和岩相古地理展布。德阳—安岳克拉通内裂陷总体呈南北向展布，东边界陡，相对稳定发育，西边界缓且不同时期发育位置不同。因此，不同时期盆地性质、发育特征与展布范围不同，其中震旦纪灯一期、灯二期表现为近似对称的坳陷形态特征，北段宽（150km）、中—南段窄（40km），南北长约 400km，分布面积约 $3 \times 10^4 km^2$；灯三期、灯四期表现为受东部边界断层（高石梯—磨溪断层）控制的东陡西缓的箕状断陷形态特征，北段宽度约200km，中南段宽度约150km，南北长约400km，分布面积约 $5\times10^4km^2$。该裂陷的展布、充填及对沉积、储层和成藏的影响前期做过大量的工作，也取得了较多的学术成果，随着勘探的进展和资料的增加，对裂陷的演化又有了新的认识，对全盆地的岩相古地理研究产生较重要的影响。

一、德阳—安岳克拉通内裂陷演化

结合地震资料、岩石学特征等标志，将德阳—安岳克拉通内裂陷演化分为四个阶段，分别是形成期（灯一段+灯二段沉积期）、发展期（灯三段+灯四段沉积期）、充填期（麦地坪组+筇竹寺组沉积期）和消亡期（沧浪铺组+龙王庙组沉积期）。

1. 形成期（灯一段+灯二段沉积期）

灯一段+灯二段沉积期，裂陷开始形成，拉张动力作用使台地上发育多条正断层，形成多排分布的垒堑结构和高低不平的古地貌，形成多个垒控古地貌高带[图5-1-1(a)、图5-1-2]。在拉张作用下，相对海平面上升，控制了古地貌高的区域和古地貌低的区域沉积物不同。古地貌高的区域沉积的灯一段+灯二段厚度较大，如高石1井厚550m，威28井厚523m，蓬探1井厚640m；沉积物以厚层丘滩体碳酸盐岩为主[图5-1-3，图5-1-4（a）、（b）、（c）]。古地貌低的区域灯一段+灯二段厚度小，如资阳1井厚约65m，高石17井厚约170m左右；沉积物以瘤状泥质泥晶云岩或泥质云岩为主[图5-1-3，图5-1-4（a）、（b）]。说明灯一段+灯二段沉积期裂陷内古地貌相对高的区域，沉积水体浅，以厚层碳酸盐岩沉积为主，而古地貌低的区域，水体较深，为碳酸盐岩欠补偿沉积，沉积物泥质含量较高（图5-1-1、图5-1-2、图5-1-3）。

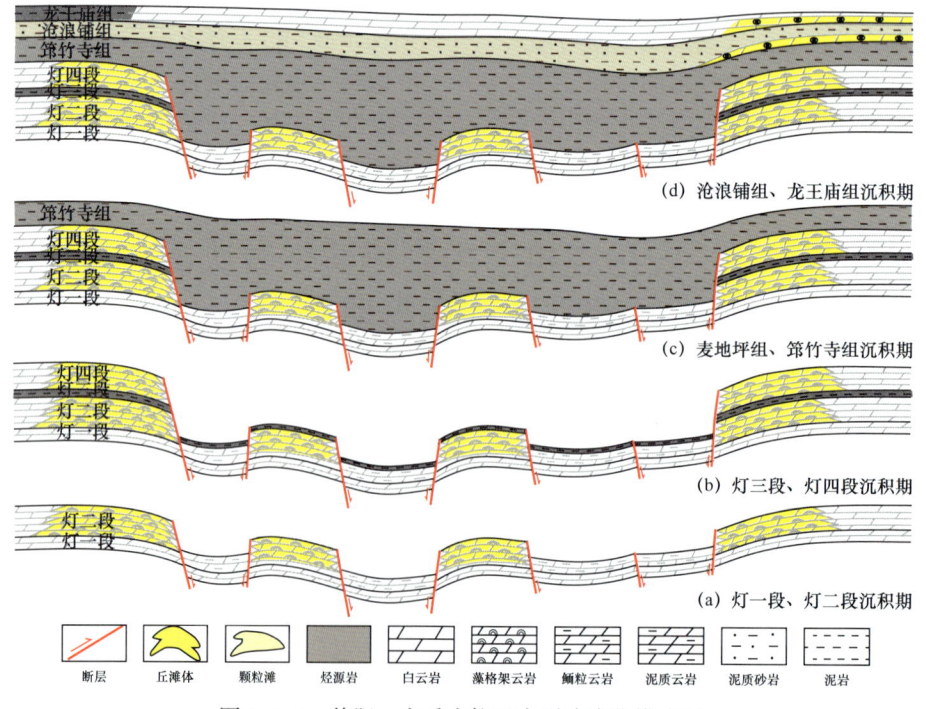

图5-1-1 德阳—安岳克拉通内裂陷演化模式图

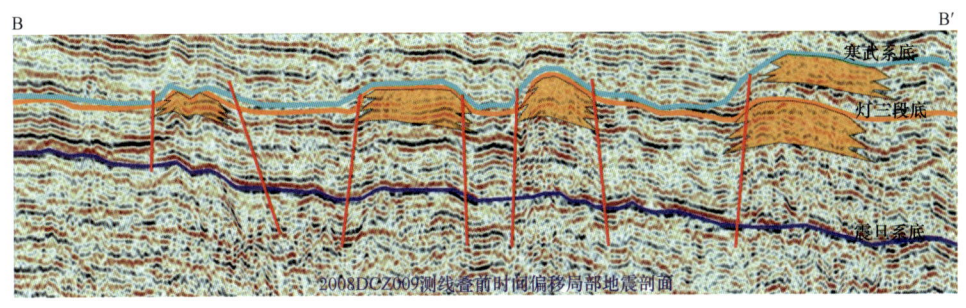

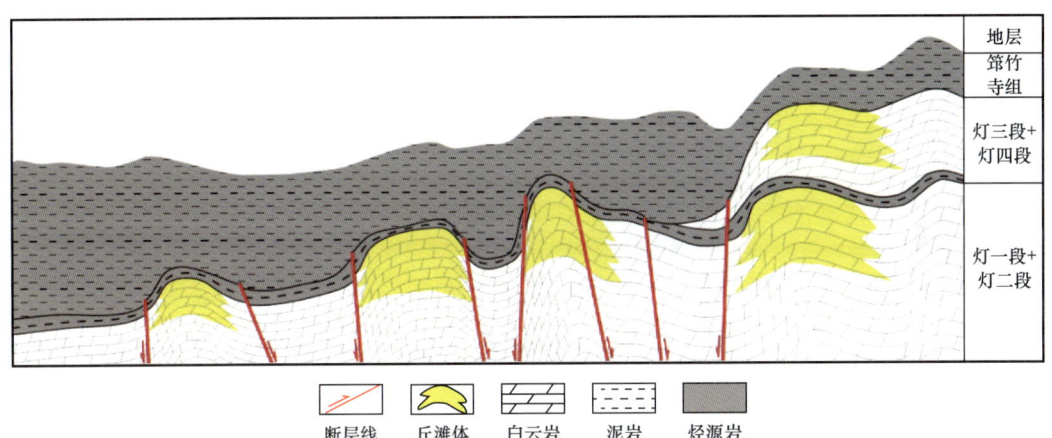

图 5-1-2 灯一段+灯二段沉积期裂陷内灯二段垒堑发育特征与垒控台丘滩体地震证据

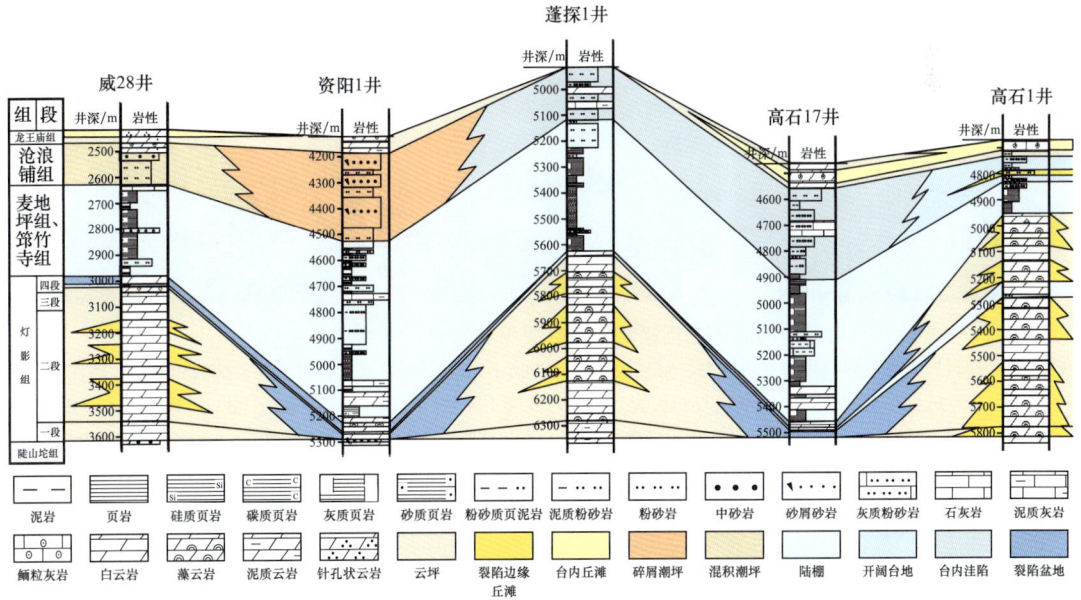

图 5-1-3 过德阳—安岳克拉通内震旦系灯影组—寒武系龙王庙组地层沉积相对比图

裂陷形成期，对灯二段的沉积影响较大，前期认为裂陷内整体为欠补偿沉积，以斜坡、陆棚相泥质云岩为主。本次研究认为，将裂陷内由垒控古地貌高之上沉积的丘滩体称为"垒控丘滩体"。如蓬探 1 井位于裂陷内,灯一段 + 灯二段厚 640.0m,岩性主要为藻云岩、砂屑云岩、泥粉晶云岩、砂质云岩等,包括丘滩复合体、砂屑滩、滩间海和云坪等亚相[图 5-1-4(b)(c)、图 5-1-5]。与裂陷两侧的高石 1 井、威 28 井等在裂陷边缘井的岩性特征相似(图 5-1-3)。从蓬探 1 井的取心段来看,如 5739.55～5770.00m 段岩性主要为藻叠层云岩、藻格架云岩、砂屑云岩和泥晶—粉晶云岩,泥晶—粉晶云岩致密,藻格架云岩和砂屑云岩溶孔、溶洞发育,溶蚀孔洞发育白云石、石英、沥青等充填物,特征与高石 1 井、资 5 井、资 28 井等的灯二段非常相似[图 5-1-3、图 5-1-4(a)(b)(c)]。

图 5-1-4　裂陷内和周缘震旦系灯影组典型岩石类型和储集空间照片

(a)藻凝块云岩,溶孔溶洞发育,资 5 井,灯二段,3383.34m;(b)藻凝块云岩,贝溶孔,溶洞和裂缝,蓬探 1 井,灯二段,5776.16～5776.31m;(c)藻粘结云岩,溶洞,蓬探 1 井,灯二段,5768.84m;(d)粉晶含泥质藻云岩,高石 17 井,5451m;(e)藻叠层云岩,孔洞发育,高石 1 井,灯四段,4975.14～4975.29m;(f)藻凝块云岩,粒间溶孔,角探 1 井,灯四段,7573m,红色铸体;(g)亮晶鲕粒云质灰岩,川探 1 井,沧浪铺组,7668.05m;(h)亮晶鲕粒灰岩,角探 1 井,沧浪铺组,7022m

2. 发展期(灯三段 + 灯四段沉积期)

灯一段 + 灯二段沉积后,发生桐湾运动Ⅰ幕,台地整体抬升、海平面下降,灯二段发生风化壳岩溶作用,使灯二段顶面产生大量溶孔、溶洞,形成与灯三段之间的平行不整合。灯三段 + 灯四段沉积期,台地拉张作用更加强烈,裂陷进一步扩展,裂陷内灯二段沉积期形成的垒控丘滩带等整体下沉接受沉积，裂陷边界主断裂控制沉积作用更加显现，形成裂陷边缘和裂陷内古地貌的明显差异。整体沉降过程中，灯三段为含凝灰质的蓝灰色泥岩或暗色泥页岩夹泥质云岩；裂陷内外厚度都较小，分布于0.4～60m，高科1井厚约35m。灯四段由于强烈拉张作用，裂陷内海水循环通畅，北段水体较深，发育欠补偿沉积的泥质泥晶云岩和云质泥岩，沉积厚度小且泥质含量高，如高石17井灯三段＋灯四段厚约17m，蓬探1井灯三段＋灯四段厚约13.5m。裂陷东西两侧发育两条大型台缘丘滩带，台缘带之间的距离为120～150km，这与早期认识基本一致。如裂陷东侧高石梯—磨溪地区沉积厚度为200～300m，为台地边缘的丘滩体沉积［图2-2-2，图5-1-3，图5-1-4（d）、（e）］。裂陷内南段水体较浅，以沉积泥晶—粉晶云岩为主，灯二段沉积后，由于桐湾运动Ⅰ幕的作用，灯三段沉积前的古地貌高低不平（图5-1-2），局部古地貌高的地区可能发育藻云岩和丘滩体。灯四段沉积后，由于桐湾运动Ⅱ幕影响，灯四段顶面被剥蚀，顶面高低不平。通过地震资料推测在裂陷内的南段发育多个灯四段孤立丘滩体（图2-2-3），与上覆寒武系麦地坪组泥页岩呈不整合接触（图5-1-6）。

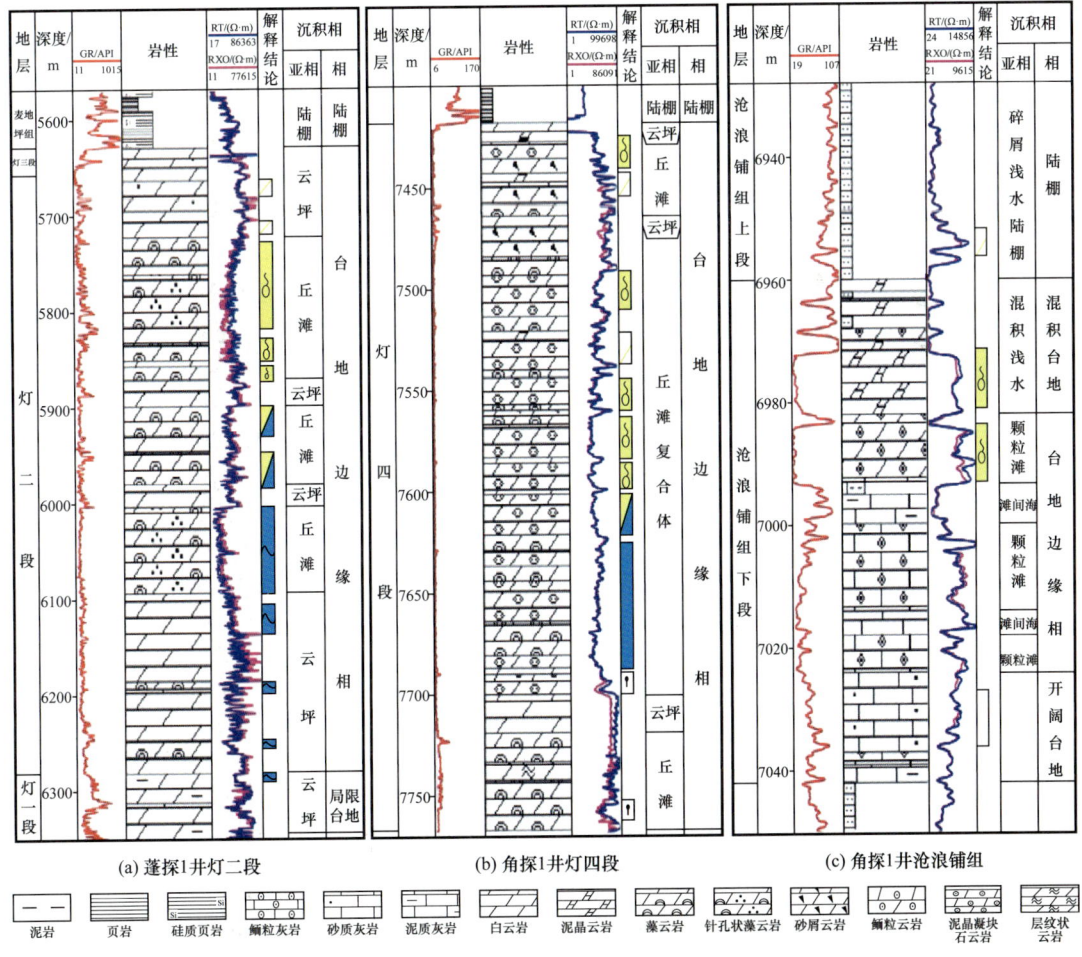

图5-1-5 蓬探1井灯二段、角探1井灯四段和沧浪铺组综合柱状图

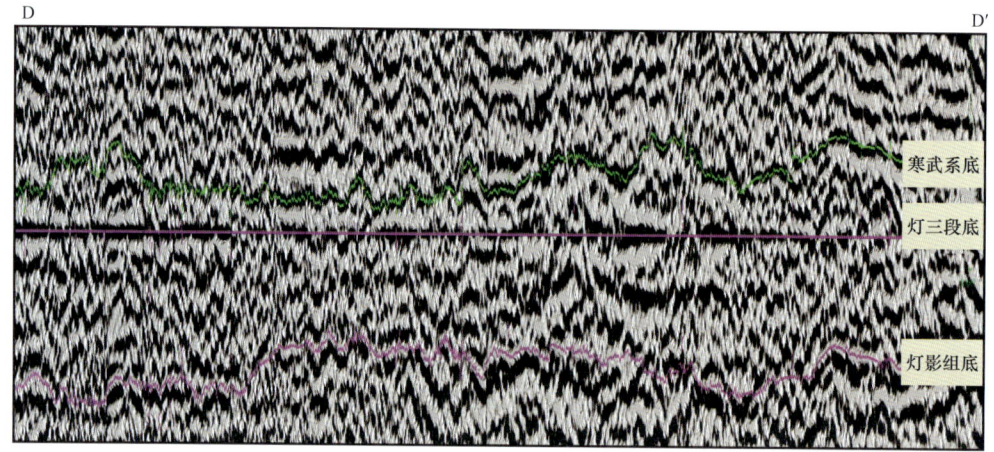

图 5-1-6　过裂陷内灯四段孤立丘滩体的地震剖面

3. 充填期（麦地坪组 + 筇竹寺组沉积期）

震旦纪末，台地拉张作用变弱，裂陷扩展结束，发生桐湾运动Ⅱ幕，台地整体抬升、海平面下降，台地整体接受暴露剥蚀。寒武纪初，海平面快速上升，裂陷内以沉积充填为主。首先，在裂陷内及周缘沉积麦地坪组，以厚层泥页岩为主，裂陷内古地貌低，沉积厚度大，台地上沉积厚度小或无沉积；麦地坪组沉积之后，发生桐湾运动Ⅲ幕，台地整体抬升，接受剥蚀，形成麦地坪组与筇竹寺组之间的平行不整合。之后，台地整体又下沉、海平面上升，全盆地沉积巨厚的筇竹寺组泥页岩，在裂陷内，麦地坪组 + 筇竹寺组厚度巨大（图 5-1-1、图 5-1-2），如高石 17 井厚 683m；裂陷周缘的台缘和台地内麦地坪组 + 筇竹寺组泥页岩较薄，如高石 1 井厚约 120m（图 5-1-3），四川盆地大部分区域麦地坪组缺失。

4. 消亡期（沧浪铺组 + 龙王庙组沉积期）

麦地坪组和筇竹寺组沉积之后，裂陷基本被填平补齐，裂陷内外古地貌高差变小，裂陷进入萎缩消亡期，裂陷范围缩小、深度变浅。到沧浪铺组沉积期，裂陷内古地貌低仍然存在，并影响沉积，沧浪铺组在裂陷内沉积较厚，如高石 17 井厚 203m，资阳 1 井厚 240m，蓬探 1 井厚 203m，裂陷外厚度较小，而高石梯—磨溪地区沧浪铺组厚度为 150～170m（图 5-1-2）。由于海平面下降，松潘古陆的陆源碎屑物影响范围扩大，沧浪铺组沉积早期裂陷西侧以陆源碎屑沉积为主，裂陷东侧以碳酸盐岩台地沉积为主，在裂陷东侧边缘沉积大面积台缘颗粒滩［图 5-1-4（g）、(h)，图 5-1-5（c）］。沧浪铺组沉积晚期，海平面继续下降，陆源碎屑物影响范围扩大到全盆地，沉积以砂泥岩为主的碎屑岩沉积。龙王庙组沉积期，裂陷的影响范围进一步缩小，仅裂陷中心相对较低，地层厚度相对较大，该时期裂陷基本上已经萎缩消亡。

二、四川盆地震旦系—寒武系岩相古地理

四川盆地震旦纪—早寒武世发育德阳—安岳克拉通内裂陷和万源—达州克拉通内裂

陷，裂陷边缘主要发育台缘高能丘滩体或颗粒滩，裂陷内以深水沉积为主，在裂陷发育早期，可能形成呈排分布的垒控丘滩体。中—晚寒武世，四川盆地构造环境转变为总体区域挤压，裂陷已经消亡，乐山—龙女寺古隆起开始发育，在古隆起核部或周缘沉积大套台内颗粒滩。

1. 震旦系陡山沱组岩相古地理

陡山沱组与下伏南华系南沱组之间呈平行不整合接触，主要表现为在南华纪冰期之后，地球的气候变暖，海平面上升，发生海侵，因此在南沱组冰碛砾岩之上沉积了一套厚度比较稳定的陡山沱组白云岩，俗称"盖帽白云岩"。根据鄂宜页1井陡山沱组岩性剖面，底部薄层的含砾云岩直接覆盖在南沱组灰绿色冰碛砾岩之上，在白云岩之上形成了碳质泥页岩、钙质云岩、粉砂质泥岩等，构成了陡山沱组中—下部岩性组合，反映了陡山沱组整体处于海侵作用下的台地沉积背景。陡山沱组中—上部以粉砂质泥岩、细晶云岩为主，反映了水体逐渐变浅的局限台地相（图5-1-7）。

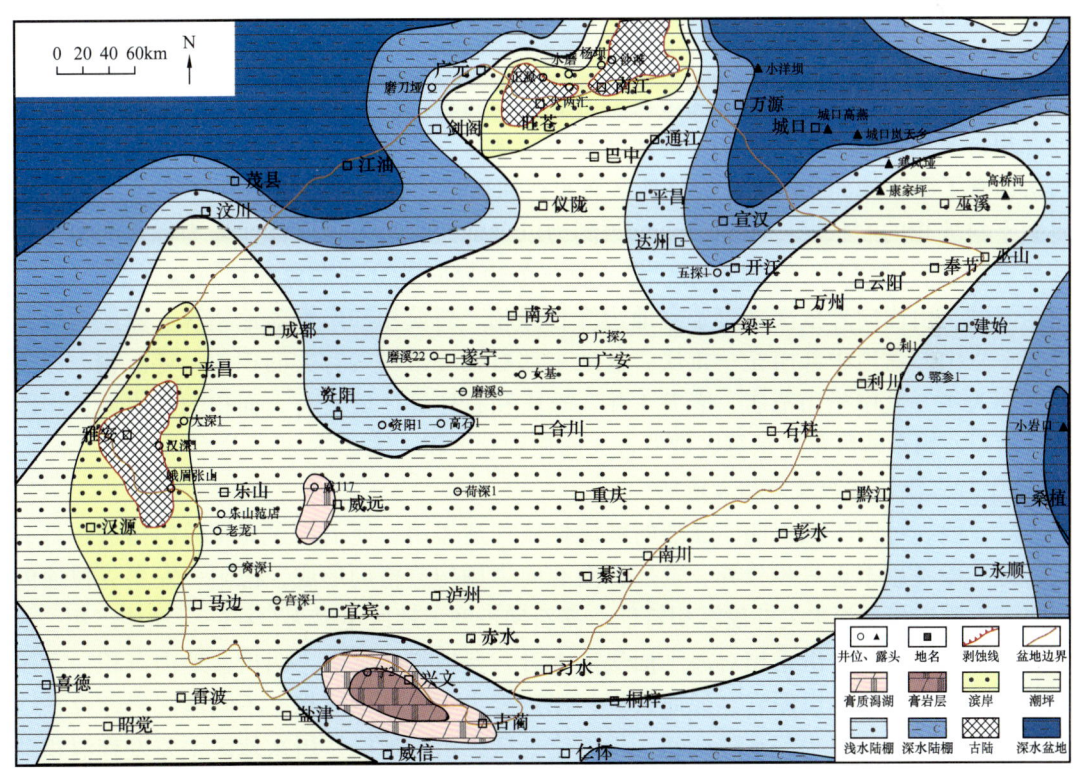

图 5-1-7　四川盆地及邻区震旦系陡山沱组岩相古地理图

平面上，上扬子地区北缘发育汉南古陆、西南缘发育天全古陆，围绕古陆周缘地区形成了一系列砂质滨岸和潮坪潟湖相的白云岩沉积。在潮坪潟湖相的外围地区广泛分布砂质、粉砂质的浅水陆棚沉积。盆地外围多发育深水陆棚相，如盆地西侧江油和盆地北缘城口一带发育深水陆棚相，水体较深，主要形成了一套暗色泥页岩沉积，是陡山沱组烃源岩发育的主要地区。

2. 震旦系灯影组岩相古地理

四川盆地灯影组岩相古地理在第二章进行了详细的阐述，为了把震旦系和寒武系岩相古地理作为一个整体阐述，体现研究的系统性，本章节对灯影组岩相古地理在第二章的基础上，略做补充。

1）灯一段、灯二段岩相古地理

灯一段、灯二段沉积期沉积水体相对较浅，以清水碳酸盐岩台地沉积为主，沉积主要受控于德阳—安岳裂陷和万源—达州裂陷。该期整个上扬子地区均处于拉张构造背景，台地内发生构造沉积分异，在德阳—安岳地区发育一条近北西—南东向的裂陷，其边界由大型断裂控制；在万源—达州一带发育一条近北东—南西向的裂陷，其边界断裂不发育。灯二段沉积期，上扬子台地周缘为被动大陆边缘沉积的台地边缘丘滩体，其规模比克拉通内裂陷边缘台缘丘滩体更大，如宁强胡家南坝剖面；此台缘带向外依次发育广海斜坡和盆地相，向内主要发育碳酸盐岩台地相，在台地内发育德阳—安岳和万源—达州两个克拉通内裂陷，裂陷边缘发育台缘丘滩带。在德阳—安岳裂陷内发育多排灯二段北西向展布的垒控丘滩体条带，如蓬探1井、中江2井位于灯二段规模较大的丘滩体条带，其特征与高石梯—磨溪地区台缘带典型井相似。台地内还发育台内丘滩体、潮坪、潟湖等亚相，潟湖沉积主要发育在川南地区和川东地区，裂陷内灯二段岩相古地理特征与早期认识有了明显的深化。由于裂陷地区海水连通循环变好，导致裂陷内的高石17井沉积典型下斜坡相的瘤状泥质泥晶云岩，两侧为以台地边缘菌藻丘滩体建隆为标志的典型碳酸盐岩镶边台地沉积。在盆地东、北、西三个边界向外分别发育湘桂海盆、秦岭海盆、川西海盆，由内向外依次发育了台地边缘丘滩相、斜坡相和广海盆地相等。盆地西南部雅安—乐山、盆地中部南充—重庆、盆地东部石柱一带均发育大面积的台坪沉积，以云坪亚相为主，其中乐山范店、老龙1井、重庆和石柱等区域发育大面积的台内滩；川南地区泸州、川东地区重庆东等区域发育大面积潟湖沉积（图2-2-2）。

2）灯三段、灯四段岩相古地理

灯三段、灯四段沉积期，强烈的区域伸展构造作用，使上扬子克拉通内构造在灯一段、灯二段基础上进一步分异、发展，南北向隆坳构造格局形成，德阳—安岳克拉通内裂陷内主要为相对深水欠补偿沉积特征，高石梯—磨溪地区主要为台缘—台地相沉积。

灯三段沉积期，由于相对海平面快速上升，台地整体下降，四川盆地内沉积一套厚度较小、颜色较深，以泥岩、泥质云岩、泥灰岩为主的陆棚沉积，不同地区岩性存在一定差异。裂陷内主要为深水陆棚相，川西南地区、川中地区、川东地区主要发育混积陆棚沉积，岩性主要为砂质云岩、泥质云岩夹薄层砂泥岩。

灯四段沉积期，上扬子内克拉通拉张作用强烈，德阳—安岳裂陷持续扩展，裂陷内部地层快速下沉，形成陡坎带，发育以裂陷为中心的沉降带，水体较深，控制了裂陷内部灯四段欠补偿沉积发育，如裂陷内部的高石17井区灯三段、灯四段总共沉积17m，为台缘下斜坡相的瘤状泥质泥晶云岩。裂陷两侧古地貌相对较高，形成同沉积古隆起，地层沉积厚，如裂陷东侧的高石梯—磨溪地区厚200~300m，为台地边缘的丘滩体沉积；

裂陷西侧威远地区灯四段厚20～100m，在乐山范店、峨眉张山、荥经赵洪庙等剖面灯四段厚200～300m。灯二段沉积期发育的万源—达州克拉通内裂陷在灯四段沉积期萎缩、消亡，该区发育以微—粉晶云岩为主的云坪夹台内丘滩沉积。盆地周缘沉积与灯二段沉积期基本相同，台地内的沉积与灯二段沉积期相比，主要在台内滩和潟湖亚相发育的区域有所变化，如灯四段沉积期大面积台内滩主要发育于仪陇、南充、达州、开州等地区，潟湖亚相主要发育于川北—川东的宁强、旺苍—达州、重庆一带（图2-2-3）。

3. 下寒武统麦地坪组、筇竹寺组岩相古地理

下寒武统麦地坪组、筇竹寺组沉积期，上扬子克拉通由震旦纪区域伸展构造作用和差异沉降作用，形成南北向隆坳构造格局后，进入克拉通整体沉降和克拉通内裂陷充填与发展阶段。

1）麦地坪组

麦地坪组沉积期，裂陷开始进入沉积充填期。在裂陷内充填了厚层的麦地坪组，发育深水陆棚相，主要在裂陷中心分布，高石17井、资4井钻遇麦地坪组厚度分别为128m和198m，岩性主要为一套黑色页岩、灰白色粉砂质页岩、黑色硅质页岩和少量深灰色泥质云岩。高石梯—磨溪古隆起区缺失（高石1井、安平1井、女基井等），或沉积了较薄的混积陆棚相麦地坪组。

2）筇竹寺组

筇竹寺组是早寒武世早期全盆地沉积的一套烃源岩，沉积厚度较大、有机质含量高，是在浅水—深水陆棚环境下沉积的富有机质海相地层，总体上为一套黑色泥岩、页岩和灰色粉砂质泥岩沉积。本次研究将筇竹寺组划分为三个岩性段，筇竹寺组一段主要发育在裂陷区，台缘和台内大多缺失，第二段、第三段则在德阳—安岳裂陷区和台地广泛发育。

第一段沉积期，盆地自北西向南东方向发育砂质滨岸—砂泥质浅水陆棚—泥质浅水陆棚—碳硅泥质深水陆棚—泥质浅水陆棚—砂泥质浅水陆棚—剥蚀区—泥质浅水陆棚—碳硅泥质深水陆棚—深水盆地沉积。德阳—安岳裂陷区及万源—达州裂陷区成为第一段两个沉积中心，控制着筇一段碳硅泥质深水陆棚相有效烃源岩的发育（图5-1-8）。

第二段沉积期，经筇一段沉积期沉积物填平补齐沉积后，古地貌背景变得相对平缓，筇二段在盆地范围内广覆式分布。自北西向南东方向依次发育砂质滨岸—砂泥质浅灰陆棚—泥质浅水陆棚—碳硅泥质深水陆棚—砂泥质深水陆棚—泥质浅水陆棚—碳硅泥质深水陆棚—深水盆地沉积（图5-1-9）。川西地区接受来自康滇古陆及松潘古陆陆源碎屑物质沉积，以形成砂泥质浅水陆棚沉积为主，逐渐向德阳—安岳裂陷区过渡为碳硅泥质深水陆棚沉积。川东北地区，以浅水陆棚沉积为主。在川东及川东南地区，以灰泥质浅水陆棚及混积浅水陆棚为主。

第三段沉积期，海平面缓慢下降，全区以砂泥质浅水陆棚为主，自北西向南东方向依次发育砂质滨岸—砂泥质浅水陆棚—泥质浅水陆棚—碳硅泥质深水陆棚—砂泥质深水陆棚—泥质浅水陆棚—深水盆地沉积。碳硅泥质深水陆棚在德阳—安岳裂陷

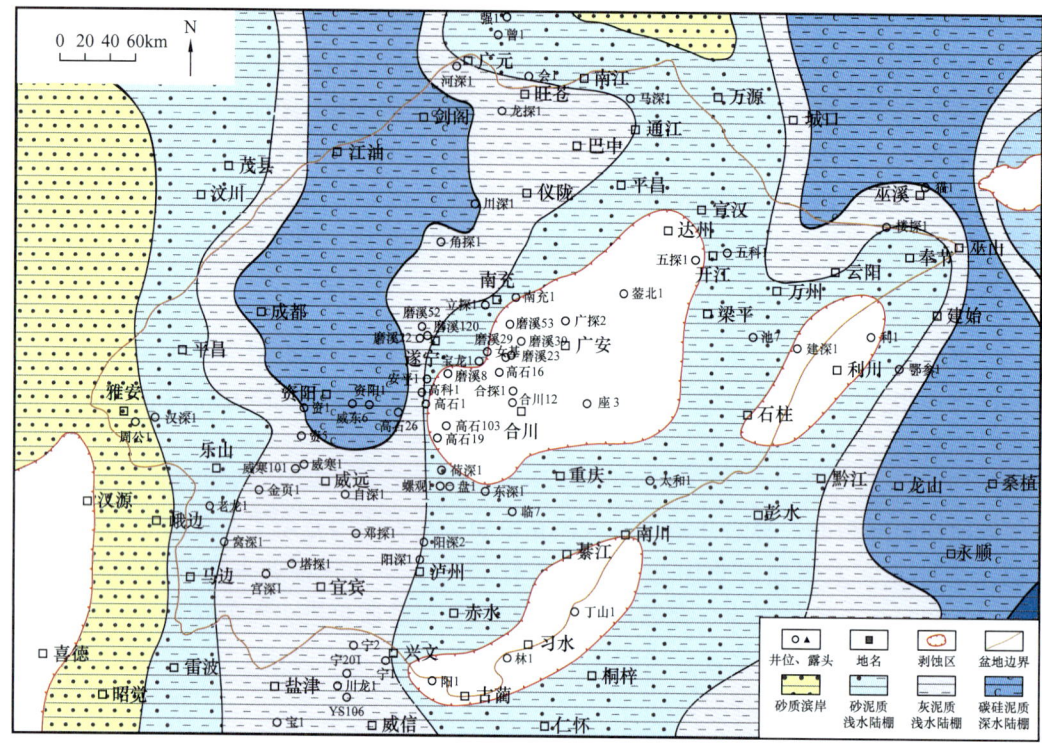

图 5-1-8 四川盆地下寒武统笻一段岩相古地理图

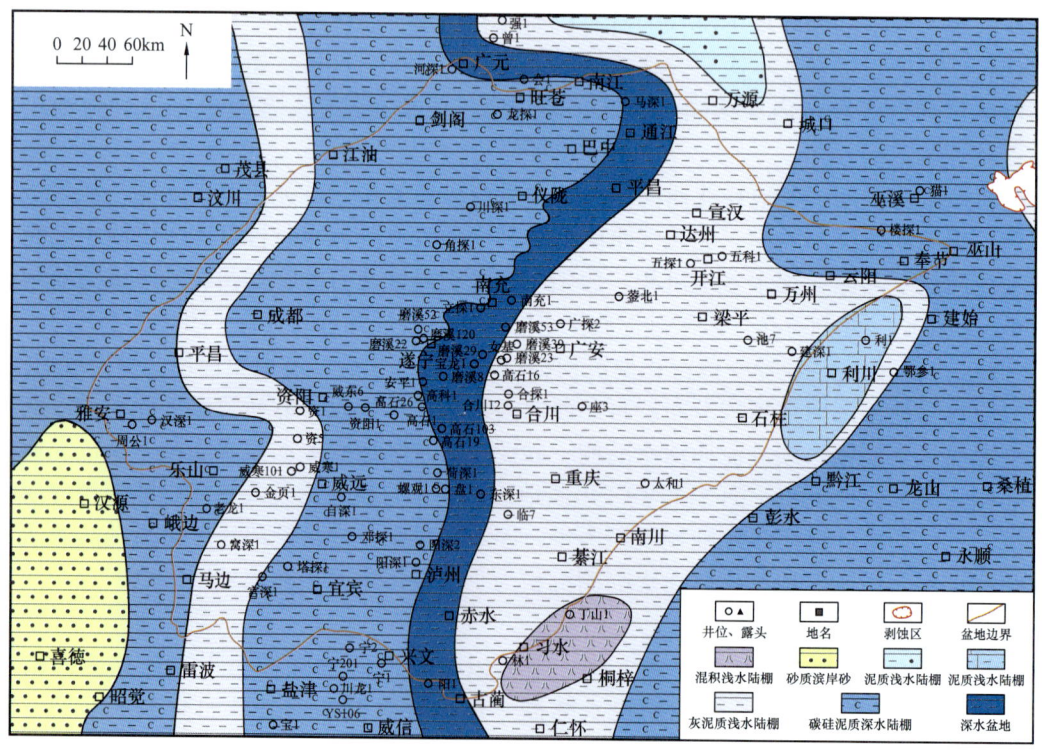

图 5-1-9 四川盆地下寒武统笻二段岩相古地理

北段及蜀南地区局部发育，川东北地区万源—达州裂陷区为泥质浅水陆棚微相；川中古隆起及川东地区受川北地区砂质滨岸及鄂中古陆陆源的控制作用，以浅水陆棚为主（图 5-1-10）。

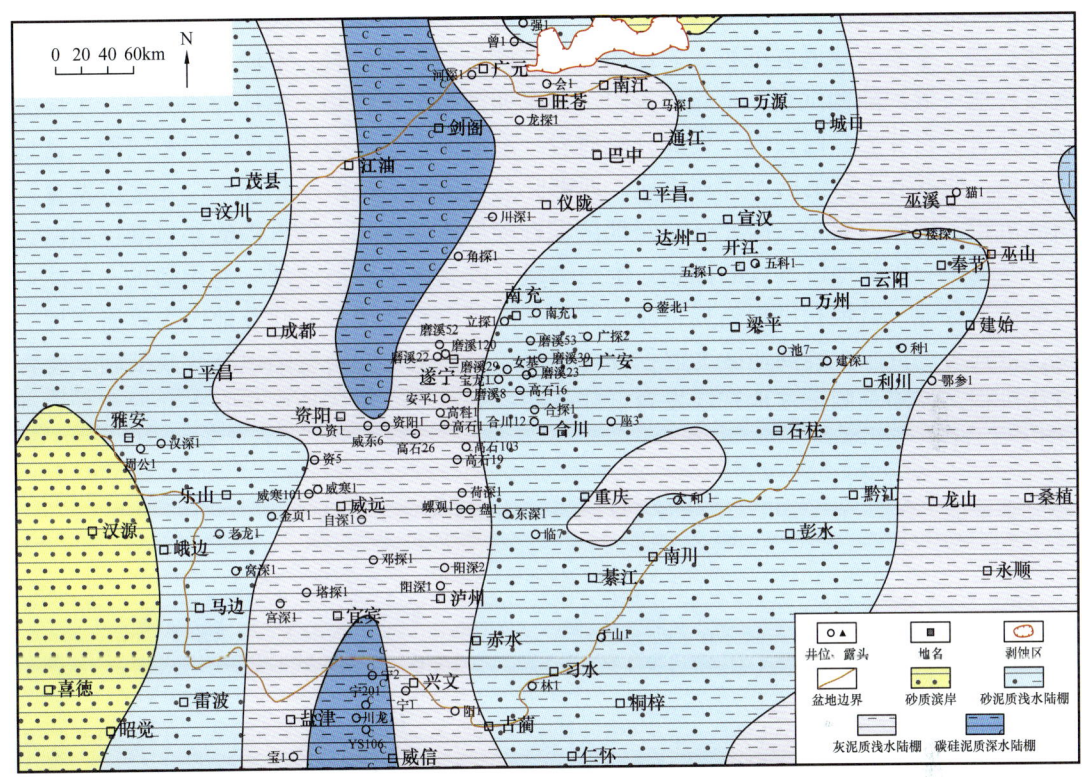

图 5-1-10　四川盆地下寒武统第三段岩相古地理

4. 下寒武统沧浪铺组、龙王庙组岩相古地理

下寒武统沧浪铺组、龙王庙组沉积期，上扬子克拉通进入总体区域伸展—挤压构造环境转换期，在筇竹寺期构造沉积格局基础上，克拉通内裂陷沉积充填萎缩。

1）沧浪铺组

沧浪铺组沉积期，上扬子克拉通内依然保持了南北向隆坳构造沉积格局，裂陷内高石 17 井、资 4 井钻遇沧浪铺组厚度分别为 214m 和 267m，岩性主要为一套灰色泥岩、灰白色泥质粉砂岩、灰色石灰岩和灰白色泥质云岩；裂陷以西威远—资阳地区资 1 井、威 28 井、威 26 井分别钻遇沧浪铺组 160m、135m 和 123m，岩性主要为泥质粉砂岩、泥质云岩夹少量泥岩；裂陷以东高石梯—磨溪古隆起地区高石 1 井、高石 2 井和磨溪 8 井等分别钻遇沧浪铺组 91.1m、154m 和 178.2m，岩性主要为一套泥岩、粉砂岩和石灰岩沉积。说明德阳—安岳克拉通内裂陷依然发育，但随着包括威远、资阳等裂陷以西地区的隆起，裂陷范围变小；高石梯—磨溪古隆起地区隆起持续继承性发展，从高石 1 井、高石 2 井和磨溪 8 井等钻遇沧浪铺组厚度看，具有同沉积古隆起的性质，且高石 1 井区隆起幅度最大。由于受挤压构造作用影响，克拉通西部边缘开始隆升，在广元—绵竹一带沉积了

-211-

一套河流相紫红色砂岩、粉砂岩及页岩（俗称"下红层"）、灰白色中粗粒石英砂岩、含砾砂岩及细砾岩，厚10～100m；沧浪铺组沉积晚期沉积了黄灰色页岩与薄层灰质细砂岩互层、灰色泥质条带灰岩夹页岩及生物结晶灰岩，厚65～300m。

本次研究将沧浪铺组分为上、下两个岩性段，上段为海侵环境下碎屑岩沉积，为海侵期产物，主要为碎屑岩沉积，岩性为泥岩、砂岩、泥质砂岩；下段为海退环境下碳酸盐岩台地—混积陆棚沉积，是筇竹寺组沉积末期海退沉积产物，整体海水变浅，主要为碳酸盐岩，石灰岩、白云岩，夹部分碎屑岩。沧浪铺组总体为三角洲—混积陆棚—盆地相格局，西部有丰富的陆源碎屑供应。西部旺苍—成都—德阳—剑阁—广元地区发育三角洲沉积，峨眉—简阳—南充—达州地区发育碎屑质潮坪相，发育碳酸盐岩潮坪相白云岩，盆地中—东部地区发育陆棚相。沧浪铺组下段总体为碎屑潮坪—混积潮坪—台洼—碳酸盐岩台地—盆地相沉积格局，盆地西部剑阁—广元及成都—旺苍地区为碎屑潮坪沉积，至宜宾—资阳—剑阁地区为混积潮坪相沉积；德阳—安岳裂陷填充残余基础上发育台洼沉积，裂陷东侧至盆地东缘发育低能碳酸盐岩沉积，重庆地区焦石1井发育膏岩湖（图5-1-11）。

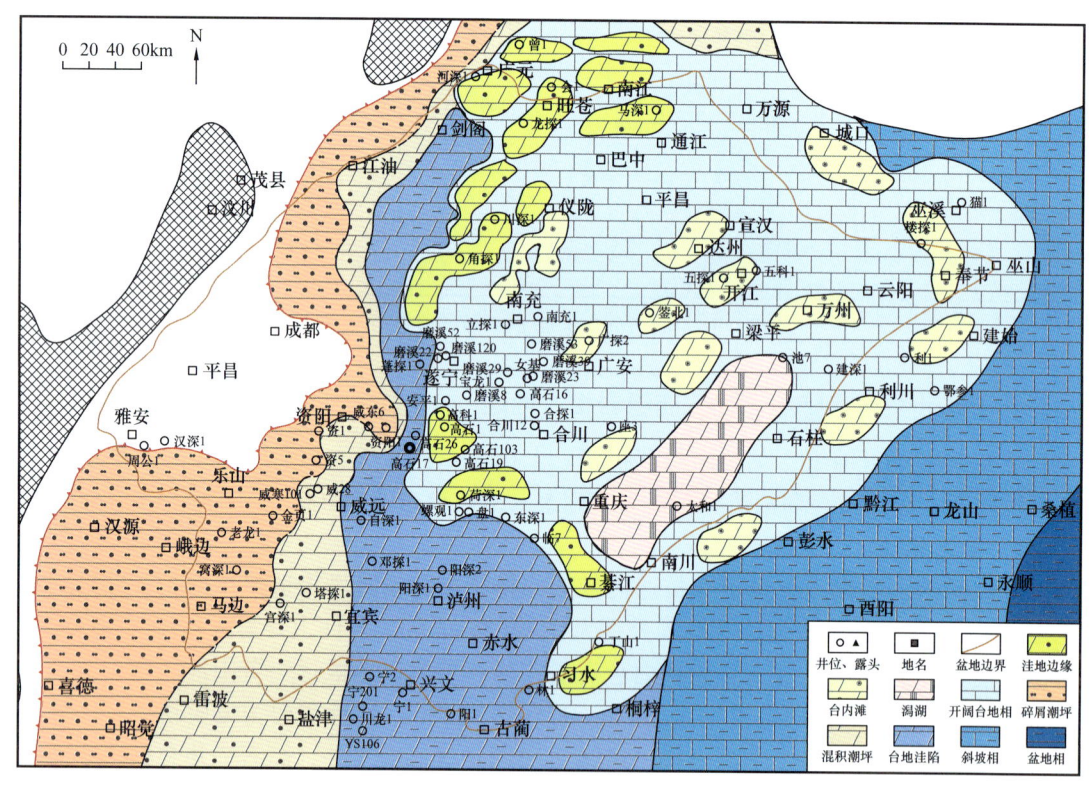

图5-1-11 四川盆地及周缘寒武系沧浪铺组下段岩相古地理图

2）龙王庙组

龙王庙组沉积期，随着沧浪铺组沉积期克拉通内裂陷进一步充填萎缩，直至完全消亡，克拉通南北向"大隆大坳"构造格局演化基本终止，四川克拉通构造平缓、地貌相对平坦，广泛分布一套局限海台地颗粒滩白云岩与蒸发台地白云岩夹石膏岩，主要分布在现今盆地范围内。"十二五"研究期间提出了龙王庙组台地内"双滩"沉积模式，本次研究在前期认识的基础上，提出龙王庙组为碳酸盐岩镶边台地沉积模式，发育三条颗粒滩带（"三滩"模式），一条为台地边缘颗粒滩带，另两条颗粒滩带发育于局限台地相潟湖亚相两侧。从四川盆地西部到东部依次发育混积潮坪相、局限台地相、开阔台地相、台地边缘相和斜坡—盆地相（图5-1-12）。混积潮坪相分布于盆地的西部广元至雅安一线，呈条带状展布，其在川西南部基本被剥蚀。局限台地相主要分布于川中—川东地区，其中以颗粒云岩、泥粉晶云岩为主的云坪—台内滩亚相主要分布于川中地区；川东地区则分布以含盐含膏质云岩为主的潟湖亚相；在成都—资阳地区，由于受德阳—安岳克拉通内裂陷的影响，沉积水体相对较深，台内滩不发育。开阔台地相主要发育颗粒灰岩、颗粒云岩、泥粉晶云岩和泥晶灰岩，主要分布于盆地北缘、东缘。台地边缘相主要发育颗粒云岩，分布于镇巴—天1井—利1井一线，呈条带状展布。斜坡—盆地相主要发育泥晶灰岩、泥灰岩及泥页岩，分布于台地边缘相东侧。

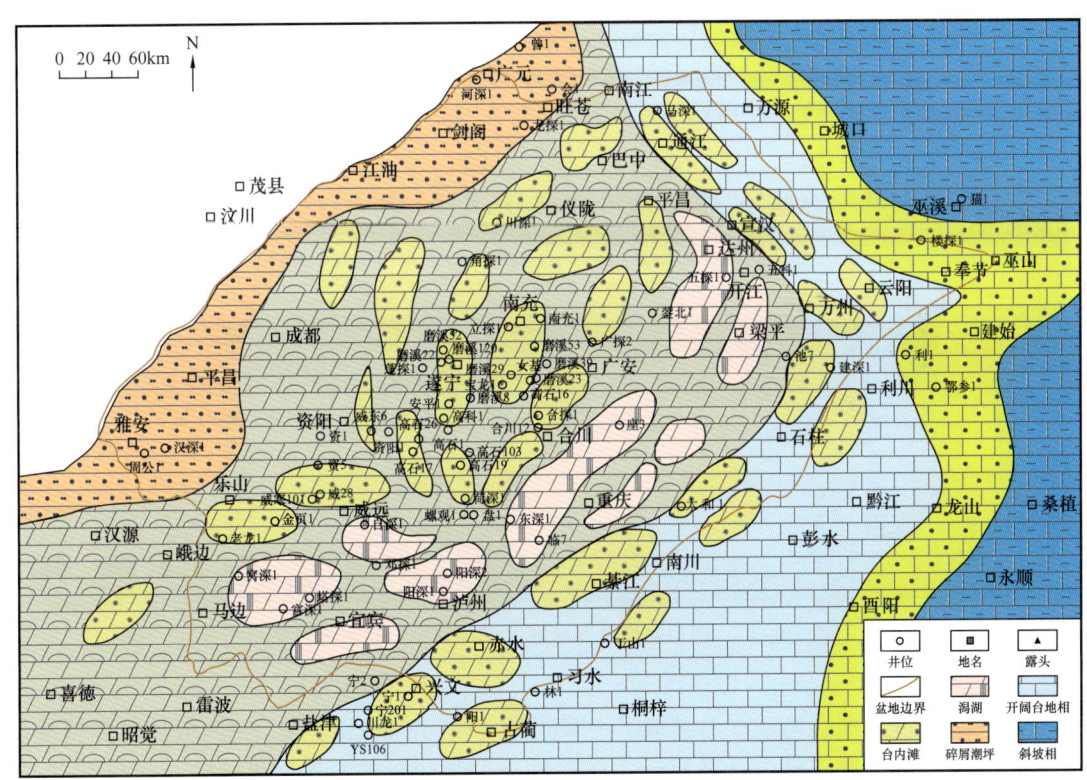

图5-1-12　四川盆地及周缘寒武系龙王庙组岩相古地理图

5. 中—上寒武统岩相古地理

中—晚寒武世，四川盆地构造发生显著变化，盆地西北开始抬升，加里东期乐山—龙女寺巨型古隆起构造开始形成，形成西高东低的沉积格局。

1）高台组

中寒武统高台组主要发育局限台地沉积，发育膏质潟湖、膏云质潟湖、砂屑滩和砂质滩坝。盆地西南部沉积了一套陆源碎屑和碳酸盐岩的混积物，岩性主要为绿灰色、紫红色、棕红色泥质云岩、云质泥岩、云质砂岩及暗色页岩不等厚互层，局部含膏质。威远—自贡—广安地区为云坪相，局部发育砂屑滩，岩性主要为一套鲕粒云岩、砂屑云岩、泥质云岩和粉砂岩。宜宾—泸州及重庆—涪陵—开江地区发育大面积的膏云质潟湖沉积，以膏岩、云质膏岩为主；盆地东缘为局限台地相向开阔台地相转变的过渡区域，该区域以东与膏云质潟湖之间局部发育云质砂屑滩；彭水—遵义—恩施—宜昌—荆州地区发育开阔台地相沉积（图5-1-13）。

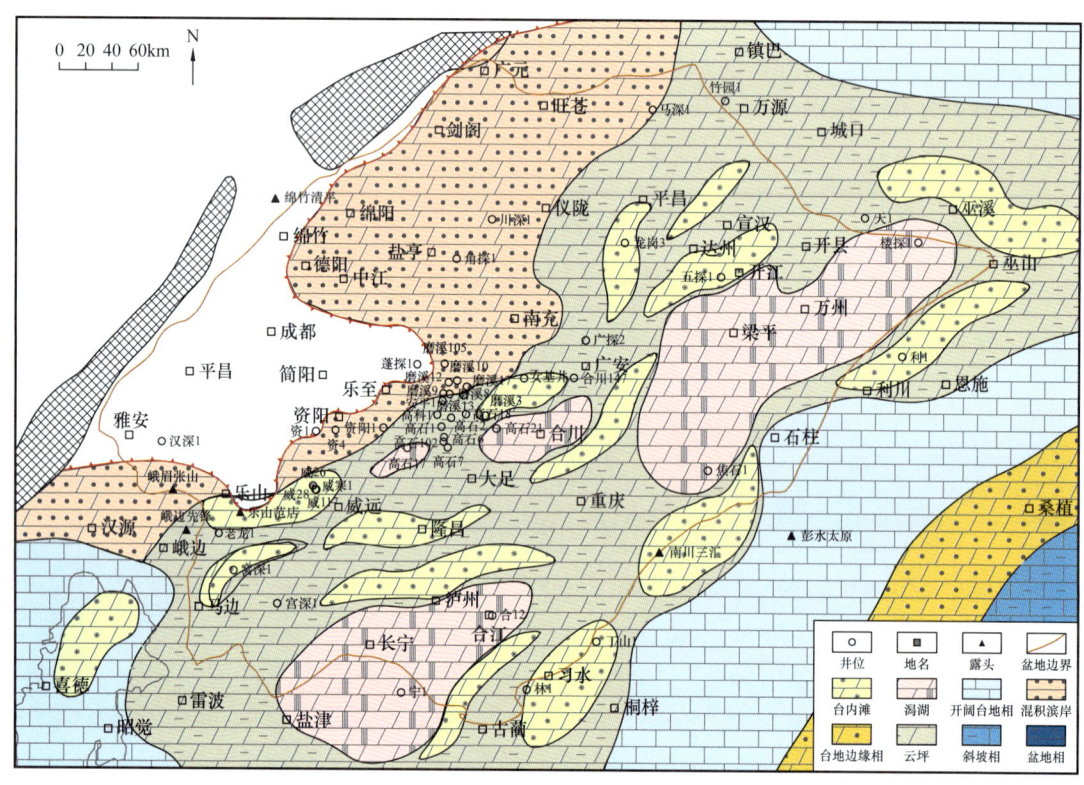

图5-1-13 四川盆地及周缘寒武系高台组岩相古地理图

2）洗象池组

洗象池组古地理格局基本上继承了中寒武世"西南高，东北低，东西分异"的特征。受西边康滇古陆、摩天岭古陆及汉南古陆影响十分微弱，陆源碎屑供给较小，只在靠近古陆一侧有陆源碎屑与碳酸盐岩不同比例沉积的混积潮坪沉积。川中地区水体不深，岩性主要为泥晶和砂屑云岩，厚度不大，古隆起周缘发育砂屑云岩及鲕粒云岩，为局限台地潮坪亚相和台内滩亚相。川东地区比川中地区水体较深，新发现了梁平—泸州台内洼地，岩性主要为泥晶云岩，洼地边缘发育规模颗粒滩（图5-1-14）。

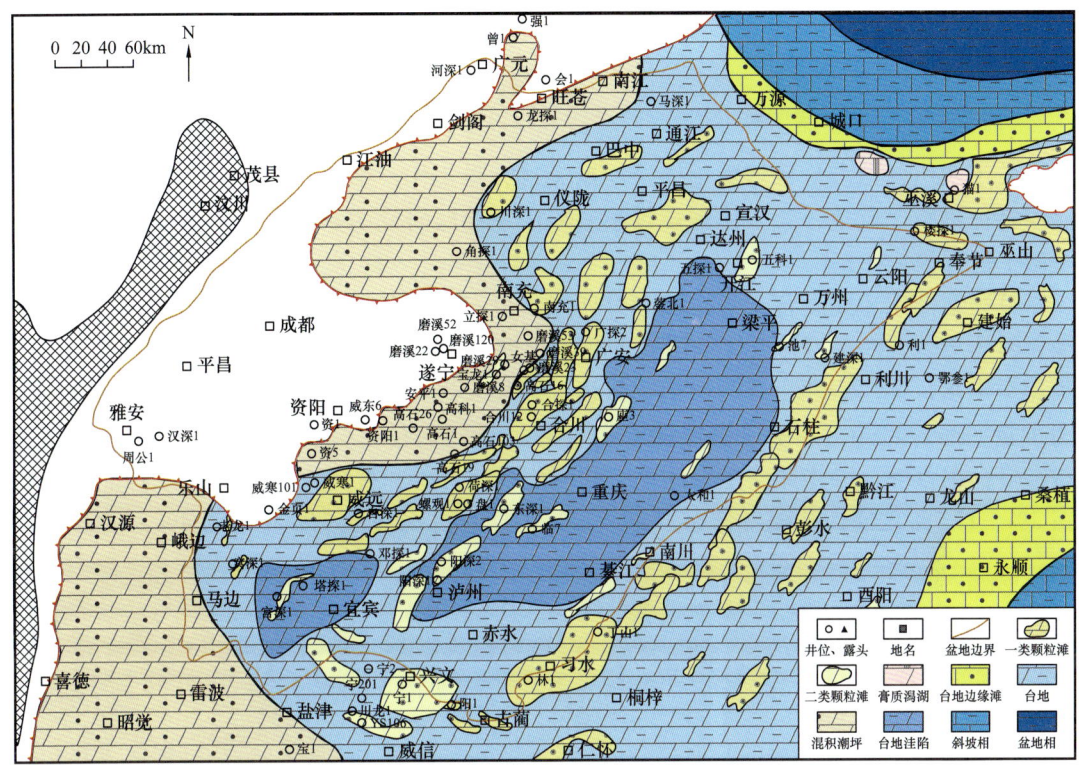

图 5-1-14　四川盆地及周缘寒武系洗象池组岩相古地理图

第二节　震旦系—寒武系油气地质特征

四川盆地德阳—安岳克拉通内裂陷东侧的高石梯—磨溪地区已发现探明储量超 $1×10^{12}m^3$ 的安岳大气田,展示了该领域巨大的勘探潜力。在"十二五"期间,项目组提出了德阳—安岳克拉通内裂陷,其对沉积、储层及成藏等方面的作用有了较深入的认识,指导提出的川中高石梯—磨溪古隆起核部的高石 1 井震旦系获高产,发现了安岳特大型气田。"十三五"期间,项目组持续深化德阳—安岳克拉通内裂陷的形成和演化研究,提出了德阳—安岳裂陷发育期,由于拉张动力作用,在裂陷内发育多组断裂,形成灯二段多条垒控丘滩带;发展期,裂陷边界断层控制灯四段发育规模台缘丘滩带;萎缩期,裂陷边缘发育沧浪铺组规模台缘颗粒滩。灯二段、灯四段、沧浪铺组和龙王庙组四套规模丘滩体储层与裂陷内外发育的筇竹寺组烃源岩及灯影组泥质灰(云)岩等多套烃源岩大面积叠合,形成良好的生、储、盖组合,为裂陷内及其周缘天然气富集成藏提供了有利条件。在裂陷内和周缘建立了致密岩性在侧向和上倾方向的封堵,形成先油后气、持续充注、单个气藏独立保存的大型岩性气藏成藏模式,指导了北斜坡蓬莱气区的发现。四川盆地震旦系—寒武系优越的天然气地质条件,形成了不同的成藏模式,为全盆地的勘探提供了地质依据。

一、储层特征与展布

1. 灯影组丘滩体储层特征

关于四川盆地震旦系灯影组储层前期做过大量工作,第二章对裂陷内和周缘丘滩体储层特征进行了阐述,为了体现震旦系—寒武系储层研究的系统性,本章节在第二章的基础上进行相关补充。

灯影组储层主要发育于灯二段和灯四段,分布于裂陷边缘、裂陷内和台地。裂陷边缘丘滩体与裂陷内垒控丘滩体储层特征非常相近。岩性以块状富含藻类的白云岩为特征,菌藻类丰富,储层岩性主要为微生物云岩、颗粒云岩、岩溶角砾云岩及粉晶—细晶云岩和少量泥晶云岩等。其中以微生物云岩为主,占65%左右;颗粒云岩次之,占20%左右。灯影组台缘丘滩体储层主要储集空间有溶孔、溶洞和裂缝(图5-2-1)。样品孔隙度在2%~12.5%之间,孔隙度分布于2%~4%的样品占62%左右,平均为4%;渗透率在

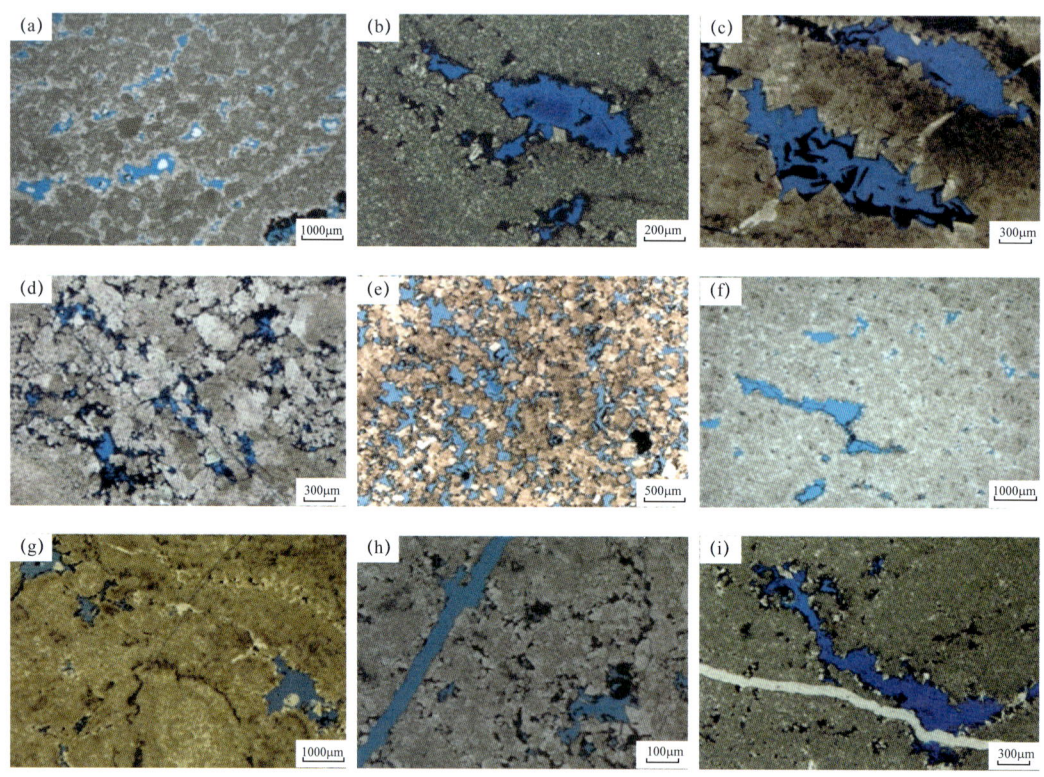

图 5-2-1 灯影组储层主要岩性及储集空间铸体薄片照片

(a)磨溪105井,灯四段,5324.94m,砂屑云岩,粒间溶孔,沥青充填;(b)高石1井,灯四段,4983.47m,藻屑云岩,溶蚀孔洞,孔壁附着沥青;(c)高石1井,灯四段,4960.91m,藻凝块云岩,拉长状格架孔,充填沥青;(d)高石1井,灯四段,4956.3m,细晶云岩,晶间孔及晶间溶孔;(e)高石7井,灯四段,5332.28m,粉晶云岩,晶间溶孔;(f)高石1井,灯四段,4956.3m,细晶云岩,晶间孔及晶间溶孔;(g)高石2井,灯四段,5016.03m,藻砂屑云岩,粒间溶孔;(h)高石102井,灯四段,藻砂屑云岩,粒间溶孔,开启裂缝;(i)高石1井,灯四段,4983.47m,藻粘结砂屑云岩,粒间溶孔溶洞,充填裂缝

0.0001~19.4mD 之间，渗透率分布于 0.01~1mD 的样品占 52%，平均为 0.622mD。灯二段储层以受多旋回层间岩溶面控制的溶孔为主，与葡萄花边构造伴生的溶孔、格架孔发育，具有顺层发育、纵向叠置的特点；储层单层厚度大，溶孔、溶洞发育，孔洞呈顺层排列，储层延伸远，叠置连片，储层厚度主要为 50~350m（图 5-2-2）。灯四段台缘带丘滩储层主体为孔隙（洞）型，储层厚度在 30~150m 之间，平均厚度约 70m。储集空间为缝洞和洞穴。

灯影组丘滩体主要由微生物丘和颗粒滩复合而成，台缘微生物丘滩储层最为发育，台内丘滩体次之。灯影组优质岩溶储层主要在台内裂陷两侧发育，沉积水体相对较浅，水动力较强，沉积了大套厚层藻砂屑云岩、藻凝块云岩和藻纹层云岩，这些菌藻类所建造或参与建造的凝块石藻丘滩体在沉积过程中保留了大量的基质原生孔（格架孔、粒间孔等），后期受桐湾多幕运动影响，灯影组抬升剥蚀，溶蚀作用强烈，形成具有大量溶蚀孔隙和洞穴的储层。裂陷两侧灯二段储层厚度大，如高石 1 井储层厚 149.7m，资 1 井储层厚 175m，磨溪 8 井储层厚 334m，磨溪 10 井储层厚 65m。裂陷两侧灯四段高石 1 井储层厚 109.8m，高石 2 井储层厚 108.1m，高科 1 井储层厚 56.4m，磨溪 10 井储层厚 57.5m，磨溪 13 井储层厚 56m，磨溪 8 井储层厚 41.3m。灯影组有利储层面积约 $5 \times 10^4 km^2$（图 5-2-2），Ⅰ类储层主要分布在威远、高石梯、磨溪、蓬莱、荷包场等地区，显示灯影组风化壳岩溶储层具有广阔勘探前景。

2. 沧浪铺组下段颗粒滩储层特征

沧浪铺组下段储层岩性为亮晶鲕粒灰岩、鲕粒云质灰岩及亮晶含砂屑鲕粒灰岩，主要经历海底—埋藏成岩环境，主要特点为无暴露溶蚀，白云石化较弱，胶结与充填作用强，晚期溶蚀作用弱；以粒间溶孔、晶间孔和微细裂缝为主（图 5-2-3），局部微细溶孔极为发育；以低孔隙度、低渗透率储层为主，大部分孔隙度小于 2%，局部地区局部层段孔隙度为 2.06%~5.2%，平均孔隙度为 2.92%，为典型的孔隙—裂缝型储层与裂缝—孔隙型储层。

沧浪铺组下段鲕粒滩受沉积前古地貌影响，沿受西南方向物源影响小及水体相对安静的德阳—安岳裂陷东侧分布，由北往南逐渐减薄，广元—南江地区鲕粒滩最为发育，厚度可达 88m，高石梯—磨溪地区单层鲕粒滩厚度及累计厚度均较小。鲕粒滩顶部白云岩由西往东逐渐增多，白云石化程度逐渐变高，至川东地区五探 1 井及楼探 1 井均以白云岩发育为主；成岩晚期的溶蚀作用主要发生在川中加里东期古隆起及川北古隆起的斜坡带。沧浪铺组下段储层主要分布在川中—川北及川东地区，厚度在 10~30m 之间，川中北斜坡射洪—盐亭地区储层为最优质。

3. 龙王庙组台内颗粒滩储层特征

四川盆地龙王庙组最有利储层相带为台内滩，该套颗粒滩规模较大、层位稳定、分布连续，是有利储集体。川中地区龙王庙组台内滩储层主要储集空间有溶洞、溶孔和裂缝等（图 5-2-4）。根据储层发育溶洞、溶孔和裂缝等主要储集空间的不同，龙王庙组储

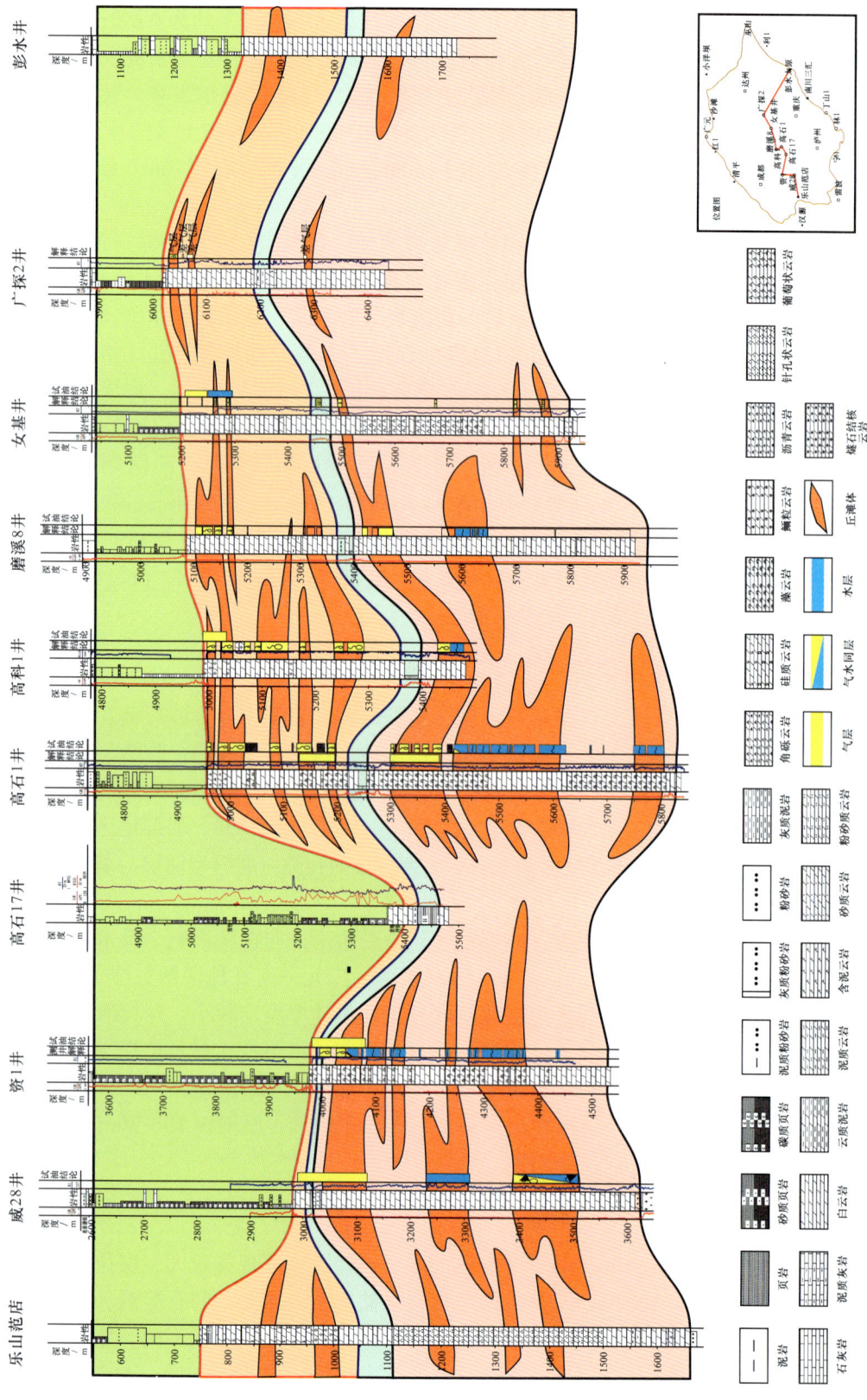

图 5-2-2 过乐山范店—威 28 井—高石 17 井—高石 1 井—磨溪 8 井—女基井—彭水地区灯影组储层对比图

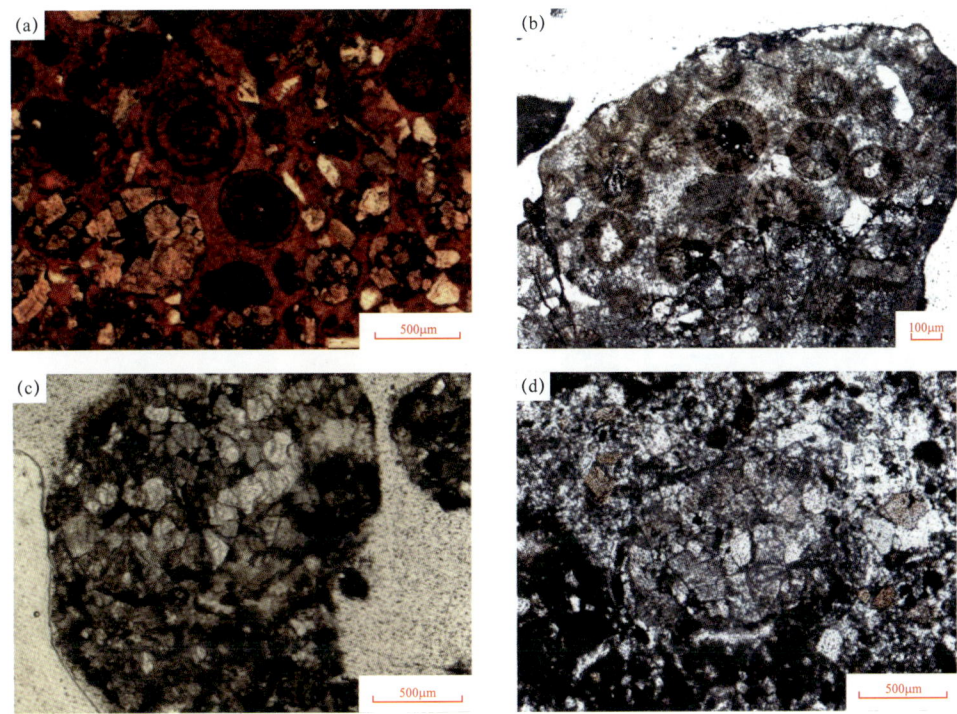

图 5-2-3 四川盆地沧浪铺组下段储层孔隙类型图
（a）晶间孔见沥青，白云石化亮晶鲕粒灰岩，川深 1 井（-）；（b）微裂缝及粒内溶孔沥青充填，角探 1 井（-）；
（c）晶间及粒内溶孔充填沥青，角探 1 井（-）；（d）晶间孔沥青充填，蓬探 1 井（-）

层可分为裂缝—溶蚀孔洞型、裂缝—溶蚀孔隙型和裂缝—晶间孔型。裂缝—溶蚀孔洞型储层的储集空间主要为溶孔、溶洞和裂缝，储集体主要为颗粒滩，平均孔隙度为 4.59%，中值孔隙度为 4.1%，孔隙度大于 2% 的样品占 90% 以上，平均渗透率 7.16mD，渗透率大于 0.1mD 的样品占 70% 以上。裂缝—溶蚀孔隙型储层的储集空间主要为溶孔、晶间孔和裂缝，储集体主要为颗粒滩，平均孔隙度为 3.38%、中值孔隙度为 2.05%，平均渗透率为 3.17mD。裂缝—晶间孔型储层的储集空间主要为晶间孔和裂缝，储集体主要为潟湖相沉积，平均孔隙度为 1.95%，中值孔隙度为 1.5%，孔隙度大于 2% 的样品仅占总数的 30%，平均渗透率为 13.9mD，渗透率在 0.001～10mD 之间的样品占总数的 85%（图 5-2-5）。

龙王庙组储层主要在川中地区发育，厚度在 20m～80m 之间，其中磨溪地区储层最优质，高石梯地区次之。磨溪地区龙王庙组溶蚀孔、洞型储层的大面积分布，延伸 5～20km，井间连通性好。其中溶蚀孔洞型储层厚度 0～37m，溶蚀孔隙型储层厚度 0～36m，基质孔隙型储层厚度 1～19m。溶蚀孔洞型与溶蚀孔隙型储层占较大比例，溶蚀孔洞型和溶蚀孔隙型储层占储层总厚度的 0～90%，平均为 58%。

4. 洗象池组储层特征

洗象池组储层从岩性上可分为三类：颗粒云岩、晶粒云岩、藻云岩，储集空间类

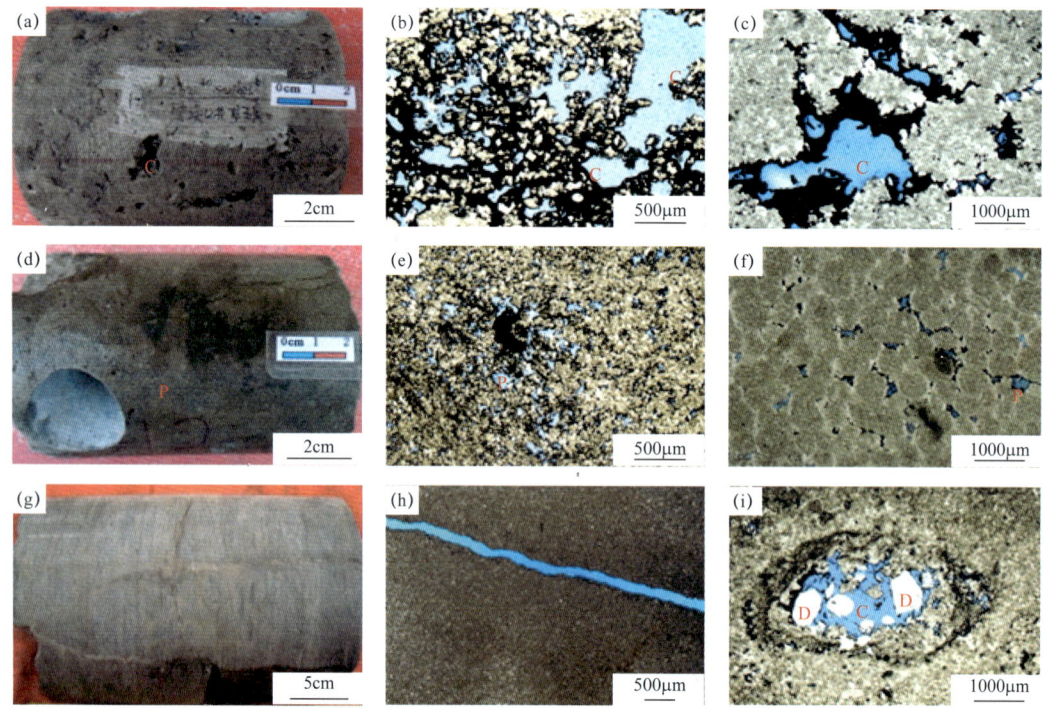

图 5-2-4　川中地区龙王庙组岩性及储集空间特征

（a）磨溪 12 井，4621.40m，亮晶砂屑云岩，溶孔、溶洞发育；（b）磨溪 12 井，4634m，粉晶砂屑云岩，溶孔、溶洞发育，沥青充填，C 为溶洞（-）；（c）磨溪 12 井，4622.05m，细晶—中晶砂屑云岩，溶孔、溶洞发育，沥青充填，C 为溶洞（-）；（d）磨溪 17 井，4650.79m，粉晶砂屑云岩，溶孔发育，P 为溶孔；（e）磨溪 17 井，4612.62m，粉晶砂屑云岩，溶蚀孔，大量沥青充填，P 为溶孔（-）；（f）高石 6 井，4545.99m，细粉晶鲕粒云岩，溶孔发育，P 为溶孔（-）；（g）磨溪 21 井，4660.22~4660.52m，泥晶云岩，水平和高角度两组构造缝；（h）磨溪 12 井，4672.30m，泥晶云岩，构造缝，（-）；（i）磨溪 17 井，4612.61m，残余粒内溶孔，充填白云石，C 为溶洞，D 为白云石（-）

型主要有溶蚀孔洞、粒间孔、晶间孔和裂缝。其中溶蚀孔洞、粒间孔与晶间孔是洗象池组的主要储集空间（图 5-2-6）。洗象池组白云岩储层孔隙度介于 0.11%~12.5%，平均 3.54%；渗透率分布在 1~7.85mD 之间，其中储层渗透率小于 0.01mD 的占 86.4%，平均 0.121mD。通过对全盆地孔隙度—渗透率关系进行分析表明，洗象池组储层具有双重介质特征，孔隙度—渗透率总的相关性不好，主要为裂缝—孔隙型储层。

盆地内洗象池组储层主要发育在台内颗粒滩，呈现薄互层特征，单层厚度 1~2m，累计厚度 10~80m。洗象池组储层主要分布在川中—川东地区，厚度在不同地区有很大差异，其中川中地区储层厚度 10~50m，川东地区部分井厚度偏低，一般可达 10~20m。

洗象池组储层的形成与海平面变化和准同生溶蚀有重要关系，洗象池组沉积期发生了多次海平面下降，由此造成了碳酸盐岩地层的多旋回特征，进而形成了纵向上的多套储层，且储层多发育在旋回的上部。这是因为海平面下降导致滩体暴露，处于古地貌高部位的滩体暴露面积大、持续时间长，溶蚀孔洞十分发育，物性好；位于古地貌低处的滩体或滩带翼部因短暂暴露或未暴露，溶蚀孔洞不发育，胶结作用强，因而孔隙度、渗透率较差。

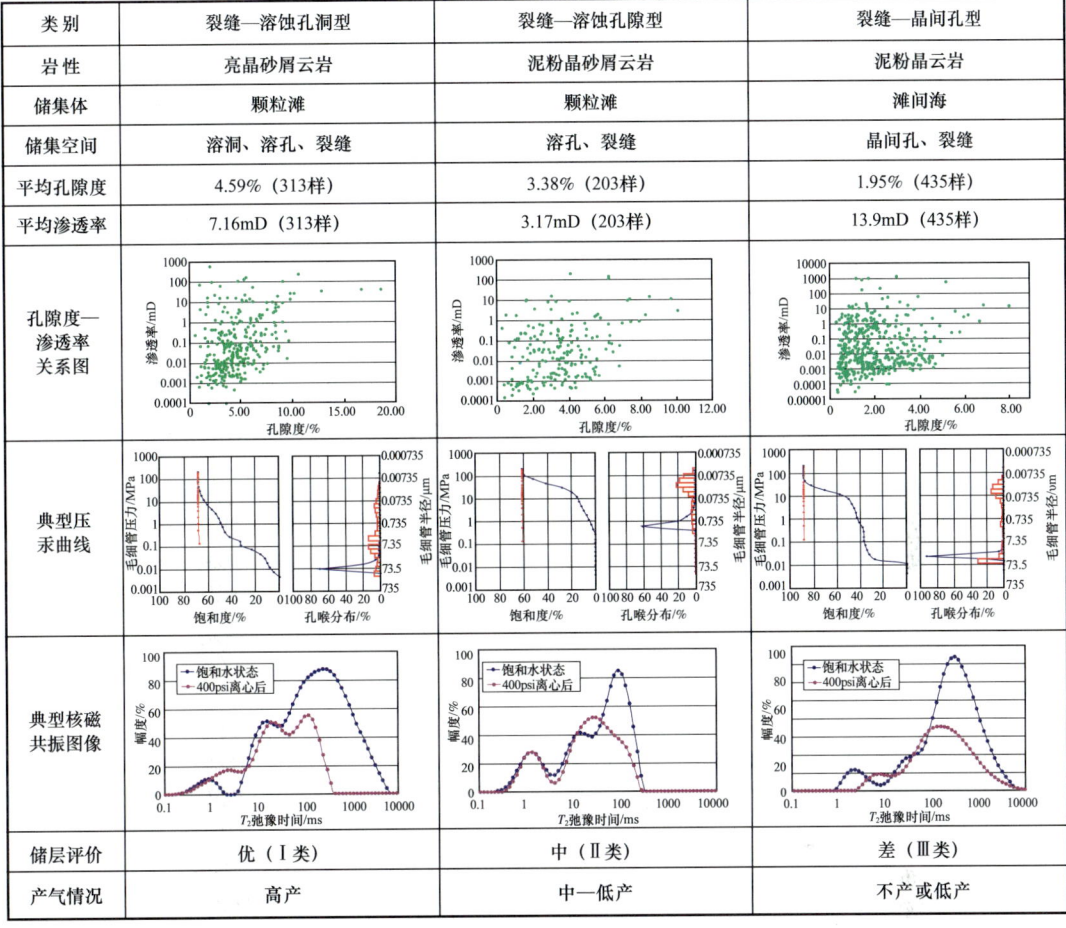

图 5-2-5　川中地区龙王庙组不同类型储层特征

二、烃源岩

四川盆地震旦系—寒武系发育陡山沱组、灯三段、麦地坪组—筇竹寺组等多套海相烃源岩。陡山沱组和灯影组三段烃源岩分布局限，麦地坪组—筇竹寺组烃源岩全盆地大面积分布，厚度大，为区域性优质烃源岩。

1. 陡山沱组烃源岩

陡山沱组泥质烃源岩有机质丰度高，属于高丰度腐泥型的过成熟烃源岩。盆地东缘的秭地1井，钻遇陡山沱组厚度145m，其中烃源岩厚度约为60m，TOC为1%～10%；盆地中部高石1井钻遇陡山沱组黑色页岩22m，TOC分布在2.0%左右。盆地东南缘遵义松林六井剖面陡山沱组泥岩35个样品的TOC含量介于0.11%～4.64%，平均1.51%；干酪根同位素 -31.5‰～-30.3‰，平均 -30.8‰，为腐泥型；等效镜质组反射率2.08%～2.34%，处于过成熟阶段。遵义松林大石墩剖面陡山沱组泥岩13个样品的TOC介于0.62%～3.33%，平均1.92%；干酪根碳同位素 -31.2‰～-30.7‰，平均 -30.9‰，为

图 5-2-6 四川盆地洗象池组储层岩性及储集空间特征图

（a）合 12 井，4848.62m，洗象池组，砂屑云岩，残余粒间溶孔（−）；（b）南川三汇剖面，5-B2，砂屑云岩，亮晶白云石胶结，残余粒间孔及溶蚀孔洞发育（−）；（c）南川三汇剖面，85-B1，鲕粒粉晶云岩，残余粒间孔及粒间扩溶孔发育，面孔率 5%～8%（−）；（d）广探 2 井，洗象池组，5343.37～5343.54m，灰色砂屑云岩，溶蚀孔洞及准层状溶蚀孔发育并被沥青、白云石等充填；（e）秀山高东庙剖面，洗象池组，152-B1，粉晶云岩，晶间溶孔发育（−）；（f）习水永安和尚坪剖面，洗象池组，13 层，藻云岩，溶孔发育

腐泥型；等效镜质组反射率 3.46%～3.82%，处于过成熟阶段。

陡山沱组有效烃源岩和优质烃源岩在盆地边缘厚度较大，盆地内部厚度较小（可能与盆地内揭示陡山沱组的钻井少有关）。中—上扬子区陡山沱组有效烃源岩的厚度中心主要有四个，分别在盆地边缘的川西北（广元—绵阳地区）、川东北（镇巴—城口地区）、五峰—秀山地区和盐津—遵义地区，总体厚度为 50～200m（图 5-2-7）。此外在川东古隆起的东西两侧还存在两个次级厚度中心，有效烃源岩的厚度在 20～50m 之间。四川盆地内广大地区有效烃源岩厚度较小，整体在 0～20m 之间。

2. 灯三段烃源岩

灯三段沉积期，发生了一次大规模的海侵，受物源供给及裂陷的影响，北部地区厚度相对较大，介于 20～40m，高石梯—磨溪地区泥岩厚度较薄，一般为 10～40m，分布局限（图 5-2-8）。高石梯—磨溪地区灯三段主要为黑色页岩，零星夹薄层灰色云质泥岩，总体厚度不大，一般 10～40m；高科 1 井厚度相对较大，钻遇黑色泥岩 35.5m。盆地周缘灯三段厚度较薄，岩性主要为蓝灰色泥岩，如先锋剖面灯三段黑色泥岩厚约 20cm，灰色泥岩厚约 40cm。有机质丰度相对较高，TOC 介于 0.04%～4.73%，平均 0.65%；干酪根碳同位素 –33.4‰～–28.5‰，平均 –32.0‰，有机质类型属腐泥型（Ⅰ型），现今达到过成熟阶段。

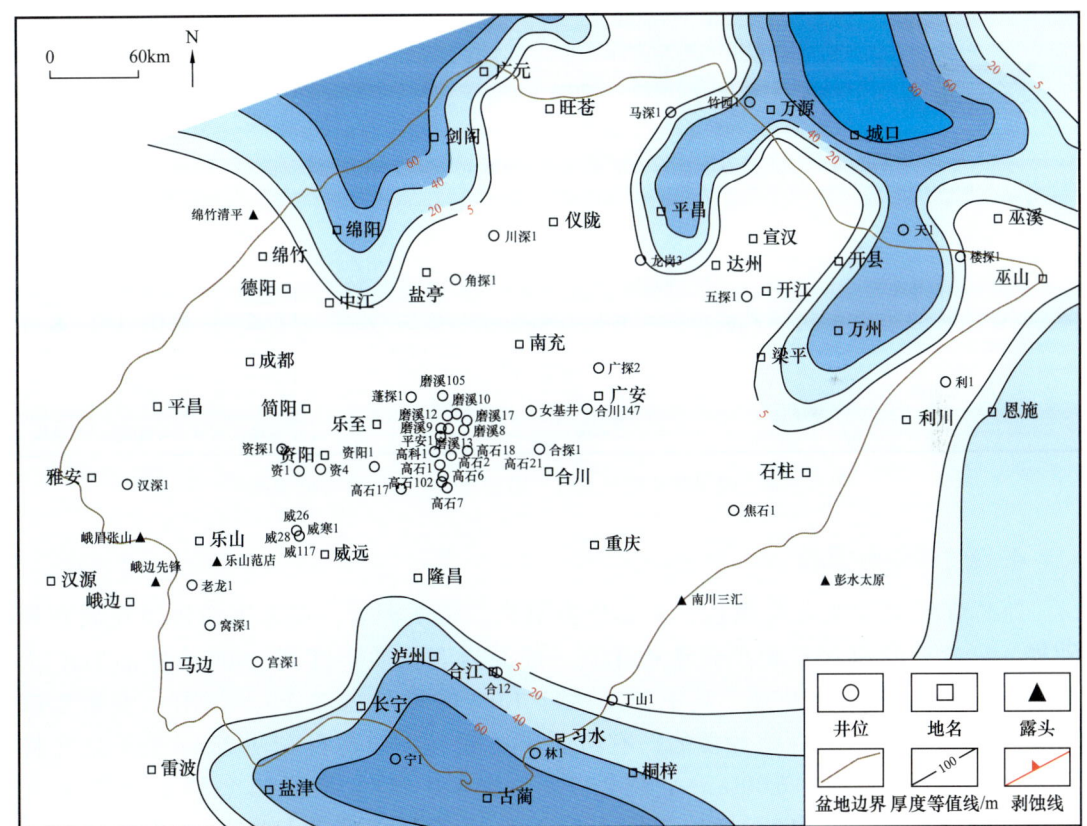

图 5-2-7　四川盆地下震旦统陡山沱组烃源岩厚度等值线图

3. 麦地坪组烃源岩

麦地坪组烃源岩主要为硅质页岩、碳质泥岩等，有机质丰度较高，TOC 介于 0.52%～4.00%，平均 1.68%，属典型的腐泥型烃源岩，有机质成熟度高，达到高成熟—过成熟阶段。麦地坪组沉积时期为裂陷发育的鼎盛时期，主要为裂陷填平补齐阶段的产物。受桐湾Ⅲ幕构造运动影响，裂陷两侧高部位遭受剥蚀，导致麦地坪组在四川盆地内分布局限，烃源岩主要分布在裂陷范围内，厚度在50～100m之间（图5-2-9）。

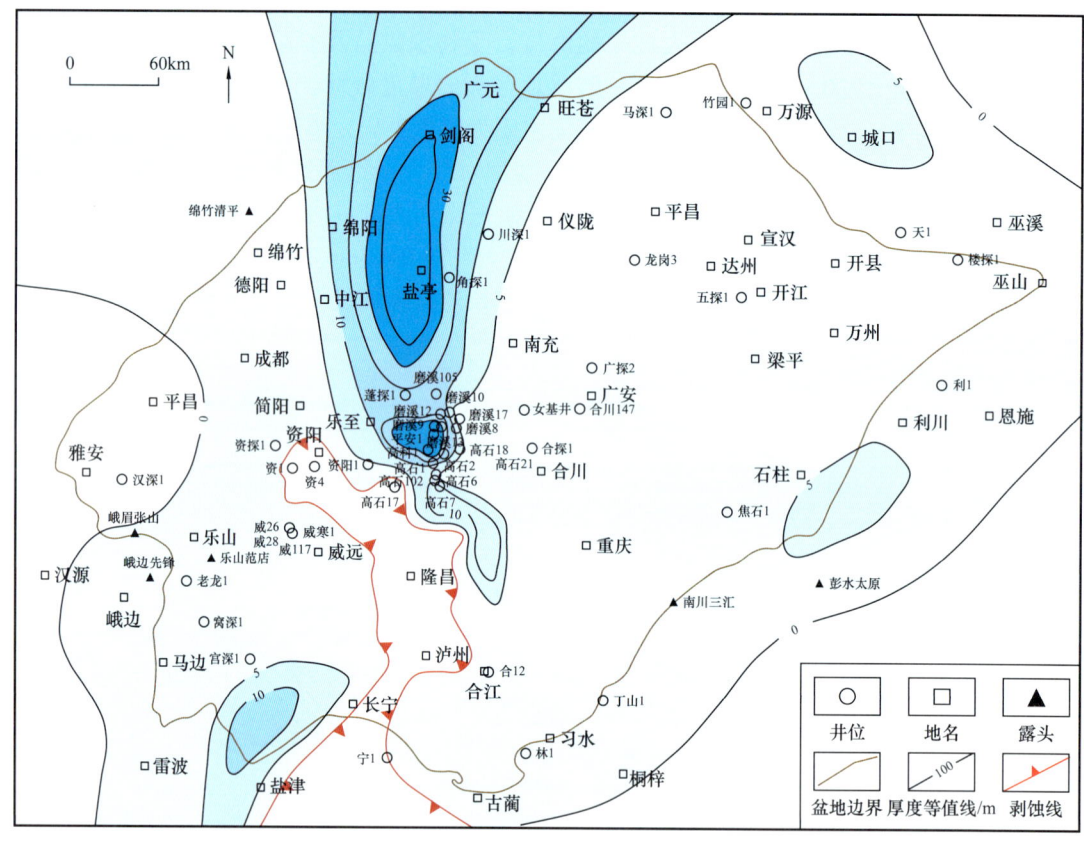

图5-2-8　四川盆地震旦系灯三段泥质烃源岩厚度等值线图

4. 筇竹寺组烃源岩

筇竹寺组岩性主要为黑色、灰黑色泥页岩、碳质泥岩，局部夹粉砂质泥质和粉砂岩，富含三叶虫化石和小壳动物化石。烃源岩有机质丰度高，409个样品TOC为0.50%～8.49%，平均1.95%，其中TOC大于1.0%的样品占71.3%。德阳—安岳裂陷内有多口井钻遇筇竹寺组烃源岩，有机质丰度较高，如高石17井筇竹寺组35个样品的TOC介于0.37%～6.00%，平均2.17%；资4井筇竹寺组16个样品的TOC介于0.98%～6.61%，平均2.18%。筇竹寺组干酪根碳同位素普遍较小，同位素分布在−36.0‰～−31.0‰之间，平均−33.3‰，有机质类型属典型的腐泥型烃源岩，成熟度高，目前多处于过成熟阶段。

筇竹寺组有效烃源岩在全盆及邻区均有发育，有效烃源岩区域厚度为50～500m，不同区域受沉积环境及构造等因素的影响，发育厚度有所差异（图5-2-10）。有效烃源岩主要在德阳—安岳裂陷内发育，厚度最大，为200～500m；德阳—安岳裂陷南段蜀南地区有效烃源岩厚度比德阳—安岳裂陷区中段要小，有效烃源岩厚度变化较大，分布于

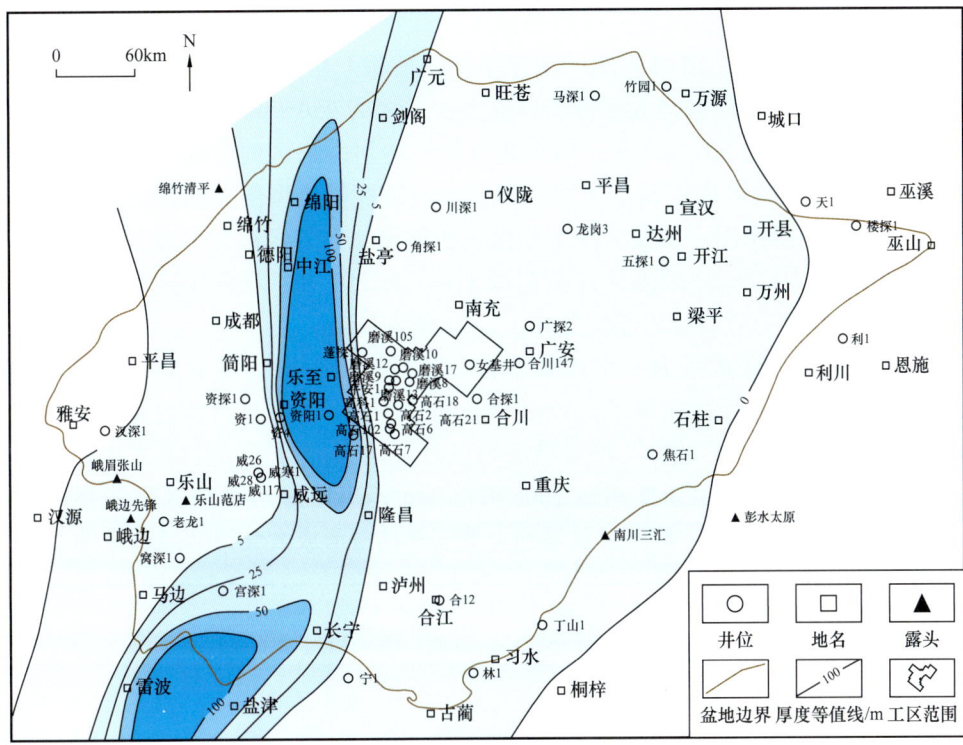

图 5-2-9 四川盆地下寒武统麦地坪组烃源岩厚度等值线图

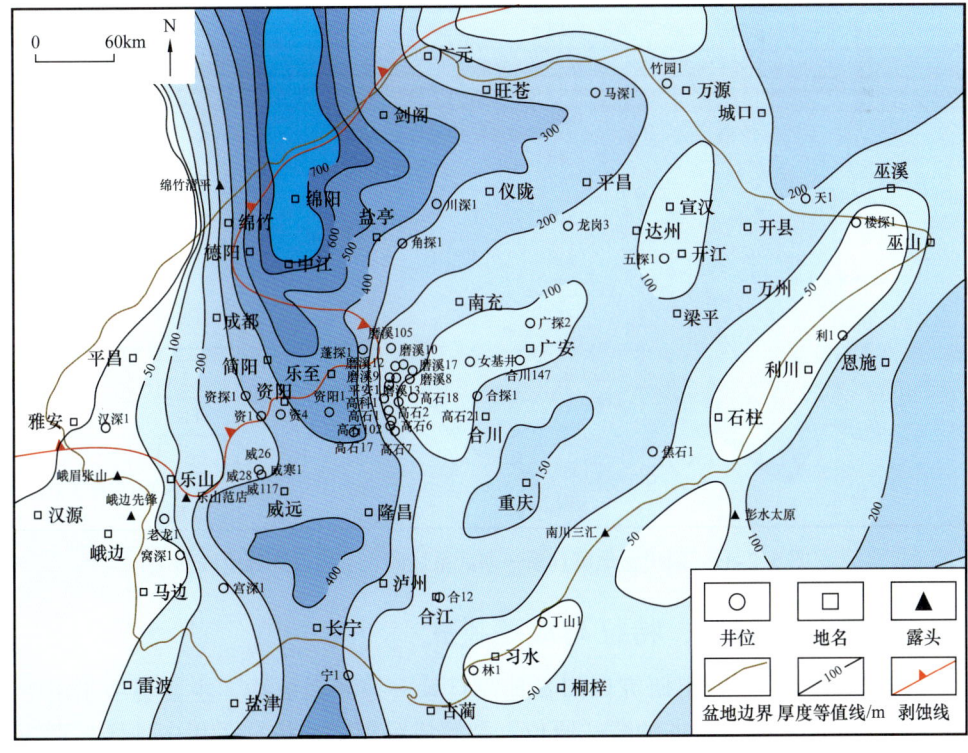

图 5-2-10 四川盆地下寒武统筇竹寺组有效烃源岩厚度等值线图

100~400m。川中古隆起北斜坡—川西北地区，有效烃源岩发育，厚度在 250~400m 之间。川中古隆起北斜坡、川西北地区川深 1 井、马深 1 井、广元东溪河等剖面 TOC 分析结果表明，该区筇竹寺组有效烃源岩厚度大，主要为 250~400m。川中台内区有效烃源岩条件较好，厚度为 50~150m；川东北万源—达州裂陷区内有效烃源岩发育厚度为 200~250m。川东北地区南江桥亭、城口、巫溪及镇坪等典型剖面实测资料分析，受万源—达州裂陷的控制作用，主要为深水陆棚沉积环境，有效烃源岩厚度较大，厚度主要为 100~300m。德阳—安岳裂陷区西侧窝深 1 井、威 201 井、汉深 1 井等关键井和绵竹清平剖面资料分析，有效烃源岩厚度变化大，为 50~375m。

考虑到震旦系和寒武系为一个成藏组合，其烃源岩可向上下储层供烃，因此，将震旦系和寒武系烃源岩作为整体考虑该组合的资源潜力，本文进行震旦系和寒武系烃源岩生烃潜力综合评价，可见除川西南局部地区外，绝大部分区域烃源岩生烃强度大于 $20×10^8m^3/km^2$，裂陷内生烃强度高达 $160×10^8m^3/km^2$，川中—川东地区生烃强度也超过 $40×10^8m^3/km^2$（图 5-2-11），可见全盆地绝大范围都具备形成大气田的烃源条件。

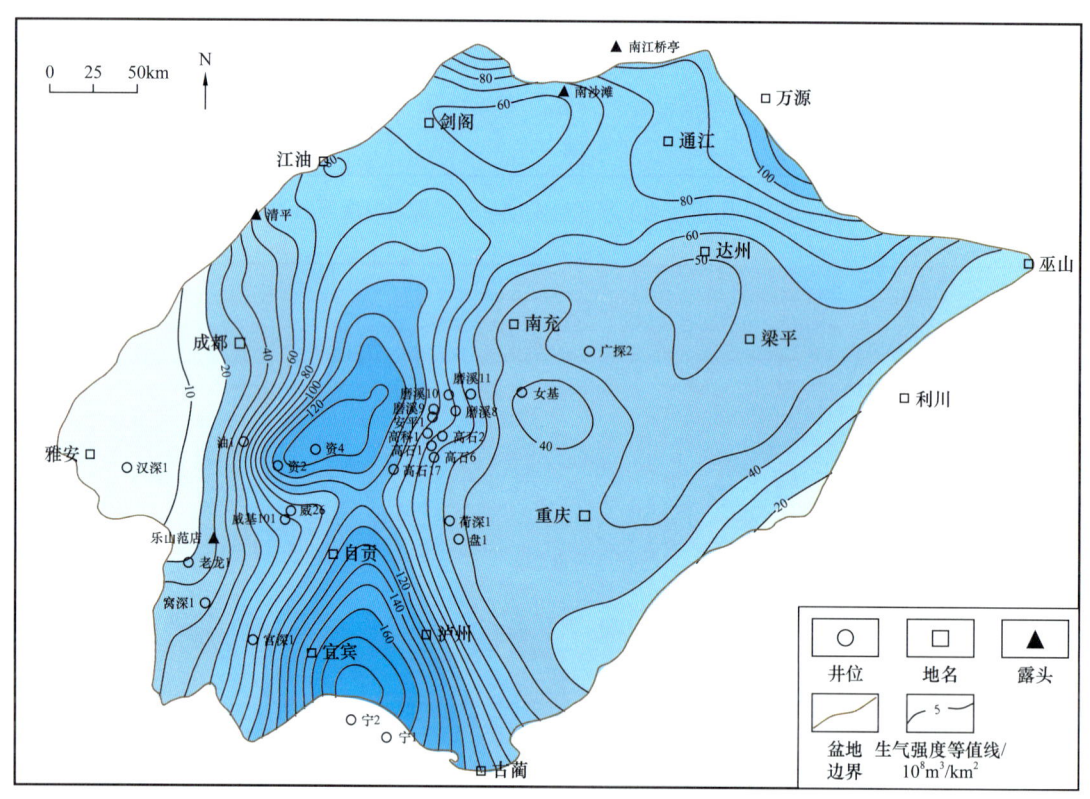

图 5-2-11　四川盆地震旦系—寒武系烃源岩生烃强度等值线图

三、主要气藏类型、特征与成藏模式

"十二五"期间，项目组研究四川盆地震旦系—寒武系成藏，主要集中于川中高石梯—磨溪古隆起区，提出了古油藏"原位"裂解成藏模式，指导了川中地区的勘探。但

由于全盆地不同勘探领域成藏条件和构造特征的差异,且随着勘探和研究的不断深化,地质资料的丰富,"十三五"期间研究对全盆地震旦系—寒武系成藏条件的认识更加成熟,具备分析全盆地成藏模式的条件,也是拓展全盆地勘探的需要。该领域的川中北斜坡蓬莱大气区的成藏特征和主控因素在第四章有详细的论述,本章节根据不同地区成藏主控因素的不同和构造特征的差异,建立了四川盆地震旦系—寒武系三种成藏模式:德阳—安岳克拉通裂陷内及周缘岩性气藏成藏模式、川中台内构造岩性气藏成藏模式和川东—川南台内构造气藏成藏模式。

1. 德阳—安岳克拉通裂陷内及周缘岩性气藏成藏模式

德阳—安岳克拉通裂陷内及周缘震旦系—寒武系发育的烃源岩、储层和盖层形成四套有利成藏组合(图 5-2-12),规模成藏条件的有效配置形成了裂陷内地层岩性气藏和裂陷边缘岩性气藏。在"十二五"期间研究中,提出了古隆起核部高石梯—磨溪地区台缘丘滩体古油藏"原位"裂解成藏模式。从北斜坡区裂陷内灯二段和裂陷边缘沧浪铺组已发现气藏的天然气特征(表 5-2-1),与高石梯—磨溪地区灯影组和龙王庙组天然气特征对比可以认为:(1)北斜坡区裂陷内灯二段和裂陷边缘沧浪铺组的天然气主要来源于寒武系麦地坪组+筇竹寺组泥页岩,震旦系泥质烃源岩和碳酸盐岩烃源岩也有一定的贡献;(2)天然气主要为原油裂解气,与高石梯—磨溪地区震旦系、寒武系有相似的形成演化特征。

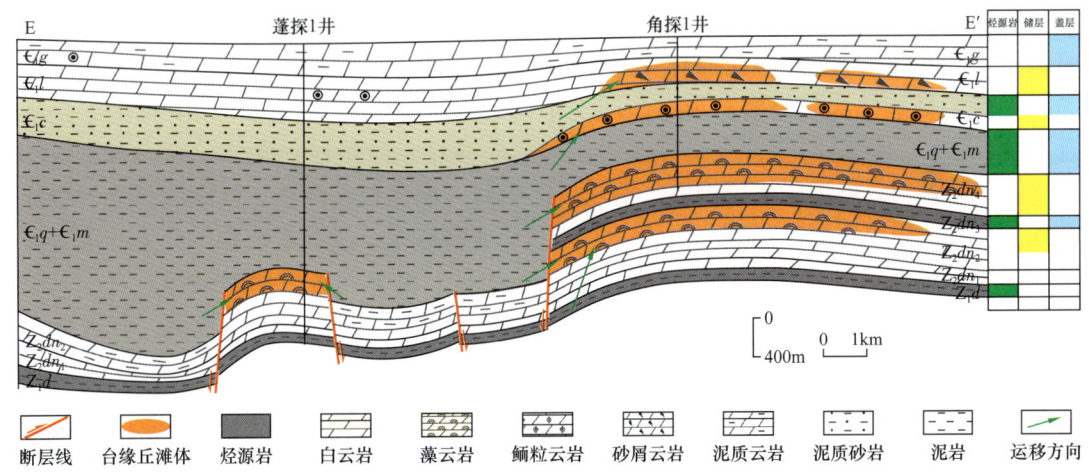

图 5-2-12 裂陷内及周缘震旦系—寒武系生、储、盖组合与岩性圈闭模式图

表 5-2-1 蓬探 1 井灯二段和角探 1 井沧浪铺组天然气特征

产层	井名	天然气组分						$\delta^{13}C$/‰(VPDB)		δ^2H/‰(VSMOW)
		C_1/%	C_2/%	CO_2/%	N_2/%	He/%	H_2/%	H_2S/%	CH_4/%	C_2H_6/%	CH_4/%
灯二段	蓬探1井	96.82	0.18	1.30	1.70	0	0	0	−38.2	−36.4	−134
沧浪铺组	角探1井	92.83	0.07	4.42	0.56	0.01	0	2.11	−34.7	−29.0	−140

1）裂陷内地层岩性气藏

这类岩性气藏发育于德阳—安岳裂陷内，储层主要为裂陷内北部的灯二段垒控丘滩体和裂陷内南部的灯四段独立溶蚀丘滩体，烃源岩主要为裂陷内的下寒武统麦地坪组+筇竹寺组泥页岩，还可能有震旦系陡山沱组、灯三段泥质烃源岩，直接盖层为灯三段泥岩和麦地坪组+筇竹寺组泥页岩，形成较好的生、储、盖组合（图5-2-12）。灯三段泥质烃源岩和寒武系麦地坪组+筇竹寺组泥质烃源岩从上面、周围完全包围灯二段独立的垒控丘滩体和灯四段孤立岩溶丘滩体储层，形成相对独立地层岩性圈闭，如蓬探1井灯二段岩性圈闭，局部背斜构造圈闭面积约为90km²，圈闭幅度约200m；测井解释气水界面为−5550m，以此为界面形成的圈闭面积为145km²，测井解释实际气柱高度为230m，显示其为典型的地层岩性气藏。

灯四段沉积期，德阳—安岳克拉通裂陷发育面积约5×10⁴km²，裂陷内北段灯影组主要为灯一段、灯二段，而灯三段、灯四段薄或者缺失。储层主要为灯二段垒控丘滩体，丘滩体经历了桐湾Ⅱ幕运动，形成较好的岩溶储层，同时使灯二段的顶面凹凸不平，丘滩体储层相对独立，面积不等，多个成排发育（图5-2-12）。裂陷内的寒武系麦地坪组、筇竹寺组泥页岩既是烃源岩，又是盖层，厚度一般为200~500m，生烃强度普遍大于50×10⁸m³/km²。烃源岩从上面、周边包围相对独立的丘滩储集体，形成地层岩性圈闭。烃源岩生成的油气从上面和侧面向台缘丘滩体储层运移，并聚集成藏；同时，也可能有震旦系陡山沱组烃源岩由下向上供烃。通过地震预测这类台缘丘滩体面积3000~4000km²，最大的丘滩体面积约1000km²。裂陷内南段灯四段孤立的丘滩体储层地震相呈杂乱块状反射，顶面凸凹不平，呈现岩溶风化壳特征；其上覆地层呈平直连续反射，为巨厚的筇竹寺组烃源岩，与北段的灯二段垒控丘滩体一样，有良好的生、储、盖组合，可形成规模岩性气藏。裂陷内灯二段垒控丘滩体，灯四段孤立岩溶丘滩体被寒武系烃源岩紧密包围，形成一个独立的成藏体系，烃源岩成熟后产生的液态烃类从多个方向进入丘滩体储层，形成地层岩性油藏，由于该区后期断裂不发育，以整体垂直运动为主，油藏一直被包围在丘滩体储层内，裂解成地层岩性气藏，并被保存至今。

2）裂陷边缘岩性气藏

裂陷边缘的灯二段、灯四段台缘丘滩体与裂陷内筇竹寺组泥质烃源岩可形成良好的侧向对接关系，为储层提供充足的气源，也起到侧向封堵作用，同时灯四段上覆的筇竹寺组泥岩既是烃源岩，也是直接盖层。裂陷内和裂陷边缘的筇竹寺组泥质烃源岩可由下向上，为裂陷边缘沧浪铺组下段颗粒滩储层提供气源，沧浪铺组上段的泥质粉砂岩可作为直接盖层，形成颗粒滩岩性气藏（图5-2-12）。在裂陷边缘，由于台缘带丘滩体之间古地貌相对低的区域沉积以泥质云岩为主的致密层，能对台缘丘滩体上倾方向起到侧向封堵作用。

这类圈闭发育于裂陷边缘，储层主要为灯二段、灯四段的台缘丘滩体和沧浪铺组台缘颗粒滩，灯三段泥页岩、筇竹寺组泥页岩既是烃源岩又是直接盖层，在裂陷边缘形成多套规模烃源岩、储层、盖层大面积叠置发育的特征（图5-2-12）。在台缘丘滩体（颗粒滩）储层的侧面主要由泥页岩和致密层封堵，形成丘滩体（颗粒滩）岩性圈闭。（1）在台缘带向裂陷方向，主要由裂陷内巨厚的麦地坪组+筇竹寺组泥页岩与储层侧向对接而起封堵作用，也可侧向供烃（图5-2-12）；（2）在台缘带向台地方向，丘滩体（颗粒滩）主要与局限台地相的泥质云岩侧向对接，泥质云岩孔渗条件很差，非常致密，能起到侧向封堵作用（图5-2-12）；（3）在沿台缘带向古隆起核部方向，主要由丘滩体（颗粒滩）之间的致密岩性带封堵，由于垂直于台缘带发育系列断裂，断裂将台缘带分隔成高低不平的古地貌，古地貌高部位发育丘滩体（颗粒滩）、低部位发育致密层，致密层将丘滩体（颗粒滩）分隔成相对独立的地质体，其周围全部为致密体，从而形成丘滩体（颗粒滩）岩性圈闭。在成藏早期，这类岩性圈闭与高石梯—磨溪地区丘滩体构造位置相似，位于较高部位，有利于油气的聚集和成藏；由于后期构造运动，现今位于古隆起北斜坡区，以岩性圈闭为主（图5-2-12）。如角探1井沧浪铺组颗粒滩气藏，该气藏位于现今构造斜坡区，该区角探1井、川深1井沧浪铺组气层底界海拔分别为 –6597.5m、–7159.5m，表明两口井是两个独立的气藏，上倾方向有断裂和台缘颗粒滩之间的致密岩性带封堵，显示了斜坡构造背景下构造岩性气藏特征。

裂陷边缘高石梯—磨溪地区的灯二段、灯四段台缘丘滩体的成藏过程比较清楚，北斜坡区的灯二段、灯四段、沧浪铺组台缘丘滩体（颗粒滩体）与高石梯—磨溪地区的台缘丘滩体成藏条件、天然气来源基本相同，但构造演化早期—中期一致，晚期差别较大，故成藏演化有一定的相似性，也有较大的不同。其成藏可分为四个阶段：（1）储层形成阶段，整条台缘带古地貌高的区域，水体能量高，以沉积微生物丘滩和颗粒滩为主，经历层间岩溶等成岩作用的改造，形成特征相似的优质丘滩体储层；古地貌低的区域，水体能量低，以沉积泥质含量较高的泥质白云（石灰）岩为主，经成岩作用演化成致密体。将台缘丘滩体或颗粒滩分隔成多个相对独立的大型丘滩（颗粒）储渗体。整个台缘带形成的规模储层体特征相似、相对独立［图5-2-13（a）］。（2）油藏形成阶段，通过对高石1井、磨溪8井等的埋藏史、烃源岩演化史等模拟结果，显示二叠纪前和二叠纪后各有一次生烃高峰，形成大量的液态烃进入储层，形成油藏。由于储渗体相对独立，形成的油藏也相对独立［图5-2-13（b）］，在油藏形成阶段，整个台缘带丘滩体能整体成藏。（3）油藏裂解阶段，通过埋藏史、生烃史、构造演化史实验模拟，侏罗纪，原油开始大量裂解成天然气，由于该区构造运动以整体沉降为主，原油裂解的时间段基本一致，在该阶段油藏完全转化成气藏［图5-2-13（c）］。（4）气藏形成、保存、改造阶段。侏罗纪后，油藏基本全部裂解成气藏，喜马拉雅构造运动对研究区进行了较强烈的改造，由于威远地区大幅隆起，形成了中间高，两侧低的现今构造形态，研究区除高石梯—磨溪地区和威远地区位于构造高部位外，其他地区均为斜坡区，在喜马拉雅构造运动过程中，气藏有一定的改造和破坏，由于大部分区域，大断裂不发育，气藏直接盖层条件较好，致密层侧向封堵作用强，单个台缘丘滩体气藏得以较完整地独立保存至今［图5-2-13（d）］，在斜坡区形成多个气水界面相差较大的大型岩性气藏群。如在北斜坡区角探1井灯四段气藏气水界面海拔为 –7230m，而高石梯—磨溪地区灯四段气藏气水界面海拔为 –5230m，两者相差2000m。

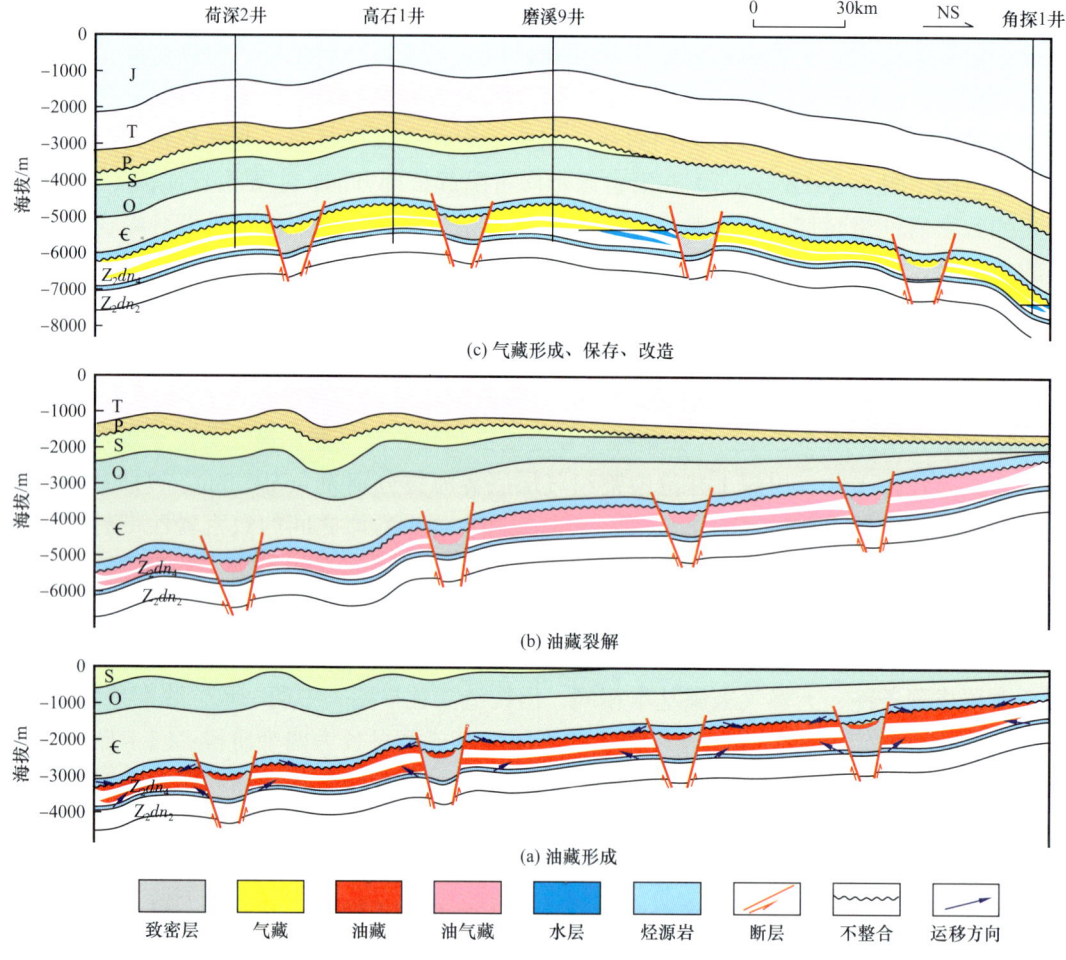

图 5-2-13 北斜坡区裂陷边缘丘滩体构造岩性气藏成藏演化模式

2. 川中台内构造岩性气藏成藏模式

高石梯—磨溪古隆起周围斜坡在川中地区比较平缓，不发育大型构造圈闭。近期研究表明，震旦系—寒武系发育一系列正断层，断距较小，断层在平缓斜坡背景上，形成一系列地垒—地堑结构（图 5-2-14），地垒上古地貌相对较高，灯二段、灯四段和龙王庙组沉积大面积滩体，地震剖面上呈现杂乱丘形反射（图 5-2-14），由于古地貌较高，滩体易发生溶蚀作用，形成大面积规模储层；地堑范围内古地貌相对较低，发育筇竹寺组和灯三段较厚的烃源岩，地震剖面上呈平直连续较强反射，烃源岩和储层大面积叠合或侧向对接，可以由下向上供烃或由低部位向高部位侧向供烃，形成大面积构造岩性气藏。

由于受高石梯—磨溪古隆起的影响，川中地区震旦系—寒武系一直位于构造高部位，有利于油气聚集成藏。后期构造运动以垂直升降为主，整体稳定，好的直接盖层有利于构造岩性圈闭聚集油气的保存。因此，在川中构造平缓区，断层作用形成的古地貌高位油气相对富集（图 5-2-15），如高石 16 井位于高石梯—磨溪古隆起北斜坡的古地貌相对较高的地垒上，钻遇灯四段、龙王庙组和洗象池组三套储层，分别厚32m、33m、27.4m，日产气量分别为 $10.59\times10^4m^3$、$20.44\times10^4m^3$、$7.82\times10^4m^3$，取得了较好的勘探效果，说明川中台内发育此类构造岩性气藏。

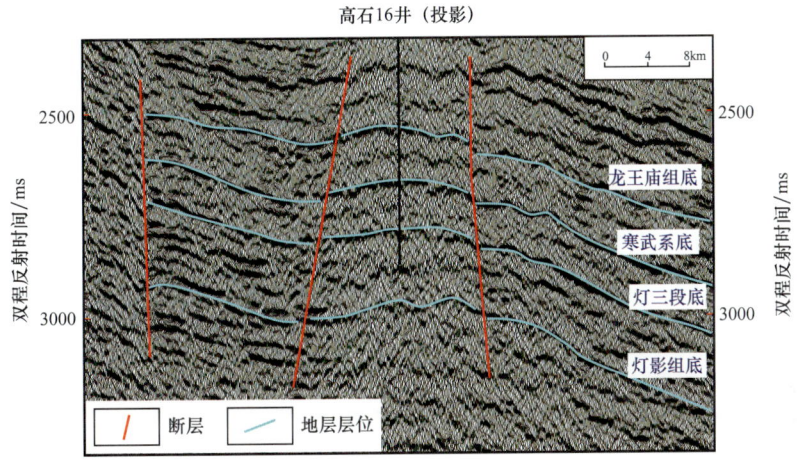

图 5-2-14 川中台地震旦系—寒武系地垒—地堑结构的地震响应

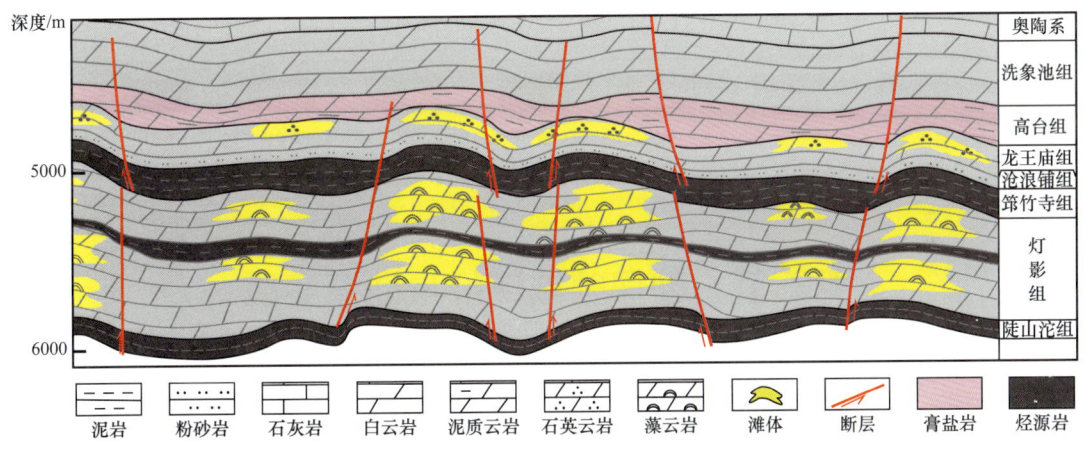

图 5-2-15 川中台内震旦系—寒武系构造岩性气藏成藏模式图

3. 川东—川南台内构造气藏成藏模式

从烃源岩、储层和盖层条件来看，川东—川南地区与川中台地内的成藏条件相似，但川东—川南地区构造圈闭发育，其中川东地区以高陡构造为主，川南地区以低幅度构造为主。该区寒武系高台组发育较厚的膏盐岩，大部分地区膏盐岩的厚度大于100m，以高台组膏盐岩为滑脱层将地层分为上、下两个构造层，上构造层变形强烈，形成多排构造圈闭带；其下构造层相对稳定，断裂不发育，在上构造层构造圈闭带之下发育完整的构造圈闭带，形成膏盐岩上、下两种构造气藏成藏模式。高台组膏盐岩之上，储层主要为洗象池组岩溶储层，烃源岩为志留系龙马溪组泥页岩，其在川东—川南地区质量很好，其生成的油气沿断裂向上供给构造圈闭中洗象池组岩溶储层，最好的供烃方式是源—储侧向对接。膏盐岩之下，发育寒武系筇竹寺组和灯三段烃源岩，也可能发育震旦系陡山沱组和南华系大塘坡组烃源岩，其生成的油气由下向上分别在灯二段、灯四段、龙王庙组储层中聚集成藏。可形成上、下两层构造气藏（图5-2-16）。这两种成藏模式是根据该区源—储配置关系分析得出的，实际勘探中尚未证实与突破。

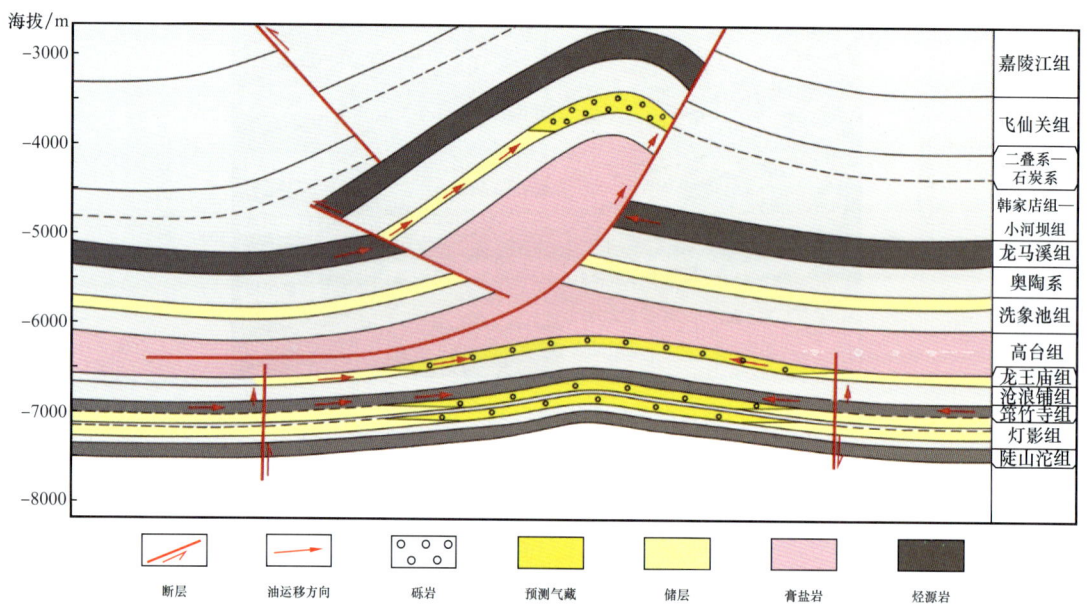

图 5-2-16　川东—川南台内震旦系—寒武系构造气藏成藏模式图

第三节　勘探领域评价与勘探实践

根据成藏主控因素和成藏模式的不同，分别对四川盆地震旦系、寒武系勘探新领域进行评价，其中震旦系主要有四个重点勘探领域，裂陷两侧台缘丘滩体储层品质好，源—储配置好，优选构造稳定、保存条件好的目标是勘探的关键；裂陷内孤立丘滩体岩溶储层发育，被烃源岩包围，精细刻画孤立丘滩体是勘探成功的关键；川中台内储层和烃源岩大面积叠置，构造稳定，但资源相对分散，寻找富集区是勘探的关键；川东—川南构造带发育成排成带构造圈闭，寻找保存条件好的圈闭是勘探突破的关键。寒武系有三个勘探新领域，分别是龙王庙组、沧浪铺组和洗象池组，不同领域有不同的勘探重点。

一、灯影组勘探领域

四川盆地震旦系灯影组勘探在 2011 年取得了重大突破，"十二五"期间，勘探主要集中于高石梯—磨溪古隆起核部区域。"十三五"期间又在古隆起北斜坡取得重大突破。在全盆地成藏模式的研究基础上，认为盆地范围内的其他地区同样具备形成大气田成藏条件，都可能成为下步勘探的重点，根据成藏模式的不同，将全盆地划分为四个勘探领域。根据不同领域的成藏条件、认识程度、资料情况和勘探潜力，勘探优先考虑的领域依次为：裂陷两侧台缘带、裂陷内孤立丘滩体、川中台地内丘滩体和川东—川南构造带。与不同勘探领域的成藏条件不同，包括有利条件和不利因素，成藏主控因素不同，勘探的关键因素也不同（表5-3-1）。

表5-3-1　四川盆地以震旦系为主要目的层的勘探领域成藏条件与勘探关键

领域		有利条件	不利因素	勘探关键
①裂陷两侧台缘带	德阳—安岳裂陷	台缘带基本清楚，与烃源岩配置好	①磨溪以北埋深大（>7000m） ②高石梯以南台缘带储层不清	寻找构造稳定、保存条件好的目标
	万源—达州裂陷	台缘带与烃源岩配置好	①埋深大（>7000m） ②构造复杂	落实构造岩性圈闭
②裂陷内		烃源岩包围孤立丘滩体	丘滩体储层特征不清	孤立丘滩体刻画
③川中台内		储层、烃源岩大面积叠合分布，构造稳定	资源相对分散	寻找富集区
④川东、川南构造带	盐下	大型构造圈闭发育	圈闭落实程度低	落实构造圈闭
	盐上	大型构造圈闭发育	条件相对苛刻	寻找源储对接好的圈闭

1. 裂陷两侧台缘带

四川盆地震旦系发育两个克拉通内裂陷，德阳—安岳裂陷两侧发育灯二段和灯四段台缘带，万源—达州裂陷周缘发育灯二段台缘带，台缘带储层相对于台地内来说质量更好，与裂陷内烃源岩形成良好的成藏组合。同时，龙王庙组储层在川中地区大面积发育，除在德阳—安岳裂陷西侧台缘带部分地区缺失外，其他几条台缘带都可钻遇。到目前为止，主要勘探区在德阳—安岳裂陷东侧高石梯—磨溪地区，其他几条台缘带分布基本清楚。德阳—安岳裂陷东侧磨溪以北台缘带刻画清楚，埋藏深度逐渐变大，最大可达10000m；高石梯以南台缘带和西侧台缘带坡度较缓，台缘带清楚，丘滩体发育特征与储层质量基本清楚。进一步勘探以落实构造稳定、保存条件好的目标是该区的关键。万源—达州裂陷周缘灯二段台缘带在地震剖面上显示清楚，但到目前为止无钻井证实，同时其埋深大、构造复杂，寻找有利构造岩性圈闭是勘探的关键。

1）德阳—安岳裂陷东侧灯二段、灯四段台缘带

裂陷东侧中段高石梯—磨溪地区，灯二段和灯四段三级储量超$8000 \times 10^8 m^3$，实现了规模效益勘探。裂陷东侧北段射洪—广元地区灯二段和灯四段发育厚层大面积分布的丘滩体。从地震剖面看，灯影组台缘带往北逐渐加宽，厚度逐渐加厚，丘滩体面积大；二维、三维地震相结合，刻画了德阳—安岳裂陷东侧北段灯二段台缘丘滩体面积$5000km^2$，灯四段丘滩体面积$4000km^2$。高石梯—磨溪北斜坡射洪—盐亭地区，由于部署新三维地震资料，滩体特征清楚，也是目前丘滩体刻画相对准确区域。裂陷东侧的高石梯—磨溪以北射洪—盐亭地区灯二段发育八个台缘带丘滩体，丘滩体面积$3500km^2$；裂陷发展期（灯

四段沉积期），古裂陷范围进一步扩大，裂陷东侧台缘带向台内方向迁移，由高石梯—磨溪地区向北，灯四段台缘带逐渐加厚、变宽，高石梯—磨溪地区台缘带宽10～15km，厚度200～250m，而射洪—盐亭地区台缘带宽20～30km，厚250～350m，高石梯—磨溪以北射洪—盐亭地区灯四段台缘带丘滩体面积2760km²。裂陷东侧北段盐亭以北的老关庙地区灯二段丘滩体面积大，具有低幅度构造背景，成藏条件好，是下一步勘探突破的重要区域。

德阳—安岳裂陷东侧北段灯二段、灯四段台缘丘滩体，发育微生物格架孔，经准同生溶蚀和多期岩溶作用叠加改造，形成裂缝—孔洞、溶洞型优质白云岩储层，厚度介于120～210m；裂陷内筇竹寺组及麦地坪组烃源岩总厚度介于200～600m。裂陷东侧高石梯—磨溪地区的台缘丘滩体上已发现安岳大气田，高石梯—磨溪地区以北台缘带分布清楚，成藏条件与高石梯—磨溪地区相似，整体为单斜背景，并且台缘丘滩体之间由潮道分隔成独立分布的单个丘滩复合体，潮道沉积为致密层，单个丘滩复合体可独立形成岩性气藏，勘探潜力大。目前在该区域已经有多口井获得突破，蓬探1井灯二段和角探1井灯四段均揭示该区域含气性好，是继安岳气田后，又一个万亿立方米级的增储区域。

2）德阳—安岳裂陷西侧灯二段、灯四段台缘带

裂陷西侧发育灯二段、灯四段台缘丘滩体，其中灯二段台缘带在资阳—威远地区基本清楚，台缘丘滩体面积2000km²。灯二段台缘丘滩体为厚层藻砂屑、叠层石云岩、凝块石云岩沉积，溶蚀孔洞发育，储层厚度介于20～150m；该地区紧邻裂陷生烃中心，成藏条件好，发育多个低幅度构造圈闭和岩性圈闭。灯二段台缘带位于灯四段沉积期的裂陷内，由于台缘带较缓，丘滩体规模相对较小，在资阳地区钻井7口，其中资1井、资2井、资3井三口井获得工业气流，资2井获$11.3×10^4m^3/d$，说明该领域也有较大的勘探潜力。灯四段台缘带位于盆地南边界附近，其灯影组顶面构造圈闭发育，但以喜马拉雅期构造为主，已钻井揭示储层发育，但大量产水，如汉深1井、老龙1井、窝深1井等，该领域保存条件是关键。

3）德阳—安岳裂陷东侧灯四段台缘带南段

裂陷东侧灯四段台缘带南段台缘丘滩体发育，其储层特征、成藏条件和演化过程，与北斜坡区（北段）和高石梯—磨溪地区（中段）较相似，荷深2井获$19.3×10^4m^3/d$的高产气流，说明该领域有较大的勘探潜力。裂陷东侧南段灯四段台缘丘滩体面积2000km²，荷深1井钻井证实本区成藏条件与高石梯—磨溪地区相似，发育多个大型构造圈闭，具备形成大型构造气藏群的潜力。

4）万源—达州灯二段裂陷两侧勘探领域

万源—达州与德阳—安岳裂陷具有相类似的构造沉积特征，在万源—达州裂陷周缘发育灯二段台地边缘丘滩体，是较好的储集体。裂陷内部发育厚层优质的灯三段泥质烃源岩，其下伏陡山沱组也可能发育厚层黑色页岩，城口明月野外剖面揭示陡山沱组厚度为230m的黑色页岩，TOC介于0.21%～10.88%，平均为3.39%。裂陷南侧的营山—渠县地区、裂陷东侧的大天池—南门场地区和裂陷西侧仪陇—通江地区发育构造圈闭和岩性圈闭（图2-2-2、图2-2-3）。万源—达州地区灯二段台缘丘滩体面积3000km²，勘探潜力大。

2. 裂陷内孤立丘滩体

德阳—安岳克拉通内裂陷面积约 $3×10^4 km^2$，裂陷内主要发育厚度很小的灯三段、灯四段，如高石17井厚不到10m，资阳1井厚约20m，部分地区灯三段、灯四段被完全剥蚀，灯影组孤立丘滩体直接与上覆筇竹寺组烃源岩接触，成藏条件十分优越。

1）裂陷内北段灯二段地层岩性气藏有利区

通过对裂陷发育期的精细刻画，灯二段沉积期在裂陷内发育多排台缘和台缘丘滩体储层，其丘滩体和储层特征与裂陷边缘高石梯—磨溪地区的台缘丘滩体沉积储层特征相似。裂陷内灯二段孤立丘滩体被寒武系烃源岩包围，能规模成藏。通过二维、三维地震资料精细解释，评价裂陷内裂陷内灯二段孤立丘滩体面积1000～2000km²（图5-3-1），其成藏条件优越，预测资源潜力为 $3000×10^8 m^3$ 以上。

2）裂陷内南段灯四段地层岩性气藏有利区

通过地震资料对裂陷内南段灯四段孤立岩溶丘滩体进行了预测，评价出九个岩溶丘滩体，面积约3500km²（图5-3-1），勘探潜力大。岩溶丘滩体由于风化壳岩溶作用，形成较好的岩溶储层，相对独立的岩溶丘滩体储层体被寒武系烃源岩包围，可能形成规模气藏。在后期构造运动中，该区基本整体升降，早期形成的油气藏能保存至今，预测其资源潜力为 $3000×10^8 m^3$。

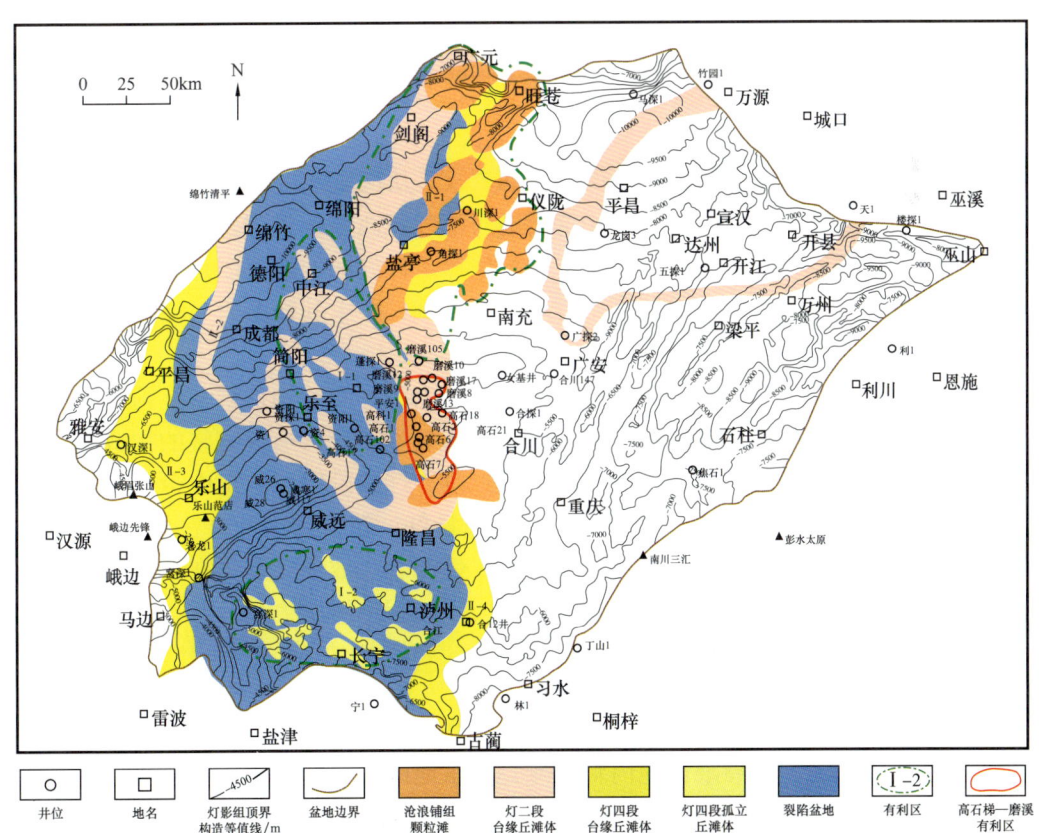

图5-3-1 德阳—安岳裂陷内及两侧丘滩体分布图

3. 川中台地内丘滩体

高石梯—磨溪古隆起区构造稳定，现今古隆起斜坡部位早期为古隆起核部，一直是油气运聚的有利指向区；灯影组也发育大面积台内白云岩储层，地震预测灯影台内丘滩体大面积分布，其中灯二段丘滩体 4500km^2，灯四段丘滩体 5000km^2。川中台地内灯三段与筇竹寺组烃源岩发育，厚度分别为 10~30m 和 80~120m，气源充足，形成源—储大面积叠置。虽构造圈闭不发育，但由于碳酸盐岩储层的非均质性，具备大面积岩性气藏发育的条件，也是进行立体勘探的有利区。

川中台地区储层和烃源岩大面积叠置发育，成藏组合好、构造稳定，有利于油气聚集和保存，但面积大、储层层系多、资源相对分散，寻找富集区是勘探的关键。由于断层作用，形成高低不平的微古地貌，控制震旦系、寒武系的沉积和成藏，古地貌高的区域，储层发育，油气相对富集。高石梯—磨溪地区已经取得勘探成果，其以南、以北地区构造平缓，断层发育，控制的地垒、地堑结构明显，地垒之上具有典型的滩体地震响应特征，滩体发育面积大、分布广、上下叠置，有利于多层兼探。地垒之上洗象池组顶界、龙王庙组底界、灯二段顶界、震旦系顶界与断层形成众多构造岩性圈闭群，可形成大型构造岩性油气藏群，具有较大的勘探前景。

4. 川东—川南构造带

川东—川南地区发育众多成排成带构造圈闭，在石炭系、中二叠统茅口组获得众多发现。但震旦系—寒武系的勘探程度很低，到目前为止，川东地区钻遇寒武系的井不足 10 口，钻至震旦系的探井仅五探 1 井；川南地区针对南缘的构造圈闭部署过宫深 1 井、窝深 1 井、老龙 1 井等，由于保存条件差，都产水。从区域油气成藏条件分析和实际钻井看，储层和烃源岩都发育，但后期构造运动对油气藏改造比较强烈，因此对于高台组膏盐岩之下的储层，精细落实构造圈闭，寻找保存条件好的构造圈闭是该区勘探突破的关键。对于高台组膏盐岩之上的储层，成藏条件苛刻，要求其烃源岩与储层的侧向对接关系良好，综合分析成藏条件是关键。

川东地区以高台组膏盐岩为滑脱层将地层分为上、下两个构造层，上构造层变形强烈，形成多排构造圈闭带；下构造层相对稳定，断裂不发育，形成完整的构造圈闭。储层主要有灯二段、灯四段、龙王庙组，其中灯二段、灯四段储层与川中台地内的特征相似，龙王庙组在该区发育台地边缘滩相，储层质量好。筇竹寺组和灯三段发育烃源岩，陡山沱组和南华系大塘坡组也可能发育烃源岩。烃源岩生成油气聚集在下构造层的构造圈闭中，以灯影组和龙王庙组储层为主要目的层，形成大型构造气藏。

二、龙王庙组勘探新领域

四川盆地寒武系龙王庙组发育三套台内台缘高能颗粒滩相带，分别是川中地区受高石梯—磨溪古隆起控制的局限台地内颗粒滩，川东地区发育的开阔台地台内滩和盆地东部边缘发育的台地边缘颗粒滩。

1. 高石梯—磨溪古隆起斜坡区台地内颗粒滩

局限台地相台内滩主要发育浅灰色厚层状砂屑云岩、细粉晶云岩和含砾砂屑云岩，颗粒云岩之间夹有泥晶—粉晶云岩、泥质云岩，单层滩体厚度一般为5～15m，累计厚度为20～75m，滩体规模达4000km^2。滩体分层明显、单滩体有一定的连续性。滩体在整个龙王庙组沉积期均有发育，以中部滩体最为连续。

局限台地相台内滩的发育主要受高石梯—磨溪古隆起和潟湖亚相控制。该区由于高石梯—磨溪古隆起的存在，水体较浅，其东侧为潟湖，通过水道与开阔台地相区、广海相连，同时波浪和潮汐作用的能量通过水道到达古隆起，形成相对高能区，堆积大量的颗粒沉积物。随着海平面的频繁升降，古隆起上的高能相区不断迁移，颗粒沉积物大面积分布，形成了高石梯—磨溪古隆起上单层厚度相对较小、叠合面积较大的颗粒滩沉积。从地震剖面上可发现，颗粒滩具有向古隆起方向不断上超的特征，说明高石梯—磨溪古隆起控制了局限台地相台内滩的形成和分布。

局限台地相台内滩储层发育，储集空间以粒间溶孔、晶间溶孔、溶蚀孔洞及裂缝为主，孔缝匹配关系良好，属于裂缝—孔洞型储层。磨溪地区700多个样品统计显示，孔隙度为2.02%～12.11%，平均为4.04%；渗透率为0.001～0.100mD的样品占53.8%，渗透率大于0.1mD的样品占33.7%，渗透率平均为1.39mD。由此可见，局限台地相台内滩是品质较高的储层。

2. 盆地东部台地边缘颗粒滩

台地边缘滩主要发育浅灰色厚层状中晶—细晶砂屑云岩、粉晶砂屑云岩、鲕粒云岩、生屑云岩，颗粒云岩之间夹有以泥粉晶云岩、泥晶灰岩和泥质云岩等，单层滩体厚度一般为5～20m，累计厚度为40～90m，滩体面积约2500km^2。滩体侧向延伸较远、单滩体连续性较好。滩体一般发育于龙王庙组上部，其下部以泥晶灰岩、泥灰岩、角砾云岩等为主。

台地边缘颗粒滩的发育主要受古地貌坡折所控制。龙王庙组沉积前，台地边缘带东侧水体较深，为斜坡—盆地沉积；台地边缘带西侧水体较浅，为台地沉积；在台地和斜坡—盆地之间水体深度差别较大，形成了一个高能带，堆积了大量的颗粒沉积物，形成了台地边缘带的厚层颗粒滩沉积带。

台地边缘滩储层较发育，储集空间主要为溶洞、粒间溶孔和晶间溶孔。45个露头样品分析显示，孔隙度为1.07%～14.57%，平均为4.48%；渗透率为0.008～8.680mD，平均为0.810mD。如利1井龙王庙组测井解释储层厚57.2m，平均孔隙度为8.80%。由此可见，台地边缘滩是品质较高的储层。

三、洗象池组勘探领域

四川盆地洗象池组为镶边碳酸盐岩台地沉积，在川中古隆起斜坡区发育大型地貌坡折，地貌相对高，水体能量强，滩体规模大，面积1×10^{4}km^2。古隆起斜坡区荷包场—合川—广安—营山一带发育近南北向展布坡折带，长350km，宽20～50km；该坡折带洗象池组厚度由 100~200m 急剧增厚至 300~500m。钻井揭示，合川—广安坡折带地区地貌高，水体能量强，陆源碎屑含量少，滩体规模大，厚度 40~80m。川中地区洗象池组发育近东西向、近北东向等多组断裂，沟通寒武系筇竹寺组 30~100m 的泥质烃源岩，成藏条件较好。构造演化表明关键成油气期广安—营山地区位于构造高部位，是油气运聚指向区。合川—广安—营山地区位于坡折带，滩体面积 $1×10^4 km^2$，资源规模 $5000×10^8 m^3$，是有利的勘探领域（图 5-3-2）。

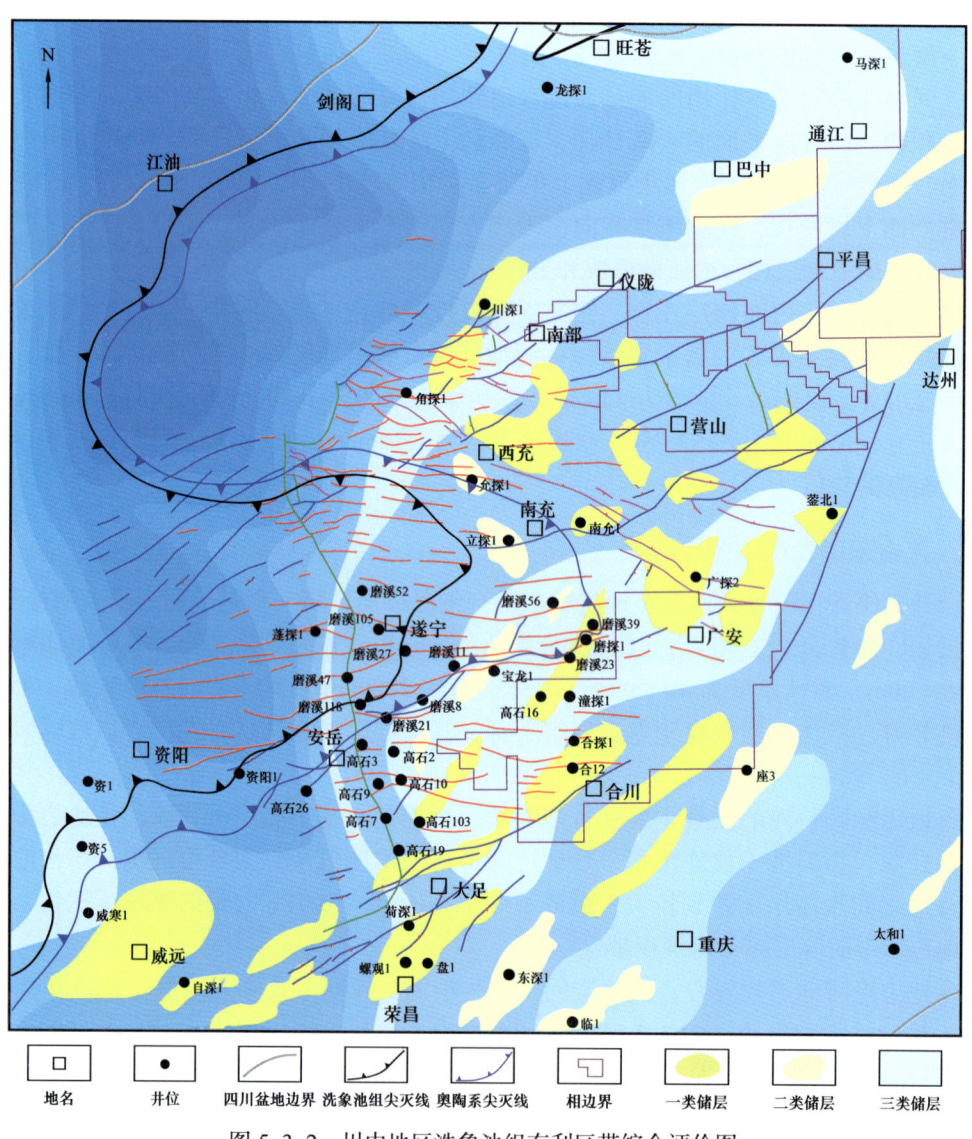

图 5-3-2　川中地区洗象池组有利区带综合评价图

四、沧浪浦组勘探领域

四川盆地沧浪铺组分为上、下两段，上段为碎屑岩沉积，下段为碳酸盐岩沉积，下伏寒武系烃源岩，烃源岩—储层直接对接，成藏条件好，是未来勘探的重点领域。其中沧浪铺组下段为碳酸盐岩台地沉积，发育德阳—安岳台洼沉积，台洼东侧发育盐亭—广元高能滩带。盐亭—广元沧浪铺组高能滩，滩体厚度20～70m，主要为鲕粒灰岩、鲕粒云岩沉积，厚度沿德阳—安岳台洼东侧呈现带状分布，由北往南逐渐减薄。杨坝剖面：88m鲕粒灰岩、砂屑云岩；曾1井：15m鲕粒灰岩、48m白云岩；角探1井：沧浪铺组下段发育21m鲕粒云质灰岩和4m灰质云岩。盐亭—广元沧浪铺组下段高能滩带，位于德阳—安岳裂陷旁，下伏寒武系筇竹寺组烃源岩，厚度150～300m，成藏条件好。高能滩叠合加里东期剥蚀带，形成滩相岩溶储层发育区，其中广元—旺苍、射洪—公山庙两个有利勘探区带，面积近4000km²，为下一步有利的勘探目标（图5-3-3）。

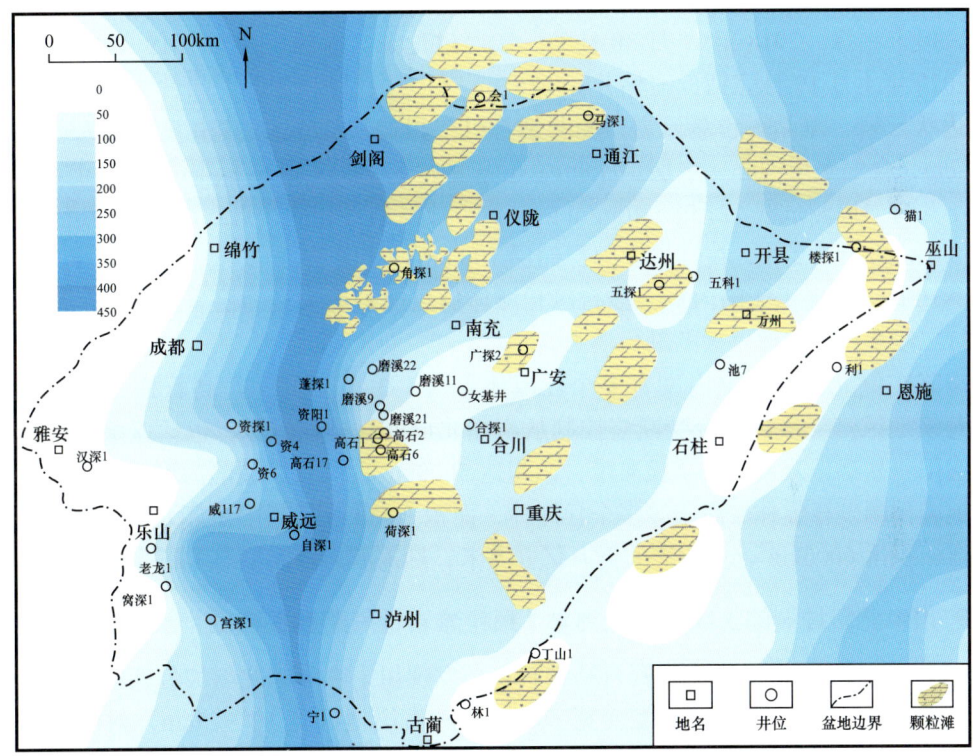

图5-3-3 四川盆地沧浪铺组下段有利区带综合评价图

五、勘探实践

项目组在"十三五"期间，通过对德阳—安岳克拉通内裂陷及周缘构造、沉积、储层及成藏组合等方面的深化研究，综合评价裂陷内北部灯二段垒控丘滩体，南部灯四段孤立岩溶丘滩体，北斜坡区灯二段、灯四段、沧浪铺组多期台丘滩体叠合区，裂陷西侧灯二段、灯四段台缘丘滩体，南斜坡区灯四段台缘丘滩体六个大型岩性气藏有利勘探区带。在川中古隆起北斜坡裂陷内灯二段垒控丘滩体上评价的蓬探1井和北斜坡灯四段和沧浪铺组的台缘丘滩体上评价的角探1井，在多个目的层获得高产气流，发现蓬莱大气区，有望再形成2×10^{12}～$3\times10^{12}m^3$的超级大气区，展示了与克拉通内裂陷相关的大型岩性气藏群巨大勘探前景。

1. 川中北斜坡裂陷内灯二段垒控丘滩体层岩性气藏勘探实践

以往基于高石梯—磨溪地区解剖研究，认为灯影组台缘带受控于裂陷边界大断裂，且灯二段与灯四段叠置发育，裂陷内为深水沉积，丘滩体不发育，该认识制约了裂陷内勘探部署。"十三五"期间，通过二维、三维地震资料精细解释，发现裂陷内发育多个灯二段孤立垒控丘滩体，成排成带展布。其中蓬莱—金堂地区灯二段垒控丘滩体面积大，被寒武系筇竹寺组烃源岩包围，成藏条件优越。通过三维地震构造解释、圈闭落实、储层预测和烃类检测，优选评价蓬探1井风险探井。

蓬探1井于2014年3月基本完成评价工作，2014年7月9日在北京第一次通过专家论证，但未钻探，2018年11月30日又一次通过论证。蓬探1井于2019年6月24日开钻，2020年1月19日完钻，完钻井深6367m。灯二段钻厚635m，岩性为砂屑云岩、葡萄花边状云岩、泥晶—粉晶云岩，测井解释灯二段储层275m，其中气层107.6m，差气层11.6m，含气水层50m，水层105.8m（孔隙度大于2%）（图5-3-4）。2020年5月4日蓬探1井灯二段测试获$121.98×10^4m^3/d$的高产；成藏条件相同，灯二段顶面构造比蓬探1井低800m的中江2井，在灯二段解释储层100.6m，气层33.6m，差气层15.1m，测试获气$3.6×10^4m^3/d$，揭示裂陷内灯二段台缘丘滩体储层能形成大型地层岩性气藏，显示了裂陷内灯二段垒控丘滩体巨大的勘探潜力。

裂陷东侧北段及裂陷内发育多个丘滩体（图5-3-5）。其一，高石梯—磨溪以北蓬莱—苍溪地区灯二段台缘带受断裂控制从南往北形成三排丘滩带，包括蓬莱—金堂丘滩带、绵阳—盐亭丘滩带、苍溪丘滩带，面积达$5000km^2$；其二，裂陷内形成多个孤立丘滩体，地震预测发育宝林、简阳等多个丘滩体，面积$1000km^2$。裂陷东侧北段和裂陷内灯二段丘滩面积达$6000km^2$，资源潜力近万亿立方米，勘探潜力巨大。

2. 川中北斜坡裂陷边缘台缘丘滩体／颗粒滩岩性气藏勘探实践

"十三五"期间，通过地震资料精细解释，发现川中古隆起北斜坡灯四段台缘相对高石梯—磨溪地区的台缘带，宽度变宽（高石梯—磨溪地区宽10～15km，射洪—盐亭地区宽20～30km），厚度增加；成油成气时期均位于古构造高部位，同时与寒武系筇竹寺组烃源岩侧向对接，成藏条件好。灯四段台缘带受近东西断裂影响，台缘带相对高的区域沉积台缘丘滩体，相对低的区域为潮道沉积，推测为致密体，地震相呈现强连续反射；致密体将台缘带分隔形成多个独立的丘滩体（图5-3-6）。通过地震解释，在川中北斜坡地区灯四段识别六个丘滩体，面积$2760km^2$，优选评价角探1井风险探井。

角探1井于2015年开始研究，2016年基本完成评价，2018年2月27日通过专家论证，2019年11月20日完钻，2020年10月16日沧浪铺组试气获得突破。角探1井灯四段钻厚348m（未完），灯四段测井解释丘滩相优质储层厚177.6m，孔隙度为2%～7.7%，平均孔隙度3.3%，其中气层厚100.3m，物性整体较好，溶蚀孔洞发育，储层类型主要为孔洞型储层。测井解释角探1井灯四段气水界面为-7230m［图5-1-5（b）］，比磨溪地区灯四段气藏气水界面低近2000m，说明其与磨溪灯四段气藏相对独立，同时说明川中古隆起北斜坡灯影组台缘带丘滩体能规模成藏，由于落鱼100多米，无法打捞，未能完成试

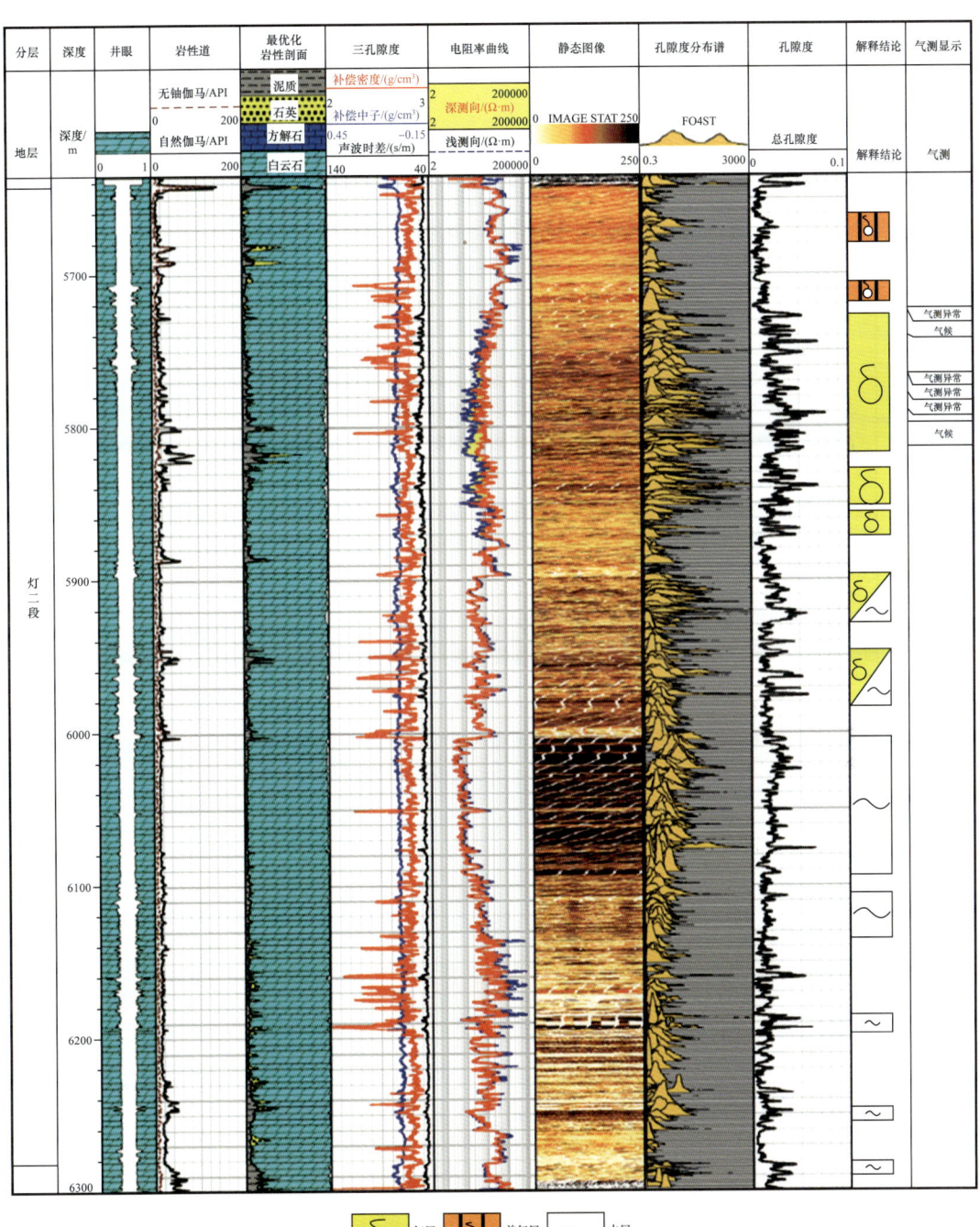

图 5-3-4 蓬探 1 井灯二段测井综合解释成果图

气。角探1井沧浪铺组测井解释气层两层，厚14.5m，平均孔隙度4.1%［图5-1-5（c）］，测试获得51.62×10⁴m³/d以上天然气产量，显示了北斜坡多目的层大型岩性气藏立体成藏的特征。

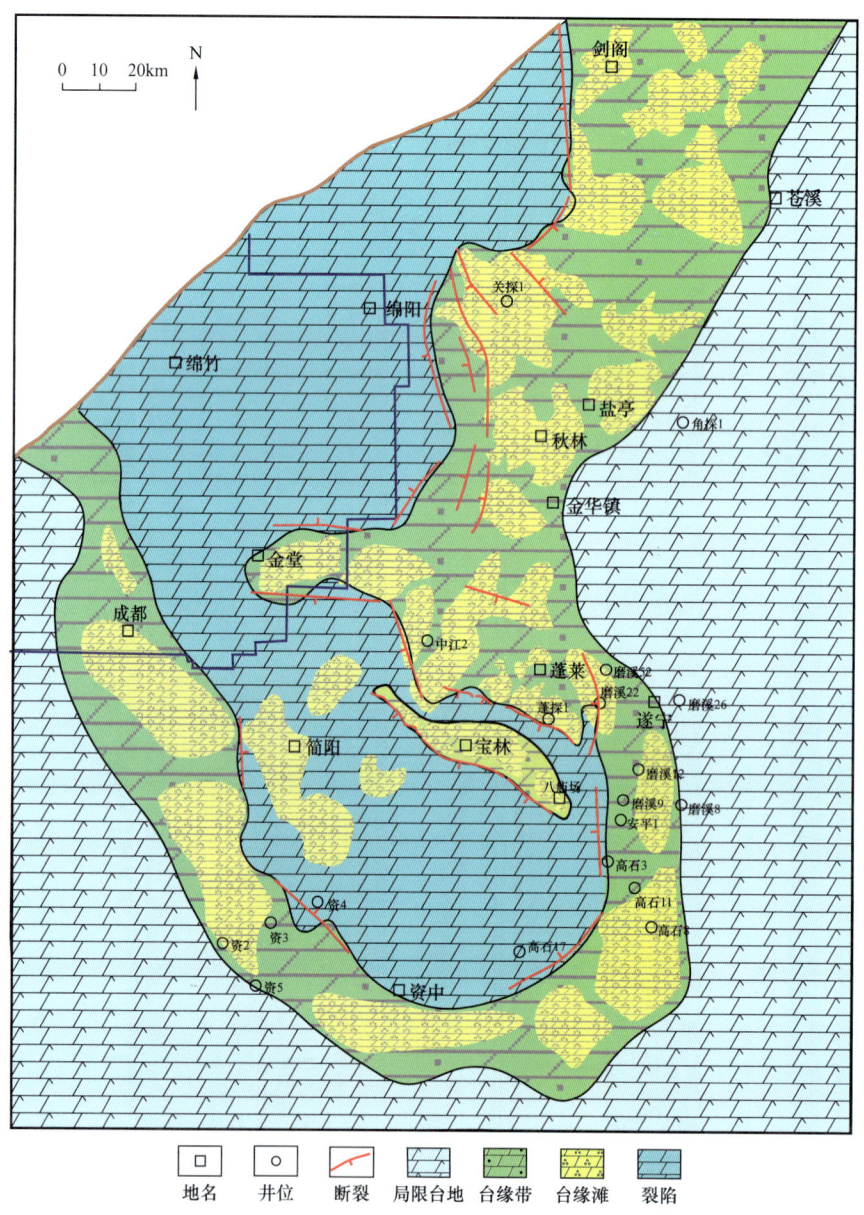

图5-3-5　德阳—安岳克拉通内裂陷北部断裂与灯二段滩体分布图

角探1井揭示川中古隆起北斜坡多层系含气，勘探潜力较大。地震资料刻画，灯四段台缘带丘滩体面积2760km²，资源潜力1×10¹²m³。沧浪铺组发育九个滩体，面积共2300km²，资源潜力4000×10⁸m³；茅口组发育三个滩体，面积共2560km²，资源潜力3000×10⁸m³。

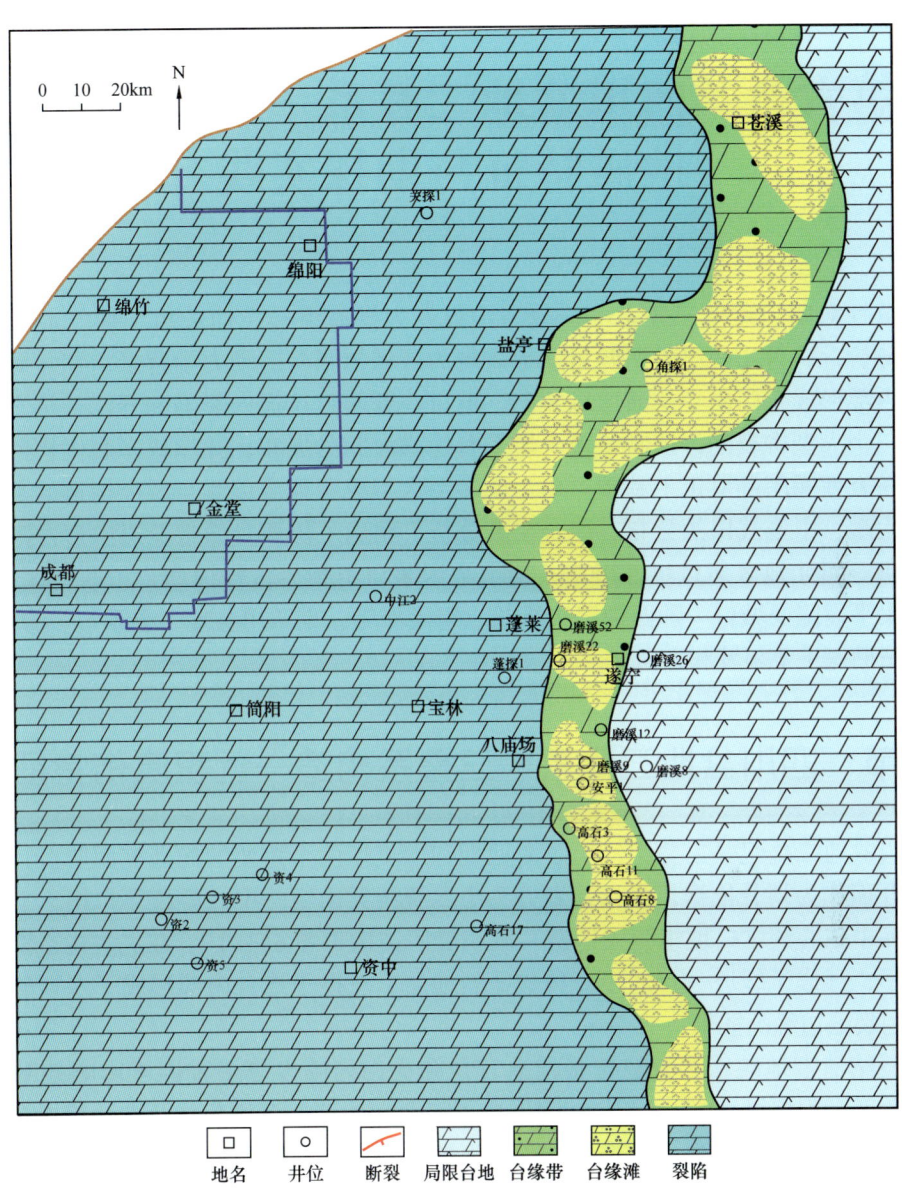

图 5-3-6 川中古隆起北斜坡灯四段滩体分布图

第六章　四川盆地二叠系—三叠系油气地质特征与勘探实践

本章针对四川盆地二叠系—三叠系（重点为栖霞组—飞仙关组）油气地质特征进行综合分析，认为二叠纪时期四川盆地表现为区域拉张构造动力学背景，在盆缘和克拉通盆地内部形成龙门山克拉通边缘裂陷、城口—鄂西克拉通内裂陷和开江—梁平克拉通内裂陷三个大型古裂陷，控制了多个层系台缘礁滩相的展布，并形成多套优质储层，为发育规模岩性圈闭群奠定了基础。单个或多个大型成藏地质单元与现今构造的叠合关系控制了大型、中型气田的分布。综合成藏分析，明确了川西台缘带及川中台内高带栖霞组，川中—川北地区茅口组，川东—蜀南地区茅口组顶界古侵蚀面，川西地区火山岩，开江—梁平裂陷及城口—鄂西裂陷边缘长兴组礁滩等，是四川盆地二叠系—三叠系大型、中型气田勘探主要领域和方向。

第一节　四川盆地二叠系—三叠系构造—沉积演化特征分析

四川盆地二叠纪—三叠纪经历了海西期和印支期两个重要的构造旋回阶段，以区域性不整合面作为划分依据，可将其划分为中二叠统梁山组—中二叠统茅口组，上二叠统长兴组—中三叠统雷口坡组两大构造—沉积旋回结构（图6-1-1）。在这些构造沉积旋回的控制下，形成了缓坡—台地多套碳酸盐岩地层，在扬子地台内部形成了多期与广海相连的台内裂陷边缘高能带。

二叠纪前古地貌、二叠纪拉张构造背景和火山岩喷发等多种因素影响控制了二叠系—三叠系沉积格局。"十三五"期间形成了海西期构造—沉积分异及古地貌展布格局新认识，认为栖霞组表现为古地貌分异背景下的"一缘一环带"特征，茅口组表现为拉张分异背景下的"一缘三高带"特征，上二叠统表现为台—盆分异背景下的"三隆三洼"特征，早三叠世表现为克拉通内部的"填平补齐"特征。

一、二叠系—三叠系构造演化特征

四川盆地位于扬子准地台上偏西北一侧，前人研究表明，四川盆地具有多旋回复合叠加的特点（李勇等，1995；郭正吾等，1996），盆地的形成、演化具有阶段性。四川盆地在新元古代—早古生代属上扬子克拉通盆地，晚古生代—中生代则主要与古特提斯构造域关系密切。

1. 二叠系沉积前古地质背景

二叠系沉积前的加里东运动与云南运动叠加最终形成了二叠系的沉积基底；受加里

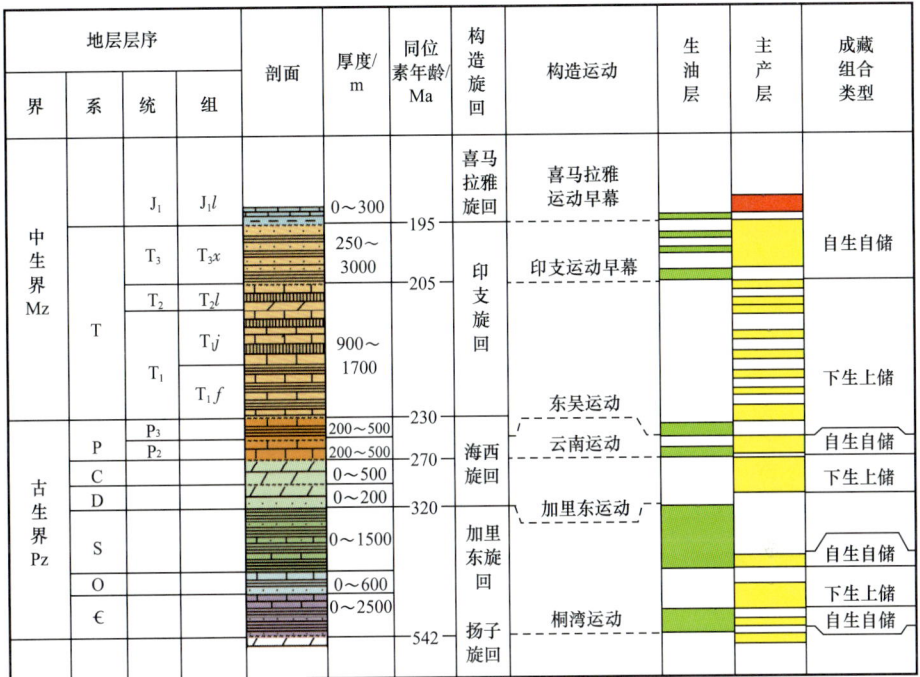

图 6-1-1 四川盆地综合柱状图

东运动及云南运动抬升暴露及剥蚀的影响，不同程度缺失中上志留统、泥盆系、石炭系地层，地层接触关系反映了二叠系沉积前古地貌特征（6-1-2）。

在川西坳陷发育泥盆系和石炭系，说明在二叠系沉积前，该地区处于较低部位。同样在川东地区发育石炭系，在二叠系沉积前该区域为低洼带。志留系出露范围较广，相对来说部位较高，对应的是川北—蜀南低隆带，而奥陶系—震旦系出露区域为古地貌最高部位，对应的是川西—川中隆起带。在二叠纪前，四川盆地周边发育裂陷盆地，西侧发育龙门山裂陷盆地，北部发育南秦岭边缘裂陷盆地，在乐山—龙女寺古隆起西南侧发育黔桂边缘裂陷盆地，盆地内部发育川东低洼带，紧邻川西—川中隆起带发育川北—蜀南低隆带，因此二叠纪前的古地貌特征，控制着栖霞组整体沉积格局。

2. 中—晚二叠世拉张背景

四川盆地在中—晚二叠世，伴随着勉略洋南缘被动大陆边缘的伸展裂解过程，整个扬子板块北缘存在继承性的构造拉张运动。

在扬子板块与华北板块从加里东期末开始拼合到三叠纪后全面焊合的1亿多年间，发生过多次幕式张合与拉分作用（殷鸿福等，1996）。由于扬子板块的陆核形成较晚，扬子板块的活动性比华北板块强，地壳热流值更高，其在不同阶段均发生有不同程度的裂解与再拼合，如勉略古洋盆的打开与消减。四川盆地北部位于上扬子板块西北缘，处在勉略洋南部被动大陆边缘，晚二叠世后期的勉略古洋盆已由扩张转为闭合消减阶段，在此过程中，勉略洋南部被动大陆边缘不断向北俯冲（图6-1-3），造成四川盆地北部处于构造拉张状态，为裂陷槽的形成提供了内在动力。

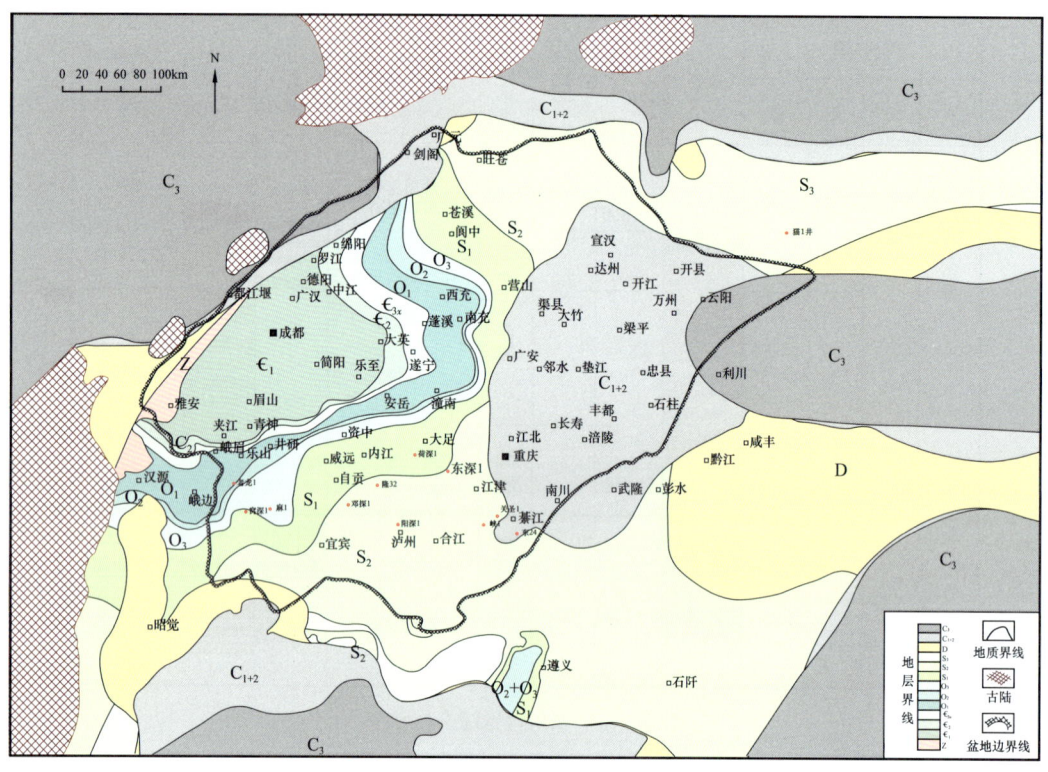

图 6-1-2 四川盆地二叠系沉积前古地貌图

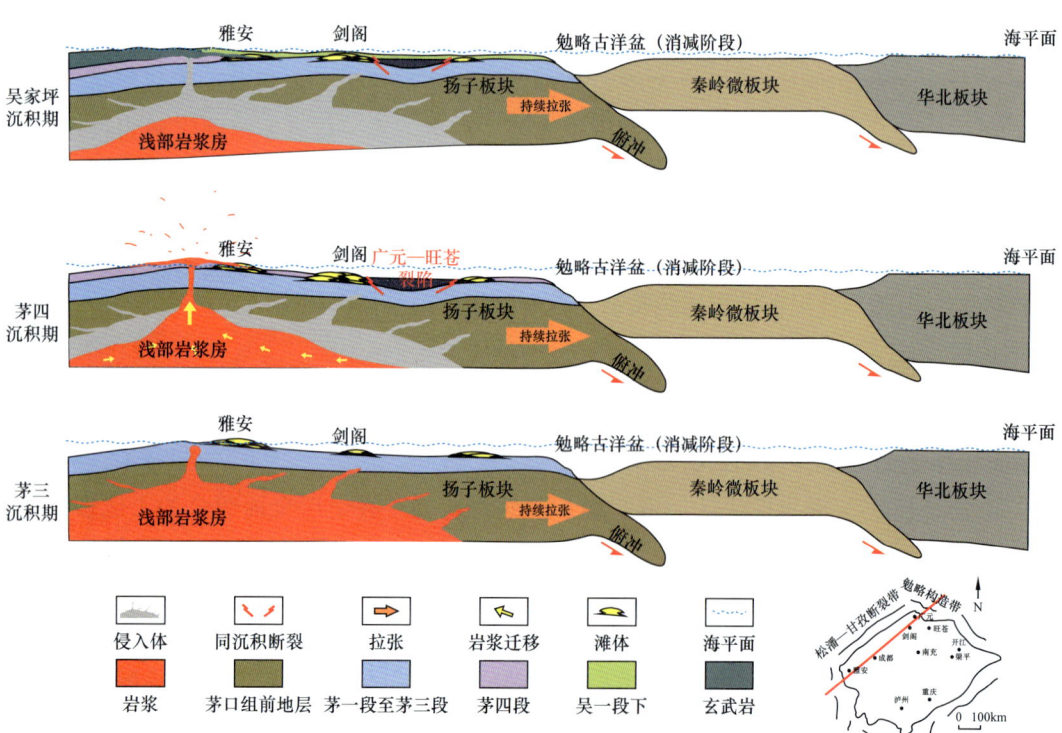

图 6-1-3 川北地区茅口组沉积末期广元—旺苍裂陷形成示意图

与此同时，受东吴运动早期构造作用影响，北西向及北东向基底断裂复活，广元—旺苍地区在张应力作用下，沿地层相对较薄弱的基底断裂部位拉开，最终形成了北西—南东方向展布的广元—旺苍裂陷。此外，根据前人对峨眉山玄武岩的研究及川北野外露头发现的辉绿岩侵入体推测，峨眉山玄武岩的喷发作用很可能在一定程度上加速了广元—旺苍裂陷的形成。

无论从广元—旺苍裂陷的形成动力还是形成位置上看，其均与开江—梁平裂陷相似，并且其形成时间要早于开江—梁平裂陷，说明在中二叠世茅口组沉积中—晚期裂陷在四川盆地北部就已经具有一定规模。由此认为川北地区的广元—旺苍裂陷即是开江—梁平裂陷之雏形。

3. 玄武岩喷发背景

峨眉地裂运动是扬子板块在晚古生代—早中生代（D_2—T_2）一次大范围拉张运动，峨眉山玄武岩喷发是西南地区二叠纪发生的一次重大构造热事件，二者关系密切。东吴运动之后在上扬子地区主要表现为地壳的张裂活动，并伴有大规模的玄武岩喷出，常被称为峨眉山玄武岩。峨眉山玄武岩喷发是峨眉地裂运动短期强烈的表现，在晚二叠世，峨眉山玄武岩喷发达到高潮，喷溢中心位于川滇黔交界的攀西裂谷系。裂谷系内填积了多期火山岩系。玄武质火山岩系覆盖面积达 $30×10^4 km^2$，最大厚度达 3000m 以上。远在川东的华蓥山、达州和梁平钻井中也相继发现有玄武岩及辉绿岩分布。这标志着以攀西裂谷系为中心的地壳张裂活动，已波及川西南及川东地区，表明该时期四川盆地主体处于拉张环境之中。在峨眉山玄武岩喷发之后，上二叠统岩相古地理格局相对中二叠统发生了巨大变化。主要变化表现在盆地西南部隆升成陆，并发育了陆相宣威组及海陆过渡相龙潭组，以及吴家坪组碳酸盐岩台地。

二、二叠系—三叠系沉积演化特征

1. 中二叠统沉积特征

前人对四川盆地中二叠统沉积相的研究已有较长的历史，但不同研究者根据当时不同的地质理论、研究重点、目的和地区，对四川盆地这套以碳酸盐岩为主的地层有着不同的认识。本次研究在前人研究基础上，利用野外剖面资料以及钻井岩屑、岩心资料，结合测井及地震解释成果，通过开展盆地范围内系统的地层划分，针对中二叠统栖霞组和茅口组的沉积古地理格局研究取得了以下两点新认识。

1）栖霞组沉积特征

栖霞组沉积早期沉积相带受加里东期西高东低的古地貌格局控制，从川西—川中—川东沉积相连井剖面分析（图 6-1-4）表明，在栖霞组沉积早期主要为海侵沉积旋回，沉积期间整体水体能量较低，滩体不发育，岩性以浅灰色、灰色和深灰色泥晶—粉晶灰岩、含生屑泥晶灰岩、含燧石结核灰岩为主，局部地区为深灰色、灰色泥晶—粉晶灰岩、泥灰岩，生物碎屑普遍发育。

栖二段沉积期，主要表现为海退沉积旋回，在川西何家梁—通口—雅安一线古地貌

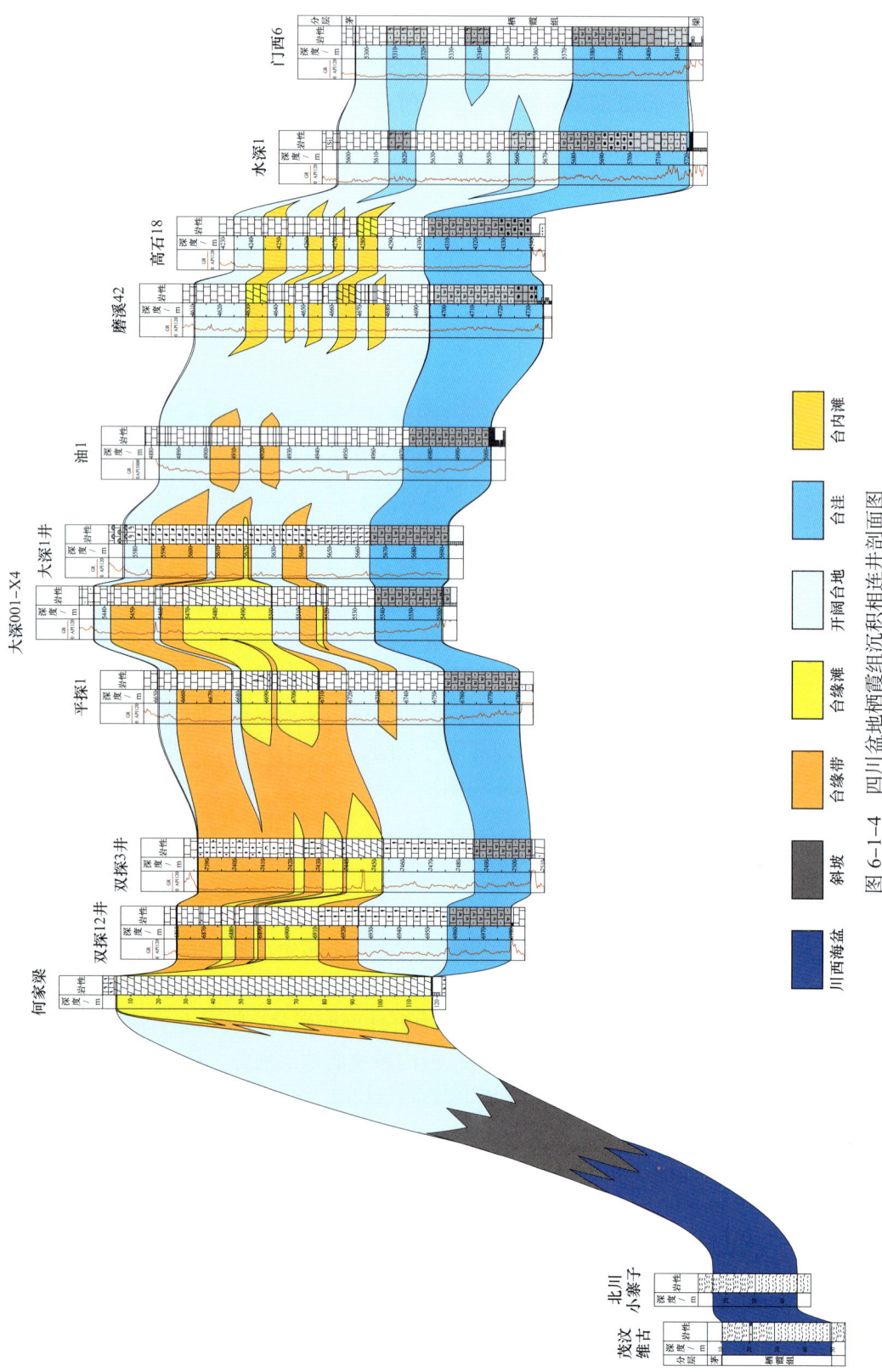

图 6-1-4 四川盆地栖霞组沉积相连井剖面图

相对高部位，发育受较强水动力改造的台缘高能滩相，白云石化作用强烈，由厚层块状灰色、浅灰色、褐灰色中晶—粗晶云岩和少量生屑云岩构成，晶粒云岩中常见有孔虫、棘屑和藻屑等颗粒残余结构，在阴极射线下可恢复较多生物屑的残余外形，表明这些白云岩是后期交代的产物，原岩是亮晶生物（屑）灰岩，其中常见平行层理和块状层理。滩体上部为褐灰色厚层块状云质"豹斑"灰岩，"豹斑"呈长条状垂直或近于垂直层面分布，由粉晶—中晶云岩组成，并混有少量灰质生屑。这类岩石围岩多由亮晶生物（屑）灰岩构成，顶部层面上可见较多的干裂构造。说明台地边缘滩是在斜坡低能环境基础上发育的滩体，水体浅、能量高，后期成岩改造明显。台地边缘生物滩沉积时，强大的水动力条件将灰泥基质带到滩后水体能量较小的地区沉积，从而使生物滩以生物屑颗粒沉积为主，可形成大量粒间孔隙和生物体腔孔，这些孔隙虽在后期成岩作用中有所胶结，未能大量保留，但为后期白云石化作用和溶蚀作用奠定了基础。

栖霞组沉积期盆地内经历了一次海平面的升降，主体由早期的滨岸沼泽环境演化为浅水开阔台地（图6-1-5）。

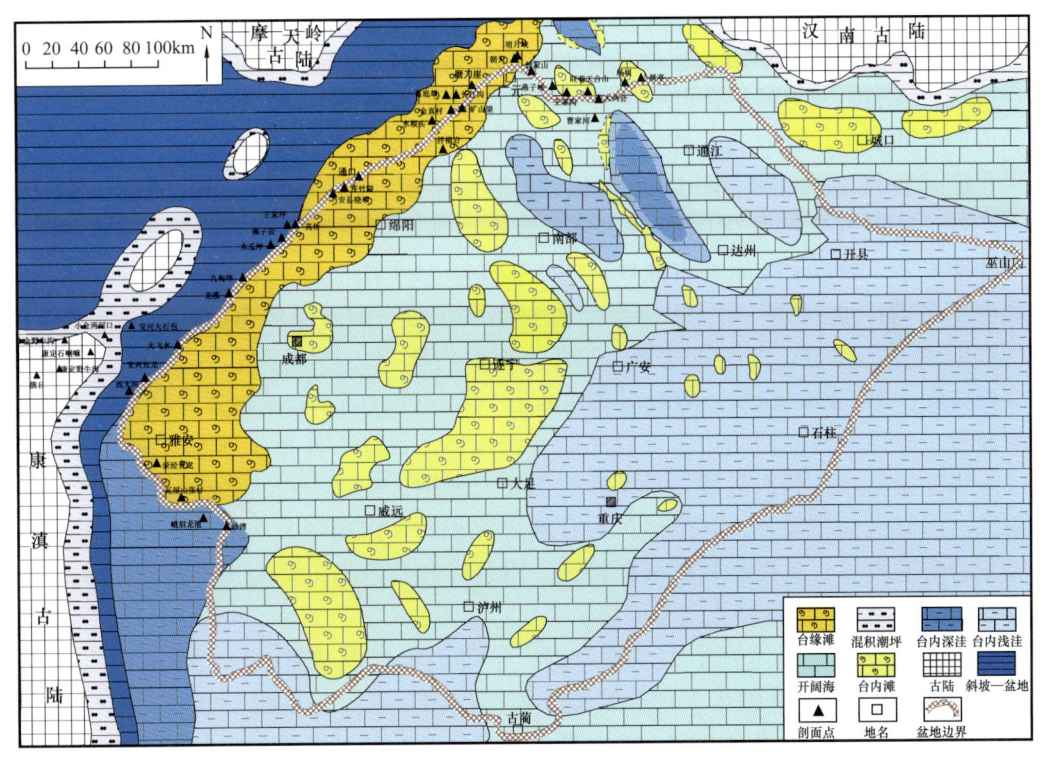

图6-1-5 四川盆地及邻区栖霞组沉积期岩相古地理图

栖霞组沉积期继承了加里东运动后西高东低的古地貌格局，台地边缘滩主要发育在川西广元—剑阁、江油—绵竹、都江堰—大邑，天泉—峨眉一线，滩体厚度大，纵向较连续，岩性以灰色、浅灰色生屑灰岩、细晶—中晶云岩、灰质云岩或云质灰岩为主；台内滩平面上环加里东古隆起广泛分布，发育在川中西充—遂宁—安岳及自贡—宜宾一带，滩体厚度小，纵向多层叠置，岩性以灰色、灰褐色亮晶生屑、藻屑灰岩为主，夹薄层白云岩。盆地东南部台内洼地主要分布于平昌—渠县—合川—大足东至湖北恩施一带，由于地势较低、水体较深，岩性以浅灰色、灰色、灰褐色细晶—泥晶灰岩为主，生物含量丰富，个体保存完整，总体以低能灰泥沉积为主，局部地区如合川—长寿—石柱以及大竹—梁平一带受断裂活动影响，钻井和剖面露头可见层状硅质岩。

2）茅口组沉积特征

盆地茅口组沉积早期继承了栖霞组沉积格局，整体处于碳酸盐岩缓坡沉积环境，主要为一套黑灰色泥灰岩与灰色石灰岩组合，茅口组沉积中—晚期由于强烈的拉张作用，盆地北部地区发生拉张沉降，形成裂陷盆地，台内形成隆洼相间构造格局，在裂陷边缘发育高能滩相。从连井剖面（图6-1-6）可见，茅一段沉积时期，盆地基本为开阔台地相；茅二段沉积期，由于川北地区发生构造—沉积分异，从川中到川北地区，依次发育台内滩、台洼、斜坡相。

茅三段沉积期，川北地区构造分异加剧，在川北广元—巴中一带形成克拉通内裂陷，裂陷内发育孤峰段深水相（茅口组同期异相产物），该套深水沉积物厚0~30m，岩性主要为中—薄层状灰黑色—黑色硅质岩类夹透镜状、中薄层状重力流石灰岩，发育水平层理，底部具有滑动变形构造，顶部具有风化壳并与上部吴家坪组底部煤系地层呈平行不整合接触。该裂陷槽与晚二叠世—早三叠世发育的开江—梁平裂陷槽展布方向基本一致，裂陷内的硅质岩类沉积及古生物发育特征也表现出高度的相似性，说明开江—梁平裂陷在川北地区于中二叠统茅口组沉积晚期就已经开始发育。

此外，通过开展精细层序地层划分、地震刻画及沉积相研究，恢复了茅口组沉积中—晚期（茅二段以上）岩相古地理（图6-1-7）。从平面上看，茅二段沉积期川中地区发育两个台内洼地，与广元—巴中裂陷槽一样呈北西—南东向展布，其两侧发育蓬莱、盐亭和射洪三个高带，水体能量强，发育高能台内滩相，总体形成"一台缘，三高带"的沉积格局。茅三段沉积期，随着川北地区进一步拉伸裂陷，裂陷内发育盆地—斜坡相，从剖面看，龙门山西侧裂陷边缘发育高能台缘滩体，台缘带分布在剑阁—龙岗一带，茅三段沉积期由于水体相对较浅，是茅口组主要成滩期，威远—自贡、高石梯—磨溪及南充地区台内滩大面积发育，其余地区为开阔海沉积。台内高带及台缘带钻井证实，亮晶颗粒灰岩普遍发育，具高能相带沉积特征。沿台缘和台内高带普遍发育的高能滩体经后期白云石化作用，形成优质孔隙型储层。

东吴运动导致二叠纪发生大规模海退，茅口组大规模暴露，发生区域性岩溶，暴露时间7~8Ma，由于是整体大规模暴露，岩溶作用较强烈，茅四段已经剥蚀殆尽。茅口组岩溶发生在火山岩喷发之前，伴随着地幔柱隆升，茅口组沉积末期具有西南高、东北低、隆洼相间的古地貌格局，古残丘、坡地、洼地等岩溶二级地貌单元交错分布（图6-1-8）。

2. 上二叠统沉积特征

四川盆地火山活动发育多个旋回，其中川南地区多发育喷溢相—溢流相，以岩浆流冷凝而成的玄武岩为主；简阳地区喷发旋回为早期多个爆发—溢流相旋回，晚期多期侵

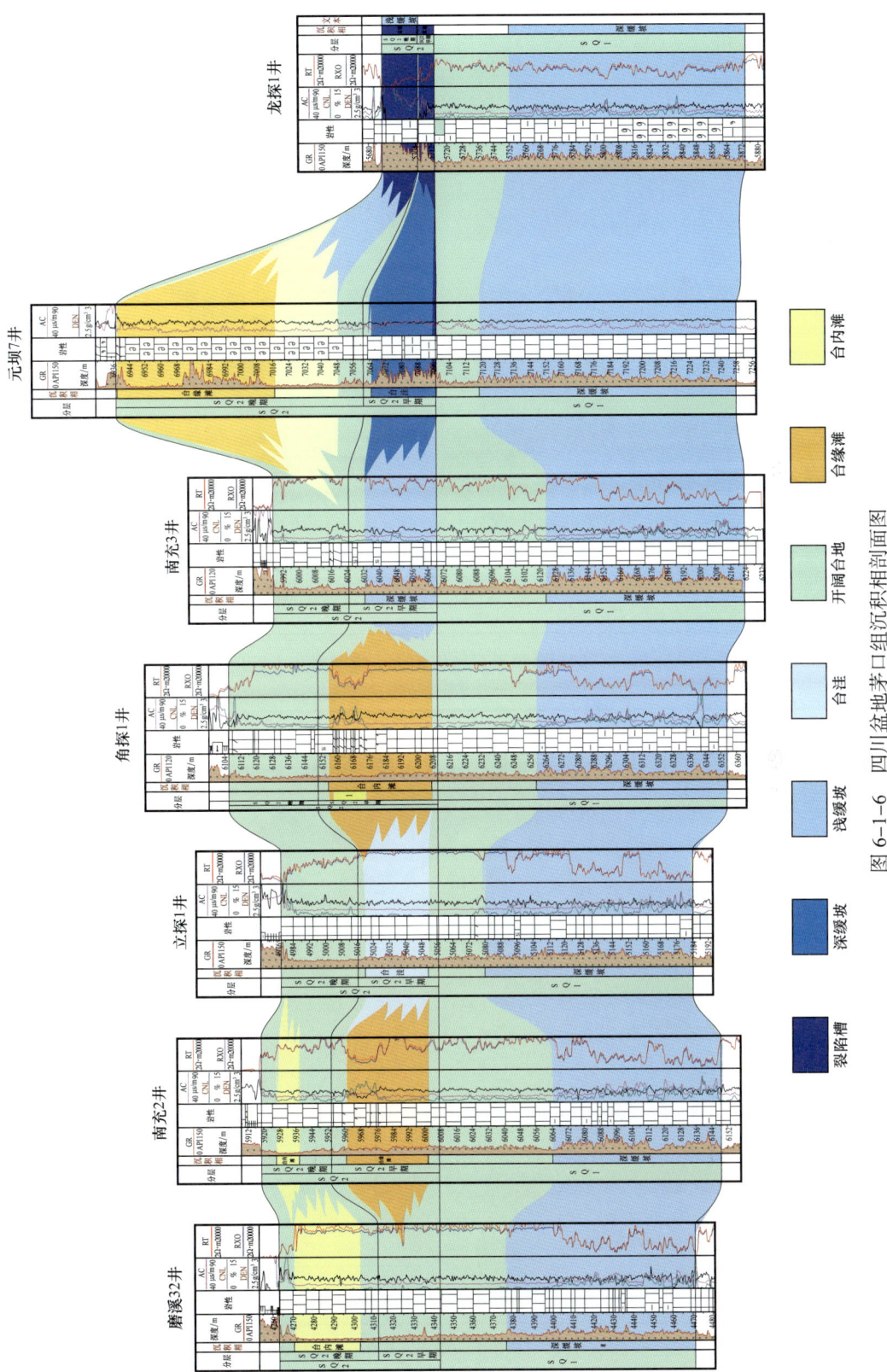

图 6-1-6 四川盆地茅口组沉积相剖面图

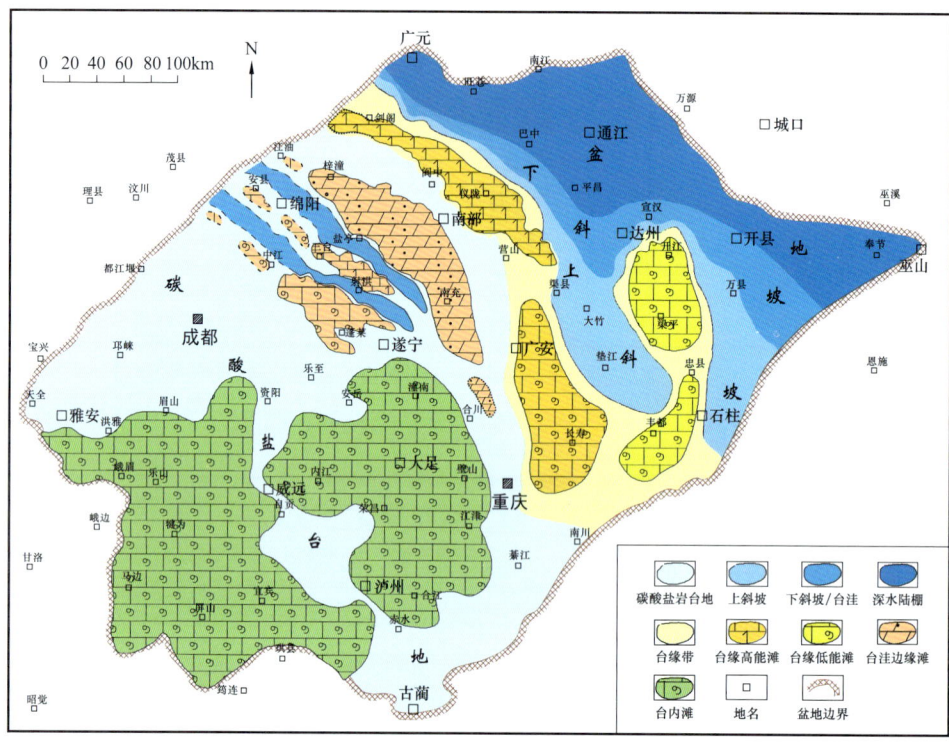

图 6-1-7　四川盆地茅口组沉积中—晚期岩相古地理图

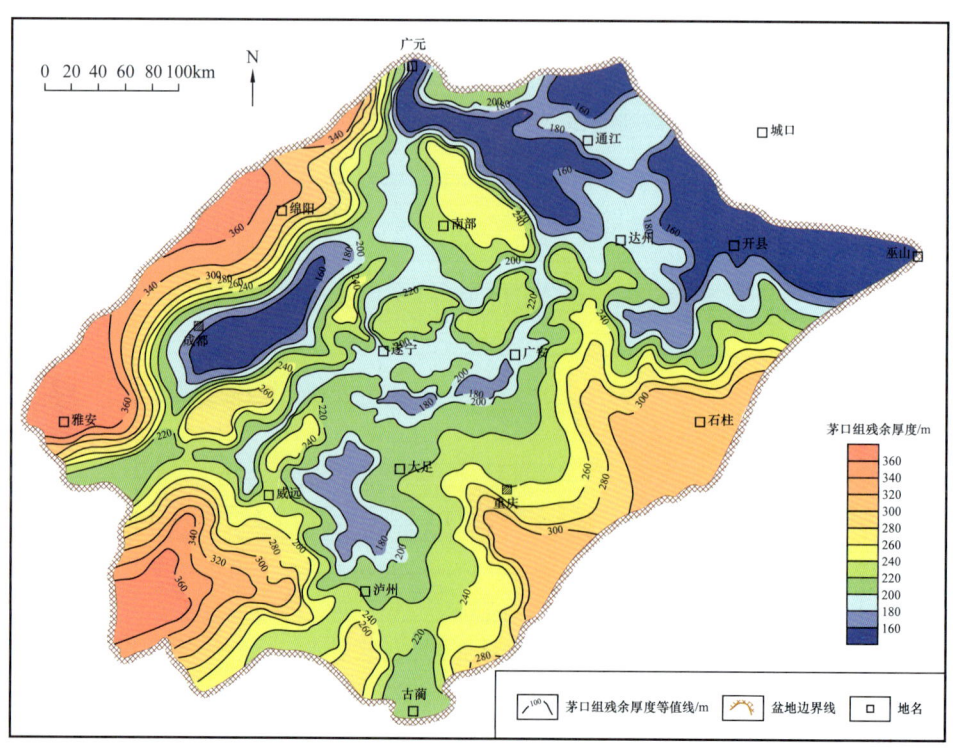

图 6-1-8　四川盆地茅口组岩溶古地貌图

入，爆发相火山岩较发育。结合单井、野外露头及地震等资料预测了盆地二叠系火山岩岩相分布（图6-1-9）。分布图显示，盆地内爆发相主要分布于两处，一处是位于成都—简阳—三台地区，呈集中式块状分布特征，厚300～400m；另外在眉山—犍为—屏山—宜宾地区野外露头也见有零星分布；溢流相主要位于盆地西部广大地区，在大邑—乐山—宜宾地区广泛分布，溢流相玄武岩具有西厚东薄的特征，在盆地西缘天全—雅安—峨眉—马边地区厚200～800m，向东至犍为—宜宾地区逐渐减薄至50m左右，另外在乐山—岳池地区呈西东向河道状分布；凝灰岩主要分布在溢流相玄武岩尖灭区外缘，呈环绕式分布特征。盆地内川中—川西地区大部、剑阁—仪陇—梁平地区、重庆—垫江地区及威远—泸州—古蔺地区等均有分布，厚度为数米到50m不等。

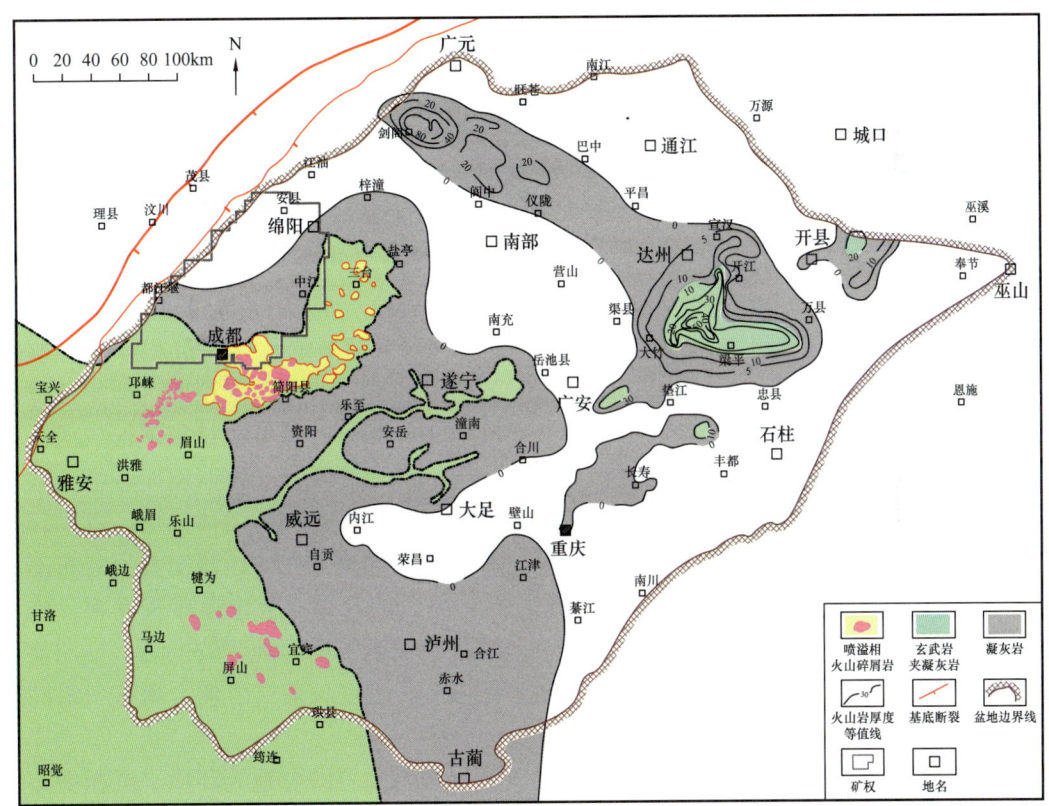

图6-1-9　四川盆地二叠系火山岩厚度等值线图

四川盆地吴家坪组沉积期受西南高，东北低沉积格局的影响，盆地内部主要表现为河流—三角洲相、滨岸沼泽相、混积潮坪相、浅海台地相、斜坡—陆棚（台盆）相（图6-1-10）。

绵竹—南川地区以东，主要为碳酸盐岩沉积。受拉张动力作用的强烈影响，形成隆凹相间的格局。台地区沉积生屑泥晶—微晶灰岩夹云质灰岩，发育燧石结核，常见正常浅水生物碎屑。局部地区生物碎屑富集，形成低能生屑滩，生屑之间为灰泥充填，表明沉积环境水动力条件较弱。广元朝天区—开江地区为狭长的台盆相，以碳质泥岩与硅质泥岩为主，沉积水体相对滞留、闭塞，台盆外侧沉积碳质泥岩、硅质岩和泥晶灰岩的斜坡相，向北与陕西—湖北地区的海盆相连通。

长兴组沉积期继承了吴家坪组沉积期岩相古地理格局，并逐渐演化成三隆三凹的沉积格局，这一构造沉积格局对长兴组生物礁的发育及分布起到了重要的控制作用（图6-1-11）。早期沉积古地貌、形成期同沉积断裂、海平面变化控制裂陷的演化与充填，进而控制长兴组沉积期礁滩的迁移分布。

开江—梁平裂陷及周缘不同地区长兴组沉积前古地貌存在差异，五百梯等地区长兴组沉积前总体地层厚度变化不大，但向裂陷区内呈略有减薄的趋势。而在龙岗以西地区表现出长兴组沉积前地层厚度由台缘向裂陷差异明显，长兴组沉积期裂陷的形态也受地貌特征的控制，总体上长兴组沉积期裂陷呈现东缓、西陡的特征，但也有例外，如铁山坡—普光—渡上河地区，表明总体规律下局部存在明显的分段性。有研究表明，台内地区同样具有隆凹相间、东缓西陡的特征，台凹西侧高带具有雁列式展布特征，台凹东侧高带总体呈现缓边缘，一般发育有两排生物礁滩。

3. 三叠系沉积特征

飞仙关组沉积期沉积格局继承了晚二叠世的沉积面貌并不断演化，开江—梁平裂陷逐渐退缩、消亡，台地不断增生。四川盆地沉积相带分异明显，台地边缘鲕粒滩发育，开阔台地内部广泛分布鲕粒滩体。飞仙关组鲕粒滩受台地不断增生和海平面升降的影响，发育于裂陷两侧台缘及川东北孤立台地。碳酸盐岩台缘斜坡的坡度对沉积滩体影响明显（Boggs，2014），长兴组沉积末期隆凹相间的格局导致飞仙关组沉积期古地貌差异明显，鲕粒滩的发育正是在该特殊的古地貌差异及海平面频繁升降复合控制下形成的。开江—梁平裂陷附近飞仙关组沉积期台缘总体具明显东陡西缓特征，按照坡度特征大致可以划分出东陡台缘型、西缓台缘型和西缓斜坡型，都可以发育优质滩体储层。其中，东陡台缘型地层厚度变化大，以垂向加积为主，有利于台缘鲕滩发育，厚度大但分布不广（向裂陷迁移不明显）；西缓台缘型属古地貌相对平缓的台地，台缘鲕滩较发育，分布规模广但厚度不如前者；西缓斜坡型属次级似坡折带控制下的台地，坡度缓、早期前积体控制高带，后期滩体进积叠置，迁移明显，但白云化程度较前二者弱，尚有一定勘探潜力。

嘉陵江组沉积时期，盆地由西南往东北呈低缓坡度倾斜的古地貌环境，沉积中心位于川北、川东北地区，有继承性。海进体系域为开阔海台洼泥晶灰岩沉积，沉积厚度大，碳酸盐岩以泥晶结构为主，粒屑岩欠发育。高水位体系域主要发育局限台洼膏质潟湖沉积，膏盐岩发育。由于海水进退较为频繁，因此微地貌的变化对沉积环境影响比较大。在广泛的台地内部存在凹凸相间的古地形差异，影响了水体循环，形成不同类型的沉积物。因此在台洼环境沉积物以泥晶结构为主，在台坪环境沉积物以微晶结构为主，在台内滩环境沉积物以颗粒结构为主。

四川盆地在中三叠统雷口坡组沉积期属于障壁碳酸盐岩台地沉积环境，有利岩相与水下障壁密切相关。中三叠统雷口坡组沉积期四川盆地周边发育系列隆起，如东部的江南古陆、西南部的康滇古陆、西北部的龙门山岛链及北部的大巴山隆起等，盆内发育泸

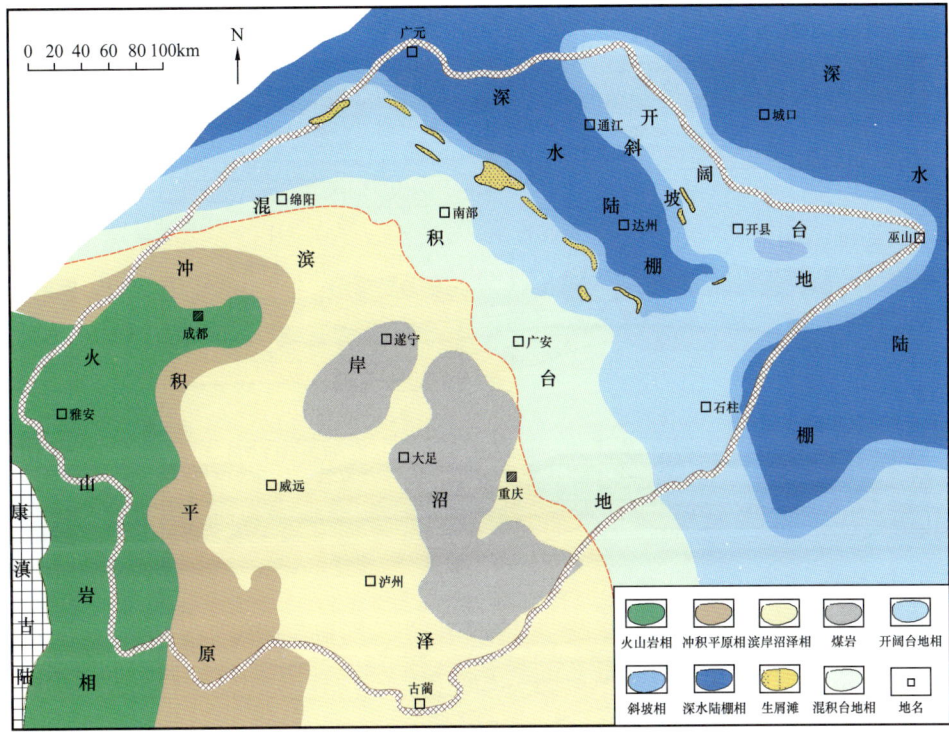

图 6-1-10　四川盆地吴家坪组沉积期沉积相图

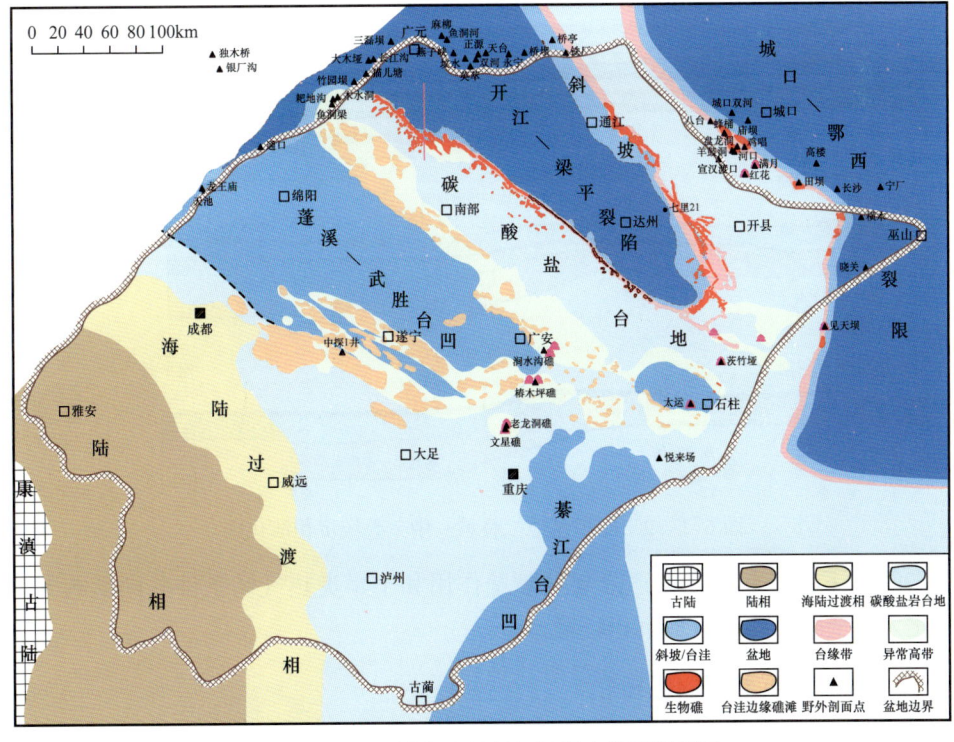

图 6-1-11　四川盆地长兴组沉积晚期沉积相图

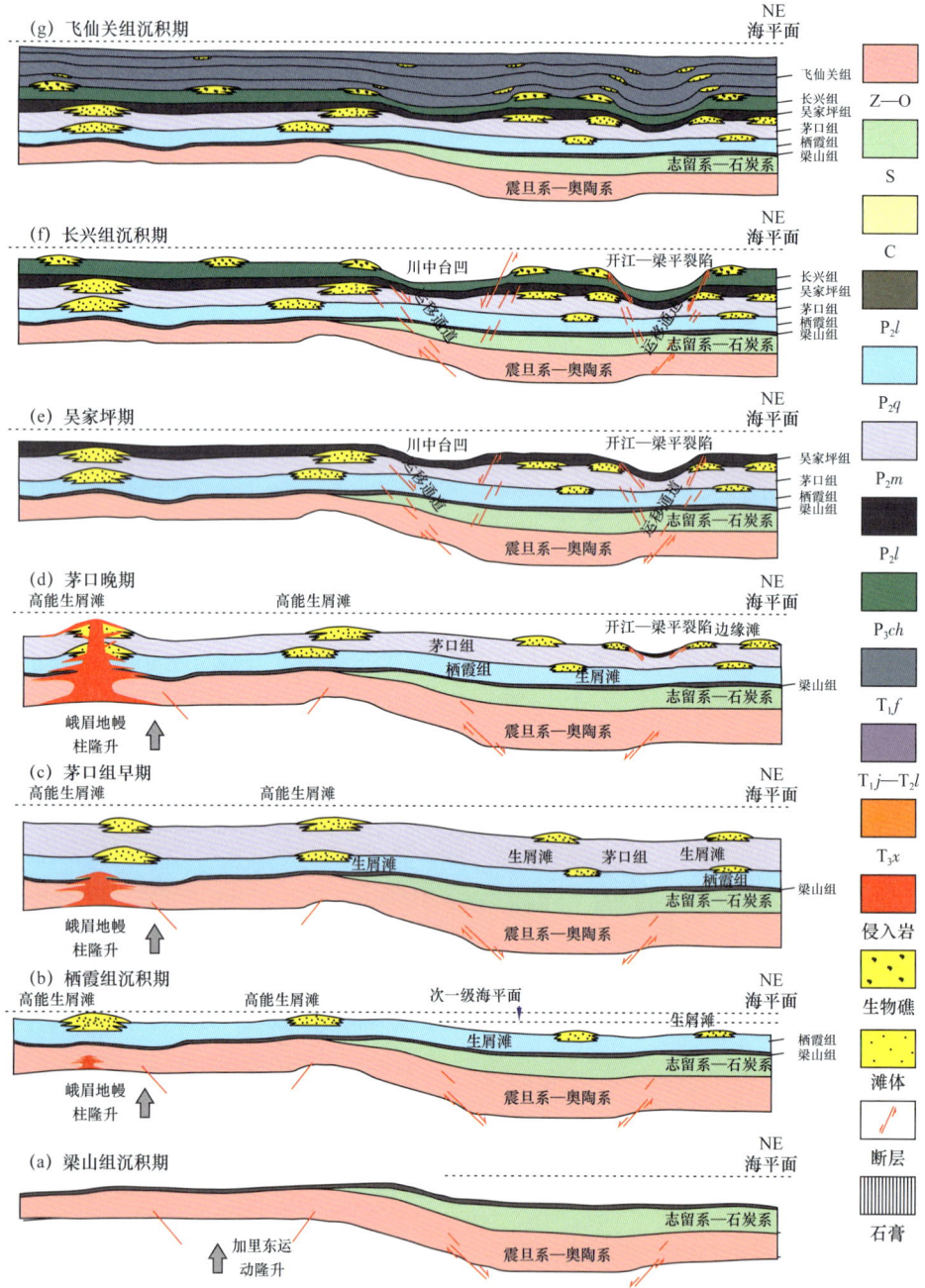

图 6-1-12 四川盆地二叠系—中三叠统沉积演化图

州—开江等水下古隆起,在上述隆起的障壁作用和干旱炎热气候条件共同影响下,四川盆地演化为障壁碳酸盐岩台地沉积环境。

三、构造—沉积演化分析

总体上,梁山组的广泛滨岸沼泽相沉积后,四川盆地迎来大规模海侵,整体进入碳酸盐岩沉积环境。栖霞组沉积期，由于峨眉地幔隆升导致盆地呈现西南高东北低的古地貌形态，此时沉积环境被多方海水围限，形成了一类特殊的、兼具台地和远端变陡缓坡性质的均斜台地—盆地环境。随着峨眉地幔柱（墙）的持续隆升，茅口组沉积晚期峨眉玄武岩喷发，岩浆应力在川西南地区释放，而在川西北地下岩浆房应力失衡，岩浆回流造成区域沉降，并且此时盆地北部勉略小洋盆处于闭合阶段，川西北部受向北拉张的地应力作用，最终形成台地边缘—斜坡—裂陷（盆地）的沉积格局。进入吴家坪组沉积期，由于东吴运动造成的抬升剥蚀，使盆地古地貌趋于平缓，沉积模式转变为碳酸盐缓坡—台地沉积；到了长兴组—飞仙关组沉积期，勉略小洋盆洋壳持续俯冲闭合并且在基底断裂的控制下，开江—梁平裂陷出现，此时盆地以碳酸盐岩镶边台地沉积模式为主，直至雷口坡组沉积期，四川盆地海平面下降，水体变浅，盆地广泛进入局限蒸发环境，沉积环境闭塞，康滇古陆、泸州隆起、大巴山隆起、龙门山岛链及黔南堤礁障壁的障壁作用，造成盆地处于受限的陆表海环境，以局限台地及潟湖沉积为主（图6-1-12）。

第二节 主要勘探层系油气地质特征

四川盆地二叠系—三叠系勘探历程长，勘探成果十分丰富，四川盆地中国石油矿权区内中三叠统雷口坡组、下三叠统飞仙关组、上二叠统及中二叠统获三级储量共计$7168.63\times10^8m^3$，其中探明地质储量$4366.94\times10^8m^3$，控制地质储量$769.20\times10^8m^3$，预测地质储量$2032.49\times10^8m^3$。"十三五"期间，明确了山前复杂推覆隐伏构造区超深层大型构造—岩性复合气藏的成藏机理，提出中二叠世峨眉地裂运动和东吴运动造成的古地貌格局分别控制了川中、川北地区茅口组沉积中—晚期孔隙型边缘滩体和川东、蜀南地区茅口组沉积末期岩溶缝洞型储层两类规模储集体的发育及油气藏形成的认识；建立了四川盆地火山岩早期爆发—溢流—晚期侵入的喷发旋回模式，明确成都—简阳地区规模性基性火山岩储层分布与成藏规律。

一、栖霞组—茅口组油气地质特征

1. 四川盆地栖霞组—茅口组储层发育特征

1）储集岩类型

四川盆地中二叠统发育多种储层类型，且不同区域具有不同类型储层分布。川西地区栖霞组主要发育台地边缘滩孔隙型白云岩储层，川中地区栖霞组则主要发育台内滩相白云岩储层，川西—川中沿15号基底断裂带是茅口组热液成因白云岩储层的主要发育区，蜀南—川中地区则是茅口组石灰岩岩溶缝洞型储层的有利发育区。

栖霞组储层以浅褐灰色、浅灰色细晶—中晶亮晶生屑云岩、颗粒云岩及灰质云岩为主，其次为亮晶—泥晶生屑云质灰岩（"豹斑"灰岩），局部可见角砾状云岩发育。

茅口组白云岩储层岩性主要为同生热液成因形成的白云岩，多为细晶—中晶云岩、硅质云岩和残余生屑云岩,少量角砾云岩。局部含燧石结核和燧石团块,可见白云岩与层状硅质岩互层。白云岩晶粒较粗,断口似砂糖状。含生物碎片和残余结构,镜下常为生物幻影,见少量海百合个体。缝洞中充填—半充填自形晶马鞍状白云石。

盆地茅口组石灰岩储层主要为浅灰色、浅褐灰色亮晶生屑灰岩、泥晶生屑灰岩,主要分布在茅二段—茅三段,受多期溶蚀作用(尤其是表生溶蚀作用)的改造,溶孔、溶洞及溶缝发育。

2)储集空间

中二叠统储层储集空间可划分为孔、洞、缝三大类。孔隙包括原生和次生孔隙,主要为白云石晶(粒)间孔、晶(粒)间溶孔,洞主要包括表生期和埋藏期溶蚀作用形成的溶洞;裂缝包括成岩缝(溶缝)、早期构造裂缝(溶缝)和晚期构造裂缝(溶缝)。

3)物性特征

中二叠统石灰岩储层岩性较致密,基质孔隙不发育,白云岩储层基质孔隙较发育,经历溶蚀作用,形成了大小不等的溶蚀孔洞缝储集体,两类储层均受到多期裂缝切割,尤其是受到燕山—喜马拉雅构造运动的影响,形成了分布不均、大小不等的裂缝组系,储层具有明显的非均质性。

(1)栖霞组白云岩储层物性特征。

根据川西北部双鱼石地区主要取心井和何家梁等野外剖面栖霞组样品的物性分析结果统计,孔隙度为0.42%~16.51%,平均3.11%,孔隙度主要分布于2%~6%,孔隙度大于2%的样品占总数的77.63%,有效储层平均孔隙度为3.6%。渗透率分布在0.000253~784mD之间,平均为11.54mD,渗透率大于0.01mD的样品占总数的79.90%。孔隙度大于2%的105个样品渗透率分析结果统计,渗透率为0.00171~784mD,平均为10.95mD(图6-2-1、图6-2-2)。

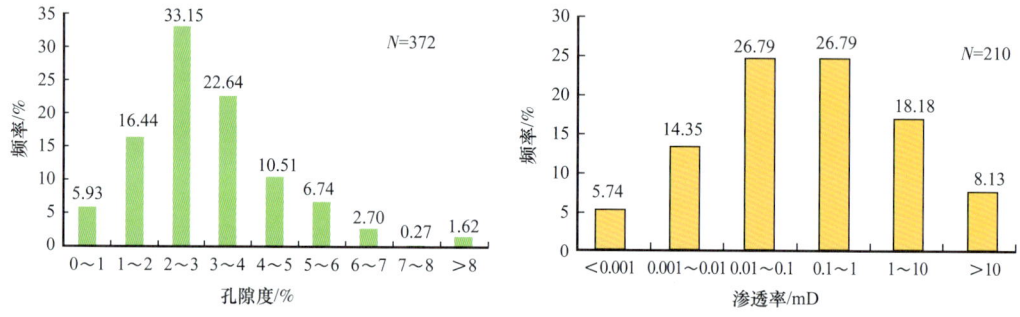

图6-2-1 川西北部地区栖霞组孔隙度直方图　图6-2-2 川西北部地区栖霞组渗透率直方图

储层孔隙度、渗透率结果表明栖霞组储层总体以低孔隙度、低渗透率为主,局部发育中—高孔隙度储层。孔隙度和渗透率总体上具有较好的正相关关系。随着孔隙度的增大,渗透率呈上升趋势,揭示了川西北部地区栖霞组气藏的储集空间主要为孔隙,部分样品渗透率偏高,表明了该气藏储层渗透率同时也受裂缝的影响(图6-2-3)。

(2)茅口组白云岩储层物性特征。

根据212个野外和井下小柱塞样品物性分析表明,储层非均质性强,整体具有低孔隙度、低渗透率特征，局部发育中—高孔隙度层段。

广参 2 井茅二段白云岩储层段共有岩心样品 32 个，孔隙度小于 2% 的有 20 个，占 62.5%；孔隙度介于 2%～4% 的样品有 7 个，约占 21.9%；孔隙度介于 6%～8% 的样品有 1 个，约占 3.1%；孔隙度介于 8%～10% 的样品有 1 个，约占 3.1%；孔隙度介于 12%～14% 的样品有 2 个，约占 6.3%；孔隙度大于 14% 的样品有 1 个，约占 3.1%。孔隙度平均为 3.1%（图 6-2-4）。

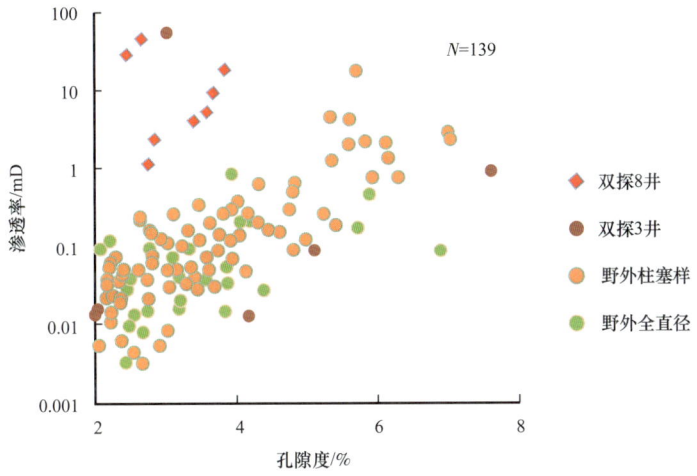

图 6-2-3 川西北部地区栖霞组孔隙度—渗透率交会图

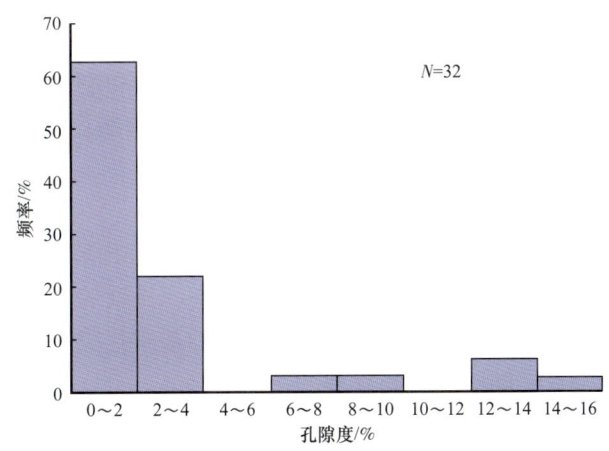

图 6-2-4 广参 2 井茅二段热成因白云岩孔隙度直方图

（3）茅口组石灰岩储层物性特征。

盆地茅口组石灰岩储层整体表现出特低孔隙度、特低渗透率的储层特征，平均孔隙度小于 1%，平均渗透率小于 0.01mD。从孔隙度—渗透率相关性分析结果看，茅口组石灰岩储层具有两种不同的表现特征：一种孔隙度—渗透率相关性差，渗透率主要受裂缝影响，表现出裂缝型储层特征；另一种孔隙度—渗透率具有一定的正相关性，表现为裂缝—孔洞型储层特征（图 6-2-5）。

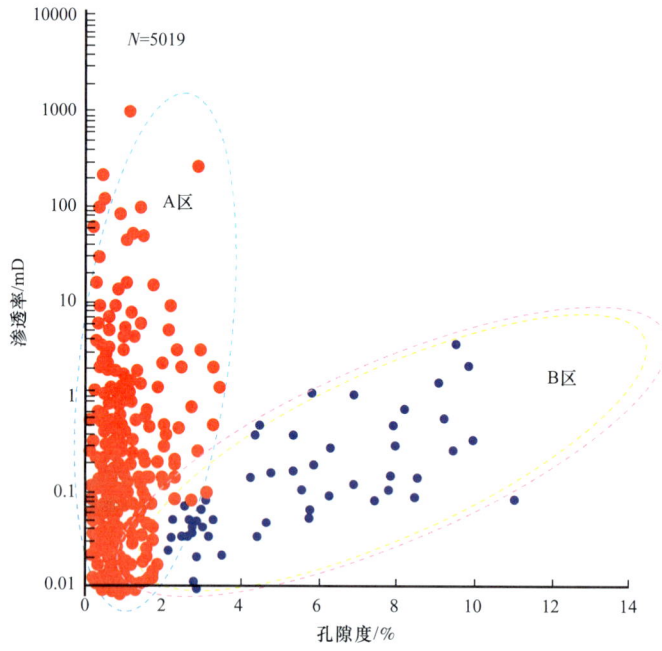

图 6-2-5 中二叠统岩心孔隙度—渗透率交会图

4）储集类型

中二叠统碳酸盐岩孔、洞、缝三者关系中，孔、洞作为主要的储集空间，裂缝作为主要的渗滤通道，少量溶蚀扩大的裂缝也具有一定的储集能力，在同一气井或同一气藏的不同层段和部位，有不同的组合方式，从而形成多种储层类型。中二叠统储层储集空间类型分为四种：裂缝型、裂缝—溶洞型、裂缝—孔隙型和裂缝—溶洞—孔隙复合型，其中茅口组石灰岩储层以裂缝—溶洞型为主，栖霞组及茅口组白云岩发育裂缝—孔隙型、裂缝—溶洞—孔隙复合型储层。

（1）裂缝型储层。

储集类型以裂缝为主，孔、洞不发育，油气的赋存与产出均依赖于裂缝的发育程度。因此在褶皱强度大，裂缝发育程度高的局部构造高点、长轴等部位往往发育此种类型。如龙17井，储层段为栖霞组亮晶生屑灰岩，71块岩心基质孔隙度平均为0.49%，孔隙欠发育，岩心观察裂缝发育，储层属于裂缝型。

（2）裂缝—溶洞型储层。

储集空间以溶蚀洞穴为主，裂缝作为油气渗流的通道。如河湾场茅口组气藏，岩性多为深灰色泥晶—细粉晶灰岩、生物灰岩或藻灰岩，局部见方解石充填，裂缝发育，但基质孔隙度平均只有0.43%，其储层属于裂缝—溶洞型。

（3）裂缝—孔隙型储层。

该类储层主要发育在栖霞组的白云岩层段中，储集空间以孔隙为主，裂缝作为主要的渗流通道，岩溶作用相对较弱，靠裂缝作为渗流通道与孔隙连通。孔隙多为晶间溶孔。此类储层生产较稳定。双鱼石地区栖霞组气藏，发育裂缝—孔隙型储层（该气藏发育裂缝—孔隙型和裂缝—溶洞—孔隙复合型储层），岩性为白云岩或云质灰岩，晶间孔、晶间溶孔发育，岩心和成像测井可观察到裂缝发育。

（4）裂缝—溶洞—孔隙复合型储层。

此类储层主要发育于茅二段白云岩层段和栖霞组白云岩层段，储集空间以孔隙、溶洞为主，裂缝作为主要的渗流通道，构成较复杂的储渗体。如双探1井栖霞组储层，双对数曲线表现储层具有多重介质特征，岩屑薄片镜下观察储集空间以晶间孔、晶间溶孔为主，见裂缝。如广参2井茅二段白云岩储层段，岩心观察溶蚀孔、洞、缝均发育，储层储集性能良好，为裂缝—溶洞—孔隙复合型储层。该类储层为储集性能最好的一类储层。

2. 成藏主控因素

1）烃源岩条件

中二叠统泥质灰岩和泥质岩本生具备一定生烃能力，泥质灰岩有机质类型以II_2型为主，有机质丰度高，平均有机碳含量为1.4%；泥岩有机质类型以III型为主，平均有机碳含量为2.24%；生气强度大，在$18×10^8 \sim 40×10^8 m^3/km^2$之间。气源图版上，蜀南、川东地区绝大多数样点与川东石炭系天然气样点落入相近的区域（图6-2-6），表明有志留系烃源岩供烃；川中、川西南、川西北地区的天然气样点则落入高石梯—磨溪龙王庙组天然气的范围，表明有下伏筇竹寺组烃源岩供烃。除筇竹寺组烃源岩和志留系烃源岩之外，中二叠统自身烃源岩的供烃形成了不同区域具有多源供烃的特征。

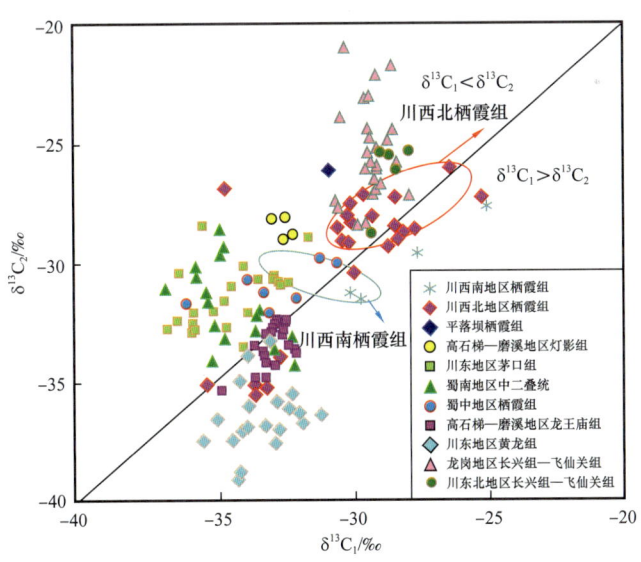

图6-2-6 四川盆地中二叠统天然气甲乙烷碳同位素分布图

2）储集条件

规模展布的滩相白云岩形成的优质储集体是油气规模成藏的前提条件，例如受二叠系栖霞组沉积期构造活动的影响，沿川西北—川西南地区发育台地边缘相带，该沉积相带所控制的白云岩厚度大、分布面积广、发育晶间孔隙、储集物性好，为油气聚集提供了储集空间。

3）圈闭条件

构造—岩性圈闭的演化和成烃期的有效配置及良好的保存条件是油气持续聚集成藏的必要因素；印支运动形成的古构造背景奠定了古油气藏的大范围聚集；侏罗系沉积期，早期形成的古油藏在圈闭内裂解成气，形成栖霞组古气藏；喜马拉雅运动控制了气藏的规模富集。

4）匹配关系

川西北部栖霞组发育厚层台缘滩相孔隙型白云岩储层，储集条件好。发育下寒武统、中二叠统烃源岩，烃源岩条件优越；烃源岩断裂发育，输导条件好。滩相储层直接覆盖在下寒武统优质烃源岩之上，烃源岩—储层匹配关系好（图6-2-7）。上覆中—下三叠统发育厚层膏岩，保存条件好。由此可见，源储盖三位一体的优越成藏条件组合是川西北部栖霞组千亿立方米级大气田形成的关键因素。

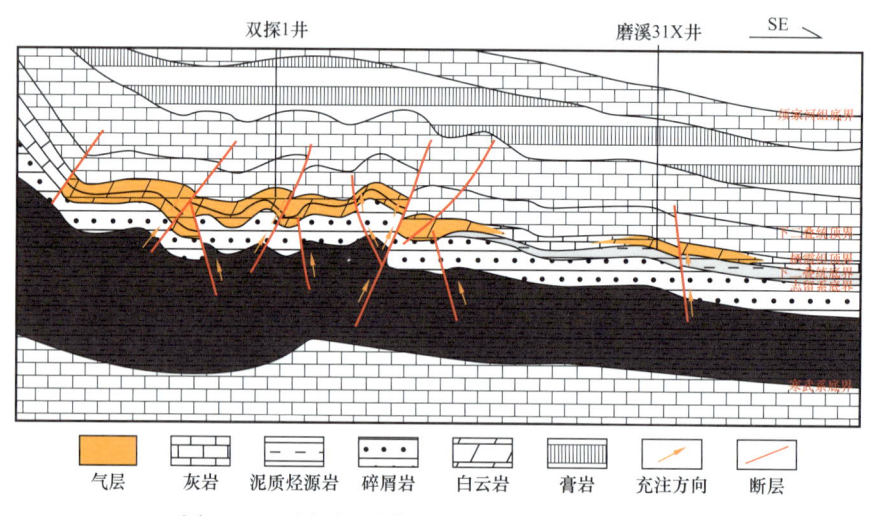

图6-2-7　川西—川中地区栖霞组成藏组合模式图

3. 成藏模式

四川盆地中二叠统能够规模成藏的气藏类型主要有三类：（1）高陡—低陡构造区构造—岩性型，早期在蜀南地区二叠系茅口组勘探基本属于该种类型，在构造高部位受应力作用形成大量裂缝，这些裂缝对原有岩溶岩性体进行改造，才能规模成藏；（2）斜坡区构造—岩性气藏，在古隆起斜坡区，受局部优质白云岩储层或岩溶储层控制，侧向以岩性或断裂遮挡可形成一定规模气藏，由于二叠系本身储层非均质性强，侧向变化快的特点，这种类型气藏在构造斜坡区广泛分布；（3）潜伏构造型构造—岩性气藏，例如川西龙门山前逆掩构造下的双鱼石构造带，通常情况下需要原始具有较好的储层，经后期成岩改造后具备成藏条件，这种类型也是目前勘探所关注的重要类型。

针对以上三种类型气藏类型，选择典型气藏进行解剖，分析其成藏组合和成藏模式，进而明确成藏匹配条件的差异性。

（1）川东高陡—蜀南低陡构造区构造—岩性型气藏（图6-2-8）：蜀南地区以中二叠统栖霞组—茅口组泥灰岩和志留系龙马溪组页岩为烃源岩，裂缝改造的岩溶储层为储集空间。不同之处在于，蜀南地区构造样式与川东地区具有差异，川东为背斜窄、向斜宽缓的隔挡式构造，背斜区构造强烈，向斜区整体平缓。蜀南地区以中浅层滑脱断层为主，并形成众多低陡隔挡式构造区，气藏圈闭众多。

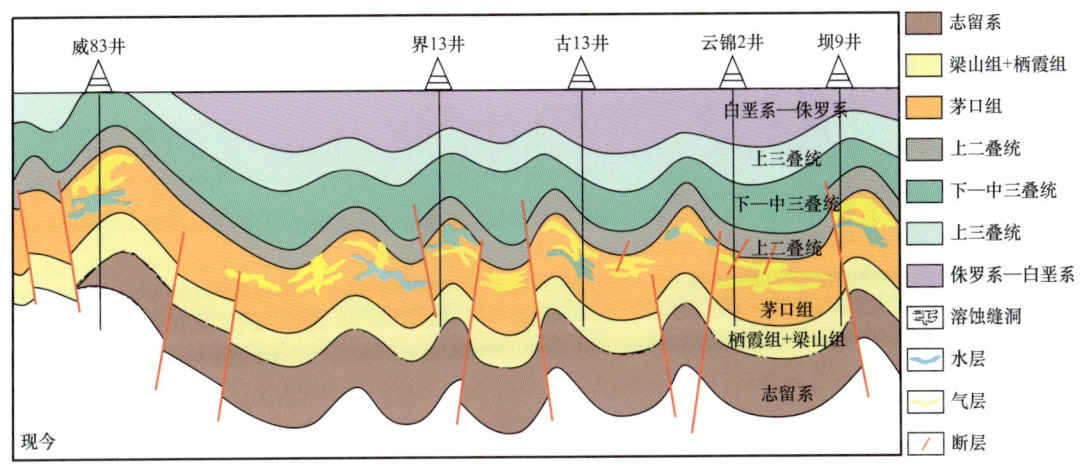

图6-2-8　四川盆地蜀南地区二叠系气藏剖面

（2）川中背斜及斜坡区构造—岩性气藏（图6-2-9）：川中地区是继承性的隆起区，有利于天然气富集。近年来发现，在隆起斜坡区也发育有构造—岩性圈闭，如南充1井茅口组获得工业气流，表明天然气不断向高部位扩散运移的过程中，局部储层优质、遮挡条件优越的部位，可以在斜坡上成藏。同时，该区天然气来源既有来自自身的，也有来自川中地区发育的走滑断裂沟通的筇竹寺组烃源岩。该区域志留系龙马溪组不发育，所以未形成有效供烃。

（3）川西潜伏构造—岩性型气藏（图6-2-10）：川西北地区双鱼石构造位于推覆带前端，逆掩断裂下盘，未遭受强烈破坏，发育一系列背冲背斜带，具有挤压整体变形特征。由于背冲背斜被一系列伴生小型断裂分割，形成数个断背斜圈闭。该区域缺失志留系龙马溪组烃源岩，但恰好位于筇竹寺组生烃中心，经断裂沟通，可形成下寒武统烃源岩供烃的优越条件。同时，低强度的断裂活动不会造成圈闭的破坏。

栖霞组白云岩展布受沉积相控制明显，在川西北部地区有利储层大面积发育；川西北部现今构造成排成带发育，埋藏适中，与白云岩分布区叠合，形成构造—岩性复合圈闭；栖霞组滩相储层在主要成烃期时处于古构造高部位，是油气规模聚集有利区；双鱼石地区栖霞组气藏压力基本一致，天然气组分相同，内部断层并未完全切割气藏，为大型构造—岩性复合圈闭气藏。

综合典型气藏解剖，二叠系成藏与垂向上多套烃源岩生烃中心的叠置关系及烃源岩—断裂的匹配密切相关。自生自储是二叠系广泛含气的主因，多源供烃则是其规模成藏的物质基础，烃源岩—断裂是决定二叠系规模成藏的要素之一。

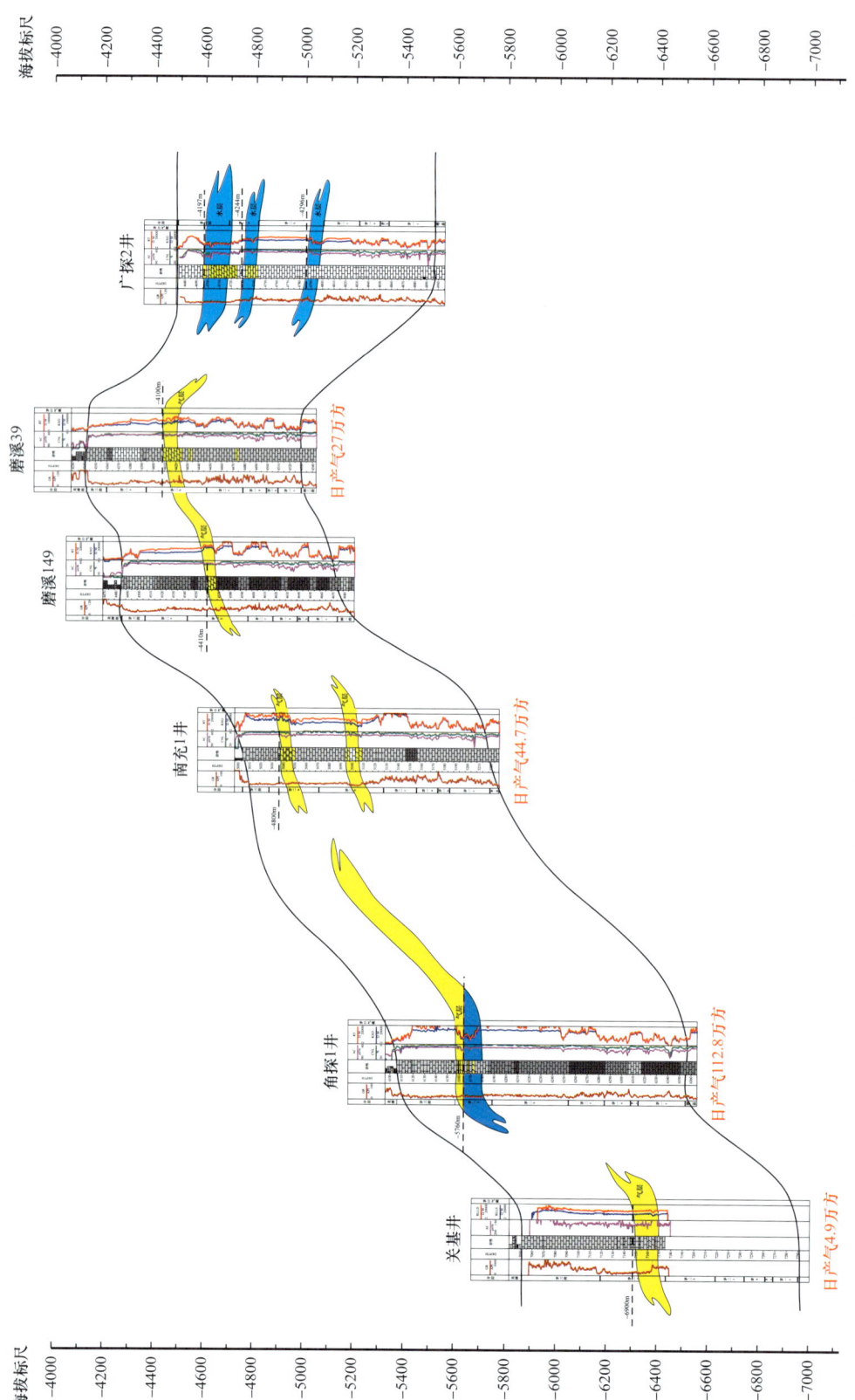

图 6-2-9 四川盆地川中背斜及斜坡区二叠系构造—岩性气藏

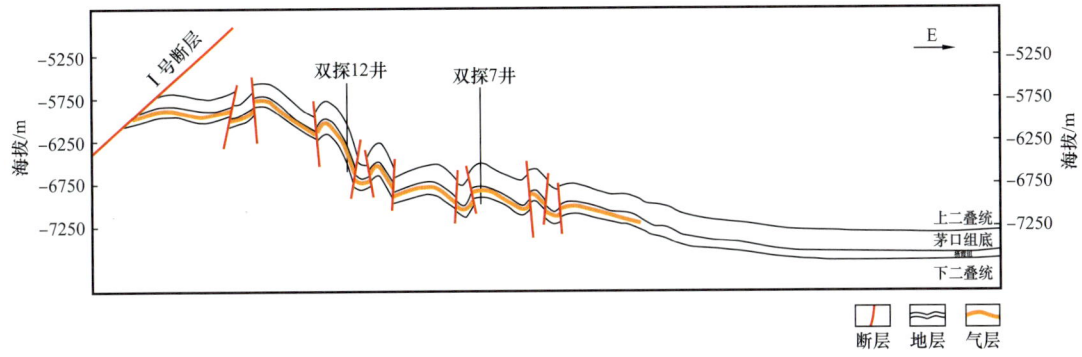

图 6-2-10　川西北地区双鱼石栖霞组气藏剖面图

二、二叠系火山岩油气地质特征

1. 川西火山岩储层发育特征

1）储层岩性及储集空间类型

峨眉山玄武岩组主要发育五种岩性，岩性组合相对稳定，自下而上岩性分别为侵入相的辉绿玢岩、粒玄岩，爆发相的火山碎屑岩、火山碎屑熔岩和溢流相的隐晶玄武岩。储层主要为爆发相的火山碎屑岩和火山碎屑熔岩，火山碎屑熔岩主要为火山物质熔结（焊结）方式形成的岩石，火山碎屑物质含量达 90% 以上并以塑变碎屑为主 [图 6-2-11（a）、（b）]；火山碎屑岩主要为火山碎屑经压实作用或压结作用成岩，火山碎屑物质含量也达 90% 以上，但主要是石灰岩角砾和玄武质角砾所组成的刚性碎屑，是火山爆发时围岩冲碎后快速堆积形成的 [图 6-2-11（c）、（d）]。镜下观察后发现，储集空间主要为次生孔隙，可见塑性碎屑大规模溶蚀形成的次生孔隙，部分孔隙被硅质、方解石和绿泥石半充填，自生绿泥石胶结物中普遍发育晶间微孔 [图 6-2-11（b）、（d）]。

2）储层物性

爆发相储层的孔隙度为 2.56%～28.08%，平均为 13.38%；渗透率为 0.05～1.04mD，平均 0.074mD。孔隙度与渗透率之间呈现良好的线性关系（图 6-2-12），结合储集空间镜下特征，认为川西地区主要发育孔隙型火山岩储层。根据区域重力异常刻画的幔源断裂分布可知，简阳地区发育北东向和南西向两组幔源断裂，爆发相火山岩储层的分布主要受幔源断裂控制，分布在两组幔源断裂交会处。基性火山岩流动性强，爆发相火山岩在平面上稳定分布，有利储层厚度普遍超过百米。

3）储层主控因素

综合分析储层发育的主控因素，认为喷发旋回控制爆发相火山岩储层的形成，储集物性条件优越的爆发相火山碎屑岩一般发育在火山旋回早期；火山机构控制爆发相火山岩储层的横向分布，一般距离火山喷发中心越近，爆发相火山碎屑岩越厚，旋回越完整；脱玻化作用和溶蚀作用是简阳地区爆发相优质储层发育的关键因素，构造运动是玄武岩储层改造的关键。

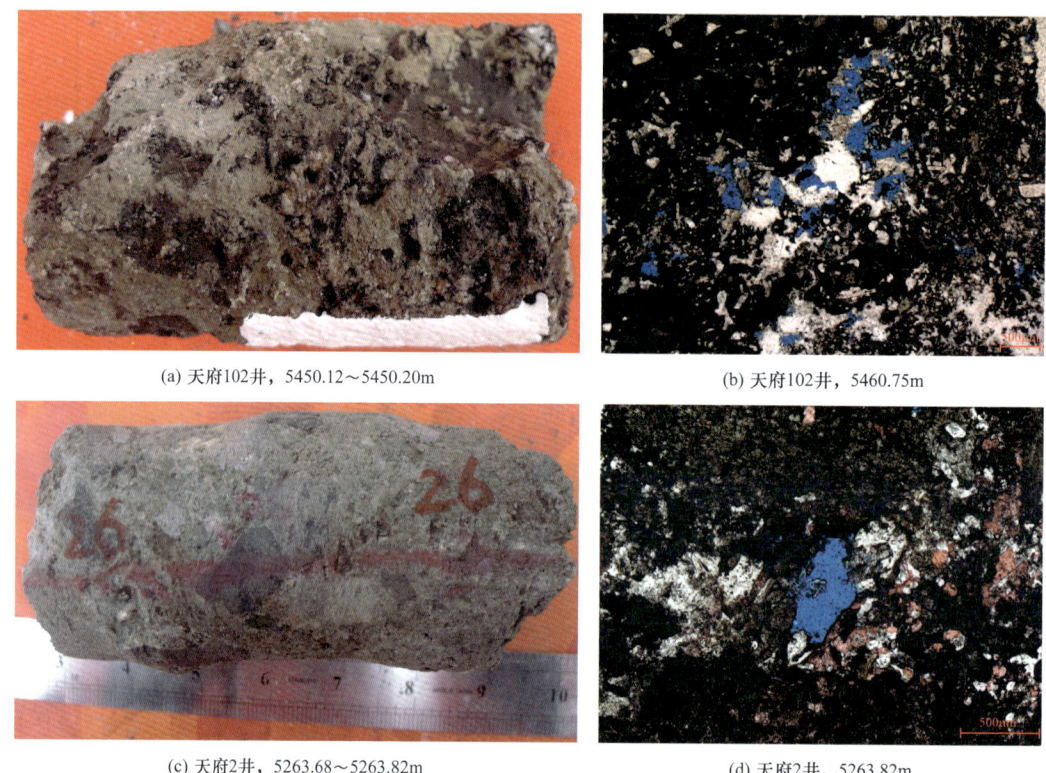

(a) 天府102井，5450.12～5450.20m　　(b) 天府102井，5460.75m

(c) 天府2井，5263.68～5263.82m　　(d) 天府2井，5263.82m

图 6-2-11　火山碎屑熔岩和火山碎屑岩特征

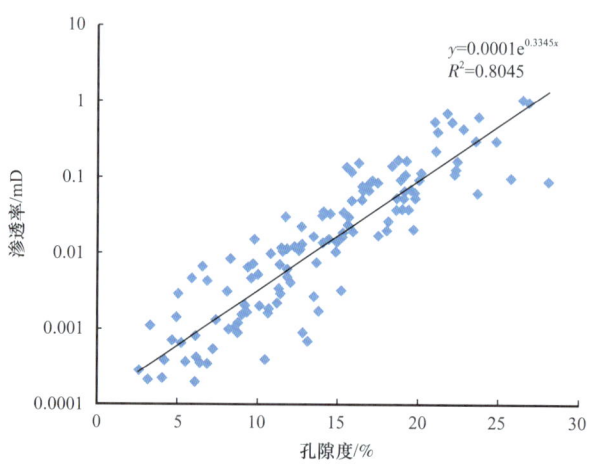

图 6-2-12　川西火山岩储层孔隙度—渗透率交会图

2. 成藏主控因素

1）天然气烃源岩条件

四川盆地二叠系火山岩天然气藏下伏中二叠统、志留系龙马溪组和寒武系筇竹寺组等多套烃源岩，将火山岩气藏中的天然气碳同位素、储层固体沥青与烃源岩干酪根同位素进行对比。火山岩气藏中的天然气、储层固态沥青与寒武系筇竹寺组干酪根的 $\delta^{13}C$ 相似，因此推测寒武系筇竹寺组为主力烃源岩（图6-2-13、图6-2-14）。火山岩气藏中的天然气类型主要为原油裂解气，结合储层中大量发育的固态沥青，认为早期火山岩储层中的原油发生过大规模裂解。

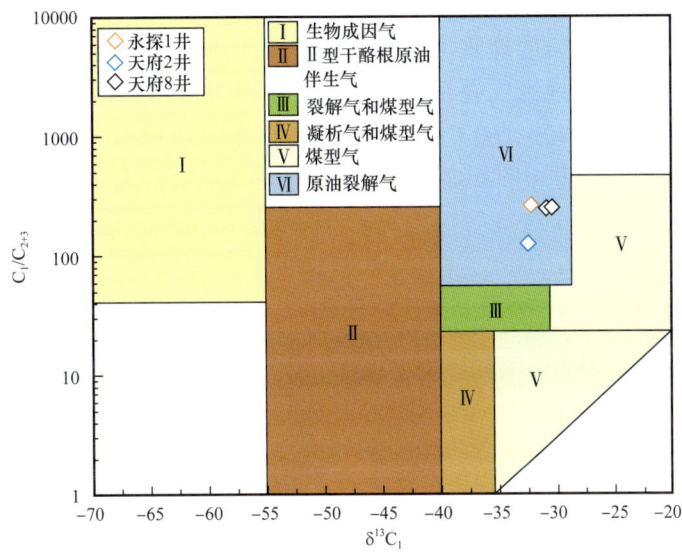

图 6-2-13 川西火山岩天然气类型碳同位素判识图

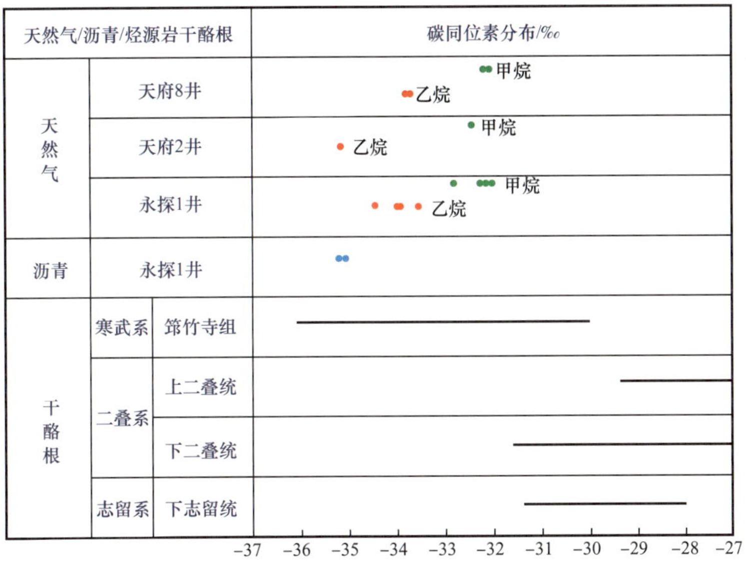

图 6-2-14 川西火山岩天然气、沥青和干酪根碳同位素特征图

四川盆地筇竹寺组烃源岩主要发育于德阳—安岳裂陷内，为巨厚的灰黑色泥岩沉积物，干酪根类型以Ⅰ型和Ⅱ₁型为主，裂陷内的厚度普遍大于100m，平均有机碳含量大于2%，现今镜质组反射率普遍大于2%，在地质历史时期具有良好的生烃潜力。空间上，

- 267 -

简阳地区的二叠系火山岩天然气藏位于德阳—安岳裂陷上部，受加里东古隆起剥蚀作用的影响，简阳地区缺失石炭系至下寒武统顶部的龙王庙组沉积物，导致中二叠统直接与下寒武统的沧浪铺组和筇竹寺组直接接触。

根据德阳—安岳裂陷槽烃源岩厚值区的中江 2 井单井埋藏史、镜质组反射率和埋深之间的关系，当筇竹寺组埋深达到 2600m 时，烃源岩在中三叠世开始排烃，在晚白垩世末期之前，筇竹寺组烃源岩的埋藏深度持续增大，所以在中三叠世—晚白垩世具有持续生排烃的地质条件。简阳地区二叠系火山岩储层中伴生盐水包裹体发育两个均一温度峰值，分别为 80~110℃、140~160℃，结合简阳地区单井埋藏史推断，油气成藏时间大约在中—晚三叠世和中侏罗世（图 6-2-15）。综合来看，油气富集时间与烃源岩大规模排烃时间吻合。

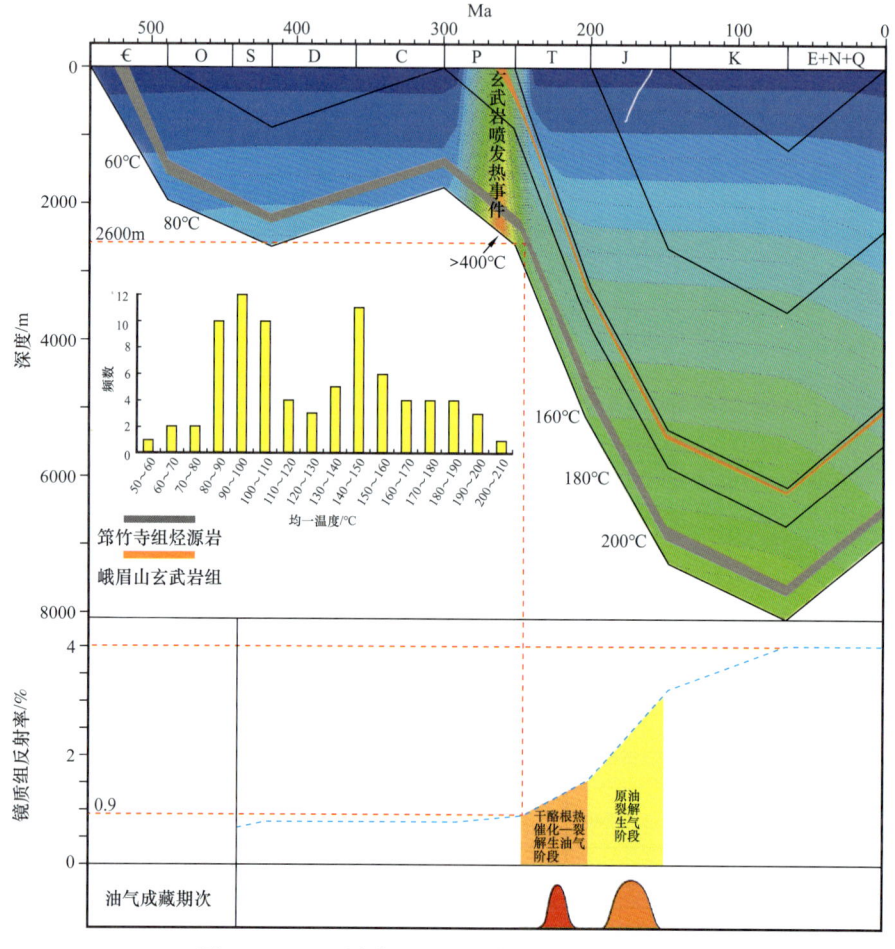

图 6-2-15　四川盆地二叠系单井埋藏史—热史图

2）烃源岩断裂展布

简阳地区二叠系发育多组北西向走滑断裂，断裂倾角普遍较大，介于 80°~90°，延伸距离可达 60km，断裂在剖面上主要呈线性构造（图 6-2-16）。断裂自基底向顶部延伸至中三叠统雷口坡组，表明烃源岩断裂在中三叠世才停止活动，这类走滑断裂可以作为烃源通道为第一期油气的大规模聚集提供输导条件。

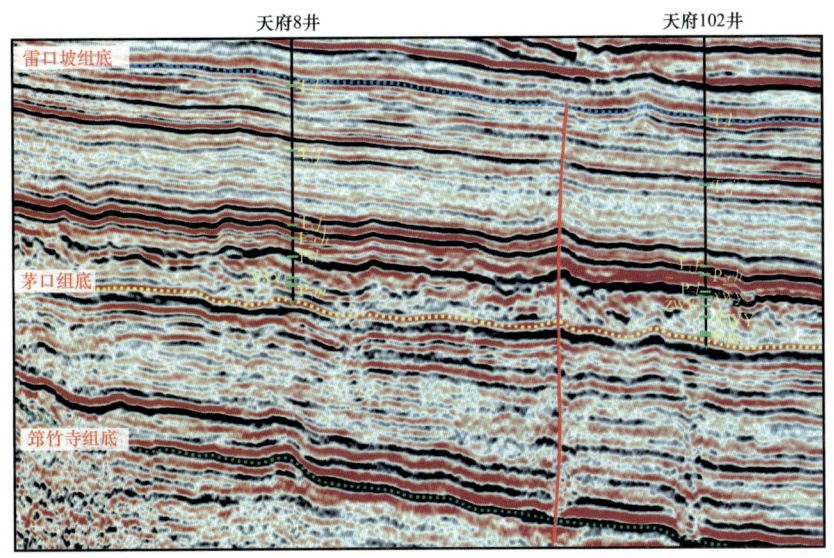

图 6-2-16　川西简阳地区烃源岩断裂剖面特征

根据单井沥青分布特征，结合钻井与烃源岩断裂的距离可以看出，靠近烃源岩断裂的单井沥青分布范围更广。前人研究认为，川西地区二叠系储层中的固态沥青主要为原油裂解后所形成，因此可以根据沥青的分布范围推测古油柱高度，进而反映早期古油藏的规模。从图 6-2-17 可以看出，目前的钻井均靠近烃源岩断裂，古油柱高度与有利储层厚度之间的比值普遍高于 0.6，表明早期烃源岩断裂的发育为第一期油气大规模聚集提供输导条件。

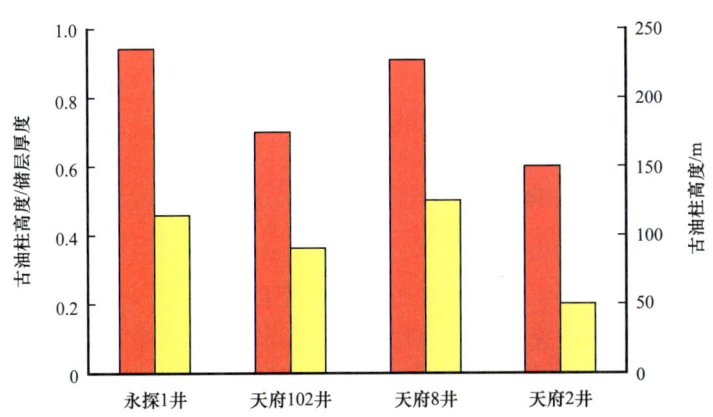

图 6-2-17　川西地区火山岩储层古油柱发育特征直方图

第二期油气大规模聚集时，断裂已经停止活动，导致晚期干酪根裂解形成的天然气难以进入火山岩储层。由于简阳地区二叠系火山岩气藏的天然气类型主要为原油裂解气，认为早期聚集的原油裂解为晚期的天然气大规模聚集提供了条件。

3. 成藏模式

本书认为，研究区筇竹寺组为主力烃源岩，爆发相火山碎屑岩和火山碎屑熔岩储层在空间上靠近德阳—安岳裂陷槽，在中三叠世镜质组反射率演化至0.9时开始大规模排烃，沟通烃源岩—储层的高角度走滑断裂为早期原油大规模聚集提供了输导条件，火山岩古油藏主要沿烃源岩断裂分布。烃源岩断裂在晚三叠世停止活动，导致断层对油气的输导能力逐渐减弱，烃源岩高成熟和过成熟阶段形成的干酪根裂解气难以运移并聚集于火山岩储层中。随着埋藏深度的增加，古油藏中的原油开始大规模裂解，形成原油裂解气后原位富集于火山岩储层中（图6-2-18）。因此，烃源岩断裂的发育控制了早期火山岩古油藏的形成，而古油藏的原位裂解为现今火山岩天然气的富集提供了物质基础。综上所述，简阳地区二叠系火山岩天然气具有"寒武系供烃—断裂输导—原位裂解"的成藏模式。

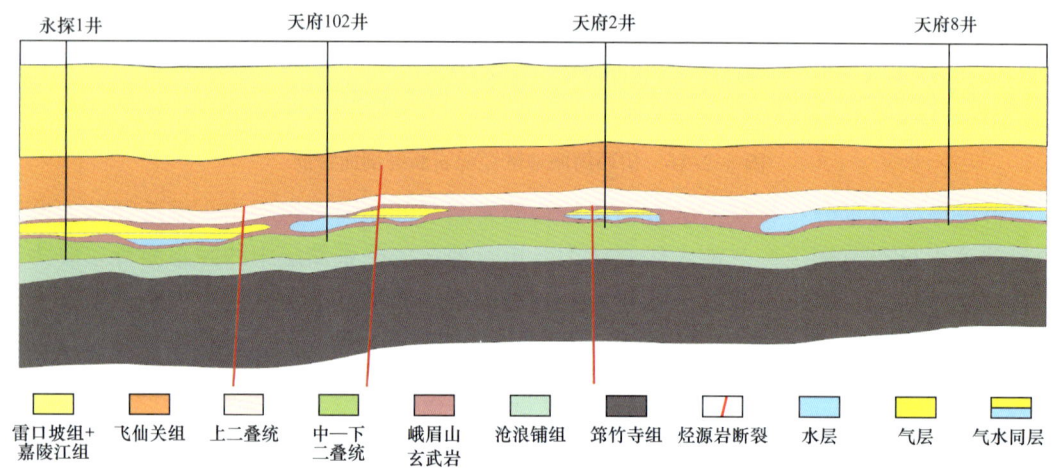

图6-2-18 川西火山岩油气成藏模式图

三、长兴组—飞仙关组油气地质特征

1. 四川盆地礁滩储层发育特征

1）长兴组生物礁储层特征

四川盆地长兴组储层是生物礁滩经历不同程度白云石化、多期溶蚀作用及裂缝改造的结果。台缘带白云石化程度高，溶蚀作用叠加，构造缝发育，形成以白云岩为主的裂缝—孔隙型和裂缝—孔洞型储层。

（1）储集岩类型及物性。

台缘带长兴组储集岩主要包括残余生屑云岩、晶粒云岩、残余海绵骨架云岩，还发育少量石灰岩与白云岩之间的过渡类型。其中，生屑云岩和晶粒云岩是最优质的储集岩类型。

根据19口井750块样品的实测物性数据统计（图6-2-19），长兴组礁滩体不同岩类储集性能差距大，总体表现为中—低孔隙度、低渗透率—特低渗透率特点。开江—梁平裂陷东西两侧台缘带主要储集岩是残余生屑云岩和晶粒云岩，孔隙度最大为12.7%，最小为1.37%，平均5.3%；渗透率最大为58.2mD，最小小于0.0026mD，平均2.6mD。

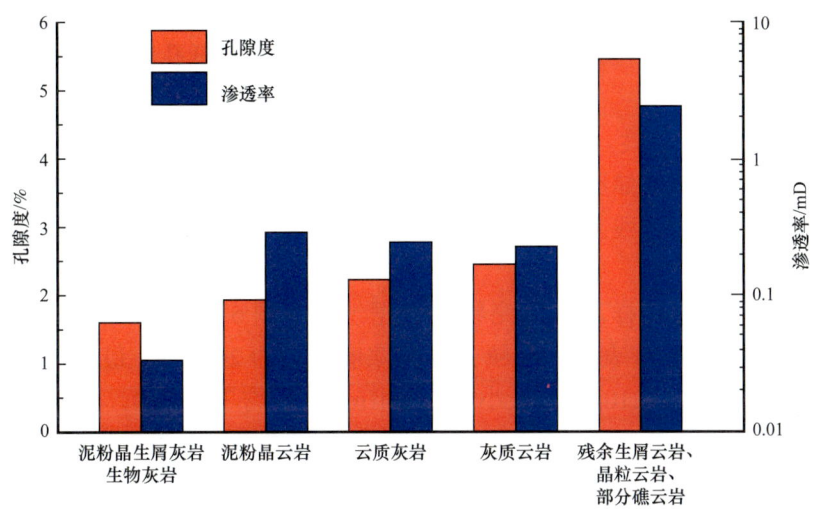

图 6-2-19　长兴组各岩类孔隙度、渗透率统计直方图

（2）储集空间类型。

长兴组储层的储集空间可分为孔隙类、溶蚀洞穴类和裂缝类。

① 粒间溶孔：长兴组储层主要储集空间之一，主要分布于残余生屑云岩中。台缘带的粒间溶孔内沥青较普遍，残余孔径为0.2～0.5mm。

② 晶间孔：长兴组另一种主要储集空间，广泛分布于晶粒云岩和残余生屑中晶—细晶云岩中。发育在台缘带的白云石晶间孔内常见沥青充填，残余孔径为0.1～0.5mm。

③ 体腔孔：长兴组次要储集空间类型，主要发育在礁核相石灰岩和礁核相云岩中。直径为0.2～1mm，最大可达数厘米。体腔孔进一步溶蚀扩大可形成铸膜孔。

④ 格架孔洞：格架孔洞发育于礁核相石灰岩、白云岩及白云岩—石灰岩过渡类型中，直径为0.3～2mm，最大可达数厘米。

⑤ 孔隙性溶洞：主要发育在生屑云岩、骨架云岩、石灰岩中。为粒间溶孔、生物体腔孔洞、格架孔洞进一步溶蚀扩大而成。

⑥ 裂缝、裂缝性溶洞：裂缝主要为构造缝、构造溶蚀缝和溶蚀扩大缝合线。有效构造缝宽为0.02～0.05mm，常被沥青半充填。裂缝型溶洞为沿构造缝或缝合线局部溶蚀扩大而成，多呈串珠状分布。

（3）储层类型。

作为一种岩性圈闭的气藏，生物礁气藏的储层主要是孔隙性的。但其储渗系统则因各气藏具体地质条件不同而异。从黄龙礁气藏、龙岗礁气藏及铁山礁气藏气井的不稳定试井资料说明其储层具有双重介质的典型特征，说明边缘生物礁气藏储层的储—渗系统属于双重介质的裂缝—孔隙型。

2）飞仙关组鲕粒滩储层特征

飞仙关组储层是鲕粒滩经历不同程度白云石化，不同时期溶蚀作用及裂缝改造的结果。川东北蒸发台地边缘鲕粒滩白云石化作用强，经历多期溶蚀作用叠加，形成以鲕粒云岩为主的中—高孔隙度、中—低渗透率型储层；裂陷西侧台缘带白云石化不及川东北蒸发台地普遍，形成以鲕粒云岩为主，兼有鲕粒灰岩的中—低孔隙度、中—低渗透率型储层。

（1）储集岩类型及物性。

台缘带飞仙关组优质储层岩石类型主要包括残余鲕粒云岩、残余鲕粒中晶—细晶云岩、残余鲕粒灰质云岩、残余鲕粒云质灰岩。此外，还有部分为鲕粒灰岩类储层，但储层渗透性相对较差。

根据 21 口井 1230 块样品的实测物性数据统计（图 6-2-20），飞仙关组不同岩类储集性能相差较大，统计表明，鲕粒云岩孔隙度最大为 26.82%，最小为 0.85%，平均 10.18%，渗透率最大为 1210mD，最小为 0.0001mD，平均 33.55mD，是开江—梁平裂陷东西两侧台缘带飞仙关组储渗性能最好，最优质的储集岩类型。

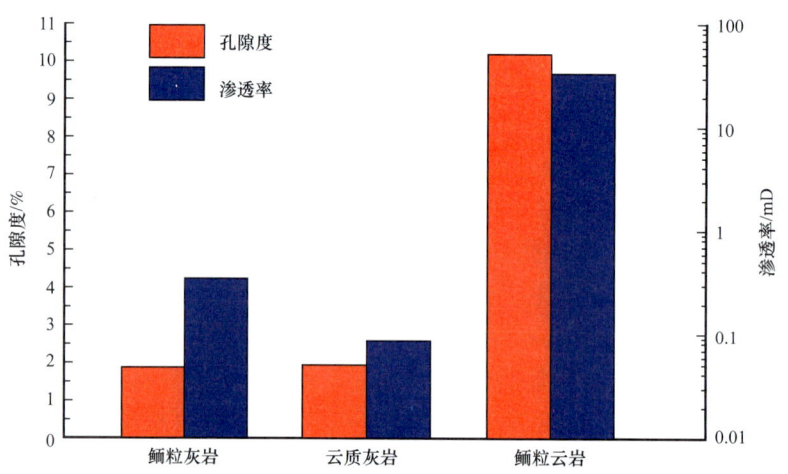

图 6-2-20 台缘带飞仙关组各岩类孔隙度、渗透率统计直方图

（2）储集空间类型。

飞仙关组鲕滩储层储集空间主要包括粒间溶孔、晶间孔、粒内溶孔和裂缝。

① 粒间溶孔：主要发育于残余鲕粒云岩等颗粒白云岩中，少数鲕粒灰岩也发育粒间溶孔。孔隙大小比较悬殊，孔径为 0.1～1mm，连通性较好。

② 晶间孔：主要发育于晶粒云岩中，以糖粒状残余鲕粒云岩、鲕粒云岩、细—中晶云岩为主，晶间孔呈三角形或多边形状，部分经扩溶成晶间溶孔，连通性较好。

③ 粒内溶孔：粒内溶孔主要发育在鲕粒内，常发育在残余鲕粒云岩、含砾屑鲕粒云岩和鲕粒灰岩中，孔径在 0.3～0.8mm 之间。溶孔通常与白云石晶间孔、晶间缝及构造缝连通，是重要储集空间类型。

④ 裂缝：主要是与构造作用有关的高角度裂缝，可将各种孔隙连通形成渗流网络系

统，大大改善储层性能。

（3）储层类型。

台缘带飞仙关组储层类型分为孔隙（洞）型残余鲕粒云岩储层、裂缝—孔隙（孔洞）型储层等两类。

① 孔隙（洞）型残余鲕粒云岩储层：该类储层以粒间溶孔、粒内溶孔和溶洞为主要储集空间，以白云石晶间孔缝和缩小孔隙为主要喉道，孔喉匹配关系好；岩心和薄片尺度的裂缝不发育，宏观可能存在构造缝，但未改变储集类型，而对产能有影响。按岩性还可以再细分成两种类型，即孔隙型泥晶—微晶结构的残余鲕粒云岩储层和孔隙型细晶结构的残余鲕粒云岩储层。前者储集空间类型主要是鲕内溶孔，而后者则主要是残余粒间孔和粒间溶孔。主要见于裂陷东侧蒸发台地边缘。

② 裂缝—孔隙（孔洞）型储层：该类储层主要储集空间是晶间孔、溶孔、溶洞、微裂缝和扩溶缝，其特点是裂缝对孔隙度、渗透率具有重要贡献。岩性以细晶—中细晶云岩为主，其原岩组构难以辨别。部分鲕粒灰岩类储层也是属于该类型。

2. 成藏主控因素

在区域盖层封盖条件较好的情况下，礁滩层系的天然气成藏很大程度上取决于烃源岩—储层输配及圈闭发育。优质礁滩储层、大型构造圈闭、断层优势输导、规模古油藏裂解是高陡构造台缘带礁滩天然气成藏的主控因素，发育了优质储层与高陡构造叠加的成藏组合，以川东北地区普光、罗家寨、渡口河、铁山坡等高效鲕滩气藏为代表。巨厚的优质礁滩白云岩储层与高陡构造叠加形成大型圈闭，深大断裂沟通下志留统至上二叠统等多套腐泥型优质烃源岩，形成的大量液态烃垂向运移充注，巨厚的优质礁滩储层叠置连片大面积展布，在古隆起背景下形成大型古油藏，深埋阶段古油藏原油发生裂解，形成天然气藏，经抬升期调整定型后，形成现今的大型礁滩气藏。构造圈闭或岩性—构造圈闭控制气藏的规模、气水分布和格局。

1）沉积相控制优质储层发育区

台缘带具有形成中—高丰度大气田的有利条件：礁滩叠置发育，形成的优质白云岩储层厚度大、面积广；发育上二叠统龙潭组（吴家坪组）和大隆组两套烃源岩，天然气烃源条件优越；高陡构造区的深大断裂和平缓构造区的断层—裂缝沟通烃源岩与储层及储层之间，为油气充注成藏提供输导通道。因此，从烃源岩供烃、优质白云岩储层形成、断层—裂缝发育程度等成藏要素及其匹配关系来看，环裂陷的台缘带优质储层发育区是大气田形成的最有利地区。目前已发现的大型、中型礁滩气藏富集区总体上分布在台缘带，其宏观分布格局受沉积相带和优质储层的展布控制。处于台缘带的川东北地区已发现多个大型整装气藏，优质白云岩储层与高陡构造叠合在一起形成了大型圈闭，因而形成的气藏单体规模也比较大。

2）烃源岩生气中心及其周缘是天然气富集区

目前勘探实践表明，礁滩气藏的分布与烃源岩生烃中心有着密切关系，具有明显的源控特征。将四川盆地上二叠统龙潭组（吴家坪组）和大隆组两套烃源岩的总生气强度与已发现的礁滩气藏分布进行叠加,可以看出,上二叠统烃源岩总生气强度存在两个高值区带:一是川东北云安—宣汉地区至川西北广元—旺苍地区,呈北西向带状展布,生气强度一般在 $20×10^8m^3/km^2$ 以上(图 6-2-21),其中云安—宣汉地区为生气中心,生气强度普遍在 $20×10^8$~$60×10^8m^3/km^2$ 之间,目前已发现的罗家寨、渡口河、普光等大型礁滩气藏主要分布在这一范围内,气藏平均储量丰度在 $8×10^8m^3/km^2$ 左右;另一个生气高值区分布在重庆—大足地区,生强度同样都大于 $20×10^8m^3/km^2$,勘探潜力较大。

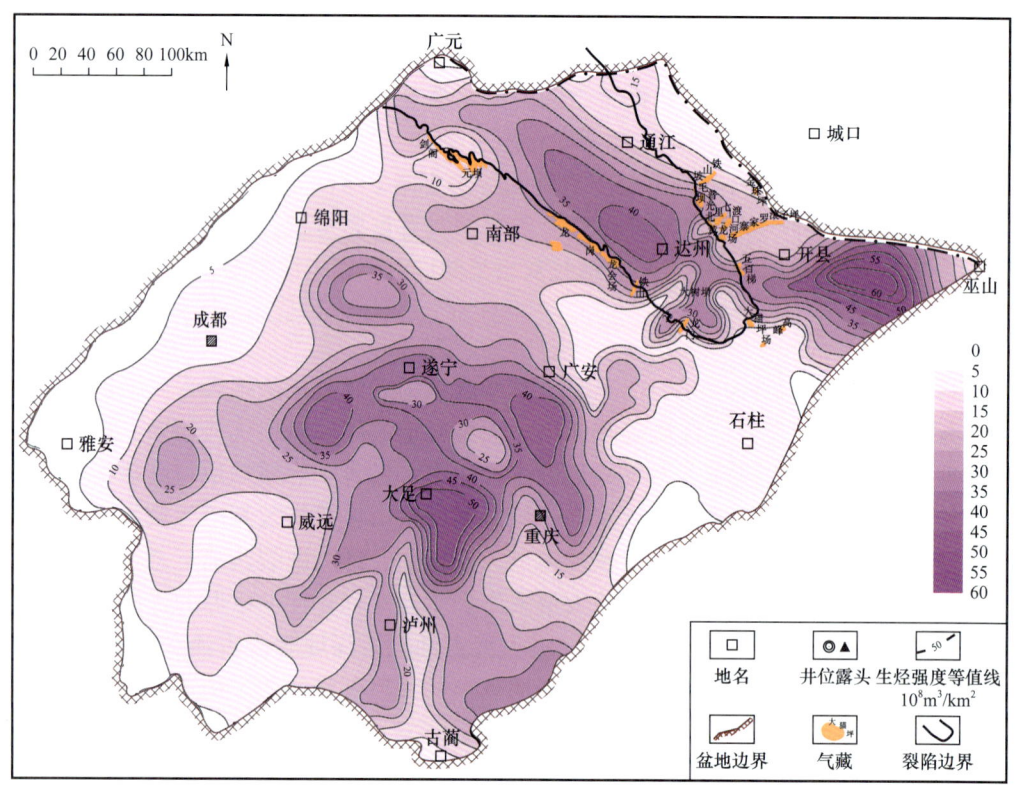

图 6-2-21 环开江—梁平裂陷生烃中心礁滩气藏展布图

3)印支晚期—燕山早期古构造控制川东古油藏展布形态

相关研究认为,川东北古油藏的油源主要来自上二叠统及部分下志留统有效烃源岩,现今气藏天然气主要来自古油藏原油的二次裂解及二叠系、下志留统烃源岩干酪根的热裂解,现存沥青作为次要烃源对普光气藏也有一定的贡献,是该气藏非烃类气体的重要气源。志留系、二叠系烃源岩相继于早三叠世早期—中期进入生烃门限,于中侏罗世早期达到生油高峰,于中侏罗世晚期或晚侏罗世早期达过成熟演化阶段,以产干气为主,并一直延续至渐新世。

流体包裹体分析表明,烃类流体包裹体共生的盐水包裹体均一化温度分布范围为 111~215℃,统计结果表明均一温度存在两个主峰,第一主峰温度在 140~160℃之间,平均 150℃,第二主峰温度在 170~190℃之间,平均 180℃;结合显微镜下流体包裹体相态特征,推测至少应存在三期烃类流体注入。由此推算出第一期运移的深度为 2900m

左右，第二期运移的深度为4500m左右，第三期运移的深度为5600m左右。结合宣汉区块烃源岩埋藏史，估算油气三次成藏时间分别是印支晚期—燕山早期、燕山中晚期以及燕山晚期—喜马拉雅期。

川东礁滩气藏成藏模式为：印支期晚期—燕山期早期液态烃运聚形成古油藏（图6-2-22）；燕山期深埋，液态烃裂解进入气态烃演化阶段，原油向天然气转化，沥青残留，形成古气藏；燕山期晚期—喜马拉雅期构造发生改造，隆升脱气，古气藏被构造改造调整，形成现今构造—岩性复合型气藏。

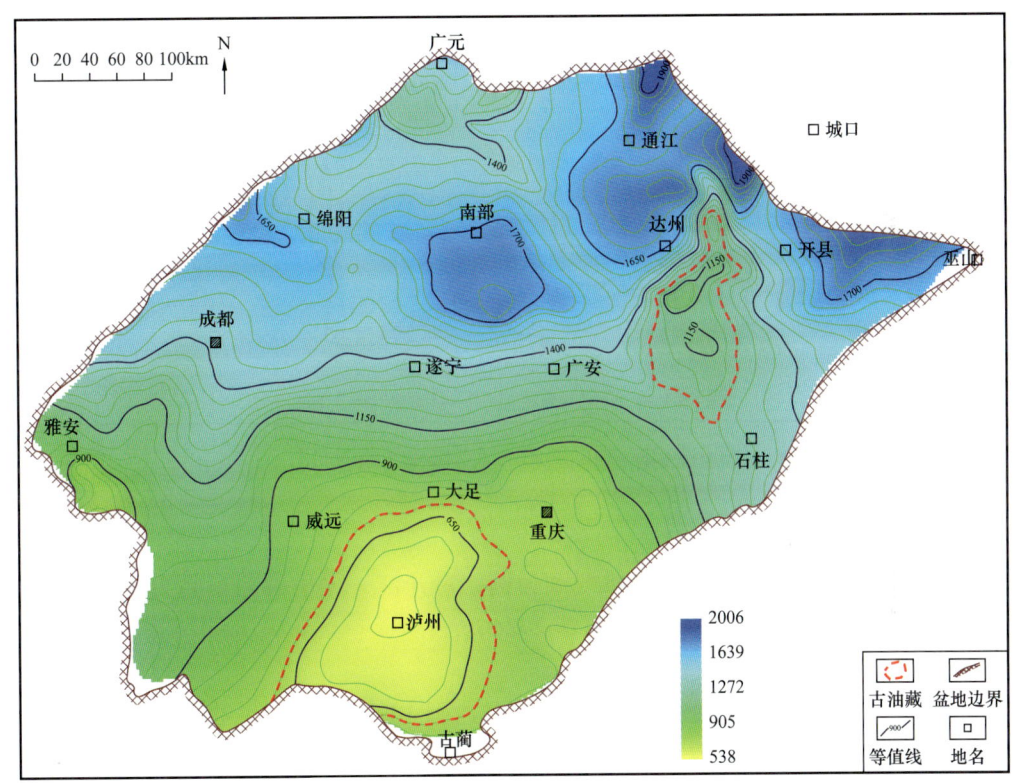

图6-2-22　三叠纪晚期二叠系长兴组顶界古构造等值线图

因此可以确认，开江古隆起的存在控制了川东上古生界—三叠系储层中油气的运移和早期聚集，这也是宣汉—达州区块长兴组—飞仙关组鲕粒灰岩发育、白云石化作用、溶蚀改造储层、原油热裂解转化为天然气，最终定位形成现今富集天然气藏的基础条件。喜马拉雅期四川盆地全面发育褶皱，第一次成藏的开江大面积的古气藏被解体，在古气藏原地或附近异地喜马拉雅期形成的圈闭中二次成藏，形成了五百梯气田、卧龙河气田（原地）、沙坪场气田（异地）、罗家寨气田（原地）、铁山坡气田（异地）、普光气田（原地）等大气田。

4）礁滩气藏形成受现今构造背景及高陡构造主体高角度逆断层控制

构造和圈闭是油气储集的场所，直接控制着气藏规模。气藏解剖表明，龙岗东部地区礁储层的发育与否是形成礁气藏的关键，礁气藏的圈闭类型大多与构造有关，与生物礁中的滩相储层、叠合的局部构造圈闭的大小仍然是影响礁气藏规模的主要因素，川东台缘生物礁气藏其圈闭样式总体上以岩性圈闭、构造—岩性复合圈闭为主。

剖析表明，龙岗东长兴组生物礁气藏的形成受构造背景及断层发育部位的控制，铁山、双家坝生物礁中的滩储层与构造圈闭部分叠合，为构造及构造—岩性复合圈闭。断裂发育部位低，圈闭完整，气藏高度大，具有一定的气藏规模。而南门场及黄泥堂多口生物礁井构造位置处在构造顶部，受高陡构造主体断裂破坏，均未成藏，产水。近期新井天东110井及邻区兴隆1井产气（图6-2-23），是因其位处福禄场构造斜坡背景，远离大断层保存条件好。

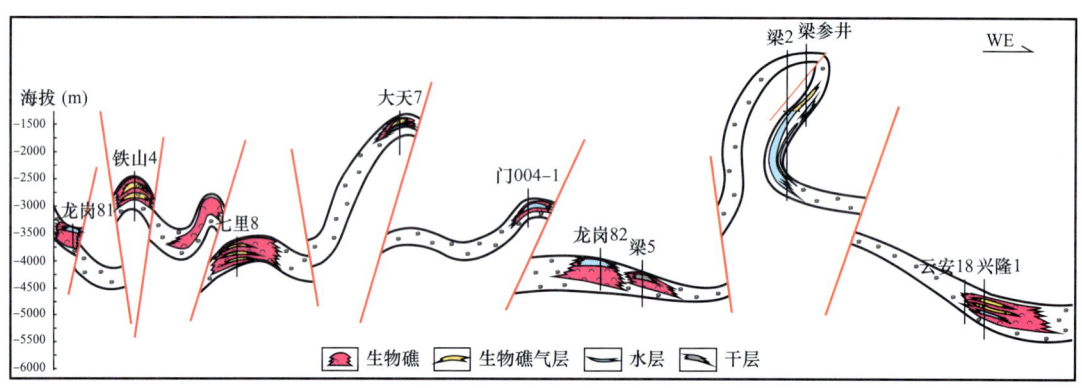

图6-2-23　裂陷西侧龙岗东礁滩气藏剖面图

3. 成藏模式

以川东北铁山坡、普光地区礁滩气藏为例，对开江—梁平裂陷东侧大型、中型礁滩气藏的油气成藏演化过程加以分析（图6-2-24）。

1）印支末期—燕山早期—中侏罗世

至中侏罗世165Ma时期，烃源岩的古地温达到100℃，进入生油高峰期，液态烃大量生成并运移，达到液烃生成—运移—聚集的关键时刻。油气运移至印支末期—燕山早期的古构造圈闭聚集、保存、形成古油藏。该过程中伴随液态烃大量排放的有机酸溶蚀形成的前期埋藏溶蚀作用，促进了有效孔隙的增加，有利于油气的聚集成藏。由于该期断裂不发育，此时的供烃层主要为龙潭组和大隆组，古油藏具有近源捕获成藏的特征。台缘带由于裂陷拉张期伴生形成的局部断裂促进了液态烃类的垂向运移。

2）燕山晚期—晚侏罗世—白垩纪

至燕山中—晚期，裂陷区的烃源岩进入大量生气阶段。油藏内已聚集的原油裂解成为该区天然气的主要来源，该期形成原生气藏，同时油藏内开始TSR反应，由于TSR反应生成了H_2S，改变了天然气组分。液态烃的裂解作用及TSR反应过程所生成的CO_2的溶蚀作用增大了孔隙空间，使所在继承性圈闭更有效地捕获运移和裂解产生的天然气，进而形成气藏。次期包裹体有两种，一类是以CH_4为主的气态烃，代表了烃源岩排出的干气；一类是含H_2S、CO_2、CH_4的气态烃包裹体，代表了油裂解气及TSR反应形成的气态烃包裹体。这一时期燕山运动形成的断裂和古构造是油气捕获的重要运移通道和圈闭。

断裂沟通了下伏多套烃源岩，使得供烃层不仅限于大隆组和龙潭组，开始形成多源供烃的局面。古油气藏油、气、水调整，此时铁山坡地区坡1井、坡2井、坡4井位于构造的相对低部位，储层含水。

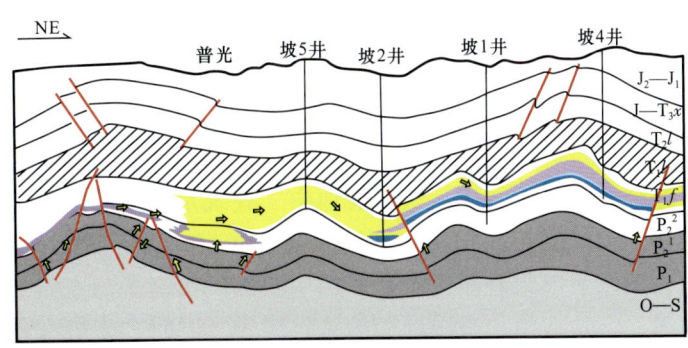

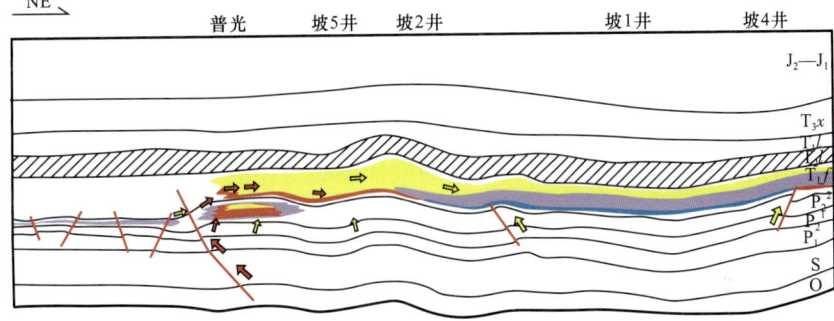

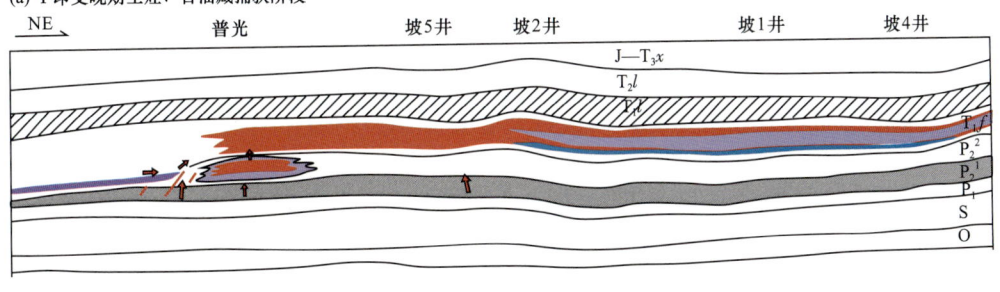

图 6-2-24 川东北铁山坡—普光地区礁滩气藏成藏模式图

3）喜马拉雅期气藏调整、定型

盆地内喜马拉雅构造运动造成的大规模抬升、褶皱，使气藏温度降低，TSR反应减弱直到停止。在川东北部大巴山前缘早期形成的北东向构造中已经聚集的天然气（原生气藏）随着圈闭的变形、定型而重新调整、再分配、再聚集。铁山坡地区坡2井由古油藏期的构造高部位调整为构造低部位，而坡 1 井、坡 4 井、坡 5 井则由古油藏期的构造相对低部位调整为构造高部位，在这一调整过程中，铁山坡构造横 I、横 II 两条北西向的断层切断了储层段及上下储层之间的隔层（蒸发潮坪相的石膏及膏质云岩），横 I 断层使得隔层分别与上下盘的储层接触，形成岩性遮挡，从而使坡 5 井、坡 2 井与坡 1 井、坡 4 井形成两个不同的气藏系统。

第三节　四川盆地二叠系—三叠系有利区及勘探实践

综合成藏富集规律，认为盆地中二叠统是重要的战略准备及接替领域。川西北部二叠系多期台缘、川北剑阁—龙岗多期台缘带、川西南部—川中古隆起区栖霞组白云岩、川中—川东茅口组滩相白云岩、川中西部—川南茅口组斜坡区石灰岩岩溶残丘及向斜区岩溶等，是盆地中二叠统勘探的重点区带。同时，积极准备二叠系—三叠系礁滩和雷口坡组，寻找中—浅层新领域区带。新发现德阳—安岳裂陷区生烃中心上长兴组生屑滩是规模成藏有利新区；奉节二叠系—三叠系台缘礁滩带和开江—梁平地区多期台缘鲕粒滩是持续深化勘探的有利区。"十三五"期间，通过持续深化研究在四川盆地二叠系—三叠系取得一系列勘探成果，指导了四川盆地栖霞组首个千亿立方米级大气田的发现；指导了川中茅口组岩性气藏与川东—蜀南向斜区岩溶型岩性气藏的勘探，并获得重要发现；推动了国内首个板内火山岩大气田群的勘探突破与拓展。

一、栖霞组—茅口组

1. 有利区带

四川盆地中—西部地区主要发育下寒武统、下志留统及二叠系等多套烃源岩，是油气藏形成的物质基础；栖霞组滩相白云岩储层、茅口组热液白云岩储层及石灰岩岩溶储层为油气藏形成奠定储集空间，印支期、燕山期、喜马拉雅期的多次构造运动及构造演化决定现今构造格局及气藏形态、规模以及分布规律，构造作用形成的裂缝、断层有利于储层的改造和油气的运移、聚集。

在系统分析四川盆地中二叠统有利沉积相带、岩溶古地貌格局、储层分布规律、气藏特征及成藏演化规律基础上，总结了中二叠统油气富集规律，将四川盆地中二叠统划分出三大类共六个有利勘探区块（图 6-3-1，表 6-3-1）。

2. 勘探实践

1）中二叠统栖霞组气藏

川西北部地区中二叠统勘探取得重要新进展。早期钻探表明川西北部上古生界具有良好的含气性，2014 年以前川西北部在栖霞组、茅口组及石炭系钻获气井 12 口，但多为裂缝性气层，资源探明及发现率均较低。2014 年，位于双鱼石潜伏构造高点附近的风险探井双探 1 井发现栖霞组层状孔隙型白云岩气层，获日产 $86.7 \times 10^4 m^3$ 高产工业气流,取得了川西海相勘探的重大突破。双探1井栖霞组白云岩钻厚15m、豹斑状云质灰岩5m。栖霞组测井解释两套储层,厚18.6m,平均孔隙度5.5%。双探1井的发现展示出川西北部地区中二叠统良好的勘探前景,打开了盆地中二叠统白云岩气层勘探的新局面。

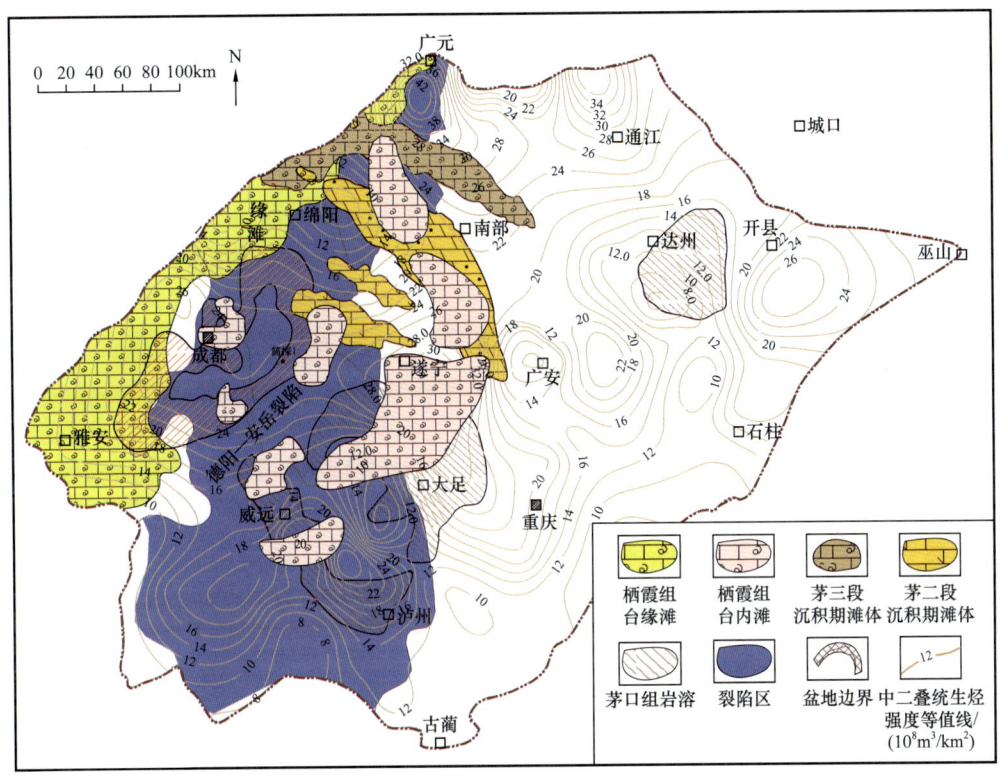

图 6-3-1 四川盆地中二叠统勘探有利区分布图

表 6-3-1 四川盆地中二叠统勘探有利区划分表

类别	区块	区带范围	类型
栖霞组滩相白云岩储层	I	川西北部中坝—双鱼石—射箭河地区	栖霞组台缘滩相白云岩储层分布有利区
	II	川西南部都江堰—雅安—峨眉地区	栖霞组滩相白云岩储层分布有利区
	III	环加里东古隆起高石梯—磨溪—射洪—盐亭地区	栖霞组台内滩相白云岩储层分布有利区
茅口组滩相白云岩储层	IV	广元—剑阁—龙岗地区	茅口组台缘滩相白云岩储层分布有利区
	V	川北地区	茅口组台洼边缘滩相白云岩储层分布有利区
茅口组灰岩岩溶缝洞型储层	VI	资阳—泸州地区	茅口组岩溶储层分布有利区

自 2014 年以来，大力实施勘探开发一体化，整体部署、稳步推进，截至 2020 年，在双鱼石地区共计部署探井 20 口，滚动勘探开发井 11 口，完钻井 19 口，获工业气井 12 口，单井平均测试日产 $58×10^4m^3$。2018 年，在川西北部地区栖霞组 $463.5km^2$ 含气面积内提交地质储量 $1169.45×10^8m^3$，其中双鱼石区块控制地质储量 $811.3×10^8m^3$，双鱼石南区块预测地质储量 $358.15×10^8m^3$，千亿立方米级大气田格局基本形成。2020 年，双鱼石地区已投入试采井七口，日产气 $192×10^4m^3$，累计产气 $8.9×10^8m^3$，试采效果好，已建成 $10×10^8m^3$ 年产规模。

川西北部突破后，持续开展盆地栖霞组储层分布规律研究，发现川中地区发育台内滩相白云岩储层，老井上试发现川中栖霞组气藏，高石 001-X45 井测试获日产气 $162×10^4m^3$；整体研究川西台缘带，大胆甩开勘探，在川西南部台缘带部署平探 1 井、乐山 1 井两口探井。平探 1 井测试获日产气 $66.86×10^4m^3$，成为川西南部栖霞组白云岩储层第一口工业气井。同期，川西北部台缘带双鱼石地区双探 18 井测试获日产气 $30.66×10^4m^3$。目前，盆地栖霞组滩相白云岩储层已经成为寻找规模储量的重点领域。

2）中二叠统茅口组气藏

茅口组勘探始于 20 世纪 50 年代，早期勘探主要集中在蜀南地区，以石灰岩裂缝型和缝洞型储层为勘探目标，1955 年隆 10 井、1960 年自 2 井茅口组勘探获得突破，揭开了中二叠统茅口组勘探的序幕。20 世纪末，针对裂缝型和缝洞岩溶型石灰岩储层，发现了宋家场、付家庙、老翁场、阳高寺等一批中小型气田，截至 2020 年，蜀南地区中二叠统共发现 325 个石灰岩缝洞型气藏，已获探明储量 $774.2×10^8m^3$，累计采出天然气 $600.8×10^8m^3$，目前年产天然气 $6.4×10^8m^3$。

盆地茅口组勘探取得新发现。2014 年针对双鱼石地区构造—岩性复合圈闭部署风险探井双探 1 井，在茅口组获得日产 $126.77×10^4m^3$ 高产工业气流。2014 年南充 1 井、2015 年磨溪 39 井相继在川中地区茅口组完井测试分别获日产 $44.74×10^4m^3$、$24.70×10^4m^3$ 高产工业气流。

2018 年，川东地区五探 1 井风险探井钻遇茅口组向斜区岩溶型储层，测井解释三套气层，累计厚度 22.8m，平均孔隙度 4.2%，测试日产 $82.18×10^4m^3$ 高产气流，是茅口组勘探又一重要发现。五探 1 井的发现表明茅口组岩溶储层广泛发育，向斜区也具有较好含气性，勘探潜力大。

2019 年，基于盆地茅口组岩溶古地貌新认识，跳出沿构造、断裂的部署思路，在蜀南地区云锦向斜部署云锦 2 井，探索向斜区茅口组岩溶储层发育情况及含油气性。云锦 2 井茅二段井深 3330~3358m 射孔酸化，测试日产气 $58.87×10^4m^3$，不含 H_2S。云锦 2 井在蜀南地区茅口组首次钻遇厚层石灰岩孔隙型储层，并在向斜区获得高产工业气流，实现了"老层系、新领域、新类型"的突破，打开了盆地茅口组勘探新领域和新局面。

2021 年，紧密围绕四川盆地茅口组储层、构造、成藏等研究，取得两个新认识：（1）盆地内广泛发育茅口组岩溶型储层，岩溶斜坡带沟谷两翼的岩溶残丘、坡地为岩溶型储层发育有利部位；（2）川北地区茅口组发育台地边缘相，台缘滩分布面积大，是重要的勘探新领域。受峨眉地裂运动影响，造成盆地茅口组差异抬升，在川北地区形成裂陷槽，裂陷区内发育茅口组孤峰段优质烃源岩，环裂陷台地边缘发育茅口组滩相储层。

三维地震精细刻画龙岗—剑阁地区茅口组台缘带面积3000km², 从剑阁到龙岗台缘逐渐变缓宽, 发育三个大型台缘滩体, 滩体面积达1110km², 其中剑阁台缘带宽6~8km, 滩体面积580km², 龙岗地区台缘带宽7~10km, 滩体面积530km², 勘探潜力大。

二、二叠系火山岩

1. 有利区带

近生烃中心、烃源岩断裂沟通和爆发相火山岩储层发育的地区为四川盆地二叠系火山岩天然气有利富集区。目前川西简阳地区西南部和邛崃地区广泛发育基性爆发相火山岩储层, 其中简阳地区西南部的火山岩储层在空间上距离较近, 邛崃地区位于德阳—安岳裂陷西部, 下伏筇竹寺组烃源岩生烃能力可能降低, 但均发育多条沟通烃源岩—储层的高角度烃源岩断裂, 具有良好的油气运移通道。基性爆发相火山岩储层连片分布, 面积达1750km², 目前钻探投入较少, 油气勘探认识尚不充足。简阳地区西南部、邛崃地区与简阳地区北部的成藏条件相同, 目前简阳地区北部的四口钻井均获得工业气流, 日产气超过$4×10^4m^3$, 展现出了良好的勘探潜力。因此, 简阳地区西南部和邛崃地区二叠系火山岩有望成为火山岩天然气勘探的接替领域（图6-3-2）。

2. 勘探实践

四川盆地钻探火山岩始于1966年威远西部地区的威阳25井, 该井在二叠系阳新

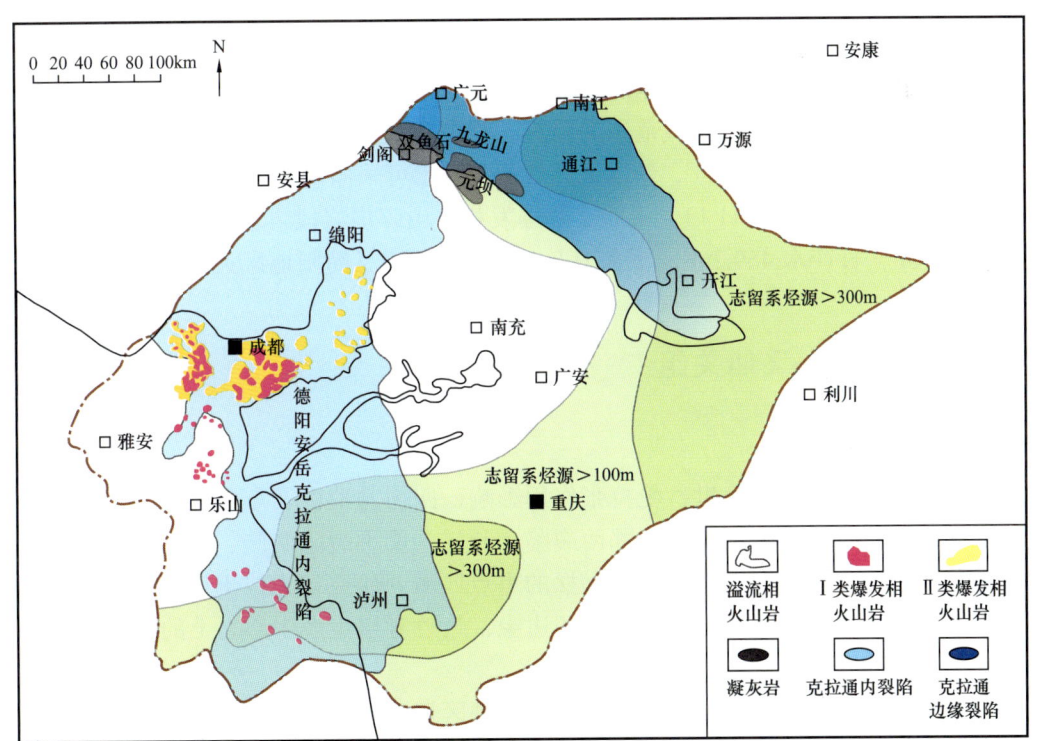

图6-3-2 四川盆地二叠系火山岩勘探有利区分布图

统（现称为中二叠统）钻遇厚度为 2m 的玄武岩层。此后在多地也钻遇不同厚度的二叠系玄武岩，但钻进过程中无油气显示，并未引起较大关注。1992 年，周公 1 井钻遇厚度为 301.5m 的二叠系玄武岩，测试获得日产 $25.61×10^4m^3$ 高产气流，拉开了四川盆地火山岩气藏勘探的序幕。虽然其后以川西南火山岩作为主要目的层之一部署的周公 2 井、汉 6 井、汉深 1 井等均未钻获天然气，但此阶段的勘探证实四川盆地内二叠系火山岩具备天然气成藏条件。

2016 年以来，中国石油所辖的多家单位针对四川盆地二叠系火山岩再次开展系统攻关研究，提出盆地内基底断裂附近可能发育爆发相火山岩的重要新认识，认为简阳地区二叠系火山岩成藏条件好，于 2017 年在该区针对二叠系火山岩部署了风险探井永探 1 井。永探 1 井 2018 年 11 月 13 日因油气显示丰富而决定于井深 5749m 中途完钻。该井钻揭火山岩 131m，在火山岩段累计发现油气显示七次，其中气侵五次，井漏两次。测井解释储层厚 100.3m，其中气层两层，厚 37.6m，平均孔隙度 11.5%；疑似气层一层，厚 62.7m，平均孔隙度 14.1%。2018 年 12 月 16 日测试获得日产气 $22.5×10^4m^3$，取得火山岩油气勘探重大突破。此外，中国石化在邻区实施永胜 1 井，玄武岩层段发育厚层优质储层，且见良好油气显示，展示出川西地区二叠系火成岩具有较大的勘探潜力。

永探 1 井成功获气后，通过进一步分析研究，认为川西地区火山岩具有大规模聚集成藏的条件，地震刻画川西二叠系火山岩勘探面积 $6000km^2$，其中 Ⅰ 类有利区面积 $1500km^2$，已证实简阳—中江—三台地区含气面积 $1300km^2$。因此，川西简阳—中江—三台地区火山岩具备加快勘探的地质条件，制定川西火山岩加快勘探部署方案：以"立足简阳—中江—三台火山岩发育有利区，整体部署、整体控制、物探先行、分年实施、动态调整、择优探明，开展三年整体加快部署，尽快落实储量规模"为部署思路，以整体控制川西二叠系火山岩气藏含气范围为目标，目前已提交永探 1 井区二叠系火山岩天然气预测地质储量 $4053.18×10^8m^3$，新增天然气预测技术可采储量 $2837.23×10^8m^3$。目前针对川西火山岩实施钻井共有 11 口，天府 2 井爆发相火山碎屑岩段再获工业气流，测试日产气 $4.69×10^4m^3$，日产水 $469.2m^3$，不含 H_2S，进一步证实了简阳地区火山碎屑岩孔隙型储层的勘探潜力。

三、长兴组—飞仙关组

1. 有利区带

中二叠世晚期—晚二叠世，受拉张作用影响，四川盆地内及东北缘发育克拉通内裂陷，形成开江—梁平裂陷和城口—鄂西裂陷。开江—梁平裂陷两侧、城口—鄂西裂陷西侧台缘带和台内高带是盆地礁滩气藏勘探的重点区域。研究认为位于裂陷边缘，紧邻生烃中心的坡西地区、奉节地区和位于台凹边缘，筇竹寺组生烃中心之上的简阳—安岳地区礁滩储层成藏条件好，具较大勘探潜力。

（1）蓬溪—武胜台凹南侧边缘带展布及成藏区带认识取得新进展。发现德阳—安岳裂陷槽生烃中心之上长兴组生屑滩面积 $2720km^2$，其中简阳生屑滩面积达 $1200km^2$，储层厚度大、物性好，处于寒武系生烃中心之上，沟通烃源岩走滑断裂发育，具近源成藏优势，成藏条件匹配好，是规模成藏有利新区，一旦获得突破，将开辟裂陷槽内近源规模礁滩体勘探的重要新领域（图6-3-3）。

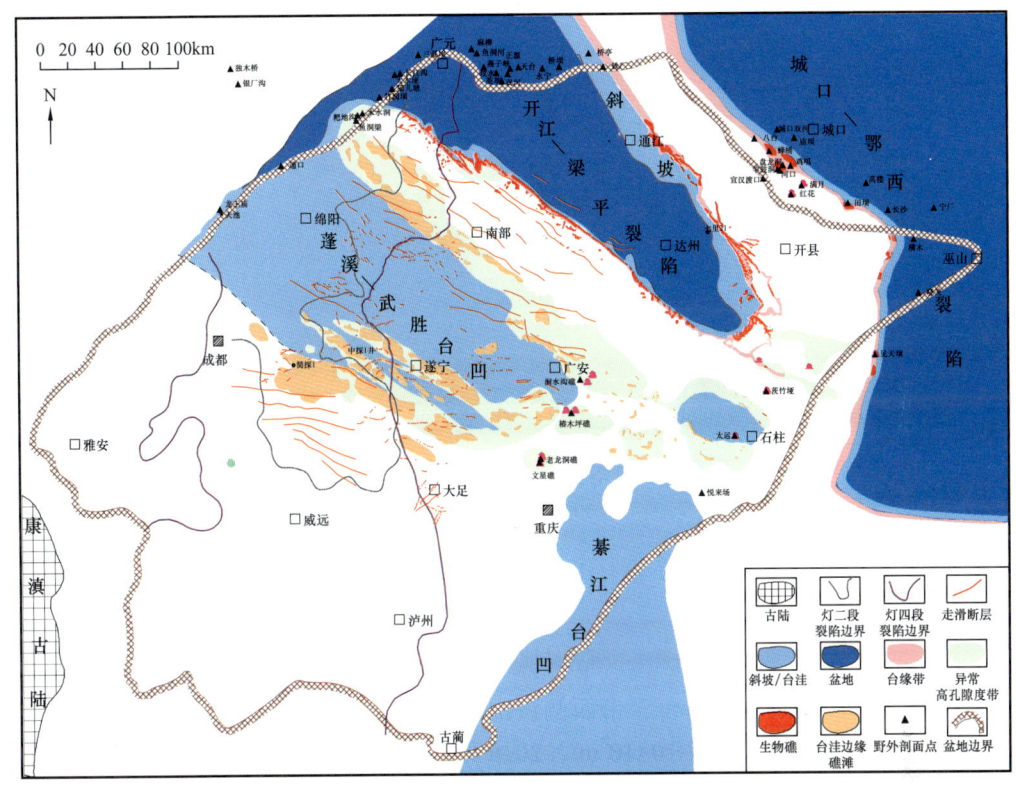

图6-3-3 川中地区长兴组综合评价图

（2）川北飞仙关组鲕粒滩刻画取得新进展，双鱼石地区、龙会场—黄龙场地区裂陷内鲕粒滩广泛分布，是重要的勘探有利区带。其中双鱼石地区飞仙关组鲕粒滩主要发育于飞二段，厚度为20~60m；储层较为发育，累计厚度10~40m，双探1井区刻画鲕粒滩面积165km^2；龙会场—黄龙场地区裂陷内飞仙关组发育多期鲕粒滩，已落实面积550km^2，具有较大勘探潜力（图6-3-4）。

2. 勘探实践

二叠系—三叠系礁滩气藏尚有较大的深化勘探潜力。在川东北下三叠统飞仙关组鲕粒滩气藏取得重大发现后，持续深化对川东北二叠系—三叠系礁滩气藏的勘探。截至2020年底，围绕开江—梁平裂陷台缘带已发现了渡口河、铁山坡、罗家寨、龙岗等一批大型、中型气藏，在长兴组获探明天然气地质储量854.21×10^{8}m^3，三级地质储量867.35×10^{8}m^3；飞仙关组获天然气探明地质储量2223.49×10^{8}m^3，三级地质储量达2496.21×10^{8}m^3。同时，中国石化也获得重大发现，探明了普光气田、元坝气田两个大气田，其中普光气田天然气探明地质储量4121.73×10^{8}m^3，元坝气田天然气探明地质储量2712×10^{8}m^3。

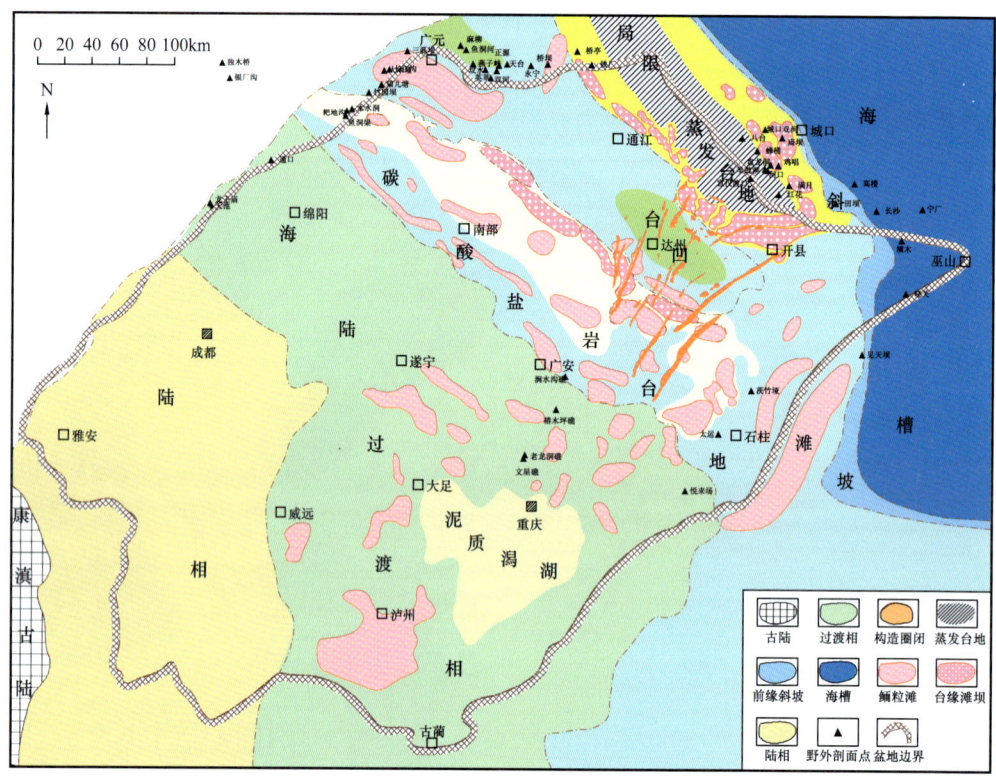

图 6-3-4 四川盆地飞仙关组综合评价图

2017 年在开江—梁平裂陷台缘带西侧铁山气田龙会场区块提交长兴组和飞仙关组礁滩气藏天然气探明地质储量 $62.10×10^8m^3$，2018 年在川西北部九龙山区块提交飞仙关组鲕粒滩气藏天然气控制地质储量 $52.90×10^8m^3$。

近期攻关研究认为，铁山坡以西地区、奉节以南地区、剑阁—九龙山地区台缘带、川东台内地区深化勘探潜力较大。其中铁山坡以西地区刻画长兴组岩性圈闭五个，面积 $200km^2$，天然气资源量 $700×10^8m^3$；飞仙关组复合圈闭 23 个，面积 $500km^2$，天然气资源量 $2700×10^8m^3$；奉节以南地区长兴组台缘带有利勘探区面积 $110km^2$，天然气资源量 $550×10^8m^3$；剑阁—九龙山地区飞仙关组鲕滩有利勘探面积 $500km^2$，天然气资源量 $1000×10^8m^3$；川东台内地区长兴组台内生屑滩有利勘探区面积 $200km^2$，天然气资源量 $350×10^8m^3$；川中台内地区长兴组台内礁滩有利勘探区面积 $2720km^2$，天然气资源量 $3500×10^8m^3$。

第七章 塔里木盆地震旦系—寒武系油气地质特征与勘探新领域

塔里木盆地位于新疆南部,为夹持于天山、昆仑山和阿尔金山之间的大型叠合盆地,面积约 $56\times10^4 km^2$,可划分为四隆五坳九个一级构造单元(贾承造,1997,2005,2007;焦志峰,2008)。

塔里木盆地震旦系—第四系发育齐全。震旦系由下至上发育苏盖特布拉克组和奇格布拉克组,苏盖特布拉克组主要发育坳陷盆地相的碎屑岩,奇格布拉克组发育台地相白云岩。塔里木盆地下古生界寒武系碳酸盐岩自下而上发育有玉尔吐斯组、肖尔布拉克组、吾松格尔组、沙依里克组、阿瓦塔格组和下丘里塔格组(图7-0-1)。历经三十多年勘探,

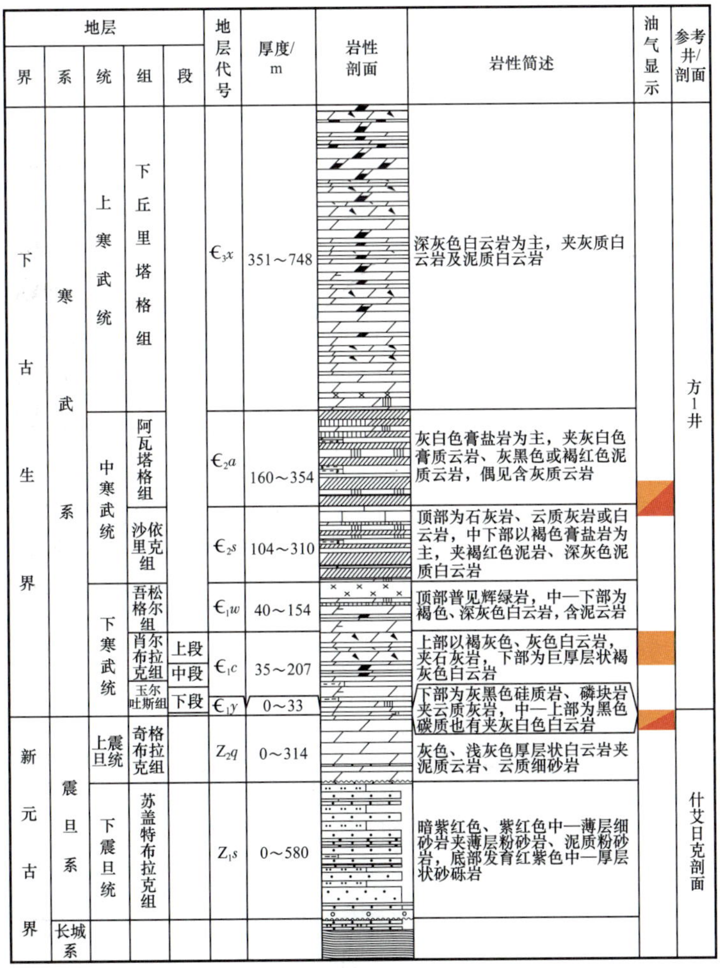

界	系	统	组	段	地层代号	厚度/m	岩性剖面	岩性简述	油气显示	参考井/剖面
下古生界	寒武系	上寒武统	下丘里塔格组		$\epsilon_3 x$	351~748		深灰色白云岩为主,夹灰质白云岩及泥质白云岩		方1井
		中寒武统	阿瓦塔格组		$\epsilon_2 a$	160~354		灰白色膏盐岩为主,夹灰白色膏质云岩、灰黑色或褐红色泥质云岩,偶见含灰质云岩		
			沙依里克组		$\epsilon_2 s$	104~310		顶部为石灰岩、云质灰岩或白云岩,中下部以褐色膏盐岩为主,夹褐红色泥岩、深灰色泥质白云岩		
		下寒武统	吾松格尔组		$\epsilon_1 w$	40~154		顶部普见辉绿岩,中一下部为褐色、深灰色白云岩,含泥质云岩		
			肖尔布拉克组	上段中段	$\epsilon_1 c$	35~207		上部以褐灰色、灰色白云岩,夹石灰岩,下部为巨厚层状褐灰色白云岩		
			玉尔吐斯组	下段	$\epsilon_1 y$	0~33		下部为灰黑色硅质岩、磷块岩夹云质灰岩,中一上部为黑色碳质泥也有夹灰白色白云岩		
新元古界	震旦系	上震旦统	奇格布拉克组		$Z_2 q$	0~314		灰色、浅灰色厚层状白云岩夹泥质云岩、云质细砂岩		什艾日克剖面
		下震旦统	苏盖特布拉克组		$Z_1 s$	0~580		暗紫红色、紫红色中一薄层细砂岩夹薄层粉砂岩、泥质粉砂岩,底部发育红紫色中一厚层状砂砾岩		
	长城系									

图 7-0-1 塔里木盆地震旦系—寒武系综合柱状图

塔里木盆地已在库车坳陷、塔北隆起和塔中隆起三大油气富集区取得重大突破，2020年成功实现年产油气当量 $3000 \times 10^4 t$。随着勘探的不断深入和三大油气区勘探程度的不断提高，规模储量的发现越来越难。作为重要的接替领域之一，塔里木盆地寒武系盐下勘探领域的面积达 $15 \times 10^4 km^2$，横跨多个不同构造单元，不同构造单元的成藏条件、成藏要素和成藏演化各不相同。因此，对寒武系大气藏开展研究应根据客观存在的差异，划分不同的成藏单元并进行针对性分析，对照勘探实践特别是钻井成败的实际结果，明确大气区的石油地质特征，聚焦有利勘探方向和目标（易士威等，2020）。

第一节 油气地质特征

塔里木盆地震旦系—寒武系沉积岩相古地理系统工业化制图是深入研究油气有利储集体特征、油气储层主控因素以及烃源岩与盖层的基础。利用钻井资料、地震资料和野外地质露头资料精细分析研究重点层系的岩相古地理特征，明确有利储集体和有利烃源岩的分布范围和分布规律，对探究塔里木盆地寒武系盐下勘探领域的突破方向具有重要意义。本次工作明确了震旦系奇格布拉克组、寒武系肖尔布拉克组、吾松格尔组、沙依里克组、阿瓦塔格组和下丘里塔格组的岩相古地理特征和有利储集体分布规律，同时明确了寒武系玉尔吐斯组沉积特征和烃源岩的分布规律，并主要依据这两项进展认识，评价了相关新领域的有利区带和目标。

一、岩相古地理及有利储集体

1. 震旦系奇格布拉克组

塔里木盆地震旦系整体为一套在大陆裂谷背景之上沉积的海进—高水位沉积体系，主要岩性为滨浅海碎屑岩和台地相碳酸盐岩，其顶部分布有一套稳定的奇格布拉克组白云岩（邬光辉等，2015），主要分布在北部坳陷内，并且具有由坳陷向周围隆起区厚度逐渐减薄直至尖灭的特征。在东部的满加尔凹陷厚度较大，可达1300m以上，具有向西厚度逐渐减薄的特点。震旦纪末，受柯坪运动影响，塔里木板块抬升遭受剥蚀，震旦系顶部白云岩遭受风化溶蚀作用，震旦系与寒武系之间形成了区域不整合。奇格布拉克组顶部发育一套厚度约46m的古岩溶风化壳，主要为一套垮塌角砾岩和构造角砾岩，洞穴内被针铁矿等暗色矿物充填；可见变形构造和溶蚀孔洞，往下可见清晰的叠层状、似花边构造及大型孔洞等；中间为一套厚度巨大，分布稳定的白云岩，微生物云岩含量较高，沉积相主要为内缓坡滨岸相、中—缓坡开阔台地高能相、外缓坡陆棚相、盆地相（图7-1-1）。底部同样以白云岩为主，但混积岩的含量较高，以混积台地相为主，往上过渡到可见残余颗粒的白云岩，含极少量微生物云岩。有利储集体主要是大面积分布的中—缓坡颗粒云岩（刘永福等，2008；邬光辉等，2011，2015；杨志如等，2014；邓浩博等，2019）。

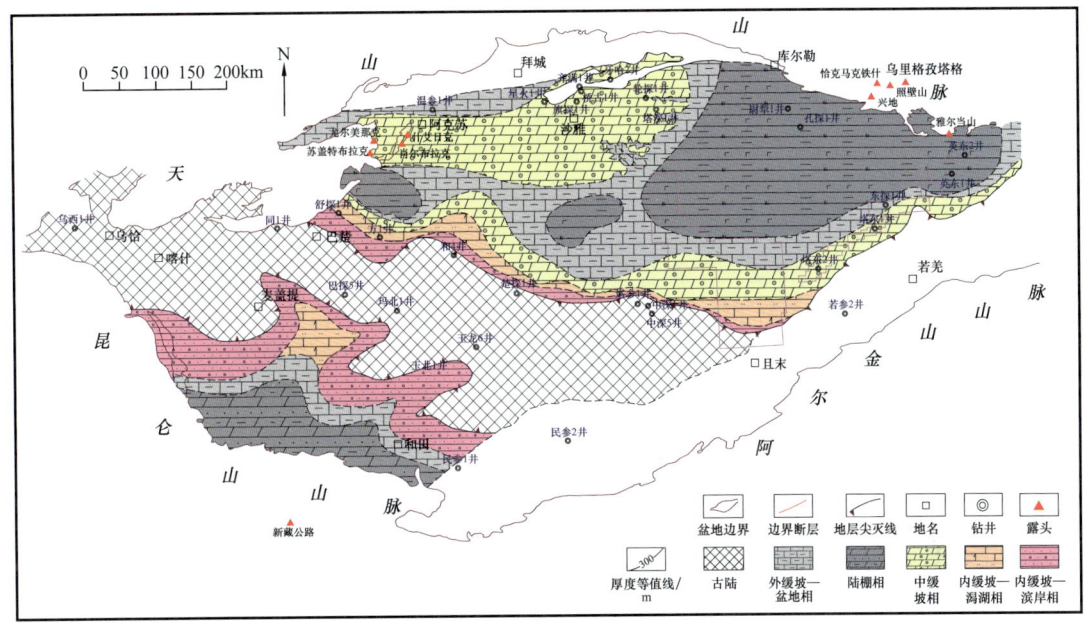

图 7-1-1　塔里木盆地震旦系奇格布拉克组沉积期构造—沉积岩相古地理图

2. 寒武系玉尔吐斯组

寒武系玉尔吐斯组沉积期，受古地貌控制，塔里木盆地内不同沉积区岩性组合差异较大。早寒武世大规模的海侵，盆地西南缘和北缘出现了大陆边缘环境。盆地内大部分地区接受一套黑色含磷硅质岩、放射虫硅质岩等较深水环境的沉积。下寒武统玉尔吐斯组在柯坪县肖尔布拉克剖面岩性底部为灰黑色含磷或结核硅质岩、磷块岩夹薄层或透镜状云质灰岩；中部为黑色碳质页岩及黄绿色、灰绿色、紫红色页岩夹砂质、云质灰岩；上部为灰白色薄层微晶云岩、瘤状白云岩夹页岩。厚度 7.8~35m。与下伏震旦系奇格布拉克组为平行不整合接触。含小壳化石，分为 *Anabarites-Protohertzina* 组合及 *Paragloborilus-Lapwor-Thella* 两个组合。目前已钻井和野外露头显示，在台地其厚度分布在 5~75m 之间，主要为 10~35m。西部同 1 井沉积以灰色泥质云岩、红色泥岩为主，方 1 井主要为泥质云岩和褐红色细粒岩屑砂岩，在和 4 井一带出现厚约 30m 的厚层状浅紫色硅藻岩。处于外缓坡的柯坪露头区—夏河 1 井则沉积了一套黑色含磷硅质页岩—白云岩组合。中部星火 1 井玉尔吐斯组灰黑色碳质页岩发育特征与肖尔布拉克剖面类似。轮探 1 井钻揭下寒武统玉尔吐斯组厚度为 81m，下段灰黑色泥岩厚 18m，为一套优质烃源岩；上段含泥灰岩段厚 63m，为中等烃源岩标准。玉尔吐斯组黑色页岩和泥岩段有机质丰度高，早期通过露头区和已钻井碳氧同位素数据分析，认为玉尔吐斯组总体为海相偏淡水的半封闭环境，水体不深，可能受到大气淡水影响，表现为温湿气候、咸化、还原沉积环境，有利于优质烃源岩的生成（冯子辉等，1998；蔡习尧等，2009；陈永权等，2015）。

东部孔雀河斜坡钻探的孔探 1 井钻遇了与玉尔吐斯组同时代的西山布拉克组，厚约 16m，属于高有机质丰度的烃源岩。蔚犁 1 井—塔东 2 井—塔东 1 井地区沉积物以灰色含硅泥岩夹黄灰色泥质云岩为主。早寒武世早期快速海侵背景下，缓坡相不同岩性组合超覆到震旦系顶不整合面上，随海平面上升和沉积水体的加深，外缓坡发育了广泛分布的硅质岩—磷块岩—泥质岩—石灰岩沉积组合，海洋环境与该阶段的生物协同演化，形成了第一套富含有机质的沉积。海退背景下演化成西台东盆的沉积格局，盆地东部为深水陆棚沉积环境，发育了西大山组—莫合尔山组高有机质丰度烃源岩。盆地西中部玉尔吐斯组岩石组合为磷块岩/硅质岩—硅质页岩—泥质云岩垂向序列，岩石矿物主要为硅质矿物和碳酸盐岩矿物，而黏土矿物含量小于50%，生物相有底栖藻类残片、浮游藻类和纹层状蓝藻藻席、海绵骨针和少量的生物介壳残片，烃源岩中以底栖藻类生物相占优势。磷块岩矿物成分为胶磷矿，其次为磷灰石、石英，含少量氧化铁。结构组分以砾屑为主，其次为砂屑和球粒，填隙物以胶磷矿为主，少量磷灰石和石英。磷块岩矿物组成及结构特征说明其沉积于陆棚环境。硅质岩元素地球化学特征及区域地质分析认为，沉积环境受上升洋流的热水影响。上述岩性及生物组合说明，玉尔吐斯组发育于受上升洋流影响的陆棚沉积环境。该套烃源岩具有富含底栖藻、有机碳丰度高的特征，盆地东部西山布拉克组上部和西大山组岩石组合表现为硅质岩—页岩—泥质碳酸盐岩多回次的交互层序列，岩石矿物主要为硅质矿物或碳酸盐矿物，黏土矿物含量低于30%；生物相下部以底栖藻为主，向上为底栖藻和浮游藻。西山布拉克组和西大山组呈火山岩—硅质岩、硅质岩夹黑色页岩组合，表明其发育于深水陆棚沉积环境，热水成因的硅质岩指示了拉张裂解作用的构造背景。

玉尔吐斯组除在满加尔凹陷内发育深水盆地相和内外斜坡相外，在塔西南发育有向盆地延伸的裂陷，裂陷主要分布在乌恰、和田两个古隆起之间，在塔西台地北部发育有水体较深的台洼沉积，向北在新和，向东在满西低梁存在两处开口通向盆地。盆地、斜坡、裂陷和台洼内的沉积，有机质含量高，是烃源岩的有利发育区（图7-1-2）。

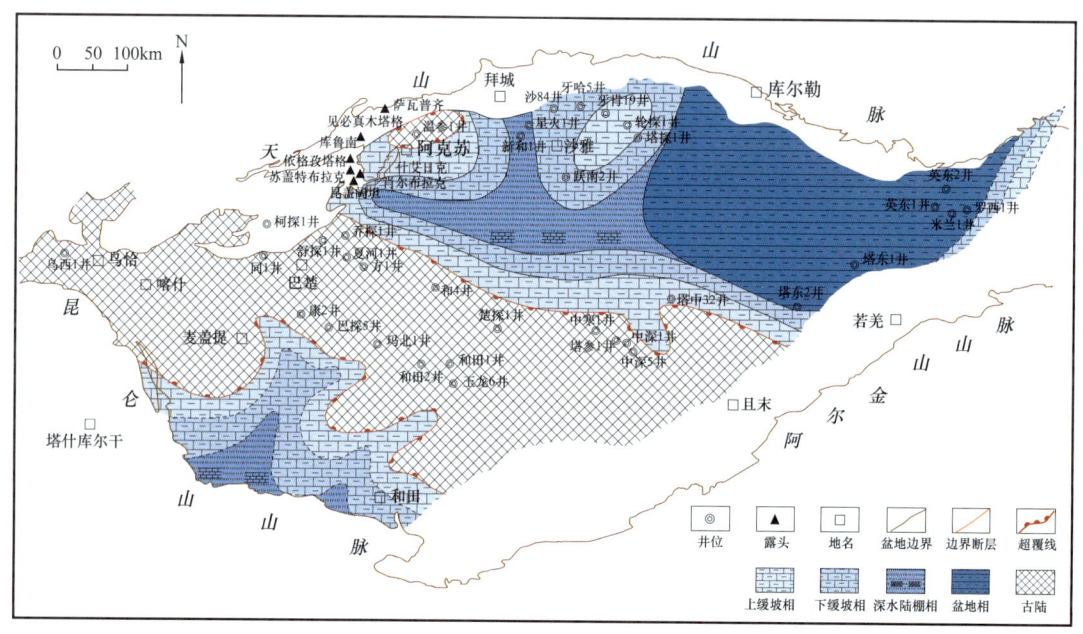

图7-1-2　塔里木盆地下寒武统玉尔吐斯组构造—沉积岩相古地理图

3. 寒武系肖尔布拉克组

主要基于露头、单井和地震资料较为精细地刻画了下寒武统肖尔布拉克组厚度。塔里木盆地肖尔布拉克组分布广泛，厚度相对稳定。地层厚度在满西台地内较大，在满加尔凹陷内因欠补偿原因厚度较小，在温宿、乌恰和和田河周缘由于存在古隆起，完全被剥蚀，在塔西南山前目前预测存在厚度较大区域。

依据颜色、岩性、层厚、结构、孔洞发育等宏观露头特征，并结合实测自然伽马特征，可以将肖尔拉克组划分为上、下两段和五个小层，即肖下$_1$小层、肖下$_2$小层、肖下$_3$小层和肖上$_1$小层、肖上$_2$小层。肖下$_1$小层总体以灰黑色薄层状层纹层白云岩为主，局部夹20～40cm厚的中层状藻砂屑云岩，自下而上从灰黑色薄层逐渐过渡到灰黑色薄层夹灰色纹层，呈明暗相间特征，岩性总体致密，但巨晶方解石充填的溶蚀孔洞，鞍状白云石充填的缝洞或斑马状构造普遍发育。肖下$_2$小层岩石类型与肖下$_1$小层相似，纹层白云岩自下而上从灰黑色薄层夹灰色纹层过渡到灰色薄层与灰黑色薄层互层，明暗相间特征更加明显，局部明暗相间特征变成明暗絮状—弱凝块状特征，与肖下$_1$小层最大的差别在于岩石表面发育大量的溶蚀孔洞，溶蚀孔洞直径为2～5cm，呈层状分布。肖下$_3$小层总体以灰色中层凝块状白云岩为主，自下而上由凝块状白云岩过渡为粘结—包壳状白云岩。该段孔隙特征和肖下$_2$小层相似，多发育直径2～5cm呈层状分布的溶蚀孔洞，但向上溶蚀孔洞逐渐减少，顶部以顺层的溶孔、针状孔为主。肖上$_1$小层总体呈浅灰色—灰白色，颜色明显较肖下$_3$小层浅，但层厚明显变大，岩石以厚层状—块状为主。岩性自下而上可分为三个小段：（1）下部主要为灰白色厚层状—块状细晶—中晶云岩，局部见保留原岩结构或具有颗粒幻影的藻砂屑云岩，部分遭受硅化作用；整体以水平层理为主，局部发育双向交错层理；虽局部不均匀发育溶孔，但总体致密。（2）中部为灰白色中层状泡沫绵层石云岩，大小相对均匀的球状孔隙顺层发育。（3）上部主要为灰白色厚层状—块状藻团粒、核形石云岩，夹少量叠层石云岩，溶孔总体相对较少且分布不均匀。肖上$_2$小层与肖上$_1$小层差别大，岩性、颜色复杂多样，表现为黄灰色泥质云岩、灰色叠层石白云岩、褐灰色泥粒云岩、浅灰色藻砂屑云岩呈中—薄层状互层发育，总体较致密。自然伽马相对较高且呈锯齿状，与肖下$_1$小层—肖上$_1$小层低值且呈低幅波状的自然伽马特征不同，二者可以较好区分。

肖尔布拉克组主要发育与蓝细菌（藻）有关的微生物（藻）云岩、藻砂屑云岩和粒泥云岩，其中微生物云岩为最主要的岩类，其又可分为层纹石、凝块石、泡沫绵层石、叠层石、核形石/藻团粒。层纹石白云岩。主要发育于肖下$_1$小层和肖下$_2$小层。裸眼观察发现，层纹石白云岩具有微波状水平层理，沿层面不连续分布，直径5～15cm，高1～3cm拱形的微生物生长建造，具有均一暗色纹层和明暗相间纹层两种结构。显微镜下暗色纹层主要由泥晶—粉晶白云石构成，局部能见到分布均匀且具有近水平方向的暗色微生物残留丝状体，亮色纹层由粉晶—细晶白云石构成，见少量溶孔。明暗相间纹层反映了微生物的生活状况及自然条件的周期变化。整体而言，下部暗色纹层比例大，上部亮色纹层比例大。凝块石白云岩主要发育于肖下$_2$小层和肖下$_3$小层。

塔里木盆地揭示下寒武统钻井和露头地质资料点有20多个。台盆内岩相以黑色页岩、泥岩、泥灰岩、硅质岩为主，结合地震相特征，代表斜坡—深水盆地相沉积物；塔北隆起新和1井和星火1井泥质灰岩、泥晶灰岩体现肖尔布拉克组斜坡—盆地相范围，台地内部岩性以藻云岩、颗粒云岩、晶粒云岩为主，代表开阔台地台内滩亚相沉积物；巴楚隆起肖尔布拉克组岩性以晶粒云岩、颗粒云岩为主，夹薄层蒸发膏盐岩，为台内半蒸发膏云坪和膏盐湖沉积物；塔中东部中深1井、中深5井肖尔布拉克组以泥晶云岩、砂质颗粒云岩为主，为混积潮坪与台内滩过渡相；在东部根据地震资料和罗西1井取心证实罗西地区发育台地边缘相（马峰等，2009；杜金虎等，2011，2016）。

根据构造古地貌和沉积格局的认识，结合钻井、岩心、薄片和野外露头等地质资料点以及地震解释成果，新修编了下寒武统肖尔布拉克组岩相古地理图（图2-4-3）。肖尔布拉克组沉积相主要表现为东部为盆地相，西部为碳酸盐岩台地相，由西向东依次为古陆、局限台地、开阔台地和斜坡—深水盆地相，其中在东部罗西地区存在镶边型碳酸盐岩台地沉积。在塔西台地内部主要表现为南北沉积分异；塔西南和满加尔地区主要以斜坡和盆地相为特征，在乌恰、和田河和温宿古隆起周缘主要发育混积潮坪—泥质云坪沉积；钻井资料结合地震解释分析认为塔西台地内发育大型台洼沉积，台洼周缘发育相对高能的台内滩沉积，呈环带状分布。柯坪露头区苏盖特布拉克—什艾日克地区及周缘野外剖面均揭示该区肖尔布拉克组发育厚层块状微生物云岩、藻粘结云岩和砂屑云岩，指示该区广泛发育台内滩沉积。肖尔布拉克组主要为稳定背景下缓坡型碳酸盐岩台地沉积（白莹等，2017；白忠凯等，2018；曹颖辉等，2018；郑剑锋等，2019）。

4. 寒武系吾松格尔组

吾松格尔组发育在下寒武统的上部，上覆沙依里克组，下伏肖尔布拉克组，是目前塔里木盐下油气勘探获得突破的第二个重点目的层。早寒武世中—晚期，塔里木盆地中西部台地海水入侵受到阻碍，区内海水交换作用减弱，大面积水体处于平均海平面上下，沉积环境以局限台地相为特征，白云岩在盆地内广泛分布。与肖尔布拉克组沉积环境相比，吾松格尔组沉积水体较浅，以弱镶边碳酸盐岩台地沉积为主，沉积相整体由西向东以古隆起剥蚀区、局限台地、开阔台地、台地边缘、斜坡和盆地相为特征。

在柯坪肖尔布拉克露头剖面上吾松格尔组以局限台地潮上带和蒸发潮坪为特征，岩性为杏灰色、深灰色、紫灰色薄层石灰岩夹白云岩、粉砂质页岩，厚100~150m。在底部有一个*Paokannia*三叶虫化石带，温宿古隆起顶上吾松格尔组剥蚀殆尽。向西与轮台隆起间存在一个由南天山洋向南伸入陆地的海湾，两侧预测可能存在高能相带，有待进一步求证落实。在新和1井附近沉积水体相对较深，岩性以灰色—深灰色泥质灰岩为特征，沉积环境初步判断主要为斜坡相。塔北隆起轮台凸起的轮探1井上部为浅灰色白云岩、灰色白云岩和云质灰岩，下部为灰色石灰岩，沉积环境为开阔台地台内滩沉积。至塔深1井，上部为浅灰色颗粒云岩，厚度100m左右，下部为灰色石灰岩，沉积环境为台地边缘礁滩沉积。在乌恰—和田地区继承了肖尔布拉克组沉积时的古地理格局，依旧以古隆起为特征，由陆源碎屑向海相碳酸盐岩沉积环境过渡。吾松格尔组有利储集相带为台缘带礁滩和开阔台地台内滩，台缘带主要发育在温宿东—轮台—古城地区，开阔台地台内滩主要发育在温宿—轮台和塔中地区，多集中在隆起边缘水动力强的上斜坡带，目前发现的轮探1井工业油气主要就是赋存在轮台凸起吾松格尔组台内滩中。纵向上有利沉积相带间夹有富泥沉积隔层，有利油气后期保存（图7-1-3）。

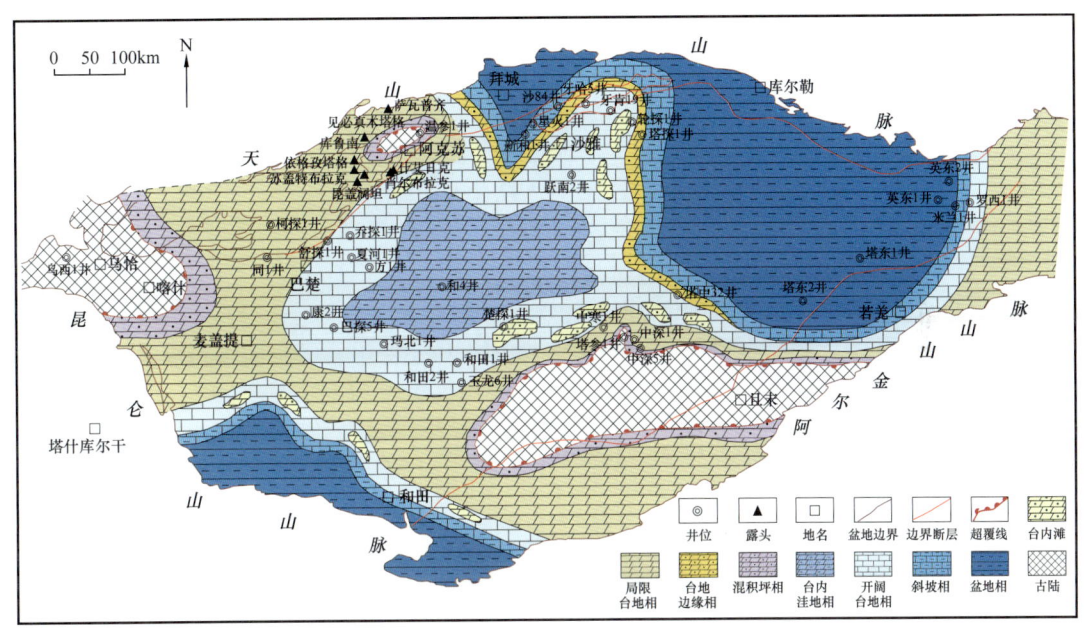

图7-1-3 塔里木盆地下寒武统吾松格尔组构造—沉积岩相古地理图

5. 寒武系沙依里克组

中寒武统沙依里克组在柯坪肖尔布拉克剖面主要为浅灰色、深灰色中薄层—厚层粉晶云岩及块状、角砾状云岩夹泥质云岩和细晶灰岩，含微古植物化石，厚度114.6m。舒探1井沙依里克组发育石灰岩、膏泥岩、膏岩、辉长岩、辉绿岩夹泥质云岩、膏质泥岩。康2井沙依里克组岩性主要为云质灰岩、白色盐岩夹灰白色膏岩、泥膏岩为主。方1井沙依里克组岩性主要为盐岩、辉石岩夹泥质膏岩、膏质云岩、云质灰岩、含泥灰岩及薄层石灰岩。中深1井沙依里克组岩性为粉晶云岩、泥晶云岩及砂屑藻云岩。单井显示沙依里克组沉积环境以蒸发台地膏盐湖沉积为主。到塔东—库鲁克塔格地区，沙依里克组对应的是莫合尔山组下部，以深灰色泥质灰岩沉积为特征，反映欠补偿环境下的深水沉积（陈洪德，2014）。

中寒武世沉积岩相古地理格局基本上继承了早寒武世的特点，但由于海平面缓慢下降，气候由湿润转为干旱，沉积环境由水下逐渐向潮间和潮上过渡趋势明显。随着海水的不断退缩，开阔台地相范围不断减小，逐渐被局限台地相所替代。原来局限台地相的区域，尤其是地势较高的区域，则向蒸发台地相演变。以露头、单井和地震资料为基础，结合实验数据分析，新编制的沙依里克组沉积岩相古地理特征具有如下特点：满加尔及塔北以北以深水盆地沉积为主，盆地边缘具有镶边礁滩沉积发育，边缘相向陆一侧，开阔台地相带较窄，蒸发环境占据塔西台地的大部分。从满加尔向台地方向由盆地—斜坡—台缘—开阔台地—局限台地—蒸发台地演化，局限台地和蒸发台地在台地内大面积广泛分布，在方1井—康2井—和田2井—楚探1井—跃南2井形成膏盐湖，分布面积广，是较为有利的区域盖层，沙依里克组沉积时乌恰和和田已由隆起区变为水下接受沉积区（图7-1-4）（贺锋，2017）。

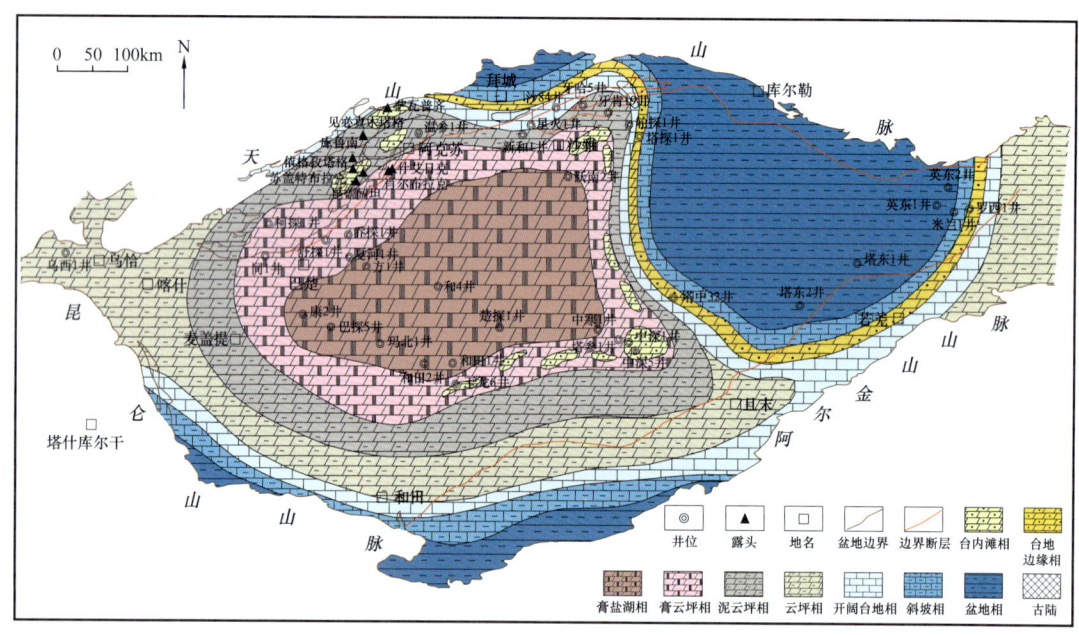

图7-1-4　塔里木盆地中寒武统沙依里克组构造—沉积岩相古地理图

6. 寒武系阿瓦塔格组

中寒武统上部阿瓦塔格组在柯坪肖尔布拉克剖面主要为紫红色、浅紫灰色、浅灰色中—厚层状泥质云岩、云质泥岩，与浅灰色、紫红色泥质云岩和粉晶云岩互层，夹透镜状硅质体，含微古植物化石，上部见藻叠层石，厚度261m。舒探1井阿瓦塔格组发育膏岩、膏盐岩、膏质泥岩互层，夹膏质云岩及含膏泥云岩。方1井阿瓦塔格组岩性主要为膏岩、盐岩、膏盐岩夹白云岩及泥质膏岩、膏质云岩。康2井阿瓦塔格组岩性主要为膏盐岩、膏质云岩、盐岩、泥质云岩夹膏质泥岩和泥岩。中深1井阿瓦塔格组岩性为含膏云岩、云质膏岩、粉泥晶云岩，含少量的砂屑云岩。至满加尔—库鲁克塔格地区对应的是莫合尔山组上部，沉积岩性仍以深色泥质灰岩为特征。

阿瓦塔格组沉积岩相古地理格局基本继承了沙依里克组沉积期的格局，不同的是同沙依里克组相比，阿瓦塔格组沉积期海平面下降更为明显，沉积水体快速变浅，气候干旱，蒸发作用强烈。纵向上膏盐岩沉积厚度增加，平面上局限台地和蒸发台地面积进一步扩大。虽有碳酸盐岩镶边台地沉积，但向盆地一侧坡度较陡，台缘和开阔相带狭窄，台缘带沿满加尔凹陷边缘及塔北北部向西延伸，台地内主要沉积环境为蒸发台地和局限台地。阿瓦塔格组膏盐湖面积进一步扩大，覆盖在沙依里克组之上，与之一起形成寒武系优质区域盖层（图7-1-5）。

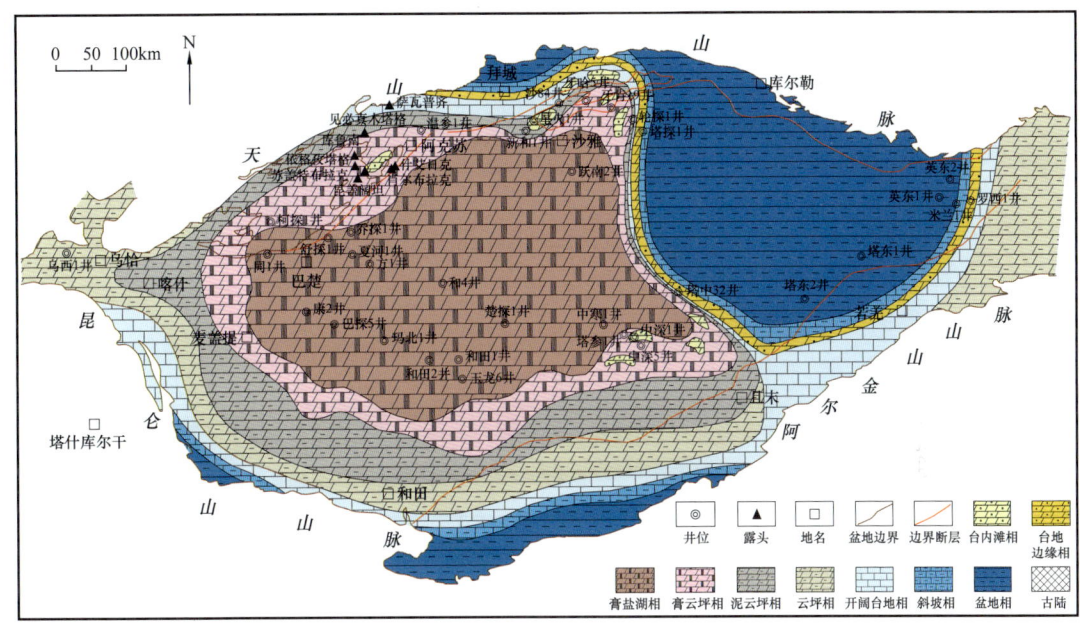

图7-1-5　塔里木盆地中寒武统阿瓦塔格组构造—沉积岩相古地理图

7. 寒武系下丘里塔格组

下丘里塔格组整体为一套厚层局限台地沉积，其岩性可分为以下三段：第一段地层主要岩性为厚层状灰色、灰白色细晶云岩。部分单井可见底部发育砂屑云岩。第二段地层主要岩性为深灰色、褐灰色粉晶—细晶云岩，在和田1井可见膏质云岩，同1井可见含有灰质云岩。第三段发育含泥或泥晶藻云岩，颜色以浅灰色、灰色、褐色白云岩为主。在钻遇下丘里塔格组的录井显示中，和4井、方1井可见辉绿岩。该组顶部为加里东早期Ⅱ幕不整合面为上寒武统与中寒武统的分界面。下丘里塔格组在柯坪县剖面主要发育灰白色、深灰色中—厚层状含燧石团块或条带粉晶云岩、细晶云岩，夹叠层石藻云岩和残余鲕粒、砂屑、藻屑云岩及竹叶状砾屑云岩。上部发现牙形石 Teridon Tusnakamurai T.reclinatus T.erectus 组合，厚度403m。下丘里塔格组在满加尔—库鲁克塔格地区对应突尔沙克塔格组，以深色泥质灰岩夹含泥云质灰岩为主。

下丘里塔格组沉积环境继承中寒武世古地理格局，但海平面发生缓慢上升，整体以镶边碳酸盐岩台地为特征，单井分析中可以看出主要以厚层白云岩沉积为特征。平面上盆地相主要分布在满加尔地区，在塔西南山前和温宿以北预测可能也存在深水沉积，沿深水沉积边缘即阿克苏—拜城—轮台—古城—罗西地区发育有台缘礁滩沉积，向台地方向开阔台地和局限台地沉积大面积发育，塔西台地内预测存在面积较大的台内洼陷，洼陷周缘及环塔中—巴楚—柯坪—新和—轮南发育水动力较强的台内滩沉积。台地边缘礁滩与高能台内滩沉积是优质的油气储集体（图7-1-6）（陈强路等，2015）。

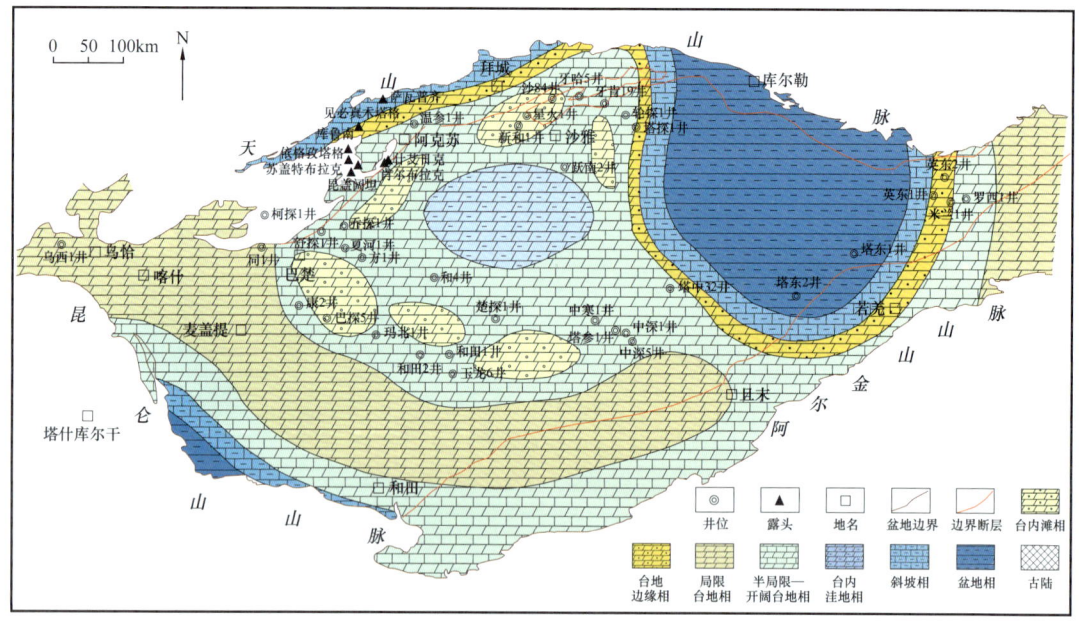

图 7-1-6 塔里木盆地上寒武统下丘里塔格组构造—沉积岩相古地理图

二、储层发育的主控因素与展布

1. 震旦系奇格布拉克组

1) 储层特征

上震旦统奇格布拉克组岩石类型主要包括微生物云岩、颗粒云岩、混积岩和晶粒云岩四种类型。其中奇格布拉克组岩石中微生物云岩约占30%，颗粒云岩约占25%，晶粒云岩占30%，混积岩占15%。颗粒云岩在苏盖特布拉克剖面、什艾日克剖面和牙哈5井均有发现，主要的颗粒类型为砂屑、砾屑和鲕粒（图7-1-7）。其中，鲕粒云岩以薄层状产出，以单鲕为主，多呈椭圆形和圆形，部分具有明显的破碎现象；砂屑云岩以中—厚层状产出。总体上，颗粒云岩基本保留了其原始的微晶结构，表明其受准同生白云石化作用。微生物云岩包括叠层石云岩、藻格架云岩等类型。晶粒云岩以粉晶云岩和细晶—中晶云岩为主，发育少量泥晶云岩，多以厚层—块状产出。混积岩指同一沉积环境、同时形成的一套混合沉积物，岩石组分上主要包括碳酸盐岩和砂质两种成分。包括砂质泥晶云岩、粉砂质泥晶云岩、砂质细晶—中晶云岩和粉砂质细晶—中晶云岩等多种类型。

奇格布拉克组的储集空间可划分成孔隙、溶洞和裂缝三个大类。其中，孔隙可分成原生孔隙、次生孔隙和微生物岩相关孔隙；溶洞主要是指大于2mm的溶蚀空间，裂缝包括构造溶蚀缝和缝合线两类。孔隙型储集空间由原生孔隙、次生孔隙和微生物岩相关孔隙组成，在奇格布拉克组白云岩中普遍发育。孔隙型储层是奇格布拉克组的主要储层类型。溶洞型储集空间是由溶蚀作用沿着原有孔隙、裂缝、缝合线等进一步扩溶而形成的。裂缝型储集空间主要指受构造运动影响的构造溶蚀缝，少量缝合线，是储层类型的一种重要补充。综上，微生物云岩、颗粒云岩和晶粒云岩是组成震旦系奇格布拉克组的主要岩石类型。溶蚀孔洞（图7-1-8）、晶间孔隙和微生物岩相关孔隙是主要的储集空间类型。其中，晶间孔隙和晶间溶洞主要分布在晶粒云岩中，溶蚀孔洞在微生物云岩、颗粒云岩和晶粒云岩中均有分布，微生物相关孔隙主要是微生物岩中分布的格架孔。

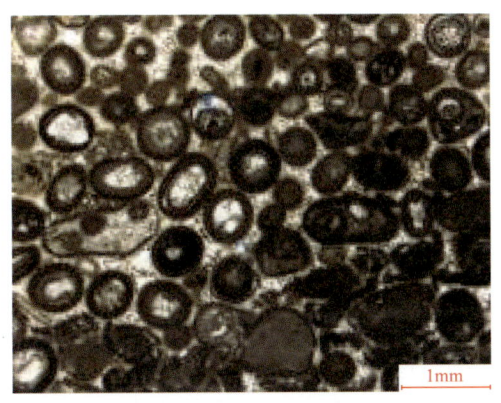
图7-1-7 塔里木盆地西沟剖面震旦系奇格布拉克组鲕粒云岩

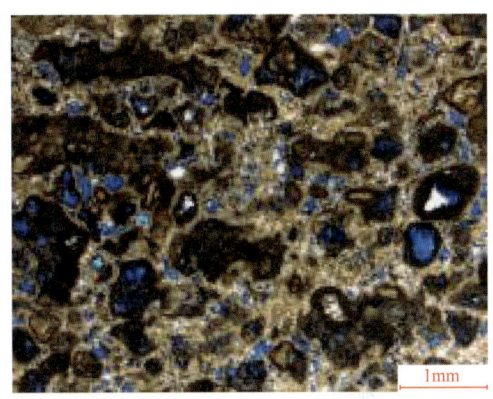
图7-1-8 塔里木盆地西沟剖面震旦系奇格布拉克组颗粒云岩中的溶蚀孔隙

奇格布拉克组优质储层主要发育在大面积分布的中—缓坡高能颗粒云岩内。平面上，主要分布在温宿东—轮台地区和柯坪至塔东北东西向条带内。

2）储层主控因素

（1）表生阶段大气淡水溶蚀作用是储层形成的关键。

在塔里木盆地上震旦统奇格布拉克储层形成过程中，大气淡水溶蚀作用通常发生在表生成岩阶段，表现为喀斯特岩溶，主要有以下几个特征：① 岩溶作用多与大的不整合面有关，露头剖面上可见到明显的角度不整合面特征，产生大量岩溶角砾岩；在什艾日克露头剖面上，可见到大量溶蚀孔洞，溶蚀孔洞中被方解石和白云石半充填；在岩心上，还可见到受到大气淡水影响后充填的方解石和泥质，作用范围大、持续时间也较长。② 从阴极发光上看，溶洞充填的白云石发亮红色的光，可能受到大气淡水影响。从碳氧同位素来看，相对基质而言，充填物方解石的碳氧同位素小于0，其可能受到大气淡水或者热液流体的影响；碳同位素受温度影响较小，受来源影响较大，表明在研究区中大气淡水影响更大。从流体包裹体均一温度和盐度的交会图上，明确方解石充填物中发育一幕温度较高的低盐度流体。从早期研究可知，通过碳氧同位素和流体包裹体信息相结合可进行流体活动期次的判别。综上，研究区白云岩储层受到了大气淡水作用的影响。

（2）埋藏阶段构造—热液溶蚀作用对储层调整和保存同样起重要作用。

根据野外观察及充填物包裹体资料，热液溶蚀作用是非常普遍的，表现在岩心上可以见到大小不等，形状各异的热液角砾，角砾间充填中晶—粗晶白云石或者鞍形白云石，部分地方溶蚀孔洞大量发育。从地球化学的角度看，缝洞充填物鞍形白云石的包裹体均一温度和盐度数据表明其形成时的流体具有高温、高盐度的特征，进一步与中晶—粗晶白云石相比，鞍形白云石形成的温度更高，说明这些流体属于热流体性质。此外，这些鞍形白云石的碳氧同位素与基质晶粒云岩之间具继承性，但是数值相对微生物云岩等基岩严重偏低（小于 0）。说明在大气淡水溶蚀改造的基础上，这些后期热流体的出现不但为热液白云石化作用提供物质基础，更重要的是对宿主岩石的溶蚀和改造，使在埋藏过程中孔隙不断减小的碳酸盐岩地层中形成了新的储集空间（吕修祥等，2005，2019；石书缘等，2017）。

2. 寒武系肖尔布拉克组

1）储层特征

塔里木盆地早寒武世肖尔布拉克组洼陷边缘储层主要岩性为台内丘滩相颗粒云岩、微生物云岩、粗粉晶—细晶云岩等。颗粒云岩通常能够完整地保留原始石灰岩中颗粒和胶结物的特征，国外学者常称之为泥晶交代，其结构类似于颗粒灰岩，因此对于沉积环境的恢复具有重要意义。目前观察到的颗粒类型主要有砂屑、鲕粒、团粒、团块等。具残余颗粒结构的白云岩通常能够部分保留原始颗粒的轮廓或内部结构，但是胶结物的结构保存程度较差。残余的颗粒组构一般由泥晶白云石组成，颜色较暗，富含有机质，部分颗粒中的泥晶白云石可能经历了重结晶改造，晶粒略有变大，而且颗粒的轮廓也更加模糊。交代胶结物的白云石往往较粗，镜下晶体干净明亮，呈自形—半自形，部分白云石具有交代颗粒的趋势。颗粒云岩或具残余颗粒结构的白云岩中粒间孔、粒间溶孔和晶间溶孔较为发育（倪新锋等，2017）。

微生物云岩主要有叠层石云岩和凝块石云岩两种类型。根据野外产出特征和镜下观察，叠层石云岩纹层可以分为泥晶富有机质的暗层和晶体相对粗大的贫有机质的亮层。主要形成于潮坪—潮间带水动力相对较弱的环境。微生物岩由于微生物生长活动可形成藻格架等原始孔隙空间。粗粉晶—细晶云岩主要包括粉粗晶云岩、细晶—中晶云岩，其主要特征是晶体较粗，白云石晶体以半自形至他形为主，部分具有环带结构的自形晶；白云石晶体表面较脏，富含包裹体；晶粒云岩中有时可见各种沉积组构（如鲕粒、砂屑、生物屑）的残余；同时可见白云石晶体切割或包裹裂隙的现象，该类白云岩中晶间孔和晶间溶孔较为发育。

塔里木盆地早寒武世肖尔布拉克组洼陷边缘储层储集空间以孔隙为主，其次为裂缝，具体包括：生物格架孔、粒内溶孔、粒间溶孔、晶间孔和晶间溶孔等。生物格架孔的发育通常与藻类微生物活动密切相关，受岩性、岩相影响密切。塔中、巴楚、柯坪等地区肖尔布拉克组广泛发育藻云岩，具备发育藻格架孔的条件。粒内溶孔多是在早期成岩作用阶段经过淡水溶蚀作用在颗粒内部形成的孔隙。如果颗粒只是部分遭受溶蚀，则形成的孔隙称为粒内溶孔；如果颗粒被全部溶蚀，则形成的孔隙称为粒模孔。粒内溶孔和粒模孔是组构选择性溶孔，其形成与颗粒在早成岩期暴露发生选择性溶蚀相关。粒间溶孔主要指发育在颗粒石灰（白云）岩中的与原始颗粒结构有关的孔隙，粒间溶孔则是在粒间孔的基础上经过后期溶蚀作用后形成的，为次生孔隙。粒间（溶）孔属于组构选择性孔隙，其存在一般与高能沉积环境相关。晶间孔隙在晶粒云岩沉积中比较发育，多为微晶云岩经重结晶转变为较粗晶粒云岩的过程中，由细小晶间孔隙重新调整而成。晶间孔隙是研究区寒武系常见的储集空间类型。裂缝也是重要的白云岩储集空间类型，裂缝按照形成机制分为构造缝、溶蚀缝和成岩缝三类。肖尔布拉克组台洼周缘丘滩相白云岩储层中三类裂缝均比较发育（倪新锋等，2017）。

2）储层主控因素

塔里木盆地早寒武世肖尔布拉克组储层主要受沉积环境、白云石化、溶蚀作用和破裂作用控制。

沉积环境控制着储层在三维空间内的分布特征，同时由于研究区储层以白云岩为主，白云岩原始沉积特征及岩性是形成储层的基础，不仅决定原岩的初始孔隙度，还决定了储层的岩石类型和特征，这对其在成岩过程中溶蚀作用发生的程度有着深刻的影响。构造岩相古地理分析表明塔里木盆地寒武系肖尔布拉克组在台洼南缘发育大面积分布的台内滩沉积，在台洼西北缘发育大面积的丘滩复合体沉积，这些大面积分布的台内滩和台内丘滩复合体为有利的储集相带分布区，为储层的形成奠定了坚实基础。白云石化作用是白云岩孔隙发育的主要因素，在埋藏较深的地层当中，白云石化作用对储层的积极影响尤为明显，其原因就在于白云石化过程中钙离子的半径大于镁离子的半径，在镁离子交代钙离子时因离子半径的不同，而形成白云石的晶间孔隙；也有人认为，当石灰岩完全被白云石交代，这种孔隙就不存在。但是在大多数白云岩中，都是方解石被完全交代，而晶间孔隙一样发育。因此，对于白云岩而言，影响晶间孔隙发育的因素很多，并不能用一个模式代替所有的地质现象。通过对塔里木盆地寒武系储层溶蚀孔隙的发育特征分析，发现研究区储层溶蚀孔隙的形成主要为准同生期溶蚀和深埋藏阶段溶蚀作用，但是准同生期溶蚀孔隙在早期可能具有较高的孔隙度，连通性也尚可，但由于其形成后多遭受了强烈的充填作用，不但使孔隙度大为降低，而且连通性也降低，故其储集性也不理想。因此，塔里木盆地寒武系储层溶蚀孔隙的形成以埋藏阶段有机酸溶蚀作用为主，局部发育有沿断裂分布的构造—热液溶蚀作用。塔里木盆地在地史上经历了多次构造运动的改造，构造运动所形成的裂缝不仅可以作为油气储集的场所，还可以作为流体运移的通道。

3. 寒武系吾松格尔组

1）储层特征

吾松格尔组沉积环境主要以弱镶边型碳酸盐岩台地为特征，较下伏肖尔布拉克组，沉积水体深度变浅，台地内局限环境面积扩大。在2018年以前吾松格尔组并没有被作为重点目的层段来研究，塔北隆起上轮探1井和柯坪隆起上京能的柯探1井相继在吾松格尔组发现工业油气流之后，吾松格尔组逐渐被油气勘探研究者所重视。吾松格尔组岩性相对偏细，以泥粉晶云岩和颗粒云岩为主，储集空间以晶间微溶孔、粒间溶孔为主，孔隙度在露头区可达13%，轮探1井吾松格尔组储层段岩性以砂屑云岩和颗粒细晶云岩为主（图7-1-9），成像测井见大量高角度裂缝与沿裂缝发育的溶蚀孔洞。测井解释Ⅱ类储层11m/2层，孔隙度3.1%~3.5%，主要为裂缝—孔洞型储层；Ⅲ类储层40m/3层。在巴楚隆起上吾松格尔组岩性中—下部以泥灰岩75m、含泥膏质灰岩45m为主，中—上部发育膏质云岩。夏特剖面上，吾松格尔组发育多个泥粉晶云岩/颗粒云岩互层旋回，单层厚0.5~1.2m，颗粒云岩铸体薄片在单偏光下可见晶间微孔隙和粒间溶孔发育，物性相对较好，是相对较好的储层［图7-1-10（a）、(b)］。

吾松格尔组相对优质储层主要发育在台缘带礁滩和开阔台地台内滩相带内。平面上，台缘带优质储层主要分布在温宿东—轮台—古城地区，开阔台地台内滩优质储层主要分布在温宿—轮台和塔中地区。

图 7-1-9　含残余颗粒细晶云岩，8220m，$\epsilon_1 w$，轮探 1 井

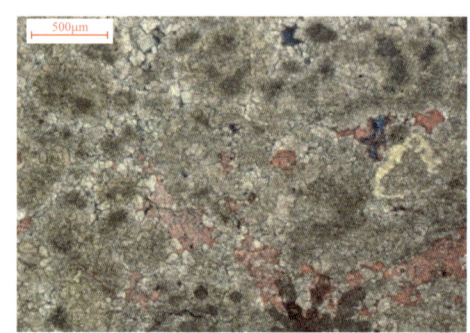 

(a) 颗粒云岩，粒间方解石胶结　　　　(b) 藻砂屑颗粒云岩，晶间微孔和粒间溶孔

图 7-1-10　夏特剖面吾松格尔组白云岩储层特征

2）储层主控因素

塔里木盆地寒武系吾松格尔组储层质量主要受沉积和成岩两大因素控制。沉积对储层的控制作用很明显。物源母质类型、沉积水动力条件所导致沉积颗粒成分成熟度、磨圆度、填隙物成分具有明显的规律性展布，具体体现在沉积相、沉积亚相和沉积微相的分区分带。水动力强、成熟度高、磨圆好的沉积物所处相带，储层物性好。吾松格尔组台缘礁滩、开阔台地台内滩和局限台地台内滩三种沉积相带储层质量较好。成岩对储层的控制作用无论是对碎屑岩还是碳酸盐岩都是显而易见的。埋藏作用、压实作用、胶结作用对吾松格尔组碳酸盐岩储层发育有抑制作用。而溶蚀作用对该组储层发育有促进作用，在前面的储层特征中也可以看出吾松格尔组中溶蚀孔隙占有较大比例。此外对于分布在不同古地貌位置上的吾松格尔组内石灰岩可能存在不同程度的白云石化，有利于储层的发育（邬光辉等，2010）。

三、烃源岩特征及盖层评价

1.烃源岩特征

寒武系烃源岩主要发育在下寒武统玉尔吐斯组，沉积环境主要为斜坡—深水陆棚—

盆地（图 7-1-2）。根据已有钻井及剖面统计结果，寒武系烃源岩主要分布于满加尔凹陷内及塔西台内坳陷。星火 1 井、塔东 1 井、塔东 2 井、英东 2 井、库南 1 井、库鲁克塔格剖面及柯坪隆起区下寒武统玉尔吐斯组所发现的烃源岩是塔里木盆地最好的一套烃源岩。阿克苏—柯坪地区的露头和钻井揭示，玉尔吐斯组的暗色泥岩厚度为 12～26m，总有机碳含量（TOC）为 2%～26%，平均含量大于 4%。镜下鉴定为腐泥无定形、藻类体、镜状体或沥青富集，有机质类型为Ⅰ型。高丰度段为玉尔吐斯组一段，TOC 为 4.16%～27.23%，平均 15.24%，厚度 1～3m；中丰度段为玉尔吐斯组三段，TOC 为 1.48%～3.93%，平均 2.66%，厚度 4～12m（图 7-1-11）。在中—下寒武统阿瓦塔格组、沙依里克组、吾松格尔组、肖尔布拉克组、玉尔吐斯组发现了丰富的沥青充填物和白云岩包裹体，侧面证实该套源岩生烃能力强。另外，在阿克苏地区苏盖特布拉克剖面和什艾日克剖面亦发现肖尔布拉克组烃源岩。苏盖特布拉克剖面肖尔布拉克组 TOC 最大为 5.24%，平均 1.95%，达到了较好—好的标准。什艾日克剖面肖尔布拉克组 TOC 高值分布在肖尔布拉克组下段下部，最大达 1.97%。通过新柯地 1 井玉尔吐斯组采样分析表明，其暗色泥岩生烃潜力（S_1+S_2）最高可达 30mg/g，最高热解峰温（T_{max}）为 440～540℃。塔北北部星火 1 井钻揭玉尔吐斯组烃源岩的厚度为 23m，主要为灰黑色粉砂质页岩，岩屑有机质含量高，TOC 为 3%～9%。塔东地区钻井揭示中—下寒武统的烃源岩厚度为 55～118m，TOC 为 1%～3%，镜质组反射率（R_o）约为 2.5%。如孔探 1 井 3300～3420m

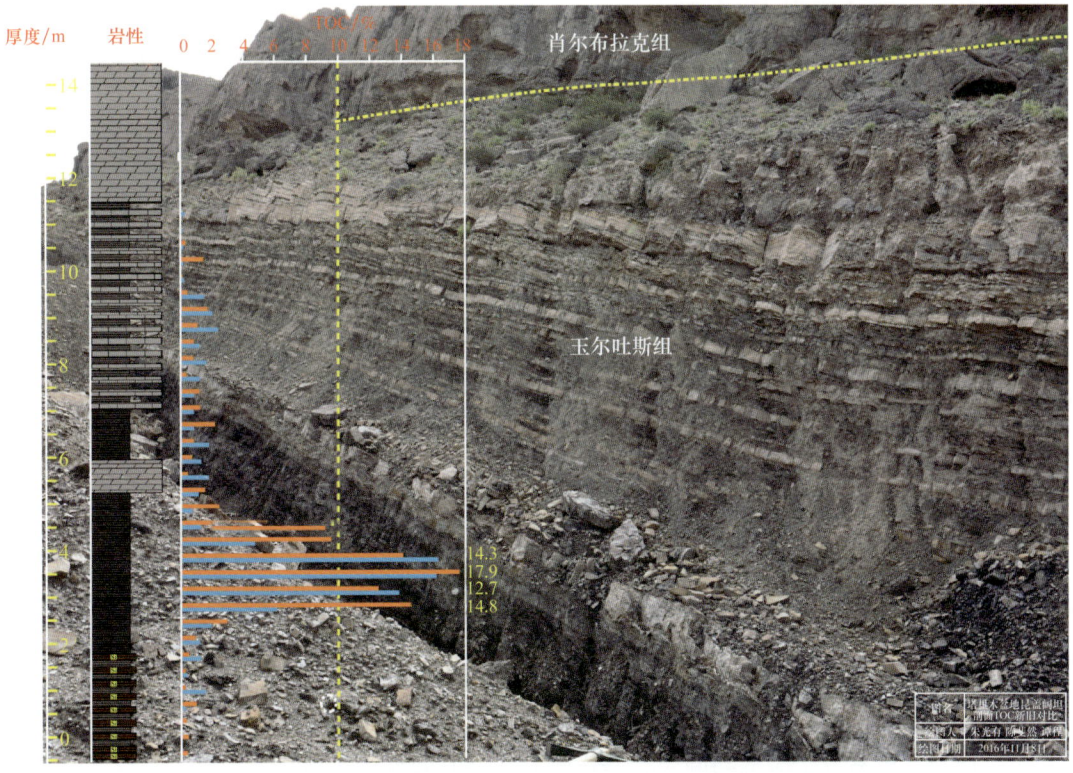

图 7-1-11 昆盖阔坦剖面玉尔吐斯组烃源岩特征（据朱光有等，2016）

井段的下寒武统莫合尔山组和西大山组从上到下有机碳含量有增高的趋势，上部 TOC 主要为 2%～8%，岩性主要为泥质灰岩和泥页岩。该井下部与玉尔吐斯组对应的西大山组烃源岩有机碳含量同样很高，岩心 TOC 为 5%～20%，岩性为黑色页岩和黑色粉砂质泥岩。塔东 1 井中—下寒武统为欠补偿盆地相，烃源岩岩石类型以硅质泥岩、灰质泥岩夹泥质泥晶灰岩为主，TOC 为 0.18%～5.52%，平均为 1.06%。中—下寒武统大部分样品的 TOC 均大于 1%，属好烃源岩范畴；TOC 大于 0.4% 的层段厚度超过 150m。塔东 2 井早寒武世为欠补偿深水盆地，沉积了一套黑色的泥岩、页岩；中寒武世为台缘斜坡，发育灰泥丘沉积。塔东 2 井的单井评价结果显示，中—下寒武统烃源岩厚度达 183m（其中碳酸盐岩厚 60m，泥岩厚 123m），泥岩为黑灰色硅质泥岩和泥岩，TOC 平均为 1.93%，最高可达 4.48%，大部分样品 TOC 高于 1.0%。塔东 2 井中—下寒武统总体为好烃源岩。

玉尔吐斯组在盆地内的面积约为 $22×10^4 km^2$，主要分布于满加尔凹陷和阿瓦提凹陷，在塔中隆起有局部发育但厚度偏小，在巴楚隆起上几乎不发育。目前认为玉尔吐斯组的生烃量超过 $3000×10^8 t$，其中，生气量超过 $250×10^{12} m^3$，生油量约为 $1000×10^8 t$，表明寒武系资源丰富，具备形成大气田的物质基础。

2. 盖层评价

塔里木盆地古生界多源、多储、多盖形成多套储层—盖层组合，油气显示活跃，含油气层系多。寒武系油气显示也异常活跃，盆地周缘露头已见多处油气显示；盆地内寒武系钻探多口探井，已发现三个油气藏，但大多数探井失利，没有见到亿吨级的场面。寒武系勘探领域广，勘探程度低，目前被认为是塔里木盆地的重要勘探接替领域。而对于古老碳酸盐岩领域油气勘探来说，除了分布面积广、有机质丰富、生烃能力强的烃源岩为首要条件之外，盖层质量显得至关重要。

通过野外露头和钻井岩心的实际相关参数分析数据，结合测井评价和地震解释对塔里木盆地寒武系不同类型的盖层质量开展精细评价。分别从宏观和微观两大方面开展了泥晶云岩、膏质云岩、泥质云岩、膏岩、盐岩等七类岩性的封盖能力评价。盖层性质的宏观因素包括厚度、面积、埋深（温度与压力），盖层性质的微观因素包括孔隙度、渗透率、比表面积、微孔隙结构、密度、孔喉半径、排替压力、扩散系数等。研究表明盐岩是最优质的盖层，具有极高的突破压力，在埋藏大于 1000m 具有极强的塑性，塑性系数为 10～30。膏岩相对于盐岩，封闭能力较差。主要表现为塑性强度相对低，塑性系数为 5～20，但仍然是除盐岩外所有岩石最强的塑性岩石，物性封闭能力较差，由于石膏向硬石膏转化，在 1300～1700m 埋藏条件下，主要表现硬石膏，在石膏转化为硬石膏的过程中大量脱水，产生了大量的孔隙，因此其突破压力较低，研究区内的膏岩突破压力普遍在 10～50MPa 之间。致密灰岩与致密云岩也可以成为优质盖层。致密灰岩与致密云岩主要岩石类型为泥晶灰岩与泥晶云岩，均属于化学类沉积，具有原始低孔致密特点，具有很高的突破压力，如果没有经过后期改造，其突破压力大于 15MPa，但是其塑性系数低，一般为 1～2，极易发生裂缝与断层，是影响其盖层有效性的关键因素。

上寒武统整体属于粉晶云岩，局部发育泥晶云岩盖层，缺乏区域性有效盖层，中寒武统膏盐岩广泛分布，是一套优质的盖层，下寒武统吾松格尔组总体属于泥晶云岩，岩石致密，具有极强的微观封闭能力，断层是影响其盖层封闭性的关键因素。由此可见寒武系的盖层主要发育在中寒武统。单从盖层角度，国内大型、中型油气田以膏盐岩类为盖层的多达20%，由此可见膏盐岩可作为大型、中型油气田的有效盖层。而塔里木盆地中—下寒武统膏盐岩发育，这套膏盐岩对寒武系油气成藏至关重要。

下寒武统肖尔布拉克组沉积以后，东部台缘带由侧积型沉积转变为加积生长型沉积，台地也随之由开阔型逐渐变为封闭型。伴随着海平面的下降，中寒武统沙依里克组和阿瓦塔格组主要发育蒸发岩台地—台缘—斜坡—盆地沉积。台地内沉积相呈环带状分布，由内向外依次为盐湖、膏盐湖、膏云坪、泥云坪等，其中，盐湖和膏盐湖以盐岩及膏盐岩沉积为主，主要分布于满西台地中南部，面积约为$17\times10^4 km^2$。根据钻井分析，膏盐湖和盐湖中的膏盐岩厚度为110~350m，占地层厚度的20%~65%。大面积膏盐岩构成的优质封闭隔层为油气的聚集提供了良好的区域盖层条件。

塔里木盆地寒武系的保存条件受控于盖层、断层和构造运动特征。要从盖层发育程度、断层以及构造运动及其他影响因素来进行评价。目前可分为盖层完整持续稳定型、盖层完整中期稳定型、盖层完整持续活动型和缺乏区域盖层持续稳定型四种类型。

（1）盖层完整持续稳定型。

该类型主要分布在满西低凸起西部和阿瓦提凹陷，呈烃源岩—储层—盖层叠置，即下寒武统玉尔吐斯组烃源岩在这些地区大面积发育，中寒武统膏岩、盐岩盖层大面积展布，中间夹有肖尔布拉克组台内滩体白云岩优质储层，纵向上形成良好的生、储、盖组合。断层不发育，构造以整体升降运动为主，虽历经多期构造运动但一直保持相对稳定，是油气成藏最有利的类型。

（2）盖层完整中期稳定型。

该类型主要分布在塔中隆起北部，除呈烃源岩—储层—盖层叠置外，还存在储层—盖层叠置，即膏盐岩呈大面积分布，滩体白云岩规模发育，但缺乏玉尔吐斯组烃源岩。早期构造活动剧烈，形成古隆起，发育不同方向、不同期次、不同性质的断层，对膏盐岩盖层有一定破坏作用；中期构造以整体升降运动为主，并趋于稳定。总体上，由于构造演化在中期趋于稳定，发育区域性膏盐岩盖层，对成藏特别是中期、晚期成藏是有利的。

（3）盖层完整持续活动型。

该类型主要分布在巴楚隆起地区，发育区域性储层—盖层组合，经历了多期构造运动。差异性构造活动可对油气藏调整改造，多期断层活动对油气保存可造成不利影响，但在盖层相对完整的地区，圈闭仍然可以具有较好的保存条件。

（4）缺乏区域盖层持续稳定型。

该类型主要分布在轮南—古城台缘带，主要发育烃源岩—储层组合，即下寒武统玉尔吐斯组斜坡相烃源岩和肖尔布拉克组台缘带礁滩体白云岩储层呈规模发育，但缺乏大面积优质盖层。仅仅在局部区域可发育比较好的烃源岩—储层—盖层组合；构造以整体升降运动为主,早期发育的不同方向、不同期次、不同性质的断层可造成油气在纵向上的运移调整。

第二节 气藏形成的主控因素与成藏模式

寒武系油气资源丰富,第四次全国资源评价结果表明资源量石油约 5.9×10^8t、天然气约 2.9×10^{12}m³,是寻找油气大发现的重要接替领域。中深 1 井、轮探 1 井、京能柯探 1 井三口探井在寒武系均获得突破,揭示了寒武系良好的勘探潜力(杨海军等,2020)。

一、气藏形成主控因素

寒武系气藏形成主要受烃源岩条件、保存条件、储层条件、继承性古隆起和疏导体系控制(陈君青等,2013;顾忆等,2020)。

1. 烃源条件

源控论是油气勘探经过实践证实的正确理论,对于塔里木盆地震旦系—寒武系的油气成藏同样适用。烃源岩质量、纵向厚度及其平面分布面积决定其临近储层—盖层组合成藏规模,对于震旦系和寒武系烃源岩特征前文有较为详细的论述。就目前野外露头和钻井及地震研究,震旦系和寒武系有多套烃源岩发育,其中寒武系仅玉尔吐斯组为主要烃源岩,肖尔布拉克组暗色碳酸盐岩也有一定生烃期潜力。但这几套烃源岩最大残余厚度区和生烃中心目前还没能有效落实,这是制约有利目标部署的一个重要因素。

玉尔吐斯组为寒武系大气田的形成提供充足物质基础。已钻井和野外露头显示,寒武系盐下最主要的烃源岩目的层系玉尔吐斯组在台地内厚度在 10～80m 之间,主要集中在 10～35m 之间,总体为海相偏淡水的半封闭环境,为斜坡—盆地相。烃源岩质量好,并在轮探 1 井、星火 1 井、孔探 1 井、新柯地 1 井等新钻井得到证实,尤其是轮探 1 井最为突出,钻探揭示玉尔吐斯组厚度为 81m,下段灰黑色泥岩厚 18m,TOC 在 2.4%～18.5% 之间,平均为 10.1%;R_o 为 1.5%～1.8%,为一套优质烃源岩(图 7-2-1)。玉尔吐斯组在盆地内的面积约为 22×10^4km²,主要分布于满加尔凹陷、阿瓦提凹陷和塔西南山前,在巴楚隆起上几乎不发育;目前预测玉尔吐斯组的生烃量超过 3000×10^8t,其中,生气量超过 250×10^{12}m³,生油量约为 1000×10^8t,具备形成大气区的物质基础。

2. 保存条件

巴楚隆起钻井多,然而仅少数井在寒武系取得重要的油气突破。从钻井结果看,钻探失利的原因多种多样。其中关键的原因除了存在不发育烃源岩区带外,另一主要原因在于该区油气保存条件差,几乎所有的钻井附近皆发育晚期形成的断层,并断至地表或者新近系(季天愚,2020)。

和田 2 井的圈闭为一大型背斜构造,形成于加里东晚期,定型于喜马拉雅期,属于

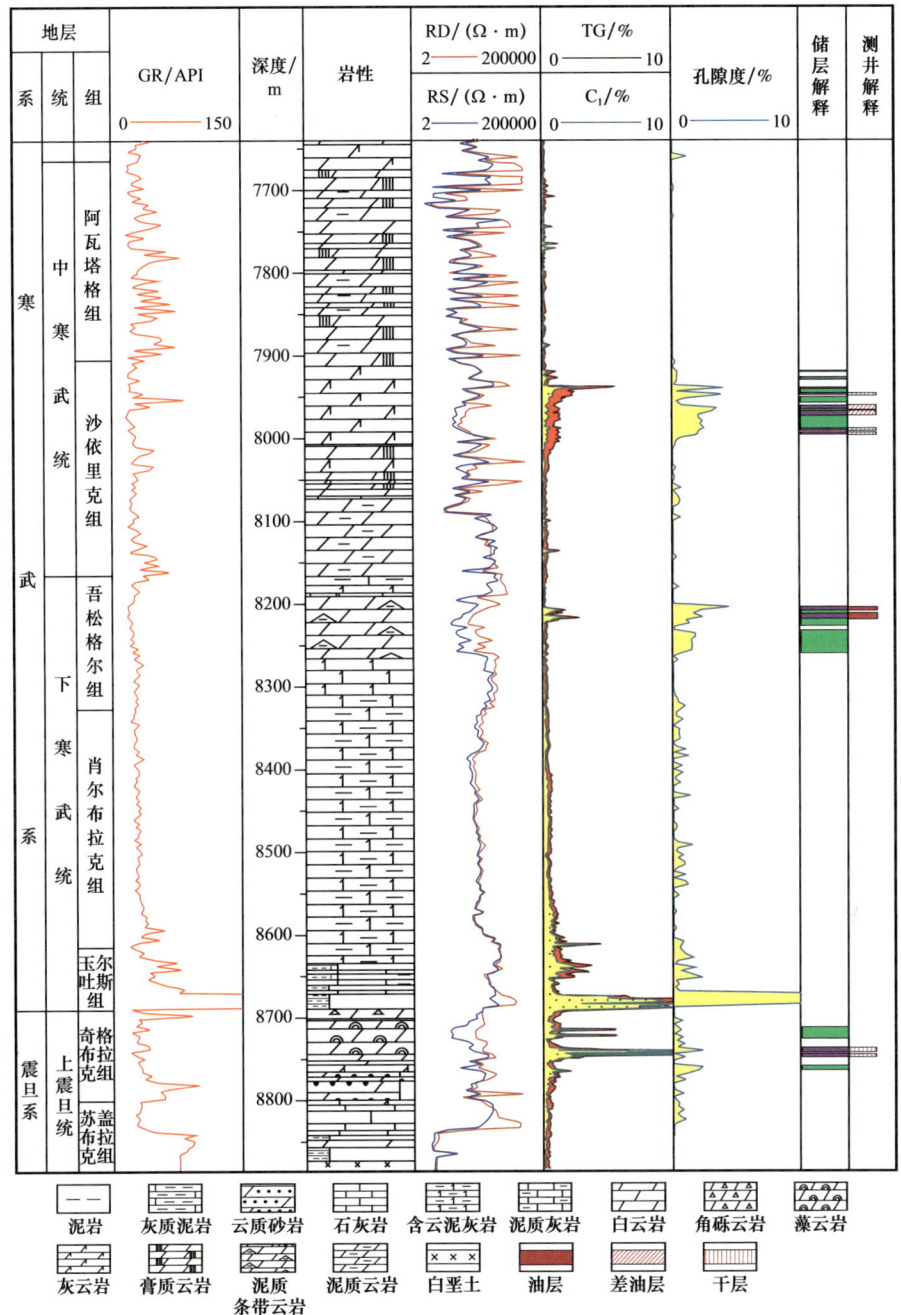

图 7-2-1 轮探 1 井寒武系—震旦系综合柱状图

早期形成、晚期定型的圈闭。钻井揭示圈闭内的寒武系盐下发育良好的储层—盖层组合，但缺乏玉尔吐斯组烃源岩，因此，和田 2 井的圈闭为源外圈闭，且距离烃源灶远。和田 2 井未见任何油气显示表明油气未运移到该圈闭中。巴楚隆起沿吐木休克断层发育一系列圈闭，这些圈闭的寒武系盐下发育良好的储层—盖层组合，而其生烃源灶则为与巴楚隆起紧邻的阿瓦提凹陷，吐木休克断层为连通烃源岩与储层的输导通道。在针对巴楚隆起寒武系盐下钻探的一批目标中，多口井都钻遇良好的储层—盖层组合并可见到直接的油气显示，这表明阿瓦提凹陷内存在玉尔吐斯组烃源岩。但另一方面，由于吐木休克断层长期处于活动状态且断至地表，这使得沿断裂发育的相关圈闭的保存条件变差，从而造成气藏因逸散破坏而导致钻探失利。楚探1井的圈闭为吐木休克逆冲断层相关的次级断层控制的背斜，次级断层仅仅断至上寒武统即终止，因而楚探1井圈闭的保存条件应比吐木休克断层控制下的圈闭要好。在楚探1井中，肖尔布拉克组见良好的油气显示，气测异常的井段长为14.4m，气测全烃的最高含量为1.7%，后效全烃的最高含量为18.5%，表明油气已经运移至圈闭。钻探分析认为，尽管控圈断层并未切断至地表，但断层断穿膏盐岩盖层并将膏盐岩错开，这导致侧向封闭性变差，圈闭失去有效性，最终造成钻探失利（韩剑发等，2019）。

3. 储层条件

除保存条件外，储层条件是油气成藏主控因素之一。玉龙6井、新和1井、玛北1井、星火1井和塔中隆起塔参1井钻探失利的关键原因为储层不发育。玉龙6井失利是由于缺失下寒武统（图7-2-2）。新和1井肖尔布拉克组为相对致密的石灰岩，储层不发育，导致钻探失利。星火1井肖尔布拉克组为相对致密的石灰岩，储层不发育。玛北1井同样是由于储层不发育导致钻探失利。根据玛北1井的钻井史与油气显示，沙依里克组石灰岩见良好气测显示、吾松格尔组取心见1m油迹、1.13m荧光，但并未形成有效的油气聚集，究其原因是其储层不发育。

塔参1井钻探失利的原因亦是储层发育差。膏岩层段7015～7043m，其有效孔隙度为0.8%，下伏白云岩层段7121～7131m，其有效孔隙度为0.8%～1.2%，均可以看出储层发育较差，未能形成有效的储层。而中深1井储层条件好，形成工业性油气藏。中深1井揭示中—下寒武统白云岩储层的厚度为47m，孔隙度为3%～12.6%，中寒武统云质膏岩的厚度为10m，泥岩厚度为5m，膏质云岩厚度为94m，具有较好的储层—盖层组合（陈君青等，2013）。

4. 继承性古隆起

塔里木盆地发育多套烃源岩，具有多期生排烃与油气充注过程，使得继承性古隆起形成多种类型的复合型油气藏，油气的富集度大大增加。除烃源岩因素外，古隆起本身有诸多油气富集的有利条件，包括：油气运移长期指向区、古隆起有利于圈闭发育、易于发育岩溶溶蚀孔洞型储层等，其与有利烃源岩条件配置，可形成富油气区。因古隆起始终是多期油气聚集场所，近源古隆起通常具有较高的混源程度，取决于周边叠加烃源岩的性质及运移通道的类型（钱一雄等，2005）。

塔里木盆地台盆区发育四大古隆起——塔中、塔北、巴楚、塔东古隆起，其中塔中是早期古隆起，奥陶纪后期基本没有被破坏，塔北古隆起形成也很早，但海西期后有所破坏，巴楚和塔东古隆起形成晚，基本上是燕山期形成定型的（林畅松等，2011；周肖贝

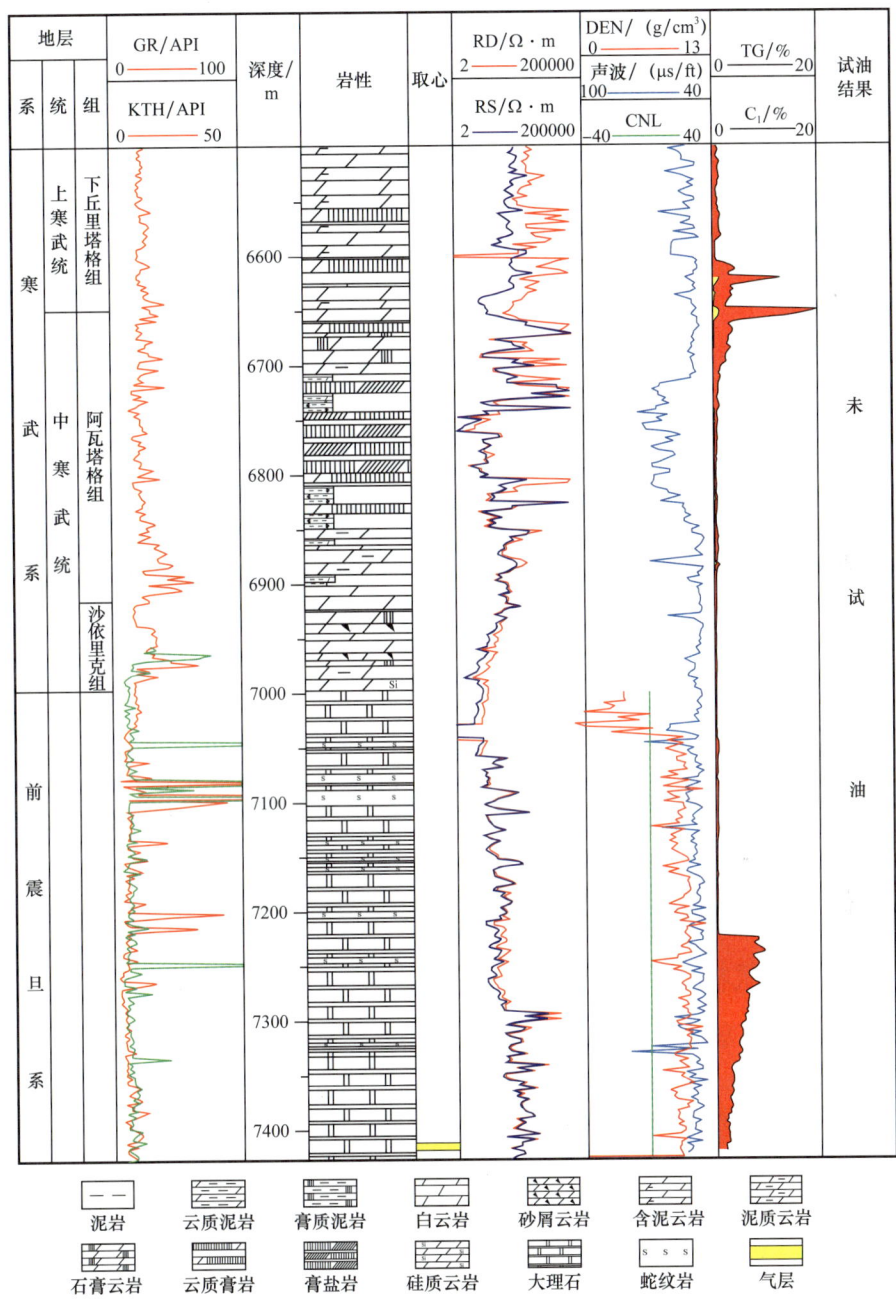

图 7-2-2 玉龙 6 井寒武系—前寒武系综合柱状图

等，2012；能源等，2016）。对于塔中和塔北古隆起来说，是长期油气运移、聚集的指向区，即便是后期有所调整，仍然是油气的主要富集区，而巴楚和塔东古隆起则不然，定型前油气不可能聚集，定型后仅能聚集晚期油气，勘探实践已经证实，目前塔北和塔中古隆起寒武系发现了工业油气流，而巴楚发现了晚期成藏的京能柯探 1 井气藏。

古隆起控制肖尔布拉克组和吾松格尔组沉积，发育台缘礁滩、台内颗粒滩和台内白云岩三类有利储集体。塔北和塔中隆起油气富集除了与古隆起是长期油气运移指向区及控制有利储层发育外，更与其与有利油源灶位置相邻或被油源灶多面包围有关。满加尔和阿瓦提生烃凹陷与古隆起紧邻，深大凹陷与稳定隆起共同为油气大规模富集运移提供了良好条件。油气近源聚集是塔中隆起、塔北隆起油气富集的重要因素。相比较而言，巴楚隆起与烃源灶的空间分布格局不及塔中和塔北隆起有利，相对远离主力烃源灶，同时古隆起迁移不太有利于捕获、聚集油气，目前发现油气量相对较少（邬光辉等，2012）。

5. 输导体系

塔中地区油气圈闭的形成时间早，在加里东中期形成，海西期定型，属于早期活动而中期稳定的古隆起，塔中隆起成藏组合为储层—盖层叠置或烃源岩—储层—盖层叠置型。塔中隆起南部的气源主要来自满加尔凹陷深层的裂解气和热成因气，从气源区到圈闭需要有运移通道输导贯通；而塔中隆起北部可能为原地和满加尔凹陷双源供烃，以原地供烃为主。因此，从储层—盖层组合和构造演化条件分析，塔中隆起的寒武系盐下具备形成大气藏的基本条件，但气藏的规模则取决于由气源区的供给条件和运移通道等所决定的充注强度以及后期走滑断裂对油气藏的调整改造作用。综合分析中深1井和中深5井钻探成功而塔参1井失利的原因支持这一观点，油气运移至塔参1井距离更远导致更少的油气到达这里。塔参1井的中寒武统可见良好的油气显示，中寒1井的下寒武统解释为高压气层，中深1C井在下寒武统测试获工业气流，表明塔中隆起寒武系盐下具有良好的成藏条件，且已聚集成藏。从钻探结果看，塔参1井未钻遇肖尔布拉克组，中寒武统以白云岩为主，夹少量膏质云岩和云质膏岩，膏盐岩几乎不发育；中深1井位于塔中隆起中部凸起带背斜构造南段的中深1号构造，钻井揭示中—下寒武统白云岩优质储层和中寒武统云质膏岩规模盖层，具有较好的储层—盖层组合（邬光辉等，2011）。

二、油气成藏模式

据现有资料认为寒武系玉尔吐斯组烃源岩是寒武系主力烃源岩，轮探1井、满深1井、中深5井、中深1井、中深1C井等油气中检测到寒武系典型芳基类异戊二烯化合物和系列多硫环状化合物，证实均来自寒武系玉尔吐斯组烃源岩。研究表明寒武系烃源岩具有三期生排烃过程，早油晚气三期成藏，油气相态多样。晚加里东期是第一期大规模成油阶段，在震旦系—寒武系储层—盖层组合中形成油藏，而在奥陶系—志留系储层—盖层组合中边聚集边破坏，局部形成稠油油藏、沥青砂，形成奥陶系重质油、稠油、志留系沥青砂分布格局。晚海西期—印支期是第二期大规模油气成藏阶段，大量生成高成熟油气，在震旦系—奥陶系储盖组合中持续充注，规模成藏，以形成奥陶系大面积分布的中—轻质油藏为主。喜马拉雅期是大规模生气阶段，天然气充注，震旦系—寒武系组合形成凝析气藏，奥陶系组合油藏发生调整、改造，形成次生油气藏，泥盆系以上组合形成大规模气藏（图7-2-3）。

1. 塔中隆起油气成藏模式

塔中隆起发育稳定古隆起多期成藏模式。塔中隆起发育良好的储层—盖层组合和输

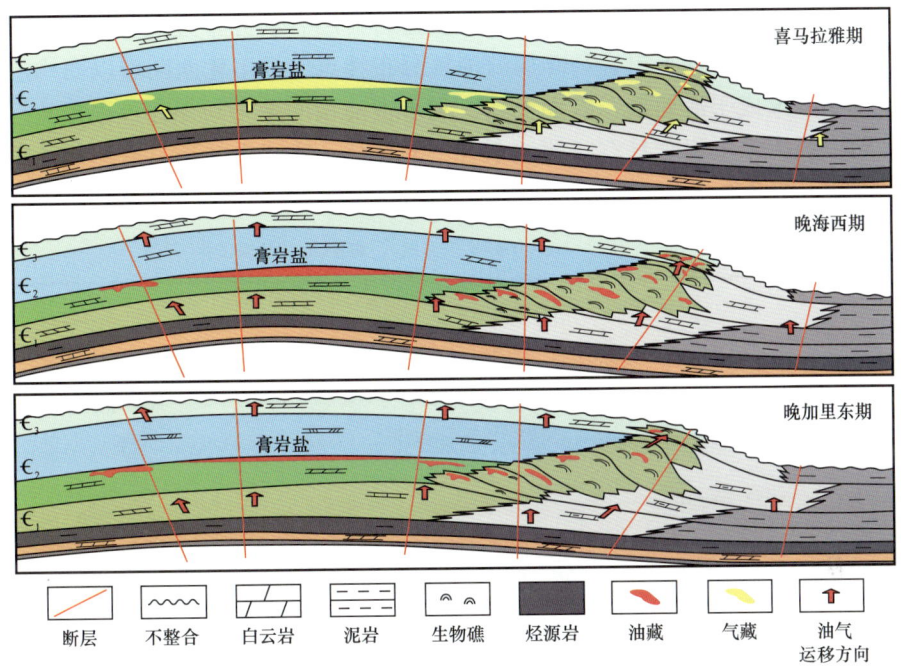

图 7-2-3 塔里木盆地寒武系油气成藏过程图

导体系,是油气长期运移指向的汇聚区,是一个多层系、多类型、多期成藏的复式油气聚集区。塔中隆起不同部位的烃源岩和盖层条件存在一定差异,北部烃源岩发育,盖层主要为膏盐湖相膏盐岩,保存条件较好,南部烃源岩缺失,盖层主要为膏云坪相膏质云岩和膏泥岩,保存条件较北部略差,这对塔中隆起的成藏具有一定影响。塔中隆起的构造演化对其寒武系盐下成藏具有关键的控制作用。塔中隆起为典型的继承性古隆起,其形成于加里东期,加里东晚期—海西早期继承性发育,海西晚期因构造活动减弱而基本定型,印支期—燕山期整体以升降运动为主,喜马拉雅期发生进一步调整。这样的构造演化特征决定了塔中隆起具有多期成藏的特点。加里东晚期、海西期、喜马拉雅期均发生过油气运聚。中—晚期构造运动对早期成藏的油气进行调整,油气的成藏以中—晚期为主且最为有利。

中深 1 井与中深 5 井地区下寒武统油气成藏过程:加里东晚期,满加尔凹陷具两种不同生物标志特征的寒武系烃源岩相继成熟,并沿着下寒武统肖尔布拉克组横向输导层以及不整合面向隆起高部位发生汇聚,由于上覆阿瓦塔格组膏盐岩层保存条件较好,使得古油藏可以持续保存下来。在喜马拉雅期,盆地相寒武系烃源岩进入过成熟演化阶段,大量干气依然沿着下伏构造汇聚,形成了次生凝析气藏(图 7-2-4)。

2. 塔北隆起油气成藏模式

塔北隆起发育改造型古隆起原位调整多期成藏模式。石炭纪早期主要为原油充注,喜马拉雅晚期高成熟原油充注、局部气侵改造。轮南低凸起虽然处于塔北残余型古隆起上,但本质上属于继承稳定古隆起,有利于深层油气的聚集与保存。重新认识轮南台缘带迁移结构，提出台缘带内侧是中寒武统蒸发盐岩盖层有利分布区，下伏下寒武统—震旦系发育多套储层。根据上组合与碎屑岩油气分布特点，提出轮西断裂以西构造定型于海西期，古油藏形成于海西期，晚期稳定，利于古油藏的聚集与保存；根据轮探 1 井钻探结果表明：奥陶系上组合具有"西油东气"的特征，寒武系盐下具有"西油东气、上油下气"特征（图 7-2-5）。

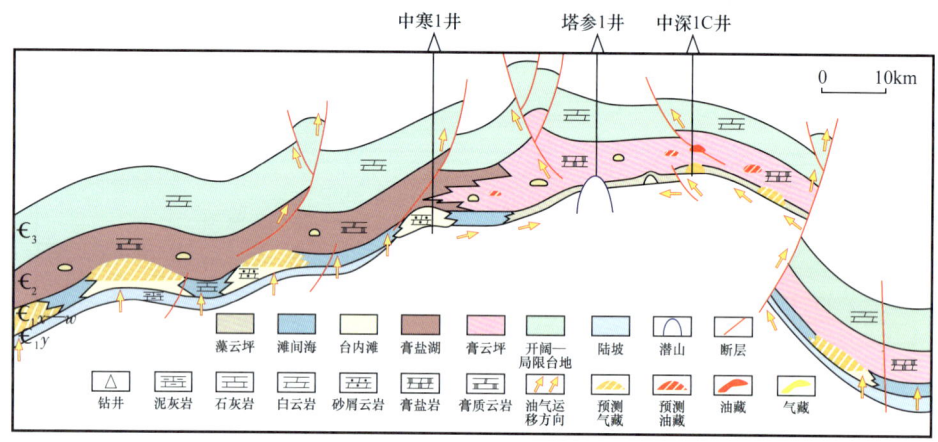

图 7-2-4　塔中隆起寒武系盐下中寒 1 井—中深 1C 井成藏模式

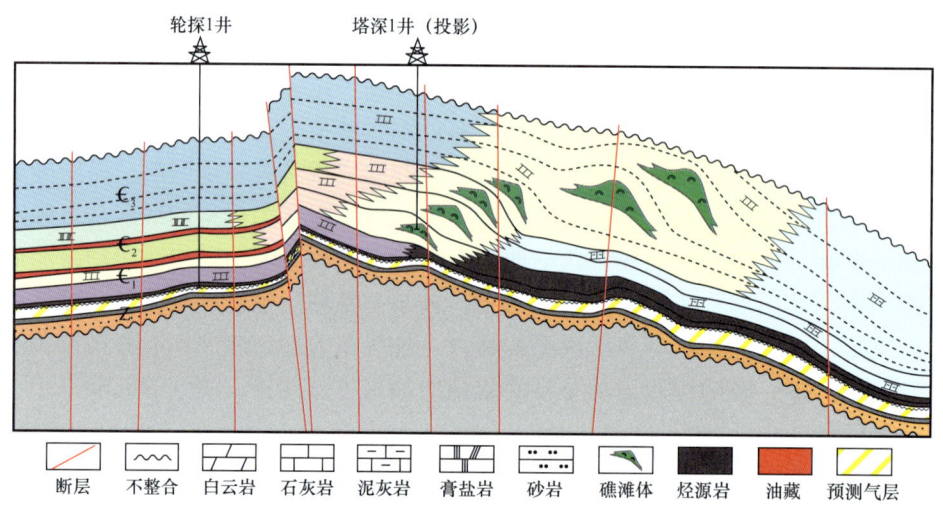

图 7-2-5　塔北隆起轮探 1 井—塔深 1 井油气成藏模式图

3. 柯坪隆起油气成藏模式

柯坪隆起发育活动性古隆起晚期成藏模式。成藏组合既包括下寒武统肖尔布拉克组白云岩优质储层与中寒武统大面积分布盐湖相盐岩和膏盐岩形成区域性储层—盖层组合，又包括新近系吉迪克组薄层砂泥岩互层形成的储层—盖层组合。该区寒武系玉尔吐斯组烃源岩遭受严重剥蚀已暴露于地表，但其紧临阿瓦提生烃凹陷，油气沿断裂、不整合面和输导层运聚于晚期圈闭中。柯坪隆起晚期成藏模式也较为典型（图 7-2-6）。

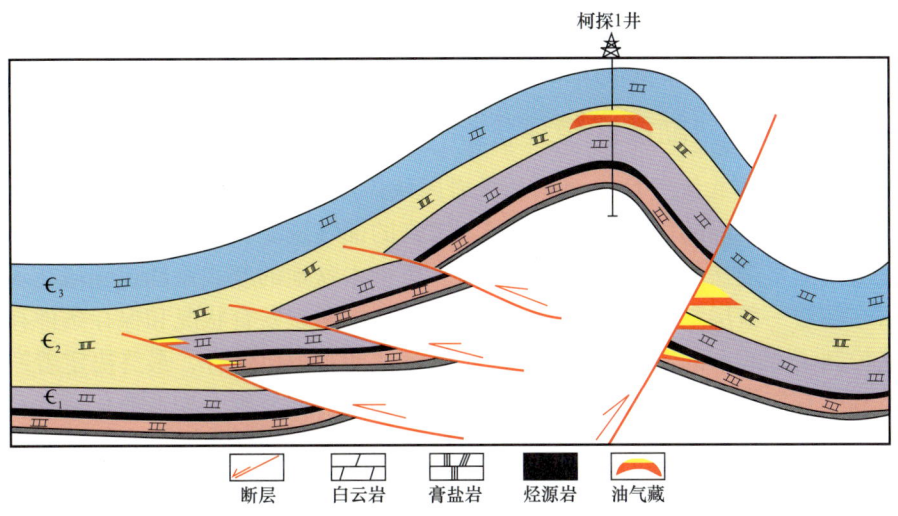

图 7-2-6 柯坪隆起柯探 1 井油气成藏模式图

第三节 有利勘探区带评价

由前文阐述的基础地质特征和油气勘探生产实践可知,塔里木盆地震旦系—寒武系的勘探新领域目前主要包括震旦系奇格布拉克组、寒武系肖尔布拉克组以及吾松格尔组。下面针对这三个重点层系的油气有利勘探区带与目标进行评价。

一、震旦系有利勘探区带评价

综合地质研究及目前勘探生产实践,证实塔里木盆地震旦系的主要油气勘探层系应该为上震旦统的奇格布拉克组,它与下震旦统烃源岩和寒武系玉尔吐斯组暗色泥岩组成很好的烃源岩—储层—烃源岩(兼盖层)成藏组合。主要依据震旦系奇格布拉克组的构造—岩相古地理特征,结合该组上、下两套暗色泥岩的分布规律,目前认为该领域最有利的勘探区带主要为塔北和塔中地区。

塔北隆起为塔里木盆地四大古隆起之一,震旦系奇格布拉克组在该隆起上的成藏条件相对较为优越,首先奇格布拉克组中—缓坡高能颗粒云岩在塔北隆起广泛分布,为油气聚集提供了优质储集体;其次塔北隆起是满加尔凹陷、库车坳陷以及阿瓦提凹陷的烃源岩所生成油气运移的有利指向区;下寒武统玉尔吐斯组暗色泥岩为震旦系供烃的同时也为其形成了良好的区域盖层。完钻的轮探 1 井已经证实了塔北隆起震旦系奇格布拉克组含油气。轮探 1 井在奇格布拉克组见到气测异常 12m/6 层,全烃 15.23%,组分全,录井综合解释为差气层。测试中测得气微量,点火可燃,焰高 0.5~1.0m,取气样分析属于干气气藏。

塔中隆起为塔里木盆地继承性古隆起,震旦系奇格布拉克组在该隆起上的成藏条件较为优越,奇格布拉克组中—缓坡高能颗粒云岩在塔中隆起及其北斜坡广泛发育,是相对较为优质的油气储层；由于塔中隆起是继承性古隆起，因此一直是油气运移的有利指向区。保存条件是震旦系奇格布拉克组内油气在塔中隆起上成藏的主控因素之一。

二、寒武系有利勘探区带评价

塔里木盆地中寒武统发育大面积膏盐岩区域盖层，下寒武统广泛发育优质烃源岩，由下至上发育物性良好的优质白云岩储层，丰富的油气资源和良好的成藏条件使其成为塔里木盆地天然气勘探的重大战略接替领域。塔里木盆地的寒武系勘探领域在不同地区的烃源岩—储层—盖层空间配置关系、构造稳定性、断裂发育状况和保存条件存在很大不同，这控制了寒武系的成藏及演化，决定了气藏能否得以保存，最终决定着寒武系大气藏的有利发育区带和勘探方向。在烃源岩—储层—盖层叠置、构造演化持续稳定、未受断层破坏的良好保存区，即原位持续成藏区是塔里木盆地寒武系寻找大气区的有利方向（历玉乐等，2014；易士威等，2019）。

1. 肖尔布拉克组勘探新领域

目前理论研究和勘探实践均表明肖尔布拉克组是塔里木盆地寒武系盐下最为有利的勘探目的层。按照古隆起控滩，古断裂控圈，近源稳保思路，评价优选出肖尔布拉克组的四个有利区带：塔中隆起北斜坡、温宿凸起周缘、麦盖提上斜坡、塔北隆起南斜坡（图 7-3-1）。

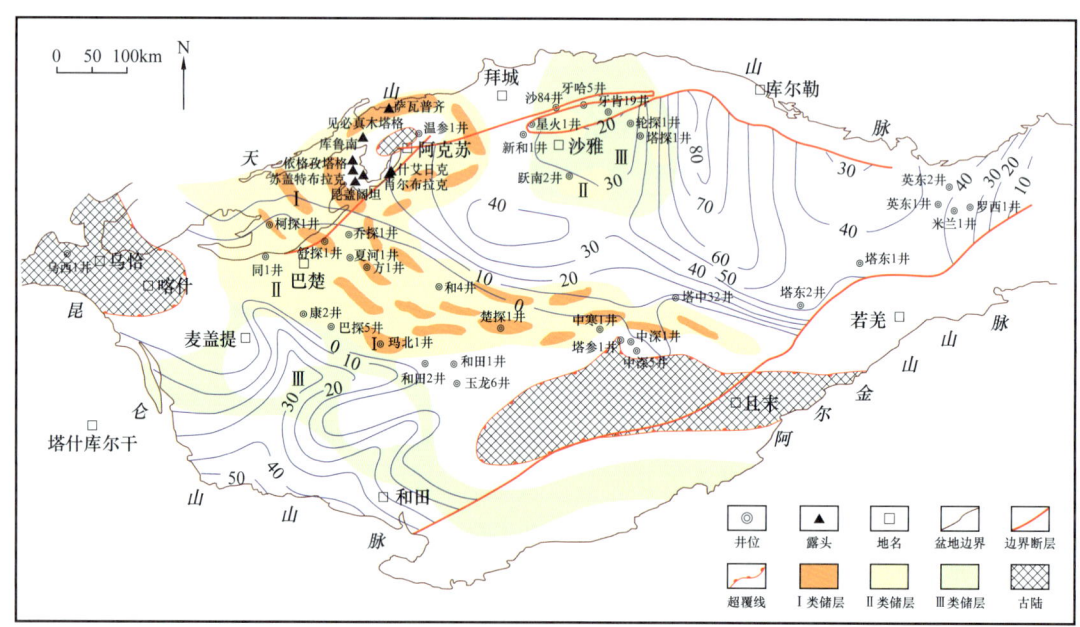

图 7-3-1 塔里木盆地肖尔布拉克组有利勘探区带预测图

1）塔中隆起北斜坡

塔中隆起北斜坡位于继承性古隆起斜坡部位。塔里木盆地变质基底为陆块中—新元古界增生拼合的产物，布格重力异常和航磁异常均指示塔中构造带呈向南凸出的弧形轮廓，并且显示多条亚带，为新元古界陆块南缘向北持续俯冲增生的产物。因此，塔中隆起是前寒武纪就已形成的早期古隆起，奥陶纪后期基本没有被破坏，是油气运移的长期指向区。肖尔布拉克组高能规模颗粒滩发育，高能滩地震相具底平顶凸的地震反射结构和上超、下超的特征。且在寒武系盐下发育一系列受古断裂控制的构造圈闭和超覆地层圈闭。紧邻早寒武世生烃凹陷，在塔中隆起高部位寒武系盐下已发现工业油气流。塔中北斜坡是寒武系盐下勘探有利区带。精细刻画塔中寒武系肖尔布拉克组丘滩体分布范围，落实有利丘滩体面积 $5478km^2$，目前圈闭总面积 $902km^2$，预测资源量 $7000\times10^8m^3$。

2）温宿低隆周缘

温宿低隆周缘的有利勘探条件有以下几个方面：温宿低隆一直是油气运移的有利指向区；温宿北部、西南及东南方预测有下寒武统烃源岩发育，属近源古隆起；寒武系肖尔布拉克组在温宿周缘发育丘状高能相带，是有利的油气储集体，面积约 $1.6\times10^4km^2$，预测资源量 $1\times10^{12}m^3$。结合构造特征，目前优选出两个有利目标：玉探 1 井和神探 1 井。玉探 1 井构造岩性圈闭位于温宿东部，可探索温宿低隆东侧下寒武统高能丘滩相白云岩和震旦系含油气性。神探 1 井构造岩性圈闭位于温宿北缘乌什凹陷南斜坡背斜带，具有圈闭面积大、控圈断层没有断穿中生界、形成时间早、没有遭到后期破坏、保存条件好等优势条件，可探索下古生界含油气性，兼探中生界及古近系—新近系含油气性。

3）麦盖提上斜坡

麦盖提上斜坡一直以来被认为是寒武系的有利勘探区带，主要是因为在中—上组合已有油气藏发现。但寒武系却一直未能获得突破，经岩相古地理系统工业化编图后，研究分析认为该区发育规模储层，瓶颈问题主要是圈闭的落实，根据南华系断裂后期活动控制寒武系盐下构造发育的思路，在麦盖提上斜坡发现一系列断背斜或断鼻圈闭，目前圈闭总面积 $474km^2$，预测资源量 $4500\times10^8m^3$。优选一批有利目标，可探索麦盖提斜坡寒武系盐下含油气性。

4）塔北隆起南斜坡

塔北古隆起形成时间也很早，但海西期后有所破坏，后期油气运移、聚集有所调整，勘探实践证实该区仍然是油气的主要富集区，目前发现最多的油气藏主要集中在奥陶系以上层位，寒武系油气勘探关键是保存条件的好坏。研究分析后认为肖尔布拉克组的油气成藏有利区应在隆起南部的中—下缓坡区。轮探 1 井虽未能钻遇肖尔布拉克组台缘，但进一步证实在轮台—沙雅以南存在肖尔布拉克组高能台内滩，目前需进一步落实其圈闭类型和规模。

2. 吾松格尔组有利勘探区带评价

在分析吾松格尔组有利储集体与玉尔吐斯组烃源岩分布特征基础上（图 7-3-2），结合区域膏盐岩盖层分布规律，预测有利勘探区带主要有轮台—古城地区、柯坪隆起和塔北隆起。

1）轮台—古城台缘带

轮南—古城台缘带为寒武系烃源岩—储层组合发育、缺乏区域盖层的原位调整成藏

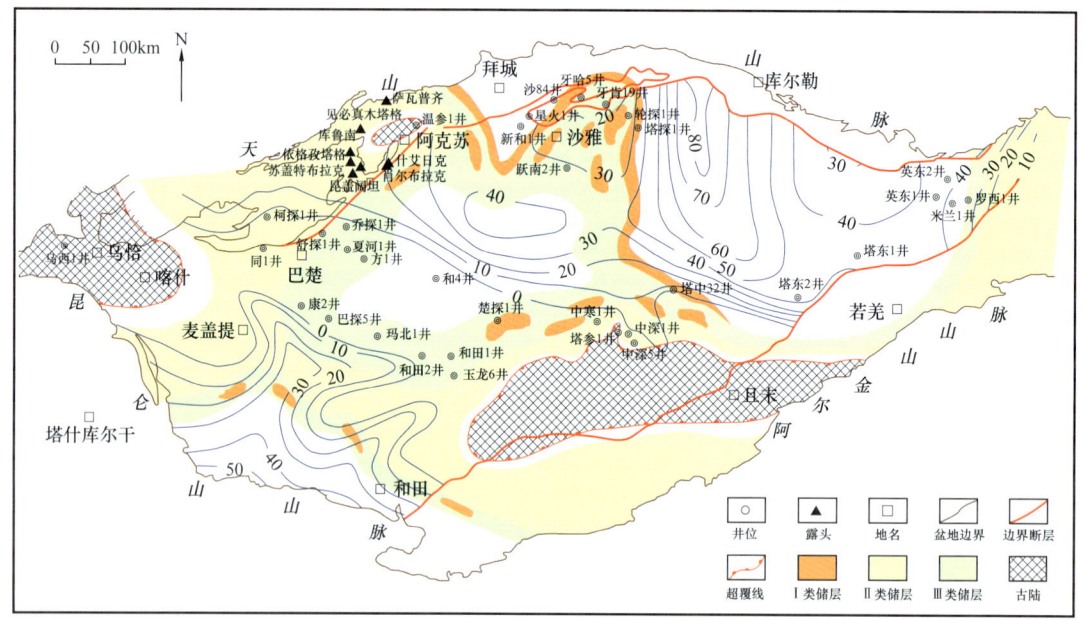

图 7-3-2 塔里木盆地吾松格尔组有利勘探区带预测图

区带，吾松格尔组在该区发育优质台地边缘礁滩相储层。且台缘带两侧均临近烃源岩中心，形成较好的烃源岩—储层组合。保存条件评价是研究吾松格尔组能否在轮南—古城台缘带上成藏的关键工作。通过寒武系岩相古地理特征的整体研究，认为吾松格尔组的储集条件整体逊于肖尔布拉克组，但在保存条件上优于后者。因此吾松格尔组的缓坡—弱镶边台地沉积所形成的台缘带储集体在轮台—古城可能形成油气藏。

2）柯坪隆起

柯坪—巴楚隆起发育寒武系白云岩储层，肖尔布拉克组和吾松格尔组白云岩在柯坪隆起上储层物性相对均较好。且巴楚隆起沿吐木休克断层发育一系列圈闭，吐木休克断层沟通与巴楚隆起紧邻的阿瓦提凹陷烃源灶，为沟通烃源岩与储层的输导通道。在针对巴楚隆起寒武系盐下钻探的一批目标中，多口井都钻遇良好的储层并可见到直接的油气显示，这表明阿瓦提凹陷内存在玉尔吐斯组烃源岩。由于在该区中寒武统膏盐岩发育程度减弱，同时由于吐木休克断层长期处于活动状态且切断至地表，这使得沿断裂发育的相关圈闭的保存条件变差，从而造成气藏因逸散破坏而导致钻探失利。因此保存条件是该区寒武系规模油气藏的主控因素。寻找区域和直接盖层相对完整的地区，仍然可以落实具有较好保存条件的圈闭，是相对有利的勘探目标，如京能柯探 1 井。

3）塔北隆起

塔北古隆起形成也很早，但海西期后有所破坏，后期油气运移、聚集有所调整，勘探实践证实该区仍然是油气的主要富集区。轮探 1 井在吾松格尔组发现工业油气流后，研究人员把目光聚焦在吾松格尔组是否能有规模油气藏发现上。纵向上，轮探 1 井吾松格尔组薄层白云岩储层在平面上如何展布是寻找有利勘探区带的主要依据。通过本轮次的岩相古地理系统编图，认为吾松格尔组在塔北隆起上发育较为优质的白云岩规模储层。

第八章 鄂尔多斯盆地下古生界油气地质特征与勘探新领域

鄂尔多斯盆地北起阴山、南到秦岭、西抵贺兰山、东至吕梁山，横跨陕西省、甘肃省、宁夏回族自治区、内蒙古自治区、山西省，面积 $37×10^4km^2$，是中国第二大沉积盆地。其中盆地本部面积 $25×10^4km^2$，划分为伊盟隆起、渭北隆起、西缘冲断带、天环坳陷、伊陕斜坡、晋西挠褶带六个二级构造单元，沉积岩平均厚度 6000m，主要发育上、下古生界两套含气层系和中生界侏罗系、三叠系两套含油层系。鄂尔多斯盆地油气资源丰富，2019 年第四次资源评价天然气总资源量约 $16.3×10^{12}m^3$。截至 2020 年底，天然气探明地质储量超过 $6×10^{12}m^3$（含天然气基本探明地质储量），2020 年天然气产量达到 $448×10^8m^3$。"十二五"期间，以大面积致密砂岩气成藏理论和海相碳酸盐岩天然气成藏地质认识为指导，创新地提出了"广覆式生烃、大面积充注、孔缝耦合输导、近距离运聚"的致密气成藏理论，构建了"上组合垂向运聚、中组合侧向运聚"的双向运聚模式，明确提出了盆地海相碳酸盐岩岩溶古地貌气藏形成机制，天然气勘探落实了苏里格、盆地东部、下古生界三个万亿立方米级大气区，陇东地区、宜川—黄龙地区等形成了新的规模储量接替领域。

"十三五"期间，重点围绕鄂尔多斯盆地奥陶系盐下和寒武系碳酸盐岩层系两大领域进行深入研究，在天然气成藏地质条件、成藏模式、有利勘探区带等方面取得了新的认识，研究成果对深化鄂尔多斯盆地寒武系—奥陶系天然气成藏地质理论，指导大气田勘探突破和新领域的拓展具有重要的理论和实践意义。

第一节 奥陶系盐下油气地质特征与勘探新领域

盐下气藏特指位于石膏层与盐岩层之下，并被相关地层覆盖、封闭的天然气藏，可见于非洲西部刚果河地区、巴西境内及墨西哥湾地区。随着世界盐下油气勘探的不断突破，鄂尔多斯盆地奥陶系盐下也成为重点勘探领域。由于马家沟组上部马五段发育多套膏盐岩沉积，以马五$_6$小层膏盐岩分布面积最广，可达 $5×10^4km^2$，因此该套膏盐层被认为是奥陶系盐上、盐下的分界线。近年来，鄂尔多斯盆地奥陶系盐下储层的研究取得了一定进展，如在马五$_6$小层和马五$_7$小层形成了规模有利区，在马三段和马四段也见到了低产气流，但相关深层勘探工作仍然面临许多挑战，存在多个尚待解决的问题：首先是奥陶系下组合的生烃潜力需要明确。奥陶系下组合天然气远离上古生界气源，其对奥陶系气藏的贡献尚不清楚；如果奥陶系海相烃源岩能够生烃，商业可开采气藏的规模以及主力烃源岩的分布位置也需要进一步确认；其次是需要寻找高产富集区。由于奥陶系下组合碳酸盐岩—膏盐岩地层比较致密，因此需要进一步筛选良好的碳酸盐岩相关储层和主力目的层；第三，由于奥陶系埋藏深且时间长，岩相变化复杂，加之晚期构造运动的调整，相关成藏机理和模式尚待探索。

一、油气地质特征

鄂尔多斯盆地盐下深层古构造格局控制碳酸盐岩沉积演化。寒武纪末期构造格局呈近南北向展布（张春林等，2017），受伊盟古隆起控制，乌审旗—靖边地区为隆起区，周边逐渐向广海倾伏。怀远运动末期在台地周边沉积了下奥陶统冶里组—亮甲山组。由于秦祁洋壳的俯冲，中央古隆起开始隆升，与伊盟古陆、吕梁低隆共同控制了米脂—子洲洼地，形成大型局限台内坳陷。其在干旱蒸发条件下形成环带状分布的膏盐岩、膏云岩、泥质云岩等岩相序列。坳陷周边潮坪环境下形成低能带泥质岩沉积（图8-1-1）。

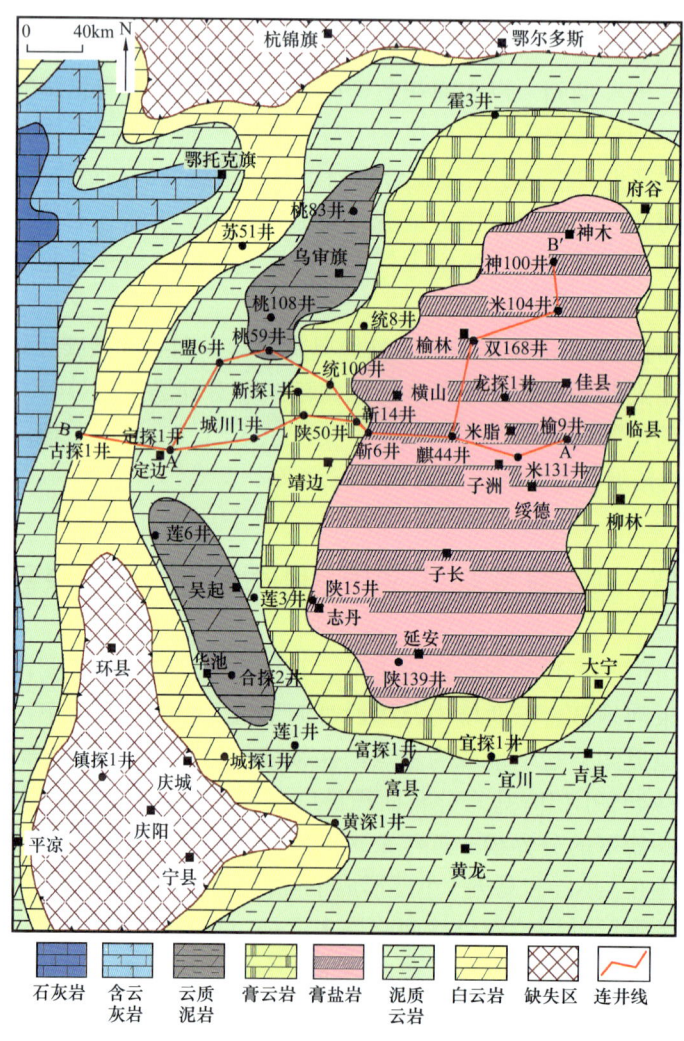

图 8-1-1 鄂尔多斯盆地马三段岩相分布图

由于幕式构造升降作用使得坳陷中央水体周期升降，马家沟组发育陆表海相碳酸盐岩与局限海相膏盐岩韵律沉积。马一段、马三段、马五段以膏云岩、膏盐岩和盐岩为主，其中马五段受短期海侵、海退控制，发育10个韵律小层；马二段、马四段、马六段以白云岩和石灰岩为主，其中马六段在盆地中—东部的大部分地区缺失。依据勘探程度和垂向地层关系，前人将奥陶系划分为上、中、下组合（图8-1-2）。上组合为马五$_{1-4}$小层，主要发育风化壳气藏。中组合为马五$_{6-10}$小层，是近年勘探取得突破的成藏组合。下组合为马一段—马四段，是研究的对象，也是当前重点勘探目的层系（杨华等，2011；徐旺林等，2021）。

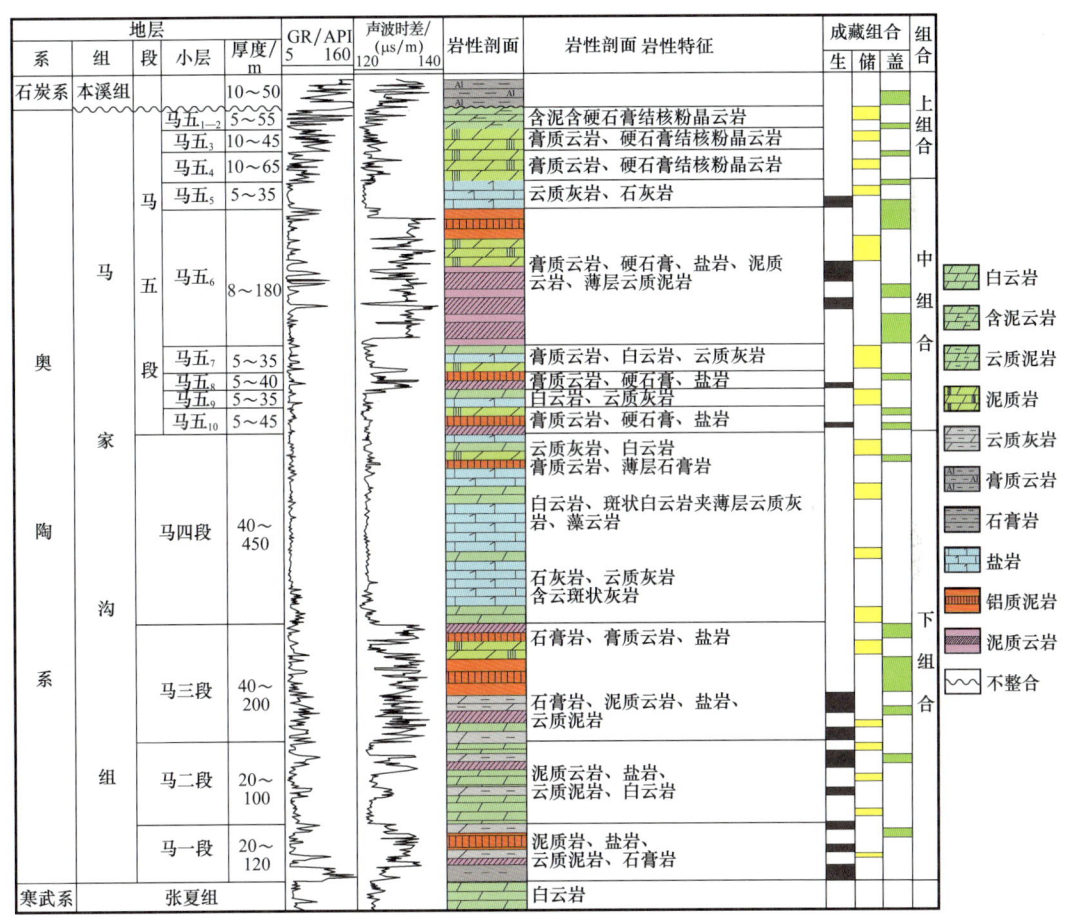

图 8-1-2 鄂尔多斯盆地奥陶系综合柱状图

鄂尔多斯盆地奥陶系下组合具有气层薄、储层致密、以干气为主等特征，主要产气层段是马四段和马三段。其中马四段的主要产气层位为马四$_2$小层，八口低产气流井主要分布在乌审旗—靖边次级隆起带和神木—子洲盐隆带；马三段的主要产气层位为马三$_2$小层，三口低产气流井主要分布在乌审旗次级古隆起部位。此外，龙探2井在马三段测试获得日产$5.6\times10^4\text{m}^3$的CO_2气。

下组合气层整体较薄，测井解释单层有效厚度仅为0.8~3.0m；气藏储层以白云岩为主，横向分布稳定，连井对比推测气层延伸范围可达 20000m 以上，向东部上倾方向相变为石灰岩或者膏盐岩，形成侧向遮挡；气层储层物性较好，测井计算孔隙度为 0.28%～7.59%。含气条件较好，测井解释含气饱和度为 15.5%～61.3%。相关天然气组分特征显示其总体以烃类气体为主，含量为 82.284%～99.474%。甲烷含量高，为 82.241%～97.861%，干燥系数为 0.935～0.999，属于高热演化干气（表 8-1-1）。非烃类气体主要是 CO_2 和 N_2。近期学者研究发现盐下 H_2S 含量较高（孔庆芬等，2019），与奥陶系上组合风化壳的天然气组分特征不同。

表 8-1-1 鄂尔多斯盆地奥陶系盐下深层天然气组分和同位素特征

井号	层位	天然气组分 /%								干燥系数	$\delta^{13}C$/‰		
		C_1	C_2	C_3	iC_4	nC_4	CO_2	N_2	含烃		C_1	C_2	C_3
龙探 1 井	马五₇小层	96.871	1.794	0.280	0.146	0.070	0.067	0.665	99.268	0.976	−39.30	−23.80	−19.70
统 74 井	马五₇小层	88.636	0.764	0.118			0.820	8.310	89.518	0.989	−40.08	−29.72	−21.16
米 104 井	马四段	97.708	1.027	0.286	0.121	0.068	0.267	0.221	99.210	0.985	−42.26	−25.38	
统 51 井	马四段	87.565	2.356	0.612	0.271	0.132	8.869		91.131	0.961	−42.10	−26.20	
统 52 井	马四段	92.116	4.558	0.895			0.148	1.270	98.571	0.935	−41.70	−25.80	−24.60
桃 36 井	马四段	82.241	0.037	0.004	0.001	0.001	11.491	6.224	82.284	0.999	−37.29	−33.03	−25.80
桃 37 井	马四段	88.053	0.082	0.010	0.005	0.003	6.167	5.674	88.159	0.999	−38.20	−30.71	−20.00
桃 90 井	马三段	97.861	1.329	0.182	0.054	0.030	0.200	0.326	99.474	0.984	−40.50	−29.20	−24.10
桃 59 井	马四段	40.244	0.095	0.035	0.005	0.017	2.954	56.592	40.454	0.995	−38.45		
米探 1 井	马四段	93.265	3.077	0.967	0.526	0.305	0.516	0.864	98.599	0.947	−45.09	−26.03	−24.28
龙探 2 井	马三段	7.310	0.070	0.010			92.601	0.009	7.390	0.989			

注：数据收集自长庆油田。

1. 烃源岩

奥陶系下组合有两类烃源岩，一类是与灰色碳酸盐岩互层的灰黑色泥质岩条带或者薄纹层［图 8-1-3（a）(b)］，一般与膏质云岩或者含膏云岩共生，其中灰黑色泥质岩条带有机质丰度较高，具高自然伽马特征（图 8-1-2），主要分布在马一段—马三段。另一类多以藻团块、藻云岩为主［图 8-1-3（c）］，主要分布在马四段，有机碳含量最高可达 3.24%。镜下可见黑色有机质充填在缝合线、微裂缝和孔洞中［图 8-1-3（d）］，可能与成岩过程中有机质侵染、运移有关。

1）有机质丰度

关于碳酸盐岩有机碳含量下限，前人做了大量研究工作。王兆云等（2004）提出

TOC 为 0.3% 是碳酸盐岩气源岩的评价下限，秦建中等（2009）提出高成熟—过成熟海相碳酸盐岩排烃下限 TOC 约为 0.08%，成熟海相富烃碳酸盐岩排烃下限 TOC 约为 0.3%。有学者统计建立了鄂尔多斯盆地奥陶系泥质岩含量和 TOC 之间的线性关系（陈增智等，1994），认为泥质含量大于 20% 的属于烃源岩，与 TOC 0.3% 对应。本书利用全取心井资料对盆地下组合做了 XRD（X 射线衍射）矿物含量分析，统计了泥质岩含量与 TOC 关系，二者也呈线性关系。TOC 为 0.3% 大致与泥质含量 19% 相对应，因此采纳 TOC 等于 0.3% 为烃源岩下限标准。

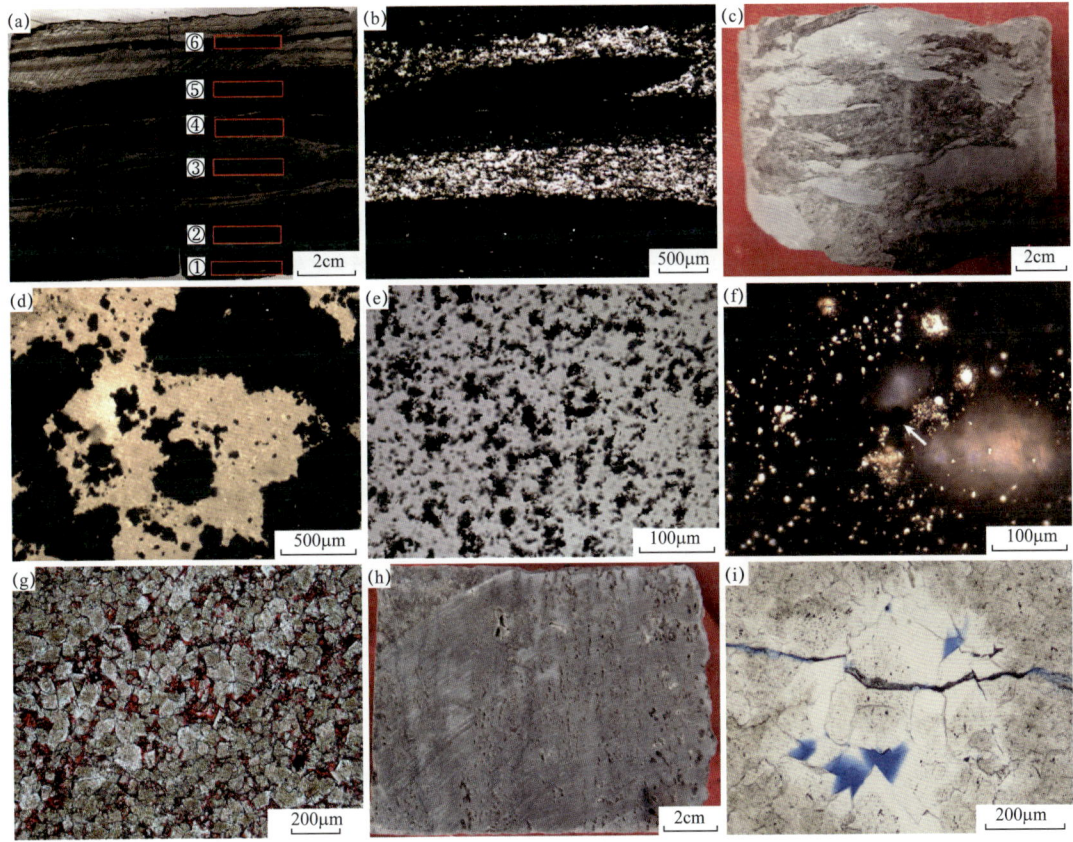

图 8-1-3 奥陶系下组合烃源岩、储层特征

（a）桃 112 井，3816.06m，马二段，含膏泥质云岩，六个黑色条带 TOC 平均为 0.51%；（b）靳 6 井，3867.35m，马三段，云质泥岩夹膏岩，普通薄片，单偏光；（c）桃 95 井，3670.52m，马三段，藻团块泥质云岩，TOC 为 1.45%；（d）桃 102 井，4095.50m，马三段，含膏泥晶云岩中裂缝和孔洞发育，孔洞直径为 20μm 至数毫米，被黑色有机质充填，普通薄片，单偏光；（e）桃 112 井，3743.67m，马三段，干酪根显微组分主要为腐泥无定形，透光薄片，单偏光；（f）桃 112 井，3817.67m，马二段，海相镜质体显微照片，反光薄片，单偏光；（g）桃 112 井，3713.18m，细晶云岩，发育晶间孔，铸体薄片，单偏光；（h）陕 367 井，3964.55m，溶蚀孔洞，岩心照片；（i）桃 112 井，3509.82m，粗晶—粉晶结构，白云石呈自形菱形，发育半充填状微裂缝，铸体薄片，单偏光

常规方法分析的烃源岩 TOC 总体偏低，其中藻纹层和藻团块颜色较深，TOC 相对较高。通过对马一段—马四段 805 块样品统计分析，TOC 为 0.07%～3.24%，平均为 0.31%。样品 TOC 主要为 0.1%～0.5%，约占总样品数的 89.1%，其中 TOC 大于 0.3% 的样品约

占总样品数的28%。针对浅灰色碳酸盐岩与灰黑色泥质岩条带互层的岩石，选取条带状灰黑色泥质岩开展分析［图8-1-3（a）］，结果表明TOC随条纹颜色变浅而降低。深黑色泥质条纹TOC最高可达0.7%，平均为0.45%；黑色、灰黑色含泥质岩条纹的TOC平均分别为0.32%和0.19%，数量最多，占比达74.14%；TOC大于0.3%的深黑色与黑色烃源岩占比可达44.83%。深黑色与黑色条带泥质岩TOC高者可达0.78%。藻纹层、藻团块TOC较高，普遍大于0.5%，最高可达3.24%。

对用常规方法分析TOC较低的下古生界烃源岩，要考虑在其高成熟—过成熟演化中成烃后残留有机碳较低和传统TOC分析方法中有机酸盐流失两方面原因。前人对有机酸盐及其生烃特征做了大量基础研究工作（伍天洪等，2005；刘文汇等，2016，2017，2019；雷天柱等，2009，2010；刘全有等，2013；刘鹏等，2016；孙敏卓等，2013），认为碳酸盐岩—膏盐岩沉积环境有利于藻类有机质形成有机酸盐，并且形成详细的分析流程。有机酸盐主要是沉积有机质在成岩时转变为干酪根过程中和干酪根生烃阶段排出的有机酸与海相石灰岩中钙、镁等金属离子反应形成，其在低温条件下保持稳定，在高温条件下具有强生烃能力，在高成熟—过成熟阶段具备大规模转化生成气态烃的潜力。

为探索盆地奥陶系下组合有机酸盐对有机碳测定的影响，本书从应用角度出发，采用前人分析方法（刘鹏等，2016；刘全有等，2013；孙敏卓等，2013），选取下组合12块样品开展有机酸盐分析，并与传统方法分析的TOC进行对比。结果表明用常规方法测的TOC偏低，平均0.26%。开展有机酸盐分析后重新计算总TOC，数据基本大于0.3%，最高可达1.36%，平均0.58%，表明下组合膏盐岩地层中赋存有机酸盐，具备较好的生烃潜力（图8-1-4）。

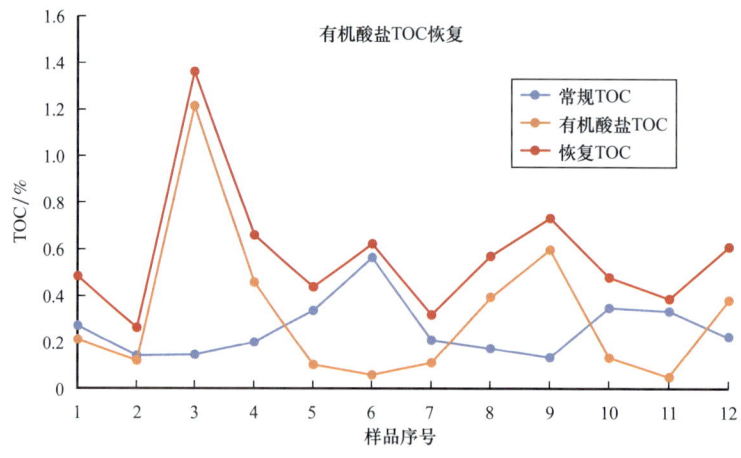

图8-1-4 烃源岩TOC分析对比图

2）有机质类型

选择奥陶系下组合22块源岩样品进行干酪根显微组分鉴定及类型划分。这些样品以腐泥组中的无定形组分为主［图8-1-3（e）］，占比超过96%，含少部分海相镜质组，缺乏壳质组和惰质组，属于Ⅰ型干酪根，表明下组合生烃母质中没有陆源有机质混入，生烃条件较好。

3）有机质成熟度

对奥陶系下组合 30 块烃源岩样品进行干酪根海相镜质组及沥青反射率测试[图 8-1-3（f）]，利用前人校正公式（刘德汉等，1994）计算等效镜质组反射率，R_o 为 1.62%～2.16%，北部乌审旗附近 R_o 略低，向南部富县—黄陵地区 R_o 稍高，表明下组合烃源岩有机质热演化达到高成熟—过成熟阶段，处于大量成气阶段。

4）烃源岩分布特征

奥陶系下组合烃源岩厚度整体较小，在环绕盐洼周边地区泥质岩带较厚，最厚可达 22m。依据地震反演剖面和钻井分析资料，可见奥陶系下组合烃源岩呈环带状围绕膏盐岩坳陷分布，主要发育在准格尔旗—乌审旗—吴起—富县—黄龙等地，在盆地中央的米脂—榆林—神木地区附近，发育有机质丰度较高、厚度较大的碳酸盐岩烃源岩（图 8-1-5）。烃源岩厚度普遍为 20～80m，局部烃源岩较发育处厚度可达 100m。在环带地区马三段泥质岩与膏盐岩、白云岩、石灰岩伴生，以测井响应为高自然伽马特征的云

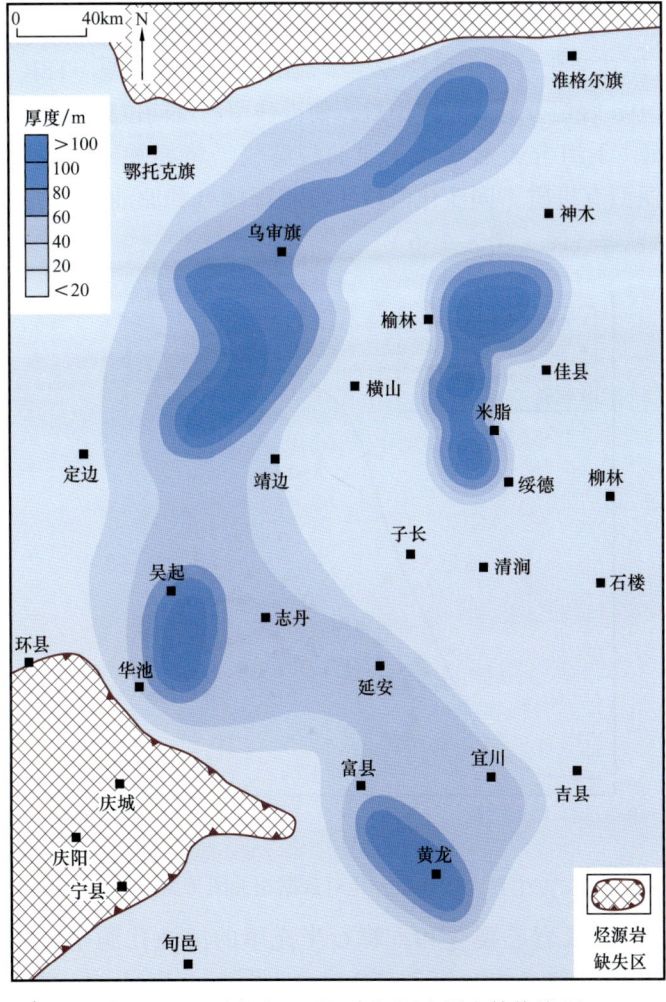

图 8-1-5 马家沟组下组合烃源岩厚度等值线图

质泥岩或者泥质云岩为主（图8-1-2），深黑色的泥质条带有机碳含量较高，具备较大的供烃规模。在坳陷中央地区马四段泥质岩整体较薄，但是藻云岩比较发育，烃源岩规模较大。

2. 气源对比

鄂尔多斯盆地奥陶系下组合天然气主要来自海相烃源岩（孔庆芬等，2019；姚泾利等，2016；涂建琪等，2016；李剑等，2017；李伟等，2017；徐旺林等，2019）。其中天然气同位素组成显示为油型气特征。盐下深层天然气普遍表现出甲烷同位素偏小的特征（表8-1-1）。从最近测试的天然气资料来看，甲烷碳同位素组成为 −42.26‰～−37.29‰，而乙烷碳同位素组成出现偏大的现象。为解释这一现象，采用了黄金管干酪根生烃热模拟技术，先将两件奥陶系海相烃源岩样品在50MPa恒压下，用8小时从室温升至250℃，然后分别采用快速（20℃/h）和慢速（2℃/h）升温至600℃，并在设定的12个温度点取样分析。结果表明，海相泥页岩生成的气态烃，单体烃碳同位素组成随着热演化程度增高，出现明显偏大的现象，而且与甲烷碳同位素组成的变化相比，乙烷碳同位素组成明显快速变大。表明烷烃气体在演化过程中可能发生了硫酸盐热化学还原（TSR）反应，而且乙烷在同位素分馏过程中，轻组分易裂解成甲烷，使得残留乙烷同位素组成发生正漂移。

组分判识方面，下组合天然气属于原油裂解气。将相关组分数据资料投在李剑等（2017）建立的腐泥型有机质不同演化阶段干酪根降解气和原油裂解气判识图版上，绝大部分数据落在原油裂解气区（图8-1-6）。

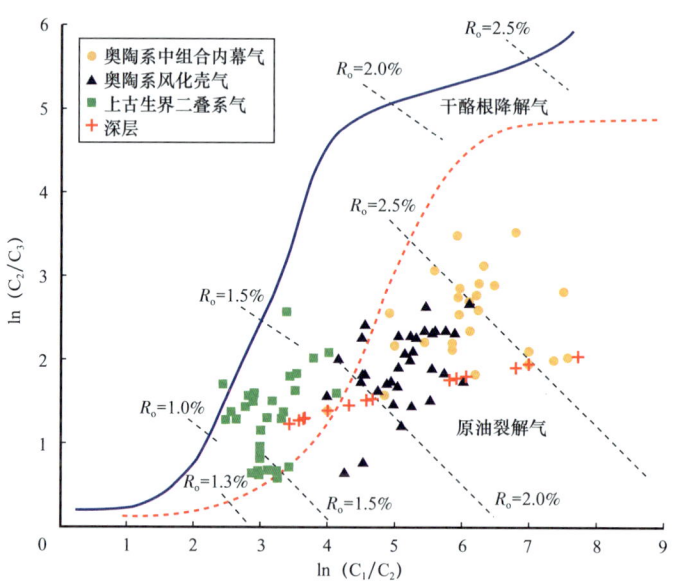

图8-1-6　古生界天然气组分比对数据相关图（据李剑等，2017）

岩石学方面，马四段岩心裂缝和方解石半充填的溶蚀孔洞中发育淡黄色硫黄晶体［图8-1-7（a）］，且流体包裹体亦包含 H_2S 成分［图8-1-7（b）］。这些证据表明烃类流体与膏盐发生过TSR反应，其化学过程如下：

$$nCaSO_4 + C_nH_{2n+2} \longrightarrow nCaCO_3 + H_2S + (n-1)S + nH_2O \quad (8-1-1)$$

$$H_2S \longrightarrow H_2 + S \quad (8-1-2)$$

在盆地盐下深部储层的次生白云石或者方解石矿物中亦发现大量含烃流体包裹体。这些流体包裹体形成的过程中发生了烃类流体运移，激光拉曼检测证实流体包裹体中确实含有丰富的烃类流体。如在陕473井中发现大量含烃流体包裹体［图8-1-7（c）（d）］，激光拉曼检测气相为CH_4。

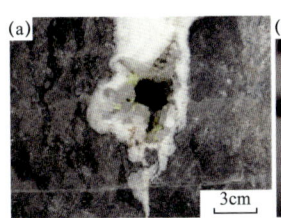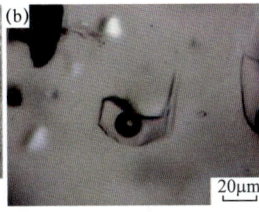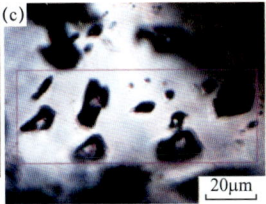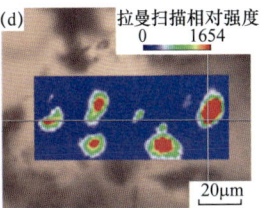

图8-1-7　岩心与流体包裹体特征

（a）桃112井，马四段，3602.41m，溶蚀孔洞被方解石和黄色硫黄晶体充填；（b）桃112井，马四段，3626.17m，气液两相包裹体，拉曼光谱显示气相中H_2S占85.7%，CH_4占14.3%，液相以水为主；（c）陕473井，马三段，4064.6m，白云石中的气态烃包裹体；（d）陕473井，马三段，4064.6m；（c）图粉色框中气液两相含烃包裹体拉曼光谱面扫图，色标对应拉曼扫描相对强度范围为0～1654，拉曼峰位置为2914.45cm^{-1}，气相为纯CH_4，气液比为90%

另外，下组合低产气流井产出的天然气H_2S含量普遍较高，主要为9.016%～23.230%，平均11.58%。通过$\delta^{34}S$分析对比后认为盐下高硫化氢天然气的硫同位素组成与硫酸盐匹配度好（孔庆芬等，2019），也可证实下组合发生过TSR反应。

上述几方面资料证实奥陶系下组合天然气主要来自海相烃源岩。

3. 储层

1）储层类型

白云岩储层的分布和演化既受沉积期古地貌控制，也受与膏盐岩相关的卤水流体作用控制（包洪平等，2017；吴东旭等，2017；王起琮等，2017；张静等，2017；席胜利等，2018；付斯一等，2019），主要形成晶间孔型、溶蚀孔型和裂缝型三类储层。

（1）晶间孔型储层。

该类储层以粗粉晶和细晶—中晶云岩为主，可包括生物扰动斑状云岩、灰质云岩和鲕粒云岩。储集空间以晶间孔为主［图8-1-3（g）］。

（2）溶蚀孔隙型储层。

该类储层主要分布在马四段，也可见于上组合风化壳储层，与藻球粒膏质云岩、泥粉晶云岩和颗粒滩云质灰岩中的石膏溶蚀作用相关；也可分布在局部古隆起和古高地，岩性以藻屑滩相白云岩和微生物格架云岩为主，横向上可呈不规则条带状分布［图8-1-3（h）］。其成因与流体溶蚀有关，储集空间主要为晶间溶孔或晶体粒内溶蚀孔。

（3）裂缝型储层。

裂缝型储层在马四段和马三段比较发育。裂缝可包括构造微裂缝和溶蚀缝，其中后者可进一步分为压溶缝和缝合线缝。裂缝一方面可沟通孔隙，改善储集性能，另外裂缝易于流体运移，因此溶蚀孔隙比较发育［图 8-1-3（i）］。

2）储层主控因素

（1）古地貌控制储层发育。

凹凸相间和高低分异的古地貌控制碳酸盐岩台地内的丘滩相储层发育（魏国齐等，2019；杨威等，2020）。研究区奥陶系白云岩储层发育和分布亦受控于沉积背景和古地貌环境。怀远运动发育的中央古隆起和乌审旗—靖边次级古隆起，控制了马家沟组滩相白云岩储层的宏观展布。如中央古隆起部位定探 1 井附近缺失寒武系三山子组、奥陶系马一段和马二段（图 8-1-8），表明该古隆起隆起幅度大，隆升持续时间长，不仅控制了上覆马三段和马四段的岩性特征，亦分隔了华北海和祁连海。

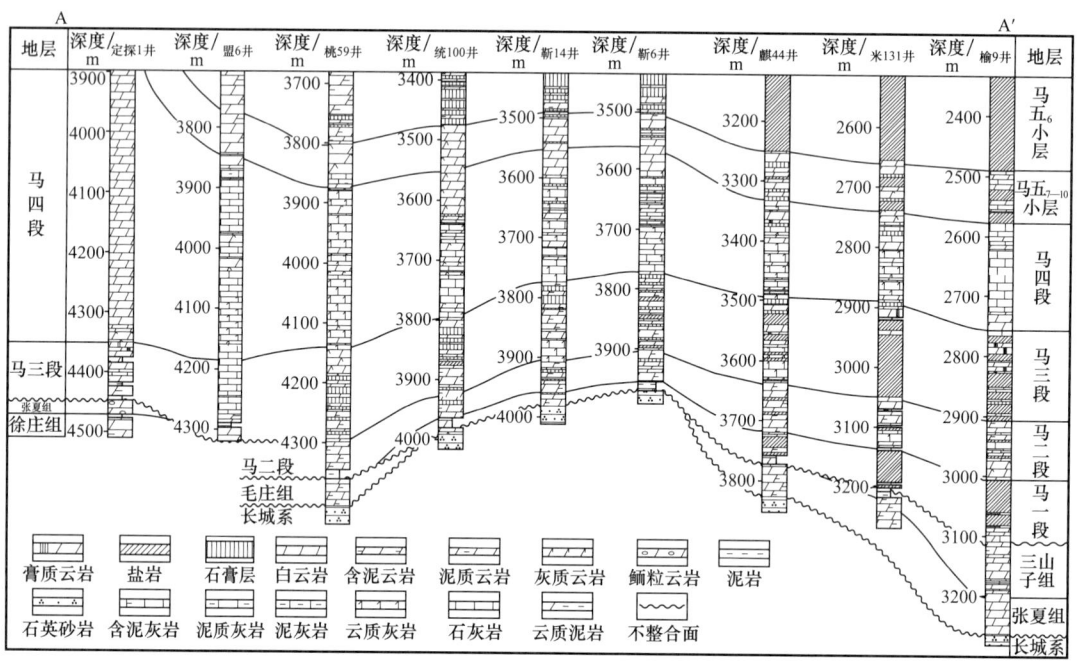

图 8-1-8　近东西向连井剖面图展示乌审旗次级古隆起位置及岩相横向变化特征（剖面位置见图 8-1-1）

（2）膏盐岩促进储层演化。

膏盐岩层对白云岩形成具有促进作用（朱童等，2014；吴海等，2016；徐安娜等，2016）。盐下白云岩储层主要为回流渗透成因，如马四段沉积末期和马五段沉积早期，海退导致隆起部位周边地区处于潮上蒸发环境，局部可沉淀石膏。因为表层水中的镁、钙离子浓度比整体较大，因此当表层白云石化作用完成后，卤水可向下部疏松沉积物回流，形成厚层白云岩。另外硬石膏在向石膏转化时，由于失水作用可导致体积减小，并形成晶间孔；硫酸盐还原反应消耗硫酸钙，亦可促使石膏溶解，并形成 CO_2 和 H_2S 等酸性流体，有利于次生孔隙的生成（刘文汇等，2016）。

3）物性特征

碳酸盐岩储层的发育与古地貌、沉积环境密切相关。马四段沉积期，鄂尔多斯盆地自西向东依次发育中央古隆起和乌审旗—靖边次级古隆起，在连井对比剖面上亦可识别出次级古隆起（图8-1-8）。古隆起部位在马四段沉积早—中期发生大规模海侵，水体能量大，高部位易形成高孔隙度颗粒滩，到马四段沉积晚期开始海退，多处于间歇暴露状态，加之蒸发作用强烈，使得白云石化和膏化作用强烈。东部的神木—子洲地区由于马三段局部盐隆作用，马四段发育含灰云岩，储层也比较发育（图8-1-9）。

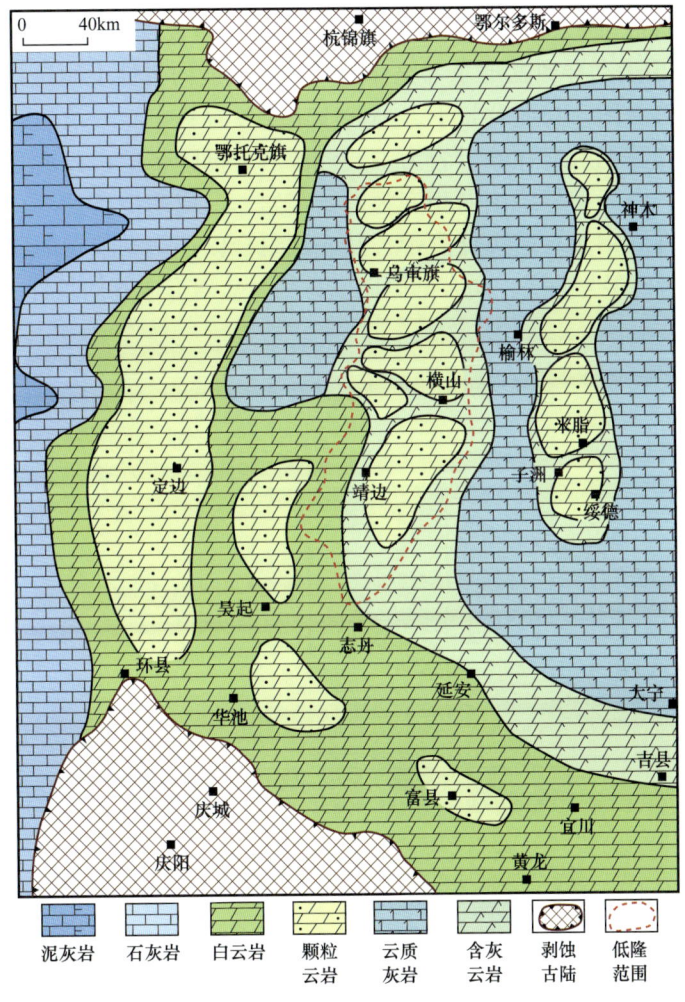

图 8-1-9　马四段岩相分布图（据周进高等，2020，修改）

整体来说，马四段白云岩储层物性好于马三段。其中在马四段，乌审旗—靖边次级古隆起附近的物性好于东部神木—子洲地区。如乌审旗—靖边次级古隆起部位岩心实测马四段孔隙度为0.23%～14.34%，优质储层段孔隙度主要为1%～3%，平均为1.8%；测井解释储层段孔隙度为0.71%～10.26%，平均为4.26%。东部神木—子洲局部低隆带岩心实测马四段白云岩储层孔隙度为0.11%～5.93%，优质储层段孔隙度主要为1.0%～2.8%，平均为1.6%；测井解释储层段孔隙度为2.02%～8.65%，平均为4.51%。马三段钻井较少，岩心实测孔隙度为0.11%～10.35%，平均1.65%；测井解释储层段孔隙度0.01%～10.33%，平均为3.75%。

二、成藏组合与成藏模式

1. 成藏组合

奥陶系下组合自西向东发育鄂托克旗—庆阳古隆起、乌审旗—靖边次级低隆和神木—子洲盐隆带，白云岩储层较发育。隆起间则为较深水环境，多发育致密灰岩（图8-1-10）。燕山运动导致盆地东部整体抬升，形成侧向岩性上倾遮挡圈闭和局部低幅度构造—岩性复合圈闭。在此背景下，马四段主要发育乌审旗—靖边和神木—子洲两个成藏组合，均以含藻泥灰岩和藻云岩为主要烃源岩，低隆带的白云岩为储集体，致密碳酸盐岩为封盖层，白云岩储层侧向相变为致密灰岩，形成遮挡条件。马三段目前发现的天然气主要分布在乌审旗—靖边低隆带，其成藏组合以环绕坳陷带的薄纹层泥质岩为烃源岩，盐间白云岩薄层为储层，向东部侧向发育的膏盐岩形成遮挡条件。

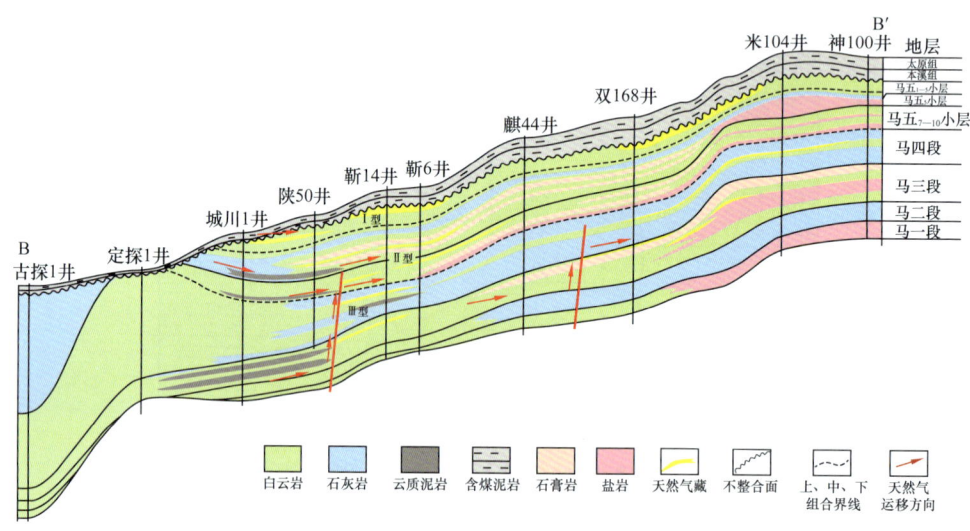

图 8-1-10 鄂尔多斯盆地奥陶系天然气成藏模式（剖面位置见图 8-1-1）

2. 成藏模式

鄂尔多斯盆地中东部奥陶系上、中、下组合各自成藏模式有所不同，可以划分为三类（图8-1-10）：类型Ⅰ是上组合风化壳成藏模式，主要分布在靖边及周边地区，是以上古生界气源为主的上、下古生界混源模式，以膏质云岩膏模孔储层和地层圈闭为主。类型Ⅱ是中组合成藏模式，主要围绕盐坳呈环带状分布在乌审旗—靖边西—吴起地区，其中处于马五$_6$小层膏盐岩层之上的马五$_4$小层和马五$_5$小层的气藏，以上古生界、下古生界混源供烃模式为主；处于马五$_6$小层及以下至马五$_{10}$小层的气藏，主要包括泥质条带烃源岩和藻云岩、藻灰岩烃源岩，属自生自储油型气成藏组合（李伟等，2017；孔庆芬等，2019）。类型Ⅲ是下组合成藏模式，主要分布在乌审旗—靖边次级古隆起和神木—子洲地区的盐隆带。烃源岩为以条带状薄层泥质岩为主的马三段烃源岩和以藻云岩、藻灰岩为主的马四段烃源岩。储层主要为隆起部位的颗粒滩和藻屑滩相粉晶—细晶云岩或者灰质云岩，发育溶蚀孔和晶间孔。隆起周边低洼部位多发育石灰岩和泥质灰岩，在燕山期构造运动后东部抬升，形成侧向岩性遮挡圈闭或者低幅度构造—岩性复合圈闭。垂向小断裂、微裂缝和横向展布的薄层白云岩共同构成天然气运移聚集的输导体系。

三、勘探潜力与勘探方向

鄂尔多斯盆地奥陶系下组合马三段和马四段有多口井测试获低产气流。2020年部署的风险井靖探1井和米探1井均见到较好显示，其中米探1井于2021年6月在马四段测试获得$35.24\times10^4\text{m}^3/\text{d}$的工业气流，不仅证实奥陶系盐下深层能够生烃，而且具备规模商业勘探潜力。预示盐下深层是近期重要勘探领域，未来勘探规模值得重视。

马三段厚度为140~180m，在乌审旗—横山—靖边次级古隆起附近有利勘探面积约$1.6\times10^4\text{km}^2$，其西侧次洼烃源岩比较发育。该层段发育与膏云岩互层的灰黑色纹层状泥质岩和藻团块泥质云岩，一般具有高自然伽马测井响应特征，与上、中组合的锯齿状高自然伽马测井响应特征相似，具备较好的供烃潜力。这类泥质岩与白云岩、膏盐岩交替互层共生，表明沉积期海水浅、光照足、藻类繁茂，有利于有机质发育与保存。马四段厚度160~220m，其在乌审旗—横山—靖边次级古隆起和神木—子洲盐隆面积约$2.4\times10^4\text{km}^2$，隆间次洼发育泥质岩和藻灰岩，供烃能力较好。次级隆起部位发育的藻云岩，分布面积较大，储集能力较好。该层段已经有多口井见到天然气显示和低产气流，勘探潜力和富集规律值得进一步研究与探索。

第二节　寒武系油气地质特征与勘探新领域

"十三五"期间，随着地质研究和勘探的不断深入，鄂尔多斯盆地寒武系碳酸盐岩层系勘探取得较大的成果。鄂尔多斯盆地寒武系储层主要发育于徐庄组、张夏组和三山子组中，表生岩溶储集体和高能白云石化鲕粒滩是主要储集体；盆地南缘寒武系底部发育一套优质烃源岩—泥页岩（马店组/东坡组/三道撞组）；盆地西南缘的庆阳古陆周缘地区发育岩溶缝洞型储集体，存在新生古储、自生自储的成藏组合，多口井获天然气流，是未来的主要勘探方向。

一、油气地质特征

1. 岩相古地理及有利储集体

由于鄂尔多斯地区寒武系较为复杂，不同学者依据研究目的需要，对鄂尔多斯地区寒武系做出不同划分方案。本次研究在前人成果基础上，通过分析鄂尔多斯不同地区寒武系特征，对寒武系进行重新划分。根据该地区构造演化、古生物特征、岩心、测录井资料及地震数据，对寒武系各组进行整理、分析，自下而上把寒武系划为三道撞组（马店组或东坡组）、辛集组、朱砂洞组、馒头组、毛庄组、徐庄组、张夏组和三山子组等（表8-2-1）。

表 8-2-1 鄂尔多斯盆地及周缘寒武系地层划分对比表

系	统	阶	中东部	南缘	西缘	贺兰山	河西走廊	本文划分
寒武系	上统	凤山阶	三山子组	三山子组	阿不切亥组	阿不切亥组	香山群	三山子组
		长山阶						
		崮山阶						
	中统	张夏阶	张夏组	张夏组	张夏组	张夏组		张夏组
		徐庄阶	馒头组	馒头组	胡鲁斯台组	胡鲁斯台组		徐庄组
		毛庄阶			陶思沟组	陶思沟组		毛庄组
	下统	龙王庙阶						馒头组
		沧浪铺阶		朱砂洞组	五道淌组	五道淌组	?	朱砂洞组
				辛集组	苏峪口组	苏峪口组		辛集组
		筇竹寺阶		三道撞组				三道撞组
		梅树村阶						

寒武纪，鄂尔多斯地区整体处于拉张构造背景，致使其形成了隆洼相间的构造沉积格局（图 8-2-1），盆地西南缘发育五个克拉通内裂陷，分别为贺兰内裂陷、定边内裂陷、环县内裂陷、麟游内裂陷、礼泉内裂陷；盆地内部发育五隆（陆）两洼，"五隆"指的是伊盟古陆、庆阳古陆、吕梁古隆起、乌审旗古隆起和韩城古隆起，"两洼"指的是神木洼陷、宜川洼陷。受上述构造沉积格局控制，鄂尔多斯盆地现今盆地范围内寒武系并非是"铁板一块"的陆表海沉积，而是发育了滨岸、局限台地、开阔台地、斜坡、陆棚、缓坡、台地边缘以及盆地等沉积相。

由于下寒武统三道撞组主要沉积于盆地南缘的秦岭北部地区，并且为一套以黑色泥页岩为主的深水沉积，横向上无差异，因此本文主要对辛集组—三山子组进行较为详尽的岩相古地理阐述。

1）辛集组沉积期岩相古地理特征

下寒武统辛集组主要在盆地南缘和盆地西缘发育，陇县牛心山剖面和平 1 井揭示了辛集组的沉积特征，岩性主要为碎屑岩和泥岩沉积，发育紫红色含磷石英砂岩，紫红色泥页岩夹薄层泥岩，可见波痕和泥裂沉积构造。辛集组的岩相古地理特征受到沉积时的古地理环境影响。

受辛集组沉积期古地貌特征及海平面的影响，辛集组主要发育含磷砂砾滨岸相、内缓坡相及中缓坡相（图 8-2-2）。辛集组沉积期，除西缘及南缘外，鄂尔多斯大部分地区仍为古陆，由于长期的风化剥蚀，古陆坡度小，陆源供给相对充足，在靠近古陆的滨岸地区，水体动力相对较强，大量的生物通过汲取上升洋流从深海底层带来的磷质起到了聚磷的作用，在环古陆区域发育含磷砂砾滨岸相。自滨岸向海的方向，由于古陆的坡度

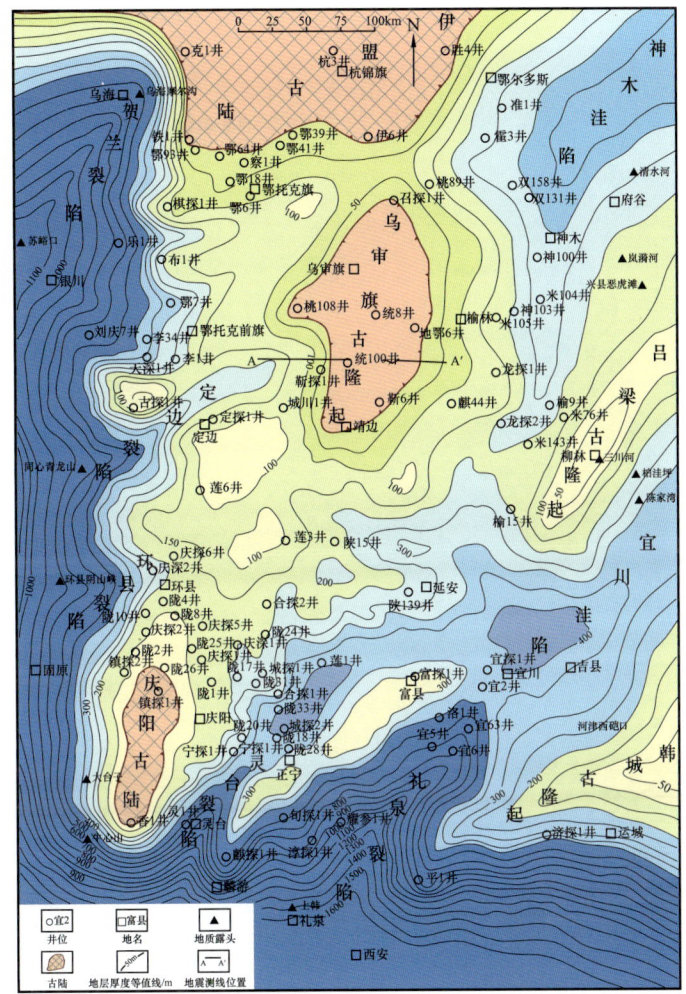

图 8-2-1　鄂尔多斯盆地寒武系残余地层厚度图

相对平缓，水体能量适中，发育内缓坡相。由内缓坡相向海方向，在盆地南缘发育中缓坡相。

2）朱砂洞组沉积期岩相古地理

下寒武统朱砂洞组局限于盆地南缘和西缘分布，自西向东、自南向北减薄。朱砂洞组发育浅灰色薄板状石灰岩、肉红色白云岩、紫红色薄层泥岩、泥质云岩及砂质云岩等，可见潮汐水道沉积，发育波痕、泥裂及球枕等沉积构造。朱砂洞组的岩相古地理特征受到沉积时的古地理环境的影响。

受朱砂洞组沉积期古地貌格局的影响，大面积的古陆为朱砂洞组的沉积提供了充足的碎屑物质，发育碎屑岩沉积，同时由于海水继续从西侧、南侧向鄂尔多斯盆地内侵入，随着海侵的扩大，碳酸盐岩沉积不断发育，总体上，朱砂洞组沉积期处于碎屑岩与碳酸盐岩混合沉积的环境。所谓混合沉积是指在同一沉积环境下形成的硅质碎屑与碳酸盐两

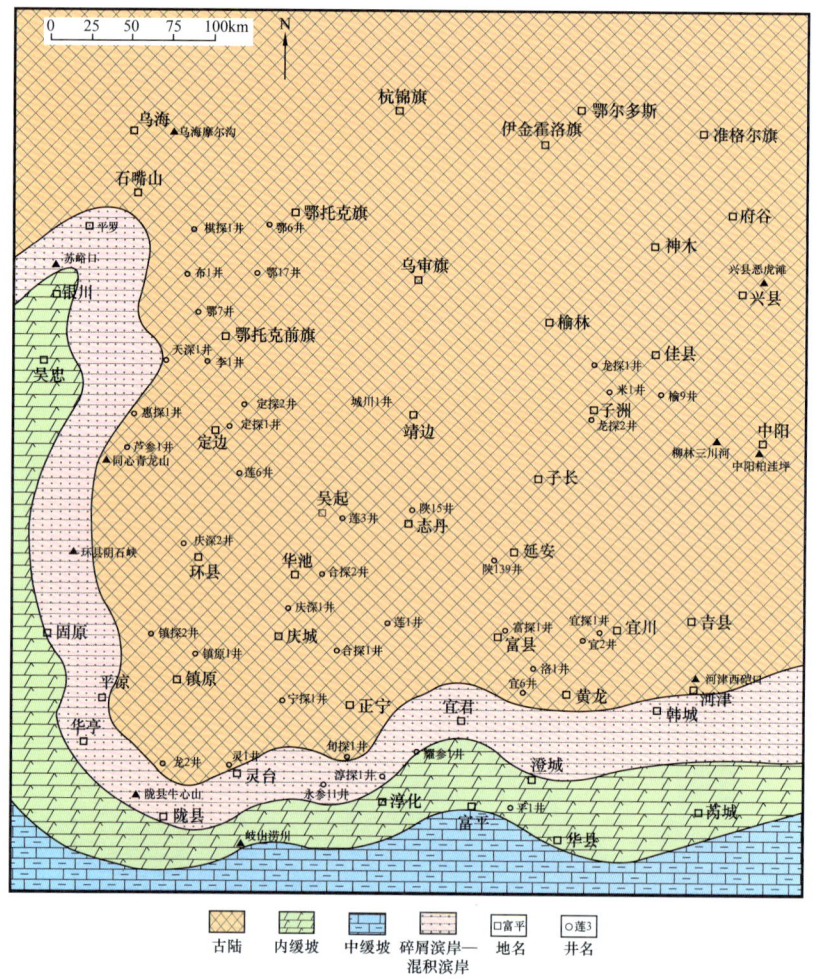

图 8-2-2 鄂尔多斯盆地下寒武统辛集组沉积期岩相古地理图

种组分结构成分上相互混杂和交替出现的沉积物。研究认为,朱砂洞组属于混积碳酸盐岩缓坡沉积体系,受陆源碎屑及碳酸盐岩双重沉积作用的影响,环绕古陆发育浑水潮坪相的砂坪微相和砂云坪微相。靠近古陆,以碎屑岩沉积为主,而此时陆源碎屑的粒度较辛集组细,故环绕古陆发育砂坪相沉积。由砂坪向海一侧,碎屑岩沉积作用减弱,碳酸盐沉积作用不断增强,发育砂质云坪相(图8-2-3)。自浑水潮坪向海方向,随着水体的加深,依次发育内缓坡、中缓坡和外缓坡相,在浅缓坡相水体能量高的部位发育鲕粒滩相。

3)馒头组沉积期岩相古地理

下寒武统馒头组分布呈自西向东、自南向北减薄的趋势,馒头组出露点较多(如岐山剖面、环县剖面以及苏峪口剖面等),岩石类型较丰富,发育红褐色白云岩夹砂岩、灰绿色泥岩、灰色白云岩、土黄色白云岩、红色薄层砂岩、紫红色泥岩、灰白色灰质云岩等,可见波状泥质纹层。

馒头组沉积期的古地理特征受古构造格局以及古陆的影响,发育碎屑岩沉积,同时

图 8-2-3 鄂尔多斯盆地下寒武统朱砂洞组沉积期岩相古地理图

由于海水继续从西侧、南侧向东北方向侵入，随着海侵的扩大，碳酸盐岩沉积不断发育，馒头组沉积期也处于碎屑岩与碳酸盐岩混合沉积的环境。环古陆区域，由于受到碳酸盐岩与陆源碎屑双重沉积作用影响，环古陆发育呈"L"形的碎屑滨岸—混积滨岸相，自古陆向海方向，水体不断加深，随着碎屑岩沉积作用的减弱和碳酸盐岩沉积作用的增强，依次发育碎屑滨岸相、混积滨岸相、浑水潮坪相及浅（内）缓坡相（图 8-2-4）。

4）毛庄组沉积期岩相古地理

中寒武统毛庄组分布范围明显扩大，其分布特征与馒头组差别很大，除在盆地西缘和南缘发育外，在盆地内部也发育呈近北东向分布的毛庄组。毛庄组主要发育泥质云岩、鲕粒灰岩、云质页岩、灰绿色粉砂岩、紫红色泥岩、灰色鲕粒灰岩、紫红色泥页岩、灰绿色泥页岩等。毛庄组的岩相古地理特征与馒头组沉积期不同，发生了很大的变化。

毛庄组沉积期，海侵范围进一步扩大，古陆的范围逐渐缩小，古陆所提供的陆源碎屑物质逐渐减少，此时碎屑岩沉积作用很弱，以碳酸盐岩沉积作用为主。受沉积时古地

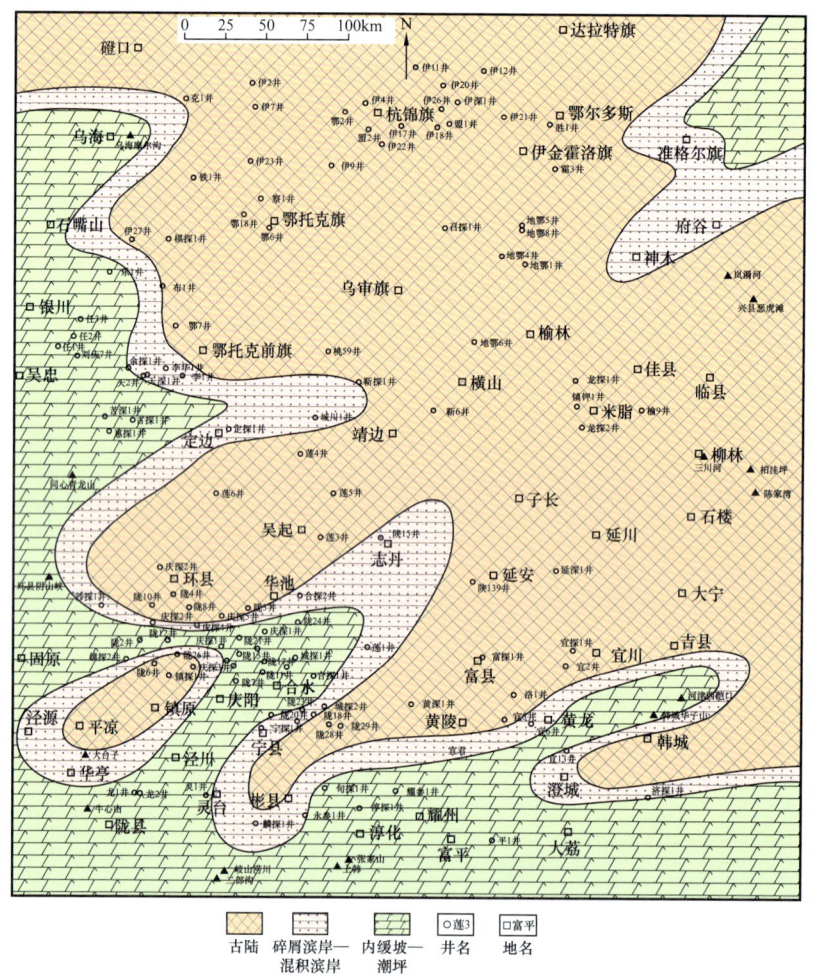

图 8-2-4 鄂尔多斯盆地下寒武统馒头组沉积期岩相古地理图

貌的影响，在环绕古陆的区域，水体能量相对较弱，间歇性暴露，发育滨岸相和潮坪相沉积，以紫红色砂岩、泥岩、含泥云岩沉积为主；在古陆周边地区，容易发育灰质鲕粒滩相沉积（图 8-2-5）。在盆地内部的古陆之间的低洼地区，由于水体相对开阔，水体能量适中，发育缓坡相沉积。此时，随着古地理格局的改变，盆地西缘、南缘的地层坡度逐渐变大，碳酸盐岩的沉积模式也发生了变化，盆地西缘、南缘自滨岸相向海方向，依次发育潮坪相、内缓坡相、中缓坡相、外缓坡相和盆地相。

5）徐庄组沉积期岩相古地理

中寒武统徐庄组分布范围大规模扩大，除在盆地南缘和西缘发育外，在盆地内部大面积分布，盆地西缘和南缘的徐庄组厚度相对较大，在盆地内部徐庄组厚度有所减薄。乌海摩尔沟、贺兰山苏峪口、同心青龙山、环县阴石峡、陇县牛心山、岐山、河津西碹口以及中阳柏洼坪等露头资料揭示，徐庄组主要发育灰色鲕粒灰岩、灰色石灰岩、灰黄色石灰岩、紫红色泥岩、竹叶状砾屑灰岩、灰绿色泥岩、灰黑色泥岩等，可见滑动变形构

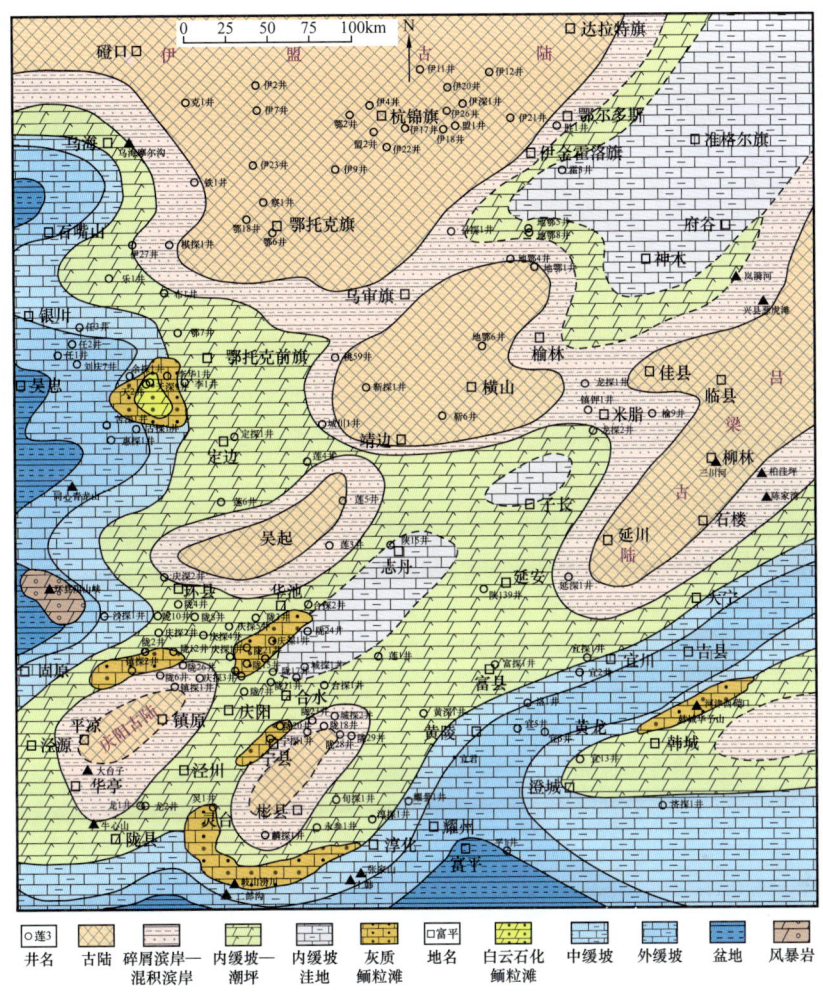

图 8-2-5 鄂尔多斯盆地中寒武统毛庄组沉积期岩相古地理图

造。寒武系钻遇徐庄组的布1井、天深1井、桃59井等17口井资料揭示，徐庄组发育泥岩、灰色白云岩、深灰色白云岩、泥质云岩、深灰色泥岩及泥灰岩，鲕粒发育。

徐庄组沉积期的岩相古地理面貌与毛庄组沉积期相比有很大的变化。徐庄组沉积期，海侵范围大规模增加，古陆的范围急剧缩小，盆地内仅存三个面积比较小的古陆（即伊盟古陆、庆阳古陆和吕梁古陆），除古陆外，绝大部分地区被海水淹没。受隆洼相间古地貌的影响，在环绕古陆的区域，水体能量相对较弱，发育滨岸相、潮坪相，以紫红色砂岩、泥页岩、泥晶灰岩、泥质云岩为主，在古陆和水下古隆起周边发育鲕粒滩相沉积（图8-2-6）。盆地内部，三个古陆之间的广大地区，水体较潮坪深，水体能量相对较大，水体较为开阔，主要为内缓坡洼地沉积，洼地内水体相对较深，水动力相对较弱，以低能沉积为主；在洼地周边的微古地貌高部位，水体变浅，水动力增强，发育鲕粒滩相沉积。盆地西缘、南缘的古地理特征与毛庄组沉积期具有一定的继承性，盆地西缘、南缘自开阔台地向海一侧，依次发育潮坪相、内缓坡相、中缓坡相、外缓坡相、裂陷台盆相

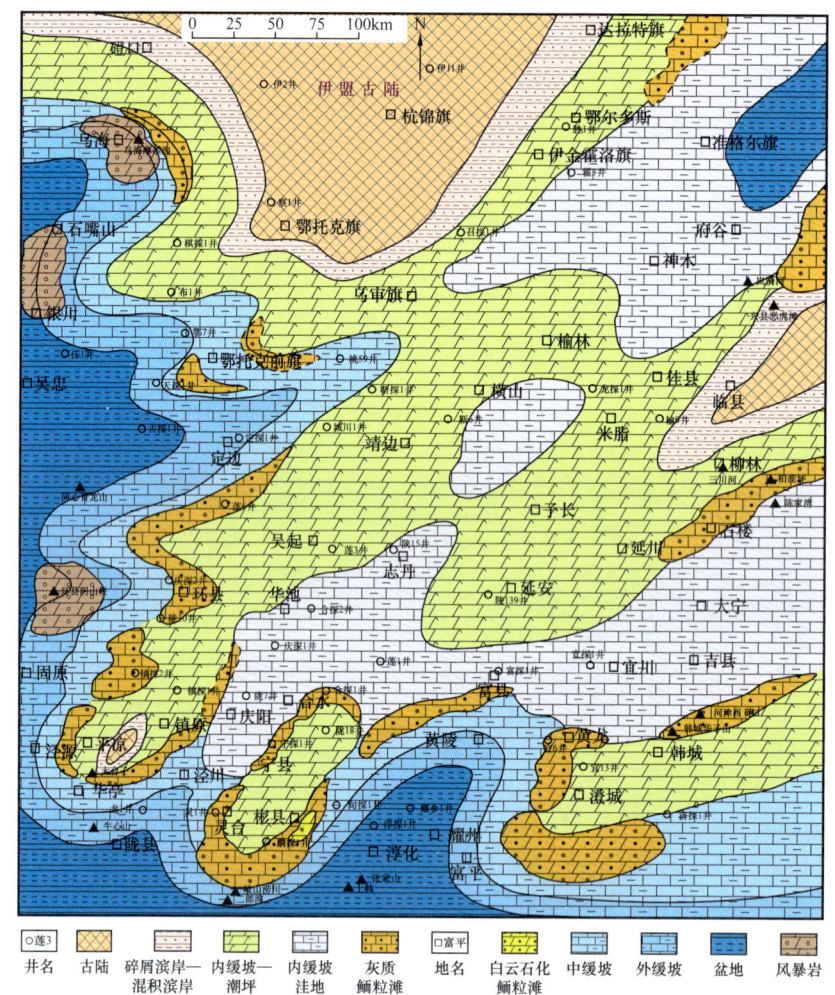

图 8-2-6 鄂尔多斯盆地中寒武统徐庄组沉积期岩相古地理图

和盆地相。由于在徐庄组沉积期,盆地南缘和西缘裂陷的规模达到最大,所以盆地南缘和西缘盆地相的沉积范围也明显扩大,向盆地内延伸较大。

6)张夏组沉积期岩相古地理

中寒武统张夏组分布范围最广,除在伊盟古陆地区未接受沉积外,在盆地内的其余地区均发育张夏组。贺兰山苏峪口、岐山、兴县恶虎滩、环县阴石峡及河津西硇口等露头剖面揭示,张夏组发育灰色鲕粒灰岩、砾屑灰岩、灰绿色泥岩、生屑灰岩及灰色石灰岩等,发育生物化石。寒武系钻遇张夏组的淳探1井、宜6井、龙探1井、宁探1井等22口井的岩心资料揭示,张夏组发育灰色白云岩、深灰色白云岩、泥质云岩及鲕粒云岩,其中鲕粒尤为发育。

中寒武统张夏组沉积期的岩相古地理格局与徐庄组沉积期有一定的继承性,但又存在一定的变化。张夏组沉积期,海侵范围持续扩大,达到寒武纪海侵的高峰,古陆的范围继续减小,盆地内仅存伊盟古陆。随着海侵达到最大,盆地内的水体不断加深,水动力不断增强，除古陆外，盆地内其他地区均被海水淹没，接受沉积。受隆洼相间古地貌的影响，在环绕古陆的区域，水体能量相对较弱，发育滨岸相，但由于张夏组沉积期海侵达到最大，水体相对较深，因此滨岸相发育较为局限。盆地内部，受海侵的影响，水体能量相对较大，水动力逐步增强，水体开阔，发育大面积的开阔台地沉积。开阔台地内部的洼地部位，由于水体相对较深，水动力相对较弱，以低能洼地沉积为主，泥岩及泥质灰岩发育。在盆地西缘、南缘的微古地貌高部位，水体变浅，水动力增强，发育大面积的鲕粒滩，并且在盆地南缘呈现多期分布。而盆地西缘、南缘的古地理特征与徐庄组沉积期具有一定的继承性，盆地西缘、南缘自开阔台地向海一侧，依次发育内缓坡相、中缓坡相、外缓坡相和盆地相（图8-2-7）。由于张夏组沉积期，盆地西缘裂陷和南缘裂陷的规模逐渐减小，所以西缘和南缘盆地相的沉积范围也在不断减小，向盆地边缘退缩。

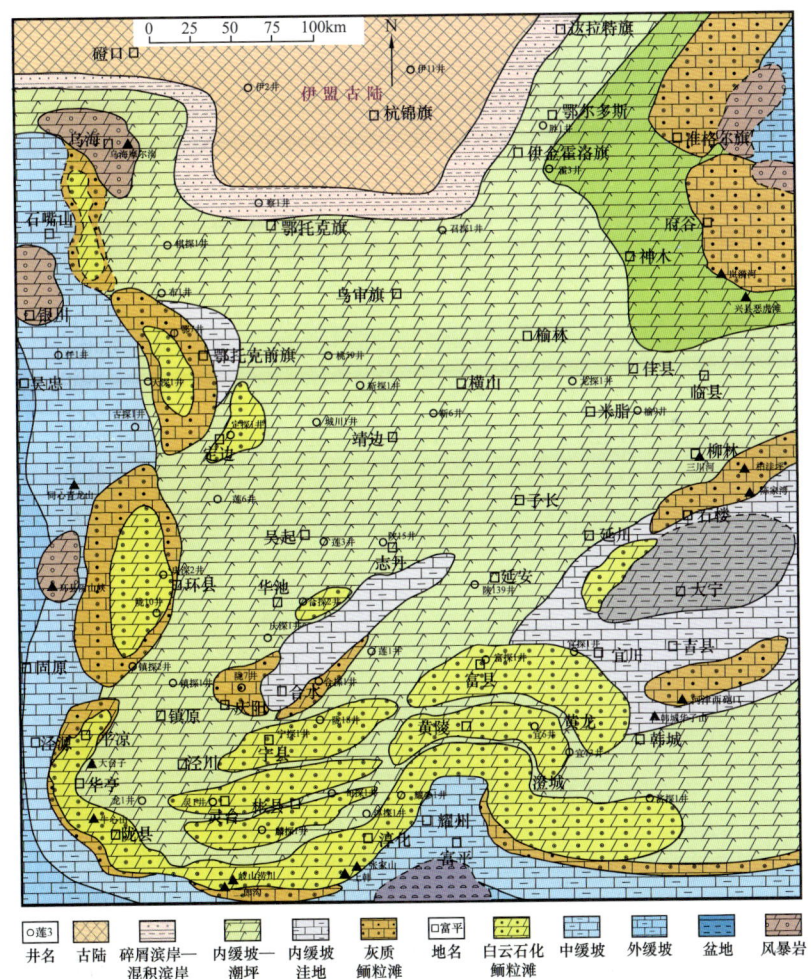

图 8-2-7 鄂尔多斯盆地中寒武统张夏组沉积期岩相古地理图

7）三山子组沉积期岩相古地理

上寒武统三山子组分布范围较张夏组沉积期明显缩小，三山子组在盆地西缘、南缘厚度相对较大，在盆地东部厚度相对较薄，在盆地中部受到怀远运动的影响，被剥蚀殆尽。兴县恶虎滩、环县阴石峡及河津西硇口以及中阳柏洼坪等露头剖面揭示，三山子组发育灰色白云岩、灰黄色石灰岩、鲕粒云岩、块状白云岩等，部分露头剖面显示白云岩层孔、洞发育。平1井、宜探1井等钻遇三山子组的15口井资料揭示，三山子组发育灰色白云岩、深灰色白云岩及灰质云岩，可见竹叶状砾屑。三山子组沉积期的岩相古地理特征与张夏组沉积期有很大不同。

三山子组沉积期，开始海退，随着海退的持续进行，水体逐渐变浅，水动力相对减弱，在广大的盆地主体地区发育潮坪相。受到基底断裂的控制，在盆地东北部的神木—准格尔旗地区和盆地东南部的大宁—吉县地区，地势相对低洼，仍旧发育潟湖相沉积。而在盆地西缘、南缘地区，仍旧继承性的发育大面积的鲕粒滩沉积。在盆地内部，位于微古地貌高部位发育风暴滩沉积（图8-2-8）。同时，三山子组沉积期，在广大的开阔台地内部地貌已经平整化，并且该沉积期沉积的地层内，岩石白云石化普遍存在。

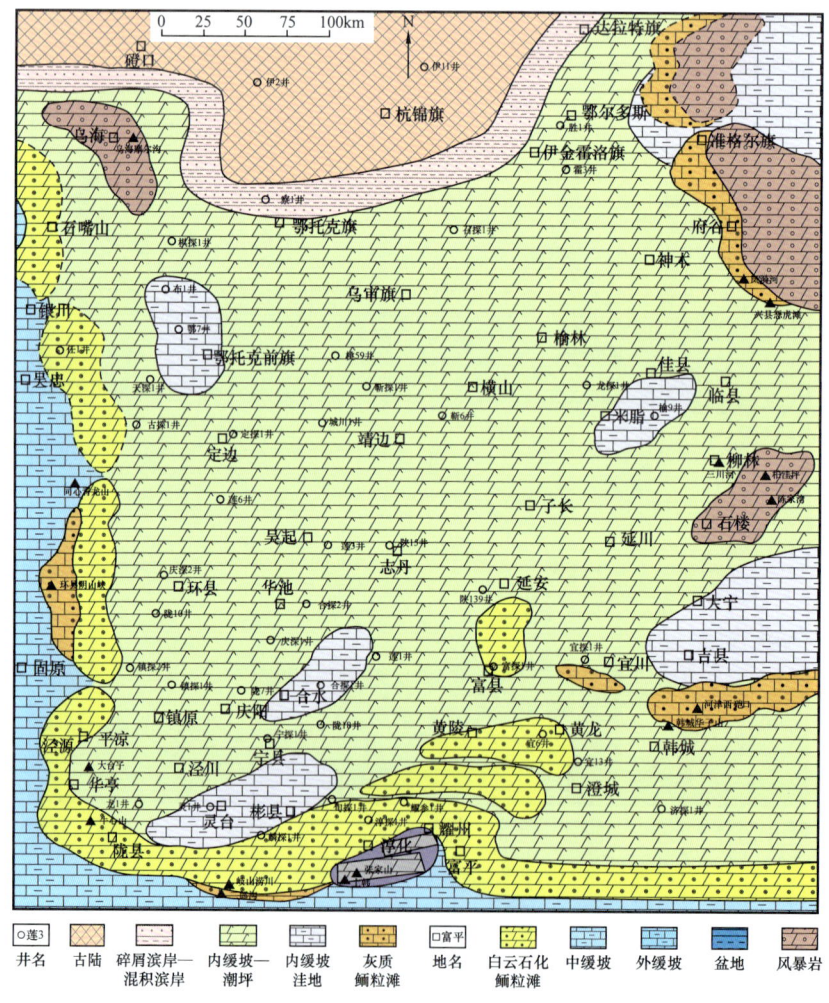

图8-2-8　鄂尔多斯盆地上寒武统三山子组沉积期岩相古地理图

2. 寒武系储层发育特征

1）碳酸盐岩储集体类型

鄂尔多斯盆地寒武系碳酸盐岩储层岩石类型多样，以白云岩为主，夹有少量的砂砾屑灰岩、角砾灰岩等。以主控要素为分类基础，将鄂尔多斯盆地寒武系碳酸盐岩储层类型划分为相控型储层和构造强改造型储层两大类，并将相控型储层进一步划分为云坪、潮坪微生物岩、鲕粒滩（台内滩、台缘滩、内缓坡滩）、中缓坡或台地前缘滑塌等类型，而构造强改造型储层主要细分为表生岩溶、断溶体两种类型，除此之外，还识别出埋藏（热流体）岩溶储层（表8-2-2）。

表8-2-2　鄂尔多斯盆地寒武系碳酸盐岩储层类型

大类	亚类	孔隙类型	分布层位	主要岩性
相控型储层	云坪	晶间孔、晶间溶孔等	馒头组—三山子组	白云岩（为主）
	潮坪微生物云岩	晶间孔、晶间溶孔等	张夏组—三山子组（为主）	
	白云石化鲕粒滩	粒间孔、粒间溶孔和粒内溶孔，强白云石化主要为晶间孔和晶间溶孔	徐庄组—三山子组	
	中缓坡或台前滑塌沉积	白云岩砾石内晶间孔和晶间溶孔，粒间溶孔，可见微裂缝	徐庄组—张夏组	
构造强改造型储层	表生岩溶	微裂缝、晶间溶孔、溶洞等	徐庄组—三山子组	石灰岩和白云岩
	断溶体	微裂缝、溶洞、晶间溶孔等	徐庄组—三山子组	
	裂缝	微裂缝、溶蚀缝等	馒头组—三山子组	
其他潜在储层	埋藏（热流体）岩溶	溶洞、晶间溶孔等	张夏组等	白云岩（为主）

（1）相控型储层。

相控型储层主要以白云岩类储层为主，其中以白云石化鲕粒滩储层相对优质[图8-2-9（a）、(b)、(c)]。

鲕粒滩储层岩性主要为鲕粒云岩和残余鲕粒云岩，储集空间类型主要为溶孔[图8-2-9（a）]、粒间溶孔[图8-2-9（b）]、粒内溶孔[图8-2-9（b）]及（溶蚀）微裂缝[图8-2-9（a）]，其在徐庄组—三山子组均有发育。按鲕粒滩储层发育背景，可划分为碳酸盐岩缓坡背景的内缓坡鲕粒滩，碳酸盐岩台地背景的台内鲕粒滩[图8-2-9（a）、(c)]和台地边缘鲕粒滩[（图8-2-9（b）]，以台缘鲕粒滩更为有利。

云坪储层主要在潮坪区发育，以粉晶—细晶云岩为主，孔隙类型以晶间孔、晶间溶孔等为主[图8-2-9（d）、(e)]，可见微裂缝，云坪在馒头组—三山子组均有发育。

潮坪微生物岩主要发育在潮坪背景下，其主要发育在徐庄组—三山子组中，该类储层以微生物云岩为主，石灰岩致密。图 8-2-9（f）展示了树枝状微生物云岩，野外观察土黄色区以粉晶—细晶为主，滴水吸收快，指示了比灰色致密区更好的孔隙性，并可形成良好的网状连通。

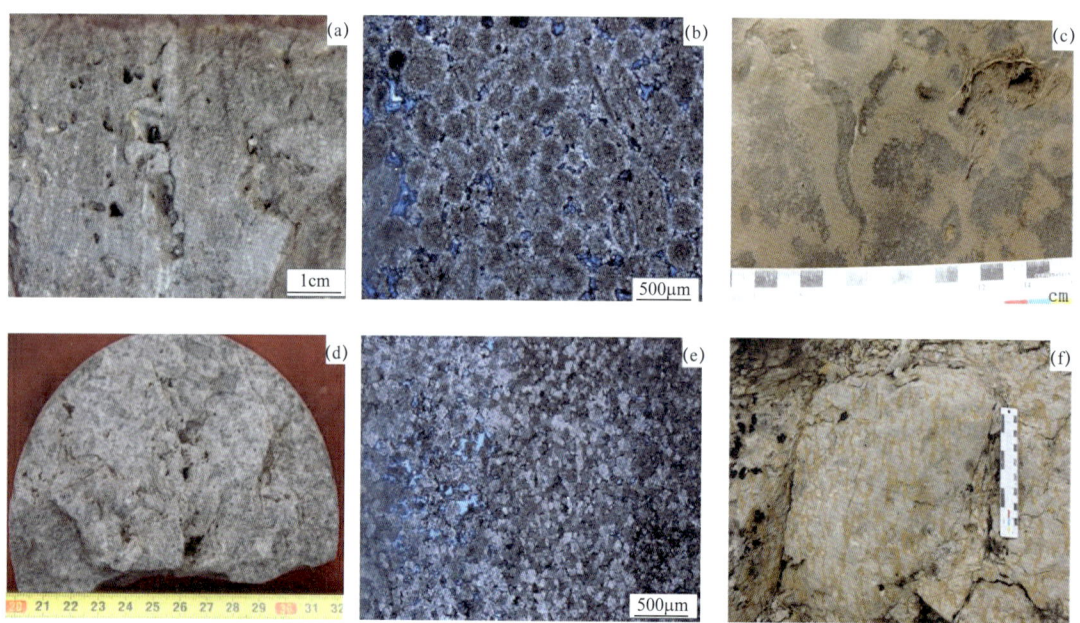

图 8-2-9　鄂尔多斯盆地寒武系碳酸盐岩浅水区相控储集体典型照片

（a）鲕粒云岩内的溶孔和溶蚀缝，台内滩，张夏组，3096m，榆 9 井；（b）云化鲕粒滩内的粒间溶孔和粒内溶孔，台缘鲕粒滩，张夏组，3719m，宁探 1 井；（c）台内滩，张夏组，朔州右玉剖面；（d）细晶云岩内的溶蚀孔隙，云坪，张夏组，3129m，宜 2 井；（e）粉晶—细晶云岩内的晶间孔和晶间溶孔，云坪，张夏组，3380m，龙探 1 井；（f）树枝状微生物云岩，黄褐色细晶为主，潮坪，长山组，朔州下水头剖面

除以上相控型储集体外，还在鄂尔多斯盆地南部深水区发现了滑塌的砾屑云岩沉积，主要在徐庄组和张夏组中见到，而滑塌体内砾石溶蚀孔隙和微裂缝均发育（图 8-2-10），粒间可见溶蚀孔隙和微裂缝。

图 8-2-10　鄂尔多斯盆地寒武系碳酸盐岩滑塌沉积储层典型野外照片

（a）细晶云岩，滑塌砾石内溶蚀孔和微裂缝发育，徐庄组，上韩剖面；（b）灰质云岩，滑塌砾石的溶蚀孔和微裂缝被黄土充填，张夏组，岐山剖面

（2）构造强改造型储层。

① 表生岩溶储层。

表生岩溶储层是中国深层油气勘探的重要领域之一，其在四川盆地、塔里木盆地和鄂尔多斯盆地均获得发现，并取得重大油气突破。鄂尔多斯盆地早古生代经历了两次重要的构造运动，分别为怀远运动和加里东运动，其中加里东构造运动造成鄂尔多斯盆地整体抬升，遭受长约150Ma的风化剥蚀，致使盆地东部奥陶系顶部形成了大面积展布的岩溶风化壳储层，造就了著名的靖边大气田。而发生于寒武纪晚期的怀远运动，虽然其活动时间仅为15.4Ma，但其足够形成寒武系顶部的岩溶储集体。研究发现寒武系顶部的岩溶作用较发育，尤其是在盆地西南部的庆阳古陆、乌审旗古隆起及吕梁古隆起等高古地貌地区的表生岩溶现象非常普遍。岩心观察与薄片鉴定表明庆阳古陆周边地区张夏组、三山子组中发育岩溶微裂缝［图8-2-11（a）、（b）、（e）］、岩溶角砾岩，常见有高角度裂缝、水平缝、网状缝［图8-2-11（e）］等，局部岩心破碎或被裂缝切割成薄板状，局部裂缝交会部位发育相对孤立溶孔，裂缝的发育能够连通孔隙，提高储层的渗透性能。

图8-2-11 鄂尔多斯盆地寒武系表生岩溶储集体特征

（a）灰褐色鲕状灰岩，岩溶微裂缝，张夏组，5138.52m，镇探2井；（b）灰褐色白云岩，方解石充填于岩溶裂缝中，三山子组，4000.8m，陇19井；（c）灰色白云岩，溶蚀孔洞发育，部分被方解石充填，三山子组，兴县恶虎滩；（d）细晶云岩，溶孔发育，三山子组，中阳柏洼坪；（e）表生岩溶缝—溶洞型储层，粉晶云岩，溶洞内见石英充填，长山组，河津西硙口剖面；（f）残余鲕粒细晶云岩，溶孔发育，张夏组，礼泉上韩

同时，在吕梁古隆起周边地区的张夏组、三山子组中呈现的溶蚀孔洞非常发育［图8-2-11（c）、（d）、（e）］，野外剖面揭示的溶蚀孔洞呈蜂窝状发育，直径为1～35cm，且方解石充填于部分孔洞之中；钻井岩心揭示出的溶蚀孔洞也较发育，大小以毫米级的溶孔为主，呈层状分布。上述特征皆说明庆阳古陆和吕梁古隆起周边地区遭受了表生岩溶作用，进而形成有利的储集体。

② 断溶体储层。

断溶体储层在塔里木盆地和四川盆地都可见到。在鄂尔多斯盆地东北部清水河剖面发现了典型的断溶体储层，图 8-2-12（a）展示了断溶体储层宏观特征。从照片中可以看出，断层近垂直于地层产状形成竹枝状分支，并形成了明显的溶蚀缝洞结构，溶蚀缝洞壁有部分白色方解石胶结，但孔隙空间仍发育，因此，具有很好的储集性能。除野外剖面外，在二维地震剖面上呈现出断层带附近具有异常反射特征，图 8-2-13 展示了地鄂 6 井东侧断裂附近的寒武系具有明显的杂乱反射特征，而该地震剖面所位于的地区与清水河剖面相对邻近，因此，推测该特征所反映出的极可能为断溶体储层。

图 8-2-12　鄂尔多斯盆地寒武系滑塌体、断溶体储集体特征
（a）灰褐色石灰岩，溶蚀缝洞发育，徐庄组，清水河；（b）灰褐色白云岩，热液溶蚀斑马纹结构，张夏组，礼泉上韩

（3）其他储层。

除了以上储层类型外，在野外剖面还发现了热液溶蚀所形成的斑马纹结构[图 8-2-12（b）]，指示了热液的改造特征。因此，认为存在埋藏（热流体）岩溶储层，但其储层发育的范围和规模尚待证实。

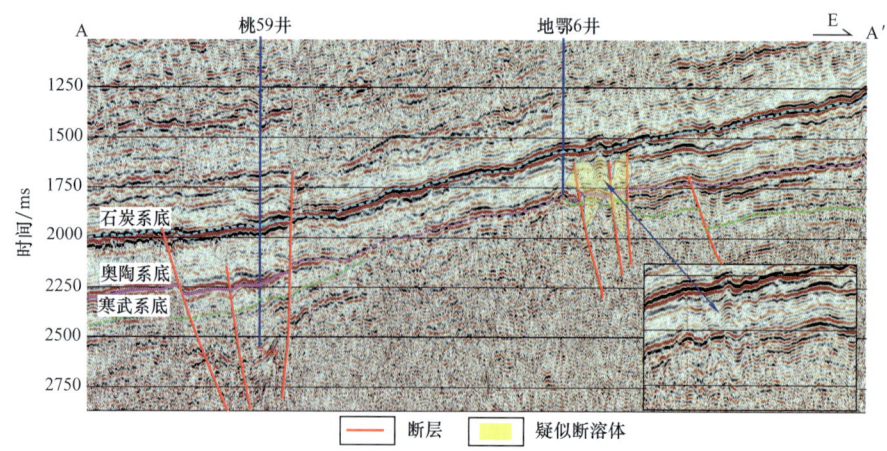

图 8-2-13　寒武系疑似断溶体地震反射结构特征（剖面位置见图 8-2-1）

2）碳酸盐岩储集空间类型

综合以上分析，认为鄂尔多斯盆地寒武系碳酸盐岩储集体的储集空间类型主要包括

孔、洞、缝三类。其中，孔主要包括白云石晶间孔、晶间溶孔、粒内溶孔、粒间溶孔等，洞主要是指表生岩溶作用所形成的溶洞，缝则是指溶蚀缝和微裂缝等。三类孔隙中以白云石晶间孔和晶间溶孔为主，其次为表生岩溶地区发育的溶孔及溶洞。

晶间孔、溶孔在鄂尔多斯盆地寒武系张夏组、三山子组地层中广泛发育[图8-2-11（d）、（f）]，是最主要的储集空间。镜下薄片鉴定揭示出晶间孔主要发育于细晶—中晶云岩中，多呈三角形或多边形，孔隙边缘平直，少见溶蚀现象，孔径为0.001～0.04mm，面孔率为1%～4%。溶孔是白云石被溶蚀形成的，其形态不规则，孔径变化较大，为0.01～0.03mm，面孔率为0.1%～6%，其分布形态为分散状或顺层密集状。

粒间和粒内溶孔主要发育在鲕粒云岩[图8-2-9（b）]和竹叶状云岩内，而在石灰岩中相对不发育，但受表生岩溶作用影响也可形成鲕粒铸模孔（图8-2-14）。

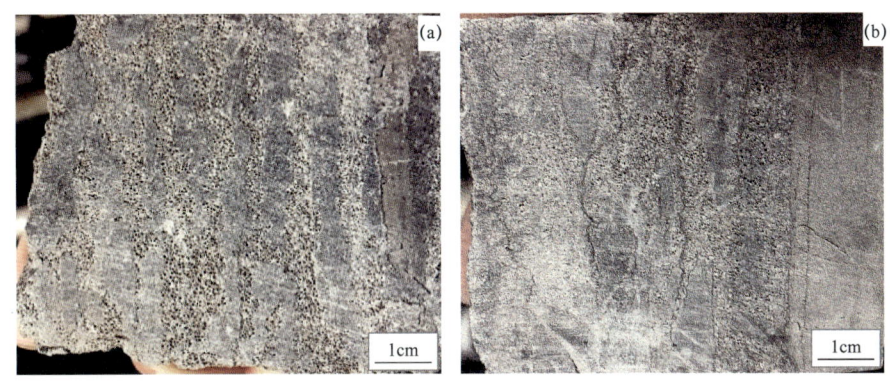

图8-2-14 鄂尔多斯盆地寒武系鲕粒铸模孔特征
（a）鲕粒灰岩，徐庄组，3329.7m，神100井；（b）鲕粒灰岩，徐庄组，3324.9m，神100井

溶洞是发育在岩层中[图8-2-9（a）、（d）、图8-2-10]，用肉眼就能观察到的直径大于2mm的溶蚀孔隙，在鄂尔多斯盆地东部吕梁古隆起周围张夏组、三山子组的岩心及野外剖面中较为常见，尤其是在兴县恶虎滩剖面的三山子组中非常发育。其成因主要是寒武系沉积后，受到怀远运动抬升而暴露地表，接受大气降水、浅层渗透水和地下水的淋滤作用，发生溶蚀形成溶孔，后续受到多次、长时间的溶蚀改造，溶孔扩大进而变成溶洞。

微裂缝是寒武系白云岩重要的储集空间类型，其可在相控型储层内见到[图8-2-9（a）]，同时也是表生岩溶重要储集空间类型[图8-2-11（a）、（b）、（e）、（f）]。

溶蚀缝是盆地寒武系的主要储集空间之一，主要发育于徐庄组、张夏组和三山子组地层，是构造裂缝被溶蚀改造后形成的，缝壁凹凸不平，缝宽大小不一，溶缝进一步溶蚀扩大就成为溶沟。溶缝中可见白云石、黏土矿物、石英、沥青等充填物[图8-2-9（b）、图8-2-10（b）]，认为其与埋藏时期的热液活动、有机质生烃充注有关。

3）储层发育主控因素

通过对寒武系沉积相、储层发育特征等方面进行分析，认为鄂尔多斯盆地寒武系储层发育主要受控于三个因素，即高能相带白云岩、古隆起区表生岩溶和断裂活动。

对目前发现的寒武系储集岩类型进行分析，揭示其以白云岩为主，细晶以上的岩性储层相对发育［图8-2-9（a）、（b）、（d）、图8-2-11（a）、（b）、（d）、（f）］，而石灰岩储层相对致密。同时，铸体薄片鉴定揭示此类储层主要发育于台内鲕粒滩、台缘鲕粒滩等高能相带区［图8-2-9（a）、（b）、图8-2-11（f）］，而相对低能的云坪地区的储层发育明显减弱［图8-2-14（b）］，反映出高能滩相对储层具有明显的控制作用。

鄂尔多斯盆地寒武系表生岩溶改造是储层形成的重要条件之一，古隆起也对储层发育程度起着控制作用。由于奥陶系沉积前怀远运动造成寒武系部分出露地表或者接近地表，白云岩地层受到大气淡水改造及破裂作用，进而形成溶蚀孔缝。表生岩溶作用不仅在白云岩类岩性中形成了丰富的储层（图8-2-11），在石灰岩类岩性中也可能形成储层（图8-2-14），但从目前发现的储层看，仍然以白云岩叠加表生岩溶改造的储层更为发育。

除此之外，断裂活动对储层的控制作用也较明显，尤其是断层密集区，易于输导流体，而形成断溶体。尽管钻井资料未明显揭示断溶体储层的存在，但野外剖面展示了典型的断溶体结构；除此之外，断层活动也可以产生微裂缝，对储层起到优化作用［图8-2-11（e）］。

4）储层分布模式

综合储层特征及主控因素分析，建立了鄂尔多斯盆地寒武系碳酸盐岩储层模式图（图8-2-15）。据其可知，白云化颗粒滩型储层在徐庄组—三山子组沉积期主要分布在盆地西缘、南缘的台缘带地区，而云坪相储层在徐庄组—张夏组沉积期主要分布在盆地西南部的古隆起区，但在三山子组沉积期可在盆地内部广泛发育。滑塌型储层主要形成于徐庄组沉积期，且主要分布在盆地南部的台缘斜坡带。表生岩溶型储层主要发育于徐庄组、张夏组和三山子组等层段的白云岩发育区及部分石灰岩发育区，明显受到庆阳古陆、伊盟古陆和乌审旗古隆起的控制，在上述古构造高部位附近的岩溶高地和岩溶斜坡区，表生岩溶型储层非常发育。断裂改造型储层主要分布在基底断裂发育区附近，主要特征为微裂缝和断溶体非常发育。除上述储层类型之外，潮坪相带也可存在白云石化微生物岩储层。

3. 寒武系烃源岩特征

鄂尔多斯盆地南缘的洛南古坡、水磨等地区发育寒武系三道撞组（马店组/东坡组）烃源岩，其可与四川的筇竹寺组对比。同时野外剖面揭示在盆地南部的正宁—宜君—淳化一带形成了水体相对较深的缺氧还原环境，有利于烃源岩的发育。

1）烃源岩分布特征

通过盆地南部洛南地区区域调查表明，洛南水磨、古坡地区碳质泥页岩厚度最大，烃源岩厚度普遍在40～50m之间，主要分布于下寒武统三道撞组中，区域上具有自南向北逐渐变小的趋势（图8-2-16），华北板块南缘寒武系底部整体上稳定发育一套深水陆棚环境沉积——泥页岩（马店组/东坡组/三道撞组），在鄂尔多斯盆地南缘西安—铜川等地区可能以裂陷的形式往台地内部延伸。

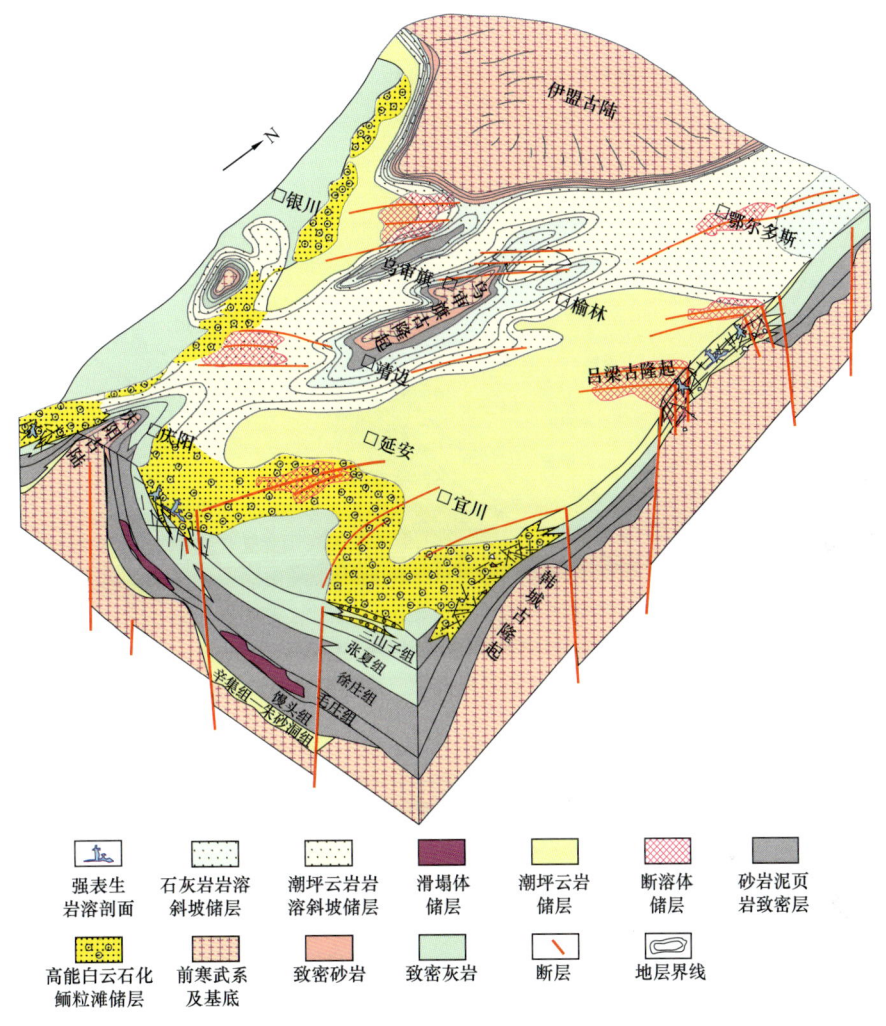

图 8-2-15 鄂尔多斯盆地寒武系储层分布模式图

2）烃源岩地球化学特征

烃源岩有机质丰度是衡量其油气潜力的物质基础，也是烃源岩评价的主要依据之一。反映有机质丰度的指标主要有：总有机碳含量（TOC）、生烃潜力（S_1+S_2）等。洛南地区下寒武统三道撞组烃源岩中（表8-2-3），关帝庙剖面 TOC 为 0.12%～2.72%，平均为 1.53%，属于中等—较好烃源岩。水磨剖面 TOC 为 2.96%～4.39%，平均为 3.72%，属于好烃源岩。古坡剖面 TOC 在 0.4%～11.0% 之间，平均为 4.67%，属于好烃源岩。

三道撞组样品的有机显微组分镜检结果表明，干酪根类型多为腐泥组沥青质体（Ⅰ型)，主要为浮游微生物等强烈降解的产物，多呈棉絮状或云雾状、线理状、基质状或透镜状，没有一定的外形轮廓，透射光下以黄色基团，颜色多变，由黄色，棕色到灰色，透明甚至不透明，大小从几十微米到几百微米不等（图8-2-17）。从有机显微组分看，徐庄组有机质类型多数样品为Ⅰ型，小部分为Ⅱ$_1$型干酪根，总体评价为Ⅰ—Ⅱ$_1$型。

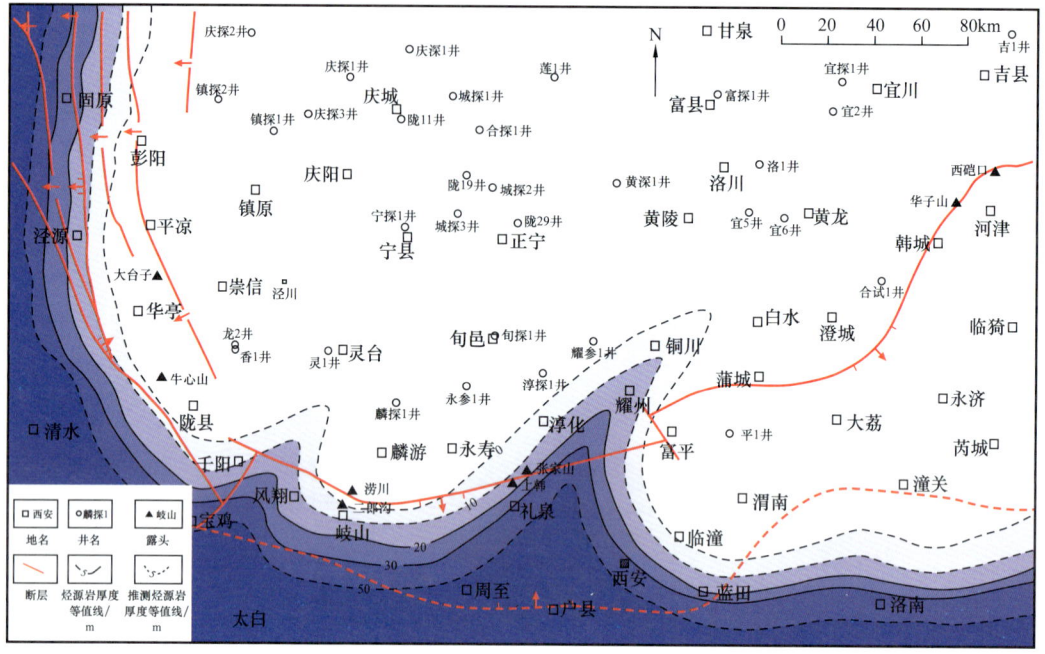

图 8-2-16 鄂尔多斯盆地南缘三道撞组烃源岩厚度图

表 8-2-3 鄂尔多斯盆地南缘三道撞组烃源岩有机碳丰度分析

剖面位置	层位	TOC/%	
		范围	均值（样品数）
洛南水磨	寒武系三道撞组	2.96～4.39	3.72（3）
洛南关帝庙	寒武系三道撞组	0.12～2.72	1.53（26）
洛南古坡	寒武系三道撞组	0.4～11.0	4.67（52）
礼泉上韩金盆沟	寒武系徐庄组	0.07～0.23	0.15（6）

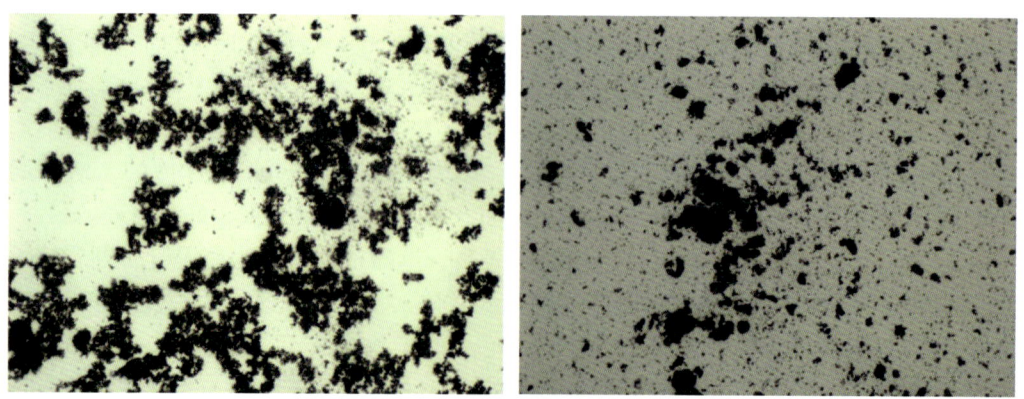

图 8-2-17 洛南地区三道撞组烃源岩腐泥组沥青质体

鄂尔多斯盆地南缘野外剖面烃源岩样品的热解最高峰温度实验（表 8-2-4）结果表明，洛南关帝庙 T_{max} 在 485～543℃之间，平均为 506℃；洛南水磨 T_{max} 在 521～528℃之间，平均为 523℃。结果表明洛南地区三道撞组烃源岩绝大部分 T_{max} 大于 500℃，反映烃源岩处于高成熟—过成熟阶段。另外闫相宾等（2011）指出，华北板块南缘烃源岩 R_o 分布在 2.5%～4.0% 之间，且自北向南演化程度增高，总体已处于过成熟干气生成阶段。因此，盆地南缘三道撞组有机质成熟度数据总体反映烃源岩处于高成熟—过成熟阶段。

表 8-2-4　鄂尔多斯盆地南缘三道撞组烃源岩有机质成熟度参数

剖面	最高峰温范围 /℃（样品数）	平均最高峰温 /℃	氢指数 /（mg/g）（样品数）	平均值 /（mg/g）
洛南石坡	338～492（10）	426	5.87～55.50（10）	21.14
洛南巡检	485～543（18）	506	1.10～230.90（18）	33.65
洛南关帝庙	485～543（26）	510	1.03～748.15（26）	125.39
洛南水磨	521～528（3）	523	87.00～476.00（3）	220.90

二、气藏发育的主控因素与成藏模式

截至 2020 年底，鄂尔多斯盆地寒武系发现含气显示的地区主要位于盆地西南部地区的中央古隆起东侧，其中陇 18 井在上寒武统三山子组钻遇岩溶缝洞型白云岩储层，测试获得日产天然气 $10.65\times10^4\text{m}^3$。通过对盆地西南部古隆起周边寒武系成藏地质条件综合研究发现，其具有自生自储、新生古储两种成藏模式。

1. 气藏发育的主控因素

1）烃源岩

鄂尔多斯盆地南部地区古生界发育上古生界、下古生界两套潜在的烃源岩，分别为上古生界煤系烃源岩与寒武系三道撞组烃源岩。刘显阳等（2021）依据盆地西南部寒武系风化壳、奥陶系风化壳及上古生界煤成气的天然气碳同位素对比研究发现，寒武系风化壳与奥陶系风化壳气源一致，可能均来自石炭系—二叠系的煤系烃源岩。因此，针对盆地西南缘中央古隆起东侧的寒武系天然气藏来说，其气源主要为石炭系—二叠系的煤系烃源岩。

鄂尔多斯盆地南部地区上古生界不全，煤系烃源岩发育不均一，仅沉积了山西组一段和石盒子组，部分地区沉积了本溪组，部分探井岩心见到煤线，而没有煤层。根据野外露头资料和探井地层资料统计，鄂尔多斯盆地南部上古生界暗色泥岩厚度分布在 0～120m 之间，其中华亭—陇县—岐山地区向北厚度逐渐变大，变化范围由 0 逐渐增为 100m，最厚地区位于宜川地区（图 8-2-18），总有机碳含量介于 0.5%～2.7%，生烃强度介于 8×10^8～$24\times10^8\text{m}^3/\text{km}^2$；上古生界煤层发育情况不同于泥岩，煤层主要分布在研究区北部，煤层厚度为2~6m，总有机碳含量为73.6%~83.2%，而研究区南部煤层较薄或不发育；有机质热演化已达到过成熟阶段，热演化成熟度（R_o）为2.0%~3.0%，气源条件较为有利，具备向寒武系储层大量供烃的基本条件。

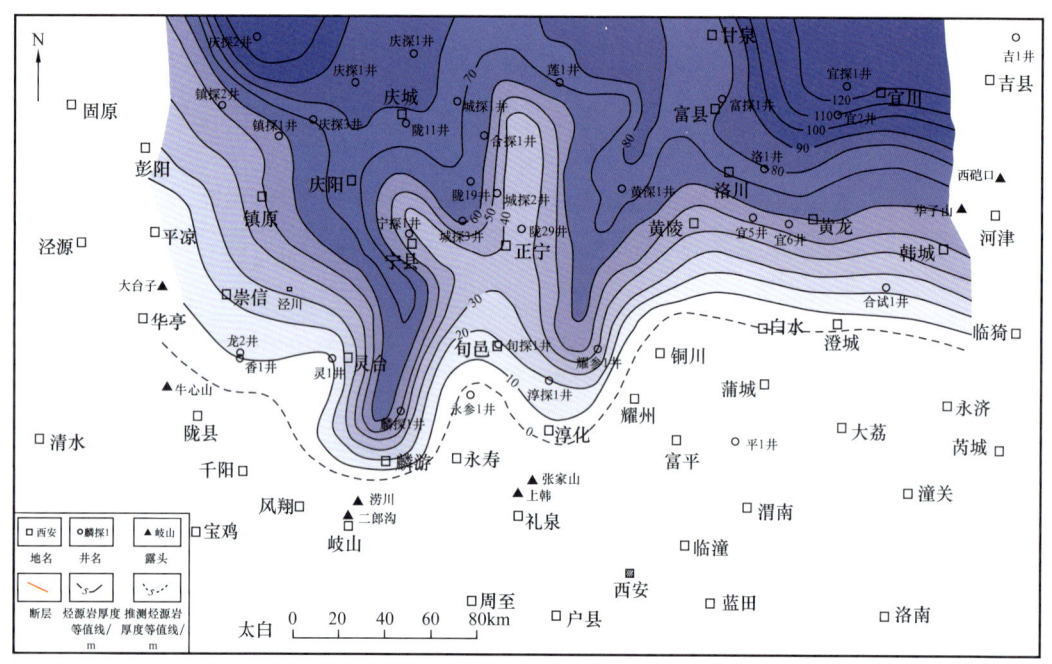

图8-2-18 鄂尔多斯盆地南部上古生界烃源岩厚度分布图

2）储层

刘显阳等（2021）认为鄂尔多斯盆地西南部寒武系发育两种储层类型：（1）白云岩晶间（溶）孔隙型储层，主要发育于张夏组的鲕粒滩相白云岩中，成岩作用较为强烈，鲕粒边缘可见粗晶白云石胶结物，导致鲕粒云岩原始孔隙度大大降低，由原始的鲕粒粒间孔转变为残余白云石晶间孔；后期经历风化壳期构造抬升，遭受大气淡水淋滤改造，局部溶蚀亦可形成晶间溶孔。（2）风化壳型储层，孔隙类型以岩溶缝洞为主，主要发育于三山子组白云岩中，岩心裂缝较为发育，见有高角度裂缝、水平裂缝、网状裂缝等，局部裂缝交汇部位发育较大的溶蚀孔洞，直径可达2cm。部分井钻至三山子组发生钻井液失返性漏失，进一步证实地层中缝洞较为发育，裂缝的发育能够连通孤立的溶蚀孔洞，提高储层的渗透性能。

3）圈闭

燕山期鄂尔多斯盆地东部整体大幅度抬升，形成东高西低的单斜缓坡构造，导致整个古生界转变为向东上倾的相对简单的构造样式，也基本奠定了盆地现今构造格局（刘显阳等，2021）。盆地西南部中央古隆起东侧地层也发生了这种"跷跷板"式构造反转，由早期的西高东低转变为东高西低（图8-2-19）。构造反转后对盆地西南部寒武系天然气成藏产生了重要影响：（1）张夏组储层主要发育台内鲕粒滩相带，周围岩性虽然也发育白云岩，但总体致密，上倾方向存在区域岩性相变，从而对古隆起周边张夏组白云岩储集体构成了有效的岩性遮挡条件;(2)整个寒武系风化壳顶界面的岩溶古地貌凹凸不平,岩溶洼地沉积充填了上古生界煤系地层,寒武系风化壳储层上倾方向岩性突变,同样存在有效的地层遮挡条件;(3)由于盆地东部抬升,使得中央古隆起东侧寒武系剥蚀裸露区整体处于煤系烃源岩的上倾部位,形成了上古生界煤系烃源岩的有利供烃窗口区,利于煤系烃源岩生成的烃类气体向中央古隆起东侧寒武系白云岩储集体充注成藏。

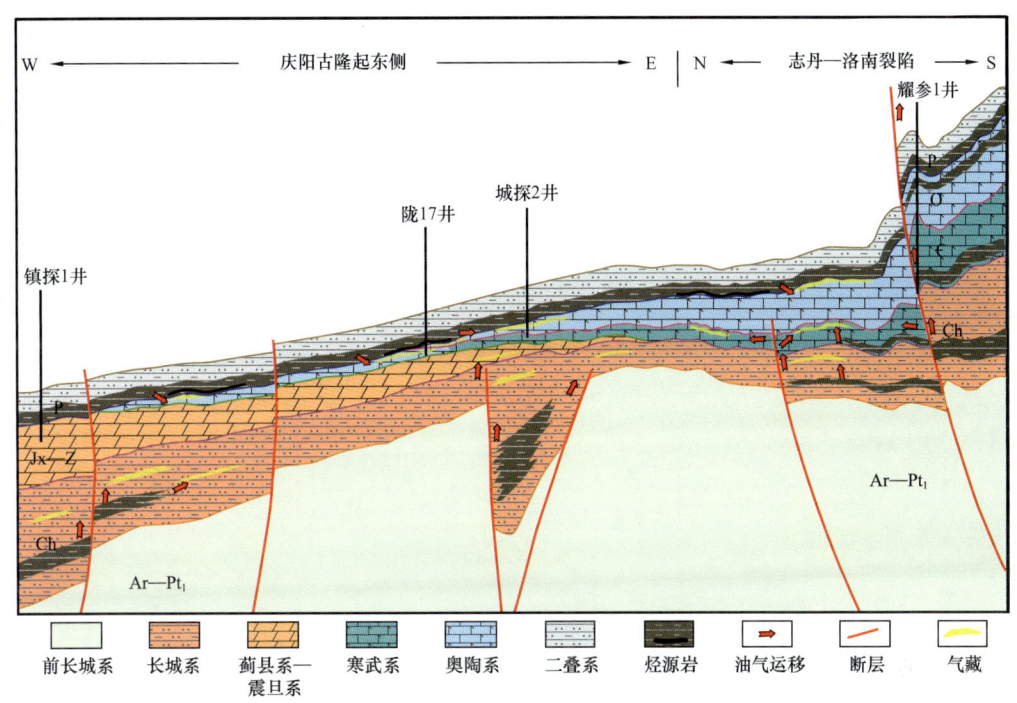

图 8-2-19 鄂尔多斯盆地南部寒武系油气成藏模式图

2. 成藏模式

受古沉积—构造环境控制,鄂尔多斯盆地南部寒武系发育两类成藏组合:(1)寒武系自生自储;(2)上古生界煤系烃源岩生、寒武系储(图 8-2-19)。盆地南部寒武系已发现气藏主要分布在陇东地区。在寒武纪—奥陶纪,该区为秦岭海槽的北部斜坡区,沉积了寒武系三道撞组碳质页岩和奥陶系较厚的平凉组海相泥页岩,其为该区下古生界的自生气源,除此之外推测可能还存在中—新元古代发育的泥质烃源岩。泥盆纪—侏罗纪,寒武系三道撞组生成的油气向古隆起方向运移,在中—上寒武统颗粒云岩、细晶—粉晶云岩聚集成藏。白垩纪之后,伴随构造抬升活动,该区发生翘倾,由南倾海槽演变为隆升区,然而寒武系埋深仍较大,具有一定的保存条件。盆地南部是油气运移的长期指向区,有利于形成地层—岩性复合气藏。

三、勘探新领域评价

鄂尔多斯盆地南部地区完钻下古生界寒武系探井 52 口,寒武系试气七口井,陇 17 井、陇 26 井等两口井获工业油气流,下古生界产量较高井位于伊陕斜坡区内。钻井揭示出受燕山运动和喜马拉雅运动影响，渭北隆起断裂发育、整体保存条件差，伊陕斜坡区内探井于下古生界见到较好天然气显示，揭示其保存条件有利。

通过对鄂尔多斯盆地南缘寒武系烃源岩分布的研究，寒武系与上覆二叠系煤系地层直接接触区域确定及寒武系张夏组高能鲕粒滩分布、中—上寒武统岩溶作用发育区的确定，在盆地南缘地区优选了正宁—旬邑、庆阳—宁县地区有利勘探区带（图 8-2-20），勘探层位主要为中—上寒武统白云岩发育区，兼顾奥陶系礁滩体。

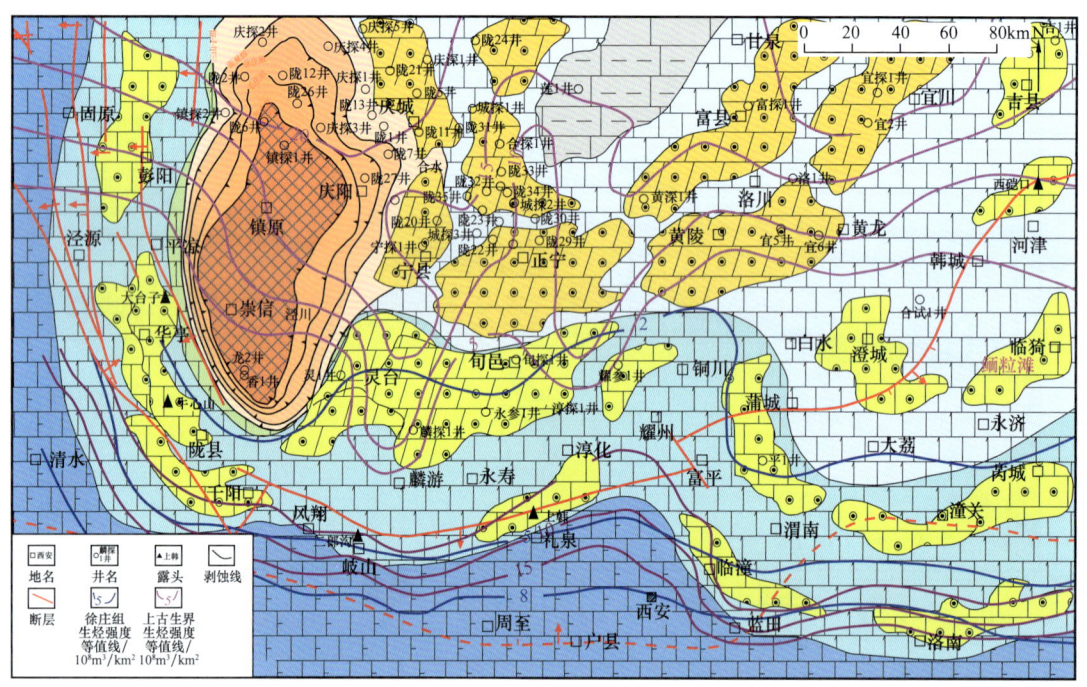

图 8-2-20 鄂尔多斯盆地南部寒武系综合评价图

1. 正宁—旬邑地区有利勘探区带

正宁—旬邑地区构造呈现单斜构造，东南高、西北低，构造走向北东向，倾向北西向；构造圈闭不发育，局部发育背斜、鼻隆及低幅构造，可形成构造—岩性复合型圈闭。

礼泉—淳化—耀州地区具有相对较好的烃源条件，早寒武世存在与洛南—栾川断裂带相匹配的正断层，形成裂陷槽，其中可能具有良好的烃源条件。奥陶系平凉组在铜川—淳化—游麟地区发育较厚的烃源岩，与奥陶系颗粒滩储层形成良好的生储组合。耀参 1 井在平凉组测试获日产气 242m³，揭示平凉组烃源岩具有侧向供烃能力。上古生界煤系烃源岩生成的油气可通过寒武系、奥陶系风化壳倒灌进入寒武系张夏组、奥陶系颗粒滩储集体中。正宁—旬邑地区有利勘探区带发育寒武系、奥陶系两套生储盖组合，可能存在中—新元古界烃源岩，勘探面积为 2500km²，预测资源量 $2000 \times 10^8 m^3$。

2. 庆阳—宁县地区有利勘探区带

庆阳—宁县地区存在寒武系、奥陶系风化壳，寒武系、奥陶系直接与上覆二叠系煤系烃源岩接触，可形成新生古储成藏组合。2016年6月完钻的陇17井张夏组岩性以褐灰色粉晶云岩、灰色含泥云岩及鲕粒云岩为主，测试获日产气 $1.1066\times10^4m^3$，日产水 $7.2m^3$；2016年11月完钻的陇26井下古生界顶部为寒武系毛庄组，厚32m，岩性主要为褐灰色云质灰岩、泥晶灰岩夹灰质泥岩，测试获日产气 $1.4908\times10^4m^3$，日产水 $7.2m^3$。勘探成果证实该地区中—上寒武统、奥陶系马家沟组下组合具有风化壳气藏勘探潜力，是有利的勘探区带，勘探面积约 $3500km^2$，预测天然气资源量 $2500\times10^8m^3$。

第九章 天然气藏地震预测关键技术及应用

地震勘探技术在天然气勘探中发挥着重要的作用，地震勘探技术的进步提高了勘探开发的成功率，推动了天然气藏的大发现。在天然气藏勘探阶段，地震勘探技术有助于落实圈闭、寻找钻探目标、发现储量。随着天然气勘探的深入，气藏的类型和特征发生了较大的变化，储层的埋藏更深、厚度更薄。以往对气藏的地震响应机理认识、地震处理与解释技术等已不能满足天然气地震勘探开发的新形势，需要加强气藏的岩石物理机制与地震响应机理研究，研发新的地震预测关键技术。本章围绕天然气藏地震岩石物理及响应特征、地震资料保真处理、含气性定量检测等方面的难题，论述"十三五"天然气藏地震预测关键技术研发成果，以期为提高天然气勘探开发效益、加快天然气开发进程提供有力的技术支撑。

第一节 天然气藏地震实验技术

在天然气藏地震勘探中，地震实验是揭示气藏基本地球物理响应的重要手段，也是分析气藏物性、弹性、地震反射特征变化的最直接途径。地震实验技术有地震岩石物理、地震物理模拟等多种实验方式。通过地震实验，可以较为直观地明确弹性参数随物性变化规律，厘定气藏响应特征以及评估地震资料处理的品质，指导气藏预测和含气性定量检测。

一、致密砂岩气藏地震岩石物理实验技术

地震岩石物理实验主要研究岩石物性参数（矿物组分、孔隙结构、孔隙度、渗透率和沉积环境等）与岩石物理参数（弹性参数、密度、地震波属性、泊松比等）间的关系。在过去的研究中以中—高孔隙度样品为主，然而近几年对低孔隙度、低渗透率样品测试发现，低孔隙度、低渗透率样品弹性参数的一些规律与高孔隙度、高渗透率样品有较大的差异，导致一些理论模型与测试结果吻合度较差。本节重点介绍低孔隙度、低渗透率致密砂岩弹性参数测试时发现的与高孔隙度、高渗透率砂岩不同的现象，分析其机理，形成新的理论模型，为气藏地震预测提供理论依据与指导。

1. 致密砂岩样品岩石物理测试

图 9-1-1 所示为 24 块致密砂岩岩样，岩样直径为 25.1mm，高度为 50~52mm 不等，孔隙度的变化范围为 1.29%~10.16%，渗透率的变化范围为 0.001~0.464mD。经干燥处理后得到含 2%~3% 水分的"干燥"样品，砂岩样品不能过分干燥，一般存在着少量的束缚水，在多数的实验模型中把它作为骨架处理。为了使得致密砂岩样品完全饱和水，

先将样品在抽真空设备中脱气，然后加入蒸馏水，抽真空 48 小时。再将样品和蒸馏水一同放入真空加压饱和装置中，施加压力 30MPa，持续 5 天后取出样品，得到完全饱和水的样品。

利用自研超声测量设备测量干燥和完全饱和水状态下致密砂岩的纵波、横波速度。实际测试时，样品的孔隙压力为大气压力，当设备对样品施加围压时，样品处于有效应力状态。测试围压设定六个测试点，第一个点为 2MPa，随后从 10MPa 到 60MPa，间隔为 10MPa。

图 9-1-1　24 块致密砂岩样品

1）致密砂岩速度超声波测试结果

从图 9-1-2（a）、(b) 给出的致密砂岩样品纵波速度和横波速度在饱和流体前后两种状态下的交会图中可以看出，大多数样品饱和水后的纵波速度大于干燥时的纵波速度。饱和水后的横波速度大于干燥时的横波速度，仅有少数几个样品的横波速度减小，或几乎不变。在以往高孔隙度砂岩样品中，岩石水饱和后的纵波速度增大，而横波则是下降或不变。因为水的剪切模量为零，对样品剪切模量无贡献，反而增加样品的密度。这表明在低孔隙度、低渗透率的砂岩中，水饱和砂岩的横波速度会高于干燥样品。由横波速度计算得到的水饱和剪切模量高于干燥样品，大部分样品的水饱和与干燥样品的剪切模量比值大于 1，呈"剪切硬化"现象 [图 9-1-2（c）]。

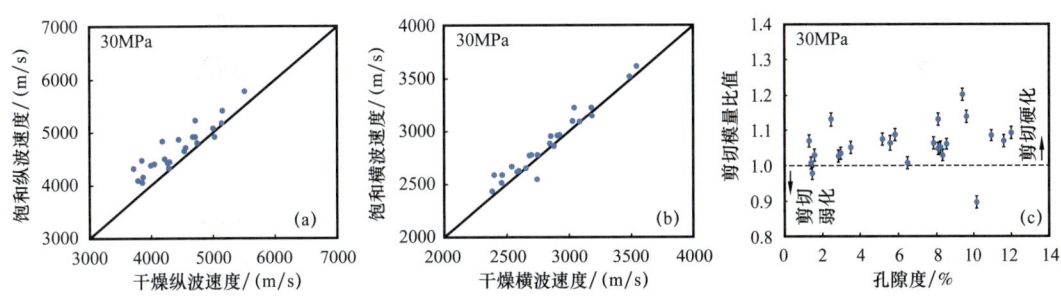

图 9-1-2　样品在水饱和前后的纵波、横波速度及剪切模量比值与孔隙度的交会图

2）有效压力对孔隙结构、剪切模量的影响

为了分析有效压力对剪切模量的影响，计算了不同有效压力下的剪切模量。图 9-1-3 给出了其中 10 块样品的计算结果。从图中可以看出，随着有效压力的增加，水饱和与干燥样品的剪切模量比值表现出非线性的下降趋势，表明致密砂岩的剪切模量对有效压力很敏感。通常情况下，随着压力的增加，岩石中的软孔隙、微裂缝以及类裂缝的孔隙会逐渐闭合，进而引起岩石弹性模量的变化。由此推测，剪切模量对压力的依赖性与这些孔隙的闭合有关。

用扫描电镜观察了四个致密砂岩样品的内部结构，如图 9-1-4 所示。从图中可以看出，致密砂岩样品微结构与高孔隙度、高渗透率砂岩有较大不同，裂缝及类裂缝孔隙非常发育。当样品饱和水后，在毛细管压力的作用下，水更容易进入这些孔隙中。在超声频段测试时,流体在软孔隙中处于非弛豫的状态进而硬化岩石骨架引起岩石动态模量的增加。随着有效压力的增加,软孔隙会逐渐闭合,频散效应会逐渐减弱,剪切模量的硬化现象也会被削弱,这就解释了随着有效压力的增加水饱和与干燥样品剪切模量比值逐渐减小的现象。因此,可以推测含流体时发生的频散可能是引起剪切模量硬化的主要机制。

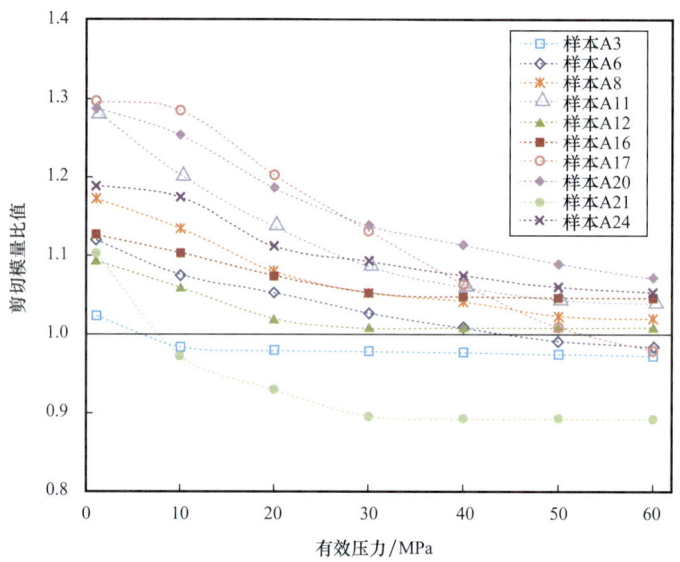

图 9-1-3 致密砂岩的水饱和与干燥样品的剪切模量比值随有效压力的变化曲线

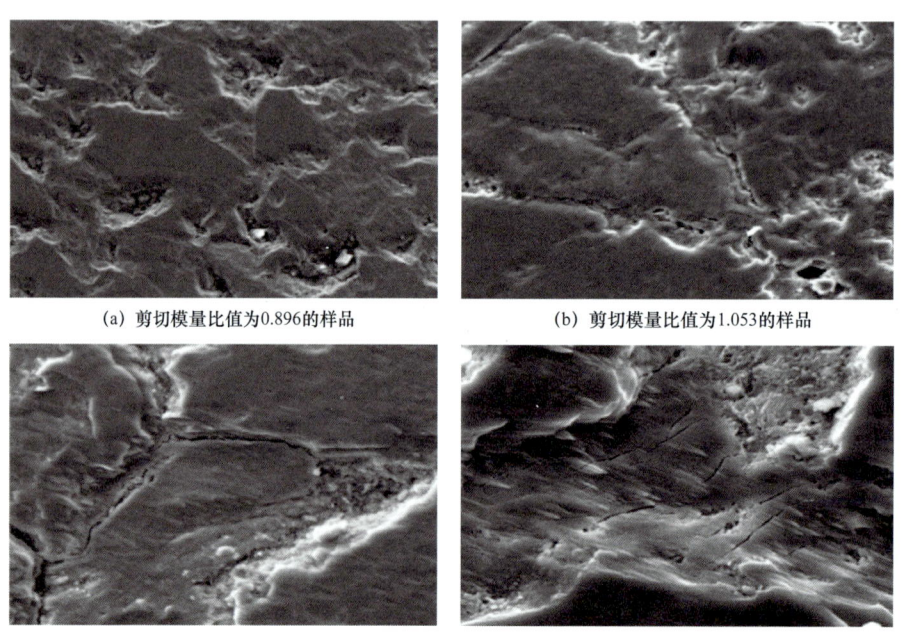

(a) 剪切模量比值为0.896的样品　　(b) 剪切模量比值为1.053的样品

(c) 剪切模量比值为1.131的样品　　(d) 剪切模量比值为1.202的样品

图 9-1-4 样品微结构扫描电镜照片

2. 部分饱和致密砂岩弹性模量随压力变化理论模型

针对部分饱和岩石弹性模量随压力变化而变化的问题，Mavko 和 Jizba（1994）提出了一种喷射流岩石物理模型（MJ 模型），但并不适合裂隙性孔隙（软孔隙）。对于部分饱和岩石，如果水只存在于软孔隙中，那么这种部分饱和岩石骨架被称为非弛豫的湿润骨架。Gurevich 等（2010）推导出了描述这种非弛豫的湿润骨架模量的新模型，称为 MJG 模型。与原始的 MJ 模型相比较，MJG 模型不再局限于液体饱和，因此可以用来模拟部分饱和流体。为了更好地描述部分饱和致密砂岩引起剪切模量硬化的机制，通过结合 Mavko—Jizba—Gurevich（MJG）模型及 White 模型构建了一个新的模型，简称为 MJGW 模型。MJGW 新模型的实现过程包含两部分——先根据 MJG 模型估算了部分饱和岩石中微观尺度的流体作用，然后用 White 模型描述剩余孔隙中的流体作用。

在 MJGW 模型中，非弛豫（部分饱和）骨架的体积模量 $K_{ps}(P,\omega)$ 和剪切模量 $\mu_{ps}(P,\omega)$ 可以写成如下形式：

$$\frac{1}{K_{ps}(P,\omega)} = \frac{1}{(K_{dry})_{P_{ps}}} + \frac{1}{\dfrac{1}{\dfrac{1}{K_{dry}(P)} - \dfrac{1}{(K_{dry})_{P_{ps}}}} + \dfrac{3i\omega\eta S_c}{8\phi_c(P)\alpha^2}} \qquad (9-1-1)$$

$$\frac{1}{\mu_{ps}(P,\omega)} = \frac{1}{\mu_{dry}(P)} - \frac{4}{15}\left[\frac{1}{K_{dry}(P)} - \frac{1}{K_{ps}(P,\omega)}\right] \qquad (9-1-2)$$

式中　$(K_{dry})_{P_{ps}}$——等效闭合压力下测得的干燥体积模量，GPa；

　　　$\mu_{dry}(P)$——干燥岩石的剪切模量，GPa；

　　　η——流体的黏度，Pa·s；

　　　$\phi_c(P)$——软孔隙度，%；

　　　α——软孔隙的孔隙纵横比。

与 MJG 模型相比，MJGW 模型新增了一个变量 S_c，如图 9-1-5 所示，S_c 代表骨架中软孔隙的饱和度。$S_c=0$ 代表图 9-1-5（a）中的情况，$S_c=1$ 代表图 9-1-5（b）中所示的软孔隙中都充满流体的情况。软孔隙中液体的黏性阻力是引起岩石骨架非弛豫的主要原因。因此，S_c 可以用来描述部分饱和岩石的非弛豫骨架［图 9-1-5（c）］。参数 S_c 和岩石含水饱和度 S_w 之间的关系如下：

$$S_c = WR \times S_w \frac{\phi}{\phi_c(P)} \qquad (9-1-3)$$

式中　WR——湿润比例；

　　　ϕ——总孔隙度，%；

　　　$\phi_c(P)$——软孔隙度，%。

当有液体进入岩石时，大部分液体会进入硬孔隙中，会有少量的液体进入软孔隙中，

(a) 干燥岩石骨架　　　　　(b) 高压干燥岩石骨架

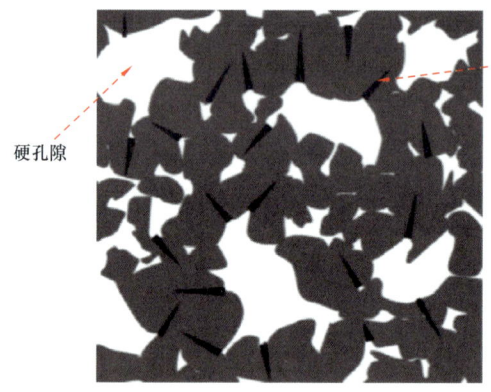

(c) 非弛豫的干燥岩石骨架

图 9-1-5　软孔隙示意图（据 Saxena 和 Mavko，2015，修改）

把进入软孔隙的液体占进入岩石中所有液体的比例称为湿润比例（WR）。从式（9-1-3）可知，湿润比例的大小与岩石的饱和度有关，湿润比例也决定了软孔隙的饱和度。在特殊情况下，当 $S_c=0$ 时，在软孔隙中没有液体，式（9-1-1）的右侧表达式就退化成 $K_{dry}(P)$。当 $S_c=1$ 时，非弛豫湿润骨架的模量达到最大。

3. 部分饱和致密砂岩超声速度测试

为了验证新提出的 MJGW 模型有效性，开展了部分饱和致密砂岩超声速度测试实验。分别利用 Gassmann、White、MJGW 模型预测纵波速度、横波速度、剪切模量随饱和度、压力变化特征，将预测结果与样品测试结果进行了对比。

1）不同有效压力下纵波速度随饱和度的变化

在 2MPa 有效压力下［图 9-1-6（a）］，当饱和度大于 40% 时，纵波速度对饱和度的依赖性与 Gassmann–Wood 模型（绿色实线）及 White 模型（紫色点线）的预测结果出现很大的偏差。然而，用 MJGW 模型（红色虚线）预测的纵波速度与测量值有很好的一致性。当饱和度大于 70% 时，White 模型表现出了斑块饱和特征。因此，结合 White 模型及 MJGW 模型，可以认为饱和度在 40%～70% 之间，纵波速度的缓慢增加主要归因于局部流的作用。

当饱和度超过 70% 时，纵波速度的快速增加是斑块饱和作用及局部流作用的共同结果。在 30MPa 有效压力下［图 9-1-6（b）］，饱和度在 30%～60% 之间时，主要受局部流作用的影响，当饱和度超过 60% 时，受两种机制的共同作用。在 60MPa 有效压力下［图 9-1-6(c)］，样品中软孔隙完全闭合，样品不再受局部流作用的影响。在这种情况下，MJGW 模型和 White 模型的预测结果相同。此时，混合流体在样品中是非均匀分布的，因此纵波速度随饱和度的变化趋势更接近于斑块饱和模式。

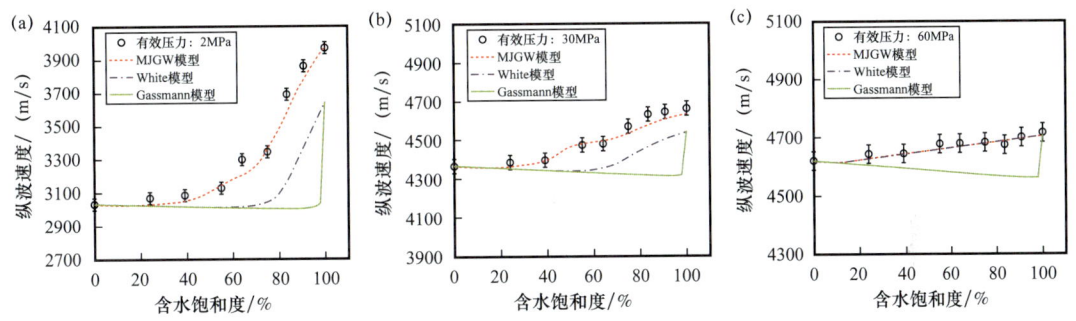

图 9-1-6　不同压力下实验测量以及理论模型预测的样品的纵波速度

2）不同有效压力下横波速度随饱和度的变化

从图 9-1-7 中可以看出，在 2MPa 和 30MPa 有效压力下，用 Gassmann 模型预测的横波速度与实际测量的横波速度之间存在明显的差异。然而，用 MJGW 模型预测的横波速度在三个有效压力下都与测量值吻合得很好。根据 Gassmann 模型可知，岩石的剪切模量不受流体的影响，假设这一结论成立，那么横波速度随饱和度的增加会逐渐减小，然而实际并非如此，可以发现随着饱和度的增加横波速度表现出了增大的趋势，这与 MJGW 模型的预测一致。如图 9-1-7（c）所示，在 60MPa 有效压力下，软孔隙完全闭合，不再受流体的影响，横波速度随饱和度的增加会逐渐减小，MJGW 模型和 Gassmann 模型的预测结果一致。

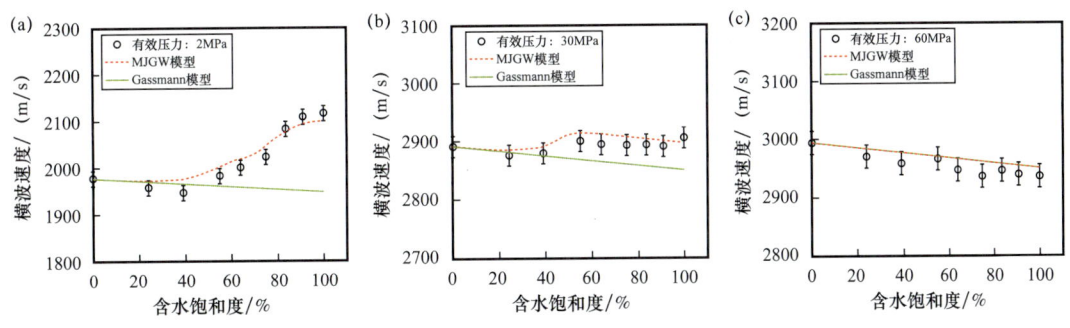

图 9-1-7　不同压力下实验测量以及理论模型预测的样品的横波速度

3）不同有效压力下剪切模量随饱和度的变化

在 2MPa 有效压力下，饱和度在 0～75% 之间的平均湿润比例是 1.5%。如此低的湿润比例意味着在低饱和度范围时，只有很少量水进入到了软孔隙中，因此在饱和度小于40%时，剪切模量几乎不变［图9-1-8（a）］。随着饱和度的增加，软孔隙中的流体含量逐渐积累，局部流作用变得越来越强，因此，剪切模量随饱和度的增加而增大。当饱和度超过75%时，平均湿润比例达到了5%，剪切模量变化的斜率稍有增大。不同饱和度范围内湿润比例的变化与样品的饱和过程有关。在低饱和度阶段，样品是通过自吸收的方式达到相应的饱和度。这个阶段没有施加压力，流体进入到软孔隙的比例非常小。对于高饱和度是通过抽真空加压的方式得到的，这一过程在高压力的作用下，水更容易进入软孔隙中，湿润比例也更高。在30MPa压力下，当饱和度超过55%时，湿润比例是1，这意味着软孔隙中已经完全充满流体。在这种情况下，非弛豫作用已经达到最大，剪切模量随着饱和度的增加也不再改变［图9-1-8（b）］。在60MPa压力下，软孔隙完全闭合，MJGW模型和Gassmann模型的预测结果一致，剪切模量不再受流体的影响［图9-1-8（c）］。

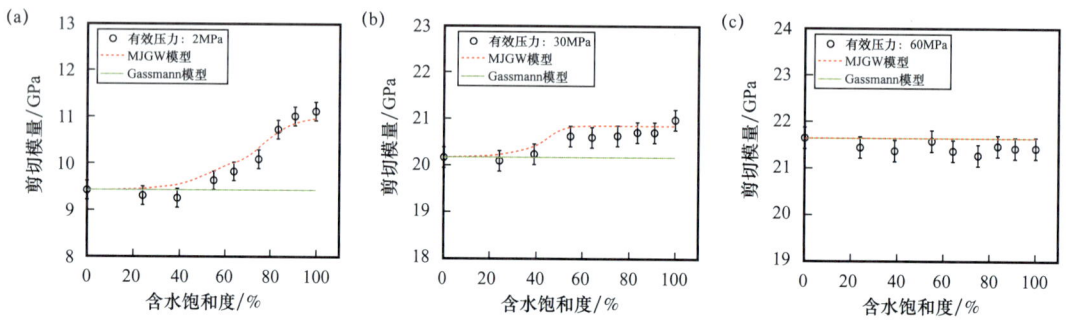

图9-1-8　不同压力下实验测量以及理论模型预测的样品的剪切模量

通过对24块致密砂岩的岩石物理实验测试发现，含裂隙致密砂岩饱和流体后剪切模量出现了硬化（增大）现象。剪切模量硬化的样品占到总样品数的83%，平均增幅1.44GPa。分析认为，剪切模量的变化主要受有效压力、孔隙结构和孔隙类型影响。以依此现象提出了一种新的岩石物理理论模型（MJGW）。岩石物理模型是地震振幅与储层参数间的桥梁，MJGW模型更加适合于描述流体部分饱和下的裂隙型岩石地震响应特征随含水饱和度的变化规律。因此，对于部分饱和裂隙型天然气藏，现有基于Gassmann模型的地震储层预测技术均可采用MJGW模型，来达到提高储层预测精度的目的。

二、白云岩气藏地震物理模拟实验技术

地震物理模拟实验是在实验室内将野外的地质构造和地质体按照一定的相似比模拟制成物理模型，并用超声波对野外地震勘探方法进行正演模拟的一项实验技术。白云岩是天然气勘探开发的重要领域。在四川盆地川中磨溪—龙女寺地区震旦系龙王庙组和下二叠统发育多套白云岩储层，分布范围比较广，储集体以缝洞与溶蚀孔洞为主，具有单层厚度薄、非均质性强等特点，导致白云岩储层的地震响应特征不清，有效储层预测识别困难。基于该地区前期勘探研究成果，在明确研究区地质特征以及储层特征的基础上，采用地震物理模拟技术开展白云岩储层地震物理模拟实验，明确白云岩储层的地震响应特征，指导地震勘探。

1. 多套白云岩储层模型设计

物理模型需要依据模拟探区的地质特征、储层特点和地震参数与实验室模拟材料特性、制作工艺和测试条件等因素来设计。实验室因受限于实验规模以及材料参数的影响，模型并不能完全与野外实际工区一致，需要进行缩小与简化。模型尺寸参数缩小的依据是波传播的相似比原理，波在模型介质中传播波长与层厚之比，必须与在实际地层中传播的波长与地层厚度之比是一致的。按此基本的尺度相似比，考虑实验室可制作模型尺寸的大小以及物理模型地震采集设备，模型采用1∶10000的比例尺。基于实际地震资料解释成果，用地层构造解释软件设计地层界面和储层的形态（图9-1-9）。完整的三维立体模型示意图如图9-1-9（a）所示，其中的每个地层界面由构造等高线构成。在模型中共设计了31个储集体，形态呈"长腰形"，其空间分布如图9-1-9（b）所示。

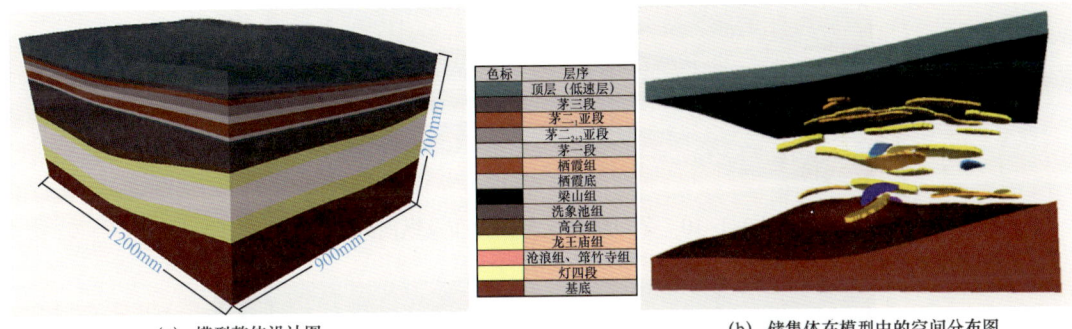

(a) 模型整体设计图　　　　　　　　(b) 储集体在模型中的空间分布图

图9-1-9　模型整体设计图和储集体在模型中的空间分布图

图9-1-10给出了茅口组不同储集体的分布位置和形态。茅口组储层分布在茅二$_1$亚段内，有好（A1、A2）、中（B1、B2、B3）、差（C1、C2）三类六个储集体，储集体厚度在10～40m之间，储集体长度为1.5～3.2km，宽度为0.5～1.0km，中间厚四周边缘较薄。

图9-1-11给出了栖霞组不同储集体分布位置和形态。栖霞组有好（A1、A2、A3、A4）、中（B1、B2、B3）、差（C1）三类共八个储集体，速度差异约60m/s，储集体A1厚度为60m、A2为40m，其余为20m，储集体长度为1.65～3.2km，宽度为0.6～1.0km。

2. 多套白云岩储层模型制作

模型材料主要是用环氧树脂、硅橡胶及各种石粉进行混合调制而成，配比不同，速度和密度可会发生变化。储集体的模型材料考虑了两种，一种为与地层模型一样的等效混合材料，另一种为多孔材料，多孔材料主要用于模拟孔隙度和含流体不同的情况。图9-1-12是部分地层和储集体的调试材料试块，储集体试用等效材料，等效模型材料是用硅橡胶与环氧树脂和石粉混合而成。将薄互层近似简化为10m、40m、60m三类厚度的储层，但对实际的制作工艺精度提出了要求，按照1∶10000的模型制作比例，10m的层厚在模型上体现为1mm，对于厚度仅1mm的模型制作要求来讲，需要制作人员具有较高的制作水准。

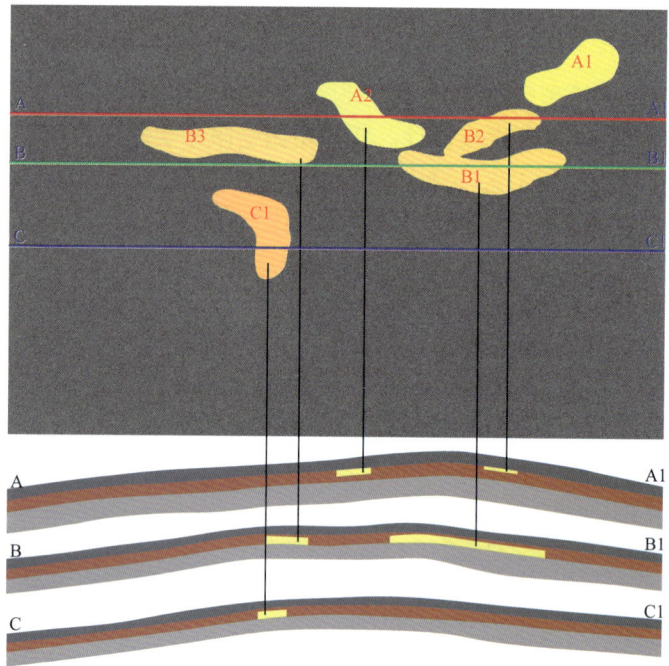

图 9-1-10 茅口组储层平面分布及纵向分布图

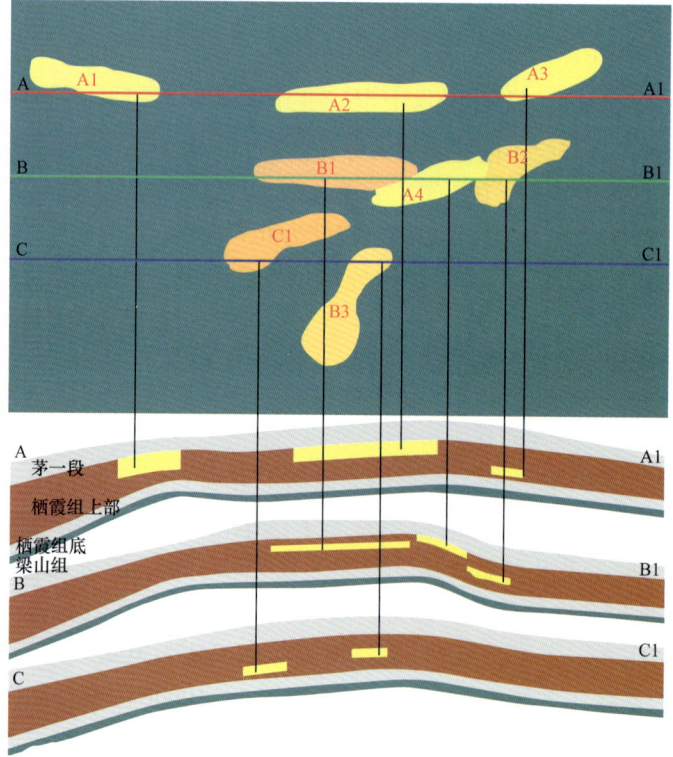

图 9-1-11 栖霞组储层平面分布及纵向分布

 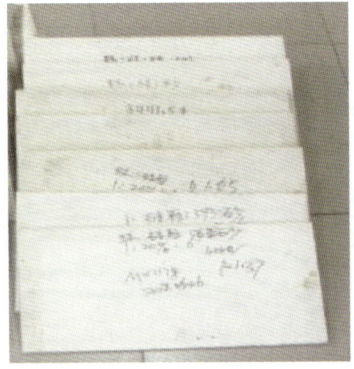 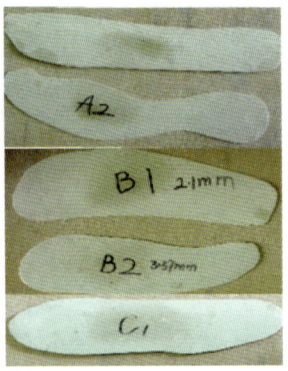

(a)模拟材料试块　　　　　　(b)多孔砂板　　　　　　(c)腰形多孔储层

图 9-1-12　模型各层模拟材料照片

一般的模型制作与地层沉积方式类似，从底层逐层向上制作，对于层数较多的模型需考虑模型的制作时间。模型制作采用了分层段交叉制作方法，每层段由 2~5 层组成，然后用中间层进行连接。模型设计时共分了茅口组、栖霞组、龙王庙组和灯影组四个层段，每层段再逐层制作。如茅口组和栖霞组间以茅一段为连接层，栖霞组与龙王庙组则以洗象池组为连接层，龙王庙组与灯影组以沧浪铺组为连接层。

3. 薄气藏地震响应特征分析

物理模型制作完成后开展物理模拟数据采集实验，采集得到物理模型地震模拟数据，开展物理模型响应特征分析研究。地震物理模型的数据采集利用实验室自主设计的三维地震数字采集系统完成。把制作好的固体模型放入水箱内，固体模型顶上有一层水层，用于模拟模型的低速层。采用水箱三维数据采集，主要考虑了两个方面的优点：一是可去除固体上采集时出现的面波干扰；二是保证了换能器与模型间的耦合关系，提高三维采集的速率。在实验室内地震物理模拟采集采用与野外实际地震资料相同的观测系统，地震物理模拟得到的数据经数据转换为 SEG-Y 格式后用与野外三维数据相同的处理技术进行处理。

图 9-1-13 为其中一条测线的地震和地质模型剖面，在地震剖面上能解释出大部分地层界面，地震剖面中用彩线给出了八个反射界面，与模型的地质剖面基本相符，表明模型的质量可靠。

图 9-1-14 与图 9-1-15 给出了茅口组、栖霞组物理模拟的振幅与波阻抗反演结果。图 9-1-16 为利用波阻抗反演预测的厚度平面分布图，图 9-1-17 为栖霞组 A1、A3 储集体波阻抗预测的厚度与实测厚度的交会图。通过对不同厚度储集体的物理模型地震振幅响应特征与波阻抗特征进行分析，基本明确了四川盆地川中龙女寺地区目的层段白云岩储层地震响应特征：

（1）茅口组、栖霞组储层越厚，储层顶振幅越强，茅口组储层普遍呈现高阻特征，栖霞组存在泥质灰岩低速层，储层波阻抗呈现中阻特征。

（2）栖霞组、茅口组储层距离顶界越远，储层顶振幅越弱，阻抗越小；C 类储层与围

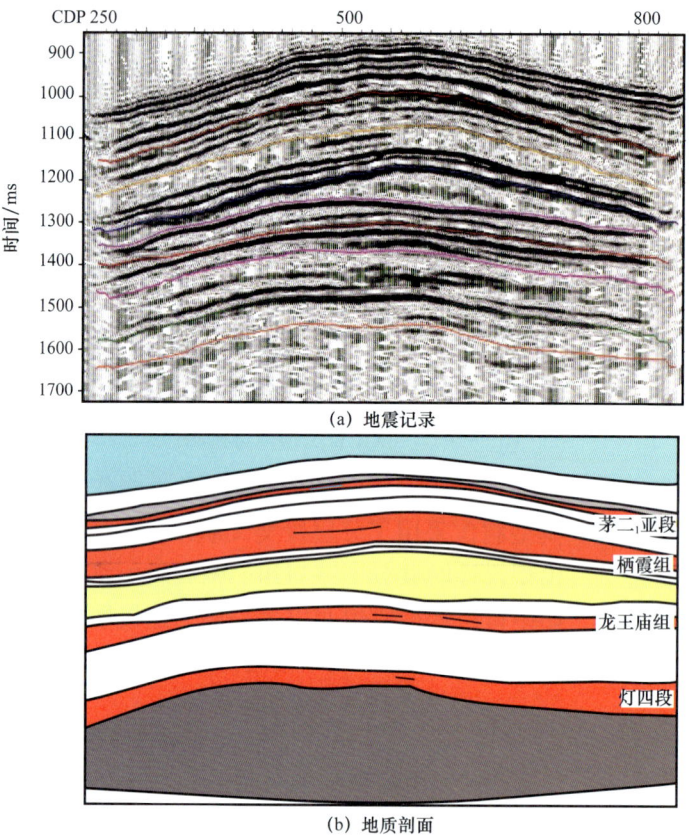

图 9-1-13　模型地震记录与地质剖面

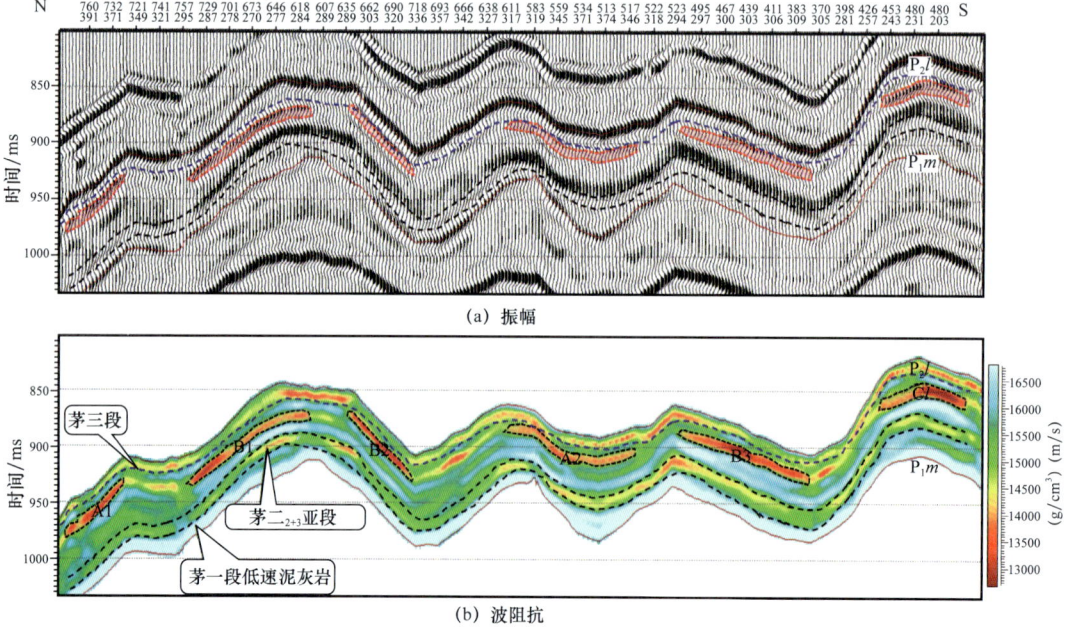

图 9-1-14　茅口组物理模拟振幅与波阻抗反演结果

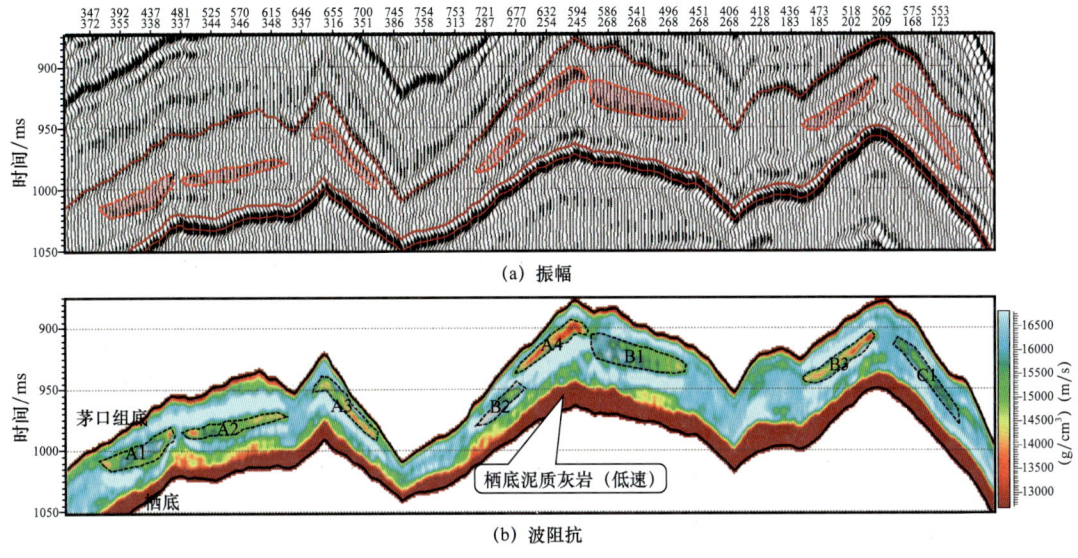

图 9-1-15　栖霞组物理模拟振幅与波阻抗反演结果

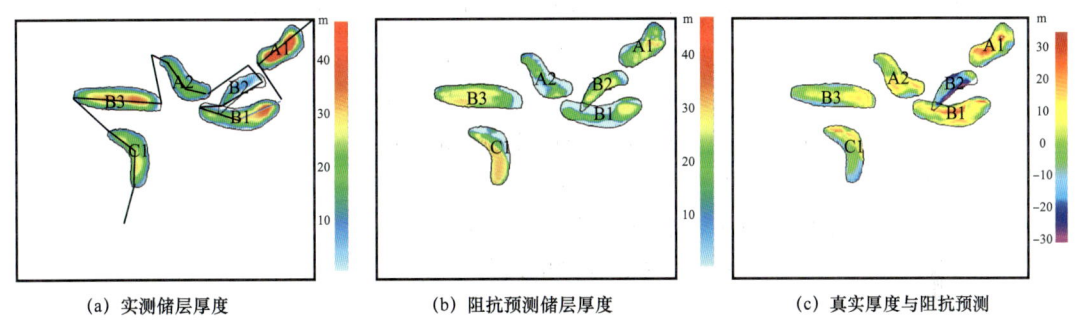

图 9-1-16　茅口组物理模型波阻抗反演厚度预测结果

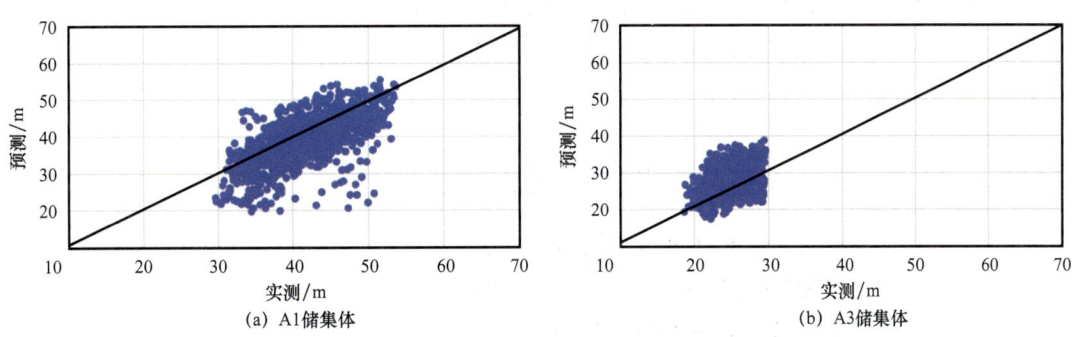

图 9-1-17　栖霞组波阻抗预测厚度与真实厚度交会图

岩差异最大,地震振幅与阻抗差异最强。

（3）利用振幅反演的纵波阻抗来预测储层位置和厚度要比直接用振幅响应特征来识别更明显,且地震预测结果对于厚储层的厚度预测结果往往偏薄,薄储层的厚度预测结果一般偏厚。

上述地震物理模拟认识对四川盆地川中龙女寺地区地震勘探具有重要的指导作用。在地震资料处理过程中，根据认识（1）和（2）明确有效信号的大致范围，对其进行噪声去除和保护，为后续储层预测提供高品质数据基础。在地震储层预测过程中，根据认识（3）来合理设置算法参数、优选或开发针对性的薄层高分辨率识别新技术。

第二节　天然气藏地震资料处理关键技术

地震资料在天然气藏勘探中发挥着重要作用，随着勘探目标的日益复杂，对地震资料的信噪比、分辨率以及成像的保幅性等提出了更高的要求。地震资料处理中，不仅需要最大限度压制噪声，同时需要保持有效信号不受到损伤，不断地提高去除噪声的保真度。针对薄储层，在处理中需要消除地表吸收造成的气藏有效信号衰减问题。此外，还需要开展方位各向异性偏移成像处理，提高地震资料成像精度。

一、同步压缩曲波变换去噪技术

地震数据中噪声类型多样，如随机噪声、规则干扰等，导致有效反射波的振幅、频率和相位发生畸变，如何有效地去除噪声是地震资料处理中的关键环节。目前，去除噪声的方法大多数是在共炮域、共检波点域、共十字排列域等三维局部数据子集中，基于某种数学变换（如傅里叶变换、F—K 变换、Randon 变换、K—L 变换）进行噪声压制。但是上述变换都是全局性变换，无法适应地震信号存在的非平稳、局部化特征强及奇异性强等特点，在去噪时会损失较多有效信号，还可能会造成假象。针对上述问题，研发了同步压缩曲波变换去噪技术，以提高气藏的成像精度。

1. 技术原理

将地震数据 $u(t,x)$ 从二维时空域转换到曲波域。曲波系数 w_u 可以由数据与曲波基函数的内积得到。同时，在点 b，对曲波系数做梯度 ∇_b 处理，那么就得到局部波向量 (a,θ,b)：

$$k_u(a,\theta,b) = \frac{\nabla_b w_u(a,\theta,b)}{2\pi i w_u(a,\theta,b)} \quad (9\text{-}2\text{-}1)$$

也就是说，局部波向量的时间分量是瞬时频率，空间上的分量是局部波数，那么可以通过局部波向量提取瞬时频率。为了得到锐化的时频分布，通过把相同局部波向量的曲波系数同步压缩在一起，把所得到的曲波系数重新排列：

$$T_u(k,b) = \int |w_u(a,\theta,b)|^2 \delta\left[\Re_{k_u}(a,\theta,b) - k\right] a\, da\, d\theta \quad (9\text{-}2\text{-}2)$$

式中　δ——Delta 函数；

$\Re_{k_u}(a,\theta,b)$——局部波矢量的实部。

按上式，通过把曲波系数相加，就可以把能量聚集到瞬时频率平面上，得到了更加锐化的时频分析谱。因此，同步压缩的关键是把谱能量重新配置到瞬时频率周围。

通过上一步的同步压缩以后，$T_u(k,b)$ 就在相位空间：

$$\{(k,b):T_u(k,b)\geq\delta\} \tag{9-2-3}$$

通过聚类方法识别出上式集合不同的分量 $v_1,\cdots,v_l$，每个分量重构回输入地震数据：

$$u_i(x,t)=\int_{\Re_{k_u}\in v_i}w_{u_i}(a,\theta,b)W_{a\theta b}\mathrm{d}a\mathrm{d}\theta\mathrm{d}b, i=1,\cdots,l \tag{9-2-4}$$

也就是根据局部波向量，将锐化的能量分布 $T_u(k,b)$ 分解成不同的分量 $v_1,\cdots,v_l$，并且把曲波系数 $w_u(a,\theta,b)$ 限制到集合 $\{(a,\theta,b):\Re_{k_u}\in v_i\}$ 上，然后通过逆曲波变换把每个分量重构回时空域，即完成了同步压缩曲波变换信号、噪声分离的全过程。

与传统曲波变换最大的区别在于，同步压缩曲波变换在传统曲波变换的基础上增加了更多其他有效步骤，提取了局部波向量、重新分配曲波系数，使得能量更加聚集在波向量周围，便于去掉强噪声，提取弱有效信号。图9-2-1所示为模型数据的去噪效果对比，可以看到，与常规去噪技术相比，同步压缩曲波变换去噪技术对面波噪声的压制更好，且有效信号振幅特征保持得更好。

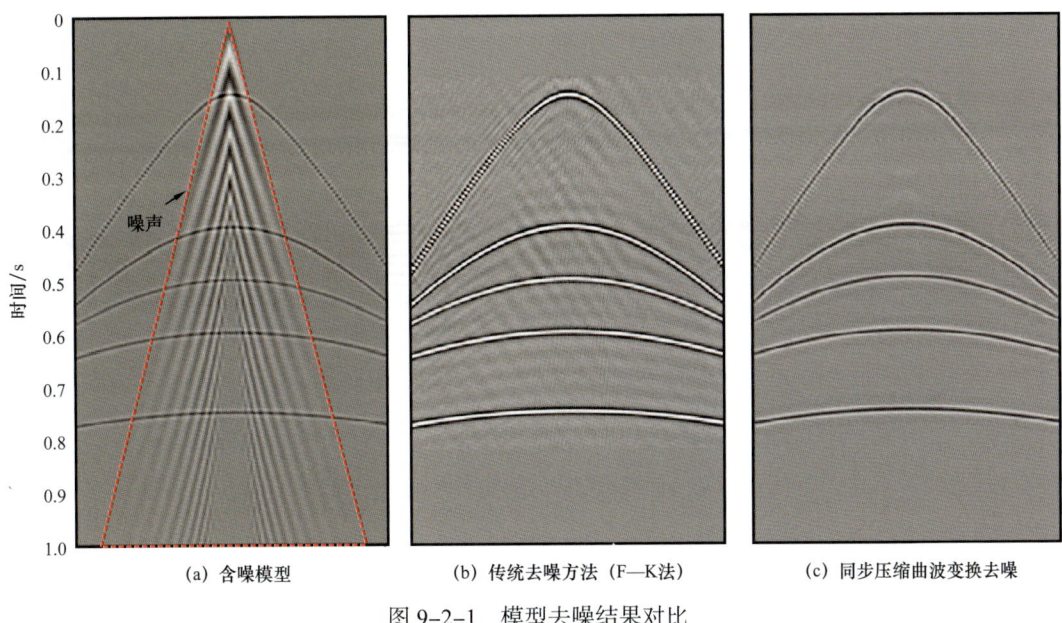

图 9-2-1　模型去噪结果对比

2. 应用实例

研究区位于四川盆地川东奉节南地区，地震资料主要受面波、机械振动等噪声干扰，其中低频面波特别发育，常规技术难以压制。面波的存在直接影响该研究区的速度分析和叠加效果，导致薄层弱信号淹没，因而如何有效消除面波是该区地震资料处理的重点问题。图9-2-2所示为去噪前后的单炮，可以看出，去噪前的单炮上有效反射信号几乎淹没在面波噪声中。经过同步压缩曲波变换去噪后，噪声得到有效压制，淹没在强噪声下的反射信号得以恢复，反射波振幅特征清晰可见。

图 9-2-3 所示为去噪前后的叠加地震剖面。可以看出，经过同步压缩曲波变换去噪后，强层屏蔽和强噪声下的弱反射体（图中圆框所示）得到明显恢复，提高了岩性识别能力。

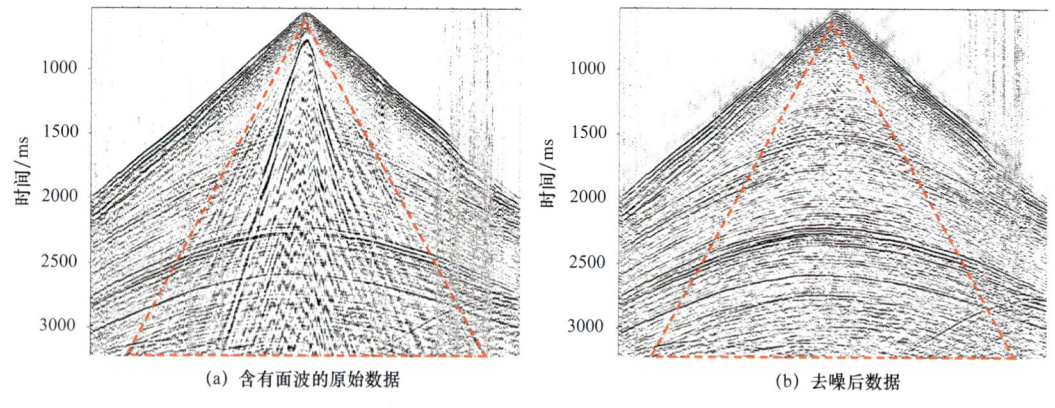

(a) 含有面波的原始数据　　　　　　　　(b) 去噪后数据

图 9-2-2　实际单炮记录去噪结果

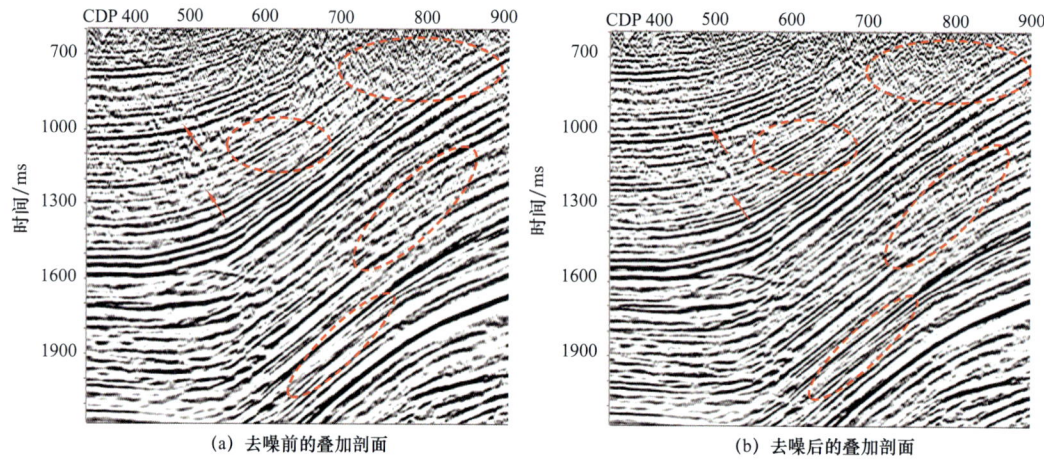

(a) 去噪前的叠加剖面　　　　　　　　(b) 去噪后的叠加剖面

图 9-2-3　同步压缩曲波变换去噪前后对比结果

二、地表一致性表层 Q 补偿技术

近地表吸收问题不仅削弱了地震波能量，引起地震子波相位空间变化，而且会大幅降低地震资料分辨率，给后期偏移成像、薄储层识别及含气性定量检测带来更大困难。通常利用反射波层析技术得到的近地表速度精度较低，无法获取高精度的近地表 Q。鉴于初至波的波形简单，噪声较少，因此可以通过初至波层析并结合近地表调查数据获得较为精确的近地表速度模型，进而得到比较可靠的近地表 Q。

1. 技术原理

该技术主要包括表层吸收测量数据绝对 Q 的计算（或表层速度模型近似绝对 Q 的计

算）、三维地震记录相对 Q 的计算、近地表空变 Q 场建立以及地表一致性 Q 补偿。首先利用表层吸收测量数据的直达波，通过特定方法计算该点的表层绝对 Q，在没有表层吸收测量数据的情况下，也可利用表层速度模型计算近似绝对 Q；由整个三维数据计算各个检波点、炮点的相对振幅系数，再由相对振幅系数、表层旅行时通过谱比法计算表层相对 Q；用绝对 Q 或近似绝对 Q 对相对 Q 的大小和空间变化趋势进行标定，得到最终的表层 Q 场；最后利用表层 Q 场和表层旅行时，通过有效稳健的 Q 补偿算法对三维数据进行地表一致性 Q 补偿，技术路线如图 9-2-4 所示。

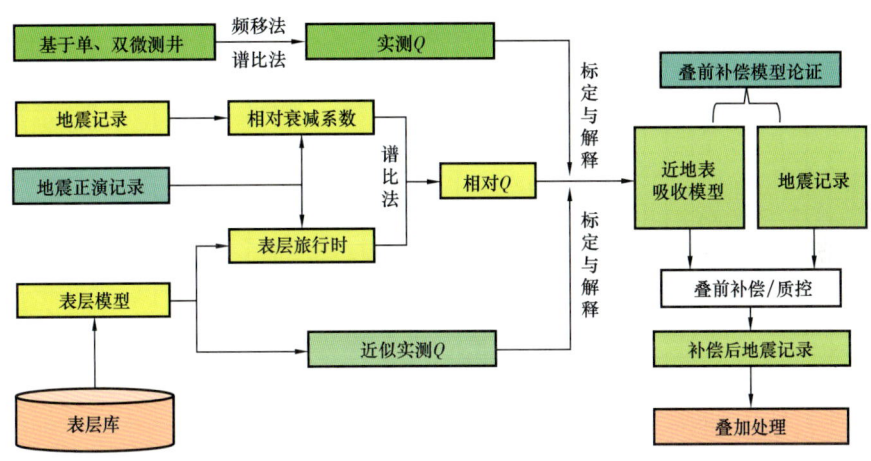

图 9-2-4　表层补偿技术路线图

在 Q 补偿方法上研发了稳定的 Q 补偿公式，稳定性体现在可以通过增益限制控制补偿的频带范围，防止高频噪声的过分补偿。由于补偿量随频率和时间的增大逐渐增多，通常的补偿算法都会对高频端过分补偿，造成噪声过量、信号失真，而本方法对完全吸收的频率成分不再进行补偿，这样可以避免对高频噪声的过量补偿。以下是由波动方程推导出的补偿公式：

$$U(\tau+\Delta\tau,\omega)=U(\tau,\omega)\exp\left[i\left(\frac{\omega}{\omega_h}\right)^{-\gamma}\omega\Delta\tau\right]\Lambda(\omega) \quad (9\text{-}2\text{-}5)$$

式中　$U(\tau,\omega)$——未经补偿的频率域数据，即对地震道数据做傅式变换的结果；

$U(\tau+\Delta\tau,\omega)$——经过振幅和相位补偿后的频率域数据；

$\Lambda(\omega)$——稳定的振幅补偿量。

其中，$\Lambda(\omega)=\dfrac{\beta(\omega)+\sigma^2}{\beta^2(\omega)+\sigma^2}$；$\beta(\omega)=\exp\left[-\left(\dfrac{\omega}{\omega_h}\right)^{-\gamma}\dfrac{\omega}{2Q}t\right]$；$\sigma^2=\exp\left[-(0.23G_{\lim}+1.63)\right]$（经验公式）

式中　$G_{\lim}$——增益限制，单位为分贝，可调节参数；

ω_h——中心频率（角频率），是一个调整参数，跟地震波频带的最高频率有关的一个量；

$$\gamma = \frac{2}{\pi}\tan^{-1}\left(\frac{1}{2Q}\right);$$

t——表层旅行时，单位为秒。

该公式的另一优点是同时补偿振幅和校正相位，对地层吸收造成的地震波能量损失和频散问题可同时解决，如图 9-2-5 所示。可以看到，只做振幅补偿和只做相位补偿都与实际信号差别较大，对振幅与相位同时补偿后，其振幅特征恢复较为明显。

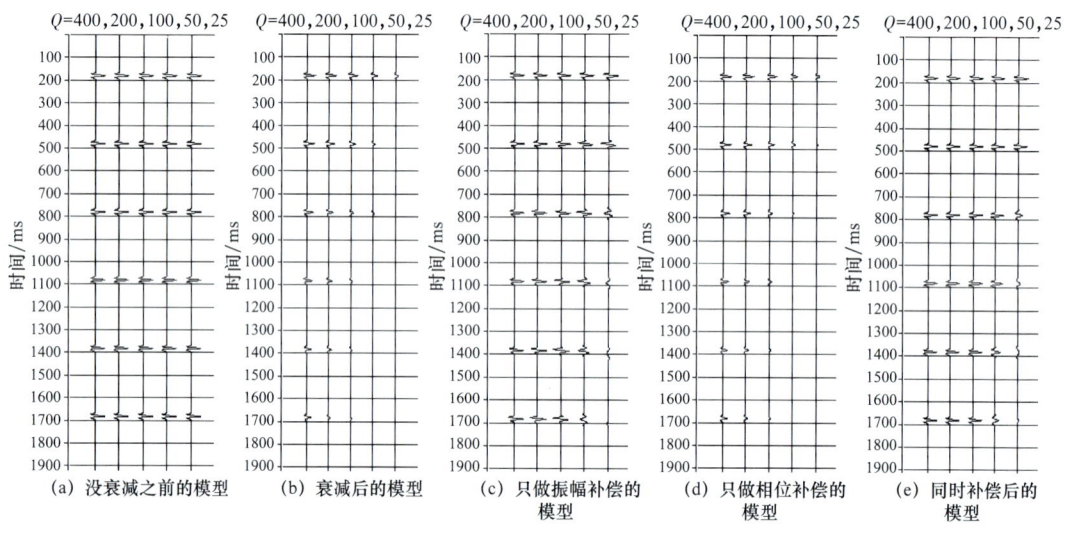

图 9-2-5　模型 Q 补偿

2. 应用实例

研究区位于四川盆地川西北双鱼石地区，目的层栖霞组白云岩埋藏较深、发育薄，地震响应振幅衰减较为明显、有效信号能量弱，地震资料分辨率极低，难以满足后续储层预测要求。因此，针对目的层的吸收衰减补偿是地震资料处理的重点。图 9-2-6 所示为该地区地震资料 Q 补偿处理后的应用效果。从图中可以看出，近地表吸收补偿后的地震剖面中浅层及目的层的分辨率及信噪比都有提高，同相轴连续性变好。并且在低频成分不损失的情况下，高频成分得到了有效合理的补偿，有效频带得到拓宽，拓宽约 15Hz。经处理后的含气储层弱反射清晰可见，栖霞组石灰岩呈宽缓弱波谷特征，白云岩储层弱波峰亮点反射特征清晰，这为该地区栖霞组白云岩薄储层的识别奠定了高品质资料基础。

三、各向异性叠前深度偏移成像技术

碳酸盐岩气藏由于具有较强的非均质性，地震资料成像精度受各向异性影响明显。常规采用各向同性叠前深度偏移得到的成像结果会产生两个问题：（1）偏移剖面的地震层位与测井分层数据的层位在深度上相差较大，深度误差达不到地质要求；（2）各向同性叠前偏移的共成像点（CIP）道集存在远偏移距没有校平的现象，影响叠加效果，同时给 AVO、AVA 等叠前地震反演带来困难。因此，开展各向异性叠前偏移具有重要的实际意义。

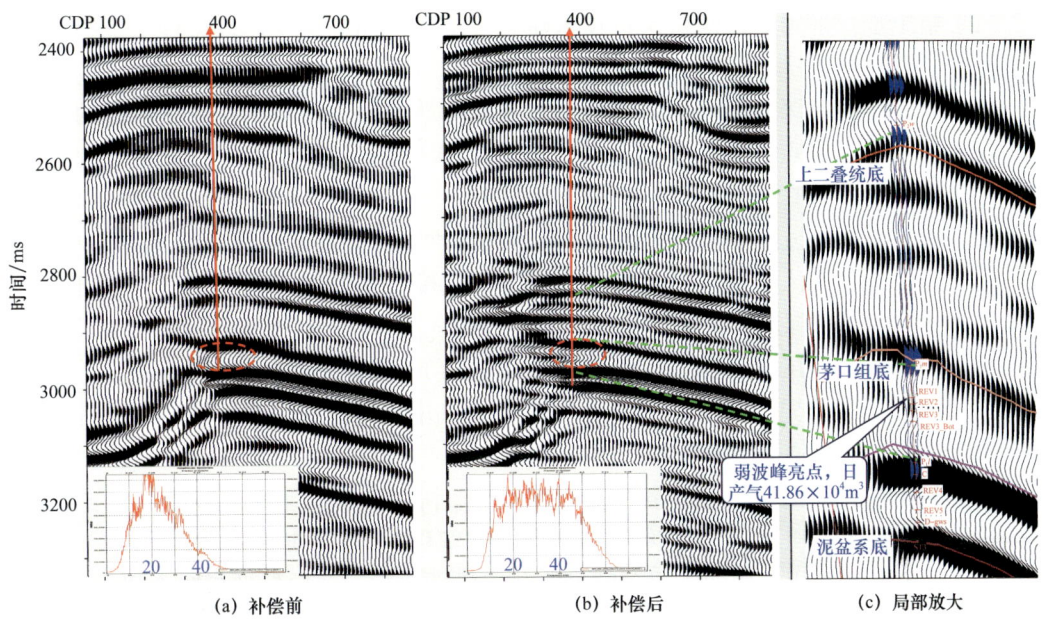

图 9-2-6 表层 Q 补偿前、补偿后与局部放大结果

1. 技术原理

三维 VTI 介质各向异性叠前偏移具体实现流程如图 9-2-7 所示。

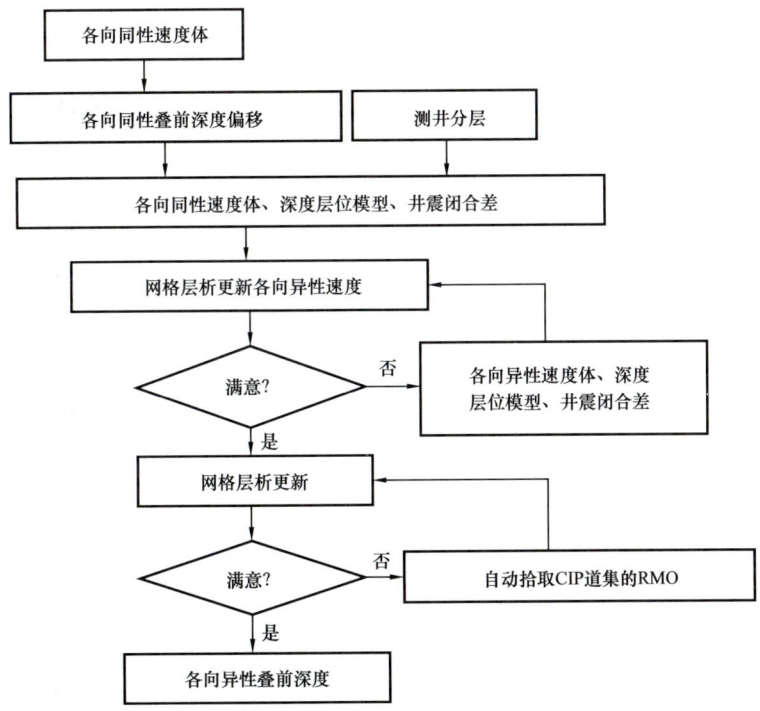

图 9-2-7 井震联合网格层析各向异性叠前深度偏移流程

（1）第 1 步：采用层控网格层析技术建立三维各向同性速度体，进行三维各向同性叠前深度偏移。

（2）第 2 步：在深度偏移剖面上解释出主要的地质层位，与测井数据解释的层位进行匹配对比，计算井点位置处主要地质层位的井震闭合差，并对其进行插值得到各个层位的井震闭合差平面图。

（3）第 3 步：通过网格层析迭代，计算各向异性速度和各向异性参数 δ。第一次进行网格层析迭代时，输入各向同性速度体、深度层位模型和井震闭合差模型，输出更新后的各向异性速度体、深度层位模型和各向异性参数 δ。然后，利用新的深度层位模型，重复第 2 步，计算各个层位新的井震闭合差，再进行下一轮网格层析迭代，此时，输入上一轮迭代得到的各向异性速度体、深度层位模型和井震闭合差模型，输出更新后的各向异性速度体、深度层位模型和参数 δ。

（4）第 4 步：网格层析更新各向异性参数 ε。利用第 3 步计算得到的各向异性速度体、各向异性参数 δ 和 ε，进行三维各向异性叠前偏移，得到共成像点道集。

（5）第 5 步：利用前面四步得到的最终各向异性速度、各向异性参数 δ 和 ε，进行各向异性叠前偏移，得到最终的叠前偏移结果。

在上述流程中，本研究采取基于射线追踪的各向异性网格层析迭代方法建立并求解由共成像点道集拾取的剩余时差（RMO）及模型参数变化量等组成的线性方程组，并通过迭代计算逐步更新优化速度模型，消除共成像点道集的 RMO，拉平 CIP 道集。由于层析反演线性方程组具有严重的病态性，为了提高计算的稳定性，减少反演的多解性，采用加权的最小二乘算法对其进行求解，层析反演方程组为

$$\left(A^T C_d^{-1} A + C_m^{-1} + L^T L\right)\Delta m = A^T C_d^{-1} \Delta z \qquad (9-2-6)$$

式中　Δm——模型参数的变化量矩阵，模型参数可以为速度，也可以为各向异性参数 δ、ε；

Δz——数据残差向量，可以是 RMO，也可以是每个层位的井震闭合差；

A——表示数据残差随模型参数扰动而变化的灵敏度矩阵；

C_d——一个对角协方差矩阵，其对角元素为数据的方差；

C_m——模型的协方差矩阵，起到阻尼因子的作用，可以压制过大的模型扰动；

L——平滑约束算子，可以沿着构造方向对模型扰动进行平滑，使层析方程组收敛到一个符合地质构造的最优解。

2. 应用实例

研究区位于四川盆地蜀南云锦地区。该研究区茅口组的层间小断裂发育，储层单层厚度薄（小于 10m），地震反射弱，存在较强的方位各向异性现象，需要进行方位各向异性消除，改善成像质量，进而为后续储层预测提供资料保障。图 9-2-8 为网格层析更新各向异性参数前后的 CIP 道集，可以看到道集的远偏移距的拉平程度更好，这给后续开展 AVO、AVA 等叠前反演储层预测研究提供了更多的远偏移距信息。图 9-2-9 是该地区

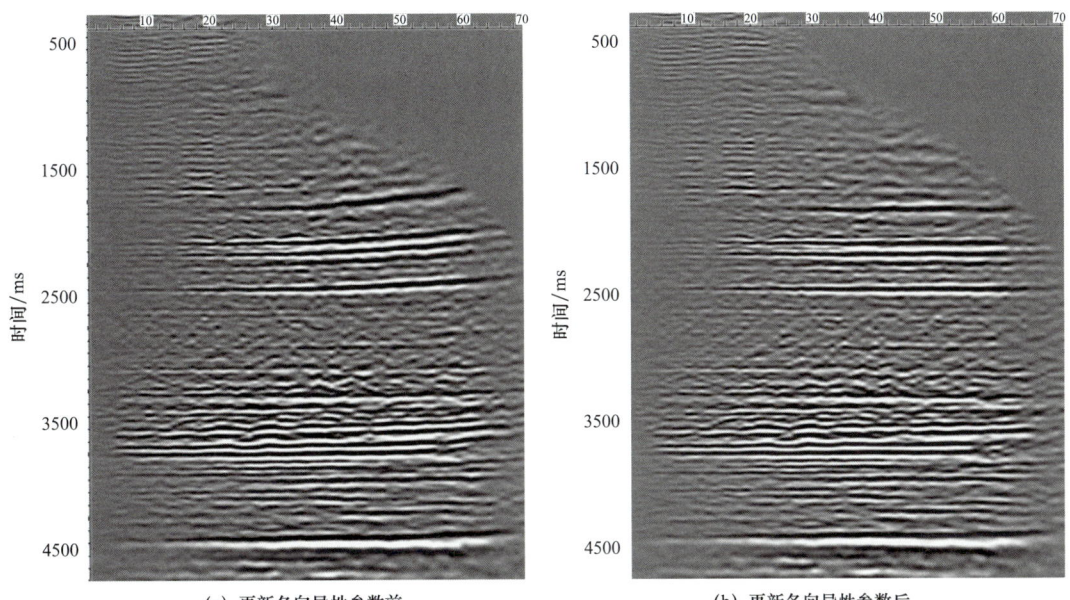

(a) 更新各向异性参数前　　　　　　　(b) 更新各向异性参数后

图 9-2-8　网格层析更新各向异性参数前、后 CIP 道集

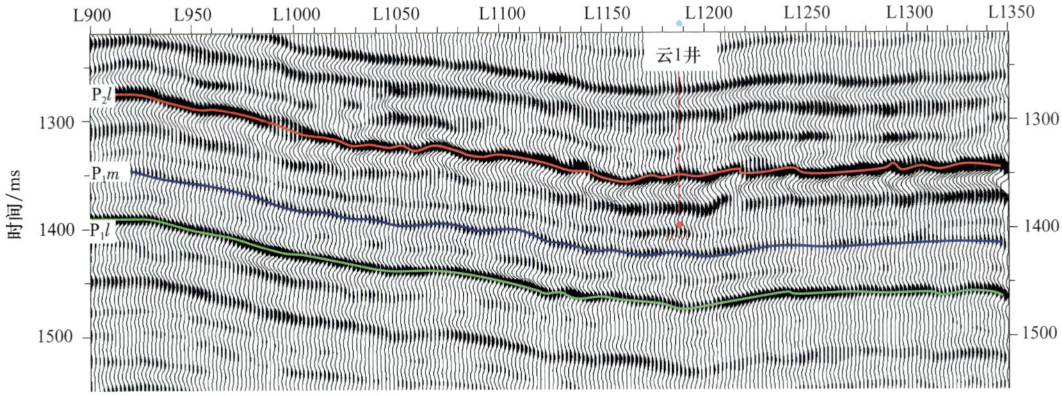

(a) 常规偏移成像

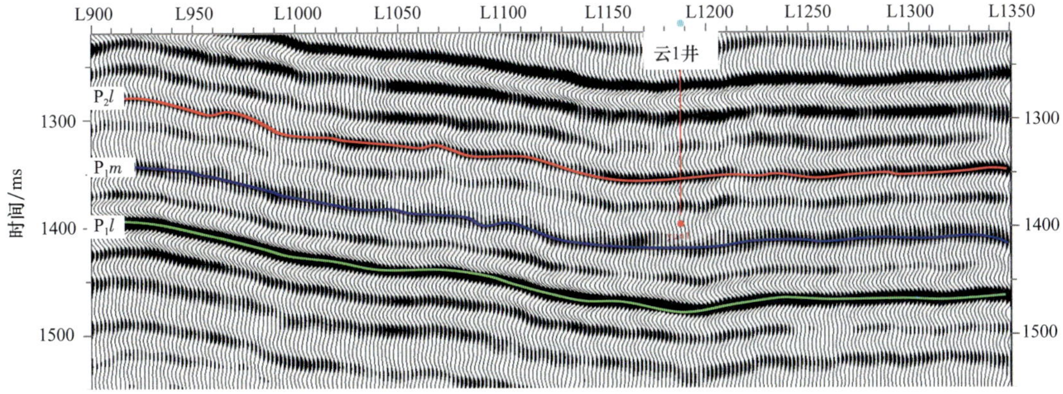

(b) 各向异性偏移成像

图 9-2-9　常规偏移成像与各向异性偏移成像效果对比

常规技术与叠前深度偏移成像对比，可见消除各向异性影响后，地震资料的信噪比明显提高，成像改善明显，目的层（位于红色与绿色线条间）弱能量信息得到增强，分辨率有所改善。

第三节　天然气藏地震储层预测关键技术

随着天然气藏勘探的深入，勘探目标越来越深，储层厚度越来越薄，对地震储层预测的精度要求也越来越高。另外，地震预测不仅要定性地判别储层的含气性，同时也需定量分析储层的物性条件。因此，需要不断研发高分辨率气藏地震预测技术与物性定量预测技术，来提高天然气藏地震勘探的成功率。

一、薄气藏高分辨率时频分析技术

时频分析是储层预测中一种常用技术，其可以刻画非平稳地震信号的频率随时间的变化特征，从而通过观察异常的时频变化信息来识别地下地质构造和含气信息。常见的时频分析技术有短时傅里叶变换（STFT）、小波变换（CWT）、S变换和希尔伯特—黄变换（HHT）等，被广泛地应用到地震勘探中。近年来，随着分频地震解释、分频AVO反演以及吸收衰减分析等基于地震数据体频率变化的储层预测技术的发展，对高分辨率时频分析算法的需求也变得更为迫切。

1. 稀疏反演谱分解技术

目前存在的谱分解方法其分辨率难以满足薄层高精度储层及含气性检测需求。为此，提出了一种高分辨率、聚焦性好的稀疏反演谱分解方法。在谱分解领域，常见的反演方程表达式如下：

$$Gm+n=s \quad (9-3-1)$$

式中　G——与子波、频率有关的算子；
　　　m——待求频谱；
　　　n——噪声；
　　　s——地震观测数据。

由于该方程为欠定方程组，因而求解该方程时需要加约束条件。在求解过程中，有两个关键点：（1）子波库G的构建，此时子波库G的构建，选取的是复子波，因为复子波里面加入了相位的因素，从而使子波库更加完善；（2）求解的反演算法，通过L1范数作为稀疏约束项，建立新的目标函数：

$$J=\frac{1}{2}\|Gm-s\|_2^2+\lambda\|m\|_1 \quad (9-3-2)$$

式中　$\|\cdot\|_2^2$——L2范数的平方；

$\|\cdot\|_1$ —— L1 范数；

λ —— 正则化参数。

该目标函数中的第一项是数据匹配项，用来衡量评价所求取的解与实际信号的匹配程度，第二项为稀疏约束项，其用来控制解的稀疏程度以及解的位置，用 L1 范数作为稀疏约束限制。参数 λ 用来控制稀疏约束在成本函数中所占的比重。当 λ 相对较大时，稀疏约束所占的权重较大，谱比较稀疏；当 λ 较小时，其稀疏约束所占的权重较小，其解比较光滑，趋近于 L2 范数的解。目前，对于目标函数即式（9-3-2）的求解方法中最流行的就是快速迭代软阈值法（FISTA）。在稀疏反演谱分解中的实现过程中，子波库的选取以及稀疏约束条件的选择至关重要，Ricker 子波具有形状简单、收敛快等优点，因而常被用于正演模型建立以及合成地震记录等中。通过引用复信号分析技术，将实 Ricker 子波转化为复 Ricker 子波。求解上述的目标函数，即可以得到所需求的解 m，然后对解进行重排，即可以得到所需的高分辨率频谱。

图 9-3-1（a）为设计的反射系数模型，时间位置分别为 50ms、70ms、150ms、157ms、270ms 和 400ms。选用 30Hz Ricker 子波与上面四个反射系数分别进行褶积，而下面两个反射系数分别与 30Hz 和 60Hz 子波进行褶积，最后叠加为一道地震信号 [图 9-3-1（b）]，图 9-3-1（c）、（d）、（e）分别为 Gabor 变换得到的时频振幅谱、稀疏反演谱分解的时频振幅谱和相位谱结果，由分辨率的极限知，30Hz 对应的时间分辨率极限为 12.8ms，上面两个相距 20ms 的波形在 Gabor 变换结果中无法区分，而稀疏反演谱分解能够使之分开，但是对于相距 7ms 的两个波形，由于超出了分辨率的极限，两种时频分析方法都无能为力，这就说明稀疏反演谱分解同样会受到分辨率极限的限制，但是其分辨率要远远高于常规时频分析方法。此外，还可以发现稀疏反演谱分解得到的相位谱的分辨率要优于振幅谱。

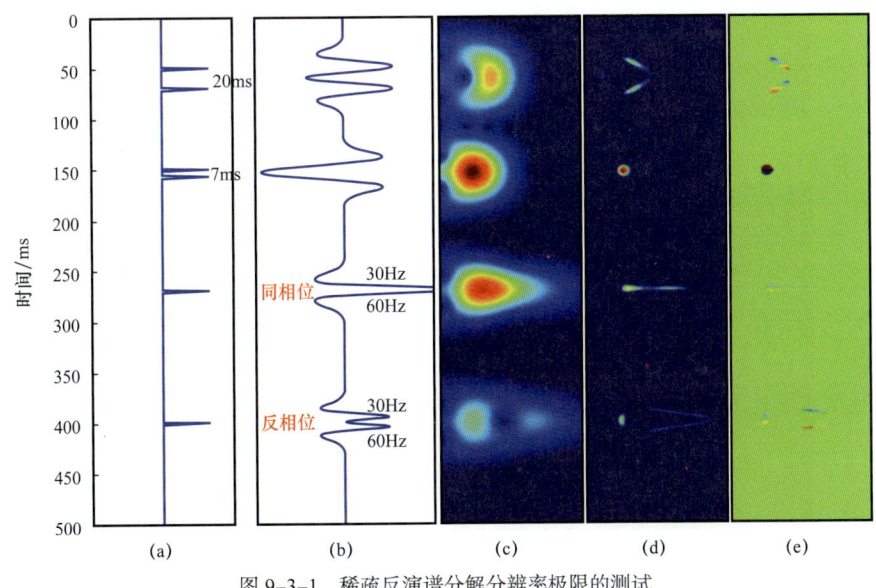

图 9-3-1 稀疏反演谱分解分辨率极限的测试

稀疏反演谱的高分辨率特性还可以用于实际数据中气藏的低频异常检测。图9-3-2（a）、（b）、（c）分别显示了四川盆地磨溪—龙女寺地区二叠系的某条相对高频（36Hz）、相对中频（30Hz）和相对低频（21Hz）的振幅剖面。不同的频率分量可以明显地观察到不同的响应特性。通过比较相对中频（30Hz）和相对低频（21Hz）分量，发现上部储层L2附近存在较强的低频振幅异常[图9-3-2（c）中的白色椭圆区]。推测这可能是由于上部储层中存在气体引起的高频能量衰减和低频增强现象。后续试气结果证实了这种结

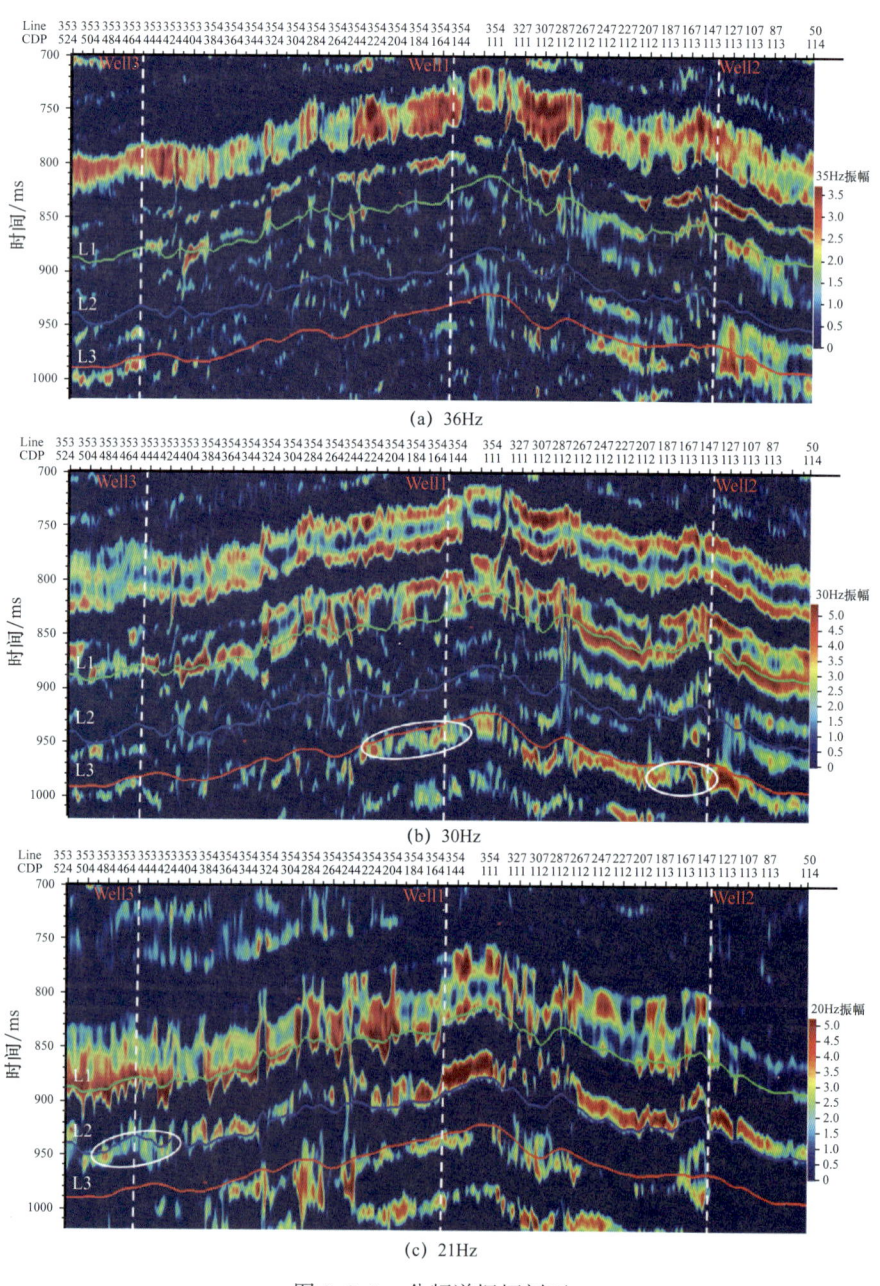

图9-3-2　分频谱振幅剖面

论。同样，通过比较相对高频（36Hz）和相对中频（30Hz）分量，可以观察到下部储层 L3 附近较强的低频振幅异常［图 9-3-2（b）中的白色椭圆区］。

2. 频谱衰减属性分析技术

地震波在传播的过程中遇到含气储层往往会发生吸收衰减现象，因此除了将稀疏反演谱分解得到的高分辨率频谱用于分频地震解释、分频 AVO 反演、低频异常检测等常规用途外，在天然气地震勘探中还可以利用高分辨率频谱进行吸收衰减属性的计算。能够反映频谱衰减的属性也有多种多样，例如主频、衰减梯度、高频/低频能量、带宽等，多达数十种。利用频谱衰减属性进行有利储层识别的前提是能够获取地震信号的高精度时频谱，若时频分解结果不够准确，会引入很多假象，难以成功。在天然气地震勘探中，主要采用以下具有较强气藏指示能力和稳健性的频谱衰减属性。

1）能量衰减分析（EAA）

该属性是一种计算地震信号能量衰减的分析方法，该项技术的核心是求取信号谱的高频指数衰减系数：

$$f(\omega) = \exp(-\alpha\omega) \tag{9-3-3}$$

式中　α——吸收系数；
　　　ω——频率，Hz。

EAA 属性相较于通过线性拟合计算的衰减梯度属性，更为稳健。通过稀疏反演谱分解方法得到振幅谱之后，扫描找到最大振幅及对应主频。然后利用高频部分拟合求取吸收系数 α。α 越大，高频部分越陡峭，代表高频衰减越强烈，指示有利气藏发育区。

2）吸收因子

低频能量与高频能量的比值，计算时需首先定义一个参考频率，一般采用地震数据的主频。假设计算得到的频谱为 $F(f_0, f_1, \cdots, f_n)$，而预设的主频为 f_m，则吸收因子定义为

$$Abs = \sum_{f_0}^{f_m} f_i \bigg/ \sum_{f_m}^{f_n} f_i \tag{9-3-4}$$

吸收因子的值越大，则表示低频与高频能量比越强，信号高频衰减越剧烈，指示有利气藏发育位置。

3）算术平均频率

定义为频率与振幅的乘积之和与振幅之和的比值。为振幅与频率的综合响应，相比于主频（最大振幅对应的频率）属性，更为稳健。平均频率越低，地震信号衰减越强烈：

$$f_{mean} = \left(\sum_i A_i f_i\right) \bigg/ \left(\sum_i A_i\right) \tag{9-3-5}$$

式中　A——振幅；
　　　f——频率，Hz。

图 9-3-3 显示的是四川盆地磨溪—龙女寺地区茅口组磨溪 41 井、磨溪 31 井、磨溪 208 井、磨溪 39 井连井吸收因子属性剖面。磨溪 39 井储层厚度 20.3m，日产气 24.69×10⁴m³，吸收因子表现为高值。磨溪 208 井测井解释储层厚度 15.3m，吸收因子属性剖面中有一定响应。磨溪 41 井和磨溪 31 井茅口组不发育储层，吸收因子属性无明显响应。这表明，吸收因子能够有效地反映储层的含气性。

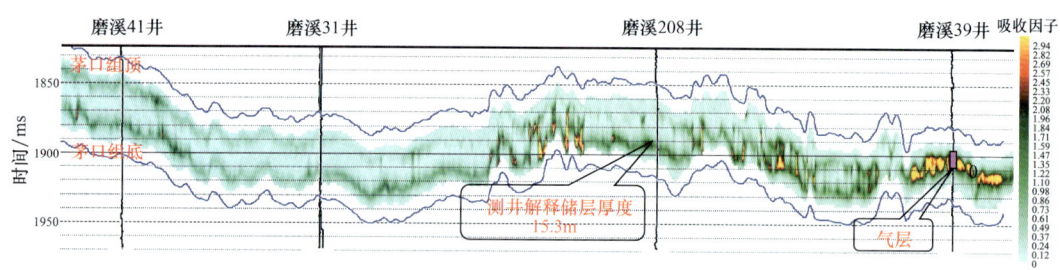

图 9-3-3　四川盆地磨溪—龙女寺地区茅口组连井吸收因子剖面

图 9-3-4 为提取的茅口组吸收因子属性平均值平面图。可以看到，主要产气井磨溪 39 井附近表现为强吸收因子，基本沿着断裂带分布。因此，可以认为茅口组的储层主要沿断裂带发育。

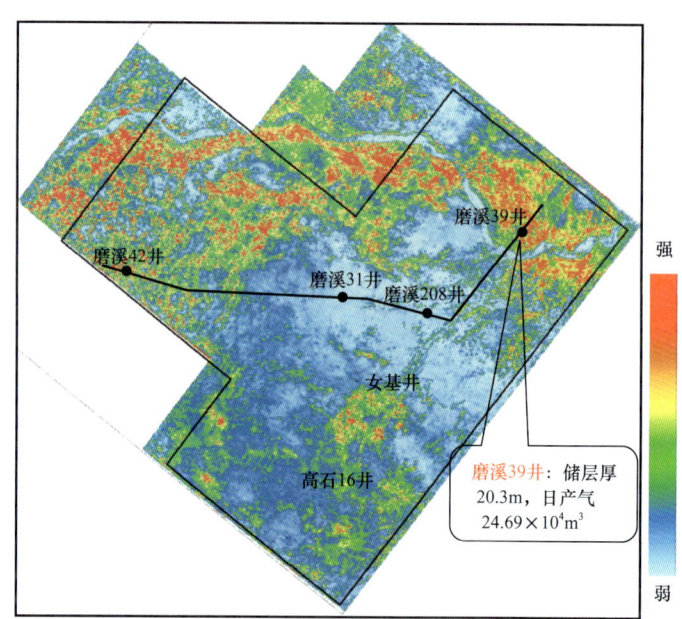

图 9-3-4　四川盆地磨溪—龙女寺地区茅口组茅二段上亚段吸收因子属性平面图

类似的，对该地区栖霞组也进行了吸收衰减类属性的计算，发现衰减梯度属性与栖霞组储层发育情况对应关系最好（图 9-3-5）。可见，日产气 36.69×10⁴m³ 的磨溪 31 井周围表现为具有很强的衰减梯度。产气井磨溪 42 井和女基井同样也表现为具有相对较强的衰减梯度属性，而其他井则相对较弱，证实了东南部栖霞组储层主要沿构造高部位分布。

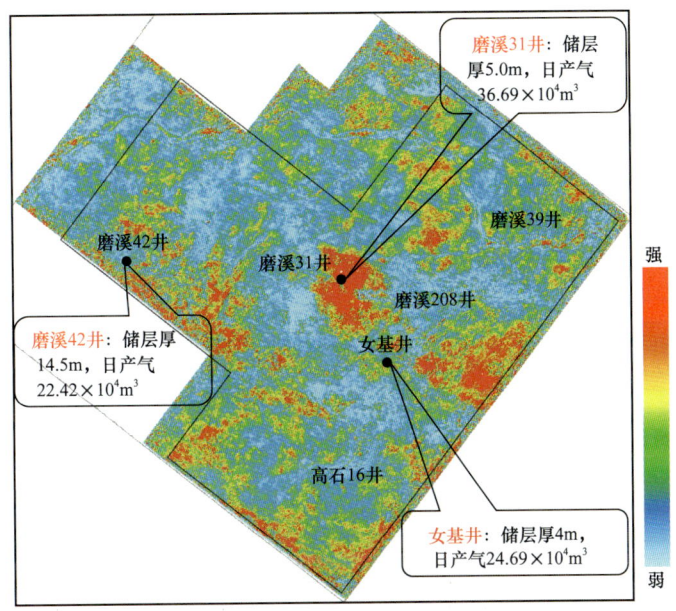

图 9-3-5　栖霞组中—上部衰减梯度平面图

二、薄气藏高分辨率 AVO 反演技术

叠前地震 AVO 反演技术发展至今已经成为石油地震勘探领域最为常用的手段之一。其反演算法基本可以分为线性或拟线性求解方法和完全非线性求解方法两类，但无论是传统的线性反问题求解方法，还是神经网络、贝叶斯等完全非线性求解方法，都没有充分考虑地下反射系数界面的稀疏性。一般认为地下介质是层状的，反射系数恰恰应该是稀疏离散的，不考虑这一假设条件，会导致反演结果分辨率变差以及结果的不准确。

1. 技术原理

压缩感知打破了传统的 Nyquist–Shannon 采样定理，可以用少量、稀疏的采样来完美重构有效信号。基于压缩感知理论，可以将叠前道集表达为稀疏的截距、梯度、曲率反射系数，得到高分辨率 AVO 反演目标函数：

$$J = \|Ax - s\|^2 + \lambda \|x\|_1 \quad (9\text{-}3\text{-}6)$$

式中　A——反射系数方程中的与角度有关的系数项；
　　　x——待求参数；
　　　s——观测值。

第一项是误差项，用于衡量模型和观测数据之间的差异；第二项则是为了得到稀疏的解；权系数 λ 用来调节两项所占的比重。即，λ 越大，L1 范数所占比重越大，所得的解也就越稀疏。通过增大 λ 来抑制噪声的作用是十分有限的，并且，当 λ 过大时，还可能会缺失部分有效解。为了得到一个更加稳定的解，假设通过压缩感知 FISTA 算法求解得到了一个稀疏的解 x，那么根据非零解的位置，可以对矩阵 A 的行列进行筛选，得到一个新的、更小的求解稀疏反射系数的方程组：

$$By = s \quad (9-3-7)$$

式中　B——对矩阵 A 进行筛选后的新矩阵；

　　　y——未知反射系数列向量，即表示的是 FISTA 解 x 中的非零位置值。

对于上述线性方程组，可以简单地采用逆矩阵方法进行求解，但直接的矩阵求逆计算是不稳定的。利用最小平方原理，可以构建如下误差函数：

$$f(y) = (s_i - By_i)^2 \quad (9-3-8)$$

选用拟牛顿方法（BFGS）使式（9-3-8）所示误差函数最小的解为最终解。这种方法实际上是先给定一个初始解（通常为 0 向量或者单位向量）。考虑到压缩感知 FISTA 算法可以得到一个位置准确但值不精确的解，本方法直接用压缩感知 FISTA 进行求解的反演结果作为初始迭代值进行求解。然后通过构建 Hessian 矩阵确定搜索的步长以及方向，对方程进行迭代求解，即可以很方便地求取高分辨率的反问题解。

图 9-3-6 显示了使用不同算法的 AVO 反演结果对比。图 9-3-6（a）是加了 5% 噪声的模型角度道集，图 9-3-6（b）、（c）是仅使用 FISTA 算法反演的截距、梯度。对于 5% 噪声的集合，其梯度反演结果出现了额外的虚假信息。图 9-3-6（d）、（e），是使用 BFGS 算法反演的结果，很明显真实模型的层位未得到有效反应，存在层位漏失的情况。图 9-3-6（f）、（g）是使用 FISTA 的解作为 BFGS 算法的初始解反演的结果。可以看到其反演结果比单独使用单一算法的结果好得多，几乎与实际值一致，显示出更高的分辨率和精度。

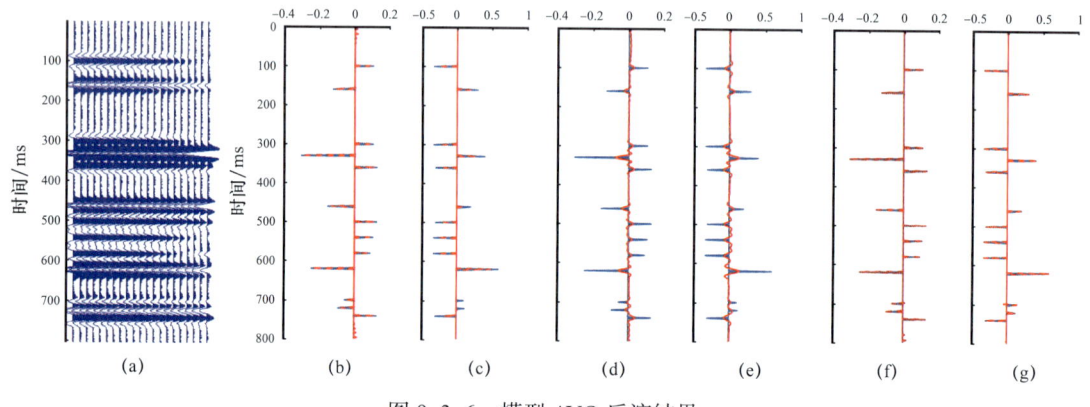

图 9-3-6　模型 AVO 反演结果

（a）加 5% 噪声的模型叠前道集；（b）（c）（d）（e）（f）（g）分别为仅用 FISTA 算法、BFGS 算法、FISTA+BFGS 算法反演的 AVO 截距与梯度属性；蓝色和红色分别为模型、反演曲线

2. 应用实例

图 9-3-7 所示为四川盆地川中地区碎屑岩气藏的一条过井常规 AVO 反演和高分辨率 AVO 反演的梯度属性剖面。通过对比可见，二者大的背景趋势一致，但高分辨率 AVO 反演的梯度属性剖面分辨率更高，细节要更为丰富。对于图中 7.5m 厚的气层（图 9-3-7 中

箭头所示），常规 AVO 反演结果由于分辨率不足，导致该 7.5m 厚的气层淹没在围岩背景中，而高分辨率 AVO 反演结果依然能够较好地指示出该气层的分布。

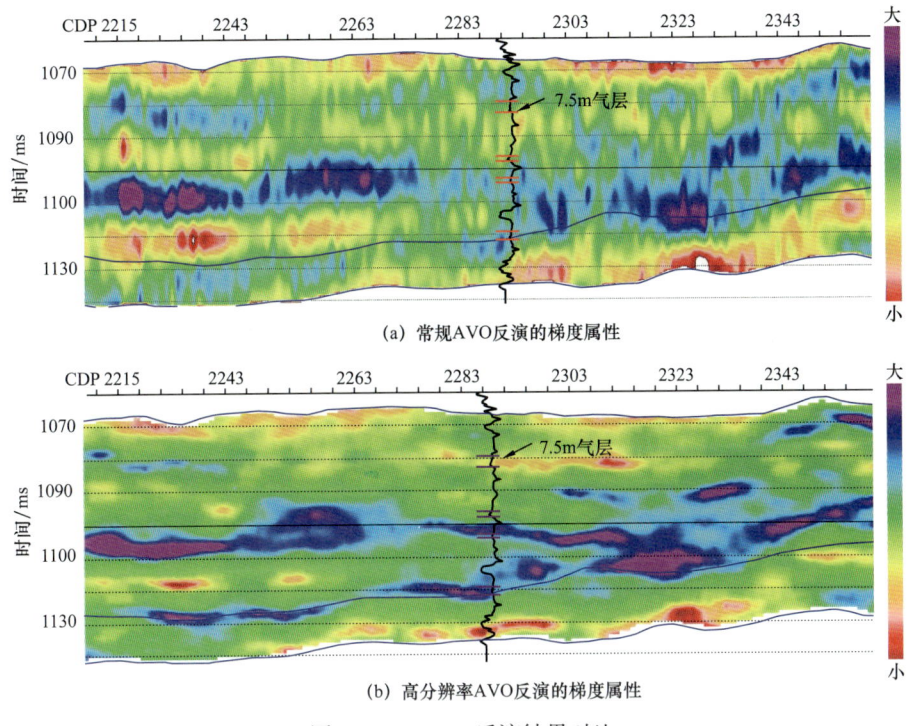

图 9-3-7　AVO 反演结果对比

该技术在碳酸盐岩气藏中也取得了较好的应用效果。图 9-3-8 和图 9-3-9 分别为四川盆地川西北双鱼石地区高分辨率 AVO 反演和常规 AVO 反演得到的 AVO 梯度属性平面图。对比可见，二者结果呈现的大背景趋势基本一致，但高分辨率 AVO 梯度属性平面图细节要更为丰富，特别是三个高产气井的井位，其响应更为明显，与已知结果更为符合。

三、气藏敏感参数构建技术

利用对气藏较为敏感的弹性参数进行储层含气性的识别，是天然气地震勘探中最为常用的一种含气性检测手段。近年来，随着采集与处理技术的发展，多波地震勘探技术逐渐走向成熟并取得了较好的应用效果。PP 波地震信息是地层骨架、孔隙、孔隙流体的综合反映，而 PS 波在流体中不传播，仅与骨架有关。因而联合利用 PP 波和 PS 波地震数据进行气藏敏感参数构建，可以突破 PP 波气藏敏感性瓶颈问题，提高气藏的预测成功率。

1. 技术原理

弹性阻抗（EI）的定义为入射角 θ、纵波速度 v_p、横波速度 v_s 及密度 ρ 的函数（Connolly，1999）：

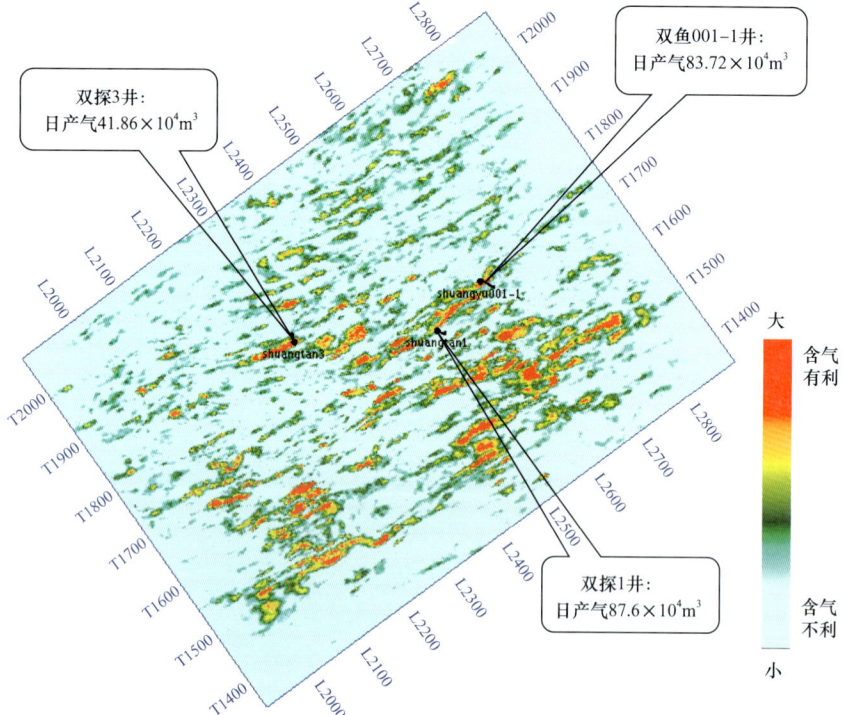

图 9-3-8 高分辨率 AVO 梯度栖霞组平面图

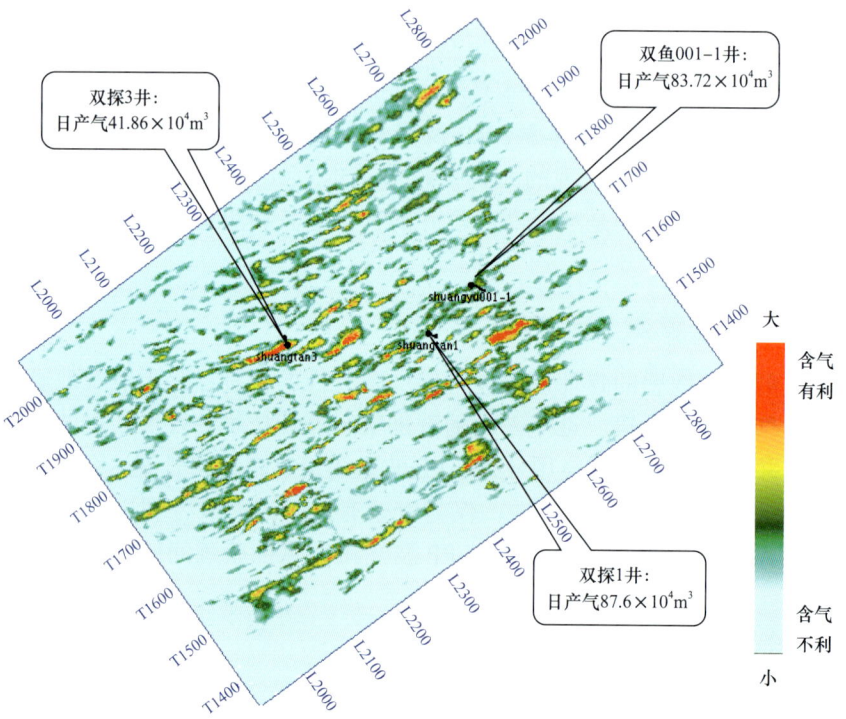

图 9-3-9 常规 AVO 梯度属性栖霞组平面图

$$EI(\theta) = v_{p0}\rho_0 \left(\frac{v_p}{v_{p0}}\right)^{a(\theta)} \left(\frac{v_s}{v_{s0}}\right)^{b(\theta)} \left(\frac{\rho}{\rho_0}\right)^{c(\theta)} \quad (9\text{-}3\text{-}9)$$

式中 v_{p0}——目的层段纵波速度，m/s；

v_{s0}——目的层段横波速度，m/s；

ρ_0——目的层段密度均值，kg/m³；

$a(\theta) = 1 + \tan^2\theta$；

$b(\theta) = -8K^2\sin^2\theta$；

$c(\theta) = 1 - 4K^2\sin^2\theta$；

K——目的层横波速度与纵波速度之比。

当入射角 θ 为 0 时，EI 退化成纵波阻抗 $I_p = v_p\rho$。

Duffaut 等（2000）基于 PS 波反射系数近似方程推导出了 PS 波弹性阻抗方程：

$$SEI(\theta) = v_s^{m(\theta)} \rho^{n(\theta)} \quad (9\text{-}3\text{-}10)$$

式中 $m(\theta) = 4K\sin\theta\left[1 - \frac{1}{2}(1+2K)\sin^2\theta\right]$；

$$n(\theta) = (1+2K)\sin\theta\left[1 - \frac{K\left(1+\frac{3}{2}K\right)}{1+2K}\sin^2\theta\right]$$

在研究过程中发现 PS 波弹性阻抗方程存在数量级随入射角度的变化较大的问题。另外，当入射角 θ 为 0 时，式（9-3-10）取值为 1，与横波阻抗无关且不具备任何阻抗意义。上述问题制约着 PS 波弹性阻抗与 PP 波弹性阻抗的联合利用。

对式（9-3-10）进行重新推导：

$$SEI(\theta) = v_{s0}\rho_0 \left(\frac{v_s}{v_{s0}}\right)^{m(\theta)} \left(\frac{\rho}{\rho_0}\right)^{n(\theta)} \quad (9\text{-}3\text{-}11)$$

式中 v_{s0}——目的层段横波速度，m/s；

ρ_0——目的层段密度均值，kg/m³。

新 PS 波弹性阻抗方程值的数量级随角度的变化稳定。另外，当入射角 θ 为 0 时，虽不存在 PS 波，但新方程指数项取值为 0，方程能够退化为目的层段的横波阻抗 $I_{s0} = v_{s0}\rho_0$，具有明确的阻抗意义。

至此，PS 波弹性阻抗方程与 PP 波弹性阻抗方程具备了统一性：当垂直入射时，也即入射角度为 0 时，PP 波弹性阻抗退化为纵波阻抗，PS 波弹性阻抗退化为目的层段的横波阻抗；当入射角不为 0 时，纵波阻抗扩展成 PP 波弹性阻抗，横波阻抗扩展成 PS 波弹性阻抗。因而，可以认为 PP 波与 PS 波弹性阻抗方程是纵、横波阻抗的角度信息扩展形式。

储层预测中较为常用的弹性参数一般可以表示为纵波阻抗 I_p、横波阻抗 I_s 的函数，见表 9-3-1 第二列。通过前面的推导，PP 波与 PS 波弹性阻抗方程是纵波、横波阻抗的角度信息扩展形式。因此，提出分别利用 PP 波、PS 波弹性阻抗代替纵波阻抗、横波阻抗，按照常规弹性参数计算式来构建新的弹性参数，将其表示为 $EI(\theta)$、$SEI(\theta)$ 的函数，称这种带有角度信息的新参数为角弹性参数：

$$A_x(\theta) = f[EI(\theta), SEI(\theta)] \tag{9-3-12}$$

式中 $A_x(\theta)$——常规弹性参数 x 相对应且角度为 θ 的角弹性参数。

常见弹性参数对应的角弹性参数构建公式如表 9-3-1 第三列所示。当入射角为 0 时，PP 波弹性阻抗退化为纵波阻抗、PS 波弹性阻抗退化为目的层横波阻抗，因而角度弹性参数会退化为常规弹性参数。因此，角弹性参数实质上也是常规弹性参数的扩展形式，只不过增加了角度信息。

表 9-3-1 常规弹性参数与角弹性参数构建公式

名称	常规弹性参数	角弹性参数
泊松比	$\sigma = \dfrac{0.5(I_p/I_s)^2 - 1}{(I_p/I_s)^2 - 1}$	$A(\theta)_\sigma = \dfrac{0.5[EI(\theta)/SEI(\theta)]^2 - 1}{[EI(\theta)/SEI(\theta)]^2 - 1}$
剪切模量×密度	$\mu\rho = I_s^2$	$A(\theta)_{\mu\rho} = SEI(\theta)^2$
纵横波速度比	$\gamma = \dfrac{I_p}{I_s}$	$A(\theta)_\gamma = \dfrac{EI(\theta)}{SEI(\theta)}$
拉梅参数×密度	$\lambda\rho = I_p^2 - 2I_s^2$	$A(\theta)_{\lambda\rho} = EI(\theta)^2 - 2SEI(\theta)^2$
Gassmann 流体项×密度	$f\rho = I_p^2 - \gamma_d^2 I_s^2$ （γ_d 为干岩纵横波速度比）	$A(\theta)_{f\rho} = EI(\theta)^2 - \gamma_d^2 SEI(\theta)^2$
拉梅参数/剪切模量	$\lambda/\mu = \dfrac{I_p^2 - 2I_s^2}{I_s^2}$	$A(\theta)_{\lambda/\mu} = \dfrac{EI(\theta)^2 - 2SEI(\theta)^2}{SEI(\theta)^2}$

利用角弹性参数预测含气储层的整个流程可描述为常规弹性阻抗反演的延续，仅需反演一个角度的 PP 波与 PS 波弹性阻抗数据体，利用提出的角弹性参数的构建公式即可得到带有角度信息的新参数。

2. 应用实例

研究区位于四川盆地川中磨溪—龙女寺地区。目的层龙王庙组白云岩储层与石灰岩围岩的弹性性质极为接近，常规弹性参数难以进行有效区分，有利储层识别困难。根据四川盆地磨溪—龙女寺地区龙王庙组气藏实测数据计算的弹性参数及其角弹性参数的敏感指数（将弹性参数在含气储层与非储层段取值之差除以非储层段的取值作为储层敏感指数）。如图 9-3-10 所示。可以发现，角弹性参数的敏感指数均高于相应的常规弹性参数，且不同类型的角弹性参数的敏感指数也存在差异。造成这种敏感性差异的原因在于角弹性参数的构建方式不同，其突出的某一方面的弹性性质也就不同。

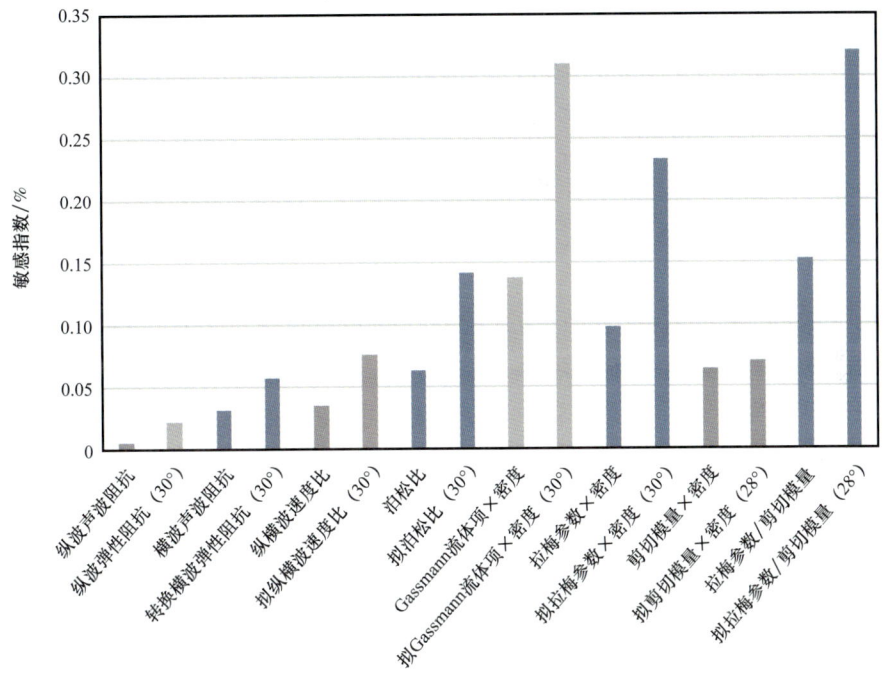

图 9-3-10　储层敏感指数

图 9-3-11 为该地区磨溪 31 井实测曲线计算得到的纵波阻抗 I_p、横波阻抗 I_s 与拉梅参数 / 剪切模量 λ/μ 及其相应的 28° 角弹性参数 SEI（28°）、SEI（28°）与 A（28°）$_{\lambda/\mu}$。可以看到，相较在石灰岩非储层段，常规弹性参数及其相应的角弹性参数曲线在白云岩层段虽然都发生了一定的变化，但角弹性参数曲线的异常要更加明显，其中 A（28°）$_{\lambda/\mu}$ 异常最为明显。

分别利用常规 PP 波与 PS 波叠前联合反演方法以及本方法开展敏感性弹性参数反演，反演结果如图 9-3-12 所示。通过对比图 9-3-12（a）与图 9-3-12（b），可以发现，二者白云岩的分布范围（剖面低值区域，值约小于 1）大致类似。但图 9-3-12（a）中白云岩分布更加突出，尤其是磨溪 31 井处的含气白云岩储层（黄色条带所示）与上下伏石灰岩地层（蓝色条带）的差异较图 9-3-12（b）中更加明显，取值更低，约为 0.2。这说明提出的角弹性参数更能突出有利储层的分布，对有利储层的敏感性较常规弹性参数强。另外，钻井显示磨溪 208 井存在含水白云岩储层，如图中椭圆实线框所示。图 9-3-12（a）中，角弹性参数 A（28°）$_{\lambda/\mu}$ 在椭圆实线框所示区域的取值低于石灰岩层段，但大于含气白云岩储层。因此，能够正确地判断其为含水白云岩储层。而在图 9-3-12（b）中，磨溪 208 井椭圆实线框所示区域很容易被错误地解释为含气白云岩储层。

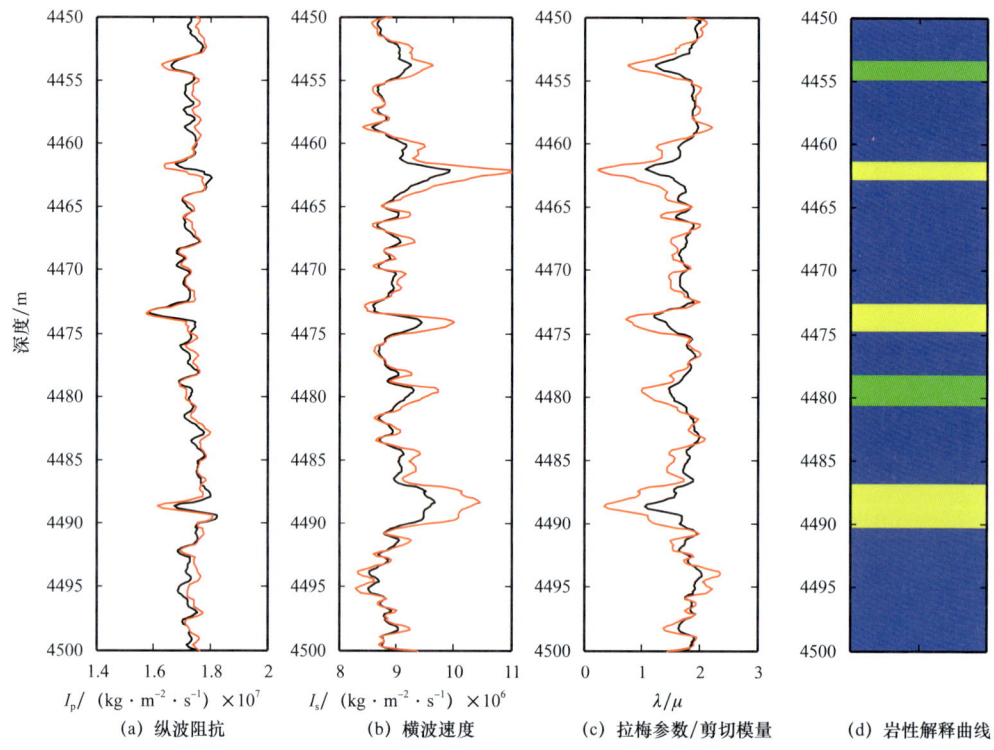

图 9-3-11 单井常规弹性参数（黑色）与相应的角弹性参数曲线（红色）
（d）中蓝色、绿色、黄色条带分别表示石灰岩、含水白云岩储层、含气白云岩储层

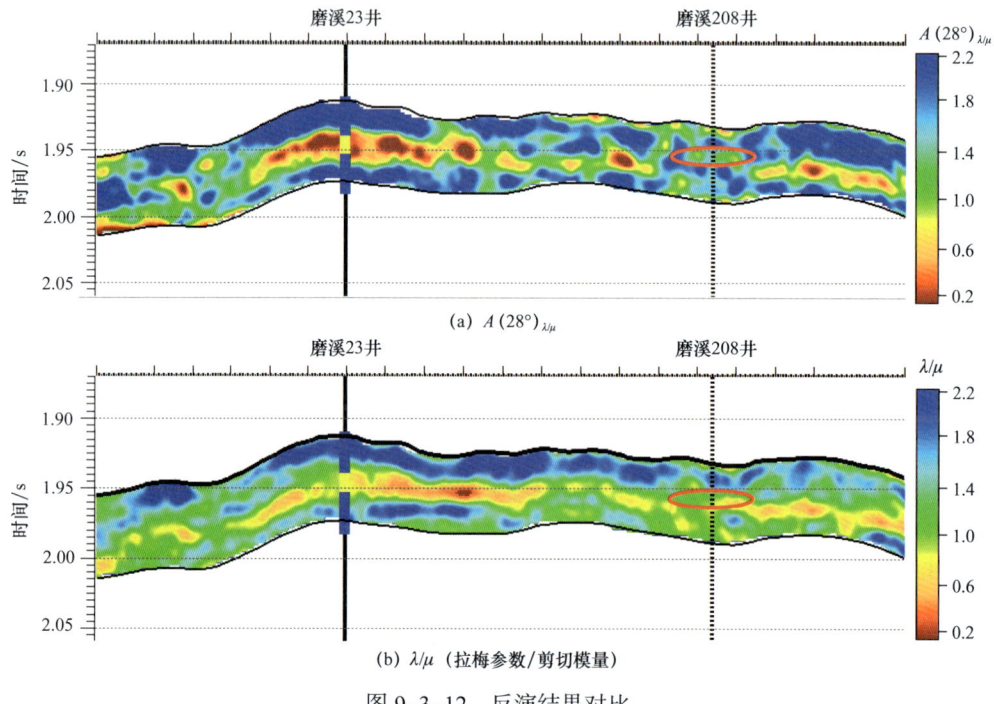

图 9-3-12 反演结果对比

图 9-3-13 所示为该地区龙王庙组 $A(28°)_{\lambda/\mu}$ 沿层切片。可以看到磨溪 29 井、磨溪 23 井均位于白云岩气藏发育区域,而磨溪 206 井、磨溪 41 井位于气藏不发育区域,这与实际测试结果一致。根据该气藏敏感性参数预测图,可以基本认为有利气藏主要分布在磨溪 29 井—磨溪 41 井以北、磨溪 23 井区、磨溪 53 井区。

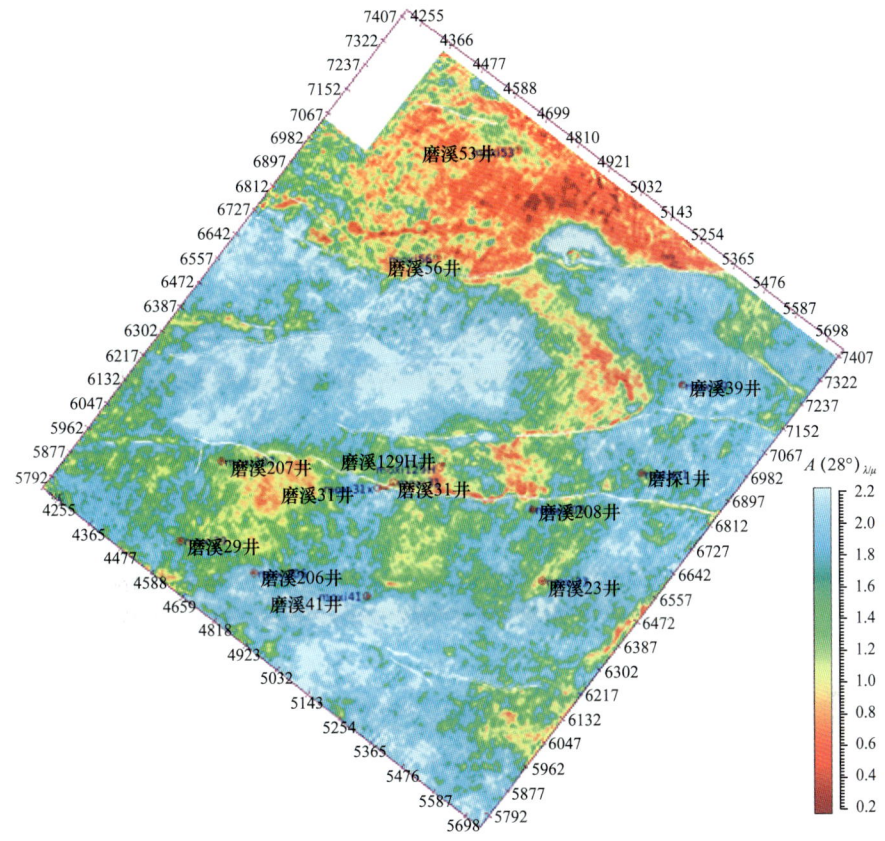

图 9-3-13　四川盆地龙女寺地区龙王庙组 $A(28°)_{\lambda/\mu}$ 沿层切片

四、气藏物性参数定量预测技术

常规定性含气检测方法仅能对储层的含气性给予判断,不能对储层的物性条件进行定量分析。气藏物性参数,如饱和度、孔隙度、矿物含量等商业价值评估、储量提交、井位优选、剩余气藏描述等定量化分析工作的重要参数。事实上,如何应用地震资料对天然气藏进行含气性的定量表征,一直是勘探和研究的热点问题。

1. 统计岩石物理储层物性参数预测

通常物性的改变会引起岩石弹性性质的改变,这种改变可以由地震数据振幅响应特征的变化来体现。因此,地震勘探中往往利用地震振幅数据对物性信息进行预测。一般做法主要分为两步:(1)利用地震振幅信息,通过叠前地震反演得到代表岩石弹性性质的弹性参数;(2)利用弹性参数、物性参数间的岩石物理关系,将弹性参数转化为物性参数。由于地下储层条件复杂多变，确定性的岩石物理模型难以准确描述弹性参数与物性参数间的定量关系，因此有必要将统计性技术引入到储层物性参数预测中。

1）技术原理

将弹性参数记为 m，如纵波、横波阻抗、密度、泊松比等。储层参数记为 R，如含气饱和度、孔隙度、泥质含量等。如果用 $f_d(R)$ 表示确定性岩石物理模型，用随机误差 ε 来描述不同的孔隙结构、矿物颗粒磨圆度、地层温度、压力条件的微弱变化以及测量误差对岩石物理关系的影响，也即理论模型与实际数据间的误差，则弹性参数与储层物性参数间的关系可以写成：

$$m = f_d(R) + \varepsilon \qquad (9\text{-}3\text{-}13)$$

式（9-3-13）即为统计岩石物理模型的表达式。由该表达式可以看出，统计岩石物理模型不仅体现了弹性参数与物性参数间的确定性关系，而且又突出了噪声对理论模型的随机性干扰，是一种兼具确定性与随机性特点的岩石物理模型。统计岩石物理模型允许建立储层弹性与物性间的定量关系，并扩展测井曲线上没有的储层实现。

实际应用过程中，应当根据研究区储层岩石物理特征选取恰当的岩石物理理论模型 $f_d(R)$。一般情况下，砂岩天然气藏可采用 Hertz–Midlin 颗粒接触模型，碳酸盐岩气藏可采用 K—T 模型，而火成岩气藏由于岩性较为复杂，可采用自洽理论结合 Gassmann 方程，建立储层物性参数与纵波、横波速度、密度间的关系。

通过将岩石物理模型与马尔科夫链蒙特卡洛技术相结合，即可生成大量的统计样本。将储层物性参数按照一定的取值区间分为 N 类，即 $R = [R_1 \quad R_2 \quad \cdots \quad R_N]$。依据贝叶斯反演框架，目标物性参数 $\tilde{R}$ 为在给定弹性参数 m 的条件下，其后验概率密度最大值所对应的一类物性参数的取值，表示为

$$\begin{aligned}\tilde{R} &= \arg \underset{R_i \in R}{\text{Max}}\, P(R_i \mid m) \\ &= \arg \underset{R_i \in R}{\text{Max}} \left\{ \frac{P(m \mid R_i) P(R_i)}{P(m)} \right\}\end{aligned} \qquad (9\text{-}3\text{-}14)$$

式中　$P(R_i)$——第 i 类物性参数的先验概率密度函数；

$P(m \mid R_i)$——在给定物性参数 R_i 下，m 的条件概率密度函数，称为似然函数；

$P(m)$——常数，可以略去。

在目标函数中，储层参数先验概率密度函数 $P(R_i)$ 可以根据先验统计结果，利用混合高斯分布概率密度函数进行逼近。混合高斯分布的最大优点在于，只要参数选择合理，其能够逼近任何分布形态。同样，可以先根据联合样本空间统计出 $P(m^k \mid R_i)$ 的分布信息，然后采用高斯混合分布概率密度函数对 $P(m^k \mid R_i)$ 的分布形态进行拟合，得到 $P(m^k \mid R_i)$ 的解析表达式：

$$P(m^k \mid R_i) = \sum_{\pi=1}^{N_c} \alpha_\pi N\!\left(m^k \mid R_i;\, \mu_{m^k \mid R_i}^{\pi},\, \sum\nolimits_{m^k \mid R_i}^{\pi}\right) \qquad (9\text{-}3\text{-}15)$$

式中　$N(\cdots)$——表示高斯分布概率密度函数；

N_c、αp、$\mu^\pi_{m^k|R}$ 和 $\sum^\pi_{m^k|R_i}$ ——分别为与 m^k、R 有关的混合高斯分布部件数、权系数、均值与方差。

因为叠前地震弹性参数反演得到的各弹性参数变量间存在有精度差异。因此不同的弹性参数变量在目标函数中的权重也应该不一样。因此，对式（9-3-14）取对数，引入权重系数 w 来调节弹性信息的采用量，即可得到最终的目标反演函数：

$$\tilde{R} = \arg\max_{R_i \in R}\left[\ln P(R_i) + \sum_{k=1}^{Nm} W_k \ln \sum_{\pi=1}^{Nc} \alpha_\pi N\left(R_i; \mu^\pi_{m^k|R}, \sum^\pi_{m^k|R_i}\right)\right] \quad (9\text{-}3\text{-}16)$$

式中　W_k——第 k 个弹性参数的权重，通过计算井旁道地震反演值与实际测井值的相关系数得到。

以加噪声后的模型曲线为例，对纵波、横波阻抗及密度赋予相同权重 $W=[1\ 1\ 1]$，反演得到的最终结果如图 9-3-14 所示。由图 9-3-14 可以看到，当在反演过程中同等对待精度不同的纵波、横波阻抗及密度时，反演结果与模型实际值相差较大，同模型实际曲线的相关系数分别为 0.37、0.79、0.88。根据模型曲线的精度，对纵波、横波阻抗及密

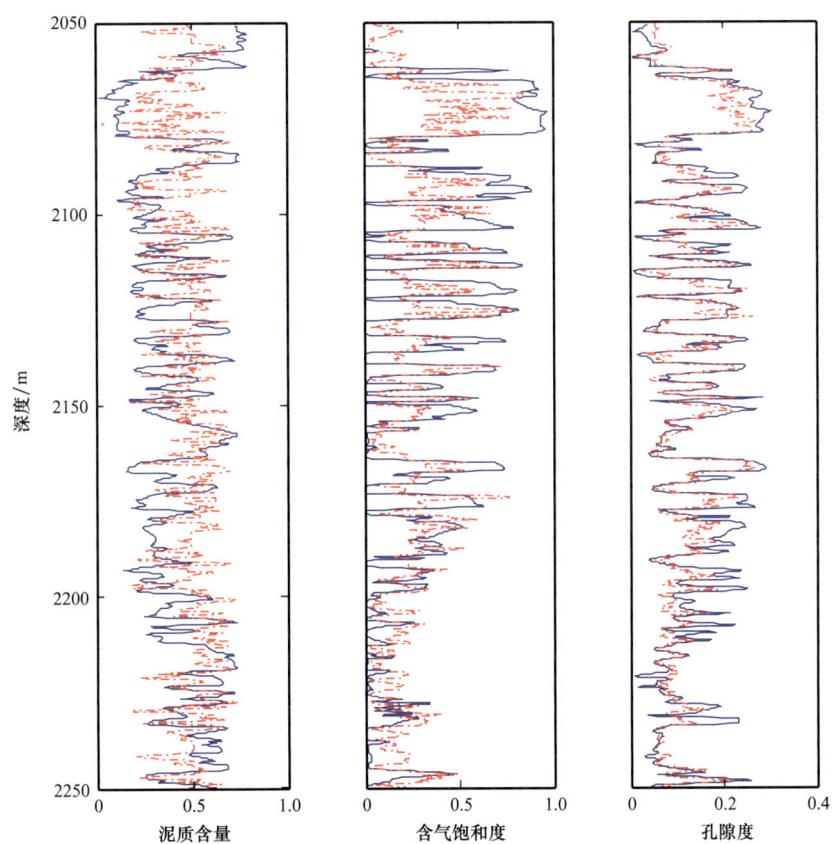

图 9-3-14　纵波、横波阻抗及密度权重相同时的反演结果
蓝色、红色曲线分别代表反演值与模型实际值

度分别赋予 0.97、0.89、0.78 的权重，反演结果如图 9-3-15 所示。可以看到，反演结果与模型整体符合较好，反演结果同模型曲线相关系数分别为 0.69、0.89、0.93。这说明利用多个不同精度的弹性参数变量进行储层物性参数反演时，弹性参数与储层物性参数间的加权统计关系更加合理。

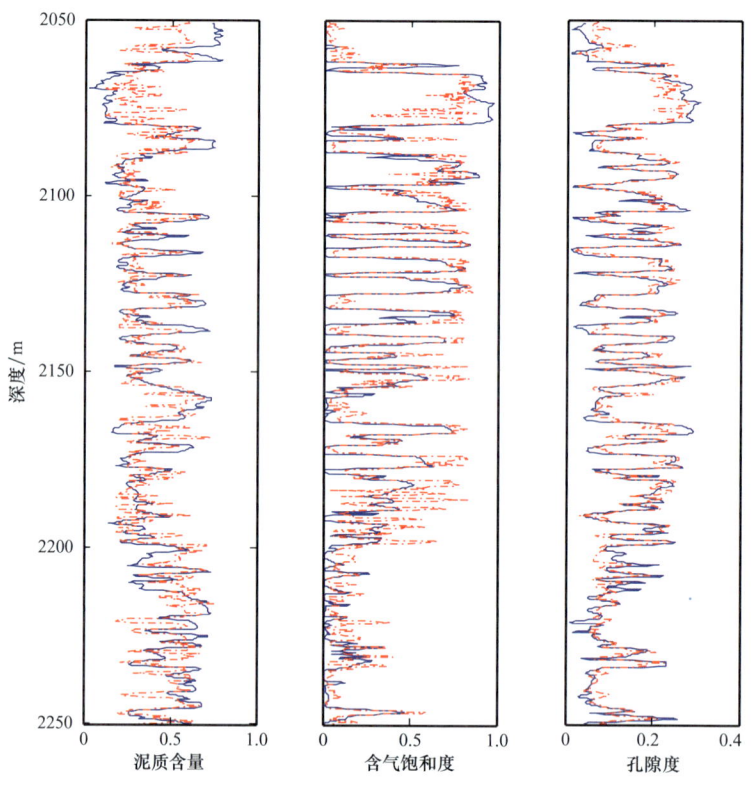

图 9-3-15　纵波、横波阻抗及密度权重不同时的反演结果
蓝色、红色曲线分别代表反演值与模型实际值

2）应用实例

研究区位于四川盆地川中磨溪—龙女寺地区，目的层龙王庙组主要发育白云岩孔隙型储层。该地区横向产能差异较大，找到白云岩储层并不意味着找到优质气藏，需要进一步对储层的孔隙度发育、含气饱和度等物性信息进行定量化预测。图 9-3-16 是磨溪 23 井的孔隙度和含气饱和度反演结果。磨溪 23 井为该研究区高产气井（日产气 $110 \times 10^4 m^3$），含气饱和度高达 75%，可以看出单井预测结果与实测曲线的吻合度较高。进一步在空间上预测的孔隙度和饱和度，如图 9-3-17。可以看到，井点处的反演结果与该井产气情况对应较好，高产气层对应着孔隙较为发育且含气饱和度较高的区域，不同产能的储层在剖面上均得到了体现，区分较为明显。

图 9-3-18 为该地区孔隙度、含气饱和度沿层预测平面图，图中黑色线条为有利储层的平面分布，暖色调（红黄色）为孔隙度高值区，可以看出其主要分布在磨溪 29 井以西，另外构造主体区与南部的高石 16 井区东南部孔隙度和含气饱和度均较高，表明了该区域极有可能具有较大的开发潜力。

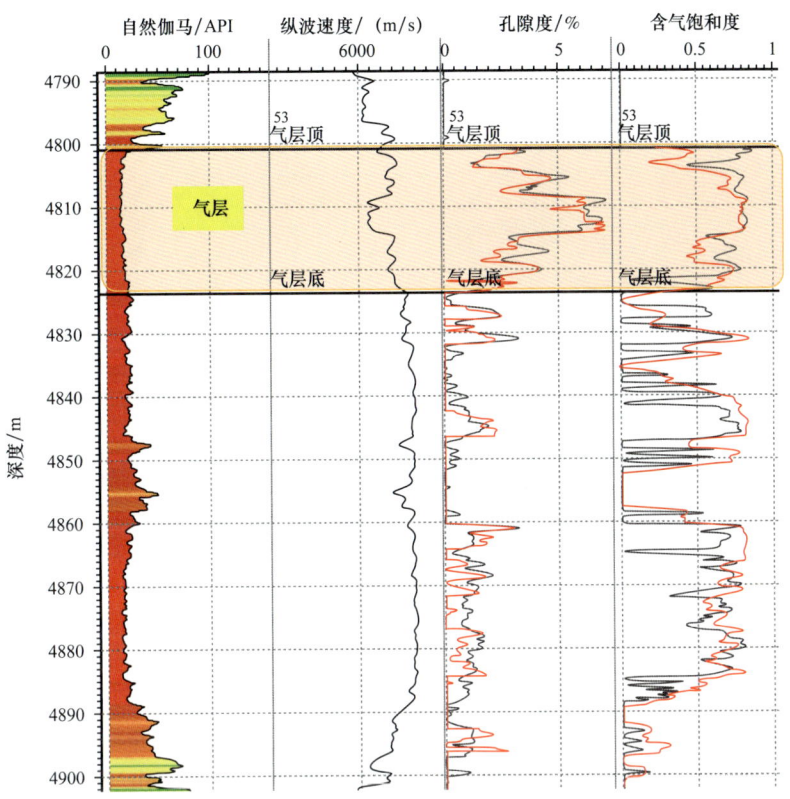

图 9-3-16 磨溪 23 井龙王庙组孔隙度与含气饱和度（黑色、红色线分别为实际、反演曲线）

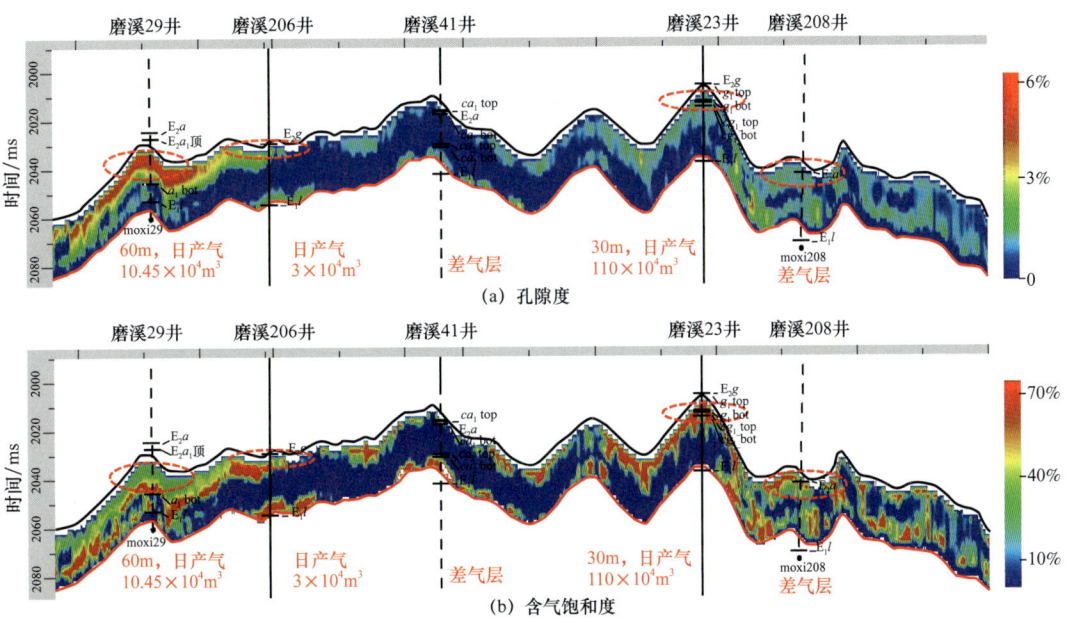

图 9-3-17 过磨溪 29 井—磨溪 206 井—磨溪 41 井—磨溪 23 井—磨溪 208 井反演结果

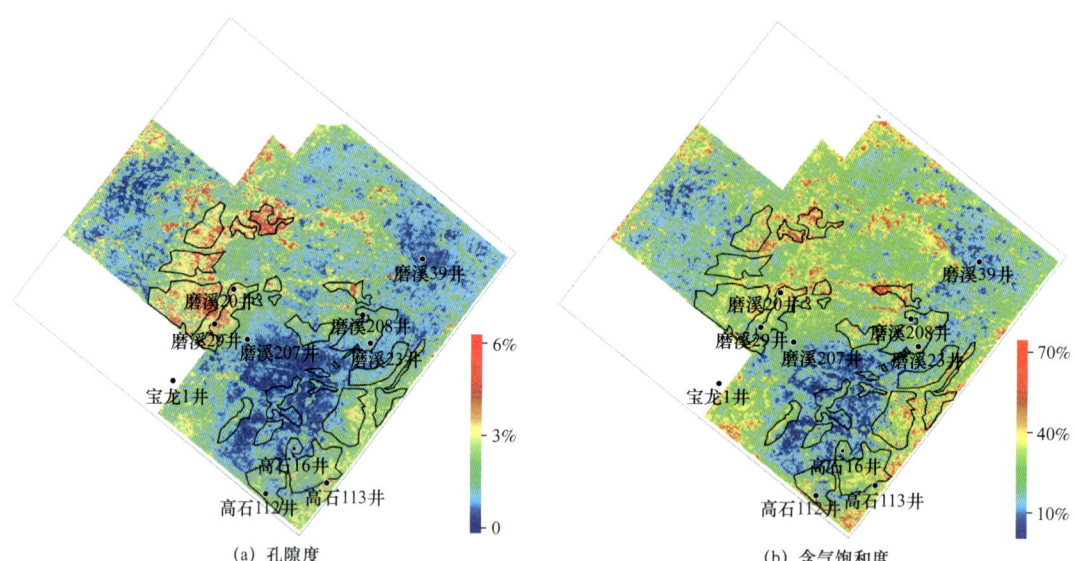

图 9-3-18 龙王庙组物性预测岩层切片

2. 双相介质储层物性参数预测

常规储层地震预测方法将含气储层等效为单一固体，利用等效介质地震波反射特征开展弹性、物性参数反演。然而，含气储层并非完全固体的弹性介质。通常情况下，含气储层为孔隙、裂缝型，表现为固体骨架与流体双相介质特征。由于流体的存在以及固体与流体的相互作用会弱化岩石的力学性质，弹性波在双相介质中的传播更具复杂性。因此，等效介质理论由于弱化了孔隙流体对振幅的影响，其物性预测能力有限。

1）技术原理

根据牟永光教授（1996）的推导结果，储层内部两种双相介质分界面的反射系数和透射系数方程为

$$\begin{bmatrix} \cos\alpha_{11} & \cos\alpha_{12} & -\sin\beta_1 & \cos\alpha_{21} & \cos\alpha_{22} & -\sin\beta_2 \\ \sin\alpha_{11} & \sin\alpha_{12} & \cos\beta_1 & & & -\cos\beta_2 \\ l_{11}(A_1+2N_1\cos^2\alpha_{11}) & l_{12}(A_1+2N_1\cos^2\alpha_{12}) & -l_1N_1\sin2\beta_1 & -l_{21}(A_2+2N_2\cos^2\alpha_{21}) & -l_{22}(A_2+2N_2\cos^2\alpha_{22}) & N_2l_2\sin2\beta_2 \\ +m_{11}Q_1+Q_1+m_{11}R_1 & +m_{12}Q_1+Q_1+m_{12}R_1 & & +m_{21}Q_2+Q_2+m_{21}R_2 & +m_{22}Q_2+Q_2+m_{22}R_2 & \\ N_1l_{11}\sin2\alpha_{11} & N_1l_{12}\sin2\alpha_{12} & N_1l_1\cos2\beta_1 & N_2l_{21}\sin2\alpha_{21} & N_2l_{22}\sin2\alpha_{22} & N_2l_2\cos2\beta_2 \\ \varphi_1(1-m_{11})\cos\alpha_{11} & \varphi_1(1-m_{12})\cos\alpha_{12} & -\varphi_1\left(1+\dfrac{\rho_{12}^{(1)}}{\rho_{22}^{(1)}}\right)\sin\beta_1 & \varphi_2(1-m_{21})\cos\alpha_{21} & \varphi_2(1-m_{22})\cos\alpha_{22} & -\varphi_2\left(1+\dfrac{\rho_{12}^{(2)}}{\rho_{22}^{(2)}}\right)\sin\beta_2 \\ \dfrac{l_{11}}{\varphi_1}(Q_1+R_1m_{11}) & \dfrac{l_{12}}{\varphi_1}(Q_1+R_1m_{12}) & 0 & -\dfrac{l_{21}}{\varphi_2}(Q_2+R_2m_{21}) & -\dfrac{l_{22}}{\varphi_2}(Q_2+R_2m_{22}) & 0 \end{bmatrix} \begin{bmatrix} R_{P_{s1}} \\ R_{P_{s2}} \\ R_{s_1} \\ T_{P_{s1}} \\ T_{P_{s2}} \\ T_{s_2} \end{bmatrix} = \begin{bmatrix} \cos\alpha_i \\ -\sin\alpha_i \\ -l_i(A_1+2N_1\cos^2\alpha_i) \\ +m_{11}Q_1+Q_1+m_{11}R_1 \\ N_1l_i\sin2\alpha_i \\ \varphi_1(1-m_{11})\cos\alpha_i \\ -\dfrac{l_i}{\varphi_1}(Q_1+R_1m_{11}) \end{bmatrix}$$

（9-3-17）

式中　A_1、N_1、Q_1、R_1——上层介质弹性参数，N/m^2；

$\rho_{11}^{(1)}$，$\rho_{22}^{(1)}$，$\rho_{12}^{(1)}$——上层介质密度，kg/m^3；

A_2、N_2、Q_2、R_2——下层介质弹性参数，N/m^2；

$\rho_{11}^{(2)}$，$\rho_{22}^{(2)}$，$\rho_{12}^{(2)}$——下层介质密度，kg/m^3；

φ_1、φ_2——分别为上、下层介质孔隙度，%；

l_{11}、l_{12}、l_1、l_{21}、l_{22}、l_2、l_i——分别为 P_{11}、P_{12}、S_1、P_{21}、P_{22}、S_2、P_i 波的圆波数；

m_{11}、m_{12}、m_{21}、m_{22}——分别为 P_{11}、P_{12}、P_{21}、P_{22} 波对应的流体振幅与固体振幅之比；

α_{11}、α_{12}、β_1——分别为 P_{11}，P_{12}，S_1 的反射角，（°）；

α_{21}、α_{22}、β_2——分别为 P_{21}，P_{22}，S_2 的透射角，（°）；

α_i 为 P_i 波的入射角，（°）。

双相介质反射系数和透射系数方程并不像 Zoeppritz 方程那样简单，用纵波速度、横波速度和密度等三个弹性参数就可以表达，而需用八个独立的参数才能表达，其中包括四个弹性参数（A、N、Q、R），三个质量参数（ρ_{11}、ρ_{22}、ρ_{12}）和孔隙度（φ）。上述参数很难由地震资料反演求取且与常用的描述储层物性的含气饱和度、孔隙度等储层参数差异较大，在实际工作中难以使用。经过研究，可将双相介质反射系数方程简化为固相部分与液相部分之和：

$$R(\theta) = a(\theta)\frac{\Delta A}{A} + b(\theta)\frac{\Delta N}{N} + c(\theta)\frac{\Delta Q}{Q} + d(\theta)\frac{\Delta R}{R} \quad (9\text{-}3\text{-}18)$$

其中，$a(\theta)\frac{\Delta A}{A} + b(\theta)\frac{\Delta N}{N}$ 为固相部分，系数项 $a(\theta)$、$b(\theta)$ 可由 Gray 近似方程（Gray et al.，1999）得到：

$$a(\theta) = \frac{1}{4} - \frac{1}{2}K\sec^2\theta \quad (9\text{-}3\text{-}19)$$

$$b(\theta) = \left(\frac{1}{2}\sec^2\theta - 2\sin^2\theta\right)K + \frac{1}{1+2r} \quad (9\text{-}3\text{-}20)$$

式中　K——常数，可以为固体介质平均横波速度与平均纵波速度比值的平方；

r——常数，可以取固体介质横波速度变化率与密度变化率的平均比值；

$c(\theta)\frac{\Delta Q}{Q} + d(\theta)\frac{\Delta R}{R}$——液相部分，其中的系数项需要通过岩石物理最优化分析技术来确定。

对于有 I 个入射角、J 个样点的情况，双相介质反射系数简化方程可以写为方程组的形式：

$$D = S_s W_s + S_F W_F \quad (9\text{-}3\text{-}21)$$

其中，$D = \begin{bmatrix} R_1(\theta_1) & R_2(\theta_1) & \cdots & R_J(\theta_1) \\ R_1(\theta_2) & R_2(\theta_2) & \cdots & R_J(\theta_2) \\ \vdots & \vdots & & \vdots \\ R_1(\theta_I) & R_2(\theta_I) & \cdots & R_J(\theta_I) \end{bmatrix}$，$S_s = \begin{bmatrix} a(\theta_1) & b(\theta_1) \\ a(\theta_2) & b(\theta_2) \\ \vdots & \vdots \\ a(\theta_I) & b(\theta_I) \end{bmatrix}$，

$W_s = \begin{bmatrix} \frac{\Delta A_1}{A_1} & \frac{\Delta A_2}{A_2} & \cdots & \frac{\Delta A_J}{A_J} \\ \frac{\Delta N_1}{N_1} & \frac{\Delta N_2}{N_2} & \cdots & \frac{\Delta N_J}{N_J} \end{bmatrix}$，$S_F = \begin{bmatrix} c(\theta_1) & d(\theta_1) \\ c(\theta_2) & d(\theta_2) \\ \vdots & \vdots \\ c(\theta_I) & d(\theta_I) \end{bmatrix}$，$W_F = \begin{bmatrix} \frac{\Delta Q_1}{Q_1} & \frac{\Delta Q_2}{Q_2} & \cdots & \frac{\Delta Q_J}{Q_J} \\ \frac{\Delta R_1}{R_1} & \frac{\Delta R_2}{R_2} & \cdots & \frac{\Delta R_J}{R_J} \end{bmatrix}$。

利用最小平方法求解上述方程组，即可求出液相部分的系数矩阵 S_F：

$$S_F = \left[(D-S_sW_s)^T(D-S_sW_s)\right]^{-1}(D-S_sW_s)^T W_F \qquad (9\text{-}3\text{-}22)$$

图 9-3-19 所示为简化后的反射系数与双相介质精确反射系数、等效介质常用的 Aki-Richards 近似公式的精度对比。可以看到在临界角范围内，简化后精度与原始方程相对误差不超过 5%，符合实际应用要求。

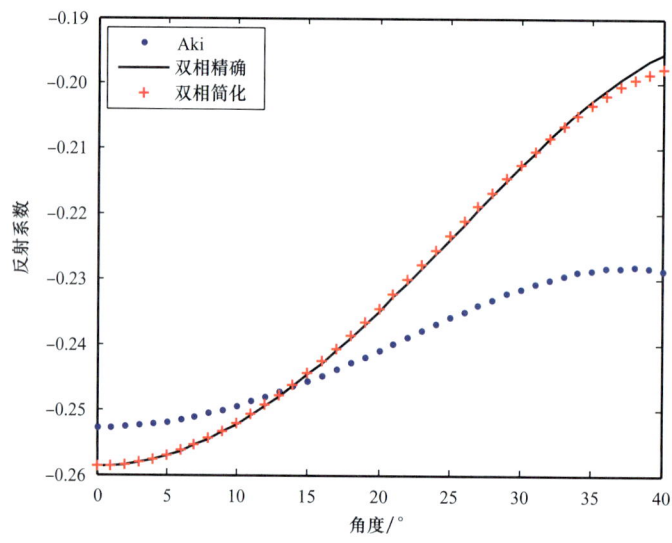

图 9-3-19　双相介质反射系数精度对比

简化方程仅为四个弹性参数 A、N、Q、R 的函数且为线性关系，因此，可以基于至少四个不同角度的地震道集，利用常规叠前地震反演方法高效地获取双相介质弹性参数。另外，在获取双相介质弹性参数的基础上，还可以进一步开展双相介质物性参数定量预测。

基于贝叶斯理论，目标区域的物性参数为在已知双相介质弹性参数的前提下，其后验概率密度最大值所对应的一组物性参数的取值，物性参数目标反演函数可以表示为

$$\tilde{X} = \arg\underset{X_i\in X}{Max}\, P(X_i|E) = \arg\underset{X_i\in X}{Max}\left\{P(E|X_i)\times P(X_i)\right\} \qquad (9\text{-}3\text{-}23)$$

式中　$\tilde{X}$——所述物性参数；

E——双相介质弹性参数，$E=[A, N, P, Q]^T$；

X_i——所述物性参数的第 i 组参数值。

如果所述物性参数为油气饱和度 Sg 和孔隙度 Por，那么 X_i 可以表示为 $X_i=[Sg_i, Por_i]^T$；

Sg_i——含气饱和度的第 i 个参数值；

Por_i——孔隙度的第 i 个参数值。

对式（9-3-23）的求解方法与统计岩石物理储层物性参数技术的目标函数求解方法相同，区别仅在于统计岩石物理建模采用的是 Biot 双相介质岩石物理模型以及输入的是

双相介质弹性参数。

图 9-3-20 为双相介质与等效介质单井反演测试结果。通过比较可以发现双相介质反演得到的物性参数相对于常规等效介质物性反演结果与实际曲线吻合得更好，含气饱和度、孔隙度预测结果与真实值的相关系数达到了 0.96、0.97。

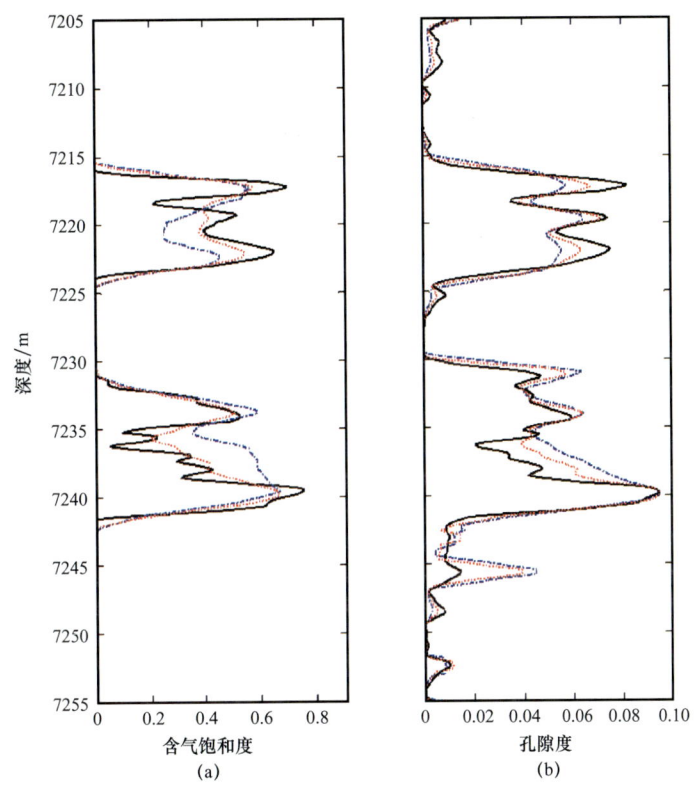

图 9-3-20　不同方法物性参数反演对比
黑色实线、红色虚线、蓝色点划线分别为实际曲线、双相介质反演曲线、等效介质反演曲线

2）应用实例

研究区位于四川盆地川西北双鱼石地区，栖霞组储层埋藏较深，厚度薄，物性条件较差且横向差异大，钻井风险较高。因此，高精度的储层物性参数预测是该地区储层预测的关键。如 9-3-21 所示为过双探 3 井的双相介质储层参数预测剖面。可以看出该预测结果可以实现三种目的：（1）利用固相参数 A、N 识别储层（储层由于受流体影响，其固体性质相对减弱）；（2）利用液相参数 Q、R 识别流体（含气储层具有较强的液相性质）；（3）利用物性参数含气饱和度、孔隙度评价储层的商业价值（如图中白色箭头所示，为物性较好的区域）。因此，该技术可实现从储层—流体—物性的逐级定量化预测，对于节约勘探成本、提高勘探效率、成功率具有重要意义。

图 9-3-22、图 9-3-23 分别为该地区栖霞组孔隙度和含气饱和度沿层预测结果。可以看出物性发育好的区域呈北东—南西向展布，具有规模连片分布的特征，预测结果与已钻井（蓝色井名）特征吻合较好，并且后钻井（红色井名）也证实了结果的正确性。

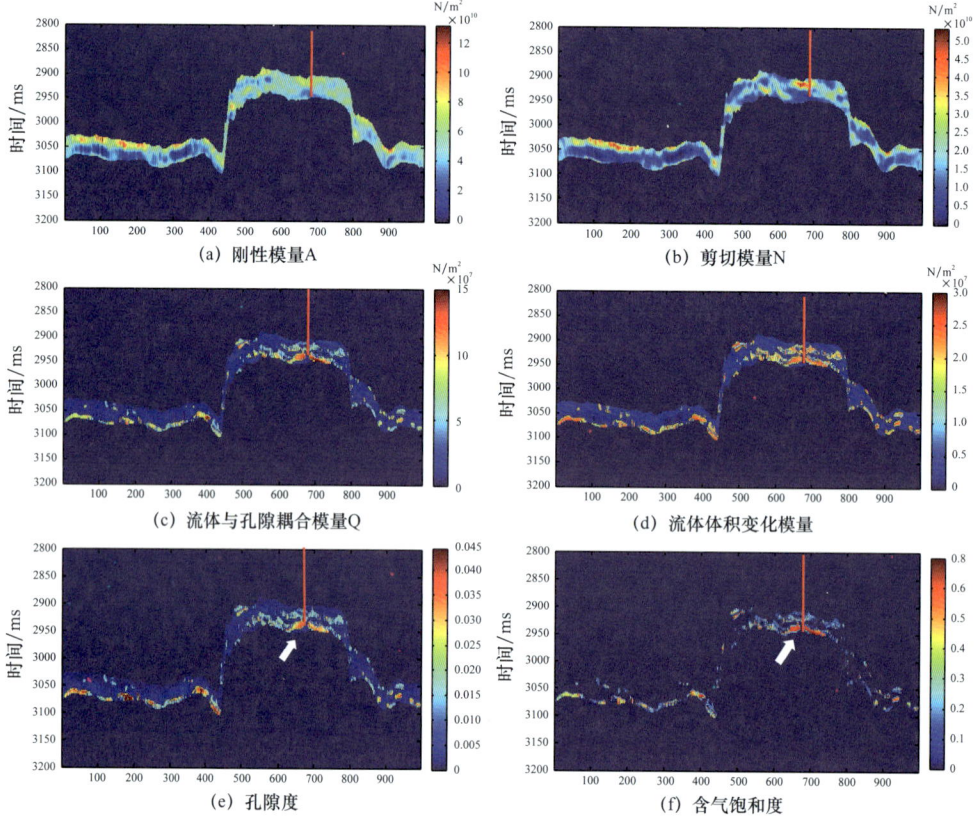

图 9-3-21　双相介质储层参数定量预测剖面

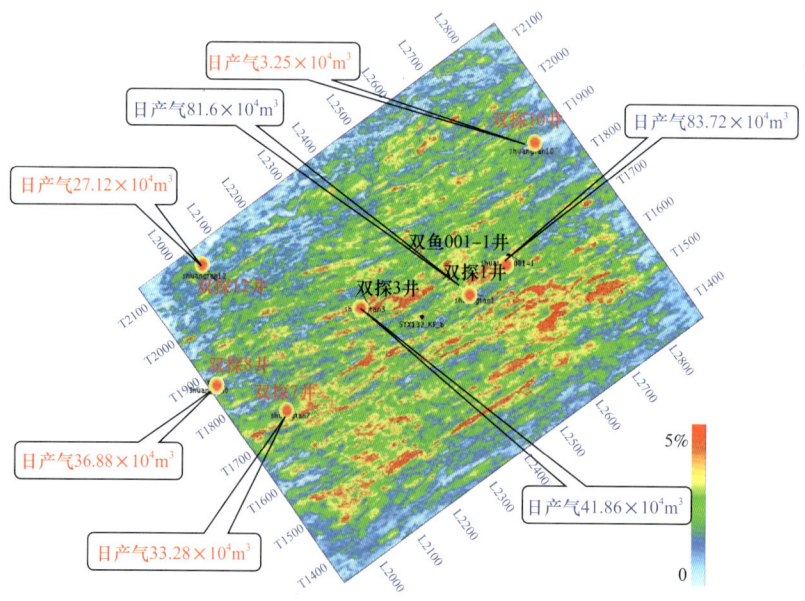

图 9-3-22　栖霞组孔隙度平面图

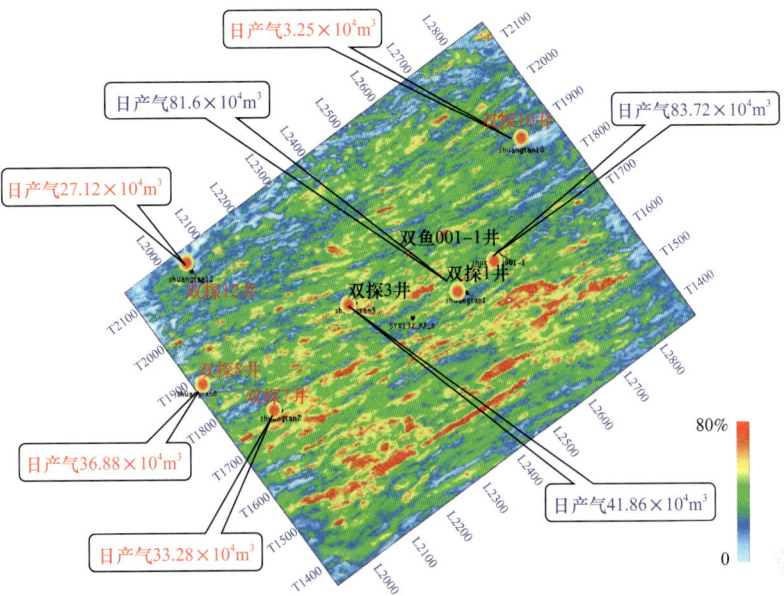

图 9-3-23 栖霞组含气饱和度平面图

参 考 文 献

白莹,罗平,周川闽,等,2017.塔西北下寒武统肖尔布拉克组层序划分及台地沉积演化模式[J].石油与天然气地质,38(1):152-164.

白忠凯,谢李,韩森,等,2018.塔里木盆地柯坪地区寒武系肖尔布拉克组下段古生产力研究[J].中国地质,45(2):227-236.

包洪平,杨帆,蔡郑红,等,2017.鄂尔多斯盆地奥陶系白云岩成因及白云岩储层发育特征[J].天然气工业,37(1):32-45.

蔡习尧,毛树华,钱一雄,等,2009.塔里木盆地巴楚隆起寒武系划分与对比[J].新疆石油地质,30(1):38-42.

曹春辉,张铭杰,汤庆艳,等,2015.四川盆地志留系龙马溪组页岩气气体地球化学特征及意义[J].天然气地球科学,26(8):1604-1612.

曹颖辉,李洪辉,闫磊,等,2018.塔里木盆地满西地区寒武系台缘带分段演化特征及其对生储盖组合的影响[J].天然气地球科学,29(6):796-806.

曹跃,高胜利,乔向阳,等,2018.松辽盆地南部长岭断陷营城组火山岩天然气成因与成藏[J].西安石油大学学报(自然科学版),33(4):27-35.

陈刚,1994.鄂尔多斯地块西南部早古生代裂谷陆缘结构及其演化[D].西安:西北大学.

陈洪德,钟怡江,许效松,等,2014.中国西部三大盆地海相碳酸盐岩台地边缘类型及特征[J].岩石学报,30(3):609-621.

陈君青,姜振学,庞雄奇,等,2013.应用新方法剖析钻探井失利原因:以塔里木盆地台盆区寒武系碳酸盐岩为例[J].现代地质,27(5):1161-1172.

陈强路,储呈林,杨鑫,等,2015.塔里木盆地寒武系沉积模式与烃源岩发育[J].石油实验地质,37(6):689-695.

陈颙,黄庭芳,刘恩儒,2009.岩石物理学[M].合肥:中国科学技术大学出版社.

陈永权,严威,韩长伟,等,2015.塔里木盆地寒武纪—早奥陶世构造古地理与岩相古地理格局再厘定基于地震证据的新认识[J].天然气地球科学,26(10):1831-1843.

陈增智,郝石生,席胜利,1994.碳酸盐岩烃源岩有机质丰度测井评价方法[J].石油大学学报(自然科学版),(4):16-19.

陈宗清,2013.论四川盆地下古生界5次地壳运动与油气勘探[J].中国石油勘探,18(5):15-23.

成汉钧,王玉忠,1991.五峰期上扬子淡化海成因之探讨[J].地层学杂志,15(2):109-114.

戴金星,1993.天然气碳氢同位素特征和各类天然气鉴别[J].天然气地球科学,4(2-3):1-40.

戴金星,2018.煤成气及鉴别理论研究进展[J].科学通报,63(14):1291-1305.

戴金星,陈践发,钟宁宁,等,2003.中国大气田及其气源[M].北京:石油工业出版社.

戴金星,倪云燕,黄士鹏,等,2016.次生型负碳同位素系列成因[J].天然气地球科学,27(1):1-7.

戴金星,倪云燕,黄士鹏,等,2014.煤成气研究对中国天然气工业发展的重要意义[J].天然气地球科学,25(1):1-22.

戴金星,邹才能,陶士振,等,2007.中国大气田形成条件和主控因素[J].天然气地球科学,18(4):473-484.

邓浩博, 田景春, 张翔, 等, 2019. 塔里木盆地西北缘阿克苏地区震旦系沉积特征及沉积模式 [J]. 东北石油大学学报, 43 (3): 20-33.

邓胜徽, 樊茹, 李鑫, 等, 2015. 四川盆地及周缘地区震旦 (埃迪卡拉) 系划分与对比 [J]. 地层学杂志, 39 (3): 239-254.

杜金虎, 潘文庆, 2016. 塔里木盆地寒武系盐下白云岩油气成藏条件与勘探方向田 [J]. 石油勘探与开发, 43 (3): 327-339.

杜金虎, 汪泽成, 邹才能, 等, 2015. 古老碳酸盐岩大气田地质理论与勘探实践 [M]. 北京: 石油工业出版社.

杜金虎, 汪泽成, 邹才能, 等, 2016. 上扬子克拉通内裂陷的发现及对安岳特大型气田形成的控制作用 [J]. 石油学报, 37 (1): 1-16.

杜金虎, 邬光辉, 潘文庆, 等, 2011. 塔里木盆地下古生界碳酸盐岩油气藏特征及其分类 [J]. 海相油气地质, 16 (4): 39-46.

杜金虎, 徐春春, 汪泽成, 等, 2010. 四川盆地二叠—三叠系礁滩天然气勘探 [M]. 北京: 石油工业出版社.

杜金虎, 赵泽辉, 焦贵浩, 等, 2012. 松辽盆地中生代火山岩优质储层控制因素及分布预测 [J]. 中国石油勘探, 17 (4): 1-8.

杜金虎, 邹才能, 徐春春, 等, 2014. 川中古隆起龙王庙组特大型气田战略发现与理论技术创新 [J]. 石油勘探与开发, 41 (3): 268-277.

范光旭, 朱卡, 汪莉彬, 等, 2018. 西泉地区石炭系内幕型火山岩储集层特征及成藏模式 [J]. 新疆石油地质, 39 (4): 401-409.

范明, 陈宏宇, 俞凌杰, 等, 2011. 比表面积与突破压力联合确定泥岩盖层评价标准 [J]. 石油实验地质, 33 (1): 87-90.

冯少南, 1991. 东吴运动的新认识 [J]. 现代地质, 26 (4): 378-384.

冯许魁, 刘永彬, 韩长伟, 等, 2015. 塔里木盆地震旦系裂谷发育特征及其对油气勘探的指导意义 [J]. 石油地质与工程, 29 (2): 5-10.

冯增昭, 陈继新, 张吉森, 1999. 鄂尔多斯地区早古生代岩相古地理 [M]. 北京: 地质出版社.

冯增召, 王英华, 张吉森, 等, 1990. 华北地台早古生代岩相古地理 [M]. 北京: 地质出版社.

冯子辉, 萧德铭, 1998. 塔里木盆地大庆区块烃源岩生烃条件 [J]. 石油勘探与开发, 25 (2): 33-35.

冯子辉, 印长海, 刘家军, 等, 2014. 中国东部原位火山岩油气藏的形成机制——以松辽盆地徐深气田为例 [J]. 中国科学: 地球科学, 44 (10): 2221-2237.

冯子齐, 刘丹, 黄士鹏, 等, 2016. 四川盆地长宁地区志留系页岩气碳同位素组成 [J]. 石油勘探与开发, 43 (5): 705-713.

付广, 历娜, 胡明, 2014. 盖层断接厚度封气下限及其对天然气分布的控制——以松辽盆地徐家围子断陷为例 [J]. 天然气地球科学, 25 (7): 971-979.

付金华, 孙六一, 冯强汉, 等, 2018. 鄂尔多斯盆地下古生界海相碳酸盐岩油气地质与勘探 [M]. 北京: 石油工业出版社.

付玲, 李建忠, 徐旺林, 等, 2020. 鄂尔多斯盆地中东部奥陶系盐下深层储层特征及主控因素 [J]. 天然气地球科学，31（11）：1548-1561.

付斯一，张成弓，陈洪德，等，2019.鄂尔多斯盆地中东部奥陶系马家沟组五段盐下白云岩储集层特征及其形成演化［J］.石油勘探与开发，46（6）：1087-1098.

付晓飞，吴桐，吕延防，等.2018.油气藏盖层封闭性研究现状及未来发展趋势［J］.石油与天然气地质，39（3）：454-471.

刚文哲，高岗，郝石生，等，1997.论乙烷碳同位素在天然气成因类型研究中的应用［J］.石油实验地质，19（2）：164-167.

高波，2015.四川盆地龙马溪组页岩气地球化学特征及其地质意义［J］.天然气地球科学，26（6）：1173-1182

高建，2007.储层物理模型的研制及应用［D］.北京：中国石油大学（北京）.

谷志东，汪泽成，2014.四川盆地川中地块新元古代伸展构造的发现及其在天然气勘探中的意义［J］.中国科学：地球科学，44（10）：2210-2220.

顾忆，黄继文，贾存善，等，2020.塔里木盆地海相油气成藏研究进展［J］.石油实验地质，42（1）：1-12.

管树巍，吴林，任荣，等，2017.中国主要克拉通前寒武纪裂谷分布与油气勘探前景［J］.石油学报，38（1）：9-22.

桂金咏，高建虎，李胜军，等，2020.基于弹性参数加权统计的地震岩相预测方法［J］.地球物理学报，63（1）：298-312.

郭彦如，付金华，魏新善，等，2014.鄂尔多斯盆地奥陶系碳酸盐岩成藏特征与模式［J］.石油勘探与开发，41（4）：393-403.

郭正吾，邓康龄，韩永辉，1996.四川盆地形成与演化［M］.北京：地质出版社.

韩剑发，苏洲，陈利新，等，2019.塔里木盆地台盆区走滑断裂控储控藏作用及勘探潜力［J］.石油学报，40（11）：1296-1310.

韩克猷，孙玮，2014.四川盆地海相大气田和气田群成藏条件［J］.石油与天然气地质，35（1）：10-18.

郝彬，赵文智，胡素云，等，2017.川中地区寒武系龙王庙组沥青成因与油气成藏史［J］.石油学报，38（8）：863-875.

何斌，徐义刚，王雅玫，2005.东吴运动性质的厘定及其时空演变规律［J］.地球科学：中国地质大学学报，30（1）：89-96.

何登发，杨海军，等，2008.塔里木盆地克拉通内古隆起的成因机制与构造类型［J］.地学前缘，15（2）：207-221.

何坤，张水昌，王晓梅，等，2013.源内残留沥青原位裂解生气对有机质生烃的影响［J］.石油学报，34（S1）：57-64.

何涛，史謌，邹长春，等，2011.砂岩储层AVO特征影响因素的不确定性研究［J］.地球物理学报，54（6）：1584-1591.

何治亮，金晓辉，沃玉进，等，2016.中国海相超深层碳酸盐岩油气成藏特点及勘探领域［J］.中国石油勘探，21（1）：3-14.

贺锋，林畅松，刘景彦，等，2017.塔东南寒武系—中下奥陶统碳酸盐岩台缘带的迁移与相对海平面变化的关系［J］.石油与天然气地质，38（4）：711-721.

胡国艺，李剑，李谨，等，2007. 判识天然气成因的轻烃指标探讨［J］. 中国科学，37（2）：111-117.

胡国艺，李志生，罗霞，等，2004. 两种热模拟体系下有机质生气特征对比［J］. 沉积学报，22（4）：718-723.

胡剑风，刘玉魁，杨明惠，等，2004. 塔里木盆地库车坳陷盐构造特征及其与油气关系［J］. 地质科学，39（4）：580-588.

黄士鹏，段书府，汪泽成，等，2019. 烷烃气稳定氢同位素组成影响因素及应用［J］. 石油勘探与开发，46（3）：496-508.

霍亮，2016. 鄂西渝东地区盖层泥岩抬升破裂试验研究［D］. 重庆大学.

贾承造，1997. 中国塔里木盆地构造特征与油气［M］. 北京：石油工业出版社.

贾承造，李本亮，张兴阳，等，2007. 中国海相盆地的形成与演化［J］. 科学通报，52（S）：1-8.

贾承造，魏国齐，李本亮，2005. 中国中西部小型克拉通盆地群的叠合复合性质及其含油气系统［J］. 高校地质学报，11（4）：497-482.

贾茹，付晓飞，孟令东，等，2017. 断裂及其伴生微构造对不同类型储层的改造机理［J］. 石油学报，38（3）：286-296.

焦志峰，高志前，2008. 塔里木盆地主要古隆起的形成、演化及控油气地质条件分析［J］. 天然气地球科学，19（5）：640-646.

金之钧，2014. 从源—盖控烃看塔里木台盆区油气分布规律［J］. 石油与天然气地质，35（6）：763-770.

金之钧，龙胜祥，周雁，等，2006. 中国南方膏盐岩分布特征［J］. 石油与天然气地质，27（5）：571-593.

金之钧，周雁，云金表，等，2010. 我国海相地层膏盐岩盖层分布与近期油气勘探方向［J］. 石油与天然气地质，31（6）：715-724.

孔茜，王环玲，徐卫亚，2015. 循环加卸载作用下砂岩孔隙度与渗透率演化规律试验研究［J］. 岩土工程学报，37（10）：1893-1900.

孔庆芬，张文正，李剑锋，等，2019. 鄂尔多斯盆地奥陶系盐下天然气地球化学特征及成因［J］. 天然气地球科学，30（3）：423-432.

乐宏，赵路子，杨雨，等，2020. 四川盆地寒武系沧浪铺组油气勘探重大发现及其启示［J］. 天然气工业，40（11）：11-19.

雷天柱，夏燕青，靳明，等，2010. 有机酸盐热模拟产物中芳烃馏分特征及其地质意义［J］. 沉积学报，28（6）：1250-1253.

雷天柱，夏燕青，邱军利，等，2009. 烃源岩酸解过程中损失有机质的研究［J］. 天然气地球科学，20（6）：957-960.

李剑，李志生，王晓波，等，2017. 多元天然气成因判识新指标及图版［J］. 石油勘探与开发，44（4）：503-512.

李谨，王超，李剑，等，2019. 库车坳陷北部迪北段致密油气来源与勘探方向［J］. 中国石油勘探，24（4）：485-497.

李世朝，2018. 塔里木盆地寒武系盖层封闭能力评价［D］. 大庆：东北石油大学.

李伟，涂建琪，张静，等，2017. 鄂尔多斯盆地奥陶系马家沟组自源型天然气聚集与潜力分析［J］. 石油勘探与开发，44（4）：521-530.

李文厚, 陈强, 李智超, 等, 2012. 鄂尔多斯地区早古生代岩相古地理 [J]. 古地理学报, 14 (1): 85-100.

李贤庆, 肖贤明, 米敬奎, 等, 2005. 塔里木盆地库车坳陷烃源岩生成甲烷的动力学参数及其应用 [J]. 地质学报, 79 (1): 133-142.

李贤庆, 肖贤明, 田辉, 等, 2011. 天然气生成动力学及其应用 [M]. 北京: 地质出版社.

李英强, 何登发, 文竹, 2013. 四川盆地及邻区晚震旦世古地理与构造—沉积环境演化 [J]. 古地理学报, 15 (2): 231-245.

李勇, 曾允孚, 伊海生, 1995. 龙门山前陆盆地沉积及构造演化 [M]. 成都: 成都科技大学出版社.

李永豪, 曹剑, 胡文瑄, 等, 2016. 膏盐岩油气封盖性研究进展 [J]. 石油与天然气地质, 37 (5): 634-643.

李友川, 孙玉梅, 兰蕾, 2016. 用乙烷碳同位素判别天然气成因类型存在问题探讨 [J]. 天然气地球科学, 27 (4): 654-664.

李忠权, 刘记, 李应, 等, 2015. 四川盆地震旦系威远—安岳拉张侵蚀槽特征及形成演化 [J]. 石油勘探与开发, 42 (1): 26-33.

厉玉乐, 王显东, 孙效东, 等, 2014. 古城低凸起构造演化及有利勘探方向 [J]. 大庆石油地质与开发, 33 (5): 97-102.

梁家驹, 2014. 四川盆地川中—川西南地区震旦系—下古生界油气成藏差异性研究 [D]. 成都: 成都理工大学.

梁祎琳, 吴楠, 丰勇, 等, 2019. 塔中地区中深5井寒武系油气成藏期次研究 [J]. 新疆地质, 37 (2): 226-230.

林畅松, 李思田, 刘景彦, 等, 2011. 塔里木盆地古生代重要演化阶段的古构造格局与古地理演化 [J]. 岩石学报, 27 (1): 210-218.

林潼, 王孝明, 张璐, 等, 2019. 盖层厚度对天然气封闭能力的实验分析 [J]. 天然气地球科学, 30 (3): 322-330.

刘宝珺, 许效松, 1994. 中国南方岩相古地理图集: 震旦纪—三叠纪 [M]. 北京: 科学出版社.

刘德汉, 史继扬, 1994. 高演化碳酸盐烃源岩非常规评价方法探讨 [J]. 石油勘探与开发, 21 (3): 113-115.

刘鹏, 王晓锋, 房嬛, 等, 2016. 碳酸盐岩有机质丰度测试新方法 [J]. 沉积学报, 34 (1): 200-206.

刘全有, 金之钧, 刘文汇, 等, 2013. 鄂尔多斯盆地海相层系中有机酸盐存在以及对低丰度高演化烃源岩生烃潜力评价的影响 [J]. 中国科学: 地球科学, 43 (12): 1975-1983.

刘树根, 孙玮, 李智武, 2016. 四川叠合盆地海相碳酸盐岩油气分布特征及其构造主控因素 [J]. 岩性油气藏, 28 (5): 1-18.

刘树根, 孙玮, 钟勇, 等, 2016. 四川叠合盆地深层海相碳酸盐岩油气的形成和分布理论探讨 [J]. 中国石油勘探, 21 (1): 15-27.

刘伟, 何登发, 王兆明, 等, 2011. 澳大利亚西北大陆架大气田的形成条件与分布特征 [J]. 中国石油勘探, 3 (7): 68-75.

刘文汇, 腾格尔, 王晓锋, 等, 2017. 中国海相碳酸盐岩层系有机质生烃理论新解 [J]. 石油勘探与开发,

44(1): 155-164.

刘文汇, 王晓锋, 蔡立国, 等, 2019. 海相层系化石能源勘探地质基础发展思考[J]. 矿物岩石地球化学通报, 38(5): 881-884.

刘文汇, 赵恒, 刘全有, 等, 2016. 膏盐岩层系在海相油气成藏中的潜在作用[J]. 石油学报, 37(12): 1451-1462.

刘显阳, 魏柳斌, 刘宝宪, 等, 2021. 鄂尔多斯盆地西南部寒武系风化壳天然气成藏特征[J]. 天然气工业, 41(4): 13-21.

刘一锋, 邱楠生, 谢增业, 等, 2014. 川中古隆起震旦系—下寒武统温压演化及其对天然气成藏的影响[J]. 沉积学报, 32(3): 601-610.

刘一锋, 邱楠生, 谢增业, 等, 2016. 川中古隆起寒武系超压形成与保存[J]. 天然气地球科学, 27(8): 1439-1446.

刘永福, 桑洪, 孙雄伟, 等, 2008. 塔里木盆地东部震旦—寒武白云岩类型及成因[J]. 西南石油大学学报(自然科学版), 30(5): 27-31.

柳广第, 孙明亮, 2007. 剩余压力差在超压盆地天然气高效成藏中的意义[J]. 石油与天然气地质, 28(2): 203-208.

陆基孟, 1996. 地震勘探原理[M]. 东营: 石油大学出版社.

陆建林, 左宗鑫, 师政, 等, 2019. 四川盆地西部二叠系火山作用特征与天然气勘探潜力[J]. 天然气工业, 39(2): 46-53.

罗冰, 夏茂龙, 汪华, 等, 2019. 四川盆地西部二叠系火山岩气藏成藏条件分析[J]. 天然气工业, 39(2): 9-16.

吕修祥, 杨宁, 解启来, 等, 2005. 塔中地区深部流体对碳酸盐岩储层的改造作用[J]. 石油与天然气地质, 26(3): 284-289.

吕延防, 付广, 高大岭, 等, 1996. 油气藏封盖研究[M]. 北京: 石油工业出版社.

马锋, 许怀先, 顾家裕, 等, 2009. 塔东寒武系白云岩成因及储集层演化特征[J]. 石油勘探与开发, 36(2): 144-155.

马力, 陈焕疆, 甘克文, 等, 2004. 中国南方大地构造和海相油气地质[M]. 北京: 地质出版社.

马新华, 李国辉, 应丹琳, 等, 2019. 四川盆地二叠系火成岩分布及含气性[J]. 石油勘探与开发, 46(2): 216-225.

马新华, 杨雨, 文龙, 等, 2019. 四川盆地海相碳酸盐岩大中型气田分布规律及勘探方向[J]. 石油勘探与开发, 46(1): 1-13.

马永生, 傅强, 郭彤楼, 等, 2005. 川东北地区普光气田长兴—飞仙关气藏成藏模式与成藏过程[J]. 石油实验地质, 27(5): 455-461.

梅冥相, 周鹏, 张海, 等, 2006. 上扬子区震旦系层序地层格架及其形成的古地理背景[J]. 古地理学报, 8(2): 219-231.

牟永光, 2003. 三维复杂介质地震物理模拟[M]. 北京: 石油工业出版社.

能源, 邬光辉, 黄少英, 等, 2016. 再论塔里木盆地古隆起的形成期与主控因素[J]. 天然气工业, 36(4): 27-34.

倪新锋，黄理力，陈永权，等，2017.塔中地区深层寒武系盐下白云岩储层特征及主控因素［J］.石油与天然气地质，38（3）：489-498.

钱一雄，邹远荣，陈强路，等，2005.塔里木盆地塔中西部多期、多成因岩溶作用地质—地球化学表征［J］.沉积学报，23（4）：596-603.

秦建中，腾格尔，付小东，2009.海相优质烃源层评价与形成条件研究［J］.石油实验地质，31（4）：366-372+378.

秦章晋，2016.川中高磨地区震旦系灯影组储层评价［D］.成都：西南石油大学.

沈安江，佘敏，胡安平，等，2015.海相碳酸盐岩埋藏溶孔规模与分布规律初探［J］.天然气地球科学，26（10）：1823-1830.

沈平，徐人芬，党录瑞，等，2009.中国海相油气田勘探实例之十一：四川盆地五百梯石炭系气田的勘探与发现［J］.海相油气地质，14（2）：71-78.

施振生，谢武仁，马石玉，等，2012.四川盆地上三叠统须家河组四段—六段海侵沉积记录［J］.古地理学报，14（5）：583-595.

石书缘，刘伟，黄擎宇，等，2017.塔里木盆地北部震旦系齐格布拉克组白云岩储层特征及成因［J］.天然气地球科学，28（8）：1226-1234.

石新朴，胡清雄，解志薇，等，2016.火山岩岩性、岩相识别方法——以准噶尔盆地滴南凸起火山岩为例［J］.天然气地球科学，27（10）：1808-1816.

史集建，李丽丽，吕延防，等，2013.致密砂岩气田盖层封闭能力综合评价——以四川盆地广安气田为例［J］.石油与天然气地质，34（3）：307-314.

孙敏卓，孟仟祥，郑建京，等，2013.塔里木盆地海相碳酸盐岩中有机酸盐的分析［J］.中南大学学报（自然科学版），44（1）：216-222.

孙夕平，赵良武，2002.地震振幅解释［M］.北京：石油工业出版社.

孙中春，蒋宜勤，查明，等，2013.准噶尔盆地石炭系火山岩储层岩性岩相模式［J］.中国矿业大学学报，42（5）：782-790.

唐刚，2010.基于压缩感知和稀疏表示的地震数据重建与去噪［M］.北京：清华大学出版社.

唐华风，王璞珺，边伟华，等，2020.火山岩储层地质研究回顾［J］.石油学报，41（12）：1744-1773.

陶树，汤达祯，周传祎，等，2009.川东南—黔中及其周边地区下组合烃源岩元素地球化学特征及沉积环境意义［J］.中国地质，36（2）：397-403.

田兴旺，罗冰，孙奕婷，等，2021.二叠系火山碎屑岩气藏天然气地球化学特征及气源分析：以四川盆地成都—简阳地区永探1井为例［J］.吉林大学学报（地球科学版），51（2）：325-335.

涂建琪，董义国，张斌，等，2016.鄂尔多斯盆地奥陶系马家沟组规模性有效烃源岩的发现及其地质意义［J］.天然气工业，36（5）：15-24.

汪泽成，姜华，王铜山，等，2014a.上扬子地区新元古界含油气系统与油气勘探潜力［J］.天然气工业，34（4）：27-36.

汪泽成，姜华，王铜山，等，2014b.四川盆地桐湾期古地貌特征及成藏意义［J］.石油勘探与开发，41（3）：305-312.

汪泽成，刘静江，姜华，等，2019.中—上扬子地区震旦纪陡山沱组沉积期岩相古地理及勘探意义［J］.

石油勘探与开发，46（1）：39-51.

王剑，曾昭光，陈文西，等，2006.华南新元古代裂谷系沉积超覆作用及其开启年龄新证据［J］.沉积与特提斯地质，26（4）：1-7.

王兰生，陈盛吉，杨家静，等，2002.川东石炭系天然气成藏的地球化学模式［J］.天然气工业，22（S）：102-106.

王民，卢双舫，王文广，等，2017.火山岩储层天然气运聚成藏模拟：以徐家围子断陷深层为例［J］.地球科学，42（3）：397-409.

王鼐，魏国齐，杨威，等，2016.四川盆地古隆起差异性特征及其对天然气聚集的控制作用［J］.油气藏评价与开发，6（3）：1-8.

王璞珺，冯志强，刘万洙，等，2008.盆地火山岩—岩性岩相储层气藏勘探［M］.北京：科学出版社.

王起琮，魏巍，赵静，等，2017.鄂尔多斯盆地奥陶系白云岩成岩相地球化学特征［J］.古地理学报，19（5）：849-864.

王永卓，周学民，印长海，等，2019.徐深气田成藏条件及勘探开发关键技术［J］.石油学报，40（7）：866-886.

王宇鹏，2019.四川安岳大气田泥岩盖层封闭天然气有效性定量评价［D］.大庆：东北石油大学.

王兆云，赵文智，王云鹏，2004.中国海相碳酸盐岩气源岩评价指标研究［J］.自然科学进展，（11）：29-36.

魏国齐，杜金虎，徐春春，等，2015.四川盆地高石梯—磨溪地区震旦系—寒武系大型气藏特征与聚集模式［J］.石油学报，36（1）：1-12.

魏国齐，杨威，等，2018.四川盆地构造特征与油气［M］.北京：科学出版社.

魏国齐，李剑，杨威，等，2014.中国陆上天然气地质与勘探［M］.北京：科学出版社.

魏国齐，沈平，杨威，等，2013.四川盆地震旦系大气田形成条件与勘探远景区［J］.石油勘探与开发，40（2）：129-138.

魏国齐，王志宏，李剑，等，2017.四川盆地震旦系、寒武系烃源岩特征、资源潜力与勘探方向［J］.天然气地球科学，28（1）：1-13.

魏国齐，谢增业，宋家荣，等，2015.四川盆地川中古隆起震旦系—寒武系天然气特征及成因［J］.石油勘探与开发，42（6）：702-711.

魏国齐，杨威，杜金虎，等，2015.四川盆地震旦纪—早寒武世克拉通内裂陷地质特征［J］.天然气工业，35（1）：24-35.

魏国齐，杨威，刘满仓，等，2019.四川盆地大气田分布、主控因素与勘探方向［J］.天然气工，39（6）：1-12.

魏国齐，杨威，谢武仁，等，2015.四川盆地震旦系—寒武系大气田形成条件、成藏模式与勘探方向［J］.天然气地球科学，26（5）：785-795.

魏国齐，杨威，谢武仁，等，2018.四川盆地震旦系—寒武系天然气成藏模式与勘探领域［J］.石油学报，39（12）：1317-1327.

魏国齐，杨威，张健，等，2018.四川盆地中部前震旦系裂谷地垒—地堑结构及其对震旦系—寒武系台地内成藏的控制作用［J］.石油勘探与开发，45（2）：1-10.

魏国齐，杨威，张健，等，2018. 四川盆地中部前震旦系裂谷及对上覆地层成藏的控制[J]. 石油勘探与开发，45（2）：179-189.

魏国齐，朱秋影，杨威，等，2019. 鄂尔多斯盆地寒武纪断裂特征及其对沉积储集层的控制[J]. 石油勘探与开发，46（5）：836-847.

魏祥峰，郭彤楼，刘若冰，2016. 涪陵页岩气田焦石坝地区页岩气地球化学特征及成因[J]. 天然气地球科学，27（3）：539-548.

邬光辉，成丽芳，刘玉魁，等，2011. 塔里木盆地寒武—奥陶系走滑断裂系统特征及其控油作用[J]. 新疆石油地质，32（3）：239-243.

邬光辉，王春和，玛丽克，等，2010. 塔里木盆地寒武系—下奥陶统白云岩成因及识别特征[J]. 海相油气地质，15（1）：6-14.

邬光辉，王春和，玛丽克，等，2012. 塔里木盆地古隆起斜坡对碳酸盐岩油气藏的控制作用[J]. 新疆石油地质，33（1）：6-9.

邬光辉，王春和，玛丽克，等，2015. 塔里木盆地南华纪—震旦纪盆地类型及早期成盆构造背景[J]. 地学前缘，22（3）：290-298.

吴东旭，吴兴宁，王少依，等，2017. 鄂尔多斯盆地奥陶系颗粒滩白云岩储层特征及主控因素[J]. 海相油气地质，22（2）：40-50.

吴海，赵孟军，鲁雪松，等，2016. 膏盐岩层控藏机制研究进展[J]. 地质科技情报，35（3）：77-86.

吴伟，罗超，张鉴，等，2016. 油型气乙烷碳同位素演化规律与成因[J]. 石油学报，37（12）：1463-1471.

吴文，王贵宾，冒海军，2010. 白云岩力学强度特性的孔隙影响研究[J]. 岩土力学，31（12）：3709-3714.

伍天洪，关平，刘文汇，2005. 作为碳酸盐岩中可能烃源物质的有机酸盐[J]. 天然气工业，25（6）：11-13.

席胜利，于洲，张道锋，等，2018. 鄂尔多斯盆地奥陶系盐下颗粒滩沉积模式及储层成因[J]. 西北大学学报（自然科学版），48（4）：557-567.

夏茂龙，文龙，陈文，等，2015. 高石梯—磨溪地区震旦系灯影组、寒武系龙王庙组烃源与成藏演化特征[J]. 天然气工业，35（S1）：1-6.

夏威，于炳松，孙梦迪，2015. 渝东南YK1井下寒武统牛蹄塘组底部黑色页岩沉积环境及有机质富集机制[J]. 矿物岩石，35（2）：70-80.

夏新宇，洪峰，赵林，1998. 烃源岩生烃潜力的恢复探讨——以鄂尔多斯盆地下奥陶统碳酸盐岩为例[J]. 石油与天然气地质，19（4）：307-312.

向才富，王绪龙，魏立春，等，2016. 准噶尔盆地克拉美丽气田天然气成因与运聚路径[J]. 天然气地球科学，27（2）：268-277.

谢继容，李亚，杨跃明，等，2021. 川西地区二叠系火山碎屑岩规模储层发育主控因素与天然气勘探潜力[J]. 天然气工业，41（3）：48-57.

谢增业，李剑，卢新卫，1999. 塔里木盆地海相天然气乙烷碳同位素分类与变化的成因探讨[J]. 石油勘探与开发，26（6）：27-29.

谢增业，李志生，魏国齐，等，2016. 腐泥型干酪根热降解成气潜力及裂解气判识的实验研究［J］. 天然气地球科学，27（6）：1057-1066.

谢增业，魏国齐，李剑，等，2013. 中国海相碳酸盐岩大气田成藏特征与模式［J］. 石油学报，34（S1）：29-40.

谢增业，杨春龙，董才源，等，2020. 四川盆地中泥盆统和中二叠统天然气地球化学特征及成因［J］. 天然气地球科学，31（4）：447-461.

熊翥，2002. 复杂地区地震处理思路［M］. 北京：石油工业出版社.

徐安娜，胡素云，汪泽成，等，2016. 四川盆地寒武系碳酸盐岩—膏盐岩共生体系沉积模式及储层分布［J］. 天然气工业，36（6）：11-20.

徐春春，沈平，杨跃明，等，2020. 四川盆地川中古隆起震旦系—下古生界天然气勘探新认识及勘探潜力［J］. 天然气工业，40（7）：1-9.

徐昉昊，袁海锋，徐国盛，等，2018. 四川盆地磨溪构造寒武系龙王庙组流体充注和油气成藏［J］. 石油勘探与开发，45（3）：426-435.

徐旺林，胡素云，李宁熙，等，2019. 鄂尔多斯盆地奥陶系中组合内幕气源特征及勘探方向［J］. 石油学报，40（8）：900-913.

徐旺林，李建忠，刘新社，等，2021. 鄂尔多斯盆地奥陶系下组合天然气成藏条件与勘探方向［J］. 石油勘探与开发，48（3）：549-561.

徐永昌，1993. 天然气成因新模式—Ⅱ：多阶连续、主阶定名［J］. 中国科学（B），23（7）：751-755.

杨光，李国辉，李楠，等，2016. 四川盆地多层系油气成藏特征与富集规律［J］. 天然气工业，36（11）：1-11.

杨海军，陈永权，田军，等，2020. 塔里木盆地轮探1井超深层油气勘探重大发现与意义［J］. 中国石油勘探，25（2）：62-72.

杨华，包洪平，2011. 鄂尔多斯盆地奥陶系中组合成藏特征及勘探启示［J］. 天然气工业，31（12）：11-20+124.

杨华，刘新社，张道锋，2013. 鄂尔多斯盆地奥陶系海相碳酸盐岩天然气成藏主控因素及勘探进展［J］. 天然气工业，33（5）：1-12.

杨华，张文正，昝川莉，等，2009. 鄂尔多斯盆地东部奥陶系盐下天然气地球化学特征及其对靖边气田气源再认识［J］. 天然气地球科学，20（1）：8-14.

杨威，魏国齐，谢武仁，等，2020. 四川盆地绵竹—长宁克拉通内裂陷东侧震旦系灯影组四段台缘丘滩体成藏特征与勘探前景［J］. 石油勘探与开发，47（6）：1174-1184.

杨跃明，文龙，罗冰，等，2016. 四川盆地达州—开江古隆起沉积构造演化及油气成藏条件分析［J］. 天然气工业，36（8）：1-10.

杨跃明，文龙，罗冰，等，2016. 四川盆地乐山—龙女寺古隆起震旦系天然气成藏特征［J］. 石油勘探与开发，43（2）：1-10.

杨跃明，杨雨，杨光，等，2019. 安岳气田震旦系、寒武系气藏成藏条件及勘探开发关键技术［J］. 石油学报，40（4）：493-508.

杨志如，王学军，冯许魁，等，2014. 川中地区前震旦系裂谷研究及其地质意义［J］. 天然气工业，34（3）：

80-85.

姚泾利, 王程程, 陈娟萍, 等, 2016. 鄂尔多斯盆地马家沟组盐下碳酸盐岩烃源岩分布特征[J]. 天然气地球科学, 27(12): 2115-2126.

易士威, 李明鹏, 郭绪杰, 等, 2019. 塔里木盆地寒武系盐下勘探领域的重大突破方向[J]. 石油学报, 40(11): 1281-1295.

易士威, 李明鹏, 郭绪杰, 等, 2020. 塔里木盆地南华纪古裂谷对寒武系沉积的控制及勘探意义[J]. 石油学报, 41(11): 1293-1308.

殷鸿福, 杜远生, 许继锋, 等, 1996. 南秦岭勉略古缝合带中放射虫动物群的发现及其古海洋意义[J]. 地球科学: 中国地质大学学报, 21(2): 184-184.

袁海锋, 刘勇, 徐昉昊, 等, 2014. 川中安平店高石梯构造震旦系灯影组流体充注特征及油气成藏过程[J]. 岩石学报, 30(3): 727-736.

袁玉松, 范明, 刘伟新, 等, 2011. 盖层封闭性研究中的几个问题[J]. 石油实验地质, 33(4): 336-340.

云露, 翟晓先, 2008. 塔里木盆地塔深1井寒武系储层与成藏特征探讨[J]. 石油与天然气地质, 29(6): 726-732.

翟明国, 2010. 华北克拉通的形成演化与成矿作用[J]. 矿床地质, 29(1): 24-36.

翟晓先, 顾忆, 钱一雄, 等, 2007. 塔里木盆地塔深1井寒武系油气地球化学特征[J]. 石油实验地质, 29(4): 329-333.

展铭望, 2015. 川中大气田盖层封闭性定量评价及控藏作用[D]. 大庆: 东北石油大学.

张博原, 2018. 四川盆地安岳气田储层沥青成因及演化[D]. 北京: 中国地质大学(北京).

张长江, 潘文蕾, 刘光祥, 等, 2008. 中国南方志留系泥质岩盖层动态评价研究[J]. 天然气地球科学, 19(3): 301-310.

张春林, 张福东, 朱秋影, 等, 2017. 鄂尔多斯克拉通盆地寒武纪古构造与岩相古地理再认识[J]. 石油与天然气地质, 38(2): 281-291.

张亘稼, 李玉琪, 张旋, 2019. 中国火山岩油气藏勘探历程简述[J]. 西安石油大学学报(社会科学版), 28(1): 67-73.

张海坤, 周世新, 付德亮, 等, 2013. 塔深1井深层油气相态预测[J]. 天然气地球科学, 24(5): 1000-1007.

张健, 谢武仁, 谢增业, 等, 2014. 四川盆地震旦系岩相古地理及有利储集相带特征[J]. 天然气工业, 34(3): 16-22.

张静, 张宝民, 单秀琴, 2017. 中国中西部盆地海相白云岩主要形成机制与模式[J]. 地质通报, 36(4): 664-675.

章乐彤, 2019. 重庆地区富有机质页岩地球化学特征及地质意义[D]. 北京: 中国地质大学(北京).

张连英, 2012. 高温作用下泥岩的损伤演化及破裂机理研究[D]. 北京: 中国矿业大学.

张璐, 国建英, 林潼, 等, 2021. 碳酸盐岩盖层突破压力的影响因素分析[J]. 石油试验地质, 43(3): 461-467.

张璐, 谢增业, 王志宏, 等, 2015. 四川盆地高石梯—磨溪地区震旦系—寒武系气藏盖层特征及封闭能力评价[J]. 天然气地球科学, 26 (5): 796-804.

张水昌, 胡国艺, 米敬奎, 等, 2013. 三种成因天然气生成时限与生成量及其对深部油气资源预测的影响[J]. 石油学报, 34 (S1): 41-50.

张文堂, 1997. 寒武纪生命扩张及澄江动物群的意义[J]. 地学前缘, 4 (22): 117-121.

张文忠, 郭彦如, 汤达祯, 等, 2009. 苏里格气田上古生界储层流体包裹体特征及成藏期次划分[J]. 石油学报, 30 (5): 685-691.

赵路子, 汪泽成, 杨雨, 等, 2020. 四川盆地蓬探1井灯影组灯二段油气勘探重大发现及意义[J]. 中国石油勘探, 25 (3): 1-12.

赵文智, 沈安江, 胡安平, 等, 2015. 塔里木、四川和鄂尔多斯盆地海相碳酸盐岩规模储层发育地质背景初探[J]. 岩石学报, 31 (11): 3495-3508.

赵文智, 汪泽成, 姜华, 等, 2020. 从古老碳酸盐岩大油气田形成条件看四川盆地深层震旦系的勘探地位[J]. 天然气工业, 40 (2): 1-10.

赵文智, 王兆云, 张水昌, 等, 2006. 油裂解生气是海相气源灶高效成气的重要途径[J]. 科学通报, 51 (5): 588-595.

赵文智, 魏国齐, 杨威, 等, 2017. 四川盆地万源—达州克拉通内裂陷的发现及勘探意义[J]. 石油勘探与开发, 44 (5): 659-669.

赵泽辉, 肖建新, 邓守伟, 等, 2014. 断陷盆地"不对称"火山岩喷发特征与有利储层主控因素探讨[J]. 北京大学学报(自然科学版), 50 (6), 1035-1043.

郑海峰, 宋换新, 杨振瑞, 等, 2019. 湖北神农架地区南华系大塘坡组元素地球化学特征[J]. 地球科学与环境学报, 41 (3): 316-326.

郑剑锋, 袁文芳, 黄理力, 等, 2019. 塔里木盆地肖尔布拉克露头区下寒武统肖尔布拉克组沉积相模式及其勘探意义[J]. 古地理学报, 21 (4): 589-602.

郑平, 施雨华, 邹春艳, 等, 2014. 高石梯—磨溪地区灯影组、龙王庙组天然气气源分析[J]. 天然气工业, 34 (3): 50-54.

钟勇, 李亚林, 张晓斌, 等, 2014. 川中古隆起构造演化特征及其与寒武世绵阳—长宁拉张槽的关系[J]. 成都理工大学学报(自然科学版), 41 (6): 703-712.

周进高, 席胜利, 邓红婴, 等, 2020. 鄂尔多斯盆地寒武系—奥陶系深层海相碳酸盐岩构造—岩相古地理特征[J]. 天然气工业, 40 (2): 41-53.

周翔, 舒萍, 于士泉, 等, 2018. 松辽盆地徐深9区块营一段火山岩气藏储层特征及综合评价[J]. 天然气地球科学, 29 (1): 62-72.

周翔, 于世泉, 张大智, 等, 2019. 松辽盆地徐深气田致密火山岩气藏气水分布特征及主控因素[J]. 石油与天然气地质, 40 (5): 1038-1048.

周肖贝, 李江海, 傅臣建, 等, 2012. 塔里木盆地北缘南华纪—寒武纪构造背景及构造—沉积时间探讨[J]. 中国地质, 39 (4): 900-911.

朱童, 王兴志, 沈忠民, 等, 2014. 川中雷口坡组膏盐岩成因及对储层的影响[J]. 中国地质, 41 (1): 122-134.

邹才能, 杜金虎, 徐春春, 等, 2014. 四川盆地震旦系—寒武系特大型气田形成分布、资源潜力及勘探发现[J].石油勘探与开发,41(3):278-293.

邹才能,陶士振,2007.中国大气区和大气田的地质特征[J].中国科学D辑:地球科学,37(S2):12-28.

邹才能,徐春春,汪泽成,等,2011.四川盆地台缘带礁滩大气区地质特征与形成条件[J].石油勘探与开发,38(6):641-651.

Aguilera M S, Aguilera R, 2003. Improved models for petrophysical analysis of dual porosity reservoirs[J]. Petrophysics, 44(1): 21-35.

Aki K, Richards P G, 1987. 定量地震学——理论和方法[M]. 北京:石油工业出版社.

Bachrach R, Osypov K, Nichols D, et al., 2013. Applications of deterministic and stochastic rock physics modelling to anisotropic velocity model building[J]. Geophysical Prospecting, 61(2): 404-415.

Bigeleisen J, M G Mayer, 1947. Calculation of equilibrium constants for isotopic exchange reactions[J]. Journal of Chemical Physics, 15(5): 261-267.

Boult P, Kaldi J, 2005. Evaluating Fault and Cap Rocks Seals[M]. AAPG Hedberg Series, No.2. The American Association of Petroleum Geologists.

Burruss R C, Laughrey C D, 2010. Carbon and hydrogen isotopic reversals in deep basin gas: evidence for limits to the stability of hydrocarbons[J]. Organic Geochemistry, 42: 1285-1296.

Connolly P, 1999. Elastic impedance[J]. Leading Edge, 18(4): 438-438.

Dai Jinxing, Zou Caineng, Liao Shimeng, et al., 2014. Geochemistry of the extremely high thermal maturity Longmaxi shale gas, southern Sichuan Basin[J]. Organic Geochemistry, 74: 3-12.

Douglas P, Stolper D, et al., 2016. Diverse origins of arctic and subarctic methane point source emissions identified with multiply-substituted isotopologues[C]. Geochimica et Cosmochimica Acta.

Douglas P M, Stolper D A, et al., 2017. Methane clumped isotopes: progress and potential for a new isotopic tracer[J]. Organic Geochemistry, 113: 262-282.

Duffaut K, Landrø M, Rognø H, et al., 2000. Shear wave elastic impedance[J]. Leading Edge, 19(11), 1222.

Eiler J M, 2007. "Clumped-isotope" geochemistry—The study of naturally-occurring, multiply-substituted isotopologues[J]. Earth and Planetary Science Letters, 262(3): 309-327.

Eiler J M, Bergquist B, et al., 2014. Frontiers of stable isotope geoscience[J]. Chemical Geology, 372: 119-143.

Eiler J M, Clog M, et al., 2013. A high-resolution gas-source isotope ratio mass spectrometer[J]. International Journal of Mass Spectrometry, 335(2): 45-56.

EilerJ M, 2011. Paleoclimate reconstruction using carbonate clumped isotope thermometry[J]. Quaternary Science Reviews, 30(25): 3575-3588.

Ellis G S, Zhang T W, Ma Q S, et al., 2006. Empirical and theoretical evidence for the role of MgSO4 contact ion-pairs in thermochemical sulfate reduction[C]. Eos Trans. AGU, 87(52)(Fall Meet. Suppl., abstr. V11C-0596).

Galimov E M, 1974. Organic geochemistry of carbon isotopes[C]. In: Tissot, B. & Blenner, F. (eds)

Advances in Organic Geochemistry Proceedings of the 6th International Meeting on Organic Geochemistry. éditionsTechnip, Paris, 439–452.

Galimov E M, 1985. The Biological Fractionation of Isotopes [M]. London: Academic Press.

Galloway W E, Hobday D K, 1983 Terrigenous clastic depositional systems: applications to petroleum, coal and uranium exploration [M]. New York: Springer-Verlag.

Gao L, Schimmelmann A, Tang Y C, et al., 2014. Isotope rollover in shale gas observed in laboratory pyrolysis experiments: Insight to the role of water in thermogenesis of mature gas [J]. Organic Geochemistry, 68: 95–106.

Gierczak T, Talukdar R K, Herndon S C, et al., 1997. Rate coefficients for the reactions of hydroxyl radicals with methane and deuterated methanes [J]. The Journal of Physical Chemistry, 101: 3125–3134.

Gray D, Goodway B, Chen T, 1999. Bridging the gap: Using AVO to detect changes in fundamental elastic constants [J]. Seg Technical Program Expanded Abstracts, 2061–2065.

Gurevich B, Makarynska D, De Paula O B, et al., 2010. A simple model for squirt-flow dispersion and attenuation in fluid-saturated granular rocks [J]. Geophysics, 75 (6): 109–120.

He K, Zhang S C, Mi J K, et al., 2019. Carbon and hydrogen isotope fractionation for methane from non-isothermal pyrolysis of oil in anhydrous and hydrothermal conditions [J]. Energy Exploration & Exploitation, 37 (5): 1558–1576.

Holler T, Wegener G, Niemann H, et al., 2011. Carbon and sulfur back flux during anaerobic microbial oxidation of methane and coupled sulfate reduction [J]. Proceedings of the National Academy of Sciences, 108: E1484–E1490.

Ingram G M, Urai J L, Naylor M A, 1997. Sealing processes and top seal assessment [J]. Norwegian Petroleum Society Special Publications, 7: 165–174.

King M S, Marsden J R, Dennis J W, 2000. Biot dispersion for P- and S-wave velocities in partially and fully saturated sandstones [J]. Geophysical Prospecting, 48 (48): 1075–1089.

Kohlstedt D L, Evans B, Mackwell S J, 1995. Strength of the lithosphere: Constraints imposed by laboratory experiments [J]. Journal of Geophysical Research: Solid Earth (1978–2012), 100 (B9): 17587–17602.

Lebedev M, Wilson M E J, Mikhaltsevitch V, 2015. An experimental study of solid matrix weakening in water-saturated Savonnières limestone [J]. Geophysical Prospecting, 62 (6): 1253–1265.

Lewan M D, 1997. Experiments on the role of water in petroleum formation [J]. Geochimica et Cosmochimica Acta, 61: 3691–3723.

Lewan M D, Roy S, 2011. Role of water in hydrocarbon generation from Type-I kerogen in Mahogany oil shale of the Green River Formation [J]. Organic Geochemistry, 42 (1): 31–41.

Li M, Huang Y, Obermajer M, et al., 2002. Hydrogen isotopic compositions of vidividual alkanes as a new approach to petroleum correlation: Case studies from the Western Cmada Sedimentary Basin [J]. Org Geochem, 33: 1387–1399.

Magyar P M, Orphan V J, Eiler J M, 2016. Measurement of rare isotopologues of nitrous oxide by high-resolution multi-collector mass spectrometry [J]. Rapid Communications in Mass Spectrometry, 30: 1923-1940.

Ma J, Plonka G, 2010. A review of curvelets and recent applications [J]. IEEE Signal Proccessing Magazine, 2 (27): 118-133.

Mastalerz M, Schimmelmann A, 2002. Isotopically exchangeable organic hydrogen in coal relates to thermal maturity and maceral composition [J]. Org Geochem, 33: 921-931

Mavko G, Jizba D, 1994. The relation between seismic P- and S-wave velocity dispersion in saturated rocks [J]. Geophysics, 59 (1): 87-92.

Mavko G, Mukerji T, 1998. Bounds on low-frequency seismic velocities in partially saturated rocks [J]. Geophysics, 63 (3): 918-924.

Mavko G, Mukerji T, Dvorkin, J, 2009. The rock physics handbook: Tools for seismic analysis of porous media [M]. Cambridge: Cambridge university press.

Mikhaltsevitch V, Lebedev M, Gurevich B, 2016. Laboratory measurements of the effect of fluid saturation on elastic properties of carbonates at seismic frequencies [J]. Geophysical Prospecting, 64 (4): 799-809.

Mondol N H, Bjørlykke K, Jahren J, et al., 2007. Experimental mechanical compaction of clay mineral aggregates-Changes in physical properties of mudstones during burial [J]. Marine & Petroleum Geology, 24 (5): 289-311.

Mroz E J, M Alei, et al., 1989. Detection of multiply deuterated methane in the atmosphere [J]. Geophysical Research Letters, 16 (7): 677-678.

Müller T M, Gurevich B, Lebedev M, 2010. Seismic wave attenuation and dispersion resulting from wave-induced flow in porous rocks-A review [J]. Geophysics, 75 (5): 147-164.

Murphy W F, Winkler K W, Kleinberg R L, 1986. Acoustic relaxation in sedimentary rocks: Dependence on grain contacts and fluid saturation [J]. Geophysics, 51 (3): 757-766.

Ni Y Y, Liao F R, Gao J L, et al., 2019. Hydrogen isotopes of hydrocarbon gases from different organic facies of the Zhongba gas field, Sichuan Basin, China [J]. Journal of Petroleum Science and Engineering, 176 (8): 776-786.

Nur A, Wang Z, 1999. Seismic and Acoustic Velocities in Reservoir Rocks [J]. Recent Developments (Vol. 10). Soc of Exploration Geophysicists.

Nygard R, Gutierrez M, Bratli R K, et al., 2006. Brittle-ductile transition, shear failure and leakage in shales and mudrocks [J]. Marine and Petroleum Geology, 23 (2): 201-212.

Ono S, Wang D T, et al., 2014. Measurement of a Doubly Substituted Methane Isotopologue, $^{13}CH_3D$, by Tunable Infrared Laser Direct Absorption Spectroscopy [J]. Analytical Chemistry, 86 (13): 6487.

Passey B H, 2015. Biogeochemical tales told by isotope clumps [J]. Science, 348 (6233): 394-395.

Pepper A S, Corvi P J, 1995. Simple kinetic models of petroleum formation, Part I: oil and gas generation from kerogen [J]. Marine and Petroleum Geology, 12 (3): 291-319.

Pérez D O, Danilo R V, Mauricio D S, 2013. High-resolution prestack seismic inversion using a hybrid FISTA least-squares strategy [J]. Geophysics, 78 (5): 185-195.

Pervukhina M, Gurevich B, Dewhurst D N, et al., 2010. Applicability of velocity-stress relationships based on the dual porosity concept to isotropic porous rocks [J]. Geophysical Journal International, 181 (3): 1473-1479.

Prinzhofer A, Huc A Y, 1995. Genetic and post-genetic molecular and isotopic fractionations in natural gases [J]. Chemical Geology, 126: 281-290.

Puryear C I, Oleg N P, Carlos M C, 2012. Constrained least-squares spectral analysis: Application to seismic data [J]. Geophysics, 77 (5): 143-167.

Reeves E P, Seewald J S, Sylva S P, 2012. Hydrogen isotope exchange between n-alkanes and water under hydrothermal conditions [J]. Geochimica et Cosmochimica Acta, 77 (1): 582-599.

Rumble D, Ash J, et al., 2018. Resolved measurements of $^{13}CDH_3$ and $^{12}CD_2H_2$ from a mud volcano in Taiwan [J]. Journal of Asian Earth Sciences.

Russell B H, Gray D, Hampson D P, 2011. Linearized AVO and poroelasticity [J]. Geophysics, 76 (3): 19-29.

Sam B J, 2014. Principles of Sedimentology and Stratigraphy [M]. Bogen: Pearson Education.

Saxena N, Mavko G, 2015. Effects of fluid-shear resistance and squirt flow on velocity dispersion in rocks [J]. Geophysics, 80 (2): 99-110.

Schimmelmann A, Boudou J P, Lewan M D, et al., 2001. Experimental controls on D/H and $^{13}C/^{12}C$ ratios of kerogen, bitumen and oil during hydrous pyrolysis [J]. Organic Geochemistry, 32 (8): 1009-1018.

Schoell M, 1980. The hydrogen and carbon isotopic composition of methane from natural gases of various origins [J]. Geochimica et Cosmochimica Acta, 44 (5): 649-661

Schoell M, 1984. Recent advances in petroleum isotope geochemistry [J]. Organic Geochemistry, 6: 645-663.

Shen L, Bui T Q, Okumura M, 2016. Measurements Doubly-Substituted Methane Isotopologue ($^{13}CH_3D$ and 12CH2D2) Abudance Using Frequency Stabilized Mid-Ir Cavity Ringdown Spectroscopy [C]. 71st International Symposium on Molecular Spectroscopy.

Shuai Y, G Etiope, et al., 2018. Methane clumped isotopes in the Songliao Basin (China): New insights into abiotic vs. biotic hydrocarbon formation [J]. Earth and Planetary Science Letters, 482: 213-221.

Shuai Y, P M Douglas, et al., 2018. Equilibrium and non-equilibrium controls on the abundances of clumped isotopologues of methane during thermogenic formation in laboratory experiments: Implications for the chemistry of pyrolysis and the origins of natural gases [J]. Geochimica et Cosmochimica Acta, 223: 159-174.

Shuai Y, Peng P A, Zou Y, et al., 2006. Kinetic modeling of individual gaseous component formed from coal in a confined system [J]. Org. Geochem. 37 (8), 932-943.

Smith T M, Sayers C M, Sondergeld C H, 2009. Rock properties in low-porosity/low-permeability sandstones [J]. Leading Edge, 28 (1): 48-59.

Sondergeld C H, 2005. Quantitative seismic interpretation: Applying rock physics tools to reduce interpretation risk [J]. John Wiley & Sons, Ltd, 86 (40).

Stolper, Lawson D M, et al., 2014. Formation temperatures of thermogenic and biogenic methane [J]. Science, 344 (6191):1500-1503.

Tang Y C, Ellis G S, Zhang T W, et al., 2005. Effect of aqueous chemistry on the thermal stability of hydrocarbons in petroleum reservoirs [J]. Geochimica et Cosmochimica Acta, 69: 559.

Tang Y C, Zhang T W, Ellis G S, et al., 2011. Prediction of H2S Level in Reservoir Fluids [C]. AAPG Hedberg Conference, Beijing, China, May 9-12.

Tian H, Xiao X M, Wilkins R W T, et al., 2008. New insights into the volume and pressure changes during the thermal cracking of oil to gas in reservoirs: Implications for the in-situ accumulation of gas cracked from oils [J]. AAPG Bulletin, 92 (2): 181-200.

Tissot B P, Welte D H, 1984, Petroleum formation and occurrence [M]. Berlin: Springer-Verlag.

Tissot B P, Welte D H, 1978. Petroleum Formation and Occurrence: A New Approach to Oil and Gas Exploration [M]. New York: Springer Verlag.

Tucker M E, 1985. Shallow-marine carbonate facies and facies models [J]. Geological Society of London, 18 (1): 147-159.

Tucker M E, Wright V P, Dickson J A D, 1990. Carbonate sedimentology [M]. Oxford: Blackwell.

Urey H C, 1947. The thermodynamic properties of isotopic substances [J]. Journal of the Chemical Society, 562: 562.

Urey H C, Rittenberg D, 1933. Some Thermodynamic Properties of the H_1H_2, H_2H_2 Molecules and Compounds Containing the H_2 Atom [J]. Journal of Chemical Physics, 1 (2): 137-143.

Wang D T, Gruen D S, et al., 2015. Nonequilibrium clumped isotope signals in microbial methane [J]. Science, 348 (6233): 428-431.

Wang D T, Reeves E P, et al., 2018. Clumped isotopologue constraints on the origin of methane at seafloor hot springs [J]. Geochimica et Cosmochimica Acta, 223: 141-158.

Wang D T, Welander P V, et al., 2016. Fractionation of the methane isotopologues $^{13}CH_4$, $^{12}CH_3D$, and $^{13}CH_3D$ during aerobic oxidation of methane by Methylococcus capsulatus (Bath) [J]. Geochimica et Cosmochimica Acta, 192: 186-202.

Wang Z, Schauble E A, et al., 2004. Equilibrium thermodynamics of multiply substituted isotopologues of molecular gases [J]. Geochimica et Cosmochimica Acta, 68 (23): 4779-4797.

Wang X F, Liu W H, Shi B G, et al., 2015. Hydrogen isotope characteristics of thermogenic methane in Chinese sedimentary basins [J]. Organic Geochemistry, 83/84: 178-189.

Webb M A, Miller T F Ⅲ, 2014. Position-specific and clumped stable isotope studies: Comparison of the Urey and path-integral approaches for carbon dioxide, nitrous oxide, methane, and propane [J]. The Journal of Physical Chemistry, A118 (2): 467-474.

Whitehill A R, Joelsson L M T, Schmidt J A, et al., 2017. Clumped isotope effects during OH and Cl oxidation of methane [J]. Geochimica et Cosmochimica Acta, 196: 307-325.

White J E, 1975. Computed seismic speeds and attenuation in rocks with partial gas saturation [J].

Geophysics, 40 (2): 224–232.

Whiticar M J, 1999. Carbon and hydrogen isotope systematics of bacterial formation and oxidation of methane [J]. Chemical Geology, 161: 291–314.

Xia X, 2014. Kinetics of gaseous hydrocarbon generationwith constraints of natural gas composition from the Barnett Shale [J]. Organic Geochemistry, 74, 143–149.

Xia X, Tang Y, 2012. Isotope fractionation of methaneduring natural gas flow with coupled diffusion andadsorption/desorption [J]. Geochimica et Cosmochimica Acta, 77: 489–503.

Xie Z Y, Li J, Li Z S, et al., 2017. Geochemical characteristics of the Upper Triassic Xujiahe Formation in Sichuan Basin, China and its sgnificance for hydrocarbon accumulation [J]. Acta Geologica Sinica (English Edition), 91 (5): 1836–1854.

Xiong Y Q, Geng A S, et al., 2004. Kinetic modeling of carbon isotope fractionation of coal-derived methane [J]. Geochimica, 54 (16): 1555–1557.

Yeb H, Epstein S, 1981. Hydrogen and carbon isotopes of petroleum and related organic matter [J]. Geochim Cosmochim Acta, 45: 753–762.

Yeung L Y, Young E D, et al., 2012. Measurements of $^{18}O^{18}O$ and $^{17}O^{18}O$ in the atmosphere and the role of isotope-exchange reactions [J]. Journal of Geophysical Research: Atmospheres, 117 (D18).

Yilmaz, 1987. Seismic Data Anlysis [M]. Houston Society of Exploration Geophysicists.

Yoshinaga M Y, Holler T, Goldhammer T, et al., 2014. Carbon isotope equilibration during sulphate-limited anaerobic oxidation of methane [J]. Nature Geoscience, 7: 190–194.

Young E D, Iii D R, et al., 2016. A large-radius high-mass-resolution multiple-collector isotope ratio mass spectrometer for analysis of rare isotopologues of O_2, N_2, CH_4 and other gases [J]. International Journal of Mass Spectrometry, 401: 1–10.

Young E D, et al., 2017. The relative abundances of resolved $^{12}CH_2D_2$ and $^{13}CH_3D$ and mechanisms controlling isotopic bond ordering in abiotic and biotic methane gases [J]. Geochimica et Cosmochimica Acta, 203: 235–264.

Zhang M J, Tang Q Y, Cao C H, et al., 2018. Molecular and carbon isotopic variation in 3.5 years shale gas production from Longmaxi Formation in Sichuan Basin, China [J]. Marine and Petroleum Geology, 89 (2): 27–37.

Zoeppritz K, 1919. On the reflection and penetration of seismic waves through unstable layers [J]. Goettinger Nachr, 66–84.

Zou C N, Wei G Q, Xu C C, et al., 2014. Geochemistry of the Sinian–Cambrian gas system in the Sichuan Basin, China [J]. Organic Geochemistry, 74: 13–21.